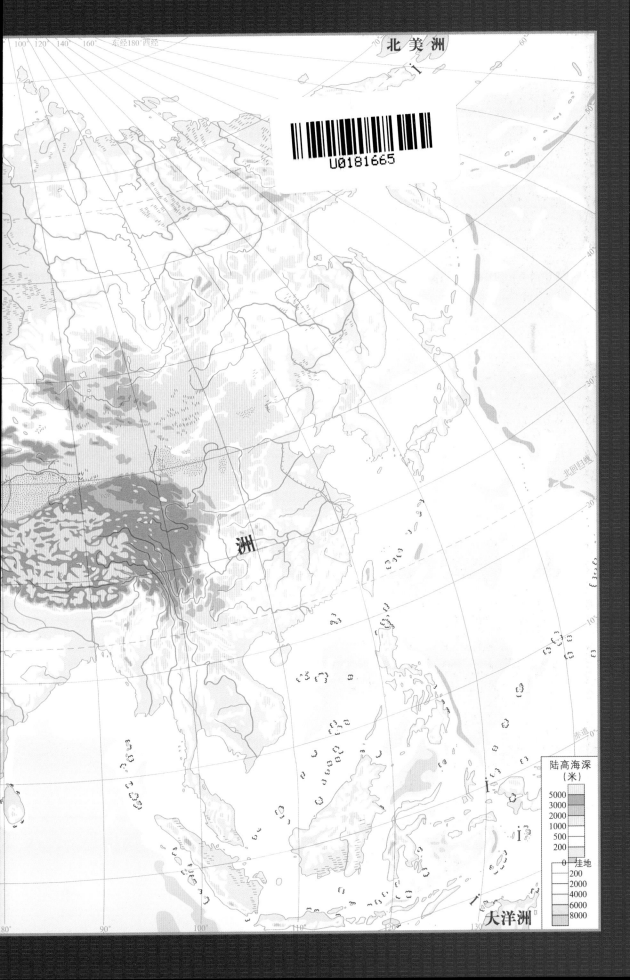

北 美 洲

洲

大洋洲

陆高海深
（米）

5000
3000
2000
1000
500
200
0 陆地
200
2000
4000
6000
8000

东亚高等植物
分类学文献概览

第2版

The Outline of Taxonomic Literature of
Eastern Asian Higher Plants

Ed.2

JinShuang MA

马金双 著

高等教育出版社·北京

内容简介
Summary

　　本书详细地介绍了东亚的中国、日本、朝鲜和韩国及其周边国家与地区的高等植物分类学文献，共有四部分 10 大类 68 项近 1 300 种。其中第一部分是文献基础知识，第二部分是文献介绍以及评论，包括检索书、辞典、植物志、植物系统、采集及研究历史、国际植物学大会与国际植物命名法规、植物标本馆与模式以及参考书，第三部分是中外期刊介绍与评论，第四部分为 18 个附录。书后有 6 个索引，可方便读者按学者、植物、图书和期刊的中外（拉）文名称进行查找。

　　本书是东亚首部高等植物分类学文献专著（第 1 版，2011；第 2 版，2021），是从事东亚及其周边地区高等植物分类的必备工具书，同时也是植物地理学、植物区系学、植物生态学、植物资源学、植物化学、植物保护生物学、生物多样性研究以及农业、林业、医药、商业、检疫等专业的科研工作者和大专院校师生的重要工具书，也可作为有关部门管理人员和植物学爱好者的参考书。

1，本书记载东亚的中国、日本、朝鲜和韩国及其周边国家与地区的高等植物分类学文献，包括检索书、辞典、植物志、植物系统、采集及研究历史、国际植物学大会与国际植物命名法规、植物标本馆与模式、参考书、中外期刊等，但不包括地理范围在一级行政区以下的内容。就中国而言，只到省市区级，日本、朝鲜和韩国仅为国家级。收载的对象以分类学文献为主，兼顾与分类有关的内容，但经济植物学、教科书、研究生学位论文、未正式发表的会议论文集以及高等院校的期刊等不在收集之列。

2，本书所收录的条目均采用统一格式，即名称（原文首位，译文次之）、作者（著、编著或主编）、版次、卷册、页码、出版年代、出版地、出版社和内容介绍与简单评论等；多卷本图书与期刊则采用卷册、页码、出版时间和内容详细列出的方式，同时标明起始与终结年代；如未完成或者是现阶段仍然进行的则以加号注明，如 Vols. 1+，1972+。每个单项内的内容一般按出版时间的先后顺序排列，除非另有说明。

3，本书收载的地名和名称按出版物原始内容记载而不作改动，如苏联科学院科马洛夫植物研究所或者是俄罗斯科学院科马洛夫植物研究所，列宁格勒或者是圣彼得堡，Calcutta 或者是 Kolkata。各种标题等也基本上采用原文的原名（东欧的斯拉夫语系例外），除非原书已有汉语译名，如**日本植物志**等。一些术语的使用也同样遵循原始文献而不做改动，如拉丁文或者是学名，采集或者是考察的名义以及掠夺等。本书对中国人的姓名西译（或罗马化[①]）均采用文献中的原始拼法不作任何改动，如 Wu Zhengyi，Wu Chengyih 或者

---

① 参见：梁畴芬，1988，谈谈中国人的姓名如何翻译成西文名，广西植物 8（4）：375-376；梁畴芬，1991，再议人名西译问题，广西植物 11（3）：286-288；梁畴芬，1993，人名西译问题研究续报，广西植物 13（2）：143。

是 ChengYih Wu；但考虑到全书的统一以及索引的编制等原因，均采用"名前姓后"的原则，且双名的连接方式，改用 ZhengYi Wu 或者 ChengYih Wu。详细参见邓玲丽、杜诚、廖帅、马金双，2018，中国植物分类学者姓名拼写的讨论与建议，生物多样性 26（6）：627-635。

4，本书书末附有 18 个附录：中、外主要植物标本馆（室）简介，**中国植物标本馆索引**编写后记（附首届全国植物标本馆研讨会参加人员名单），**中国植物志卷册索引**、中文科名拼音卷册索引、科名学名卷册索引，**中国植物志英文版与中文版**科名卷册对照，国际植物分类学委员会出版物介绍、美国植物分类学会系统植物学专著介绍，系统学会介绍，植物分类学文献中的罗马数词，植物分类学常用网站，中国省市区中文、拼音、邮政拼音和威氏音标对照，朝鲜半岛一级行政划分，日本一级行政划分，日本年号、皇纪与西元对照表，日本人名的日文和罗马名称及罗马名称和日文对照。书末附有 6 个索引：中、外作者与人名索引，植物的中文名称和学名索引，以及中、外期刊与图书的索引。

5，网络信息在相关的内容中给出，但较为重要的在第四部分附录中列出并加以介绍。本书所引用的网络信息均为截稿时间（第 1 版：2009 年 12 月 31 日，第 2 版：2019 年 12 月 31 日，除非另注）的结果。由于网络的更新与变化，所记载的内容可能不一定与读者使用时一致，甚至完全不存在。另外，并不是所有的网站的数据或资料都能从世界上每一个角落的每一台电脑进入并下载，因为有的是注册的单位或个人才有可能，请各位使用时明了。

　　东亚高等植物分类学文献概览一书 2011 年出版后不仅得到海内外数位同仁的推荐与介绍[①]，每遇新老朋友或同事与同仁一直都在关注何时再版。十年间信息社会突飞猛进，不仅很多资料的数字化使其获取更加方便，包括一些志书与期刊以及数据库等，而且很多各类网络资源大规模并井喷式呈现，应该予以更新并及时记载。过去十年间相关的出版物很多，不仅国内，国际上更是如此，应该及时补充并完善。再就是一些内容的增加以及相关格式的调整，特别是名录与植物志、法规以及相关出版物、模式信息、各类文集等。当然还有第 1 版中一些不应该出现的错误，其中包括笔误、错误记载或者解释不准确或者没有说明到位等，应予以更正。**东亚高等植物分类学概览**第 2 版收载文献由原来第 1 版的 60 项近 1 200 种提高到 68 项近 1 300 种，脚注的参考文献与说明也由当初的 280 多种，增加至 350 多种。

　　此外，东亚，特别是中国，作为"园林之母"，植物分类学还有很多事情要做。当代分子方法的应用固然解决了一些过去无法解决的问题，但暂时仍无法解决现有全部问题。分子时代经典分类学不是无事可做，而是研究任务也更加繁重，主要体现在两个方面，特别是在中国：一是现代的分子水平研究工作需要更加坚实的经典分类学作为基础，没有可靠的经典数据与信息支撑，现代的分子水平研究工作不可能深入更无法完善；二是，过去尚未完成的经典工

[①] 新书介绍，2011，植物资源与环境 20（4）：69；书讯，2011，广西植物 31（6）：713；胡宗刚，2011 年 12 月 6 日，科学时报，B4，读书周刊；百原新，2012，植生史研究，20（1）：20；夏念和，2012，热带与亚热带植物学报 20（3）：242；Li ZHANG，2012，*Taiwania* 57（4）：443-444；刘全儒、张宪春，2012，植物分类与资源学报 33（6）：690-691；马炜梁，2012，植物分类与资源学报 33（6）：691-692。

作甚多，且在中国尤其明显 ①。近年来我们课题组杜诚与我对过去18 年间（2000 年至 2017 年）有关中国的植物分类学文献进行了系统收集与整理，出版了 2 卷本的**中国植物名称索引**（详细参见本书第 1.1.40 种），记载了一万多条相关信息（包括新类群、新等级、新模式指定、新纪录与新分布、新异名等）。在半个多世纪里完成两版**中国植物志**、30 多个省市区植物志的情况下，这么大的数据足以说明中国经典分类学的目前现状与挑战。过去六年（2014 年至 2019 年）受中国植物园联盟委托，带领辰山"八零后"举办全国性的植物分类学培训班，不但每次报名人数远远超出承办能力数倍，而且来自全国各地的学员们虽大都成家立业，但都非常认真且十分努力，不论是野外现场实习还是室内理论功课；学员们对知识的渴望与积极进取的拼搏精神，不仅仅说明了中国植物园联盟举办此培训班的高瞻远瞩与辰山分类团队的勇敢当担，更进一步证明了实际工作中对分类学的紧迫需求！特别是我国这样的植物资源大国，经典分类学研究依然任重道远。过去十年（2010 年至 2020 年）在上海辰山与八零后的助理们一起承担**上海数字植物志**和**中国外来入侵植物志**等经典分类学工作，完成各类出版物百余篇部 ②。这些工作在业界受到了同行们的高度关注与积极评价。特别是过去十年间中国植物分类学领域取得了很

---

① 详细参见：马金双，2014，中国植物分类学的现状与挑战，科学通报 59（6）：510-521。

② 除 86 篇中英论文之外，出版的著作包括：主编**上海维管植物名录**（2013 年）、**上海维管植物检索表**（2014 年）、**中国入侵植物名录**（2013 年）、**中国外来入侵植物调研报告**（上、下卷，2016 年）、**中国外来入侵植物志**（五卷本，2020）、共同编著**中国外来入侵植物彩色图鉴**（2016 年）、共同主编**上海植物彩色图鉴草本卷**（2016 年）、**上海植物彩色图鉴 木本卷**（2017 年）、**上海植物彩色图鉴 室内观赏卷**（编撰之中）、**上海都市数字植物志**（网络版，2016 年）、**中国外来入侵植物名录**（2018 年）、**中国归化植物名录**（英文版，2019 年）、共同编著**中国植物名称索引 2000—2009**（英文版，2019 年），**中国植物名称索引 2010—2017**（英文版，2019 年），**中国植物分类学者**（英文版，编撰之中），以及组织翻译**解译法规**（2015 年）、并为助理杜诚等编辑的**陕西维管植物名录**（2016 年）作序等。

多令人兴奋并值得记载的工作。毫无疑问，本书修订的必要性与紧迫性不言而喻。

全国广大同事、同仁与新老朋友，给予了数不尽的帮助与鼓励，方方面面的支持与鞭策，在完成这本书的修订之际，再一次表达深深的谢意。特别是在上海工作期间的助理和学生们[①]，他们中的大多数都面临入不敷出的都市生存压力，全身心地投入工作并做出这么多堪称植物分类学领域开创性的工作；与此同时，使我自己能够完成另外几本书[②]。过去的十年时间里我们同舟共济，大家团结一致并共同努力，完成诸多事情，对此我非常感激。

感谢上海辰山植物园（中国科学院辰山植物科学研究中心）辰山专项（东亚植物分类学资料整理）的资助（G152433），使得本书能够修订并付印。

再版之际，以此奉献给各位新老朋友并致以诚挚地谢意！

2020 年春于波士顿

---

① 助理：闫小玲（2010 年至今）、左云娟（2010 至 2019 年）、汪远（2010 至 2018 年）、李惠茹（2011 年至今）、寿海洋（2011 至 2013 年）、杜诚（2012 年至今）、王樟华（2013 至 2019 年）、朱鑫鑫（2013 至 2014 年）、廖帅（2014 至 2016 年）、严靖（2014 年至今）；研究生：姚驰远（博士：2011 至 2017 年）、王秋实（硕士：2012 至 2015 年）、李晓芹（博士：2013 至 2019 年）、邓玲丽（硕士：2016 至 2019 年）。当然还有辰山的同仁与同事，这里就不一一记载了，详细请参见辰山年报与相关的资料。

② 马金双，2011，**东亚高等植物分类学文献概览**，505 页；北京：高等教育出版社；马金双，2017，**东亚木本植物名录**（英文版），650 页；郑州：河南科技出版社；马金双主编，2020，**中国植物分类学记事**（中英文），661 页；郑州：河南科技出版社；胡晓江（主编）、马金双、胡宗刚（副主编），2021，**胡先骕全集**，19 卷；南昌：江西人民出版社。

任何财富的创造都离不开工具，读书治学也是如此。

工具书就是读书治学的工具。它用特定的编排方式和检索方法，按照字母顺序、类别、主题、时序、地域等方法，有系统地组织并反映某方面的知识或资料线索，使读者能够简便而迅速地查找到所需要的知识。因此，人们常把工具书比作研究工作的良师益友、读书治学的案头顾问，而如何利用工具书便是学者们的治学之道。知识有两种：其一是我们对一个问题的相关知识已经精通，其二是我们知道从哪里去查到所不了解的知识。显然，这后一种知识，只有利用工具书才能获得。

文献目录学是科学研究入门的向导，对植物分类学尤其如此，特别是在中国。原因有四：其一，植物分类学在学名的应用上受国际植物命名法规的约束，所有的文献必须查阅，带有考证性质；其二，18 到 20 世纪中期西方学者对中国植物进行了长期又广泛的研究，使得中国植物分类学及相关学科的文献散落世界各地，尤其是欧、美、俄、日等西方发达国家；其三，中国是世界植物大国，但近代中国植物分类学的起步很晚，大约晚于西方一个甚至两个世纪。尽管经过百余年的努力，但是我们的基准研究水平与世界发达国家相比仍有相当大的差距。仅就经典植物分类学而言，我们的家底至今尚未完全摸清，特别是要想达到西方那样比较清楚的程度，仍需一段艰苦的努力；第四，中国植物分类学领域的出版物相对其资源而言，显然十分贫乏而又不相称。就目前研究得比较深入的高等植物而言，除有限的教科书和专著外，其他参考资料则相当贫乏。当然，这些与我们的历史与现状、综合的国情与国力、学术研究的状况与专业水准不无关系。

基于此，笔者将收集到的有关资料汇编成书，作为东亚高等植物分类学研究的工具书，特别是作为高等植物分类学研究生文献课的必备参考书。考虑到**中国植物志**（1959—2004）和英文版 *Flora of China*（1995—2013）已经全部出版，几十部地方植物志已经完成或正在编研，而且中国植物学会又组织编写并出版了**中国植物学**

文献目录【第 1 至 3 册（1983）及第 4 册（1995）】，本书在印行时省略大部分历史性文献，特别是已经停刊的外国早年期刊等，而侧重于当代或现代的文献，且主要收载范围限于高等植物。

全书包括 10 大类 60 项近 1 200 种与东亚高等植物分类学有关的中外文献与资料。其中图书部分包括检索书书、辞典、植物志、植物系统、采集史、国际植物学大会与国际命名法规、拉丁文与模式、参考书等 8 大类，期刊部分包括中国和国外期刊 2 大类。各大类内设若干项，而各项内又包括若干种类。正文详细介绍各类出版物的名称、编者、版本、刊型、文种、页码、出版年代、出版社与地址，以及内容简介及必要的评议；18 个与东亚植物分类有关的基本资料作为附录。书末附有 6 个索引。

在生物学各分支学科中，大概要数分类学与文献的关系最为紧密。分类学研究离不开名、实、图，而名和图就藏在浩繁的文献中。植物是地球生态系统的生产者，是人类赖以生存的基础。东亚是北半球植物种类最丰富的地区，特别是中国，不仅疆域广阔，植物种类众多，而且研究历史复杂，有关分类学的研究文献分散于世界各地且语种多样，加之我们的文献收藏非常有限，这就给我国植物分类学研究带来了困难。

马金双博士编撰的**东亚高等植物分类学文献概览**一书，从索引到名录，从拉丁文到命名，从法规到典汇，从植物志到检索表，从中国到邻国，从图书到期刊，加上 18 个常用的附录，涉及面相当广泛，具有很高的参考价值。无论是从事植物学研究与教学的专业人士，还是相关领域的管理者或植物学爱好者，都能在书中找到自己感兴趣的内容。

我读大学本科时主攻植物学，毕业后赴英国里丁（Reading）大学攻读博士学位，师从著名植物分类学家海伍德教授（Vernon H. Heywood），之后又回到南京大学继续从事植物分类学研究。尽管后来"改行"到植物生理学与分子生物学领域，但对分类学的那份情结一直留存。为金双博士的书写序，不仅仅是因为"旧情难忘"，更因为这是我们上海辰山植物科学研究中心成立以来的第一部专著。我以为，该书的出版不只是对中国植物分类学研究的一份贡献，也展示了上海辰山植物园科研工作的良好开局。

中国科学院　院士
中国科学院上海生命科学研究院　院长
上海辰山植物园　园长
中国科学院上海辰山植物科学研究中心　主任
2010 年 12 月 8 日　上海

洪德元 序

Foreword by Prof. DeYuan HONG

20 多年前，金双在北京医科大学攻读博士学位期间我们就相识了。后来他到北京师范大学任教，第一笔科研启动经费就是 1988 年从我的第一项基金——国家自然科学基金百合科细胞分类学课题给的；这为他当时的科研，乃至后来的研究工作奠定了重要的基础。

过去 20 多年里，金双一直在经典分类学领域耕耘，特别是马兜铃属的修订、**中国植物志**、*Flora of China* 大戟属和卫矛属等的编写，此外还完成了卫矛属英文专著。在做这些工作的同时，他积累了丰富的分类学基本资料。不仅给研究生讲课，还写了很多有关的书评和评论；不仅在中国广泛收集，而且还在欧美等地挖掘，并最终详细地整理了出来。今天摆在我面前的就是这些工作的系统性总结。

中国不仅植物种类多，而且有关的文献散落在世界各地；我们的植物资源家底还没有完全搞清楚；我国的经典分类学研究还有很长的路要走，更何况经典分类学今天面临濒危的境地。很高兴看到金双把自己多年的积累系统地整理出来。这是中国植物分类学历史上，同时也是东亚植物分类学历史上第一本分类学文献专著。本书的出版，对经典分类学，特别是对未来的研究工作，包括人才培养等，无疑是一部难得的工具书。

这是一本值得收藏、而且实用的工具书。金双考证得很全面，亦很详细，就像他对水杉的研究一样难得。不仅分类学者，可以说任何一个植物学工作者，都能找到这本书的实用性；不管是从事生态学研究的、生物多样性保护的、植物地理的，还是资源利用的；不管是研究人员、教师，还是研究生或本科生；不管是从事科研的，还是管理的，这本书都有很高的参考价值！

出于对分类学的一种感情，更想到事业的未来；我非常高兴地为这本书作序。

中国科学院　院士
中国植物学会　理事长
中国科学院植物研究所　研究员
2010 年 12 月 9 日　北京，香山

　　进行植物分类学研究，需要两个基本条件。第一是标本（特别是模式标本），第二是文献。在文献方面要"通古博今"，要收集所研究分类群的原始文献和以后到现在的全部有关文献（如文献缺少，研究工作就会受到或小或大的影响）。我国近代植物分类学研究在上世纪二十年代才起步，在此前到林奈的 Species Plantarum（1753）一书出版的一个半世纪多的时期，中国的植物都由欧洲有关各国，以及美国、日本的植物学者进行研究，他们发现的大量中国植物新种、新属、新科都发表在上述国家的学报或著作中，大量的模式标本都存放在他们的植物标本馆里。这样，在文献和模式标本的收集方面就给中国研究人员造成不少困难。

　　感谢美国植物学家 E. D. Merrill & E. H. Walker 编著了 *A Bibliography of Eastern Asiatic Botany*（1938）和补编（1960），以及木本植物专家 A. H. Rehder 编写了 *The Bradley Bibliography*（1911—1918），两者收载了上述外国学者过去发表的大量有关中国植物的文献。新中国成立后，英国邱园编著的 *Index Kewensis*，*Supplementa*，*Kew Record*、王宗训先生主编的**中国植物学文献目录**（1983、1995），陈心启教授等学者编著的 *Bibliography of Chinese Systematic Botany*（1993）等所有文献索引著作，对**中国植物志**和我国地方植物志等著作的编写起到极大的促进作用。

　　最近，我听说中国科学院上海辰山植物科学研究中心著名植物分类学家马金双教授编写了一部关于文献的著作。目前，我极为高兴地看到此书**东亚高等植物分类学文献概览**全稿，记载了东亚各国的高等植物分类学文献。开始部分的内容为文献基础知识，后面的内容是文献介绍，包括检索书、辞典、植物志、植物系统、采集史、国际植物命名法规、拉丁文与模式、参考书、中外期刊等；本书还包括 18 个附录和 6 个索引。

　　全书内容全面，信息量异常丰富，涵盖了植物分类学研究的关于标本、命名、描述，东亚及北半球其他国家的重要植物志等分类学著作的所有方面，是一部关于东亚植物分类学文献的空前巨著。从中，我有幸作为第一读者得到很多知识，像**中国图书分类法**、**中国科学院图书分类法**、**中国行政区划沿革手册**（2000 & 2007）、**中国地名演变手册**（2001）、*World Checklists and Bibliographies of Orders and Families*（1996+）、*Order Out of Chaos Linnaean Plant Names and Their*

Types（2007）等不少对植物分类学研究极为重要的著作都不了解，从此书才知道。

作者对多数著作的编写过程、内容等都给予了简要介绍，并常给出评论。这些对读者了解和利用有关著作很有帮助。在介绍和评论方面，作者用了较多篇幅对胡先骕教授（我国植物学奠基人之一）一生作出的杰出贡献等给予了全面介绍和高度评价。此外，作者也用了较多篇幅论述了**中国植物志**和近30年来出版的我国各省区植物志的突出贡献，以及在编写方面的不足处、缺点等。这些意见对有关著作今后进行修订很有参考意义。

在上述论述中，使我还感到钦佩的是作者揭示了当前我国植物分类学研究陷入低谷的窘境。他在文中反映的全是事实：在近二、三十年来，几个重要植物分类学研究中心落败了；一些地方植物志由于缺少资金支持而难于出版；多数科、属专家年老退休而后继无人，致使标本馆的大量标本无法得到鉴定。这些情况令人感到忧虑。实际上，在我国多数科、属中存在大量疑难种、复合体等分类学问题，需要投入相当的人力、物力去进行深入研究，才能加以解决。

因此，希望有关领导对上述情况给予认真考虑。我相信，只要领导重视，给予有关研究工作必要的支持，再有新人才的涌现和参加，我国的植物分类学研究会再次兴起。因此，马教授费时十余年完成的这部文献巨著恰可为今后新的一次分类学兴起提供文献方面的宝贵基本条件。

在此，我衷心祝愿本巨著早日问世，并殷切企盼下一次的分类学兴起早日来临。

王文采

中国科学院　院士

中国科学院植物研究所　研究员

2010年11月28日

Content

1

PART ONE

第一部分
绪　论

1 文献的基本知识

对于一个植物分类学工作者，在开始某一类群或某一地区的植物研究之际，首先要做的就是认真地进行文献调研，即通常所说的查阅文献。它可以使你在科研选题和做规划时，对该项研究的历史和现状有所了解，弄清楚哪些工作前人已经作过、哪些工作正在做、哪些人在做、进展如何、成功的经验和失败的教训是什么、哪些工作还没有开展、问题是什么，等等。这样才能做到心中有数、从而做出正确而合理的选题，避免或少走弯路，减少重复性劳动，使自己的工作建立在一个较高而又可行的起点之上。当然，对于科研工作者（包括有关师生），经常查阅文献，不仅使自己所掌握的知识能够不断得到补充和更新，同时还能了解学科发展的动态，保持良好的专业素质。

任何一个学者，查阅文献都是极为重要的环节，而且花费时间非常多。据估计，一个科学工作者用于查阅文献的时间至少占全部工作时间的三分之一左右。美国一位情报专家20世纪60年代曾对日本和美国的一批化学研究人员进行调查，结果发现这些研究人员用于查阅文献的时间竟占到整个课题所花费时间的一半以上，可见比例之高。数字化时代网络提供了非常便捷的获取方式，但是从浩瀚的文献数据里面准确并容易地获得自己感兴趣的资料，显然也不是一件十分容易的事情。当然，对于不同的学科专业、不同的研究项目和内容，不同人员利用文献的熟练程度可能有所不同，但文献调研在研究工作中的重要地位无可置疑。对于植物分类学人员来说更是如此，因为文献本身就是本专业的基本研究内容之一，即使是计算机与网络普及的今天也绝不例外。

2 文献的种类

对植物分类学而言，通常所说的科技文献（简称文献）主要是科技图书（简称图书，包括各类考察报告和会议文献等）和科技期刊（简称期刊，包括各种增刊和专辑等）。另外，还有专刊文献、学位论文 ①、政府出版物、产品说明书、种子交换目录和报纸等也属于此类，但是不在本书介绍范围之列。

2.1 图书

图书是内容比较完整且装订成册的出版物，包括封面、书名页、版权页、目次、正文、ISBN② 等。其编著者在大量参考资料的基础上经过对资料的鉴别、核对和组织编排而写成。因而对所涉及的问题比较到位、也比较全面；有的还包括编著者本人的研究成果和创见。如果是对范围较广的问题获得一般的知识，阅读与参考图书是一个有效的方法。当然，图书的出版周期较长，对新成果和新观点的介绍不如期刊快。科技图书是科技文献的重要组成部分，主要包括专著、文集、教科书、百科全书以及字典、词典等。

2.2 期刊

科技期刊是有统一刊名且汇集多个著者的科技论文、有固定名称的定期或不定期的连续出版物。每期都有连续的卷、期号或年、月顺序号，ISSN③，有固定的出版形式和专门的编辑机构。科技期刊出版周期短、速度快，因而查阅期刊对于了解第一手资料、掌握研究动态、开拓思路等极有价值。然而科技期刊甚多，以致不可想象。在植物学文献中，*Botanico-Periodicum-Huntianum*（*BPH*）第 2 版（2004）记载全世界报道有关植物学的期刊已达 3 万 3 千种之多；保守或过时一点估计，Elmer D. Merrill & Egbert H. Walker（1938 & 1960）在编著 *A Biblioglaphy of Eastern Asiatic Botany* & *A Biblioglaphy of Eastern Asiatic Botany Supplement 1* 中所收载的论文就散见于近 2 千种期刊中，而且这是半个多世纪前的情况，更何况过去的半个多世纪每年还有新的期刊问世。在这种情况下，如何才能快速准确而又全面地了解与自己专业或研究内容相关的信息则显然十分重要。

---

① 近年来国内研究生的论文数量增长很快，可在相关的数据库上检索。
② ISBN 是 International Standard Book Number（国际标准书号）的缩写，是专门为识别专著等文献的国际标准编号，而且具有其唯一性。ISBN 由 International Organization for Standardization 于 1970 年采用，每个书号由 10 位数字分四组组成，中间由 "–" 连接。随着国际图书发行量的大量增加，2007 年 1 月又增加到 13 位数字。
③ ISSN 是 International Standard Serial Number（国际标准刊号）的缩写，是国际间期刊的统一编号，而且具有唯一性。ISSN 由 International Organization for Standardization 于 1975 年采用，由 8 位数字分两组组成，每组各四位数字，中间由 "–" 连接。ISSN 编码系统的连续出版物包括期刊、会议录、年刊、丛刊等。

3 文献的级别

科技文献按其获得的途径与性质可分为四大类别，即一级文献、二级文献、三级文献和零级文献。

3.1 一级文献

一级文献又称一次文献（Primary Document），即直接记载科研成果的原始论著，作为新技术、新理论、新发现、新创造进行报道的均可称一级文献。一级文献大都发表在期刊上，以期刊论文形式公布于世。另外，单独成册的研究报告、考察报告、单独出版的研究论文、学位论文等也属于一级文献。一级文献具有时效性快、内容详细等特点，能及时反映学科的发展动态与变化，因此极为重要。

3.2 二级文献

二级文献也称二次文献（Secondary Document），是将分散而无系统的一级文献用一定的方法进行加工、归纳、简化，组织成系统的便于查找和利用的文献。一般来说，二级文献主要是检索和文摘两大类，可以图书或期刊形式出版。检索主要介绍一级文献的篇名、作者、期刊名称、年代卷期页码等项，是查找一级文献必不可少的工具。文摘除检索所包括的内容外，还有一级文献的内容提要，以便读者对一级文献的基本内容有所了解，故优于前者。二级文献是提供线索的指导性文献，故标题性强、信息集中，全面而又系统，应用便利、简捷，是检索文献的主要工具。

3.3 三级文献

三级文献也称三次文献（Tertiary Document）。它是以一级文献为基础，进行综合、分析、归纳编写出来的著作，专题评述、动态进展、专论、图鉴、手册、百科全书以及教科书等均属于此类。从时效上讲，三级文献比一、二级文献慢，但从内容上看，三级文献常是某一专题或领域的大量一级文献的概括与总结，故所涉及的问题系统性比较强、论述较为深刻且观点明确，实为不可不读的重要参考文献。

3.4 零级文献

即未经过任何加工的原始数据与资料（Original Materials），如实验记录、手稿、原始录音、原始录像、谈话记录、通信原件、原始绘图、图相及照片，甚至日记、心得、草稿等。零级文献在原始文献的保存、原始数据的核对、原始构思的核定，甚至科研成果的鉴定等方面具有十分重要的作用，特别是作为科研档案有不可替代的学术价值。这方面在学术界的认同亟待提高；特别是在中国，尤其是电子文本与数字化高度应用的今天，挑战性尤为突出，不管是科研工作者本人、科研档案部门还是科研单位的管理层以及决策者，都应该重视。

4 文献的检索

当代科技文献的特点是数量越来越大，种类越来越多，学科不断交叉并互相渗透。在数量巨大、种类繁多、分散无章的文献中迅速、准确、全面地查找自己所需要的内容，就是通常说的文献检索（Information Retrieval）。一般来说，文献检索主要是检索法和追溯法两种传统方法，特别是对于植物分类学。

4.1 检索法

检索法是利用检索工具（如文献、索引、目录等）系统而全面地查找文献的方法。利用这种方法，可以在较短时间内查到与自己课题或内容有关的而又较为系统的资料。该法是科技工作者查阅文献经常使用的方法，故也有人称为常用法。但常用法也并非十全十美，个别文章发表在比较偏僻的刊物上或由于其他原因而没有及时或未被检索类刊物收录，当然这种情况比较少。

4.2 追溯法

追溯法是以某篇文献（特别是最新文献）后面的参考文献为基础进行追踪检索，并逐步扩大检索范围，一直检索下去的方法。用这种方法查文献无需利用或借助检索工具，只要有近期一两篇文献（特别是综述文献）就可以根据其后的参考文献目录进行追溯与再追溯，直至获得自己较为满意的结果。对于植物分类学而言，追溯法也可以从前人分类群的文献引证中进行追根溯源。这种方法一般针对性强，较为系统，但是不易查全，有可能他人的疏漏造成你也如此，特别是近期文献。另外，如果前人错误引证，有时候还会误入歧途。

由于电脑网络和数据库资源的广泛普及与应用，实际工作中主要是采用主题、题目、关键词、作者、分类群、地理范围、期刊等多种检索项目相结合的方法，并与传统的检索方法相结合，互相弥补，确保全面。切不可只利用一种方法，即使较全面的检索法也难免因各种原因而造成遗漏的现象。同时也必须指出，即使是较为先进的网络和数据库也不是任何东西都能找到，毕竟现有的电子资源还没有全部覆盖所有的历史信息，也不可能有这样的现实资源，起码短期内无法达到。

5 植物分类学文献的特殊性

植物分类学在学名的应用上受**国际植物命名法规**优先权的约束，有追溯既往的考证性质，因此具有诸多独特性。首先，起点著作以后的文献必须掌握，特别是新分类群的原始文献，否则会出现命名上重复甚至错误，这一点在植物分类学上极为重要。其次，新分类群的命名以及描述必须用拉丁文[①]，一些较早的文献和少量当代文献发表时的题目是用拉丁文写成的，因此除其他流行或现行语种外，分类学者还必须熟练掌握植物学拉丁文，否则很多文献很难看懂。第三，分类群修订中还有引证异名及其文献，而且不管正确与否，这一点也是分类学专业所特有的（参见**国际植物命名法规**的有关内容）。第四，随着科学的进步，当今植物分类学的发展趋向于越来越综合，所涉及的学科越来越多。以往经典分类学主要涉及形态学、解剖学、地理学、生态学等学科，而现在植物化学、植物遗传学、植物细胞学、孢粉学、染色体、酶学、血清学、生物化学、分子生物学、生物信息学，特别是分子生物学等学科不断充实并加强了植物分类学的研究方法与手段。因此，当代的植物分类学不仅仅是传统的经典分类范畴，而是包罗万象、多学科交叉渗透的一门综合学科。这就要求我们在收集文献方面打破常规，从更宽、更广、更高的角度出发，进行系统而又全面的检索，特别是使用丰富的网络资源。这样才能开阔视野、拓宽知识，把课题与研究内容建立在前人的工作基础上！综合性的大规模检索可能是非常复杂而又费力的，但它恰恰是科研工作的首要环节，而且是非常重要的第一步。

---

① 2011年墨尔本法规规定，自2012年起，新类群的发表其描述的语言拉丁文不再是唯一的，而使用英文与拉丁文均可。详细参见本书法规的相关部分。

6 图书分类法

在正式介绍文献之前，有必要简单提一下中国目前使用的图书分类法。这是利用图书馆和查阅图书资料的基本常识。有的人进入图书馆，找不到自己要查的资料在什么位置；或知道某一馆的情况，到了另一馆又完全不同而束手无策。这主要是对中国目前的图书分类法还不清楚。

中国图书分类法主要有两个系统，即中国图书馆图书分类法和中国科学院图书馆图书分类法。前者应用较广，如北京的国家图书馆、地方图书馆以及一些高校图书馆等，后者主要是中国科学院系统的图书馆（包括各专业研究院所），当然也有一些非科学院系统的单位（包括高校）采用这种系统。要了解某一馆的具体系统，可在其目录栏中查一下分类索引。每个系统均有自己的代号，如中国图书馆分类法按字母排列，其中 Q 为分类学，Q94 代表植物学。而中国科学院图书馆分类法则以数字排列，其中 58 代表生物学，58.8 代表植物学，等等。为了方便读者，现将两者详细介绍如下。

6.1 中国图书分类法

中国图书馆分类法（Chinese Library Classification，CLC），简称**中图法**。自 1975 年正式出版以来经过多次修订，现包括马列主义、毛泽东思想，哲学，社会科学，自然科学，综合性图书五大部类，22 个基本大类，具体如下：

A	马克思主义、列宁主义、毛泽东思想、邓小平理论	N	自然科学总论
B	哲学、宗教	O	数理科学和化学
C	社会科学总论	P	天文学、地球科学
D	政治、法律	Q	生物科学
E	军事	R	医药、卫生
F	经济	S	农业科学
G	文化、科学、教育、体育	T-TN	工业技术
H	语言、文字	TP	自动化技术、计算机技术
I	文学	TQ	化学工业
J	艺术	TU	建筑科学
K	历史、地理	TV	水利工程
		U	交通运输

V 航空、航天   Z 综合性图书

X 环境科学、安全科学

其中：

Q 生物科学：1 普通生物学，2 细胞学，3 遗传学，4 生理学，5 生物化学，6 生物物理学，7 分子生物学，81 生物工程学（生物技术），91 古生物学，93 微生物学，94 植物学，95 动物学，96 昆虫学，98 人类学。

S 农业科学：1 农业基础科学，2 农业工程，3 农学（农艺学），4 植物保护，5 农作物，6 园艺，7 林业，8 畜牧、兽医、狩猎、蚕、蜂，9 水产、渔业。

Z 综合性图书：1 丛书，2 百科全书、类书，3 辞典，4 论文集、全集、选集、杂著，5 年鉴、年刊，6 期刊、连续性出版物，8 图书目录、文摘、索引。

6.2 中国科学院图书分类法

中国科学院图书馆图书分类法 简称科图法（Library Classification of the Chinese Academy of Sciences，LCCAS），自上世纪 50 年代以来，经过多次修订，将知识门类分为 5 大部类，并在这 5 个基本部类序列的基础上组成了 25 个基本大类。各级类目的分类号码采用单纯的阿拉伯数字制，不附加任何基本符号，从 00-99 分配 25 个大类及其主要类目。具体如下：

00. 马克思列宁主义、毛泽东思想

10. 哲学

20. 社会科学（总论）

21. 历史、历史学

27. 经济、经济学

31. 政治、社会生活

34. 法律、法学

36. 军事、军事学

37. 文化、科学、教育、体育

41. 语言、文学

42. 文学

48. 艺术

49. 无神论、宗教学

50. 自然科学（总论）

51. 数学

52. 力学

53. 物理学

54. 化学

55. 天文学

56. 地球科学（地学）

58. 生物科学

61. 医药、卫生

65. 农业科学

71. 工程技术

72. 能源学、动力工程

73. 电技术、电子技术

74. 矿业工程

75. 金属学（物理冶金）

76. 冶金学

77. 金属工艺、金属加工

78. 机械工程、机器制造

81. 化学工业

83. 食品工业

85. 轻工业、手工业及生活供应技术

86. 土木建筑工程

87. 运输工程

90. 综合性图书

其中，58 生物科学又分为：

58.1　普通生物学

58.11　生命

58.12　生物演化和发展、进化论、达尔文主义

58.13　有机体个体发育及胚胎学

58.14　遗传学

58.15　普通细胞学

58.16　普通形态学、解剖学和组织学

58.17　生物物理学、生物化学、生理学和分子生物学

58.18　普通生态物学、生物地理学和生物分类学

58.19　应用生物学

58.2　生物工程

58.3　古生物学

58.4　水生生物学

58.5　寄生虫学

58.6　微生物学与病毒学

58.8　植物学

59.1　动物学

59.3　人类学

59.4　人体胚胎学、人体解剖学

59.5　人体与动物的生物物理学、生物化学、生理学和分子生物学

59.8　心理学

　　不同单位使用的系统与排列方式完全不同，有的甚至一个图书馆由于历史的原因，其本身就是由过去的几个机构合并而成，或者是中间改变方法等，因此有一种以上的排列方式。

　　对于植物分类学者，使用大型的专业性图书馆时，还有几点应该注意。首先，大型图书馆收藏的资源非常丰富。有的图书或资料可能不只一份，还有复份，但并不放在一起，而是放在完全不同的类目中，诸如在不同的地理区域、分类群、或作者类别中。特别是利用开放图书馆时，当你在一个类目内查不到时，留意一下其他类别。其次，一些大型专业图书馆（特别是欧美）还收藏有丰富的单行本，有的按作者排列，有的按类群排列，有的按地区排列，更有甚者较为重要的以上三者（地理区域、分类群、著作者）都有收藏。这样即使是你所要的资料或者是某一期刊或年代的出版物找不到或者被人借出，但位于其他类别的收藏同样能够满足你的需求。第三，图书馆的档案（Archives），包括私人通信、出

版物手稿、有关相片与底板、单行本、校样、个人背景资料等等。尽管不同的单位收藏的对象与内容可能完全不同，但我们应该注意并充分利用，特别是在西方发达国家。相对国内，这方面差距很大，还有很多空白或者领域亟待提高 [①]!

[①] 在著名的孔夫子旧书网站上，经常可以看到出售旧书之外，还有很多的私人信件，特别是那些有关科研交流的内容已经流落到民间或者毫不相干的私人手里！这些本来是相关单位的图书馆以及档案馆应该保存的重要科研历史资料。

2

PART TWO

第二部分
图书类

科技图书是文献的重要组成部分，是在大量参考文献的基础上，经过编著者对资料的鉴别、核对、组织、整理编排而装订成册的公开出版物（未公开发行的一般称为内部资料或内部印刷，而且国内外都有，只是在中国比较多）。

本部分包括检索、辞典、植物志、植物系统、采集史、国际植物学大会和国际植物命名法规、拉丁文与模式、参考资料等。考虑到部分文摘和目录等既有图书形式又有期刊形式出版的情况，本书在编写过程中均置于图书类，以免出现重复设项。本书的第二部分期刊类，主要是专业性的一级文献，凡涉及检索类、工具书类、参考书类各项的期刊形式连续出版物，均置于科技图书类介绍。

1 检索书类

检索书类主要包括索引、目录、文摘 3 项，均属于检索性质。

1.1 索引

索引（Index）是检索资料的一种工具。旧称"通检"或"备检"，也有按英文 Index 音译为"引得"的；即把一种或多种期刊里的具体内容，如主题、书名、篇名、人名、地名等摘录下来，按一定的规则加以编排，标明出处，以单独形式编辑成册或附于书后，为查找资料提供线索。

本项记载 40 种。

■ **1.1.1** *Index Kewensis* **Plantarum Phanerogamarum Nomina et Synonyma Omnium Generum et Specierum a Linnaeo usque ad annum MDCCCLXXXV complectens nomine recepto auctore patria unicuique plantae subjects**，Benjamin D. Jackson，Vols. 1-2；1893-1895；*Index*

Kewensis Supplement 1–21，1902–2002；London：Kew，Royal Botanic Gardens。

本书收录自 Carolus Linnaeus[①]1753 年至 1895 年间所发表的种子植物属和种的原始文献及作者和原产地。当时的编辑工作是在 Joseph D. Hooker[②]指导下由 Benjamin D. Jackson 组织人员在邱园（Kew）进行。全书为 2 卷本，按字母顺序排列：第 1 卷包括字母 A 到 J，第 2 卷包括字母 K 到 Z。1901 年后出版补编，5 年一册（其中二战期间为 10 年），而最近一册补编（第 21 册）的覆盖年份为 1996—2000 年，于 2002 年出版。本书 1986 年改名为 *Kew Index* 并出版年度索引。随着计算机的普及与使用，1997 年又出版光盘，收止日期为 1996 年 6 月。2001 年（第 21 册）以后本刊停止出版，所有内容组成今日的 IPNI 网络数据库 http://www.ipni.org/。

本书从第 2 册补编开始，编辑不再是一人，而是由多名分类学家负责编辑收录各属、种学名的原始文献及作者和产地；其中第 1—3 册补编主编对某一属、种的存立与否都表明了自己的见解，但从第 4 册补编开始，其方针是以有闻必录，正确与否自己考证，所以在使用本书时务必注意；包括原先不表明原始文献的出版年份，若为新组合名称也不表明基名的作者，但以后各卷在这方面都作了改进[③]。自第 16 册补编开始，在科以下所发表的新分类群学名均在收录之列，例如新的亚科、族、亚族、亚属、组、系、亚种、变种、变型等各等级学名都被收录，而以前各卷从未收录。

鉴于 *Index Kewensis* 的重要性，加拿大学者编辑了一本属的索引，J. A. Ernest Rouleau，***Guide to the generic names appearing in the Index Kewensis and its fifteen supplements***，485 p，1981；Lac De Brome：Chatelain。

■ **1.1.2** ***Index Bryologicus*** **sive Enumeratio Muscorum Huscusque Congnitorum Adjunctis Synonymia Distributioneque Geographica Locupletissimis quem Conscripsit**，Édouard G. Paris，Vols. 1–5，964 p，1894–1898；Reprinted from ***Actis Societatis Linnaeanae Burdigalensis*** Ser. 5，Vols. 6（parts 1–3），9（parts 1–6），10（parts 1–5），& Ser. 6，Vol. 1（parts 1–3）；

---

① Carl Linnaeus（1707—1778），瑞典人，1761 年被封为贵族后改为 Carl von Linné（参见：*TL-2*，3：71，1981）；但是专业领域普遍采用拉丁化的 Carolus Linnaeus，参见 Gordon M. Reid，2009，Carolus Linnaeus（1707—1778）：his life，philosophy and science and its relationship to modern biology and medicine，*Taxon* 58（1）：18–31。

② 参见 Ray Desmond，1999，*Sir Joseph Dalton Hooker*，*Traveller and Plant Collector*，286 p；Suffolk：Antique Collectors' Club。

③ 参见 Robert D. Meikle，1971，The history of the Index Kewensis，*Biological Journal of the Linnean Society* 3：295–299。

Index Bryologicus Supplementum Primum 234 p，1900；Geneve at Bale：Georg & Cie；*Index Bryologicus* sive Enumeratio Muscorum ad diem ultimam anni 1900 Cognitorum Adjunctis Synonymia Distributioneque Geographica Locupletissimis，2ⁿᵈ ed，**1**，384 p，1903-1904；**2**，375 p，1904；**3**，400 p，1904-1904；**4**，368 p，1905；**5**，160 p，1906；Paris：Librairie Scientifique A. Hermann。

苔藓植物的索引、补编及第 2 版均为法国人 Édouard G. Paris（1827—1911）所著，提供苔藓植物学名的原始文献及作者和产地。作者是法国的一位将军兼植物爱好者，于 1889 年退休后收集苔藓和植物学方面的资料，详细参见：Denis Lamy，2001，*The Bryologist* 104（3）：367-371。

■ **1.1.3** *Genera Siphonogamarum* ad Systema Englerianum Conscripta，Karl W. Dalla Torre & Hermann A. T. Harms（eds），921 p，1900-1907；Lipsiae：G. Engelmann。

本书主要根据 Heinrich Gustav Adolf Engler und Karl A. E. Prantl 的 *Die Natürlichen Pflanzenfamilien* 系统，将种子植物的"科"和"属"作了系统排列，每一学名均引证了作者名、文献及其异名，有些科还包括"亚科"和"族"等学名。属名下指出种的数目及分布，并给每一科和属统一编号。其中科号从 1—280，即从 Cycadaceae 到 Compositae；而属则从 1—9629，即从 *Cycas* 到 *Thamnoseris*。世界上一些较大的标本馆（如俄罗斯科学院科马洛夫植物研究所、巴黎自然历史博物馆、美国华盛顿的史密森学会等）均按此编号排列。本书共 921 页，其中第 1-583 页为正文，按科属排列（即 1—9629），第 583-596 页为不确定属 6930—9810，第 587-637 页为补编；第 689-921 页为索引。本书的索引部分后来作为 *Register zu De Dalla Torre et Harms Genera Siphonogamarum* ad Systema Englerianum Conscripta 由原出版商单独发行（共 568 页，1908；其开本长仍然为 16 开，而宽则仅为 16 开正常宽度的一半，就是我们一般所见到非常窄的精装本硬皮手册）。

■ **1.1.4** *Index Filicum* Sive Enumeratio omnium generum specierumque，Filicum et Hydropteridum ab anno 1753 ad finem anni 1905 descriptorium，744 p，1905-1906，Carl Christensen；*Index Filicum Supplementum 1906-1912*，131 p，1913，Carl Christensen；*Index Filicum Supplément Préliminaire pour Les Années 1913，1914，1915，1916*，60 p，1917，Carl Christensen；*Index Filicum Supplementum Tertium pro annis 1917-1933*，219 p，1934，Carl Christensen；*Index Filicum Supplementum Quartum pro annis 1934-1960*，370 p，1965，Rodolfo E. G. Pichi-Sermolli；*Index Filicum Supplementum Quintum pro annis 1961-1975*，245 p，1985；*Index Filicum Supplementum Sextum 1976-1990*，414 p，1996，Robert J. Johns；*Index Filicum Supplementum Septimum 1991-1995*，124 p，1997，Robert J. Johns；Hafniae

（Copenhagen）：H. Hagerup，…，London：Kew，Royal Botanic Gardens。

从其书名便可知本书是蕨类植物的文献目录。本书开始由丹麦蕨类学者 Carl F. A. Christensen 在哥本哈根编辑并完成续编 1—3（1913—1934），后由意大利蕨类学者 Rodolpho E. G.. Pichi Sermolli 接替完成续编 4（1965），再由英国邱园的 Frances M. Jarrett 等完成补编 5（1985），Robert J. Johns 完成补编 6—7（1996—1997）。本工作和 *Index Kewensis* 基本类似，但有作者索引，使用上非常方便。这一工作今日已加入 IPNI 网络数据库（http://www.ipni.org/）。读者使用时要注意，本书自补编 5 收录拟蕨类，之前的拟蕨类文献参见下面的索引。

■ **1.1.5** *Index Isoëtales*，Clyde F. Reed，72 p，1953；Alcobaca，Portugal / Baltimore：The Author；*Index Psilotales*，Clyde F. Reed，30 p，1966；Alcobaca，Portugal / Baltimore：The Author；*Index Selaginellarum*，Clyde F. Reed，287 p，1966；Alcobaca，Portugal / Baltimore：The Author；*Index to Equisetophyta*，Vol. 1，402 p，Fossiles，& Vol. 2，128 p，Extantes，1971；Baltimore：The Author；*Index of the Lycopodiaceae*，Benjamin Øllgaard，135 p，1989；Copenhagen：Munksgaard。

详细参见书评：William R. Maxon，1905，*Science* 22（No. 557），267–269；Ewdin B. Copeland，1950，*American Fern Journal* 40（1）：16–21；A. A. Bullock，1966，*Kew Bulletin* 20（1）：24；Conrad V. Morton，1967，*American Fern Journal* 57（1）：35–37；Frans A. Stafleu，1973，*Taxon* 22（4）：465–466；David B. Lellinger，1974，*American Fern Journal* 64（3）：96；Alan R. Smith，1985，*American Fern Journal* 76（3）：76；Mary Gibby，1998，*Kew Bulletin* 53（1）：249–250。

■ **1.1.6** *Index Londinensis to Illustrations of Flowering Plants*，*Ferns And Fern Allies*，*Iconum Botanicarum Index Londinensis* sive G. A. Pritzelii Iconum Botanicarum Index Locupletissimus：Emendatus Auctus et ad annum MCMXX Productus，Otto Stapf，**1**，547 p，1929，A–Cam；**2**，548 p，1930，Cam–Dys；**3**，555 p，1930，E–J；**4**，568 p，1930，K–Ped；**5**，549 p，1931，Ped–Sap；**6**，570 p，1931，Sap–Z；*Index Londinensis to Illustrations of Flowering Plants*，*Ferns And Fern Allies Supplement I*，497 p，1941，A–H；**II**，515 p，1941，I–Z；Oxford：Clarendon Press / London：Kew，Royal Botanic Gardens。

本书是收录有花植物和蕨类有图的文献目录，由 Royal Horticultural Society of London 赞助，在邱园进行编辑。本书收录的每一篇文献后都注明是植物的外形或者是花，或者是果实。若没有注明，则表示大都多于以上所述的一部分。若是彩色图，则在文献前用 "*" 号表示。另外，本书仅仅指在这一文献中有某一种植物的图，但并不保证该图是否就是这种植物，所以其学名正确与否需要自己考证。

■ 1.1.7 全国报刊索引（科技版）

全国报刊索引前身是 1951 年 4 月由山东省图书馆编印的**全国主要资料索引**。1955 年
3 月改由上海图书馆编辑出版，1956 年更名为**全国主要报刊资料索引**并在内容上开始增加
了报纸部分。在 1966 年 10 月至 1973 年 9 月停刊，1973 年 10 月复刊，并改为现名，由
上海图书馆编辑出版，月刊。该索引收录了国内公开和内部发行的全国性、专业性及省、
市、自治区和部分地方的中文期刊和报纸上发表的论文，每期收载当月报纸及当月到达该
馆的期刊上的文献资料。目前收录的全国期刊（包括港、澳、台）已达 8 000 种左右。该
索引按**中国图书馆图书分类法**分类编排，其中 Q 类为生物科学，Q91 为古生物学，内有
古植物学细目，Q94 为植物学，内设植物细胞学、植物遗传学、植物形态学、植物生理
学、植物生物化学、植物生态学和地理学、植物分类学、真菌等细目。该刊自 1991 年起，
实行标准著录，基本格式为：文献题名、著译者姓名、报刊名、版本、年代、卷期、起止
页、附注等。该索引所引用的报刊名单，刊登在每年第 1 期和第 7 期上。这个索引的特
点是月刊，所以信息快，又因广集地方级的期刊，故信息来源广，一般难以见到的地方刊
物，也能收集在本刊中，故很有参考价值。该刊 2000 年推出网络版（http：// www.cnbksy.
com / home）并有数据平台（http：// www.library.sh.cn / skjs / bksy /）。

■ 1.1.8 *Index Herbariorum Part 2*，*Collectors*，Joseph Lanjouw & Frans A. Stafleu，Vols. 1–7，1954–1988；**1**，A–D，1–179 p，1954；**2**，E–H，180–354 p，1957；**3**，I–L，355–475 p，1972；**4**，M，476–576 p，1976；**5**，N–R，577–803 p，1983；**6**，S，806–985 p，1986；**7**，T–Z，987–1213，1988；Utrecht：International Bureau for Plant Taxonomy and Nomenclature of the International Association for Plant Taxonomy。

详细参见本书的第 7.1.1 种。

■ 1.1.9 *Index Muscorum*，Roelof van der Wijk，Willem D. Margadant & Peter A. Florschütz；Vols. 1–5，1959–1969；Utrecht：International Bureau for Plant Taxonomy and Nomenclature of the International Association for Plant Taxonomy。

1，548 p，1959，A–C；**2**，535 p，1962，D–Hypno；**3**，529 p，1964，Hypnum–O；**4**，604 p，1967，P–S；**5**，922 p，1969，T–Z，appendix。

本工作始于欧洲 [1]，其内容包括属、种和种下单位的原始文献与模式和异名以及地理分布等，主题按学名顺序排列。

参见：William C. Steere，1961，Vol. 1，*The Quarterly Review of Biology* 36（2）：134。

而之后的补编（1974—1985）则在美国进行：

1.1.10 ***Indes Muscorum Supplementum–1974–1975***，Marshall R. Crosby，1977，*Taxon* 26（2/3）：285–307；***Indes Muscorum Supplementum–1976–1977***，Marshall R. Crosby，1979，*Taxon* 28（1/3），237–264；***Indes Muscorum Supplementum–1978–1979***，Marshall R. Crosby & Cheryl R. Bauer，1981，*Taxon* 30（3）：667–693。

1.1.11 ***Indes Muscorum Supplementum–1980–1981***，Marshall R. Crosby & Cheryl R. Bauer，1983，*Taxon* 32（4）：670–691；***Indes Muscorum Supplementum–1982–1983***，Cheryl R. Bauer & Marshall R. Crosby，1986，*Taxon* 35（2）：416–439；

1.1.12 ***Indes Muscorum Supplementum–1984–1985***，Marshall R. Crosby & Cheryl R. Bauer，1987，*Taxon* 36（2）：502–527。

1.1.13 ***Index Hepaticarum***，Charles E. B. Bonner，and Patricia E. Geissler & Helene Bischler-Causse；Fasc. 1–12，1962–1990；Weinheim：J. Cramer，& New York：Hafner Pub. Co；2nd ed，Geneve：Conservatoire et Jardin Botaniques de la Ville de Geneve。

1，1–340 p，1962，*Plagiochila*；**2**，1–320 p，1962，*Achiton-Balantiopsis*；**3**，321–636 p，1963，*Barbilophozia-Ceranthus*；**4**，637–926 p，1963，*Ceratolejeunea-Cystolejeunea*；**5**，1–480 p，1965，*Delavayella-Geothallus*；**6**，481–739 p，1966，*Geobeliella-Jubula*；7，1–414 p，1976，*Jungermannia*；**7a**，741–907 p，1977，Supplementum A–C（supplement，additions and corrections to parts 2–6，*Achiton-Jubula*）；**8**，1–414 p，1976，*Jungermannia*；**9**，481–793 p，1978，*Jungermanniopsis-Lejeunites*；2nd ed，**8/9**，1–310 p，1987，*Jungermannia-Lejeunites*；**10**，1–352 p，1985，*Lembidium-Mytilopsis*；**11**，1–353 p，1989，*Naiadea-Pycnoscenus*，including 2nd ed of **1**，*Plagiochila*；**12**，1–337 p，1990，*Racemigemma-Zoopsis*。

本书是苔类植物索引，但跨度时间太长，前后差别很大。

---

① Peter A. Florsch ü tz & Roelof van der Wijk，1954，*Taxon* 3（4）：97；Roelof van der Wijk，1956，*Taxon* 5（2）：22–23；& *The Bryologist* 59（2）：145–146。

参见书评：Margaret Fulford，1963，Fasc. 1，*The Bryologist* 66（2）：88-89；Aaron J. Sharp，1963，Fasc. 1，*Bulletin of the Torrey Botanical Club* 90（2）：153，1963，Fasc. 2 & 3，*Bulletin of the Torrey Botanical Club* 90（6）：418-419，1965，Fasc. 4，*Bulletin of the Torrey Botanical Club* 92（2）：141-142，1966，Fasc. 5，*Bulletin of the Torrey Botanical Club* 93（2）：145，1967，Fasc. 6，*Bulletin of the Torrey Botanical Club* 94（3）：200；Peter A. Florschütz，1965，Fasc. 1，*Taxon* 11（6）：205；Frans A. Stafleu，1966，Fasc.1-3，*Taxon* 15（4）：152-153，1977，Fasc. 8，*Taxon* 26（1）：112；Rudolf M. Schuster，1978，Fasc. 8，*The Bryologist* 81（1）：183-185，& Fasc. 7a，*The Bryologist* 81（1）：185；Frans A. Stafleu，1985，Fasc.10，*Taxon* 34（4）：741。

■ **1.1.14** ***Index to European Taxonomic Liturature For 1965-1970***，Richard K. Brummitt and Douglas H. Kent & Richard K. Brummitt（eds），1965-1970；Utrecht：The Netherland & London：Kew，Royal Botanic Gardens。

本书是当时针对欧洲植物而编研出版的，每年一本，以供植物分类学家查阅欧洲及其邻近地区（北非、中东、土耳其、高加索等）最新发表有关维管束植物的分类学文献及新的学名。其编辑的内容包括：一般、传记、文献学、植物学机构、植物地理、植物志、染色体研究，而各级新名称均归入各科、属、种之下。本文献虽主要针对欧洲植物，但研究中国温带地区植物也是不可缺少的参考文献。本书后被 *Kew Record of Taxonomic Literature Relating to Vascular Plants* 取代。

■ **1.1.15** ***Kew Record of Taxonomic Literature Relating to Vascular Plants 1971***，由 *Index for European Taxonomic Literatrue for...* 而来，而 1987 年又改为 *Kew Record*。

■ **1.1.16** ***Kew Record***，季刊，自 1987 年由 *Kew Record of Taxonomic Literature relating to vascular plants* 易为现名。

本刊不仅给读者提供有关新的信息，而且还能从中了解到全世界的分类学最新文献，包括凡是在邱园、英国自然博物馆和英联邦林业研究所所能见到的文献。其分类别隶属于：一般、理论、方法、植物地理、区系、命名、染色体研究、化学分类、解剖和形态、孢粉、胚胎、生殖生物学、文献学、人物志、植物研究机构。系统分类学的文献按科、属、种排列，而新等级名称用黑体字排列，以示醒目。本书还考虑到区域文献的重要性，将全世界分为 7 个区：①欧洲与北非，②亚洲温带，③北美，④中美和南美，⑤热带非洲和南非，⑥热带亚洲和太平洋，⑦澳大利亚和新西兰。这样在各文献前注明编号，使读者可缩小查阅范围，不仅实用，而且方便。

■ **1.1.17** ***Taxonomic Literature*** *a selective guide to botanical publications with dates*，*commentaries and types*，Frans A. Stafleu，556 p，1967；Utrecht：International Bureau for Plant Taxonomy and Nomenclature；**Taxonomic Literature**，2nd ed（***TL-2***），Vols. 1-7，1976-1988；Frans A. Stafleu & Richard S. Cowan；Utrecht：Bohn，Scheltema & Holkema。**Taxonomic Literature Supplement**（***TL-2S***），Ⅰ-Ⅷ，1992-2009；Frans A. Stafleu & Erik A. Mennega and Laurence J. Dorr & Dan H. Nicolson；Königstein：Koeltz Scientific Books。

1，1136 p，1976，A-G；**2**，991 p，1979，H-Le；**3**，980 p，1981，Lh-O；**4**，1214 p，1983，P-Sak；**5**，1066 p，1985，Sal-Ste；**6**，926 p，1986，Sti-Vuy；7，653 p，1988，W-Z；***Taxonomic Literature Supplement***（***TL-2S***）Vols. Ⅰ-Ⅵ，1992-2000；Frans A. Stafleu & Erik A. Mennega，Königstein：Koeltz Scientific Books，Ⅰ，453 p，1992，A-Ba；Ⅱ，464 p，1993，Be-Bo；Ⅲ，550 p，1995，Br-Ca；Ⅳ，614 p，1997，Ce-Cz；Ⅴ，432 p，1998，Da-Di；Ⅵ，518 p，2000，Do-E；Vols. Ⅶ-Ⅷ，2008-2009；Laurence J. Dorr & Dan H. Nicolson，Ⅶ，470 p，2008，F-Frer，& Ⅷ，550 p，2009，Fres-G，Königstein：Koeltz Scientific Books。

TL-2 及 *TL-2S* 共 15 卷（其中正篇 *TL-2*，7 卷，补编 *TL-2S*，8 卷）11 227 页，包括 9 072 位作者的 37 609 条文献，编写时间长达 32 年之久[1]。本书是植物分类文献目录中最重要的工具书，是考证各类文献与时间（跨度从 1753 到 1940 年）的权威著作。无论是收集的内容还是覆盖的范围，本书都可以说是当今世界植物分类学界的宏伟巨作；不仅收录古典植物分类学文献，同时也包括很多当代的各种文献；收录范围不仅包括广义的植物学（藻类、真菌、地衣、苔藓、蕨类、种子植物），同时兼收古植物学以及少数生物学的内容。

本书的编排方式以作者为序，按姓氏字母排列。每个作者都有详细的全名与缩写、生平、传记、工作单位、研究过的标本以及模式标本存放地点、出版物等介绍，同时还列举有关的参考文献以便读者进一步考证或获得更多的知识。每个作者的论著按年代排列，包括论著的全称与缩写、出版时间、地点、卷册、页码、图表、版次以及相关的评论等。本书第 1 版仅一本，收录 1 453 种论著，共 556 页。编者 Frans A. Stafleu[2]（1921—1997）是荷兰人，不仅是 International Association for Plant Taxonomy（IAPT[3]）的秘书而且长期工

---

① 有关本书的详细统计数字参见：Rudolf Schmid，*Taxon* 58（2）：689-691。

② Werner Greuter，1998，Frans Antonie Stafleu（8 September 1921-16 December 1997），*Taxon* 47（1）：3-36。

③ 参见：Joseph Lanjouw，1953，The International Organisation of Plant Taxonomy and the position of I. A. P. T. and I. U. B. S.，*Taxon* 2（1）：1-4；Richard S. Cowan & Frans A. Stafleu，1982，The Origins and Early Hisotry of I. A. P. T.，*Taxon* 31（3）：415-420；Frans A. Stafleu，1988，The Prehistory and History of IAPT，*Taxon* 37（3）：791-800。

作于植物分类学界著名的 Utrecht University，是 20 世纪世界著名的植物学文献、历史和命名的权威。他一人仅用三年的时间（1965 至 1967）完成这样的巨作，除了资料的积累外，更重要的是智慧和阅历。第 2 版 Frans A. Stafleu 与美国史密森学会[1]国家自然历史博物馆（Natinal Museum of Natural History, Smithsonian Institution）刚卸任的主任 Richard S. Cowan[2]（1921—1998）联合主编并扩充内容（参见 *Taxon* 28（1, 2/3），77-86，1979），历时 12 年之久（1973 年 11 月到 1985 年 10 月）完成近 7 000 页的 7 卷本。其内容是第 1 版的 10 多倍，论著达 18 785 种，最终使本书成为世界植物分类学家必不可少的工具。然而由于第 2 版从第 2 卷（即 1976 年）开始得到美国国家自然科学基金（National Science Foundation，NSF）的资助，所以增加很多内容，但先行完成的第 2 版第 1 卷（即作者 A 到 G）是在没有经费的情况下进行的，与第 2 卷以后各卷相比需要补充。第 2 版完成后，由于 Richard S. Cowan 已经退休而不再参加余下的工作，于是 Frans A. Stafleu 又联合 Utrecht University 的 Erik A. Mennega[3]（1923—1998）对第 2 版的第 1 卷进行补充。遗憾的是补编工作由于两位作者于 1997 年和 1998 年先后故去，只完成 A 到 E（其中补编第 V 和 VI 卷的内容 D 到 E 由德国柏林植物园的 Norbert Kilian（1957—）和 Ralf Hand（1964—）在他们遗留的手稿基础上编辑完成），尽管他们当初希望能够完成第 1 卷的全部 A 到 G。第 2 版第 1 卷的补编工作任务相当大，同时也增加很多内容，到补编 VI 时已经收载论著已达 33 658 种。幸亏美国史密森学会 Dan H. Nicolson[4]（1933—2016）和 Laurence J. Dorr（1953—）接过续编[5]，完成补编余下的两册（F-Frer 和 Fres-G）并于 2008 年和 2009 年分别出版。本书的作者们基于欧美具有历史性的植物学研究机构，收集的文献可谓植物分类学史上从未有过。然而本书仍有不足之处，正如作者在第 2 版第 1 卷前言中所指出的那样，遗憾的是由于语言等原因，东欧的斯拉夫语系地区及东亚的工作收录有限（当然包括中国）。

　　本书的全部内容已经上网（http://www.sil.si.edu/DigitalCollections/tl-2/），可以检索并查阅。另外，美国还有 "*TL-2 Combined Index to Titles*"（776 p，1992；密苏里植物园：内部出版），但只包括第 2 版，不包括后来的补编。

---

[1] 有关美国史密森学会（Smithsonian Institution）的中文表述，详细参见：马金双主编，2020，中国植物分类学纪事，第 112 页 242 脚注；郑州：河南科技出版社。

[2] Dan H. Nicolson，1998，R. S. Cowan（1921-1997），*Taxon* 47（2）：520-530。

[3] Gea Zijlstra，1998，Erik A. Mennega（1923-1998），*Taxon* 47（4）：974-975。

[4] Dan H. Nicolson（1933-2016），*The Plant Press* 19（3）：6-7，2016。

[5] 参见：Laurence J. Dorr，2008，TL-2 Speaks Volumes，*The Plant Press* 11（4）：1，& 6-7。

■ **1.1.18** *Botanico-Periodicum-Huntianum*（BPH，B–P–H），George H. M. Lawrence，Arno F. G. Buchheim，Gilbert S. Daniels & Helmut Dolezal，1063 p，1968；Pittsburgh：Hunt Botanical Library；*Botanico-Periodicum-Huntianum / Supplement*（BPH／S，B–P–H／S），Gavin D. R. Bridson & Elizabeth R. Smith，1068 p，1991；Pittsburgh：Hunt Institute for Botanical Documentation，Carnegie Mellon University；*Periodicals with botanical content-Constituting a second edition of Botanico-Periodicum-Huntianum*（BPH–2，B–P–H–2），Gavin D. R. Bridson（compiler），Scarlett T. Townsend，Elizabeth A. Polen（eds）& Elizabeth R. Smith（ed assistant），Vols. 1–2，1470 p，2nd ed，2004（1. A–M，2. N–Z）：Pittsburgh：Hunt Institute for Botanical Documentation，Carnegie Mellon University。

本书是 Hunt 植物文献中心为统一引用期刊名称的缩写而编辑的。其中收集了全世界有关广义植物学的期刊，1968 年第 1 版仅 12 000 种，而 2004 年第 2 版多达 33 000 种（1665 至 2000 年）。对于我们了解有关植物学期刊的名称，创刊时间、出版年份、出版地、出版单位以及期刊全称与缩写和历史上名称的变迁等是一本非常重要的参考书（http：// huntbotanical.org / databases / show.php?2）。

■ **1.1.19** *Index Holmensis A World Phytogeographic Index*（*A World Index of Plant Distribution Maps*），Hans Tralau，Vols. 1–5，1965–1981；*Index Holmiensis A World Phytogeographic Index*，Jim Lundqvist，Bertil Nordenstam & Eckehart J. Jäger；Vols. 6–10，1988–2007；Stockholm：Swedish Museum of Natural History，& Zurich：The Scientific Publishers Ltz。

1，264 p，1969，Equisetales，Isoetales，Lycopodiales，Psilotales，Filicales，Gymnospermae；**2**，224 p，1972，Monocotyledoneae A–I；**3**，224 p，1973，J–Z；**4**，304 p，1974，Dicotyledoneae A–B；**5**，258 p，1981，C；**6**，298 p，1988，D–F；7，362 p，1992，G–I；**8**，408 p，1995，K–M；**9**，568 p，1998，N–P；**10**，693 p，2007，Q–S。

本书是世界维管束植物分布图的索引，由瑞典斯德哥尔摩自然历史博物馆 Hans Tralau（1932—1977）根据 Eric Hulten（1894—1981）教授 20 多年间的收藏编辑而成；而 Hans Tralau1977 年故去后（其中第 5 卷由 Magnus Fries & Bertil Nordenstam 根据 Hans Tralau 的手稿编辑）；从第 6 卷开始则由瑞典斯德哥尔摩自然历史博物馆的 Jim Lundqvist，Bertil Nordenstam 和 Eckehart J. Jäger 承担下来。读者使用本书时要注意，书中只给出当时分布图所附属的学名，而没有考证那个图所附属的学名正确与否。本书从第 2 卷开始，不但得到瑞典自然科学研究会的资助，同时成立了国际性的编委会，特别是第 6 卷之后，吸引了很多国际著名单位的学者，以保证资料的全面。另外，从第 3 卷开始，还增加了属一级的分布图。当然，细心的读者一定注意到本书的名字从第 5 卷开始根据瑞典文 Holmia 的拉

丁化而从 *Index Holmensis* 改为 *Index Holmiensis*。应该指出，先前出版的卷册显然不如后边的全面。

■ **1.1.20** *Bryological Herbaria* a guide to the bryological herbaria of the world，Zennoske Iwatsuki，Dale H. Vitt & Stephan R. Gradstein，144 p，1976；Vaduz：J. Cramer。

详细参见本书第 7.1.2 种。

■ **1.1.21** *Index Nominum Genericorum（Plantarum）*，Ellen R. Farr，Jan A. Leussink & Frans A. Stafleu（eds），Vols. 1-3，1896 p，1979；Utrecht：Bohn，Scheltema & Holkema；The Hague：Junk。***Index Nominum Genericorum（Plantarum）Supplement 1***，Ellen R. Farr，Jan A. Leussink & Gea Zijlstra（eds），125 p，1986；The Hague/Boston：Bohn，Scheltema & Holkema。

本书包括植物界（细菌除外，包括现代植物和化石植物）所有合格发表（valid publication）的属名[1]。每一个条目包括三个部分：第Ⅰ部分：属名、作者名及文献（参照**国际植物命名法规附录Ⅲ**），包括保留名（nom. cons.）或废弃名（nom. rej.）；第Ⅱ部分：模式，又分 4 种情况，分别注明 T（Type）发表时为单种属或作者已指定，LT（Lectotype 后选模式），T. non designatus（模式尚未确定），若系一个属间杂交的属名或纯系命名上的异名（nomenclatural synonym）则模式一项空缺；第Ⅲ部分：分类位置，一般注明所隶属的大类和科名，但真菌、藻类或仅注明"目"或"纲"。本书是 IAPT 和美国史密森学会合作的产物，共有 125 名来自世界各地的专家参加了编写工作，各专家都以阿拉伯数目字作代号，在最后一项中给予注明，表示该属名由某专家考订。本书自 1954 年开始共费时 25 年才完成，堪称是当代植物分类学文献目录的一本巨著，包括 635 000 条目录。补编 1 于 1986 年出版，但是计划补编 2 时则开通了网络版（botany.si.edu/ing/）。

■ **1.1.22** *Directory of Bryologists and Bryological Research*，Stephan R. Gradstein，81 p，1979；Utrecht Bohn：Scheltema & Holkema.

本书是苔藓工作者的指南，提供学者的地址和研究领域，包括历史、文献与命名、系统学、细胞分类学、遗传学、化学与植物化学分类、比较形态与解剖、发育、生理、生态、地理、古植物和索引。其中中国 8 人（大陆 5 人，台湾 3 人）。

---

① 参见 Richard S. Cowan，1970，The Index Nominum Genericorum project-past，present and future，*Taxon* 19（1）：52-54。

■ **1.1.23** *Index to Distribution Maps of Bryophytes 1887–1975*，Åke Sjödin，1980；Uppsala：Svenska Växtgeografiska Sållskapet。

1，282 p，包括 1887 至 1975 年间 5 300 幅藓类分布图；**2**，143 p，包括 1928 至 1975 年间 3300 苔类分布图。

参见书评：Dale H. Vitt，1981，*The Bryologist* 84（1）：146；Jaroslava Kurkova，1981，*Folia Geobotanica & Phytotaxonomica* 16（1）：107。

■ **1.1.24** *Compendium of Bryology* a world listing of herbaria，collectors，bryologists，and current research，Dale H. Vitt，Stephan R. Gradstein & Zennoske Iwatsuki，355 p，1985；Braunschweig：J. Cramer（Bryophytorum Bibliotheca Band 30，International Association of Bryologists）。

详细参见本书第 7.1.3 种。

■ **1.1.25** *The Conspectus of Bryological Taxonomic Literature*，Stanley W. Greene & Alan J. Harrington，Part 1，Index to Monographs and Regional Reviews，272 p，1988；Part 2：Guide to National and Regional Literature，321 p，1989；Berlin：J. Cramer。

本书[①]是苔藓专业文献索引。其中第 1 册是世界性的目、科、属的专著、修订与评述的索引，第 2 册是国家与地区的文献索引，包括植物志、名录、目录以及其他出版物等。第 1 册主题以分类群学名字母排列，每个类群内以作者姓氏排列；第 2 册主题以国家和地区（大的国家分省份排列，包括中国等）字母为序，每个国家内按作者姓氏排列。每册后面都有参考文献和引用的期刊附录。

书评参见：Bruce Allen，1990，*The Bryologist* 93（3）：381。

■ **1.1.26** *Index Herbariorum Part 1*，*The Herbaria of the world*，Patricia K. Holmgren，Noel H. Holmgren & Lisa C. Barnett（eds），8 th. ed，693 p，1990；New York：New York Botanical Garden。

详细参见本书第 7.1.5 种。

■ **1.1.27** *Plant Specialists Index*，Patricia K. Holmgren & Noel H. Holmgren，394 p，1992；Königstein：Koeltz Scientific Books。

---

① 原刊分别为 *Bryophytorum Bibliotheca* 的第 35 和第 37 卷。

本书是世界范围的植物和真菌专家索引，主要根据 *Index Herbariorum*，8th ed（即本书第 1.1.26 种）编辑而成；共分三部分（分类群、地区和主题），每部分又分类目，其内再列专家姓名。详细如下：

分类群索引：Fungi（including Lichens），Algae，Brgophyta，Gymnospermae，Angiospermae。**地理索引**：Area extending to more than one continent，Europe，Africa，Asia，Australasia，Pacific，North America（including Mexico and Hawaii），South and Central America，West Indies，Antarctica。**主题索引**：Aquatic Plants，Bibliography，Chemistry，Cultivated Plants and Fungi，Cytology and Genetics，Economic Botany，Ethnobotany，History，Illustrations，Medical Plants，Nomenclature，Ornamental Plants，Paleobotany，Palynology，Rare，Thretaned and Endangered Species，Taxic Plants and Fungi。

另外，本书书末还有标本馆缩写、学名和专家等索引。

■ **1.1.28** *Index of Mosses*-A catalog of the names and citations for new taxa，combinations，and names for mosses published during the years 1963 through 1989 with citations of previously published basionyms and replaced names together with lists of the names of authors of the names and lists of names of publications used in the citations，Marshall R. Crosby，Robert E. Magill & Cheryl R. Rauer，646 p，1992；St. Louis，MO：Missouri Botanical Garden。

参见：William D. Reese，1993，*The Bryologist* 96（4）：678–679。

■ **1.1.29 中国植物标本馆索引**，*Index Herbariorum Sinicorum*，傅立国主编，张宪春、覃海宁、马金双副主编，Editor in Chief：LiKuo FU，Vice Editors in Chief：XianChun ZHANG，HaiNing QIN & JinShuang MA；中英文版；458 页，1993；北京：中国科学技术出版社。

详细参见本书第 7.1.7 种。

■ **1.1.30** *Index of Mosses*-A catalog of the names and citations for new taxa，combinations，and names for mosses published during the years 1990 through 1992 with citations of previously published basionyms and replaced names together with a bibliography of the publications in which these nova appeared，Marshall R. Crosby & Robert E. Magill，87 p，1994；St. Louis，MO：Missouri Botanical Garden。

参见：Ann E. Rushing，1994，*The Bryologist* 97（4）：474。

■ **1.1.31** *Index of Mosses*-A catalog of the names and citations for new taxa，combinations，and names for mosses published during the years 1993 through 1995，inclusive，with citations of previously published basionyms and replaced names together with a bibliography of the publications in which these nova appeared，Marshall R. Crosby & Robert E. Magill，106 p，1997；St. Louis，MO：Missouri Botanical Garden。

参见：William D. Reese，1998，*The Bryologist* 101（4）：631。

▋**1.1.32 *Index of Mosses*-A catalog of the names and citations for new taxa，combinations，and names for mosses published during the years 1996 through 1998，inclusive，with citations of previously published basionyms and replaced names together with a bibliography of the publications in which these nova appeared**，Marshall R. Crosby & Robert E. Magill，65 p，2000；St. Louis，MO：Missouri Botanical Garden。

▋**1.1.33 *Index of Mosses*-A catalog of the names and citations for new taxa，combinations，and names for mosses published during the years 1999 through 2001，inclusive，with citations of previously published basionyms and replaced names together with a bibliography of the publications in which these nova appeared**，Marshall R. Crosby & Robert E. Magill，45 p，2004；St. Louis，MO：Missouri Botanical Garden。

▋**1.1.34 *Index of Scientific Names of Japanese Pteridophytes***，Toshiyuki Nakaike，2004，*The Journal of the Nippon Fernist Club*，*Tokyo*，Vol. 3：1-207。

作者 1975 年至今数次收集整理分别发表；按学名字母顺序排列所有蕨类植物的名字，包括异名但给出正确名称以及文献；但没有具体分布信息。

▋**1.1.35 *Index of Bryophytes 2001-2004***，Marshall R. Crosby & Robert E. Magill，31 p，2005；St. Louis，MO：Missouri Botanical Garden。

本书是 *Index of Hepatics*（1974—2000）和 *Index of Mosses*（1999—2001）两个文献的续编，包括 2001 至 2004 年间发表的苔类和 2002 至 2004 年间的藓类。正文按分类群学名字母顺序排列，并有作者文献目录。

▋**1.1.36 *Index to Distribution Maps of Pteridophytes in Asia***，Satoru Kurata & Toshiyuki Nakaike and Toshiyuki Nakaike，93 p，1998；2nd ed，151 p，2002。

本书专门记载亚洲蕨类分布图的索引。第 1 版为日文，第 2 版则为日文和英文。主题部分以分类群学名顺序排列，系统基本按照**日本蕨类植物图鑑**一书（本书第 3.9.1.30 种）。书末附有英文，日文及学名索引。

书评参见：Barbara J. Hoshizaki，2003，*American Fern Journal* 93（3）：168。

■ **1.1.37** *Index Nominum Familiarum Plantarum Vascularium*，Ruurd D. Hoogland & James L. Reveal，2005，*The Botanical Review* 71（1）：1–291。

本文是维管植物科名索引，包括 2 510 个合格与不合格、合法与不合法的名称。每个名称都有全部文献引证、命名状态、模式属、有效方式、原始文献以及 1789 年起点著作之前的异名及命名学和 1960 年以后命名学等内容。另外还有 753 个从界到目各个阶层单位的命名与模式内容及详细的文献引证。现存的 1 569 个科名详细列出，包括目前应用的 960 个；起点著作是 1789 年 8 月 4 日 Antoine L. Jussieu（1748—1836）的 *Genera Plantarum*。另外，近年来由于法规的变化而引起的有关问题也予以注明。

■ **1.1.38** *Index of Hepatics–1974–2000*，Marshall R. Crosby & John J. Engel，368 p，2006；Nichinan，Japan：Hattori Laboratory。

本书实际上是 *Index Hepaticarum* Fasc. 1–12，1962–1990，Charles E. B. Bonner，and Patricia E. Geissler & Helene Bischler–Causse 一书（即本书第 1.1.13 种）的续编，其中部分内容曾以 *Index Hepaticarum Supplementum* 为题刊载于 *Taxon* Vols. 27–42，1978–1993。

■ **1.1.39** 中国植物标本馆索引（第 2 版），*Index Herbariorum Sinicorum*（Second Edition），覃海宁、刘慧圆、何强、单章建编著，HaiNing QIN，HuiYuan LIU，Qiang HE & ZhangJian SHAN；中文版；340 页，2019；北京：科学出版社。

详细参见本书第 7.1.9 种。

■ **1.1.40** *Chinese Plant Names Index 2000–2009*，中国植物名称索引 2000—2009，Cheng DU & JinShuang MA，杜诚、马金双，606 p，2019，*Chinese Plant Names Index 2010–2017*，中国植物名称索引 2010—2017，Cheng DU & JinShuang MA，杜诚、马金双，604 p，2019；Beijing：Science Press。

From 2000 to 2017，10 850 new names or new additions to the Chinese vascular flora were proposed by 3 243 individuals，as documented in the **Chinese Plant Names Index**（CPNI）. During those eighteen years，3 959 new taxa of vascular plants were described from China，including 5 new families，137 new genera，3 152 new species，61 new subspecies，462 new varieties and 142 new forms. Additionally，3 313 new combinations and 283 new names were also proposed. Five hundred and eighty two vascular plants were reported as new to China，while 2 219 names were reduced to synonyms of 1 315 taxa. The data show that the Chinese flora increased in size at the rate of about 200 taxa per year during those years。Despite the increased attention given to biodiversity in recent years，a large number of species in China have yet to be discovered.

我们在完成两版国家级植物志和几近全国 34 个省市区级植物志的情况下，过去的十八年间，还有这么多新内容，足以说明我们对自己植物种类的家底，还远远没有摸清楚，而且还有很长的一段路要走！①

1.2 目录

目录（Bibliography）即图书目录的简称，记录图书的书名、著者、出版与收藏的内容，按照一定的次序编排而成，是反映收藏、指导阅读、检索图书的工具。按形式一般分为卡片式和书本式两种。另外，一般书籍正文前所载的目次也称目录，而根据一定主题为专门研究而编制的参考书目或向读者推荐的书目，有时也称目录。本书在此采用的目录是广义的，不仅包括图书，还有少数以期刊形式出现的目录，不仅包括植物分类学，还包括与植物分类学有关的其他学科以及文献学和目录学等内容。

本项收载 34 种。

■ **1.2.1** *Florae Rossicae Fontes*，Ernst R. Trautvetter，1880，*Acta Horti Petropolitanivii*，1：1–342。

本书包括俄罗斯 1 656 种文献。主题按作者排列，并有索引。

■ **1.2.2** *Bibliography of the Flora and of Vegetation of the Far East*，Vladimir L. Komarov，1928，*Memiors of the Southern Ussuri Branch of the National Russian Geographical Society* 1928（2）：1–279。

本书包括俄罗斯远东近 200 年工作的总结，共记载 1 225 种文献，另有主题和作者索引。

■ **1.2.3** *A Bibliography of Eastern Asiatic Botany*，Elmer D. Merrill & Egbert H. Walker，719 p，1938；Jamaica Plain：The Arnold Arboretum of Harvard University；*A Bibliography of Eastern Asiatic Botany Supplement I*，Egbert H. Walker，552 p，1960；Wasington DC：American Institute of Biological Sciences。

---

① 参见：马金双，2014，中国植物分类学的现状与挑战，科学通报 59（6）：510–521。

本书及其补编 I 是中国植物分类学必备的参考文献[①]。其收录的内容虽以分类学为主，但也包括植物生态学、植物地理学、植物采集和考察报告、经济植物学、植物学史、文献目录、农业、园艺、林业、药物学、传记等。其地区范围虽以中国、日本为主，但涉及有关临近地区，如苏联的西伯利亚与远东、中亚、印度、中南半岛等地。正篇收录的文献截至 1936 年底，补编 I 所收录的为 1937 至 1958 年。主题部分以作者字母为序，其下按年代列出其发表的论著，而每一篇论著均有简要的内容提要。书前附有中、日古典文献、期刊名录、中日人名拉丁化拼写对照；书后附有交叉索引，包括地区索引、植物各类群的系统索引等。

很遗憾，本书未续编下来[②]，尽管中国植物志编辑委员会主编的中国植物志参考文献目录（参见本书第 1.2.17 种）在一定程度上可以满足中国学者的部分需求。

■ **1.2.4** *Fontes Historiae Botanicae Rossicae*，Vladimir C. Asmous，1947，*Chronica Botanica* 11（2）：87–118。

本书记载俄罗斯植物学历史文献（没有具体统计数字）。主题按作者排列，并有主题索引。

■ **1.2.5 全国总书目**，全国总书目编辑组编；中华书局出版。

全国总书目是中国唯一的年鉴性编年总目，自 1949 年以来逐年编纂，收录全国当年出版的各类图书，是出版社、图书馆、情报资料和科研教学等部门必备的工具书。**全国总书目**由新闻出版总署信息中心、中国版本图书馆编，中华书局出版。2000 年版本**全国总书目**收录 8.55 万余种书，4 030 页，1 056 万字，16 开，精装本。全书分为上、下册，由"分类目录"、"专门目录"和"书名索引"三部分组成。所收图书按中国图书馆分类法分类。文献著录依据中华人民共和国国家标准**普通图书著录规则** GB3792.2—85 著录。这个书目收载内容比较齐全，但编辑与出版周期长。为弥补这个时间差，读者可利用**全国新书目**。

■ **1.2.6 全国新书目**，中国版图书馆/新闻出版署信息中心主办，全国新书目杂志社出版。

---

① 通过编写本书，笔者发现这个文献也有遗漏，包括 30 至 50 年代的内容。特别是古代文学，参见蒋英，1977，对《东亚植物学文献》附录中"中国古代文献"部分的订正，植物分类学报 15（1）：95–106。

② 笔者曾经探讨过编写续编的可行性，详细参见马金双，2006，水杉的未尽事宜（附录三），云南植物研究 28（5）：493–504。

全国新书目是中国新闻出版署主管、由新闻出版署信息中心主办的一份书目期刊。该刊于 1951 年 8 月创刊，月刊，2005 年改为半月刊。设有书业观察、特别推荐、新书评介、书评文摘、畅销书摘、精品书廊和新书书目等栏目。其中新书书目使用了国际标准图书分类法，读者可以简便、快捷地检索到所需内容。这个书目弥补了前一种的不足，但不如它全面。另外，本书目 2001 至 2003 年推出光盘版。现在**全国新书目网站**（ http：// quanguoxinshumu.zazhi.com.cn ）已加入中国知网（ http：// mall.cnki.net / magazine / magalist / QGXS.htm，或者：http：// www.cnki.net ）。

■ **1.2.7** *Bibliographie botanique de l'Indochine*，Paul A. Petelot，102 p，1955；Saigon：Centre National de Recherches Scientifiques et Techniques：*Bibliographie botanique indochinoise de 1955–1969*，Jules E. Vidal，1972，*Bulletin de la Socciete des Etudes Indochinoises* 47（4）：657–748；*Bibliographie Botanipue Indochinoise de 1970–1985*，Documents pour La flore du Cambodge，du Laos et du Vietnam，Jules E. Vidal，Yvette Y. Vidal & Hoàng Pham Hô（eds），132 p，1988；*Bibliographie Botanipue Indochinoise de 1986–1993*，Jules E. Vidal，H. Falaise，Lôc Phan Ke & Nguyín Thi Ky（eds），105 p，1994；Paris：Muséum National D'histoire Naturelle。

本工作是 *Flore du Cambodge，du Laos et du Vietnam* 的指导性文献目录，包括作者、主题、分类群和系列四个索引。作者们来自法国巴黎自然历史博物馆并长期从事南亚植物志的编写工作。该文献对中国从事热带和亚热带的学者很有参考价值。

■ **1.2.8** *Annotated Selected Bibliography in Flora Malesiana*，Cornelis G. G. J. van Steenis，*Flora Malesiana* Ser. 1，5（1）：i–cxliv，1955；Leiden：Rijksherbarium。

本目录是 *Flora Malesiana* 的指导性文献，内容非常齐全，不但简明扼要，而且实用性极强。文献条目除主题部分（按科、属排列）外，还有很多重要的指导性文献，对于扩展植物学的文献知识十分重要，尤其是涉及中国热带和亚热带的类群。全书共分为六部分：General botanical handbooks，General and local botanical bibliographies，Interpretations of early botanical works，Keys for identifying Malaysian plants，Floras and botanical enumerations of neighbouring countries，and Flora of Malaysia proper（a，general works，b，local works，c，proper taxonomic bibliography，alphabetically arranged according to families）。

■ **1.2.9** *An Introduction to the Botanical Literature of the USSR*，**A Reference Book for Geobotanists**，Daniil V. Lebedev，382 p，1956；Moscow and Leningrad：Acad. Sci. USSR（In Russian）。

本书是苏联 Plant Geography、Botanical geography、Geobotany 等范围的文献汇总。不同学者对此可能有不同的理解，故作者将此收集到一起，但没有具体统计数字。由于时间跨度很大，包括的内容也不尽相同，既有历史又有成就，既有全国又有地区，但是很值得参考。

▌1.2.10　全国西文期刊联合目录（科技部分）

上册（A—I），1-889 页，下册（J—Z），890-1 818 页，1959；北京：北京图书馆（内部出版）；本部份包括 1957 年以前的内容。续编，322 页，1964 年；北京：北京图书馆；本部分包括 1958 至 1961 年的内容；续编，上册（A—E），1-1 409 页，中册（F—M），1 410-2 635 页，下册（N—Z），2 636-3 912 页，1982；北京：书目文献出版社；本部分包括 1962 至 1978 年的内容；分类索引，1-595 页，1985；北京：书目文献出版社。

该目录由全国图书联合目录编辑组编写，收藏中国各馆的西方期刊，包括名称、卷期、年代、收藏单位等。本目录在一般的图书馆均有收藏，但很少受到重视。其实它可以提供我们很重要的线索，即提示某个刊物在中国是否收藏，在什么馆收藏，都收藏哪些卷和年代。这一点正是我们经常在查阅文献时遇到的头痛问题。另外，1985 年还出版了本书的分类索引，配有汉译刊名，按自然科学各分支划分，同时标明期刊的国别（Q 类为生物科学，其内按刊名字母顺序），这样应用上就方便了。

另外，读者可参考中国高等教育文献保障系统（China Academic Library & Information System，简称 CALIS）的数据库（http://opac.calis.edu.cn/opac/simpleSearch.do），或中国科学院文献情报中心（国家科学图书馆，http://www.las.cas.cn）等查询并检索。

▌1.2.11　*A Bibliography of Indology*，Vols. 1-2，*Indian Botany*，V. Narayanaswami，Part I，1-370 p，1961，A-J，Part II，1-412 p，1965，K-Z；Calcutta：National Library.

本书记载公元前 4 世纪到 1958/1959 年间的印度植物学文献，其地理范围包括现在的印度、缅甸、斯里兰卡、巴基斯坦、阿富汗和俾路支[①]，其内容包括广义植物学的范畴及各个分支。主题按作者字母顺序排列，而同一作者的文章按年代排列。按作者原来的打算，本书应该是 3 卷本，另外还有 1 卷索引（包括主题和地区），但第一卷出版后不久作者故去而未能实现。

▌1.2.12　全国中文期刊联合目录，1 252 页，1961/增订本，1 276 页，1981；北京：北

---

① Baluchistan：南亚与西亚俾路支人居住的地区，包括今巴基斯坦西南部与伊朗东南角。

京图书馆出版（内部发行）/ 书目文献出版社。

本书收录全国 50 多个省市级以上图书馆所收藏的中华人民共和国成立前出版的中文报刊约 2 万多种。每种期刊详细著录刊名、刊期、编辑者、出版地、出版者、创刊卷期、停刊卷期、创刊年月、停刊年月、注释、总藏、馆藏与馆名代码。注释是对刊物沿革的简要说明；总藏是所有参加馆所藏某一种期刊的全部卷期总数；馆藏是指参加馆入藏某种期刊卷期的详细情况。书前有参加单位的名称代码和地址表。通过这些记载，可以了解某一期刊具体的收藏情况。

本书是原全国第一中心图书馆委员会全国图书联合目录编辑组编辑的。1957 年底开始征集资料，1961 年编成。原书未收中国共产党在各个时期出版的党刊、抗日民主根据地和建国前各个解放区出版的期刊以及国民党统治区出版的部分进步刊物。因此，1981 年再版本书时增加了上述内容，并定名为（**1833—1949**）**全国中文期刊联合目录**（增订本）。凡后来增加的期刊，刊名前加 "*"。

本书按刊名首字笔画编排，书前另有 "刊名首字汉语拼音检字表" 和 "刊名首字笔画检字表"。书末另有补遗页，收录一些遗漏的报刊。使用本书时，如发现所要查找的期刊在总藏中没有反映，则参加的各馆都未收藏。馆藏反映 1957 年底各馆的收藏情况，现在变化较大。

■ **1.2.13** On the taxonomical and floristical works published in the U.S.S.R. during the last fifteen years（1945–Sept. 1961），Boris K. Schischkin & Andrey A. Fedorov[①]，1963，*Webbia* 18：501–562。

本文是**苏联植物志**完成之后的工作总结，包括详细的植物志、期刊、修订与专著、文献索引、新种和稀有物种等内容和参考文献。

■ **1.2.14** ***Bibliography to Floras of Southeast Asia*-**Burma，Laos，Thailand（Siam），**Cambodia，Viet Nam（Tokin，Annam，Cochinchina），Malay Peninsula，and Singapore，**Clyde F. Reed，191 p，1969；Baltimore：Paul M. Harrod Co。

本书是南亚广义植物学文献目录，包括经济植物和古植物学，其排列按作者顺序但没有主题索引，也没有地区索引。

■ **1.2.15** ***Botanicheskaia Literatura Kazakhstana 1937–1965 gg***，Galina A. Demesheva，

---

① 又译为 Andrej A. Fedorov（1909—1987）。

425 p，1971；Alma-Ata：Akademiia nauk Kazakhskoi SSR，Sentral'naia nauchnaia biblioteka。

本书包括哈萨克斯坦 1937 至 1965 年间广义的植物学与植被学文献 3 120 种，且按学科排列，书末附有作者索引。全书由俄文写成。

■ **1.2.16** *Flora*，*Vegetation and Plants Resources of the Far East-Bibliography*（*1928-1969*），A. P. Kochmareva，Petr G. Gorovoi & I. N. Samoilenko；550 p，1973；Vladivostok：Dal'nevostochnoe Otdelenie Vsesoiuznogo Botanicheskogo obshchestva。

本书包括 1928 至 1969 年间以及 1928 年（参见本书第 1.2.1 种）所遗漏的文献 7 000 多种，其内容有历史与远东的研究活动、植物采集家、植物研究机构以及考察和会议、植物志、植被和植物资源等，主题按作者排列。另有俄罗斯作者和外国作者及分类群索引以及俄文及外国参考文献等。

■ **1.2.17 中国植物志参考文献目录**（中国植物志参考资料），中国科学院中国植物志编辑委员会编，Vols. 1-44，1974-1995；北京：中国科学院中国植物志编辑委员会（内部发行）。

本目录主要是为中国植物志作者提供编研的参考文献。自 1974 年出版至 1994 年，每年至少发行一本，但有时一年也发行数本，共发行 44 本。文献的收载起始时间是 1958 年，截止时间是 1994 年。收载的内容大体为（以 1991 年本为例）：总论（含一般、细胞学、形态学、孢粉学、化学、植物志等）、蕨类植物（包含内容同上）、裸子植物门（含一般与各科）、被子植物门（含一般，双子叶植物与单子叶植物，并按科的学名字母顺序排列）、地区（含亚洲，其他等）。从本目录收载的内容与起始时间，不难看出在某种程度上它就是 *A Bibliography of Eastern Asiatic Botany* 及 *A Bibliography of Eastern Asiatic Botany Supplement I* 的续编。

由于本书除每年一册收载内容如上述外，还常采用系列编号，发行一些除上述内容以外但与分类学密切相关的参考资料，故在此列出全部内容，以便读者更好地参考。

1，30 页，1974，关于种的划分问题；**2**，680 页，1974，1958 至 1972 年目录（上、下册）；**3**，5+9 页，1974，关于种的划分问题；4，59 页，1974，四川、云南、贵州地名考；5，49 页，1975，高等植物中常用拉丁文缩写 *Flora of the USSR* 术语缩写与解说；**6**，85 页（8 开本），1975，中国植物志植物中文名称①；7，22 页，1975，中国本草学的发展

---

① 记载已出版的**中国植物志**第 2、11、36、68 卷中植物中文名（以汉语拼音排列），以避免与以后卷册中的植物中文名重复。遗憾地是这样的工作并没有继续下来。该册在全国保存得非常稀少，目前仅在一处有收藏（云南吴征镒科学基金会）。

与儒学斗争的探讨；**8**，155 页，1975，1973 年目录；**9**，14 页，1975，关于种的划分问题；**10**，14 页，1975，广西新旧地名的初步校正；**11**，48 页，1975，谈谈分类学中的一些哲学问题；**12**，156 页，1975，1974 年目录；**13**，64 页，1976，开门编志经验交流；**14**，28 页，1976，植物分类学译丛；**15**，24 页，1976，学习自然辩证法参考资料；**16**，163 页，1977，1975 年目录；**17**，76 页，1977，植物分类学译丛；**18**，46 页，1977，西藏自治区地名考；**19**，233 页，1977，1976 年目录；**20**，76 页，1977，植物分类学译丛；**21**，85 页，1978，青海地名初编；**22**，80 页，1978，植物分类学译丛；**23**，233 页，1978，1977 年目录；**24**，135 页，1979，植物学家人名、植物学书名、植物学期刊名缩写；**25**，8 页，1979，西藏自治区地名考（二），P. Giraldi 在陕西采集植物地名的考证[1]；**26**，145 页，1979，1978 年目录；**27**，219 页，1980，1979 年目录；**28**，185 页，1981，1980 年目录；**29**，39 页，1981，中国植物采集简史；**30**，188 页，1982，1981 年目录；**31**，71 页，1983，国际植物命名法规简介；**32**，165 页，1983，1982 年目录；**33**，160 页，1984，1983 年目录；**34**，162 页，1985，1984 年目录；**35**，212 页，1986，1985 年目录；**36**，172 页，1987，1986 年目录；**37**，142 页，1988，1987 年目录；**38**，143 页，1989，1988 年目录；**39**，143 页，1990，1989 年目录；**40**[2]，128 页，1991，1990 年目录；**41**，132 页，1992，1991 年目录；**42**，157 页，1993，1992 年目录；**43**，150 页，1994，1993 年目录；**44**，132 页，1995，1994 年目录。

■ **1.2.18** *Florae URSS Fontes*，*Bibliography of the Flora of USSR*，S. Lipschitza，230 p，1975；Leningrad：Nauka。

本书包括 1752 至 1973 年间俄罗斯（苏联）的文献共 2 368 种，主题按作者排列。

■ **1.2.19** *Enumeratio Pteridophytorum Japonicorum*，*Filicales*，Toshiyuki Nakaike，中池敏之，Ⅰ，375 p，1975；Tokyo：University of Tokyo；Ⅱ，Lycopodiaceae，1996，Journal of the Natural History Museum and Institute，Chiba 4：9–26；Ⅲ，Selagenellaceae，1997，Journal of the Natural History Museum and Institute，Chiba 4：111–120；Ⅳ，Psilotaceae，1998，The Journal of the Nippon Fernist Club 3（11–12）：31–33；Ⅴ，Equisetaceae，1999，Journal of the Natural History Museum and Institute，Chiba 5：15–28；Ⅵ，Isoetaceae，1999，The Journal of the Nippon Fernist

---

① 崔友文、李培元，1964，P. Giraldi 在陕西采集植物地点的考证，植物分类学报 9（3）：308–312。

② 本书 1991 至 1995 年间出版的 1991 至 1994 目录没有编号，此处的编号（40 至 44）是本书的作者为方便读者而添加的。

Club 3（18）：15-17；Ⅶ，Marattiaceae，1999，The Journal of the Nippon Fernist Club 3（19-20）：29-31；Ⅷ，Ophioglossaceae，1999，The Journal of the Nippon Fernist Club 3（22）：17-31；***Enumeratio Pteridophytorum Japonicorum***，***Catalogus Litteraturae***，Toshiyuki Nakaike，中池敏之，5+306+8，2012；沼津：羊子社出版部。

作者 1975 年至今数次收集整理分别发表，记载所有关于日本蕨类植物的文献；按科和属字母顺序排列，分别记载作者、年代、标题、出版物、卷期页等。

■ **1.2.20 中国科学院图书馆馆藏外文期刊目录**，中国科学院图书馆期刊组编，608 页，1981；北京：中国科学院图书馆出版组（内部发行）。

本目录收编了中国科学院图书馆收藏的近 80 个国家和地区出版的自然科学和社会科学期刊共 11 300 余种（不包括俄文和日文）。本书由刊名目录与参见目录组成，两者均按期刊名称字母顺序混合编排。刊名目录包括期刊名称、出版社、出版年代及馆藏卷期号等；参见目录包括期刊名称、出版地、被参见的期刊名称及年卷等。

■ **1.2.21 中国植物学文献目录**，中国植物学会编，王宗训主编，1：1-620 页，2：621-1 226 页，3：1 227-1 793 页，1983；4：1-1 463 页，1995；北京：科学出版社。

本书是中国当代唯一的权威性广义植物学文献目录。前 3 册收集了中国植物学者 1857 至 1981 年约 125 年间在国内外发表的近代植物学文献约 28 000 篇（其中 1950 年前 8 000 篇，1949 年后 20 000 篇）。前言概略叙述中国植物学发展经过，正文按作者的汉语拼音顺序排列，每位作者内按时间排列其所发表的文献目录。其中第 1 册收录的作者为阿—林，第 2 册为林—新，第 3 册新—作。本书第 1 册有引用的期刊目录（Ⅰ-XXⅧ），第 3 册附"有关植物学的古书目录"（第 1 658-1 667 页，包括中国古代记载植物知识的重要书籍百余种），植物学分支学科的分类索引（第 1 668-1 791 页）以及补遗（第 1 793 页）。第 4 册（1995）收载 1982 至 1986 年文献达 21 000 篇，包括前 3 册遗漏的文献。除此之外，第 4 册还附有学科索引（第 1 363-1 401 页）和植物学名索引（第 1 402-1 463 页）。

本书所收载的文献以原始论文、综述和提高性等论著为主，翻译和科普性文献则选择收集；选题来源主要根据国内外公开发行的期刊、专刊、论文集和图书，并参考有关的国内外文摘、文献目录和题录等二次文献以及作者提供的个人论著目录。很遗憾，1987 年至今三十多年间的文献，没有出版！

■ **1.2.22 *Key Works to the Taxonomy of Flowering Plants of India***，Madhavan P. Nayar，Vols. 1-5，1984-1986；Howrah：Botanical Survey of India。

1，462 p，Acanthaceae-Crypteroniaceae，1984；**2**，279 p，Cucurbitaceae-

Juncaginaceae，1984；**3**，169，1985，Labiatae-Lythraceae；**4**，268，1984，Magnoliaceae-Orchidaceae；**5**，268 p，1986，Orobanchaceae-Polygonaceae。

本书实际上是印度植物学文献目录。包括专著、修订、新类群等 1900 年以后的文献，包括印度本国及其周边地区；主题按科的学名字母顺序排列，其内依据作者排列。该工作对我国西南地区的研究很有参考价值，遗憾的是没有全部完成。

■ **1.2.23** *Pteridology in India a Bibliography*，Satish C. Verma，Surinder P. Khullar，Paramjit Singh & Shanti S. Sharma，263 p，1987；Dehra Dun：Bishen Singh Mahendra Pal Singh。

本书主要由印度旁遮普大学的学者完成，包括 1983 年以前印度及其毗邻国家（阿富汗、巴基斯坦、尼泊尔、中国、缅甸、斯里兰卡）的蕨类与拟蕨类的全部文献。正文按作者姓氏的字母顺序排列，包括标题和文献出处。书末附有补编（截止出版前日期）及附录（包括印度主要的蕨类研究单位与学者）。

■ **1.2.24** 中国科学院连续出版物联合目录，中国科学院连续出版物联合目录编辑委员会编，1 260 页，1989；北京：科学出版社。

本书共收录中国科学院 114 个单位收藏的 1.3 万种西文连续出版物，涉及世界上 68 个国家和地区的 24 个语种，内容涉及自然科学和社会科学。正文按出版物字母缩写排列（缩写与全称），每条含主办单位、出版地、ISSN、创刊年代、刊次以及各收藏单位的卷册和收藏单位代号。此书与**全国西文期刊联合目录**相似，但不同之处有缩写、刊物主办单位、出版地等。本书是中国目前最好的西文期刊联合目录之一，尽管仅收录科学院系统，而非全国。

■ **1.2.25** *Bibliography of Chinese Systematic Botany*（1949-1990），**中国植物系统学文献要览**（1949—1990），SingChi CHEN，JiaoLan LI，XiangYun ZHU & ZhiYun ZHANG，陈心启、李娇兰、朱相云、张志耘，810 页，1993；**广州**：广东科学技术出版社。

本目录是中国植物分类学文献中的重要出版物，收载中国学者 1949 至 1990 年间的植物系统学文献，而且是英文版。本书的内容基本采用 Elmer D. Merrill & Egbert H. Walker 文献目录的格式：包括期刊的缩写（1-49 页），期刊刊名的中文索引（50-59 页），论著目录（60-551 页），中国地图（552 页）。另有附录：**中国植物志**（553-631 页），中国地方植物志（632-666 页），中国植物标本馆（667-684 页），植物标本馆缩写（685-698 页），中国作者（699-745 页），一般索引（726-730 页），地区索引（731-747 页）和系统索引（748-810 页）。读者使用时请注意，本书的内容只是 1949 至 1990 年间中国植物学者自己的文献目录，而不是世界上所有研究中国植物分类学的文献目录。

书评参见王文采，1994，热烈欢迎《中国植物系统学文献要览》出版，植物分类学报 32（6）：576。

■ **1.2.26** *A Bibliography of the Plant Science of Nepal*，Keshab R. Rajbhandari，247 p，1994；Kathmandu：R. L. Rajbhandari；*A Bibliography of the Plant Science of Nepal Supplement* I，Keshab R. Rajbhandari，160 p，2000；Tokyo：The Society of Himalayan Botany。

本书是尼泊尔的广义植物学文献目录，正篇截至 1993 年，补编 I 覆盖 1994 至 1999 年。正文按作者姓氏的字母顺序排列。附录有分类、地名和学名索引，是我们了解尼泊尔植物学的重要文献。

■ **1.2.27** 日本植物分類学文献総目録 1887—1993，*List and Index of Literatures related to Plant Taxonomy and Phytogeography of Japan published in 1887 through 1993*，金井弘夫编，Hiroo Kanai，累积版，1 580 页，索引版，616 页，1994；东京：植物文献目録刊行会出版。

作者是日本国立科学博物馆植物研究部的著名学者，长期从事文献目录编辑工作。本书是他多年工作的积累，而且历史上多次出版过同名但包括不同时期的多种版本文献目录，1994 年的出版为最新版本。全书收载 61 182 篇文献，包括 1887 年到 1993 年的日本及附近地区的全部植物分类学文献。全书主要分两部分，即文献累计版和索引版（页码分别排列）。目录部分按作者英文字母为序，同一作者的不同文献以年代为序。索引 5 个，即植物科、地域别、杂项目、人名和植物名。分类群含全部植物界（包括菌物），地域则基本上以洲为界。另外还有附录，包括收录志一览，科名的日名、英名对照及恩格勒（Heinrich Gustav Adolf Engler）系统顺序和日本国立科学图书馆的顺序对照，属名、日名和科名对照，日本植物专业研究团体和专门机构一览。本书是我们了解日本植物分类学文献的重要资料。

■ **1.2.28**《中国植物志》阶段论文目录（1959—1996），中国植物志编辑委员会，238 页，1997；北京：中国科学院中国植物志编辑委员会办公室（内部刊物）。

本论文目录按恩格勒系统排列科的顺序，同一科内按年代，同一年代内按作者英文顺序排列。本书是中国植物志阶段性工作总结，仅包括中国学者的论文。

■ **1.2.29** *The Literature of Taxonomic Studies on Mosses of China and the Adjacent Regions*，中国及邻近地区藓类植物文献，TzenYuh CHIANG & TsaiWen HSU，蒋镇宇、许再文编著，122 p，1997；Taiwan：Taiwan Endemic Species Research Institute，台湾特有生物保育中心。

本书为中国台湾学者出版的苔藓植物分类学文献，包括两部分：之一是植物志，之二是分类群。其中植物志部分分为：1，亚洲，2，中国（大陆、台湾、香港），3，北亚，4，日本与韩国，5，中南半岛，6，马来西亚，7，太平洋岛屿；分类群部分则按科的学名排列，概念基本按照 Roelof van der Wijk et al（1959）系统。本书共收集 67 科 4 000 多条文献。

▎**1.2.30** Current Chinese bryological literature，Tong CAO，Chien GAO，KuangChu CHANG & PangJuan LIN，1990，*Acta Bryolichenologica Asiatica* 2（1–2）：41–63。当代中国苔藓植物文献，曹同、高谦、张光初、林邦娟，1990，*Acta Bryolichenologica Asiatica* 1（1、2）：41–63。

本文为截至 1989 年的中国苔藓学文献，包括作者、年代、题目、期刊名称、卷期页等。

▎**1.2.31** Bryological literatures in China，PengCheng WU，Yu JIA，LinYing PEI，NingNing YU & Li ZHANG，2011，*Chenia* 10：139–318。中国苔藓植物文献，吴鹏程、贾渝、裴林英、于宁宁、张力，2011，隐花植物生物学 10：139–318。

本文是 1864 年以来中国及其周边地区的涉及中国苔藓类群的全部文献，并附有两个附录：作者全拼与缩写和期刊全拼与缩写，包括中国学者以及中文期刊的全称；记载作者、年代、题目、期刊名称、卷期页等。

▎**1.2.32** Bryological literatures of China Ⅱ，NingNing YU，QingHua WANG，Yu JIA，PengCheng WU & Li ZHANG，2016，*Chenia* 12：151–178。中国苔藓植物文献Ⅱ，于宁宁、王庆华、贾渝、吴鹏程、张力，2016，隐花植物生物学 12：151–178。

本文为前文（2011 年）的续刊。

▎**1.2.33** Bryological Literatures of China Ⅲ，QingHua WANG，NingNing YU，Yu JIA，PengCheng WU，Li ZHANG，2018，*Chenia* 13：162–173。中国苔藓植物文献Ⅲ，王庆华、于宁宁、贾渝、吴鹏程、张力，2018，隐花植物生物学 13：162–178。

本文为前文（2016）的续刊。

▎**1.2.34** Bryological Literatures of China Ⅳ，NingNing YU，GuoYing HAN，QingHua WANG，Yu JIA，Li ZHANG，PengCheng WU，2020，*Chenia* 14：225–274。中国苔藓文献Ⅳ，于宁宁、韩国营、王庆华、贾渝、张力、吴鹏程，2020，隐花植物生物学 14：225–274。

1.3 文摘

文摘（Abstracts），顾名思义，即文章的摘录。一般按学科将有关资料进行扼要摘述。它除具有目录的内容外，还有原始文献的摘要。因而对读者来说，不见其文便知其意，更直观、更方便。但无论是目录还是文摘，都不能直接看到一级文献全部，而是读者了解与查阅一级文献的线索。一般来说，文摘都是期刊式的连续出版物，即便以图书形式出版，也在不断续编。

本项记载 5 种。

1.3.1 *Biological Abstracts*，Vols. 1+，1926+；Philadelphia：BioSciences Information Service of Biological Abstracts。

这是世界上最著名的一部生物学文摘期刊，专门摘录世界各国有关生物学、基础医学和农业研究方面的文献，至今已有近百年的历史。原由美国 *Abstracts of Bacteriology*（1917—1926）和 *Botanical Abstracts*（1918—1926）合并而成，由 Biosciences Information Service 编辑出版，半月刊，每月 1 日和 15 日出版，每年约 35 万条，而且逐年增加。全部文献分隶于 84 个学科，植物分类学文献主要归入 Botany，General and Systematics 的第 12 类中，古植物学在 Paleobotany 第 55 类中。该刊摘录报道的范围包括世界上 100 多个国家和地区的 20 多种文字出版的约 7 000 种出版物。收录文献范围之广、报道文献条目之多、出版周期之快、索引之齐全可称得上当今世界上查找生物学文摘资料的最重要检索工具。本刊目前的数据库已经上网（http：// wokinfo.com / products_tools / specialized / ba /）。

该刊自 1926 年创办至 1961 年（36 卷），基本每年一卷；1962 年（37 卷）至 1963 年（44 卷）每年出版四卷，每卷 6 期；1964 年（45 卷）至 1971 年（52 卷）每年出版一卷 24 期，自 1972 年（53 卷）至今，每年出版两卷，每卷 12 期。本刊的一般著录格式为：文摘号（即每卷上的顺序流水号）、著者姓名、地址、期刊名称（缩写）、卷期号及起止页码、出版年份、文献名称、论文摘要等 8 项。另外，该刊还包括 Author Index，Subject Guide，Biosystemetic Index 和 Generic Index 多个索引。该刊自 1980 年开始单独出版 Abstracts / RRM（Reports，Reviews，Meetings）。

1.3.2 *Referativnyi Zhurnal–Biologiya*，Vols. 1+，1952+；Moscow：All–Russian Institute of Scientific and Technical Information，Russian Academy of Sciences。

本刊的性质与美国出版的 *Biological Abstracts* 相同，是苏联文摘杂志的一个分册（生物学）。目前由俄罗斯科学院科技情报研究所（All-Russian Institute of Scientific and Technical Information，Russian Academy of Sciences）编辑，现为月刊。该文摘报道世界各国近万种期刊及回忆录、科学报告、著作集上发表的与生物学有关的文献资料，目前年报道量已达百万条。该刊创办于 1952 年，1961 年改以分册形式出版，植物学编为第 4 分册（04B Botanika）。本刊目前的来源有 70 多个国家的 40 多种语言，其中 30% 左右来自俄罗斯，其余大约 70% 来自俄罗斯以外的国家。本刊的排列方式与 *Biological Abstracts* 非常相似，但在收集西方文献方面则不如后者全面系统，相反在收集苏联及东欧等斯拉夫语系方面的文献则胜过后者。因此对于中国学者来说，这个毗邻大国的工作不可忽视。本刊使用的语种为俄语。由于俄语对世界上大多数学者都比较陌生，于是 Eric J. Copley 编写了一本专门介绍这个索引的指南 *A guide to "Referativnyi Zhurnal"*，由 National Reference Library of Science and Invention，London 于 1970 年 出 版（*An expanded version of NRLSI's "Aids to readers"* No. 20）。自 1995 年以来，该刊同时出版印刷版和网络版（viniti.ru）。本刊的格式为序列号、俄文标题、原始语言标题、作者、版次、年代、卷期页、摘要、第一作者联系地址以及文献等。

■ **1.3.3** *Excerpta Botanica* Sect. A Taxonomica et chorologica，Vols. 1–65，1959–1998；Stuttgart：G. Fischer Verlag。

自 20 世纪中期开始，世界上发表的植物分类学和植物地理学的文献数量剧增，以致使这方面的工作迫切需要一个文摘。1954 年在巴黎召开的国际植物学大会上作出决议，由一些植物学家组成编辑委员会，同 IAPT 联系出版本刊。Section A 包括广义的植物分类学和植物地理学以及与之有关的古植物学、孢粉学和细胞分类学等学科。其覆盖的类群有藻类、菌物、地衣、苔藓、蕨类和种子植物。文摘所用的语种为德文、英文或法文，由文摘作者自行决定。该刊每年 2 卷，每卷 7 册，第 7 册为索引（包括著者、分类群和地区），正文按分类群字母顺序排列。该刊后来由于 *Kew Record* 的出现而停刊。

■ **1.3.4 中国生物学文摘**

中国科学院文献情报中心、中国科学院上海文献情报中心/中国科学院上海生命科学研究院和中国科学院生物学文献情报网主办，中国科学院上海文献情报中心/中国科学院上海生命科学研究院出版；1987 年创刊，1989 年改为月刊，每年出 12 期。收载生物学约 20 个学科约 800 种期刊，其中有关植物分类学的内容主要在 Q949 类中，但 Q941，Q948 及 Q11，Q15，Q17，Q19 类中也有。本刊采用**中国图书资料分类法**，按国家标准**GB3793—83 检索期刊条目著录规则**进行著录。收录的内容除按学科分类号排列外，还设有题名、著者、刊名、年代、卷期、页码、摘要等项，每年收载中国期刊文献上万条。本刊有作者和主题年度索引，每年第 1 期附有引用期刊一览表，不仅使读者能够检索资料，还能了解本刊收载的来源，一般采用主题索引方式检索即可。

■**1.3.5** *Guide to Information Sources in the Botanical Sciences*，Elisabeth B. Davis／Elisabeth B. Davis & Diane Schmidt，175 p，1987／2nd ed，275 p，1996；Littleton／Englewood，CO：Libraries Unlimited，Inc；*Guide to Reference and Information Sources in Plant Biology*，Diane Schmidt，Melody M. Allison，Kathleen A. Clark，Pamela F. Jacobs & Maria A. Porta，282 p，3rd，2006；Englewood，CO：Libraries Unlimited，Inc。

本书提供广义植物学的文献导读，从专业人士到植物学爱好者甚至图书馆工作人员都可以参考。全书前两版按类别编排，如文献资源、文摘／索引／数据库、当代资源（包括期刊、图书等）、字典／百科全书、手册（工具书类，不包括植物鉴定方面）／方法、目录／类群、鉴定资源（图集、野外指南、植物志、检索表、手册等）、分类学、传记／历史资料、教科书／论文、出版社／研究单位／服务／重要系列等，而第 3 版按学科共分 10 章，共收载 970 种文献（涉及 Plant Evolution and Paleobotany，Ethnobotany，Ecology，Anatomy，Morphology，and Development，Genetics，Molecular Biology，and Biotechnology，Plant Physiology and Phytochemistry，Systematics and Identification）。本书对于我们查找植物学文献及其历史来源非常有用。唯一不足的是部分工作不是十分详细，一些文献的介绍过于简单且个别还有错误或遗漏。另外，本书以北美的内容为主，东亚方面的资料收集不全。

2 辞典类

辞典类是指辞书、典汇、手册等工具书，且在此仅指植物分类专业工作者案头应具备的一些"工具"，仅指狭义概念；若广义概念，很多检索类图书也是工具书范围。本书的这种编排方式，主要是为了方便起见，而不是纯粹学术内容。

2.1 辞书与辞典

本书收载的辞书仅指辞海。她是一种综合性词典，兼具语文词典和百科词典的功能，所取词目由普通词语和专业词语构成，而后者又包括各学科的术语、人物、著作以及古今地名等专业术语和专有名词。中国的辞海最新版本目前是 2009 年第 6 版（彩图版），另外不同时期的版本还有分学科单独成册出版的，这里仅介绍 3 个分册。而词典是解释词语的概念、意义及用法的工具书，包括综合性的和专科性的两大类，如地理学等有关内容。

本项记载 55 种。

■**2.1.1** *A Manual and Dictionary of the Flowering Plants and Ferns*，John C. Willis，Vols. 2，

238+444 p，1897；London/Cambridge：University Press；2nd ed，670 p，1904；3rd ed，712 p，1908；*A Dictionary of the Flowering Plants and Ferns*，4th ed，712 p，1919；5th ed，727 p，1925；6th ed，752 p，1931：7th ed，Herbert K. Airy Shaw（ed），1214 p，1966，8th ed，1245 p，1973；London：Cambridge University Press。

本书最初六版由 John C. Willis（1868—1958）所编辑，因此常被称为"Willis Dictionary"。自第 7 版开始，Herbert K. Airy Shaw（1902—1985）在编辑方针上有较大的改变，将原来包括的术语、俗名、经济用途等项删去，而集中将科名、属名收集齐全。因此它的服务对象，由学生转变为分类学的专业人员，对标本室管理人员尤其有用。本书收集所有自 1753 年以后发表的属名和 1789 年（Antoine L. Jussieu，*Genera Plantarum*，即本书的第 3.1.3 种）以后所发表的科名（指种子植物而言），不管这些科名和属名是否合格发表，均在收集之列。属名后列出该属大致包括多少种及其分布和隶属的科。科名后有简要的描述及其主要的属，某些大科还列出其分类系统。为了节省篇幅，作者使用了许多缩写和符号，详细内容要查阅读本书的前言。本书的主题内容按分类群学名顺序排列，使用上极为方便。

▌**2.1.2 满洲地名辞典**，冈野一郎著，64 开，293+30 页，1933；东京：日本外事协会。
本书对于查找当年日本植物分类学文献中使用的地名非常有用。全书为竖排本，由日文写成；正文按日文字母顺序排列，每一个词条都有详细的介绍。书末附有满州地名辞典索引（邮政音标与汉字）及各省县名一览表。本书前后封内附有详细的满州地图。

▌**2.1.3 *Merriam–Webster's New Geographical Dictionary*** A dictionary of names of places，with geographical and historical information and pronunciations，Arthur J. Stevenson，1st ed，1293 p，1949；2nd ed，1370 p，1972；3rd ed，1387 p，1997；3rd re. ed，1392 p，2001；Springfield：G. & C. Merrian Co。

本词典最新版本收载 54 000 条世界各国的各种地名及其历史变迁、人口、地理位置、行政区划等内容。正文以收入条的字母为序；文中使用了大量的缩写，可从前面的"缩写与符号"一节中找出全称。另外书中还有大量的插图。本书使我们在了解外国地名上省去了很多苦恼，特别是一些老地名，通过简史及其变迁可以了解其来龙去脉，仔细阅读受益匪浅。

▌**2.1.4 中国种子植物科属辞典**，*A Dictionary of the Families and Genera of Chinese Seed Plants*，侯宽昭编，FoonChew HOW，32 开，553 页，1958；修订版，**中国种子植物科属词典**，吴德邻、高蕴璋、陈德昭等修订，TeLin WU，WanCheung KO，TeChao CHEN et al.，32 开，632 页，1982；北京：科学出版社；繁体版，**中国种子植物科属词典**，628 页，

1991；台北：南天书局。

使用本书时，请读者注意：第 1 版名称为**辞典**，而第 2 版则为**词典**。本词典第 2 版共收载中国种子植物 276 科 3 109 属约 25 700 种，其中裸子植物 71 科 42 属，双子叶植物 213 科 2 398 属，单子叶植物 52 科 669 属。科的概念与范围，裸子植物按郑万钧等中国植物志第 7 卷（1979）的系统，被子植物按哈钦松系统（John Hutchinson，有花植物科志双子叶植物 1926 年，单子叶植物 1934 年），只是个别科处理略有不同。正文条目按科、属拉丁名的字母顺序排列；每条有中文名、拉丁名、隶属的科或门、形态特征描述、所含的种类数目与分布（属级）或所含的属数及其重要属等。书末有三个附录，即常见植物分类学著者姓名缩写（外国、中国）；国产种子植物科属名录（种数或属数）；汉拉科属名称对照表。繁体版除字体为繁体外，完全同中文简体修订版。

■ **2.1.5** *Botanical Dictionary Russian-English-German-French-Latin*，Nikolai N. Davydov（ed），336 p，1960；Moscow：Glavnaia Redaktsiia Inostrann'kh naucho-Tekhnicheskikh Slovareia Fizmatgiza。

本书收录植物学术语与名称近 6 000 条，没有解释，仅有五种文字相互对照。

■ **2.1.6 德汉植物学词汇**，中国科学院编译出版委员会名词室编，32 开，105 页，1962；北京：科学出版社。

本词汇共收词条约 7 000 条，包括形态、解剖、生理、病理、生态、细胞、遗传等学科中重要的或常见的词汇，是本专业领域唯一的德汉植物学词汇，亟待修订。

■ **2.1.7 种子植物形态学辞典**，施浒[①]编，胡先骕审，32 开本，277 页，1962；北京：科学出版社。

本词典共收词 720 余条，插图 396 幅，包括种子植物形态学中重要的词汇与形态学有密切关系的基本词汇。正文以汉语拼音顺序编排，每词条有中文、俄文和英文名称及解释等，并附有俄汉词汇和英汉词汇索引。

■ **2.1.8** *Biographical Dictionary of Botanists represented in the Hunt Institute Portrait Collections*，based on the collections of the Hunt Institute for Botanical Documentation，which

---

① 河北武清人（1928—2007），北京三中生物学教师，1951 至 1955 年北京师范大学生物系学生，胡先骕晚年知交，曾撰写过"胡先骕传"，参见**胡先骕文存**（下册，即本书第 8.1.7.1 种）。

was the Hunt Botanical Library prior to 1971，Hunt Institute for Botanical Documentation，451 p，1972；Boston：G. K. Hall。

这是美国著名的植物学文献与历史研究机构编写的植物学家传记词典，不但是一本非常有用的书，同时这种做法也非常值得学习与借鉴。

详细参见：Ray Desmond，1974，Review，*Kew Bulletin* 29（1）：244. J. R. Bernard Boivin，1977，A Basic Bibliography of Botanical Biography and a proposal for a more elaborate bibliography，*Taxon* 26（1）：75-105 & 26（5/6）：603-611。

■ **2.1.9** *Tentamen Pteridophytorum Genera in Taxonomicum Ordimem Redigendi*，Rodolfo E. G. Pichi Sermolli，1977，*Webbia* 31（2）313-512。

本文是作者多年从事蕨类研究的总结，是当代蕨类研究的经典文献。全文共记载 64 科 443 属，包括各类群的模式和系统大纲以及索引和文献引证等。

■ **2.1.10** *A Dictionary of Mosses* An alphabetical listing of genera indicating familial disposition，nomenclatural and taxonomic synonymy together with a systematic arrangement of the families of mosses and a catalogue of family names uses for mosses，Marshall R. Crosby & Robert E. Magill，43 p，1977，2nd print with corrections and additions，1978，& Third print with corrections and additions，1981；St. Louis，MO：Missouri Botanical Garden。

本字典按属的学名顺序排列，包括异名等。本工作基于 Victor F. Brotherus's *Die Natürlichen Pflanzenfamilien*（Heinrich Gustav Adolf Engler und Karl A. E. Prantl，1924—1925）和 *Index Muscorum*（Roelof van der Wijk，1959—1969）整理而成，是非常实用的工具书。另外，本书还包括藓类科的系统排列以及藓类科名目录。

■ **2.1.11** 辞海　生物，第 2 版，大 32 开，1 093 页，1987。上海：上海辞书出版社。

本分册共选择生物学各科名词术语等 6 575 条，其选词范围包括：生物学各科名称、生物学家、生物学著作、生物学的主要学说、理论和定律、生物学理论和微生物名称、名词，生物学上常用的研究方法和工具等。动植物和微生物种类繁多，本分册至少选择收载：1，同农林科技医药卫生等关系密切的；2，经济价值较大或同人类生活关系较为密切的；3，常见和分布较广的；4，在进化系统上有重要地位的；5，在教学上有代表性的；6，中国特产和外国所产珍奇罕见的。全书约三分之一的篇幅是植物学内容，对教学有很多帮助，而科研上则略逊色。

■ **2.1.12** *Elsevier's Dictionary of Botany*，Vol. 1，Plant Names in English，French，

German，Latin and Russian，Paul Macura，580 p，1979；**Vol. 2**，General Terms in English，French，German，Latin and Russian，743p，1982；Amsterdam：Elsevier。

本书第 1 卷收载 6 000 条英、法、德、拉、俄植物名称，主题按英文排列，附有法语、德语、拉丁语和俄语索引；第 2 卷收载植物术语 9 967 条，主题按英文排列，附有法语、德语和俄语索引。2 卷本均是不同语言对照，没有解释。

■ **2.1.13** ***A Dictionary of Botany***，R. John Little & C. Eugene Jones（ed），400 p，1980；New York：Van Nostrand Reinhold Co；中文版，英汉植物学词典，李平等译，熊济华校，32 开，271 页，1989；成都：四川科学技术出版社。

本书收集植物学各个领域的词汇 5 500 条，并作了非常简要、定义式的解释，可谓言简意明。本书的特点（校者语）：对各词所给的定义已不是原始概念，而多数是已修订或改写过了的；第一次收录不少其他同类词典所未收入的新名词，古代的、少用的、与其他辞书重复的词汇均已删去；把词尾不同，词意相同的词汇归在一起，也指出了一些词的同义词、反义词或相关的词，是一本十分有用的工具书。

■ **2.1.14 近代来华外国人名辞典**，中国社会科学院近代史研究所翻译室，32 开，642 页，1981；北京：中国社会科学出版社。

本书收录近 2 000 位各个时期来华的主要外国人，包括外交、领事、海关、邮政、顾问、传教士、军人、汉学家、记者、商人、探险家、科学家以及其他有关人员。全书按姓氏排列，而每个人都有简单介绍，包括汉名、曾用汉名、官方译名、惯用译名以及他们的著作等。本书对于我们了解外国来华人员的中文译名以及采集活动等都有非常有用。

■ **2.1.15 辞海　中国地理**，第 2 版，大 32 开，425 页，1987。上海：上海辞书出版社。

本分册收载两部分，其中地理一般类 758 条，包含自然地理一般名词、海洋与水文、陆地地形、海洋地形、地理地带、地图学、遥感、环境科学、地理学科和学说以及地理学家等。中国地理类 4 928 条，包含国名、直辖市、省及自治区、各省市县、旧县、重要集镇及地名、革命圣地和革命人物、山脉、河流、湖泊、峡谷、海、港湾、岛屿、半岛及岬角、地形区、关隘、山口、交通、水利、名胜古迹、一般地区及旧地名、简称地名等。本书虽属地理学范畴，但在植物分类学上的作用，无论是在教学还是在科研都是十分重要的。

■ **2.1.16 辞海　外国地理**，306 页，1982；上海：上海辞书出版社。

本书收录的内容 2 382 条，包括世界大洲、大洋、国家和地区、主要城市、山脉、河流、海岸、湖泊、港湾、岛屿等，对于我们查找中国地名以及寻找中文的翻译非常有用。

■ **2.2.17 汉朝植物名称词典**，韩振乾主编，32 开，1 739 页，1982；沈阳：辽宁人民出版社。

本书以中国、朝鲜常见的高等植物为主，适当地收录了一些世界各地及比较常见的低等植物名称。除 14 138 条正条外，还收录一些中文、朝文别名和部分药物、商品及原料名称。全书正文（1–810 页）按汉语拼音排序，并附有中文别名索引（813–1 073 页）、朝文名称索引（1 077–1 395 页）、学名索引（1 399–1 735 页）及参考文献（1 737–1 739 页）。

■ **2.1.18 蕨类藻类名词辞典**，*English Chinese Dictionary of Pteridophyte & Algae*，阳欣平、徐尤清合编，112+159 页，1984；台北：名山出版社。

本书共分为两部分：第一部分（1–112 页）为蕨类，包括英汉蕨类名词（1–21 页）和拉汉英蕨类名称（22–98 页，包括种下单位、种名、属名、科名、目名及其亚类）两部分；名词部分约 1 400 条，名称部分约 2 500 条；正文后附英文名称索引（99–112 页）。第二部分（1–159 页）为藻类，包括英汉藻类名词（1–32 页）和拉汉藻类名称（33–159 页，包括种下单位、种名、属名、科名、目名及其亚类）两部分；名词部分约 2 800 条，名称部分约 4 300 条。读者使用时应注意，本书由中文繁体版写成，所用的中文名称不完全和现行的简体名称一致。

■ **2.1.19 世界地名录**，中国大百科全书出版社编辑，萧德荣主编，上册（A—M），1–1 517 页，下册（N—Z），1 519–2 806 页，1984；北京：中国大百科全书出版社。

本书收录中外地名近 30 万条，正文分外国地名（1–2 553 页，按字母顺序排列，每条都有原文名、中文名、国别、地理坐标）和中国地名两部分（2 555–2 743 页，按汉语拼音排列，每条都有中文名、地理坐标）。外国地名部分收录了中国地名委员会编辑的外国地名译名手册和泰晤士世界地名图集（1981 年版）中全部外国地名词条。地图出版社出版的非洲分国地图，美国国家地名局出版的亚洲、美洲分国地名录和不列颠百科全书（简编）中的重要地名，本书也酌情收入。为方便翻译工作者使用，本书还收录了部分重要的历史朝代名。

本书正文之后附有 8 个附录：1，中国南海诸岛屿部分标准地名（2 745–2 752 页，附：外国报刊对中国南海诸岛的称谓）；2，香港特别行政区地名（当地英文报刊拼写法，2 753–2 764 页）；3，台湾省地名（当地英文报刊拼写法，2 765–2 770 页）；4，中国部分地名在外国办刊中的常见拼写法（汉语拼音对照，2 771 页）；5，地名性专名（建筑物、公园、广场、街道、名胜古迹等，2 772–2 783 页）；6，常见地理通名（每条都有国别和中文译名，2 784–2 806 页）；7，世界主要语言文字（及其罗马字母转写，11[①]–25 页）；8，略图（1–22 页，世界全图和中国全图）。

■**2.1.20 苔藓名词辞典**，*English Chinese Dictionary of Bryophytes*，丁淦主编，338 页，1986；台北：五洲出版社。

本书收集苔藓植物的名词计 1 300 余条，名称 7 000 余条；全书以英文字母为序，名词在前（1–56 页），名称于后（57–338 页，包括种下单位、种名、属名、科名、目名及其亚类）。读者使用时应注意，本书由中文繁体版写成，所用的中文名称不完全和现行的简体名称一致。

■**2.1.21 英汉种子植物名词词典**，王芳礼编著，小 32 开，411 页，1986；武汉：湖北辞书出版社。

全书共收种子植物名词 4 000 余条目。正文以英文字母为序，每条都有中文名称及其详细解释，书末附有中文笔画索引。本词典除主要搜集国内外有关种子植物形态学及解剖学上常用的基本名词外，还收录了与其相关联的其他学科的部分词汇。

■**2.1.22** ***The plant-book*** a portable dictionary of the higher plants utilising Cronquist's An integrated system of classification of flowering plants（1981）and current botanical literature arranged largely on the principles of editions 1–6（1896/97–1931）of Willis's A dictionary of the flowering plants and ferns，David J. Mabberley（ed），706 p，1987；2nd ed，858 p，1997，***The plant-book*** a portable dictionary of the vascular plants：utilizing Kubitzki's The families and genera of vascular plants（1990+），Cronquist's An integrated system of classification of flowering plants（1981）and current botanical literature arranged largely on the principles of editions 1–6（1896/97–1931）of Willis's A dictionary of the flowering plants and ferns；3rd ed，1040 p，2008，***Mabberley's plant-book*** a portable dictionary of the vascular plants-utilizing Kubitzki's The families and genera of vascular plants（1990+）and current botanical literature，arranged according to the principles of molecular systematic；Cambridge：Cambridge University Press；4th ed，1120 p，2017，***Mabberley's plant-book*** a portable dictionary of plants-their Classification and Uses，with its taxonomy of angiosperms according to APG Ⅳ（2016）；Cambridge：Cambridge University Press.

---

① 原文如此。

本书是继"Willis Dictionary"之后，又一个世界性植物分类学专业工具书。与后者不同的是，本书继承了"Willis Dictionary"一书前 6 版（1897 至 1931）的编辑原则，不但有科属的详细信息，还增加了大量经济植物的介绍和植物的英文名称。其中 2008 年第 3 版已记载 24 000 条，而 2017 年第 4 版已经达到 26 000 条，不愧为是当今植物分类学领域最基本的经典工具书。作者 David J. Mabberley（1948—）是世界上的著名学者，2008 年春被选为 The Keeper of the Herbarium，Library，Art and Archives，Royal Botanic Gardens，Kew。本书第 3 版 2009 年又获得 2007/2008 年度国际植物分类学委员会（International Association for Plant Taxonomy，IAPT）的恩格勒银奖[①]。本书每版书末都附有所采用的系统（不同版本的系统基本不同）、引用的文献（包括图书和期刊）以及缩写与全称的对照（包括期刊和学者）等，这对我们使用本书具有很大的帮助。本书四个版本依据的系统分别是：第 1 版，Cronquist（1981）和 Willis's editions 1 至 6（1896/97 至 1931），第 2 版，Kubitzki（1990）和 Cronquist（1981），第 3 版，Kubitzki（1990），第 4 版：APG Ⅳ（2016）。另外，本书第 1 版书名副标题中的"higher plants"实际上只是现存的维管束植物，即蕨类和种子植物（尽管第 3 版包括了少量的有经济价值的苔藓植物），而第 4 版则干脆去掉副标题里面的维管束植物字样，因为内容已经改为全部植物，包括苔藓和藻类，只是后者仅限于经济类内容。

本书三版的书评参见：Rudolf Schmid，1988，1998 & 2008，*Taxon* 37（2）：400–421，47（1）：243–245 & 757（3）：1036–1037；Frits Adema，2010，*Blumea* 55（1）：103。

▌**2.1.23 拉汉植物学名辞典**，*Dictionarium Latino-Sinicum Nominum Scientificorum Plantarum*，赵毓棠、吉金祥编，王文采、任波涛审校，32 开，726 页，1988；长春：吉林科学技术出版社。

本书是一本解释植物学名含义的工具书。全书共收集属名 6 500 条，种加词 10 500 条，植物学名的作者（命名人）22 000 条；附录有植物分类学文献中常用的符号与缩写，另外还有拉汉植物科名对照表。

▌**2.1.24 *Vascular Plant Families and Genera*** A list of genera and their families as accepted by the Kew Herbarium，Richard K. Brummitt（ed），804 p，1992；Kew：Royal Botanic Gardens（kew.org/web.dbs/genlist.html）。

本书是邱园出版的重要工具书之一，也是目前世界上有关维管植物属的一部重要词

---

① Rudolf Schmid，2009，Engler Medal for 2007/2008 awarded to David Mabberley，*Taxon* 58（4）：1377–1378。

典。全书由三部分组成：第一部分是属名，包括属的状态（承认与否）、命名人、所在的科及单双子叶植物，正文按属名的字母顺序排列，共收载 14 000 个属名正名和约 10 000 属名异名；第二部分是科名，科所包括的属数、主要分布区和简短的习性记载；还有具体的属名和每个科在八个大分类系统中的具体位置；第三部分是当今有花植物八个大系统的总结：即 George Bentham & Joseph D. Hooker（1862 至 1883 年）、Karl W. Dalla Torre & Hermann A. T. Harms（1900 至 1907 年，主要是 Heinrich Gustav Adolf Engler 系统 1892 年第 1 版）、Hans Melchior（1964，即 Heinrich Gustav Adolf Engler 1964 年第 12 版）、Robert F. Thorne（1983 年）、Rolf M. T. Dahlgren（1983 和 1985 年）、David A. Young[①]（1982 年）、Armen L. Takhtajan（1987 年）和 Arthur J. Cronquist（1981 和 1988 年）。本书收载了当时所发表的全部属名及有关分类系统，并邀请了世界上几百位学者进行审校，可谓世界性的工具书。在此也必须指出，由于本书没有邀请中国学者参加审查，因此对中国发表的极少数类群的处理（承认与否）还有待推敲。

■ **2.1.25** *Authors of Plant Names* An index to authors of scientific names of plants，with their recommended forms，including abbreviations，Richard K. Brummitt & C. Emma Powell（eds），732 p，1992；Kew：Royal Botanic Gardens。

本书是邱园继 *Vascular Plant Families and Genera* 后出版的又一个世界性词典。但与其不同的是，本书的内容不是具体分类群，而是分类群的命名人，即作者。全书包括命名人的全称、缩写、出生年代（已故者则注明生卒年代）以及作者的大分类群特长等。另外，本书的范围不仅包括广义的现代植物（菌物和绿色植物），而且包括化石。本书 1992 年出版时，所依据的资料确实比较全面。同样，由于语言等原因对中国学者的收集仍有一定的局限。

■ **2.1.26** 中国现代及化石蕨类植物科属辞典，*A Dictionary of the Extant and Fossil Families and Genera of Chinese Ferns*，吴兆洪、朱家柟、杨纯瑜编著，200 页，1992；北京：科学出版社。

本书收录中国现代及化石蕨类植物的全部科属，其中化石部分有 16 科 103 属，现代部分有 63 科 224 属。全书共有 600 条目，对国产科属的形态特征、习性、地理分布或地质时代、种类统计、主要或广布种类、染色体基数、经济意义等均有扼要的阐述。

■ **2.1.27** *Family Names in Current Use for Vascular Plants，Bryophytes，and Fungi* NCU-

---

① 参见 Hollis G. Bedell & James L. Reveal，1982，Amended Outlines and Indices for six recently published Systems of Angiosperm Classification，*Phytologia* 51：65–156。

1，Werner R. Greuter（ed），Ruurd D. Hoogland，James L. Reveal，Marshall R. Crosby，Riclef Grolle，Gea Zijlstra & John C. David（compiled），95 p，1993；Königstein：Koetlz Scientific Books。

本书记载除化石和藻类外的菌物、苔藓和维管植物科级的原始文献与模式信息，包括异名。正文按维管植物、苔藓植物和菌物科的学名顺序分别排列，但没有具体的统计数据。

■ **2.1.28** *Names in Current Use in the Families Trichocomaceae*，*Cladoniaceae*，*Pinaceae*，*and Lemnaceae* **NCU–2**，Werner R. Greuter（ed），John I. Pitt，Robert A. Samson，Teuvo T. Ahti，Aljos Farjon & Elias Landolt（compiled），150 p，1993；Königstein：Koetlz Scientific Books。

本书包括菌物、地衣、裸子植物和被子植物共 4 个代表科，主要是试探这一工作的可能性以及可能遇到的问题，作者们都是各类群的专家。

书评参见：J. C. Davis，1994，*Taxon* 43（4）：677–678。

■ **2.1.29** *Names in Current Use for Extant Plant Genera* **NCU–3**，Werner R. Greuter，Richard K. Brummitt，Ellen R. Farr，Norbert Kilian，Paul M. Kirk & Paul C. Silva，1，464 p，1993；Königstein：Koetlz Scientific Books。

本书记载藻类至种子植物 28 041 属的原始文献与模式信息（截至 1991 年 1 月 1 日），包括异名。正文按属的学名顺序排列，其中：菌物 7 241 属，藻类 3 390 属，苔藓 1 382 属，蕨类 456 属，裸子植物 83 属，双子叶植物 11 617 属，单子叶植物 3 272 属。附录包括纲目科的系统列表以及分类群索引。

书评参见：Nigel Taylor，1994，*Kew Bulletin* 49（4）：832–835。

以上 3 本书（**NCU–1**，**NCU–2** 和 **NCU–3**）是 20 世纪 90 年代初为修改法规而出版的带有试探性的指导著作。有关该工作的起因、进展及修改法规的报告等内容详细参见：*Taxon* 38（1）：142–148，1989；40（2）：339–341，40（3）：521–524，40（3）：521–524 & 40（4）：669–677，1991；41（1）：159–169，& 41（3）：621–623，1992；42（2）：475–476，1993；47（4）：895–898，1998。遗憾的是 1993 年于东京横滨召开的国际植物学大会并没有通过有关条例（*Taxon* 42（4）：907–922，1993），所以今天的法规中也见不到这样的著作与有关规则；而后来也没有人对此再感兴趣，也就没有接下来的工作。尽管如此，文献本身仍然具有它的学术价值。

■ **2.1.30** 世界人名翻译大辞典，*Names of the World's People* A Comprehensive Dictionary of People's Names in Roman-Chinese，郭国荣主编，上卷：1–1 964 页，下卷：1 965–3 753 页，

1993；修订版，新华通讯社译名室编，上卷：1–2 074 页，下卷：2 075–3 929 页，2007；北京：中国对外翻译出版公司。

本书修订版收录世界各国人名约 70 万条。其中第一部分（1–3 231 页）收录除日、朝、越等使用汉字或曾使用过汉字的国家和地区以外的外国人名 61 万条；第二部分（3 233–3 811 页）收录日、朝、越等使用汉字或曾使用过汉字的国家和地区国家人名、中国少数民族人名、闽粤方言、台港澳地区和海外华人姓名参考译音以及名人词条近 9 万条。每条都有外文名、汉译名、国家（地区）或语种的简称。书末附有 4 个附录（3 811–3 929 页）：1，世界各国及地区语言、民族、宗教和人名翻译主要依据；2，55 种语言译音表；3，威妥玛拼发与汉语拼音对照表；4，常见姓名后缀；5，部分国家（民族）姓名简介。

▌ **2.1.31** *Plant Identification Terminology–An Illustrated Glossary*，James G. Harris & Melinda W. Harris，1ˢᵗ ed，188 p，1994；2ⁿᵈ ed，206 p，2001；Spring Lake：Spring Lake Publications；中文版，**图解植物学词典**，王宇飞等译，王文采审校，302 页，图 1–1 927，2001；北京：科学出版社。

本书是一本图文并茂的植物鉴定术语工具书。全书包括植物术语 2 400 余条、插图 1 900 余幅，每条均有简明解释，插图的特征明显而又直观，使用极为方便。全书共分为两篇：第 1 篇为词汇总论，按字母排列；第 2 篇为植物各器官的分类词汇。另外，中文版还有原作者致中文读者的序言。

▌ **2.2.32** *Elsevier's Dictionary of Plant Names* in Latin，English，French，German，Italian，Murray Wrobel & Geoffrey Creber，925 p，1995；Amsterdam：Elsevier。

本书收载 12 512 种植物名称，按学名序列排列，后有英、德、法、意文索引。

▌ **2.1.33** *Dictionary of Plant Names* in Latin，German，English and French，Hristo Nikolov，926 p，1996；Berlin-Stuttgart：J. Cramer。

本书包括广义的植物界 600 多个科 16 000 多个类群，包括重要的经济、农业、园艺、医药以及具有重要工业价值的植物。主题按分类群学名排列，并有西文索引。

▌ **2.1.34** *Authors of Scientific Names in Pteridophyta*，Rodolfo E. G. Pichi Sermolli，78 p，1996；Kew：Royal Botanic Gardens。

本书在 *Authors of Plant Book*（1992）基础上，详细列出全世界蕨类研究者的名字、出生年月以及建议缩写；其中还包括了有关中国人名字的讨论。实际上这部分内容是在中国科学院植物研究所邢公侠和张宪春的帮助下完成的，而张宪春之前还参加了**中国植物标本馆索引**的工作，所以有关中国学者的名字很详细也比较准确。

■**2.1.35 最新世界地名录**，*Gazetteer of the World*，最新世界地名录工作室编著，756+15 页，1997；北京：学苑出版社。

本书具有普及性与实用性、科学性与系统性、历史性与现势性相结合的特点，本着为读者服务的宗旨，以是、精、新为理念，共收录中外常用地名 56 000 条。正文按地名字母顺序排列，每条都有原文名、中文名、国别和地理坐标。书末附有 4 个附录：1，世界各国名称一览表（1–8 页）；2，国家和地区代称 – 简称对照表（9–11 页）；3，俄语字母与罗马字母转写对照表（12 页）；4，地理通用缩写 – 全称对照表（13–15 页）。

■**2.1.36 中国地名录，国家测绘局地名研究所**编，318 页，1997；北京：中国地图出版社。

本地名录即 1994 年中国地图出版社出版的 8 开本**中华人民共和国地图集地名索引**，地名取自该图集中"中国地形"及省区图幅，共计 33 000 条。每条地名都注明所在省、自治区、直辖市和经纬度，并标出其所在的索引格、即篇幅页码和坐标网格，并按汉语拼音顺序排列。因此本地名不仅是中华人民共和国地图集的地名索引，也可以单独使用。

■**2.1.37** *Oxford Dictionary of Plant Sciences*，Allaby Machael，508 p，1998；Oxford：Oxford University Press；2ed，510 p，2006；中文版，**牛津植物学词典**，508 页，2000；上海：上海外语教学出版社。

本书收录词条 5 500 余个，包括广义的植物学各个分支以及有关的各个学科等。

■**2.1.38** *Dictionary of Plant Names*，Alexei I. Schroeter & V. A. Panasiuk，edited by V. A. Bykov，1033 p，1999；Königstein：Koeltz Scientific Books。

本书包括 9 981 种维管束植物的学名、俄文名、英文名和中文名，主题按学名排列；书后附录有英文、俄文和汉语拼音的索引。本书的中文名称是繁体，但索引是汉语拼音。

■**2.1.39 森林动植物名称辞典——拉丁、中、日、韩、英**，*Latin-Chinese-Japanese-Korean-English Dictionary of Woodland Animal and Plant Names*，许泳峰等主编，511 页，1999；沈阳：辽宁民族出版社。

本词典包括东亚[①]主要森林树木、草本植物、哺乳动物、鸟类和两栖动物名称共 4 000 余条。每个词条按学名、中文名、日文名、韩文名和英文名的顺序对译排列。书末的索引由中文名（拼音）、日文名、韩文名和英文名组成。本词典的中文除正文和索引用简体字外，其余均用繁体字。

■ **2.1.40** *CRC World Dictionary of PLANT NAMES* Common Names，Scientific Names，Eponyms，Synonyms，and Etymology，Umberto Quattrocchi，Vols. 1–4，2000；Boca Raton，FL：CRC Press。

1，1–714 p，A–C；**2**，715–1572 p，D–L；**3**，1573–2260 p，M–Q；**4**，2261–2896 p，R–Z。

正如标题所示，本书提供了维管植物名称的来源与含义，并有详细的解释与文献，是我们了解植物名称含义与来源的重要工具书。全书 4 卷共收集大约 22 500 属 200 000 种植物，还有英文名、意大利名以及少数的日文名和中文名等原产地植物名称。作者 Umberto Quattrocchi（1947—）是意大利人，1992 年退休前是意大利注册的妇产科医生，退休后仍然兼任大学的政治学教授。他以一个人的能力把这么多详细的资料汇总并整理出版，不要说一个业余爱好者，就是一个专业植物学家也不容易，确实值得称赞；另外英文也不是母语，其工作更显得可贵。不过本书没有说明收载的范围，也没有提供具体的收载类群所采用的系统。笔者查看了一部分有关中国的特有植物，多数都收录了，但个别没有收集，如在欧洲栽培不是十分普遍的马兜铃科马蹄香属（*Saruma*）就没有记载。考虑到作者的业余爱好，本书的收载范围至少具有欧洲栽培植物的特色。

书评参见：Rudolf Schmid，2001，*Taxon* 50（3）：978–981；Lawrence J. Davenport，2002，*Systematic Botany* 27（3）：633–634。

■ **2.1.41** *Elsevier's Dictionary of Plant Names and Their Origin*，Donald C. Watts，1001 p，2000；Amsterdam：Elsevier。

这是一本关于植物英文名内涵与起源的词典，但全书并没有交代具体的统计数字。书的内容按英文字母顺序排列，有时还给出出处；但是全书没有学名索引，所以应用上不是很方便。如果读者知道英文名而要了解其含义，这本书会有所帮助，但是根据英文名寻找学名则会冒一定的风险，因为英文名和中文名一样不受命名法规中唯一性的约束。

[①] 原文称东南亚；但实际上是中国、日本和朝鲜半岛。

■**2.1.42 21 世纪世界地名录**，21 世纪世界地名录编辑委员会编辑，萧德荣、周定国主编，上册（A—Ka），27（+1）-1 244 页，中册（Ka—Sh），1 245-2 522 页，下册（Sh—Z），2 523-3 796 页，2000；北京：现代出版社。

本书实际是**世界地名录**（1984，本书第 2.1.19 种）和**最新世界地名录**（1997，本书第 2.1.35 种）的修订版（资料截至 2000 年 10 月），并且增加很多内容。外文部分（1-3 112 页）按字母顺序排列，每条都有罗马字母的拼写、中文名、所在区域和地理坐标；中国部分（3 113-3 520 页）按汉语拼音排列，每条都有中文名、省别和地理坐标。正文之前有出版说明、外国地名的汉字译写、凡例、国家和地区名称对照表和地名通名缩写全称对照表（1-27 页），之后有 6 个附录：1，中国南海诸岛地名的正名（3 521-3 524 页）；2，外国报刊对中国南海诸岛的称谓和拼写（3 525-3 528 页）；3，中国部分地名在外国报刊中的常见拼写法（3 529 页）；4，地名性专名（3 530-3 556 页）；5，常见地理通名（3 557-3 574 页）；6，世界各国一级行政区划（3 575-3 796 页）。

■**2.1.43 世界地名翻译大辞典**，*Place Names of the World* A Comprehensive Dictionary of Place Names in Roman-Chinese，周定国主编，1 281 页，2008；北京：中国对外翻译出版公司。

本书辑录地名约 17.7 万余条，包括国家（地区）、首都（首府）、城镇和居民点、山川、河流、岛屿、海洋等名称（数据截至 2006 年）。正文（1-1 090 页）以外文排列，每个词条有中文译名和国别。附录 1，世界各国行政区划（1 091-1 256 页），每个国家都有国名、面积、语言、首都及一级行政区划的名称与首府；2，国外主要语言地名通名和地名常用词汇表（1 257-1 281 页），包括语言和意义。

■**2.1.44 中国珍稀濒危动物植物辞典**，戚康标、常弘、缪汝槐主编，大 32 开，972 页，2001；广州：广东人民出版社。

本书是一部有关中国受保护动物、植物种类的科普性著作。收编在本辞典的每一保护物种都有中文名称、拉丁学名、归隶科目、主要特征、地理分布、经济用途、保护等级等。本书分植物篇和动物篇，共收集动物 413 种，植物 496 种。本书的主题条目按拼音字母顺序排列，书末附有中文笔画索引。

■**2.1.45 *Encyclopedia of Biodiversity***，Simon A. Levin，Vols. 1-5，2001；San Diego，CA：Academic Press。

1，943 p，Contents of other volumes，Contents by subject area，Foreward，Preface，Guide to the Encyclopedia，A-C；**2**，826 p，D-FL；**3**，870 p，FO-MAN；**4**，924 p，MAR-P；**5**，1103 p，R-Z，Contributors，Glossary，and Index。

本书 5 卷本包括 313 篇基础性综述文章。其覆盖内容包括农业、保护与恢复、经济、环境、进化、灭绝、遗传、地理与全球、生境与生态系统、人类影响与干预、无脊椎动物、微生物、植物、种群、公共政策与态度、种间作用与关系、系统与物种概念、技术与尺度、理论与概念、脊椎动物等 20 个大类。其主题内容按英文文章的字母顺序排列，并在第 1 卷有目录，第 5 卷有索引。每篇文章都有交叉索引与参考文献等。这套书的作者达 430 多人，且主要来自英语国家。本书之所以列于此，主要是考虑到分类学与生物多样性的密切关系。

2.1.46 *The Facts on File Dictionary of Botany*，Jill Bailey，256 p，2002；Facts on the file Incorporated；中文版，世界最新英汉双解植物学词典，肖娅萍、蔡霞主译，小 32 开，653 页，2008；北京：世界图书出版公司。

本书包括广义植物学各个学科共 3 000 多词条，并以中英对照形式进行解释。

2.1.47 地理辞典，*Dictionary of Geography*，谭见安主编，32 开，839 页，2008；北京：化学工业出版社。

本辞典包括星球地理、地球与地理学、洲洋地理、自然地理、人文地理、人类发展地理、资源地理、景观和区域地理、国家与政区地理、地理技术科学（包括遥感、地理信息化、地图学与地学信息图谱、计量地理）、区域开发与地理建设和地理纪事 12 个领域，总计有 7 000 多条目。全书正文按词目汉语拼音顺序排列，正文前编有 45 页的专业分类目录，汉语拼音检字表和笔画检字表，正文后编有附录（世界地理之最、中国地理之最、世界文化和自然遗产名录、中国主要著名风景名胜与名胜古迹、中国国家地质公园名录、中国国家级自然保护区名录、中国少数民族分布表、二十四节气表、风力等级表、地震震级与烈度、常见的天气符号和天气预报中的常用名词及海况）、词条英文索引、世界各国中英文简称（缩写）与全称对照表、参考文献。

2.1.48 *The Kew Plant Glossary–an illustrated dictionary of plant terms*，Henk Beentje（ed），Juliet Williamson（Illustrated），160 p，2010；Richmond，Surrey，UK：Kew Publishing；2nd edition，184 p，2016。

这是一本英语系统中最新的植物分类学术语词典，第 1 版共收集约 4 100 条，而且每条还配有详细的线条图，简明适用。正文前有符号、前缀、后缀和缩写，而正文植物学术语有 735 个图，分类学术语 28 个图版。书后还附有彩色图术语。第 2 版词条增加至 4 905，包括 400 新的植被类型方面的内容；而植物学术语配有 730 个图，分类学术语则有 32 个图版。

书评参见：Maarten J. M. Christenhusz，2010，Book Review，*Botanical Journal of the Linnean Society* 164：440–441。

■ **2.1.49 中国隐花（孢子）植物科属辞典**，臧穆、黎兴江主编，2011，990 页；北京：高等教育出版社。Mu ZANG & XingJiang LI，2011，*Dictionary of the families and genera of Chinese Cryptogamic（Spore）plants*，990 p；Beijing：Higher Education Press。

记载中国藻类约 206 科 679 属、菌类约 232 科 1 278 属、地衣约 71 科 209 属、苔藓 119 科 541 属、蕨类 62 科 223 属。全书共 3 620 条，每条内有类群的描述、生境、国内外分布等；对各属的学名和汉文名称做了考证，对其世界与中国的种类做了大致估计，对一些有经济价值的类群做了简要介绍，并尽可能给出各属的模式种。

■ **2.1.50 植物科属大辞典**，傅德志，2012，1 520 页；青岛出版社，青岛。*The Plant-Dictionary*，DeZhi FU，1520 p，2012；Qingdao：Qingdao Publishing House。

本书是在**世界维管植物**（本书第 3.1.20 种）基础上，进一步对全球中文科属数据更新、整理、重组和修订，共有 47 122 个词条的科、属名称。主要内容为科、属名称和定命人、发表年代、晚出同名处理、异名处理、分类系统、世界七大洲的植物分布信息，以及文献引证。全书计有 818 科 50 496 属（包括可接收的 19 898 属，其中种级文献中有分布记录的 14 650 属），总计可接收的植物 290 713 种。

■ **2.1.51 中国石松类和蕨类植物**，张宪春著，711 页，2012；北京：北京大学出版社。XianChun ZHANG，*Lycophytes and Ferns of China*，711 p，2012；Beijing：Peking University Press。

本书以彩色图片形式介绍中国石松类和蕨类植物 38 科 160 属 1 100 种，包括中国部分的全部科和几乎全部的属。此外，本书提出了中国石松类和蕨类植物科属新系统，并依据此系统，分科属进行介绍。

■ **2.1.52 加藤敏雄，植物学名命名者——略称对照辞典**，329 页，1992，东京：科学书院；*Collative Dictionary between Authors Names and Their Abbreviations*，329 p，1992。

本书共分为两部分：第一部分 1–191 页为命名人至缩写；第二部分 194–329 页为缩写至命名人。

■ **2.1.53 中国维管束植物科属词典**，李德铢主编，685 页，2018；北京：科学出版社。DeZhu LI，editor in chief，*A Dictionary of the families and genera of Chinese Vascular Plants*，685 p，2018；Beijing：Science Press。

本书以国际流行的最新系统为框架，结合中国植物志和英文版中国植物志的最新成果，记载中国维管束植物314科3 246属；其中石松类和蕨类植物39科162属、裸子植物10科44属、被子植物265科3 040属。本书以科属拉丁学名为条目，提供了中国维管束植物科属形态特征、分布、分布区、属种统计和主要经济用途等信息，尤其是详细介绍了在分子系统发育框架下中国维管束植物科属的范畴、系统位置、鉴别特征及分布信息。书后附有：中国维管束植物科属名录、汉拉科属名称对照表、本书与英文版中国植物志相比较的科属变动、常见属名称处理情况、分布区类型概要和植物分类学主要数据库网址。

书讯参见马金双，2021，植物分类学新书介绍，热带亚热带植物学报29（4）：451-454。

■**2.1.54 中国维管植物生命之树**，陈之端、路安民、刘冰、叶建飞等著，1 026页，2019；北京：科学出版社。*Tree of Life for Chinese Vascular Plants*，ZhiDuan CHEN，AnMin LU，Bing LIU，JianFei YE，et al，1026 p，2019；Beijing：Science Press。

本书是一部论述中国维管植物系统演化的专著。著者利用多基因序列数据重建了中国分布的目、科、属的生命之树，在此基础上提出了中国维管植物的分类系统。全书分为：第一篇总论介绍了生命之树的概念、研究历史、建树方法和应用前景，以及中国维管植物的生命之树和系统排列等。第二篇按目、科演化顺序，以鉴别特征为线索，结合树图生动展示了中国分布石松类植物3目、蕨类植物11目、裸子植物7目和被子植物57目，共78目、328科、3 085属维管植物的亲缘关系，各科、属鉴别特征，科内属、种数目和地理分布，各属配置了彩色照片或线条图。

书评参见李波，2021，让"维管植物生命之树"在祖国大地上枝繁叶茂，科学73（1）：59-62。书讯参见马金双，2021，植物分类学新书介绍，热带亚热带植物学报29（4）：451-454。

■**2.1.55 中国维管植物科属志**，李德铢主编，上卷：Ⅰ-Ⅷ；1-726页；中卷：Ⅱ，727-1 624页；下卷：Ⅱ，1 625-2 416页，2020；北京：科学出版社。*The Families and Genera of Chinese Vascular Plants*，DeZhu LI（Editor in Chief），**1**：Ⅰ-Ⅷ；1-726p，**2**：Ⅱ，727-1624 p，**3**：Ⅱ，1625-2416 p；2020；Beijing：Science Press。

本书以被子植物系统发育研究组系统（APG系统），以及石松类和蕨类系统（最近的PPG I系统）、裸子植物系统（克氏裸子植物系统）为框架，结合《中国植物志》英文版 *Flora of China* 的最新成果，较为全面地反映了20世纪90年代以来分子系统学和分子地理学研究的进展，以及中国维管植物科属研究现状，是一部植物分类学与系统学专业工作者的工具书。书中记录中国维管植物314科3 246属，其中石松类植物3科6属，蕨类植物 36 科 156 属，裸子植物 10 科 44 属，被子植物 265 科 3 040 属。根据系统学线性排列，本书分为上、中、下三卷：①上卷，石松类、蕨类、裸子植物、基部被子植物、木兰类、金粟兰目和单子叶植物（石松科 – 禾本科）；②中卷，金鱼藻目、基部真双子叶、五桠果目、虎耳草目、蔷薇类、檀香目和石竹目（金鱼藻科 – 仙人掌科）；③下卷，菊类（绣球花科 – 伞形科）。书后附有：维管植物目级系统发育框架图、维管植物科级系统发育框架图，以及主要参考文献、主要数据库网站、科属拉丁名索引、科属中文名索引。

书讯参见马金双，2021，植物分类学新书介绍，热带亚热带植物学报 29（4）：451-454。

2.2 词汇 / 名词和名称

词汇即语言里使用词的总称。本书中主要收载与植物学有关的中外文专业性词汇。考虑到一些书名以名词或名称结尾，故一并列出。

本项共记载 42 种。

■ **2.2.1** *A Glossary of Botanic Terms with Their Derivation and Accent*，Benjamin D. Jackson（ed），4th ed，481 p，1928；London：Duckworth。

这是一本英语系统中简明的植物学术语词典，收集术语约 25 000 条，不但注明术语的拉丁文或希腊文词源，还说明术语有哪位植物学家首先应用，实为初学植物分类学及拉丁文、了解与掌握分类群拉丁文内涵十分有用的参考书。书后还附有一些常用的符号或缩写的释义，对阅读植物分类学文献也很有帮助。

■ **2.2.2** **植物术语图解**，储椒生著，小 32 开，148 页，1951；杭州：浙江新华印刷厂。

本书以图解与文字解释植物术语，且一词一图，包括植物、根、茎、芽、叶、花序、花、果实、种子和普通术语 10 部分 76 项，是一本非常实用的词典。

■ **2.2.3** *A Source-Book of Biological Names and Terms*，Edmund C. Jaeger，256 p，1944；2nd，287 p，1950；3rd ed，323 p，1955；Springfield, IL：Thomas；中文版，**生物名称和生物学术语的词源**，滕砥平、蒋之英译，32 开，577 页，1965；北京：科学出版社。

本书共收录构词单元约 14 000 条，所收词条大部分将词源列出，然后用简明的文字解释其含义，并举出生物学名称和生物学术语为例。本书为生物学的定名和掌握生物名称的重要参考书；当然，对于我们学习与了解某一生物的学名含义也是很有参考价值的。

■ **2.2.4 俄英中植物地理学、植物生态学、地植物学名词**，中国科学院编译出版委员会名词室编订，32 开，258 页，1956；北京：科学出版社。

本书选列的名词是植物地理学、植物生态学、地植物学中重要的或常见的。内容分两编：正编是中、英、俄三种文字的对照，副编是俄、英、中三种文字的对照。

■ **2.2.5 俄拉汉种子植物名称（试用本）**，中国科学院编译出版委员会名词室编订，32 开，488 页，1959；北京：科学出版社。

全书收载名称 8 000 余条，每条有俄、拉、汉三种文字对照。

■ **2.2.6 俄汉植物学词汇**，中国科学院编译出版委员会名词室编订，32 开，317 页，1960；北京：科学出版社。

本书收集植物学名词 2 万条。遗憾的是近半个世纪过去了还没有修订本。特别是年轻一代植物分类学者中掌握俄文的人很少，而中国北方又与俄国或是俄文为主要研究成果为主的国家相邻，这样的词汇应该是非常有用的。

■ **2.2.7 英拉汉植物名称（试用本）**，关克俭、陆定安编，32 开，986 页，1963；北京：科学出版社。

本书共收名称 17 600 余条，包括常见的和有经济价值的孢子植物和种子植物。

■ **2.2.8 拉汉种子植物名称**，第 2 版，关克俭、诚静容编；32 开，543 页，1974；北京：科学出版社。

本书为**种子植物名称**（160 页，1954，北京：科学出版社）和**拉汉种子植物名称（补编）**（184 页，1959，北京：科学出版社）两书的合并并增补而成，内涵种子植物名称约 20 000 条，包括常见的和重要的科、属、种、变种名；主题为分类群学名与中文名称的对照。

■ **2.2.9 种子植物名称**，温都苏编，32 开，303 页，1978；呼和浩特：内蒙古人民出版社。

本书以蒙文、中文和学名三种语言对照列出种子植物名称，是中国植物学领域以少数民族文字为出版语言的工具书之一。

■ **2.2.10 英汉植物学词汇**，英汉植物学词汇编写组编，32 开，276 页，1978；北京：科学出版社。

本书为 1958 年出版的**英中植物学名词汇编**（152 页）及 1965 年出版的**英汉植物学名**

词补编（一）（135 页）两本的合订本，并增加了一部分新词，共收录 17 000 条左右。内容包括植物学各学科的常用词汇及有关学科的词汇。

■ **2.2.11 朝汉拉对照　动植物名称**，中国社会科学院民族研究所语言研究室、延边大学中文系汉语专业编，32 开，1 176 页，1979；延吉市：延边大学（内部刊物）。

本书收录朝语的动植物俗名 18 000 多条。全书分两篇：正篇按朝文字母顺序排列，并有朝、汉、拉丁对照；副篇按拉丁字母顺序排列，并有拉丁、朝、汉对照。

■ **2.2.12 蕨类名词及名称**，*A Glossary of Terms and Names of Ferns*，邢公侠编，秦仁昌校，32 开，112 页，1982；北京：科学出版社。

本书包括英汉蕨类名词和拉汉英蕨类名称两部分。名词部分（英汉对照）约 1 400 条，名称部分（拉汉对照）约 2 500 条。正文后附有英文索引。

■ **2.2.13 拉汉英种子植物名称**，关克俭等编，32 开，1 036 页，1983；第 2 版，朱家柟主编，1 393 页，2001；北京：科学出版社。

本书收集种子植物名称 30 000 条。正文由拉、汉、英三种文字对照，依学名字母顺序排列。书末附有英文名称和中文名称索引。

■ **2.2.14 英汉生物学词汇**，*English-Chinese Biological Dictionary*，北京师范大学生物系**英汉生物学词汇汇编组** / 科学出版社名词室编，32 开，**1**，1 180 页，1983；**2**，1 606 页，1997；**3**，2 020 页，2005；北京：科学出版社。

本书是一部综合性生物学各分支学科词汇的大型工具书，第 3 版包括广义生物学词汇151 000 条，正文以英文字母为序。

■ **2.2.15 汉英生物学词汇**，*Chinese-English Biological Dictionary*，科学出版社名词室编，32 开，第 1 版，1 506 页，1998，第 2 版，1 389 页，2008；北京：科学出版社。

本书为一部汉英对照的工具书，第 2 版收有生命科学领域里的植物学、动物学、微生物学、生物化学、分子生物学、生态学、遗传学、免疫学、农学、医学等方面的专业词汇约 12 万条。正文以汉语拼音字母为序。

■ **2.2.16 苔藓名词及名称**，*A Glossary of Terms and Names of Bryophytes*，吴鹏程、罗健馨、汪楣芝著，124 页，1984；北京：科学出版社。

本书包括英汉对照的苔藓名词 1 300 条，拉汉对照的苔藓名称 7 000 余条。

■ **2.2.17 哈拉汉植物学词典**，涂苏别克编，32 开，817 页，1985；乌鲁木齐：新疆人民出版社。

本书收载种子植物 121 科 1 042 属近 8 000 个种类名称，2 800 多条农业和植物学名词术语，每条名称与词汇分别有哈萨克语、拉丁语、中文的对照。全书正文以裸子植物和种子植物（恩格勒系统）科属的学名排列（1–692 页），另附有汉语拼音植物名称索引（693–817 页）。本书是中国少数民族文字进入植物学领域为数不多的词汇之一。

■ **2.2.18 日汉汉日植物学词汇**，汪光熙编，32 开，241 页，1986；沈阳：辽宁人民出版社。

本书为日汉、汉日双向词汇。全书收集植物学各学科词汇约 7 000 条，有中文和日文两种检索。

■ **2.2.19 英拉汉杂草名称**，苏少泉、郭景春编，傅沛云校，32 开，390 页，1989；北京：农业出版社。

本书包括草本、木本、水生及寄生杂草及其属名共 12 000 余条。其中第一部分（1–159 页）为英拉汉 5 400 余条，第二部分（160–176 页）为拉汉英 3 400 余条，第三部分（277–390 页）为汉英拉 3 400 余条（按汉字笔画排列）。

■ **2.2.20 孢子植物名词及名称**，*A Glossary of Terms and Names of Cryptogamia*，郑儒永（真菌类英文俗名）、魏江春（地衣）、胡鸿钧（藻类）、余永年（真菌拉丁学名）、吴鹏程（苔藓）、邢公侠（蕨类）、刘波（真菌英文俗名）编，32 开，961 页，1990；北京：科学出版社。

本书包括孢子植物的菌物、地衣、藻类、苔藓及蕨类的英文名词、拉丁学名及英文俗名约 45 000 条。正文为名词和名称两部分。名词部分（约 10 000 条）以英文字母为顺序，名称部分（约 31 000 条）以分类群学名字母为顺序；另还有英文俗名 4 000 条索引。本书是在该出版社出版的**真菌名词及名称**、**藻类名词及名称**、**地衣名词及名称**、**蕨类名词及名称**及**苔藓名词及名称**基础上，经过全面增补与修订汇编而成。

■ **2.2.21 *Glossarium Polyglottum Bryologiae* *A Multilingual Glossary for Bryology***，Robert E. Magill，297 p，1990；St. Louis，MO：Missouri Botanical Garden。

本书由国际苔藓学者协会出版，共收载约 1 180 条苔藓专门术语。所有的术语以英文的详细解释为蓝本，并翻译成法、德、西三种语言；但日文、俄文和拉丁文仅是术语的翻译而没有解释。全书将每个术语条目给出固定的编号，各种语言间利用编号可以交叉索引。

■**2.2.22 植物名释札记**，中国农史研究丛书，夏纬瑛著，繁体中文版，32 开，320 页，1990；北京：农业出版社。

本书专门讨论中国 308 种固有植物的中文名称（不涉及学名），包括农学、药学、历史、文字、方言、音韵、古文献等诸多内容。作者原计划整理 500 种，但由于"文革"等原因未能如愿。

补正参见：谭宏姣，2005，夏纬瑛《植物名释札记》补正，自然科学史研究 24（4）：364-371；谭宏姣，2008，**古汉语植物命名研究**（即本书第 2.2.35 种）。

■**2.2.23 植物学名词**，植物学名词审定委员会，191 页，1992；北京：科学出版社。

本书是全国自然科学名词审定委员会审定公布的植物学基本名词。全书分总论、植物形态学、植物解剖学、植物胚胎学、藻类学、植物化学、植物生态学、植物地理学、古植物学、孢粉学等 14 部分。本书共收录 3 304 条，每条有中英对照，而且都是中国目前使用的专业规范名词。

■**2.2.24 英汉古生物学词汇**，*English Chinese Dictionary of Palaeontology*，中国科学院南京古生物研究所编，李积金主编，32 开，409 页，1994；北京：科学出版社。

本书收词 28 000 余条，范围包括古生物学各个分支学科主要门类的术语以及少数分类单元，还有少量地质学科的相关术语，共计 50 个门类。

■**2.2.25 新编拉汉英植物名称**，王宗训主编，1 186 页，1996；北京：航空工业出版社。

本书收集具有经济价值和学术价值或通俗常见的种子植物、蕨类植物、苔藓植物、藻类植物、菌物、地衣名称约 55 800 条。每种植物有拉、汉、英三种文字对照，且按学名顺序排列。书后附有英文俗名和中文名索引。

■**2.2.26 蒙拉汉英植物学名称（内蒙古栽培植物名录）**，*Mongolo-Latino-Sinico-Anglicum Nominum Plantarum*，*Plant Name in Mongol-Latin-Chinese and English*，满都拉主编，32 开，242 页，1997；呼和浩特：内蒙古人民出版社。

本书是中国第一本蒙文植物学名称，收录内蒙古栽培维管束植物 135 科 576 属 1 758 种，包括**内蒙古植物志**中记载的 91 科 243 属 458 种，另外还有 29 种为国内新报道。每个名称都有蒙、拉、汉、英四种文字对照。

■**2.2.27 *Three-language list of botanical name components***，Alan Radcliffe-Smith，143 p，1998；Kew：Royal Botanic Gardens。

本书用希腊、拉丁和英语分别列出植物学常用名词与术语的组成成分（没有具体统计数字），并以三种索引列出每个成分的三种语言的对照，使用非常方便。

■ **2.2.28 英日汉植物学词汇**，李合生、伍素辉编，64 开，451 页，1999；郑州：黄河水利出版社。

本书收集了英日汉对照的植物学专业基础词汇 2 700 多条，拉日汉对照的植物科名 700 多条，植物及植物生理学实验室常用仪器、设备英日汉名词对照约 200 条，总词汇约 3 600 条。名词部分均按英日汉顺序排列，名称部分按拉日汉顺序排列。其中英文词汇均按字母顺序排列，拉丁科名则按纲名归类排列。本书的后面还有日语词汇假名索引。

■ **2.2.29 *The Cambridge Illustrated Glossary of Botanical Terms***，Michael Hickey & Clive King，208 p，2000；Cambridge：Cambridge University Press。

本书以图解方式描述 2 400 条名词，而且每条都有实例。

■ **2.2.30 *Mosses and other Bryophytes–An Illustrated Glossary***，Bill Malcolm & Nancy Malcolm，220 p，2000；Nelson，New Zealand：Micro-Optics Press；***Mosses and other Bryophytes-An Illustrated Glossary***，2nd ed（A profusely and superbly illustrated glossary of technical bryological terms），336 p，2006。

本书是一本图集式小词典，包括 1 500 多条名词术语与解释，外加 1 000 多幅彩色显微图及少数显微黑白墨线图，并有具体分类群实例，共涉及苔藓植物近 400 种；另外书末附有分类群学名索引。对于从事苔藓植物方面的工作，这样图文并茂的词典无疑是必备的。

■ **2.2.31 英汉 – 汉英生态学词汇**，*English Chinese and Chinese English Dictionary of Ecology*，王孟本编，32 开，833 页，2001；北京：科学出版社。

本书收集生态学及相关学科词汇约 46 800 条，其中英汉部分（1-407 页）约 24 700 条，汉英部分（408-815 页，按汉语拼音排序）约 22 100 条。书末附有外国生态学家人名字典（816-822 页）、华莱士动物地理分区（823 页）、古德植物地理分区（824-825 页）和生态学常用英文缩写词（826-830 页）及参考文献（831-833 页）。

■ **2.2.32 *A Modern Multilingual Glossary for Taxonomic Pteridology***，David B. Lellinger，263 p，2002：Washington，D.C.：American Fern Society；中文版，**现代英中对照蕨类植物分类学词汇**，向建英、武素功译，马启盛校，32 开，222 页，2007；昆明：云南科学技术出版社。

本书以英、法、葡、西四种语言收录蕨类植物术语 13 类 998 条，每条均有详细的解释，而且目录和索引也是四种语言。中译本是本书英文部分的翻译。

英文书评参见：R. James Hickey，2003，*American Fern Journal* 93（3）：164-165。

■ **2.2.33 中国蕨类植物和种子植物名称总汇**，马其云，1 561 页，2003；青岛：青岛出版社。

本书收载中国维管束植物科属种的植物名称、拉丁文（正异名）近 120 000 条、中文名（正异名）100 000 多条，同时将有关中文书刊记载的国外植物及国产有待进一步研究的植物名称也收录在内，共收载 314 科 4 108 属，种及种下分类群名称 46 300 多个。书中的中文名称在**中国植物志**的基础上，又按新出版的 *Flora of China* 作了新的订正，中文名称又在有关已出版的各类植物志的基础上，对一些混乱的名称作了取舍和订正，真正做到"一物一名"及"一名一物"①，较好地解决了中文名称"同名异物"的混乱现象。另外，书中所收载的中文异名都附有地方来源或书刊出处。本书正文汉拉植物名称（15-682 页）按中文拼音顺序排列，拉汉植物名称（683-1 549 页）按学名字母顺序排列。附录有书刊的缩写与全称对照。

■ **2.2.34 汉英拉动植物名称——鸟、兽、鱼、树、花、菜、果**，*Chinese English Latin Names of Fauna and Flora*-**Birds，Mammals，Fishes，Trees，Flowers，Foliages，Vegetables，Fruits & Nuts**，胡世平，561 页，2003；北京：商务印书馆。

本书对鸟类、哺乳动物、鱼类三类动物和树木、花卉、蔬菜、水果和干果四类植物以表格形式列出汉、英和拉丁名，并对每一种类进行简短说明。

■ **2.2.35 古汉语植物命名研究**，谭宏姣，288 页，2008；北京：中国社会科学出版社。

本书在植物命名的相对可论证性认识的基础上对古汉语植物命名进行较为全面系统的研究，通过对单个植物命名的具体考释，总结和归纳了植物命名的特点和规律。本书总结了前人植物释名中存在的错误表现，并分析其产生的主要原因。通过与源义素的对比，分析了植物命名义的意义性质、构成及特征，并归纳了几种探求植物命名义的有效方法。认为植物命名趋向选择规律与人们在植物命名过程中的思维意识有着密切的关系。此外，本书还从音义联系、词的形成的角度，描写与归纳了植物命名造词的方式方法②。

---

① 这是一个非常值得学术界磋商的事情，尽管没有法规那样的明文约束，但最起码也应该是中文名称应用的依据。

② 引自作者原书介绍。

■ **2.2.36 英汉生物学大词典**，*English-Chinese Dictionary of Biology*，陈宜瑜主编，32 开，1 835 页，2009；北京：科学出版社。

本书是一部综合性的生物学大词典，以英文名检索，同时有中文名和解释，涉及广义生物学范畴。附录有中文拼音索引。

■ **2.2.37 植物名称研究专集**，黄普华编著，484 页，2011；北京：中国林业出版社；植物名称研究续集，黄普华、王洪峰编著，352 页，2014；哈尔滨：东北林业大学出版社。

植物名称研究专集分三部分：植物同名探源、形态区别及其分布、植物英文同名探源及形态区别、植物命名题解。此为，代序为黄普华教授科学技术传略，附录：黄普华教授出版物目录、部分获奖证书、教学与研究工作照片、指导的研究生名单。

植物名称研究续集包括国内外植物名称、常见的种加词地名和人名及被子植物分类中有变动的科属名称三部分。它不同于已经出版的地名录或人名录，而是根据国际植物命名法规规定的要求，采用拉丁化的形式拼写的地名和人名，其中多为形容词，也有名词 2 格和同位格名词。被子植物分类中有变动的科属名称，是根据当今世界被子植物四大流行分类系统对分类处理的不同意见而收集的。第一部分，可供从事植物分类、植物地理、种源及引种等领域研究工作的同行们参考。第二部分，可以使我们了解到植物分类研究发展历史及采集历史，这对我们今后的学习、工作有着一定的意义。第三部分，可供植物分类工作者及从事植物领域的工作者参考。

■ **2.2.38 种子植物名称**，尚衍重编著，2012，5 卷本；1，拉汉英名称 A-D，1-1 991 页；2，拉汉英名称 E-O，1 992-3 976 页；3，拉汉英名称 P-Z，3 997-5 970 页；4，中文名称索引，1-1 128 页；5，英日俄名称索引，1-1 477 页；北京：中国林业出版社。

本书共收录拉丁名 418 831 条，包括全部科名和属名，命名人依据国际植物命名法规的要求标准化。5 种文字的名称总计 967 723 条，可以互相检索。书中还用符号给出了非国产植物、木本植物、草本植物、中国特有种子植物属及国家确定的濒危植物等信息。

■ **2.2.39 石松类和蕨类名词及名称**，张宪春、孙久琼编著，237 页，2015；北京：中国林业出版社。

本书包括石松类和蕨类名词与拉汉石松类和蕨类名称两部分。名称部分收录常用植物学名词 2 067 条。名称部分收录中国石松类和蕨类 40 科 159 属 2 054 种及 115 个种下分类群，19 个杂交种和 76 个存疑种；此为还收录了**中国植物志**等记载的本名录未接受的科名28 个属名 96 个种和种下等级异名 1 540 个及其归属。书后附有近代和现行分类系统。

▌**2.2.40** *English Names for Korean Native Plants*，Kae Sun Chang，Kyung Choi，Seong-Jin Ji，Su-Young Jung，Dong-Hyuk Lee，Changho Shin & Jong Cheol Yang，760 p，2015；Pocheon：Korea National Arboretum。

本书记载朝鲜半岛4 173个维管束植物的韩文和英文名称；全书分为两部分：第一部分是韩文和罗马拼写至英文和学名，第二部分是学名至罗马拼写和英文。

▌**2.2.41** **苔藓名词及名称（新版）**，[①] *A Glossary of Terms and Names of Bryphytes*（*New Edition*）；吴鹏程、汪楣芝、贾渝编著，356页，2016；北京：中国林业出版社。

本书对苔藓植物学科国内外近30年来发展的成果，就新增加的名词和主要与中国苔藓植物相关的名称作了全面的修订和增补，汇集了科、属、种的所有中文异名及主要的拉丁异名。全书共计约10 101条目，含1 184条名词和8 917条名称。本书是有关植物和生物多样性研究、保护区与林业考察调查、植物学教学和应用等相关领域不可缺少的重要工具书。

▌**2.2.42** **植物学名词**，第二届植物学名词审定委员会，第2版，559页，2019；北京：科学出版社。Chinese Terms in Botany。

本书是全国科学技术名词审定委员会审定公布的第2版植物学名词，内容包括总论、系统与进化植物学、植物形态与结构植物学、藻类学、真菌学、地衣学、苔藓植物学、植物生殖与发育生物学、植物细胞生物学、植物遗传学、植物生理学、植物化学、植物生态学、古植物学、孢粉学和植物生物技术16部分，共5 857条。本书对1992年出版的第1版做了少量修改，增加了一些名词，每条名词均给出了定义或解释。

2.3 手册

手册（Handbooks）是汇集某一方面经常需要使用的资料，供随时查阅的工具。本项主要汇集植物分类学整体有关的工具书类15种（不含各植物类群的具体手册，详细参见相关的检索表或者名录以及植物志等）。

▌**2.3.1** *Manual of Pteridology*，Frans Verdoorn（ed），640 p，1938；The Hague：

[①] 本书附有中国苔藓植物系统表，其中第265-286页为陈式系统（1963、1978），而第287-310页为贾渝和何思系统（2013，即中国生物物种名录编辑委员会植物卷工作组，中国生物物种名录，第1卷，植物；贾渝、何思，苔藓植物，525页，2013）。

Martinus Nijhoff。

　　本书是蕨类植物研究的重要参考书，由当时世界上 20 名专家与学者写成。全书共 23 章，多数是英文，少数是德文。内容包括 1，1-64 p，Morphology（Johannes C. Schoute），2，65-104 p，Anatomy（Johannes C. Schoute），3，105-140 p，Experimental Morphology（Samuel Williams），4，141-158 p，Associations with Fungi and Other Lower Plants（Mary J. F. Gregor），5，159-191 p，Mycorhiza（B. Burgeff），6，192-195 p，Zoocecidia（W. M. Docters Van Leeuwen），7，196-232 p，Cytology（Lenette R. Atkinson），8，233-283 p，Karyologie（Walter Döpp），9，284-302 p，Genetics（I. Andersson-Kottö），10，303-346 p，Growth, Tropisms and Other Movements（H. G. Du Buy），11，347-381 p，Chemie und Stoffwechsel（Karl Wetzel），12，382-419 p，Öekologie der Extratropischen Pteridophyten（Helmut Gams），13，420-450 p，The Ecology of Tropical Pteridophytes（Richard E. Holttum），14，451-473 p，Geographie（Hubert Winkler），15，474-495 p，Geographie und Zeitliche Verbreitung der Fossilen Pteridophyten（Max Hirmer），16，496-499 p，Psilophytinae（Richard Kräusel），17，500-506 p，Lycopodiinae（J. Walton & Arthur H. G. Alston），18，507-510 p，Psilotinae（Max Hirmer），19，511-521 p，Articulatae（Max Hirmer），20，522-550 p，Filicinae（Carl Christensen），21，551-554 p，Fossile Filicinae（Max Hirmer），22，555-557 p，Pteridophyta Incertae Sedis（Max Hirmer），23，558-618 p，Phylogenie（Tubingen），and 619-640 p，Index。

▌2.3.2 *Vademecum Methodi Systematis Plantarum Vascularium*，Boris K. Schischkin（ed），Moscow：Izd-vo Akademii nauk SSSR，Fasc. I，Abbreviationes，Desigenations Institutae，Nomina Geographica，109 p，1954；中文版，**高等植物分类学参考手册**，第 1 辑，缩写、符号、地名，匡可任编译，32 开，131 页，1958；北京：科学出版社。Fasc. II，*Lexicon Latino-Rossicum Pro Botanicis*，334 p，1957。

　　本书为俄语系统中植物分类学工作者必备的参考书之一。全书分为两册：第 1 册为植物分类学文献引证中的拉丁文缩写、语句和特殊符号的解释以及古拉丁地名和拉丁化地名的考证；第 2 册为拉俄植物学字典。书后附有为初学植物分类学工作者学习而准备的简要拉丁文法。

▌2.3.3 维管束植物鉴定手册，林英、程景福编著，32 开，373 页，1979；南昌：江西人民出版社。

　　本书包括维管束植物鉴定方法、标本采集、压制和保存方法、分科系统表及分科检索表（其中被子植物部分采用哈钦松系统）。书末附有学名和中文（笔画）索引。

■ **2.3.4 汉语拼音中国地名手册**，严地编，第 3 版，32 开，165 页，1982；北京：测绘出版社。

本书收录了全国县级以上及一些自然地理和居民地名称共 3 400 多条。正文中的地名按汉字名称与汉字拼音的字母顺序排列。书中的汉语拼音法采用中国文字改革委员会和中华人民共和国国家测绘总局共同编制的**中国地名汉语拼音字母拼写法**（1976）。本手册可以作为植物分类学中中国地名译出的主要依据。

■ **2.3.5 *New Manual of Bryology***，Rudolf M. Schuster（ed），Vol. 1，626 p，1983，Chapters 1–10；2，627–1295 p，1984，Chapters 11–21，Index；Nichinan，Japan：Hattori Botanical Laboratory。

本书是 Frans Verdoorn 所著的 *Manual of Bryology*（496 p，1932；The Hague：Martinus Nijhoff，with 16 chapters mainly in German）的第 2 版，是苔藓植物学研究的必备工具书。全书共分 21 章，由世界各地的专家与学者执笔，包括：1，1–116 p，Chemistry and Biochemistry of Bryophytes（Siegfried Huneck），2，117–148 p，Cytology of the Hepaticae and Anthocerotae（Martha E. Newton），3，149–221 p，Cytology of Mosses（Helen P. Ramsay），4，222–231 p，Genetics of Bryophyta（D. J. Cove），5，232–275 p，Gametogenesis（Jeffrey G. Duckett，Z. B. Carothers & C. C. J. Miller），6，276–324 p，Developmental Physiology of Bryophytes（Martin Bopp），7，325–342 p，The Spore（Gert S. Mogensen），8，343–385 p，Spore Germination，Protonema Development and Sporeling Development（Kunito Nehira），9，386–462 p，Reproductive Biolgoy（Royce E. Longton & Rudolf M. Schuster），10，463–626 p，Phytogeography of the Bryophytes（Rudolf M. Schuster），11，627–657 p，The Morphology and Anatomy of the Moss Gametophyte（Wilfred B. Schofield & Charles Hebant），12，658–695 p，Homologies and Inter-relationships of Moss Peristomes（Sean R. Edwards），13，696–759 p，Classification of the Bryopsida（Dale H. Vitt），14，760–891 p，Comparative Anatomy and Morphology of the Hepaticae（Rudolf M. Schuster），15，892–1070 p，Evolution，Phylogeny and Classification of the Hepaticae（Rudolf M. Schuster），16，1071–1092 p，Morphology，Phylogeny and Classification of the Anthocerotae（Rudolf M. Schuster），17，1093–1129 p，Musci，Hepatics and Anthocerotes–An Essay on Analogues（Barbara J. Crandall-Stotler），18，1130–1171 p，Species Problems and Taxonomic Methods in Bryophytes（Jerzy Szweykowski），19，1172–1193 p，Paleozoic and Mesozoic Fossils（Valentin A. Krassilov & Rudolf M. Schuster），20，1194–1232 p，Tertiary and Quaternary Fossils，and 21，1233–1270 p，The Ecology of Tropical Forest Bryophytes（Norton G. Miller）。

参见书评：William C. Steere，1984，*The Bryologist* 87（3）：288–290；James H. Diekson，

1985，*New Phytologist* 100（2）：261–262；Alan J. E. Smith，1985，*The Journal of Ecology* 73（2）：723。

■ **2.3.6 外国地名译名手册**，中国地名委员会编，小 32 开，559 页，1983；中型本，910 页，1993；修订版，910 页，2003；北京：商务印书馆。

本手册修订版汇集了 95 000 多条外国地名，包括国家（地区）名、首都（首府）名、各国一级行政区域名、较重要的居民点以及自然地理实体名称。同时还酌收了部分历史地名。每条地名包括罗马字母拼写、汉字译名、所在地域和地理坐标四项内容。本书是分类学中查找外国地名译名非常有用的工具书。

■ **2.3.7 世界地名翻译手册**，*Geographic Names of the World–A Translator's Manual*，萧德荣主编，1 616 页，1988；北京：知识出版社。

本书将**世界地名录**（参见本书第 2.1.19 种）中的中国部分删除，把国外部分的 25 万条目加以合并，删节部分使用频率较低的小地名，去掉经纬度，缩编而成的中型地名工具书。其中中文按外文字母顺序排列，余同**世界地名录**。本书的 8 个附录与**世界地名录**中略有不同：1，世界各国（地区）首都（首府）和行政区划名称一览（1 299–1 388 页）；2，中国南海诸岛屿部分标准地名（1 389–1 396 页，附：外国报刊对中国南海诸岛的称谓）；3，香港地名（当地英文报刊拼写法，1 397–1 407 页）；4，台湾省地名（当地英文报刊拼写法，1 408–1 412 页）；5，中国部分地名在外国办刊中的常见拼写法（汉语拼音对照，1 413 页）；6，地名性专名（建筑物、公园、广场、街道、名胜古迹等，1 414–1 434 页）；7，外国地名更名资料（1 435–1 603 页）；8，常见地理通名（1 604–1 616 页）。

■ **2.3.8 *The Herbarium Handbook***，Leonard Forman & Diane Bridson，214 p，1989；2nd ed，303 p，1992；3rd ed，334 p，1998；Kew: Royal Botanic Gardens；中文版，**标本馆手册**，第 3 版，姚一建等译，299 页，1998；伦敦：皇家植物园（邱园[①]）。

详细参见本书第 7.1.4 种。

■ **2.3.9 苔藓植物研究手册**，赖明洲主编，32 开，169 页，1995；台北：台湾大学农学院实验林管理处。

本手册针对苔藓植物的形态特征、分类、经济用途与野外采集、标本制作等提供新颖

---

① 本书中文版将英文"Kew"译为"克佑"，而不是植物学界常称作的"邱园"。

翔实的内容，并附加溪头森林游乐区重要或代表性苔藓种类的介绍，可作为初学者入门探究苔藓世界之用。

■ **2.3.10 中外文对照世界地名手册**，*Chinese-Foreign Language Handbook of Global Geographical Names*，周定国主编，1 335 页，1999；北京：中国地图出版社。

本书正文的地名以汉字的名称（拼音）排列，解决了由中文查外文的难题，同时每个中文都配有原文和地理坐标。

■ **2.3.11 *Handbook on Herbaria in India and Neighbouring Countries***，M. Venkatesan Viswanathan，Harbhajan B. Singh & P. R. Bhagwat（eds），158 p，2000；New Delhi：National Institute of Science Communication。

详细参见本书第 7.1.8 种。

■ **2.3.12 中国行政区划沿革手册**，陈潮编，32 开，第 3 版，399 页，2000；第 4 版，440 页，2007；北京：地图出版社。

本书原名**中国县市政区资料手册**（1986、1992），而新版本依据 2006 年年底全国最新行政区划系统排列。本书重点介绍县市的行政建制，包括历史沿革变迁，地理位置（经纬度），还有各省市区的简图。其中历史沿革的时限从 1912 年（民国元年）到 2006 年年底，包括名称的更改和归属的变化等。全书主题内容按省市区的行政级别排列，并附有全国旧省级和县区市明细表，因此对于我们核查及考证老地名等非常有用。书末还有汉语拼音、四角号码和笔画检索表以及县区市地名索引，非常实用。

■ **2.3.13 中国地名演变手册**，张志强、陈利、高锋、张立功编，32 开，937 页，2001；北京：中国大百科全书出版社。

本手册收载 1912 年至 1999 年年底的全国新老省（区）、市、县名（包括繁体字、异体字书写的地名），以条目形式，按笔画顺序排列，附有条目首字笔画和拼音检字表，检索方便。每条不仅有地理坐标，还有地名的变化时间。主条目以图示形式并附有说明，而副条目则以参见主条目形式表示。本手册能帮助读者解决所有老地名现在归属及其演变历史。本书书末附有三个附录，其中同名县辑录不仅有用，而且也是其他书所没有的。

■ **2.3.14 世界人名地名译名注解手册**，注音版，张力主编，653 页，2009；北京：旅游教育出版社。

本手册收录了 28 000 条词目，总计约 30 000 条释义，覆盖了世界上较为重要的地名和知名人物姓氏，包括大洲、国家（地区）、首都（首府）、州（省、郡）、城市、城镇、村庄、岛屿、山脉、海洋、海峡、河流等，以及政治、军事、科技、经济、文化、历史等人物。另一个特色是标注国际音标，并给出译名的注解，提供相关背景。

■ **2.3.15** *Botanical Gazetteer for Korean Peninsula Flora*（**KPF**），Chin-Sung Chang，Hui Kim & Kae Sun Chang，243 p，2015；Goyang-si，Korea：Designpost。

经过近十年的收集，本书整理出朝鲜半岛植物学文献中记载的 3 300 左右个各级地名。全书分两部分，第一部分为朝鲜半岛 26 位主要采集者的简史以及采集地点图，第二部分则为具体的地名，包括道和郡，同时还配有当时地名的韩文（中文表述）。非常不错的工作，很值得学习！

3 植物志类

植物志（Floras）即记载某一范围（世界、国家或地区）植物种类的分类学专著。一般依分类系统记载植物的种名（学名、通用名和别名）、形态特征、生态习性、地理分布、经济价值等，并附有分类检索表、科属描述和插图等。植物志是植物分类学最重要的工作，因此，本书将其单独作为一大类介绍。

本类按包括的范围划分为世界、中国、中国地方（仅限于省市区一级）、中国早期、图册、检索表、名录、植物区系以及邻国植物志。具体内容包括高等植物种类，但不包括经济类的植物志（如药用、饲用等植物志）以及分类群专著（内容太多，篇幅有限，很难取舍）。有关评论内容不单独列出（较早的综述可以参考笔者 1992 年的工作[①]），详细参考各种出版物的介绍或评论，但对**中国植物志**和中国地方植物志有较为详细的评论。

3.1 世界植物志

世界植物志（World Floras）主要介绍早期一些世界性的工作或者是当时学者们对植物类群的认识与总结，虽然这些工作并不十分完整，但都是分类学的经典著作。除此之外，当代的一些著名工作以及世界性的数字化网络版等列入此类。

本书共记载 24 种。

■ **3.1.1** *Species Plantarum*，Carl Linnaeus，Vols. 1-2，1200 p，1753；Holmiae：

[①] 马金双，1992，九十年代植物志的编研动态与展望（一、二），生物学通报 11：2-4 & 12：4-5。

Impensis Laurentii Salvii；**Vol.1**，with an introduction by William T. Stearn，1957；**Vol. 2**，with an appendix by John L. Heller & William T. Stearn，1959；London：the Ray Society。

本书是**国际植物命名法规**规定的现代种子植物、蕨类植物和藓类植物泥炭藓科及苔类植物**种名**的起点著作。1957 年和 1959 年增印中还加入了简介和附录，这对于我们了解历史并使用本书有很大帮助。

■**3.1.2 *Genera Plantarum***，Carl Linnaeus，5th ed，500 p，1754；Holmiæ：Impensis Laurentii Salvii，with an introduction by William T. Stearn，1960；Weinheim：Codicote，Herts。

本书是国际植物命名法规规定的现代种子植物、蕨类植物和藓类植物泥炭藓科及苔类植物**属名**的起点著作（其实就是 1753 年 *Species Plantarum* 的属）。1960 年增印中加入了简介，对于我们了解 Carl Linnaeus[1] 的命名、系统、文献及缩写等很有帮助。

■**3.1.3 *Genera Plantarum* Secundum Ordines Naturales Disposita**，Antoine L. Jussieu（ed），498 p，1789；Parisiis：Viduam Herissant et Theophilum Barrois。

本书是**国际植物命名法规**规定的种子植物科的命名起点著作。作者当时将全部植物界的类群归为 15 个 Class 和 100 个 Ordo Naturalis，并对"Ordo Naturalis"给予名称、区别特征和描述，而它们的范围与当今学术界采用的种子植物"科"的内容或范围很相似或相吻合，但词尾不同。

■**3.1.4 *Species Muscorum Frondosorum*** descriptae et tabulis aeneis lxxvii coloratis illustratae opus posthumum，editum a Friderico Schwaegrichen & Joannis Hedwig，352 p，1801；Lipsiae：Sumtu J. A. Brthii；Parisiis：A. Koenig；***Species Muscorum Frondosorum Supplementum Primum*-**Quartum Scriptum a Friderico Schwaegrichen，Vols. 1–4（parts 1–11），1811–1842；Lipsiae：Joannis Ambrosii Barth。

国际植物命名法规（1959）规定，除藓类植物泥炭藓科和苔类植物的起点著作是 Carl Linnaeus1753 年外，藓类植物的起点著作是 Friderico Schwaegrichen 编辑的、Joannis Hedwig（1730—1799）于 1801 出版的 ***Species Muscorum Frondosorum***；而补编 ***Species Muscorum Frondosorum Supplementum Primum*** 则是 Friderico Schwaegrichen 单独完成的。

---

① 参见 Gordon M. Reid，2009，Carolus Linnaeus（1707–1778）：his life，philosophy and science and its relationship to modern biology and medicine，*Taxon* 58（1）：18–31。

■ 3.1.5 *Prodromus Systematics Naturalis Regni Vegetabilis*，Augustin P. de Candolle，Vols，1–7，1824–1838，& Alphonse de Candolle，Vols，8–17，1844–1873（eds）；Paris：Treuttel & Würtz。[①]

1，1–748 p，1824；**2**：1–644 p，1825；**3**，1–494 p，1828；**4**，1–683 p，1830；**5**，1–706 p，1836；**6**，1–687 p，1838；**7（1）**，1–330 p，1838；**7（2）**，331–801 p，1839；**8**，1–684 p，1844；**9**，1–573 p，1845；**10**，1–679 p，1846；**11**，1–736 p，1847；**12**，1–707 p，1848；**13（1）**，1–741 p，1852；**13（2）**，1–468 p，1849；**14（1）**，1–492 p，1856；**14（2）**，493–706 p，1857；**15（1）**，1–522 p，1864；**15（2，1）**，1–188 p，1862；**15（2，2）**，189–1286 p，1866；**16（1）**，1–492 p，1869；**16（2，1）**，1–160 p，1864；**16（2，2）**，161–691 p，1868；**17**，1–493 p，1873。

本书是经典分类学工作中的世界性名著。全书 17 卷 13 194 页，记载了当时世界上已知的 58 975 种植物（包括 11 790 个新种），但本书没有检索表，只有分级式系统总览 "conspectus"。本书只在第 17 卷 323–493 页有一个种以上等级索引。但后人编辑了一个详细的索引，名为 *Genera*，*Species et Synonyma Candolleana Alphabetico Ordine Disposita*，seu index generalis et specialis，Heinrich W. Buek（ed），Vols. 1：423 p，vols. 1–4，1842；2：223 p，vols. 5–7（1），1840；3：508 p，vols. 7（2）–13，1858–1859；& 4：416 p，vols. 14–17，1874；Berolini：Sumptibus Librariae Nauckianae。

本书新种的优先权引证日期参见：William T. Stearn，1939，Dates of Publication of De Candolle's 'Prodromus'，*Candollea* 8：1–4，& 1941，Dates of Publication of De Candolle's 'Systema' and 'Prodromus'，*Journal of Botany British and Foreign* 79：25–27。

■ 3.1.6 *Species Filicum*，being descriptions of the known ferns，particularly of such as exist in the author's herbarium，or are with sufficient accuracy described in works of which he has had access；William J. Hooker，Vols. 1–5，1844–1864；London：William Pamplin।

1，245 p，*Gleichenia-Dictyoxyphium*，plates I–LXX，1844–1846；**2**，250 p，*Adiantum-Ceratopteris*，plates LXXI–CXL，1851–1858；**3**，291 p，*Lomaria-Actiniopteris*，plates CXLI–CCX，1859–1860；**4**，292 p，*Scolopendrium-Polypodium*，plates CCXI–CCLXXX，1862–

---

① 本书由瑞士日内瓦的 De Candolle 家族三代人：Augustin Pyramus de Candolle（1778—1841），缩写 DC；Alphonse Louis Pierre Pyramus de Candolle（1806—1893），缩写 A. DC，DC 之子；Anne Casimir Pyramus de Candolle（1836—1918），缩写 C. DC，A. DC 之子先后主持完成，世界上 32 位著名学者包括 Jean Müller（1828—1896）和 George Bentham（1800—1884）等参加。

1863；5，314 p，Polypodieae-Acrosticheae，Plates CCLXXXI–CCCIV，1864。

全书记载 2 500 种蕨类植物，其中 304 个图版包括 522 种植物。参见：Frans A. Stafleu，1971，Hooker's Species Filicum，*Taxon* 20（2）：361–365；Cathy A. Paris & David S. Barrington，1990，William Jackson Hooker and the Generic Classification of Ferns，*Annals of the Missouri Botanical Garden* 77：228–238。

■ **3.1.7 *Genera Filicum***，*Mémoires sur les Familles des Fougères*，1845–1866，Antoine L. A. Feé（1789–1874），*Cinquieme Mémoires sur les Familles des Fougères*；*Genera Filicum*：*exposition des genres de la famille des polypodiacées*（*classe des fougéres*），1850–1852；Paris：J. B. Baillière；V. Masson。

本工作是蕨类植物的经典著作，共 11 部分，先后以不同的题目单独以书的形式出版或于期刊中发表，后来重新印刷冠以 *Genera Filicum* 之名。

详细参见：Rodolfo E. G. Pichi-Sermolli，1953，The publication date of Feés Genera Filicum，*Webbia* 9：361–366；William T. Stearn，1962，Feés Memoires sur la famille des fougeres，*Webbia* 17：207–222；Frans A. Stafleu，1968，Feé and the ferns，*Taxon* 17（2）：211–215。

■ **3.1.8 *Genera Plantarum* ad exemplaria imprimis in herbariis kewensibus servata definite**，George Bentham & Joseph D. Hooker，Vol. 1：1（1）：1–434 p，1862，1（2）：433–725 p，1863，1（3）：721–952 p，1867，2（1）：1–533 p，1873，2（2）：533–1 225 p，1876，3（1）：1–447 p，3（2）：448–1 225 p，1883；Londini：A. Black；With an introduction by William T. Stearn，1965；Weinheim：J. Cramer。

本书是当代植物分类学中著名的属志，由当时英国最著名的分类学家编著。全书对种子植物的科属进行了详细的描述，并在系统上按作者的观点重新排列，即 George Bentham & Joseph D. Hooker 系统。书中将种子植物划分为 3 大类，即 Dicotyledons，Gymnospermae 和 Monochlamydeae，每类下又分 Series，而 Series 下又分 Cohor，后者相当于现在的 Order，Cohor 下才分 Family。邱园的植物标本馆就是按这个系统排列的[①]。本书没有检索表，但以分级式系统总览 "conspectus" 代之。1965 年的增印本有详细的介绍。

■ **3.1.9 *Die Natüerlichen Pflanzenfamilien* nebst ihren Gattungen und wichtigeren Arten**，

---

① 2010 年 6 月笔者访问邱园标本馆，他们正准备按 APG III 进行重新排列；2017 年笔者再次访问时，已经基本按照 APG 调整完成；但个别大类群目前仍在原地，如蕨类、竹类、棕榈类以及兰科。

insbesondere den Nutzflanzen，unter Mitwirkung zahlreicher hervorragender Fachgelehrten begründet，Heinrich Gustav Adolf Engler und Karl A. E. Prantl（eds），4 Teile，4 Nachtrage，1887-1915；Leipzig：Wilhelm Engelmann；*Die Natüerlichen Pflanzenfamilien* nebst ihren Gattungen und wichtigeren Arten insbesondere den Nutzpflanzen，unter Mitwirkung zahlreicher hervorragender Fachgelehrten，begründet，Heinrich Gustav Adolf Engler und Karl A. E. Prantl（eds）：2nd ed，28 Band，1924+；Leipzig：Wilhelm Engelmann，& Berlin：Dunker & Humblot。

　　本书是广义植物界各个类群的属级专著，工作极为详细，包括植物学各个分支，均在科和属下进行阐述。此外，还有详细的文献引证和插图。全书分四部分：其中 Teile 1 为隐花植物[①]，Teile 2—4 为显花植物[②]。本书第 2 版目前只出版了 28 卷，目前仍然在编辑之中[③]。最近的两卷是 Loganiaceae（Bd 28 b Ⅰ），255 p，1980 和 Ranunculaceae（Bd 17，a Ⅳ），555 p，1995，版本也由当初的德文改为现在的英文。

■ **3.1.10** *Das Pflanzenreich* Regni vegetabilis conspectus，Heinrich Gustav Adolf Engler （ed），1-107 Hefts；1-106[④]，1900-1943；Leipzig：Wilhelm Engelmann；90-105，1927-1939；Reissued，1956；Stuttgart：Wilhelm Engelmann；106，1943，Reissued，1956；Berlin：Akademie Verlag；107，1953；Berlin：Akademie Verlag。

　　本书是恩格勒的代表作，内容从科至种均有详细的描述与讨论；其中检索表、属和种的描述是拉丁文，而科的描述和讨论则是德文。本书把植物界共分成四部；其中第一部和第二部没有出版，第三部也只出版一册（51，Sphagnaceae，1911，*Bryophyta*），其他已经出版的均为第四部（*Embryophyta Siphonogama*）。本书的编排较为复杂，因为有两套不同的系统号码：其一是科号，按恩格勒系统排列，即 1—280，Cycadaceae-Compositae；其二是册号，按出版时间先后排列，全书共出版 107 册，仅包括 78 个全部完成和部分完成的科。以第一册为例，Musaceae IV 45，1，1-45，1900 表示为：芭蕉科，第四部（Teile），恩格勒系统科的第 45 号，第一册（Heft），第 1-45 页，1900 年出版。另外，该册还有恩格勒

① 参见：Frans A. Stafleu，1972，The Volumes of Cryptogams of "Engler und Prantl"，*Taxon* 21（4）：501-511；Clyde F. Reed & Harold E. Robinson，1972，Index to *Die Natürlichen Pflanzenfamilien*（Musci-Hepaticae） Editions 1 and 2，*Contributions of Reed Herbarium* 21：i-xxii，1-336。

② 参见 William T. Stearn，1954，Dates of publication of Engler & Prantl Ⅱ-Ⅳ in Maria J. van Steenis-Kruseman，*Flora Malesiana* Ser. Ⅰ，4（5）：clxxxi。

③ 详细参考 Thomas Morley，1984，An Index to the Familly in Engeler and Prantl "*Die Natürlichen Pflanzen-familien*"，*Annals of the Missouri Botanical Garden* 71：210-228。

④ 本书的部分卷册先后数次印刷，并且有的出版商也不一样；因此，尽管内容相同但版本不同。

所著的全书前言。

详细参见：Mervyn T. Davis，A guide and analysis of Engler's '*Das Pflanzenreich*'，*Taxon* 6：161–182，1957。

■ **3.1.11** *The Families of Flowering Plants*，John Hutchinson，1，328 p，1926，Dicotyledones；London：Macmillan；中文版，**双子叶植物分类**，黄野蘿译 [①]，胡先骕校订，32 开，514 页，1937；上海：商务印书馆；**有花植物科志**（Ⅰ，双子叶植物），中国科学院植物研究所译，526 页，1954；**2**，432 p，1934，Monocotyledones；London：Macmillan；中文版，**有花植物科志**（Ⅱ，单子叶植物），唐进、汪发缵、关克俭译，495 页，1955；上海：商务印书馆；2nd ed，792 p，1959；Oxford：Clarendon Press；3rd ed，968 p，1973；Oxford：Clarendon Press。

哈钦松按照自己对被子植物的研究，将其划分为木本和草本两大分支，然后依次排列被子植物的类群。每个目和科都有非常详细地描述及插图，使用上非常方便。作者多年在邱园标本馆从事分类工作，并具有丰富的实践经验，加之邱园的学术条件与气氛，使其得以完成这样的巨作。本书第 3 版共有 111 目 411 科，其中双子叶植物 82 目 342 科，单子叶植物 29 目 69 科。该工作由于在中国有中译本，所以得到广泛的使用，不仅是地方植物志使用，还有标本室以及教材等也有采用。

■ **3.1.12** *The Genera of Flowering Plants*，John Hutchinson，Vol. 1，516 p，1964，Dicotyledones：Magnoliales-Leguminales；Vol. 2，659 p，1967，Dicotyledones：Cunoniales-Malpighiales；Oxford：Clarendon Press。

本书在 George Bentham & Joseph D. Hooker 的 *Genera Plantarum* 基础上修订而成，科与属的概念基本未变，不过系统则是按作者自己的 *The Families of Flowering Plants*（2nd ed）排列。使用本书时要注意两点：一是没有属下系统，二是全书因作者 1972 年逝世所以仅出版两卷，只完成 34 目 131 个科。

■ **3.1.13** *The Identification of Flowering Plant Families*-including a key to those native and cultivated in north temperate regions，1st，122 p，1965；Edinburgh：Oliver & Boyd；2nd，113 p，1979，3rd，133 p，1989，& 4th，215 p，1997，Peter H. Davis & James Cullen；Cambridge：Cambridge University Press；***Practical plant identification**-including a key to native*

---

① 译者 1931 年 11 月 4 日于东京文理大学植物学科撰写译例。

and cultivated flowering plants in north temperate regions，James Cullen，357 p，2006；Cambridge：Cambridge University Press.

这是一本实用的简明有花植物科的鉴定工具书，不仅包括原产于北温带的植物，而且还包括栽培植物。2006 年版本包括 326 个北温带科，地理位置大约在北纬 30° 以北，但不包括新热带的墨西哥和美国的佛罗里达以及旧大陆的印度和中国的亚热带地区。其中科与属的概念按照 Richard K. Brummitt（1992）*Vascular Plants-Families and Genera* 观点，但系统排列则采用恩格勒第 12 版（即 Hans Melchior 1964）的顺序，因为北温带多数植物志等均采用这一系统，这样会使读者使用上更方便。

■ **3.1.14 *Key to the Families of Flowering Plants of the World***，revised and enlarged for use as a supplenht to the Genera of Flowering Plants，John Hutchinson，117 p，1967；Oxford：Oxford University Press，中文版，**世界有花植物分科检索表**，洪涛译，李扬汉校，32 开，173 页，1983；北京：农业出版社。

本书是**有花植物属志**的必要补充。通过对花部的解剖和仔细的观察，借助这个检索表，作者深信对全世界任何地方的绝大多数野生与栽培的有花植物可以鉴定到科。

■ **3.1.15 *Guide to Standard Floras of the World*** an annotated，geographically arranged systematic bibliography of the principal floras，enumerations，checklists，and chorological atlases of different areas，David G. Frodin，1ˢᵗ ed，619 p，1984；2ⁿᵈ ed，1 100 p，2001；Cambridge：Cambridge University Press。

本书介绍世界上所有的植物志，包括详细的评论与出版信息，因此是必不可少的工具书。全书共分两部分，其一是简介，包括文献的范围、来源与组成、植物志的演化、进展与展望及参考文献等。其二是核心文献。作者将全世界分为 10 个区：全球（包括极地和孤立的岛屿）、北美、中美、南美、大洋洲、非洲、欧洲、北、中、西南亚、南、东、东南亚、马来西亚与太平洋地区。每个大区内包括一至数个国家，而较大的国家又分设若干省或州。每个级别上都有详细的介绍，包括基本背景资料，诸如面积、历史、文献、典汇、分布图、植物志、综合工作、部分工作、木本植物和蕨类植物等，还有历史性的文献，非常全面。本书第 2 版出版当年获得国际植物分类学委员会恩格勒银奖（参见 *Taxon* 51：823-824，2002）。

遗憾的是作者对中国的情况了解非常有限，更不懂中文，不仅有遗漏还有很多错误，包括一些没有依据的评论。英文书评参见：JinShuang MA，2003，*Acta Botanica Yunnannica* 25（6）：716-720； 以 及 Rudolf Schmid 2001，*Taxon* 50（3）：967-968；Aljos Farjon，2002，*Kew Bulletin* 57（1）：244-248；Hugh Glen，2002，*Plant Systematics and Evolution*

230：231-233；Aaron Liston，2002，*Plant Science Bulletin* 48（2）：68-69；James L. Luteyn，2002，*Brittonia* 54（1）：12；Peter F. Stevens，2002，*Nature* 415（3）：21-22。

■ **3.1.16 *The Families and Genera of Vascular Plants***，Klaus Kubitzki，Vols. 1+，1990+；Berlin：Springer。

1，404 p，1990，Pteridophytes and Gymnosperms（Karl U. Kramer & Peter S. Green）；2，653 p，1993，Dicotyledons：Magnoliid，Hamamelid，Caryophyllid（Klaus Kubitzki，Jens G. Rohwer & Volker Bittrich）；3，478 p，1998，Monocotyledons：Lilianae（except Orchidaceae）（Klaus Kubitzki，with Herbert F. J. Huber，Paula J. Rudall，Peter S. Stevens & Thomas Stutzel）；4，511 p，1998，Monocotyledons：Alismatanae and Commelinanae（except Gramineae）（Klaus Kubitzki，with Herbert F. J. Huber，Paula J. Rudall，Peter S. Stevens & Thomas Stutzel）；5，418 p，2002，Dicotyledons：Malvales，Capparales and non-betalain Caryophyllales（Klaus Kubitzki & Clemens Bayer）；6，489 p，2004，Dicotyledons：Celastrales，Oxalidales，Rosales，Cornales，Ericales（Klaus Kubitzki）；7，478 p，2004，Dicotyledons：Lamiales（except Acanthaceae including Avicenniaceae）（Joachim W. Kadereit）；8，635 p，2007，Eudicots：Asterales（Joachim W. Kadereit & Charles Jeffrey）；9，509 p，2007，Eudicots：Berberidopsidales，Buxales，Crossosomatales，Fabales p.p.，Geraniales，Gennerales，Myrtales p.p.，Proteales，Saxifragales，Vitales，Zygophyllales，Clusiaceae Alliance，Passifloraceae Alliance，Dilleniaceae，Huaceae，Picramniaceae，Sabiaceae（Klaus Kubitzki，with Clemens Bayer & Peter F. Stevens）；10，436 p，2011，Sapindales，Cucurbitales，Myrtaceae；11，331 p，2013，Malpighiales；12，213 p，2015，Santalales，Balanophorales（J. Kuijt & B. Hansen）；13，416 p，2015，Poaceae（E. A. Kellogg）；14，412 p，2016，Aquifoliales，Boraginales，Bruniales，Dipsacales，Escalloniales，Garryales，Paracryphiales，Solanales（except Convolvulaceae），Icacinaceae，Metteniusaceae，Vahliaceae（J.W.Kadereit & V. Bittrich）；15，570 p，2019，Apiales，Gentianales（except Rubiaceae）（J.W.Kadereit & V. Bittrich）。

书评参见：Rudolf Schmid，1991，Vol. 1，*Taxon* 40（2）：361-362；Peter F. Stevens，1994，Vol. 2，*Taxon* 43（3）：517-518；Paul Wilkin，1999，Vol. 4，*Kew Bulletin* 54（4）：1013；Rudolf Schmid，2005，Vol. 6 & 7，*Taxon* 54（2）：574。

评论参见本书的系统部分。

■ **3.1.17 *World Checklist and Bibliographies of Orders and Families***，Vols. 1+，1996+；Kew：Royal Botanic Gardens。

这是邱园近年来推出的另一个项目，而且是一个非常宏伟的工程，不但有正名还有异名以及详细的分布，非常有用。只是至今才出版 10 多个科：

1，72 p，1996，World checklist and bibliography of Magnoliaceae，David G. Frodin & Rafaël Govaerts；2，407 p，1998，World checklist and bibliography of Fagales（Betulaceae，Corylaceae，Fagaceae，and Ticodendraceae），Rafaël Govaerts & David G. Frodin；3，1st ed，298 p，1998；2nd ed，309 p，2001，World checklist and bibliography of Conifers，Aljos Farjon；4（1–4），1621 p，2000，World checklist and bibliography of Euphorbiaceae，Rafaël Govaerts，David G. Frodin & Alan Radcliffe-Smith；5，361 p，2001，World checklist and bibliography of Sapotaceae，Rafaël Govaerts，David G. Frodin & Terence D. Pennington；6，560 p，2002，World checklist and bibliography of Araceae（and Acoraceae），Rafaël Govaerts & David G. Frodin；7，444 p，2003，World checklist and bibliography of Araliaceae，David G. Frodin & Rafaël Govaerts，with contributions from Hans-Jürgen Esser，Porter P. Lowry II & Jun WEN；8（mislabbed as 7），675 p，2007，World checklist and bibliography of Campanulaceae，Thomas G. Lammers；9[①]，765 p，2007，World Checklist of Cyperaceae，Rafaël Govaerts，David A. Simpson；10，455 p，2008，World Checklist of Myrtaceae，Rafaël Govaerts，Peter S. Ashton，Eimear M. Nic Lughadha & Eve J. Lucas。

∎ 3.1.18 *Flora of the World*

本工作是 International Organization for Plant Information（IOPI）于 1999 年组织并出版的项目，命名为 *Species Plantarum–Flora of the World*，主持出版单位是 Canberra：Australian Biological Resources Study。这是一项当代了不起的世界性工程，但是进展实在缓慢；详细参阅项目介绍（http：// speciesplantarum.net /）以及早期的相关介绍，Richard K. Brummitt，Santiago Castroviejo，Augustine C. Chikuni，Anthony E. Orchard，Gideon F. Smith，Warren L. Wagner，2001，The Species Plantarum Project，an International Collaborative Initiative for Higher Plant Taxonomy，*Taxon* 50（4）：1 217–1 230。

目前出版的内容如下：

0，91 p，1999，Introduction（Anthony E. Orchard）；中文版，79 p，2000（Ying H. Brach）；1，25 p，1999，Irvingiaceae（D. J. Harris）；2，9 p，1999，Stangeriaceae（E. M. A. Steyn，Gideon F. Smith & Kenneth D. Hill）；3，8 p，1999，Welwitschiaceae（E. M. A. Steyn & Gideon F. Smith）；4，62 p，2001，Schisandraceae（Richard M. K. Saunders）；5，7 p，2001，Prioniaceae（Sioban L. Munro et al）；6，237 p，2002，Juncaceae 1：*Rostkovia-Luzula*

---

① 原书中没有具体数字，这里的 "9" 和 "10" 是笔者按出版顺序加入的。

（Jan Kirschner et al）；7，336 p，2002，Juncaceae 2：*Juncus* subg. *Juncus*（Jan Kirschner et al）；**8**，192 p，2002，Juncaceae 3：*Juncus* subg. *Agathryon*（Jan Kirschner et al）；**9**，319 p，2003，Chrysobalanaceae 1：*Chrysobalanus-Parinari*（Ghillean T. Prance & Cynthia A. Sothers）；**10**，268 p，2003，Chrysobalanaceae 2：*Acioa-Magnistipula*（Ghillean T. Prance & Cynthia A. Sothers）；**11**，12 p，2005，Saururaceae（Anthony R. Brach & Nianhe Xia）；**12**，71 p，2008，Opiliaceae（Paul Hiepko）；**13**，7，2008，Paracryphiaceae（Joël Jérémie）；**14**，7，2008，Amborellaceae（Joël Jérémie，Porter P. Lowry II & Frédéric Tronchet）。

■**3.1.19** *A Checklist of familial and suprafamilial names for extant vascular plants*，James L. Reveal，*Phytotaxa* 6：1–401，2010。

众所周知，法规规定维管束植物科的起点著作时间是 1789 年 8 月 4 日，但却忽略了目与科之间的等级，尤其是 1763 至 1788 年间。本文就是弥补这一不足，并分五部分详细列出科和科以上类群的详细命名与模式：1，按字母系统排列的所有名称；2，按级别列出的名称；3，按出版日期列出的名称；4，按作者和出版日期列出的名称；5，目前应用的名称。

■**3.1.20 世界维管植物**，傅德志，2010.10 和 2011.12[1]，55，636 页；第 1 卷：科属名称和分布，第 2 卷：分类系统，第 3–50 卷：全球种志初编；青岛：青岛出版社。*Vascular Plants of the World*，DeZhi FU，2010.10 & 2011.12[2]，55 636 p.；vol. 1, Names and Distribution of Families and Genera（A–Z），vol. 2, Classification Systems，vols. 3–50, Species（Aa–Zyzyxia）；Qingdao：Qingdao Publishing House.

本书共 50 卷：第 1 卷为科属名称和分布，第 2 卷为分类系统，第 3 至 50 卷为种志初编。全书记载维管植物 819 科 42 186 属 1 282 280 种（包括 249 467 种下单位）；其中可接受植物 819 科 17 394 属 283 341 ~ 356 015 种。蕨类植物 67 科 964 属（可接受 437 属）8 691 ~ 8 782 种，裸子植物 17 科 215 属（可接受 98 属）1 067 ~ 1 483 种，被子植物中双子叶植物 584 科 31 106 属（可接受 13 061 属）194 585 ~ 230 988 种，单子叶植物 151 科 9 901 属（可接受 3 798 属），86 607 ~ 114 949 种。

本书第 2 版更新和修订全球维管植物的名称和数目，计有 1 302 916 记录，包括 818 科 34 782 属（可接受 18 850 属，其中 16 176 属具有种的分布记录）290 713 ~ 307 963 可接收种；也更新了有关地理分布单位的植物分布数据。同时还增加了晚出同名的分类修订

---

① 第 1 版：2010 年 10 月，第 2 版：2011 年 12 月。

② First edition，October 2010；second edition，December 2011.

内容，并按照种名全称和字母顺序排列所有植物名称。

■ **3.1.21** World checklist of hornworts and liverworts，Lars Söderström，Anders Hagborg，Matt von Konrat，Sharon Bartholomew-Began，David Bell，Laura Briscoe，Elizabeth Brown，D. Christine Cargill，Denise P. Costa，Barbara J. Crandall-Stotler，Endymion D. Cooper，Gregorio Dauphin，John J. Engel，Kathrin Feldberg，David Glenny，Stephan R. Gradstein，XiaoLan HE，Jochen Heinrichs，Jörn Hentschel，Anna Luiza Ilkiu-Borges，Tomoyuki Katagiri，Nadezhda A. Konstantinova，Juan Larraín，David G. Long，Martin Nebel，Tamás Pócs，Felisa Puche，Elena Reiner-Drehwald，Matt A. M. Renner，Andrea Sass-Gyarmati，Alfons Schäfer-Verwimp，José Gabriel Segarra Moragues，Raymond E. Stotler，Phiangphak Sukkharak，Barbara M. Thiers，Jaime Uribe，Jiří Váňa，Juan Carlos Villarreal，Martin Wigginton，Li ZHANG，RuiLiang ZHU，2016，*PhytoKeys* 59：1-828。

A working checklist of accepted taxa worldwide is vital in achieving the goal of developing an online flora of all known plants by 2020 as part of the Global Strategy for Plant Conservation。We here present the first-ever worldwide checklist for liverworts（Marchantiophyta）and hornworts（Anthocerotophyta）that includes 7486 species in 398 genera representing 92 families from the two phyla。The checklist has far reaching implications and applications，including providing a valuable tool for taxonomists and systematists，analyzing phytogeographic and diversity patterns，aiding in the assessment of floristic and taxonomic knowledge，and identifying geographical gaps in our understanding of the global liverwort and hornwort flora。The checklist is derived from a working data set centralizing nomenclature，taxonomy and geography on a global scale。Prior to this effort a lack of centralization has been a major impediment for the study and analysis of species richness，conservation and systematic research at both regional and global scales。The success of this checklist，initiated in 2008，has been underpinned by its community approach involving taxonomic specialists working towards a consensus on taxonomy，nomenclature and distribution。

■ **3.1.22** *The Global Flora-A practical flora to vascular plant species of the world*，by Plant Gateway's Maarten J. M. Christenhusz & James W. Byng（chief-editors）at since very recently http：//www.plantgateway.com/about-globalflora/。

Focus and scope：The Global Flora is a new international serial for botanical taxonomy，to provide accepted species-level classifications for all vascular plant families。The serial has three series：（A）Angiosperms（following APG IV，2016）；（B）Lycopods，Ferns and Gymnosperms（classification following Christenhusz et al.，2017）；and（C）special editions。

The first two series will only treat monophyletic taxa on a global scale (e.g. family, subfamily, tribe, genus or section)。 The special editions series aims to make significant contributions to the body of plant systematic knowledge and typically will be of a global botanical scope。 The Global Flora will be published frequently and at regular intervals。 As important new evidence becomes available updates and revisions to already published treatments will be allowed to make the treatments current and dynamic.

Vols. **1**, Introduction, 35 p, 2017; **2**, Pentenaeaceae, 16 p, 2018; **3**, Amborellaceae, 20 p, 2018; **4**, GLOBAP Nomenclature Part 1, 155 p, 2018; **5**, Barbeuiaceae, 17 p, 2018。 这无疑是最新的世界性工作, 但未来怎么样还有待进一步关注。

▌3.1.23 *Global Naturalized Alien Flora*–Global Naturalized Alien Flora (GloNAF) at https://glonaf.org/.

GloNAF (Global Naturalized Alien Flora) is a living database project about alien plant species and became a synonym for many related projects dealing with all kinds of scientific and policy relevant questions and studies about alien species (also other taxa) and related data。

The idea for the Global Naturalized Alien Flora (GloNAF) started to develop in November 2011, after some of us realized that researchers still had to use jaggy and incomplete data on global aliens species richness。 Initially, it aimed at bringing together data on the number of naturalized alien vascular plant species in different parts of the world。 Soon the aim was upgraded to bringing together inventories with the identities of the naturalized alien vascular plant species。 During three years (without any funding), the core GloNAF members, searched the internet for naturalized plant inventories, contacted taxonomists and invasion biologists for such inventories, digitized these species lists, and standardized the taxonomic names。 In 2015, GloNAF version 1.1 was born。 In 2015, the project also got funded for a 3-year period by the German Science Foundation DFG and the Austrian Science Foundation FWF。 This will allow us to update and expand GloNAF, and most importantly to further analyse the data。

这无疑是另外一类挑战性工作, 不论是内容还是所在, 都非常值得我们关注。

▌3.1.24 *World Flora Online*—worldfloraonline.org

Placing taxonomists at the heart of a definitive and comprehensive global resource on the world's plants, Thomas Borsch, Walter Berendsohn, Eduardo Dalcin, Maïté Delmas, Sebsebe Demissew, Alan Elliott, Peter Fritsch, Anne Fuchs, Dmitry Geltman, Adil Güner, Thomas Haevermans, Sandra Knapp, M. Marianne le Roux, Pierre-André Loizeau, Chuck Miller, James

Miller, Joseph T. Miller, Raoul Palese, Alan Paton, John Parnell, Colin Pendry, HaiNing QIN, Victoria Sosa, Marc Sosef, Eckhard von Raab-Straube, Fhatani Ranwashe, Lauren Raz, Rashad Salimov, Erik Smets, Barbara Thiers, Wayt Thomas, Melissa Tulig, William Ulate, Visotheary Ung, Mark Watson, Peter Wyse Jackson & Nelson Zamora, 2020, Taxon 69 (6): 1311-1341。

It is time to synthesize the knowledge that has been generated through more than 260 years of botanical exploration, taxonomic and, more recently, phylogenetic research throughout the world. The adoption of an updated Global Strategy for Plant Conservation (GSPC) in 2011 provided the essential impetus for the development of the World Flora Online (WFO) project. The project represents an international, coordinated effort by the botanical community to achieve GSPC Target 1, an electronic Flora of all plants. It will be a first-ever unique and authoritative global source of information on the world's plant diversity, compiled, curated, moderated and updated by an expert and specialist-based community (Taxonomic Expert Networks – "TENs" – covering a taxonomic group such as family or order) and actively managed by those who have compiled and contributed the data it includes. Full credit and acknowledgement will be given to the original sources, allowing users to refer back to the primary data. A strength of the project is that it is led and endorsed by a global consortium of more than 40 leading botanical institutions worldwide. A first milestone for producing the World Flora Online is to be accomplished by the end of 2020, but the WFO Consortium is committed to continuing the WFO programme beyond 2020 when it will develop its full impact as the authoritative source of information on the world's plant biodiversity.

The World Flora Online is the first-ever comprehensive and authoritative global source of information on the world's plant diversity, compiled, moderated, and updated by an expert and specialist-based community and actively managed by those who have compiled and contributed the data it includes. The strength of the project is that it is committed to the FAIR principles: FINDABLE—The WFOID serves as a global unique identifier for each name. WFO provides all data associated with the name, with its proper attribution and rights metadata. Users can use the WFO portal to search for information, and WFO's API allows machines to search and retrieve information from the system. ACCESSIBLE—WFO keeps all original input on its file server. Human-readable metadata and data can be accessed through the WFO portal, directly or as a download in DwC-A format or as simple text. Additionally, WFO provides an API that allows users and machines to interact with the system to search,access and download information as HTML or JSON. WFO currently stores and makes available versions of the taxonomic backbone on its file server, which will also be submitted periodically to a trusted repository. INTEROPERABLE—

WFO uses an adapted Darwin Core data format und DwC-A for data input and output. Users can download the information in DwC-A or as simple text. WFO's API enables users and machines to programmatically access content. It also provides documentation in Rest Doc format for each endpoint through an OPTIONS request. REUSABLE—WFO recognizes all data providers in the portal and clearly state their usage licenses. WFO also cites and links to the sources if data providers indicate us to do so.

This way, the WFO approach considerably increases quality and the credibility of taxonomic information for end-users of taxonomy. For the global scientific community, the dedicated support of such a collaborative spirit is also very relevant to further promote additive workflows in plant taxonomy in a way that facilitates its development as a mega-science. Complying to rigorous scientific quality measures, the Taxonomic Backbone will promote information discovery on plants by connecting these data to the correct plant names. As such, WFO is relevant to all applied fields dealing with the diversity of plants. Specifically, it will provide input to the CoL and constitute a consistent taxonomic backbone for GBIF. The ultimate success of WFO will be measured by the level of community buy-in to the initiative, which in turn is likely to depend on the availability of clear communication channels and user-friendly editing tools, both of which promote specialist participation. Community participation will also be key to the sustainability of the resource. If we can foment a community-wide sense of ownership and collective responsibility, WFO will have a much greater chance of long term success. The partnership approach that has been developed since the earliest beginnings of the project is, therefore, of fundamental importance. If it is seen as an endeavour led by only a few very large institutions, it will fail to engender broad participation by winning hearts, minds, and funding. As a global initiative, it needs the support of all countries, in particular the CBD signatories, and the botanists working in those countries.

3.2 中国植物志

中国植物志（Floras of China），即包括全国范围的植物志，共 12 种 [①]。

■ **3.2.1 *Index Florae Sinensis*，**Francis B. Forbes & William B. Hemsley，Vols. 1–3，1886–1905。

[①] 胡秀英 1955 年在美国出版的 *Flora of China*，family 153，Malvaceae，只有一个科，在此不做记载。

本书是在 Francis B. Forbes（1839—1908）和 William B. Hemsley（1843—1924）的主持下，主要根据当时邱园所收藏的中国标本并由多位学者集体完成的，被视为**中国植物志**的雏形。该工作原文 *An enumeration of all the plants known from China proper*，*Formosa*，*Hainan*，*Corea*，*the Luchu Archipelago*，*and the Island of the Hong Kong*，*together with their distribution and synonyms* 由 Francis B. Forbes & William B. Hemsley 陆续发表于 *Journal of the Linnean Society Botany London* 23：1-521，1886-1888；26：1-592，1889-1902；36：1-449，& Index：531-686，1903-1905 上。而重新印刷时 3 卷本名称更改为"*Index Florae Sinensis*"，但页码不变。该工作后来有两个补编：Matilda Smith，1905，List of the genera and species discovered in China since the publication of the various parts of the "Enumeration"，from 1886 to March 1904，alphabetically arranged，*Journal of the Linnean Society Botany London* 36：451-530，& Stephan T. Dunn，1911，A supplementary list of Chinese flowering plants，1904-1910，*Journal of the Linnean Society Botany London* 39：411-506。

■ **3.2.2** *Synopsis of Chinese Genera of Phanerogams with descriptions of Representative Species*，HsenHsu HU，1925；Vol. 1：1-536 p；2：537-1097 p；Thesis（S.D，Harvard University）；Reprinted，Vols.1：556 p，2：475 p，3：442 p（College of Agriculture，National Southeastern University）。

中国植物志属记载中国种子植物 1 950 属 3 700 种（恩格勒系统），包括科、属、种的描述及检索表。其地理范围包括当时的外蒙，但不包括台湾。本书是胡先骕在哈佛大学完成的博士论文 [①]，是国人完成的首部中国种子植物专著；虽然没有正式发表，但历史上曾被国内多家单位在不同时期多次翻印，其页码与原版也不完全一致。2021 年出版的**胡先骕全集**第 3 和第 4 卷首次发表全文，详细参见本书的第 8.1.7.5 种。

■ **3.2.3 中国蕨类植物志属**，傅书遐编著，205 页，1954；北京：科学出版社。

本书就中国蕨类植物各科属分别加以描述，并有检索表、特用名词解释及主要参考书的介绍。全书采用 Edwin B. Copeland 系统（1947），包括 23 科 146 属及插图 102 幅。

■ **3.2.4 中国植物志**，*Flora Reipublicae Popularis Sinicae*（FRPS），中国科学院中国植物志编辑委员会编，1-80 卷（计 126 册），1959—2004；北京：科学出版社。

---

① 导师：John G. Jack（1861—1949）。

中国植物志第一本（第 2 卷）发表于 1959 年①，最后一本（第 1 卷）完成于 2004 年。全书收载中国（大陆和台湾）维管植物。其中第 1 卷为序论，第 2 至 6 卷为蕨类植物（秦仁昌系统），第 7 卷为裸子植物（郑万钧系统），被子植物为第 8 至 80 卷（恩格勒 1936 年第 11 版）；其中单子叶植物为第 8 至 19 卷，双子叶植物为第 20 至 80 卷。另外有中文和学名索引（1997）和总索引（2006）。

中国植物志第 1 卷总论（2004）包括植被（第 1-77 页）、区系（第 78-583 页；其中第 121-583 页被子植物部分为主编吴征镒的'八纲系统'）、资源（第 584-657 页）、采集简史（第 658-732 页）、编研简史（第 733-736 页），附录 1，历任正副主编与编委名单（第 737-741 页）、附录 2，各卷册出版时间及编辑、作者和绘图人员名单（第 741-761 页），获奖项目（第 761-766 页）、附录（水青树科，Tetracentraceae，第 767-769 页）、中文和学名索引（第 771-1 039 页）、中国植物志科名索引（第 1 040-1 044 页）。

纵观中国植物志 80 卷的辉煌成就，特别是在中国植物分类学历史不足百年的情况下，四代学者克服种种困难，在不到半个世纪的短短时间里（包括"文革"期间中断的时间）完成如此浩瀚的工程，确实了不起！的确书写了世界植物学史上的新篇章，也无愧于国家自然科学奖一等奖！中国的国土面积（约 960 万 km^2）小于美国（约 980 万 km^2）、加拿大（约 998 万 km^2）和欧洲（1 018 万 km^2），但我们的维管植物总数（31 180 种）却相当于欧洲（约 11 650 种②）和北美洲（约 20 000 种③）的总和。中国植物志的完成，不仅仅是一项基础的分类学工作总结，更重要的是为我们充分认识我国的植物资源、保护资源以及合理地开发利用资源提供了基本依据；不仅仅为我们进一步开展植物分类学修订研究提供了基础，更重要的是为世界植物学的系统与进化研究做出了重要贡献。

然而，我们的工作也并非十全十美，除去发展中国家的现状和中国植物学特殊的历史原因外，以下几点值得我们考虑。之一是全书的整体设计与安排不周，考虑欠佳，以致出现卷册不断增加并更改的情况。从当初的 80 卷到 80 卷 120 册④，再到 80 卷 125 册⑤，最

① 秦仁昌、钟补求，1960，"中国植物志"的任务与内容，科学通报 1：28-29。有关《中国植物志》不同时期的编写情况，读者可以参考中国科学院中国植物志编辑委员会出版的中国植物志工作的回顾与前瞻（18 页，1983 年；俞德浚、崔鸿宾著；内部出版）、中国植物志编委会简介（21 页，1983 年；内部出版），编写工作简讯（1-89 期，1973—2001；内部出版），以及原中国植物志副主编崔鸿宾（1928—1994）的遗作（崔鸿宾，2008，我所经历的《中国植物志》三十年，中国科技史杂志 29（1）73-89）。

② Vermon H. Heywood，1989，Patterns，extents and modes of invasions by terrestrial plants。In Biological Invasions：A Global Perspective，ed. J. A. Drake et al.，SCOPE 37。New York：John Wiley and Sons。

③ FNA website（http://floranorthamerica.org，accessed 2018）。

④ TeTsun YÜ，1979，Status of the *Flora of China*，*Systematic Botany* 4：257-260。

⑤ 陈心启、夏振岱，1998，《中国植物志》编研工作回顾，中国科学院植物研究所建所 70 周年纪念文集，58-64 页。

后到 80 卷 126 册，外加总索引。有的读者至今可能不知道，**中国植物志**除了人所共知的 80 卷 126 册外加总索引外，还有一个 1997 年出版的索引（包括 1959 至 1992 年间的出版内容）。之二，分类群的收载存在重复或遗漏，甚至卷册索引也存在错误。蕨类的骨碎补科（Davalliaceae）和条蕨科（Oleandraceae）在第 2 卷 1959 年已经处理，第 6 卷第 1 分册 1999 年又重复处理而且不交代任何原因；遗漏的有水青树科（Tetracentraceae），发现太晚不得不放在第 1 卷里；还有拟蕨类的几个小科等（包括桫椤科，Cyatheaceae）当初也被遗漏，最后不得不外加第 6 卷第 3 分册另行处理。更让人迷惑地是，在第 6 卷第 3 分册 2004 年出版前，很多出版的卷册在后面科的索引中把这些遗漏的科索引到第 2 卷或者是第 2 卷第 2 分册。实际上全书根本就没有所谓的第 2 卷第 2 分册，而第 2 卷早在 1959 年就已经出版，这些类群根本就不在里面。1999 年中国科学院华南植物研究所张奠湘发现的新纪录白玉簪科（Corsiaceae）没有收载[1]，但该工作的报道早于 2004 年**中国植物志**第 1 卷出版近 4 年的时间，**广东植物志** 2003 年也收载了[2]，但**中国植物志**没有收录。之三，部分卷册种的观点太小，以致到了非专家鉴定不可的程度，而且出版不久就被订正。如第 49 卷第 2 分册的猕猴桃科（Actinidiaceae）的藤山柳属（Clematoclethra），1984 年出版时记载 20 种 4 变种，仅仅 5 年后的 1989 年中国自己的学者就订正为 1 个种 4 个亚种[3]；更有的卷册因为划分过细，新种太多，以致引来国外学术界发表负面书评[4]（尽管后来又进行解释[5]）。之四，第 1 卷是全书的总结，应该详细记载的自然地理、历史背景、编研过程、采集历史、分类学研究史、研究机构、有关文献及总体概况等介绍的非常有限，而记载的'八纲系统'不仅篇幅过长，且与已经出版的著作有重复之嫌[6]！另一方面，被子植物分科检索表应该放在第 1 卷也没有。之五，**中国植物志**第 1 卷第 760–761 页对全书所记载的种类进行了统计，共 300 科 3 407 属 31 141 种 9 080 图版。这个数字可以说是官方数字，

[1] DianXiang ZHANG et al., 1999, *Corsiopsis chinensis* gen. et sp. (Corsiaceae): first record of the family in Asia, *Systematic Botany* 24 (3): 311–314; Dian-Xiang Zhang, 2000, Addition to the *Florae Reipublicae Popularis Sinica*: The family Corsiaceae, *Acta Phytotaxonomia Sinica* 38 (6): 578–581.

[2] 张奠湘，2003，白玉簪科，广东植物志 5: 457; 北京: 科学出版社。

[3] 汤彦承、向秋云，1989，重订藤山柳属的分类——续谈植物分类学工作方法，植物分类学报 27: 81–95。

[4] Ian C. Hedge & al., 1979, Book Review: *Flora of China*-FRPS Volumes 65 (2) and 66, Labiatae. *Notes from the Royal Botanic Garden*, *Edinburgh* 37 (3): 467–468。

[5] 吴征镒、李锡文，1980，对《中国植物志》65 (2)、66 卷册——唇形科的一些说明，云南植物研究 2 (2): 235–239。

[6] 吴征镒等，1998，试论木兰植物门的一级分类——一个被子植物八纲系统的新方案，植物分类学报 36 (5): 385–402; 吴征镒等，2003，中国被子植物科属综论，1 209 页; 北京: 科学出版社。

并被广泛引用①。遗憾的是这些数字并不准确，不仅不详细而且统计上还有错误，包括遗漏和重复计算。**中国植物志**全书 80 卷 126 册实际记载 300 科 3 434 属 31 180 种 5 552 种下类群，8 690 个图版和 409 幅插图；其中，特有属 233（占总数的 6.8%），特有种 16 864（占总数的 54%），非国产属 319，非国产种 1 128，未知种 242②。以上两个不同的数字差别是由于**中国植物志**第 1 卷统计上的错误产生的。如**中国植物志**第 32 卷共收载 2 科 23 属，而**中国植物志**第 1 卷统计时仅记载 2 科 13 属（第 749 页），实际上该卷仅罂粟科就 18 个属，另外还有山柑科的 5 个属。另外，后人对学名的考证还发现很多问题③。

除此之外，由于种种原因，我们的工作还有不尽人意的地方，给读者的使用造成诸多不便。其中以下几方面比较明显：第一，编辑方针前后不一，让读者无所适从。其中最典型的例子就是主编只在"文革"前出版的前 3 卷有，以后的卷册都没有；部分卷册没有作者或只有作者而没有编辑，或只有作者单位，或只有中文而没有拉丁文。读者可能发现本书几乎每册都有编辑，但这个编辑并不是主编或编委，而是作者自己。这在国际植物志的编写历史上也是独一无二的。第二，新分类群描述不一，有的是中文，有的是拉丁文，有的仅有特征集要，有的则是全文，有的有模式信息，有的则没有，有的标明模式存放地，有的没有标明。第三，一些分类群的处理没有经过详细的研究或考证或者是野外工作，要么没有标本，或者是标本在海外，描述只能依据他人或是原始记载，由此产生很多存疑类群；特别是"文革"后期和最后阶段的部分卷册，这种现象比较明显。第四，个别作者名字的拉丁化或汉语拼音前后不一，典型的例子就是崔鸿宾和刘玉壶。前者在第 42 卷第 2 分册的分类群处理中为 HungPin TSUI（Wade-Giles），但封面则为 HongBin CUI（汉语拼音）；后者在第 47 卷第 1 分册为 YuhHu LAW，而在第 30 卷第 1 分册为 YuWu LAW。不明的读者会误认为这些是不同的作者。第五，编辑工作也存在不理想的地方，很多学名在书中记载或者引用了，但书后的索引并没有收录。其中第 52 卷第 1 分册的四数木科，封面上的学名是 Datiscaceae，而第 123 页的内容处理则只有 Tetramelaceae。更让人不能原谅的是第 1 卷的拉丁文封面，"Introductio"一词竟然被印刷成"Inroductio"，丢了一个字母"t"竟然没有校对出来！还有出版方面的问题，特别是 80 卷 126 册的出版数量也很不平衡。其中单卷册印刷最高的第 21 卷（1979）达 9 630 册，而印刷最低的第 6 卷第 3 分

① QinEr YANG et al., 2005, World's largest flora completed, *Science* Vol. 309, Issue 5744, p. 2163.

② JinShuang MA & Steve Clemants, 2006, A history and overview of the *Flora Reipublicae Popularis Sinicae* (FRPS, *Flora of China*, Chinese edition, 1959–2004), *Taxon* 55（2）: 451–460.

③ 刘夙、刘冰、朱相云，2013, Corrections of wrongly spelled scientific names in *Flora Reipublicae Popularis Sinicae*（中国植物志误拼学名的订正），*Journal of Systematics and Evolution* 51（2）: 231–234.

册（2004）只有 1 200 册，两者相差八倍之多[1]。

参考当今世界发达国家的标准，编写并出版一部好的植物志，特别是从编者的角度，我们还有很多需要改进或者是学习的地方，无论是格式设计还是内容安排，无论是国家级植物志，还是地方植物志，无论是多卷本还是单卷本。笔者希望未来的编写工作能够借鉴或参考一下 Michael W. Palmer，Gary L. Palmer & Paul Neal（1995，Standards for the writing of flora，*BioScience* 45（5）：339-345）和 Rudolf Schmid（1997，Some desiderata to make floras and other types of works user and reviewer friendly，*Taxon* 46（1）：179-194）的两篇著名评论。前者对北美范围内的近千种各类植物志的详细内容进行了系统的总结、评估、比较并对编写当代植物志的内容提出了非常详细的实质性建议。而后者则是基于世界上 24 部大小各异的植物志（包括英文版 *Flora of China*），仅就格式设计和内容安排的讨论就达 61 项（不包括在植物志中对分类群的具体处理意见）。特别是美国加州大学伯克利分校的植物学教授 Rudolf Schmid（1942—；http：//www.rudischmid.com/），在 *Taxon* 上从事专业书评已经 20 多年，对世界上的各种植物志非常了解，对各类出版物的格式与编辑工作有着十分精辟的独特见解。以上工作发表 20 多年来，我们的植物志与出版物（除 *Flora of Hong Kong* 外）基本上没有什么实质性的改进或者是明显的进步。最近美国史密森学会的植物学年会对 21 世纪植物志的编研有更深入的探讨[2]，也非常值得借鉴。

详细参见网址：http：//frps.iplant.cn/

为使读者方便，本书将**中国植物志**各卷册的有关内容列于附录中，即附录 4，**中国植物志** 80 卷 126 册索引，附录 5，**中国植物志**中文科名拼音索引，附录 6，**中国植物志**科的学名索引。

■ **3.2.5 中国藓类植物属志**，*Genera Muscorum Sinicorum*，陈邦杰主编，上册，326 页，1963，下册，331 页，1978；北京：科学出版社。

本书上册包括藓类植物的形态构造和生活史，讨论了中国藓类植物的生态类型与地理分布，并按科属系统排列介绍中国特有各科属内的特征及其分布情况。另有分科检索表，科以下有亚科和属的检索表。各论部分包括泥炭藓亚纲、黑藓亚纲和真藓亚纲的真藓类中的顶蒴单齿亚类和顶蒴双齿亚类，计 10 目 26 科 133 属；下册包括真藓亚纲的真藓类的侧蒴单齿亚类、烟杆藓类和金发藓类，计 5 目 37 科 218 属。本书是中国第一部藓类专著及

---

[1] 文榕生，2005，鸿篇巨制检讨图书馆采编工作——以《中国植物志》为例，江西图书馆学刊 35（3）：1-6。

[2] W. John Kress & Gary A. Krupnick，2006，The future of Floras：new frameworks，new technologies，new uses，*Taxon* 55（3）：579-580。

重要工具书，发表后曾在国际上引起同行关注。

详细书评参见：Howard A. Crum，1964，*The Bryologist* 67（3）：383；Benito C. Tan，1979，*The Bryologist* 82（4）：638–641。

■**3.2.6 中国树木志**，*Sylva Sinica*，中国树木志编辑委员会编，郑万钧主编，4 卷本，1983—2004；北京：中国林业出版社。

1，第 1-929 页，1983，中国主要树种计划，分科检索表，蕨类植物，裸子植物，被子植物的木兰科—马桑科；**2**，第 931-2 398 页，1985，蔷薇科—木麻黄科；**3**，第 2 399-3 969 页，1997，榆科—葡萄科；**4**，第 3 971-5 429 页，2004，紫金牛科—禾本科。

本书 4 卷本，850 万字，共收录国产和引种栽培树种 179 科 1 103 属 6 625 种 656 种下单位。其中裸子植物是郑万钧系统，被子植物按哈钦松系统（1959 年）。本书无疑是中国树木学界的重要参考书。只是出版周期前后达 20 多年，特别是中间 10 多年由于牵涉到署名等问题久久不能出版，很是遗憾；另外就是最后两卷虽然是最近出版的，但内容基本还是 80 年代交稿时的水平，没有更新。

参见英文书评：JinShuang MA，2005，*Taxon* 54（1）：262–263。

■**3.2.7 中国蕨类植物科属志**，*Fern Families and Genera of China*，吴兆洪、秦仁昌著，ShiewHung WU & RenChang CHING，32 开，630 页，1991；北京：科学出版社。

本书是当代中国蕨类植物的研究总结，包括蕨类植物的起源和进化、研究历史、分类原则和分类系统。全书以秦仁昌分类系统为基础介绍了国产蕨类植物 63 科 224 属，科、属均有形态描述、产地、分布和讨论，每属附有代表种的插图。这是中国蕨类植物的第一本专著，书末有蕨类植物学常见人名缩写等，无疑是蕨类植物研究的重要参考书。

■**3.2.8 中国苔藓志**，*Flora Bryophytarum Sinicorum*，Vols. 1-12，1994+；中国科学院中国孢子植物志编辑委员会编辑；北京：科学出版社。

本志是中国孢子植物志的一部分[①]。全书共分为 12 卷本，其中 1 至 8 卷为藓类植物，9 至 12 卷为苔类植物。藓类植物采用陈邦杰（1963）修订的 Victor F. Brotherus 系统（1924 至 1925 年），而苔类植物则采用 Rudolf M. Schuster（1966 至 1992 年）及 Riclef Grolle（1983）融合系统。

1，368 页，1994，高谦主编，泥炭藓目的泥炭藓科，黑藓目的黑藓科，无轴藓目的

[①] 参见**中国苔藓志**第 4 卷第 iii-xvi 页，2006（中国孢子植物志总序、中国苔藓志序）。

无轴藓科，曲尾藓目的牛毛藓科，虾藓科，细叶藓科，曲尾藓科，白发藓科（8 科 54 属 315 种和种下单位，黑白线条图 149 幅）；2，293 页，1996，高谦主编，凤尾藓目的凤尾藓科，丛藓目的花叶藓科，大帽藓科，丛藓科，缩叶藓科（5 科 40 属 264 种和种下单位，黑白线条图 93 幅）；3，7 页，2000，黎兴江主编，紫萼藓目的紫萼藓科，葫芦藓目的夭命藓科，葫芦藓科，壶藓科，长台藓科，四齿藓目的四齿藓科（6 科 21 属 112 种，黑白线条图 48 幅）；4，263 页，2006，黎兴江主编，真藓目的真藓科，提灯藓科，桧藓科，树灰藓科，皱蒴藓科，寒藓科，珠藓科，木毛藓科，美姿藓科（9 科 32 属 216 种，黑白线条图 80 幅）；5，493 页，2011，吴鹏程、贾渝主编，变齿藓目 21 科 72 属 261 种；6，290 页，2001，吴鹏程主编，油藓目的油藓科，刺果藓科，白藓科，孔雀藓科，灰藓目的鳞藓科，碎米藓科，薄罗藓科，牛舌藓科，羽藓科（9 科 53 属 185 种和种下等级，黑白线条图 109 幅）；7，287 页，2005，胡人亮、王幼芳主编，灰藓科的柳叶藓科，青藓科，绢藓科，硬叶藓科，棉藓科（5 科 36 属 178 种和种下分类等级，黑白线条图 107 幅）；8，482 页，2005，吴鹏程、贾渝主编，灰藓目的锦藓科，灰藓科，塔藓科，烟杆藓目的短颈藓科，烟杆藓科，金发藓目的金发藓科，藻苔目的藻苔科（7 科 67 属 257 种，黑白线条图 198 幅）；9，323 页，2003，高谦主编，藻苔目的藻苔科，美苔目的裸蒴苔科，叶苔目的复叉苔科，剪叶苔科，拟复叉苔科，绒苔科，指叶苔科，护蒴苔科，隐蒴苔科，大萼苔科，拟大萼苔科，甲克苔科，兔耳苔科，叶苔科（14 科 37 属 221 种和种下单位，黑白线条图 131 幅）；10，464 页，2008，高谦、吴玉环主编，裂叶苔科，全萼苔科，合叶苔科，地萼苔科，羽苔科，阿氏苔科，顶苞苔科，歧舌苔科，小袋苔科，紫叶苔科，扁萼苔科，毛叶苔科，新绒苔科（13 科 43 属 299 种，黑白线条图 186 幅）；11 & 12：XXXX[①]。

▌3.2.9 *Flora of China*，ChengYi WU，Peter H. Raven & DeYuan HONG（eds[②]），Vols. 1–25，1994–2013；Illustrations 2–25[③]，1998–2013；Beijing：Science Press，& St. Louis：Missouri Botanical Garden。

Plants of China- *A companion to the Flora of China*，DeYuan HONG & Stephen Blackmore，472 p，2013；Beijing：Science Press。

中国植物志问世后在国际上产生了很大的影响，但由于该书是中文写成，随着国际上的交流，编写英文版的事宜就显得越来越紧迫。中国植物志出版后，国外数个机构曾经试

---

① XXXX 表示未出版，下同。

② 2001 年后中方增加 DeYuan HONG。

③ 没有第 1 卷。

图翻译或寻求与中国合作，但直到 20 世纪 80 年代中期随着改革开放的深入，中美两国学者终于取得共识，并于 1988 年 5 月在北京进行了会晤，同年 10 月在美国正式签订协议并召开第一次联合委员会会议。联委会开始时下设编委 13 人，由中美两国学者共同组成，中方吴征镒和美方 Peter H. Raven（1936—）为联合委员会主席，即共同主编（2001 年后，洪德元作为中方的联合主编并主持工作）。会议决定以**中国植物志**为基础，修订简缩为英文版 *Flora of China*，类似 *Flora Europaea* 的风格。*Flora of China* 全书计划分 25 卷，由科学出版社和密苏里植物园合作出版。本工作 1989 年开始、1994 年第一本出版，至 2013 年完成。为了能更好地组织这项工作，中美双方各自设立了专门机构处理日常工作。中方开始时设在北京的**中国植物志**（中文版）编辑委员会内，而**中国植物志**（中文版）2004 年完成后独立成立办公室（地址仍然在中国科学院植物研究所）；美方设在密苏里植物园。英文版的中方作者原则上是中文版的作者，但也包括后来增加的其他作者。国外合作者由美方建议，得到中方同意后共同合作与署名。联委会每年轮流在中国或海外召开会议，具体讨论并协商编研问题。*Flora of China* 全部内容已经上网（http: // flora.huh.harvard. edu / china /）。

关于 *Flora of China* 项目的有关内容，详细参见：William Tai，1989，*The Flora of China Project*，*Taxon* 38（1）：157–159；Anonymous，1991，The Flora of China，*OEBserver* 4（7）：3–4；JiaRui Chen，1991，A review status of the *Flora Reipublicae Popularis Sinicae* and synopsis of a new joint Sino-American Project-*Flora of China*，*Botanical Research* 5：35–46；William Tai et al.，1991，*Flora of China Newsletter* 1（1）：1–12。

Flora of China 出版后引起国际学术界的广泛注意，其中英文书评包括：

Hiroyoshi Ohashi，2010，Vol. 10. *Journal of Japanese Botany* 85（4）：261–262（Japanese）；Neil A. Harriman，2010，Ill. 11，12，13. *Economic Botany* 64（2）：177–178；Neil A. Harriman，2010，Vol. 25. *Economic Botany* 64（3）：277；My Lien T. Nguyen，2009，Vol. 11. *Economic Botany* 63（2）：223；My Lien T. Nguyen，2009，Ill. 22，*Economic Botany* 63（1）：99；My Lien T. Nguyen，2009，Vol. 12，*Economic Botany* 63（1）：98–99；My Lien T. Nguyen，2008，Vol. 13. *Economic Botany* 62（1）：102；David K. Feruson，2007，Vol. 22，*Systematic Botany* 32（3）：700；Hua Peng，2007，Vol. 22，*Annals of Botany* 99（4）：785；Mary E. Barkworth，2007，Vol. 22，*Journal of Torrey Botanical Society* 134（1）：153–154；Surrey W. L. Jacobs，2007，Vol. 22，*Systematic Biology* 56（2）：365–367；Eric J. Clement，2007，Vol. 22，*Botanical Journal of Linnean Society* 154：609–610；My Lien T. Nguyen，2007，Vol. 14 *Economic Botany* 61（2）：200–201；My Lien T. Nguyen，2007，Vol. 22，*Economic Botany* 61（1）：101–102；My Lien T. Nguyen，2006，Vol. 14，*Economic Botany* 60（1）：95；My Lien T. Nguyen，2006，Ill. 5，*Economic Botany* 60（1）：96；My Lien T. Nguyen，2006，

Ill. 9, *Economic Botany* 60（1）：96；John Edomondson，2006，Vol. 8，*Botanical Jouranl of Linnean Society* 152：132；My Lien T. Nguyen，2004，Vol. 6. *Economic Botany* 58（3）：492；My Lien T. Nguyen，2004，Ill. 6，*Economic Botany* 58（3）：493；My Lien T. Nguyen，2004，Vol. 9，*Economic Botany* 58（3）：494；My Lien T. Nguyen，2004，Ill 24，*Economic Botany* 58（3）：495；Brain R. Keener，2004，Vol. 24，& Ill. 24，*Systematic Botany* 29：221；David K. Ferguson，2004，Ill. 8，*Systematic Botany* 29：463–464；David K. Ferguson，2004，Vol. 9，*Systematic Botany* 29：464–465；Phillip Cribb，2004，Ill. 6，*Kew Bulletin* 59（3）：296；David K. Ferguson，2003，Ill. 4，*Systematic Botany* 28：808–809；Susan Kelley，2003，Vol. 6，*Harvard Paper in Botany* 7：475–476；My Lien T. Nguyen 2003，Ill. 4，*Economic Botany* 57（4）：650；My Lien T. Nguyen，2003，Ill. 8，*Economic Botany* 57（4）：650；My Lien T. Nguyen，2003，Vol. 8. *Economic Botany* 57（4）：650–651；Maximilian Weigend，2002，Vol. 8，*Systematic Botany* 27：825–826；Marcel Rejmánek，2002，Vol. 8，*Plant Science Bulletin* 48：67–68；Neil A. Harriman，2000，Vol. 24，*Plant Science Bulletin* 47：71–72；Kai Larsen，1999，Vol. 4，*Nordic Journal of Botany* 19：580；Neil A. Harriman，1998，Vol. 18，*Plant Science Bulletin* 44：133；Rudolf Schmid，1997，Vols. 15，16，& 17，*Taxon* 46（1）：175–178；Daniel F. Austin，1997，Vol. 16，*Economic Botany* 51（2）：185–186；Michael Nee，1996，Vol. 17，*Brittonia* 48（4）：611–612；Steven E. Clemants，1995，Vol. 17，*ASPT Newsletter* 9：33–34；V Alan J. Paton，1995，Vol. 17，*Kew Bulletin* 50：838–839；Valery I. Grubov[①]，1995，Vol. 17，*Botanicheskii Zhurnal* 80（7）：116–119（Russian）；Rudolf Schmid，2014，Completed 45-physical-volume *Flora of China* and its *illustrations*（1994–2013），*Taxon* 63：465–467。

　　英文版 *Flora of China* 有几点和中文版不同：其一，中文版记载了栽培植物，尽管各卷册前后不一并程度不同，但毕竟尽量记载了作者们当时了解或掌握的情况。但英文版则不同，主要记载国产种类，非国产的收载非常有限或根本不收载。如鸢尾科（Iridaceae）在中文版中记载 11 属而在英文版中仅有 3 个属，因为其他 8 个属都是栽培的。其二，中文版基本上是恩格勒系统（1936 年第 11 版），但英文版开始时是按中文版的顺序并将单子叶植物置于双子叶植物之后。2005 年第 14 卷以后编辑方针有所调整，结合最新的研究结果，部分科的概念已经不完全同中文版一致。如十齿花属（Dipentodon）中文版在卫矛科（Celastraceae），但英文版作为独立的十齿花科（Dipentodontaceae）处理（第 11 卷，

---

① 也作为 Valeriy Ianovich Grubov（1917—2009），参见 *Botanicheskii Zhurnal* 94（7）：1082–1093，2009。

2008），特别是考虑了新的 APG 系统[1]。第三，中文版的学名和异名基本都有文献引证，这一点对于中国植物研究是十分重要的；但是英文版为节省篇幅只有正名才有文献引证，异名则没有，而且异名只记载主要的而不是全部。最后，中文版有图版或插图，而英文版的图版单独成册出版。应该注意，英文版和中文版一样，不是全部种类都有图，大约占全部种类的 40% 左右（详细参见下面各卷的文字版和图册版的页码与出版时间）。还有，地理分布方面，尽管重庆 1997 年正式从四川分出，但有关信息记载不一。

文字版 25 卷信息如下：

1，272 p，2013，Introduction；**2 & 3**，960 p，2013，Lycopodiaceae-Polypodiaceae；**4**，453 p，1999，Cycadaceae-Fagaceae；**5**，506 p，2003，Ulmaceae-Basellaceae；**6**，512 p，2001，Caryophyllaceae-Lardizabalaceae；**7**，511 p，2008，Menispermaceae-Capparaceae without Annonaceae and Berberidaceae；**8**，506 p，2001，Brassicaceae-Saxifragaceae；**9**，496 p，2003，Pittosporaceae-Connaraceae；**10**，656 p，2010，Fabaceae；**11**，622 p，2008，Oxalidaceae-Aceraceae；**12**，534 p，2007，Hippocastanaceae-Theaceae；**13**，548 p，2007，Clusiaceae-Araliaceae；**14**，581 p，2005，Apiaceae-Ericaceae；**15**，387 p，1996，Myrsinaceae-Loganiaceae；**16**，479 p，1995，Gentianaceae-Boraginaceae；**17**，378 p，1994，Verbenaceae-Solanaceae；**18**，449 p，1998，Scrophulariaceae-Gesneriaceae；**19**，884 p，2011，Lentibulariaceae-Dipsacaceae with Annonaceae and Berberidaceae；**20 & 21**，993 p，2011，Asteraceae；**22**，752 p，2006，Poaceae；**23**，515 p，2010，Acoraceae-Cyperaceae；**24**，431 p，2000，Flagellariaceae-Marantaceae；**25**，570 p，2009，Orchidaceae。

图册版 24 卷[2] 信息如下：

2 & 3，1307 p，2013，Polypodiaceae-Lycopodiaceae；**4**，419 p，2001，Cycadaceae-Fagaceae；**5**，377 p，2004，Ulmaceae-Basellaceae；**6**，446 p，2003，Caryophyllaceae-Lardizabalaceae；**7**，520 p，2009，Menispermaceae-Capparaceae without Berberidaceae and Annonaceae；**8**，347 p，2003，Brassicaceae-Saxifragaceae；**9**，205 p，2004，Pittosporaceae-Connaraceae；**10**，696 p，2011，Fabaceae；**11**，648 p，2009，Oxalidaceae-Aceraceae；**12**，485 p，2008，Hippocastanaceae-Theaceae；**13**，492 p，2008，Clusiaceae-Araliaceae；

① 相关内容具体可参见：骆洋、何延彪、李德铢、王雨华、尹廷双、王红，2012，中国植物志、Flora of China 和维管植物新系统中科的比较，植物分类与资源学报 34（3）：231-238；LiBing ZHANG & Michael G. Gilbert，2015，Comparison of classifications of vascular plants of China，*Taxon* 64（1）：17-26；刘冰、叶建飞、刘凤、汪远、杨永、赖阳均、曾刚、林秦文，2015 年，中国被子植物科属概览——依据 APG III 系统，生物多样性 23（2）：225-231。

② 没有第 1 卷。

14，725 p，2006，Apiaceae-Ericaceae；**15**，325 p，2000，Myrsinaceae-Loganiaceae；**16**，383 p，1999，Gentianaceae-Boraginaceae；**17**，426 p，1998，Verbenaceae-Solanaceae；**18**，423 p，2000，Scrophulariaceae-Gesneriaceae；**19**，712 p，2012，Cucurbitaceae-Valerianaceae with Berberidaceae and Annonaceae；**20 & 21**，768 p，2013，Asteraceae；**22**，949 p，2007，Poaceae；**23**，664 p，2012，Acoraceae-Cyperaceae；**24**，449 p，2002，Flagellariaceae-Marantaceae；**25**，680 p，2010，Orchidaceae。

其实本书的文字版和图册版应该一起排列，但是第 2、3 卷以及第 19 卷的文字与图版内容顺序并不完全一致。为读者方便起见，还是依据原内容分别列出。

为方便起见，本书将**中国植物志**中文版（FRPS）和英本版 ***Flora of China***（FOC）中科的学名对照列表作为附录 7，**中国植物志英文版和中文版科的学名对照**。

■ **3.2.10** ***Moss Flora of China***，中国藓类植物志，Vols. 1–8，1999–2011；Beijing：Science Press & St. Louis，MO；Missouri Botanical Garden。

这是中美两国在植物学领域继 ***Flora of China*** 后的又一个合作项目，而且进展非常快 [1]。该工作始于 1990 年，正式合作协议签署于 1992 年。同 ***Flora of China*** 一样，尽管有世界性的学者参与，但合作双方的中心同样设在中国科学院植物研究所（北京）和美国的密苏里植物园（圣路易斯）。全书 8 卷本，包括中国的原产与归化的藓类植物共记载 72 科 401 属 1 733 种藓类植物。每个种都有描述、检索表、插图（中国和东亚特有）、国内外分布、标本引证与分布图。本志采用陈邦杰的**中国藓类植物属志**系统（1963，1978），详细参见每一卷的介绍，或者是网站（mobot.org / MOBOT / moss / China / welcome.html）。

1，273 p，1999，Sphagnaceae-Leucobryaceae，Chien GAO & Marshall C. Crosby（eds-in-chief），& Si HE（organizing ed）；**2**，283 p，2001，Fissidentaceae-Ptychomitriaceae，XingJiang LI & Marshall C. Crosby（eds-in-chief），& Si HE（organizing ed）；**3**，141 p，2003，Grimmiaceae-Traphidaceae，Chien GAO & Marshall R. Crosby（eds-in-chief），& Si HE（ed [2]）；**4**，211 p，2007，Bryaceae-Timmiaceae，XingJiang LI & Marshall C. Crosby（eds-in-chief），& Si HE（organizing ed）；**5**，432 p，2011，Erpodiaceae-Climaciaceae；**6**，221 p，2002，Hookeriaceae-Thuidiaceae，Peng-Cheng WU & Marshall C. Crosby（eds-in-chief），& Si HE（ed）；**7**，258 p，2008，Amblystegiaceae-Plagiotheciaceae，RenLiang HU，

---

① Benito C. Tan & PangCheng WU，1991，The bryoflora of China project（English edition），*The Bryological Times* 64：9–10。

② 从第 3 卷起 "organizing editor" 改为 "editor"。

YouFang WANG & Marshall R. Crosby（eds-in-chief），& Si HE（ed）；**8**，385 p，2005，Sematophyllaceae-Polytrichaceae，PengCheng WU & Marshall C. Crosby（eds-in-chief），& Si HE（ed）。

本书出版后引起国际藓类界的书评如下：Daniel H. Norris，2002，Vols. 1 & 2，*The Bryologist* 105（4）：731；Halina Bednarek-Ochyra，2004，Vol. 3，*The Bryologist* 107（1）：136–138；Piers Majestyk，2002，Vol. 6，*Brittonia* 54（4）：362。

■ **3.2.11** ***Epiphyllous liverworts of China***，RuiLiang ZHU（朱瑞良）& MayLing SO（苏美灵），2001；*Nova Hedwigia Beiheft* 121：1–418 p，140 figures；Berlin：J. Cramer。

本书详细记载中国叶附生苔类植物 10 科 28 属 168 种，各等级均有检索表和描述以及插图和标本引证等。

书评参见：M. Elena Reiner-Drehwald，2001，*Nova Hedwigia* 73（1–2）：269–270；Benito C. Tan，2005，*Gardens' Bulletin Singapore* 57：143–144。

■ **3.2.12** **中国苔纲和角苔纲植物属志**，*Genera Hepaticopsida et Anthocerotopsida Sinicorum*，高谦、吴玉环主编，Chien GAO & YuHuan WU（Editor-in-Chief），636 p，2010；北京：科学出版社。

著者就中国苔类和角苔类的丰富资料，根据几十年来国内外苔藓植物学工作者发表的研究报告、书刊和采集的实物标本，以苔类植物雌苞的演化程度提出新的分类系统表，介绍中国苔纲和角苔纲科属的概况，以及各属中已记录的种间区别、生境、产地及其世界分布情况。附有科、亚科、属、种的检索表，以及部分种的特征图。计有中国产 2 纲 8 目 55 科 156 属 923 种（不包括种下分类单位）。

本书在分类系统编排上，以 Rudolf M. Schuster（1979 年）所排列的系统为主要参考基础，同时也参考了 Riclef Grolle（1983 年）和 Barbara J. Crandall-Stotler & Raymond E. Stotler（2000 年）的分类系统。根据著者们对苔纲（Hepaticae）植物系统的研究，依据雌苞（gynoecium）组成成分，如苞叶（bract）、蒴萼（perianth）、蒴囊（perigynium）、茎鞘（coelocaule）、总苞（involucre）、蒴帽（calyptra）等有无及其保护器官起源等，对某些目、科、属作了部分的调整，排列一新系统表。本书是继陈邦杰等**中国藓类植物属志**上册（1963）、下册（1978）之后的有关中国苔类和角苔类植物的补充著作，以完善中国苔藓植物之研究。

3.3 中国地方植物志

中国地方植物志（Local Floras of China）在此指中国各省市自治区一级的植物志和跨省区的自然区域植物志[1]，共有63种而且都是1950年代以后出版的[2]。本书对已经出版的中国地方植物志进行了分析与讨论，同时结合中国的具体情况，提出今后的有待改进之处与努力方向。

1950年代以来的中国地方植物志编写工作始于刘慎谔主持的**东北木本植物图志**（1955）和**东北草本植物志**（1958—2004），还有陈焕镛主编的**海南植物志**（1964—1977）；而大规模的编写与出版则是"文革"以后的事情，特别是进入20世纪80年代以来。截至2019年底，全国已有32个省市区出版了自己的植物志，还没有出版的省份只有陕西省（有**秦岭植物志**以及**黄土高原植物志**覆盖大部分），重庆市因从四川省分出的时间较晚，且有**四川植物志**所覆盖，故在此不做单独讨论。总体上讲，中国的植物种类已在省市区植物志一级基本完成或至少完成一次记载。对于一个现代植物分类学历史仅有百年的发展中国家来说，在半个世纪的时间里就完成这么多的任务，而又没有全国的统一组织与支持，是一项非常了不起的成就，也是中国植物分类学史上值得大书特书的一件事。

据我们最新统计[3]，中国的地方植物志中多数是省区市的植物志，少数是跨省区市的植物志。目前全国34个省市区均有了自己的植物志，其中已经完成第1版的省区市有24个，另外5个已经完成了第2版（北京植物志、江苏植物志、内蒙古植物志、宁夏植物志、台湾植物志），1个已经完成第3版（内蒙古植物志），还有7个省区市级正在编研第1版（甘肃植物志、黑龙江省植物志、湖南植物志、江西植物志、吉林植物志、陕西植物志、四川植物志）。在这些地方植物志中，部分记载了本地区的采集历史与研究概况，特别是在中国目前还没有全国采集史的情况下，这些信息是十分珍贵的。其中较全面的有广东植物志、江西植物志、内蒙古植物志和浙江植物志。另外，安徽植物志、山东植物志、山西植物志、河北植物志和西藏植物志也记载一部分有关的采集概况以及植被与区系的介

---

[1] 省市区以下行政单位或地域的植物志因过多且篇幅有限，不在本书的涉及范围。

[2] 马金双，1990，1991，& 1993，中国地方植物志简介1—3，广西植物10（3）：268-269，11（3）：283-285，& 13（2）：192；刘全儒、马金双，1996，1999，2001，2003 & 2006，中国地方植物志简介4—8，广西植物16（4）：338，19（4）：308，21（4）：381-382，23（1）：48，& 26（1）：13 & 17；刘全儒、汪远、马金双，2019，中国地方植物志简介9，广西植物39（11）：1 470-1 474；Cheng DU，QuanRu LIU，Yuan WANG，Shui LIAO，and JinShuang MA，2020，Introduction to the Loca Floras of China，Joucnal of Japanese Botany 95（3）：177-190。

[3] Cheng DU，QuanRu LIU，Yuan WANG，Shuai LIAO，JinShuang MA，2020，Introduction to the local floras of China，*Journal of Japanese Botany*，95（3）：177-190。

绍等。其中应该特别提到的是浙江植物志，单独设立一卷专门记载本省的采集历史、自然地理、植物区系、资源保护、模式标本，还有栽培技术等。

纵观中国几十种地方植物志可以说是各具特色。从系统上讲，大多数是按照中国植物志的系统，即恩格勒系统（1936），但也有例外而采用哈钦松系统，如广东植物志、广西植物志、海南植物志和云南植物志。从出版的顺序讲，绝大多数按既定系统出版，但也有少数打破系统顺序，先完成的类群组成一卷先出版。这些不规则的基本上都是植物种类较多的地区，如广东植物志，贵州植物志，四川植物志和云南植物志等。从版本上讲，从单一的一卷本到多得无法确定的多卷本，前者如天津植物志，后者如四川植物志。从收集的对象看，绝大多数是维管束植物（蕨类植物和种子植物），少数是高等植物（苔藓植物、蕨类植物和种子植物），如云南植物志、黑龙江省植物志、西藏植物志、山东植物志和秦岭植物志等，更有的仅包括种子植物，如广东植物志、广西植物志、上海植物志等。在出版的语言上方面，除台湾植物志和香港植物志是英文版外，其他均为中文版。从完成的情况看，目前绝大部分已经完成或接近完成，更有完成第 2 版或修订版的，如北京植物志、内蒙古植物志和台湾植物志；但也有少数由于刚刚开始而全面完成仍需时间，如甘肃植物志、湖南植物志、吉林植物志等；还有部分因种种原因而遥遥无期，或者目前还没有完成计划。这方面四川植物志就是一个十分典型的例子。该志自 1977 年立项、1981 年出版第 1 卷以来，38 年出版 18 卷（第 1 至 17 卷外加第 21 卷，截至 2019 年底），还不确切何时能够完成。还有的植物志由于种种原因，苔藓植物和蕨类植物单独出版，前者如内蒙古植物志和山东植物志，后者如贵州植物志等。

在风格上讲中国的地方植物志可以说千篇一律，几乎全是从科到种级的全面描述，甚至有的还有目一级（如黑龙江省植物志）。这里面有几个特殊的例子详细介绍一下。第一是广西植物志，她的编写风格独树一帜，值得推荐。该志除科属详细描述之外，在种级主要是不同种类之间的区别对比，特征集要十分明显，既节省篇幅，又容易使用。另一个是上海植物志，全书分上下 2 卷本，上卷是区系部分，下卷是经济植物；主要概况用中英文同时发表，又有拉丁、中文和英文索引，既有类群处理，又有经济类群划分，实用性很强。香港植物志具有以下几个特点，非常值得称赞。首先是整体规划与设计非常醒目并十分明确，每一卷都有项目简介，缩写范例，所采用的系统科号与科名，以及彩色地形图和行政图，还有四整页的彩色形态术语插图并附有中英文双语学术名称，使用时非常方便。其次编写规则明确而且统一，描述简练而且实用，文献和标本引证详细而且准确，特别是每卷都有不同的内涵（香港植物的研究历史、香港的植被：过去现在与未来、香港植物保育的历史回顾及今日概况）；这样的工作即使是按国际学术界的评论（参见：Schmid, R., *Taxon* 46（1）：175–178，1997）也毫不逊色；第三是文图并茂，而且绝大多数种类不但有墨线图而且还有彩色相片，鉴定上不仅直观而且非常方便，充分体现了编写植物志的目的；第四，每个分类群都有详细的分布地点和引证标本以及模式信息（如果模式采自香港），还有生境，保护级别以及用途等，这样不仅在分类学上明确而实用，且在生态与资源保护方面以及教育等方面都十分必要。第五，信息现代化，图像数字化，网上提供全部物种数据并可以用英文和中文（包括简体和繁体）查询（www.hkherbarium.net），不愧为二十一时代植物志的典范。省市区一级的数字化植物志无疑是上海都市数字化植物志，自2016年3月13日上线至今已经五年（http://shflora.ibiodiversity.net/aboutus.html），不仅理念较为新颖，更体现了时代的特色；尽管还有可改进之处。

中国地方植物志经过半个多世纪几代人的努力，能够取得今天的成绩确实不易，特别是我们的很多工作都是与**中国植物志**的准备同时进行的，或者是在**中国植物志**之前完成的，更显得难能可贵。尤其是那些常年战斗在老少边穷地区第一线的学者，他们在资料不足、标本缺乏的条件下，坚持不懈，终于取得了今天的成果。这方面应该特别提到的是**内蒙古植物志**。该志在中国分类学界的老前辈马毓泉和赵一之等老前辈的带领下，历尽千辛万苦，把中国的北部不被重视的**内蒙古植物志**完成，是一件十分不容易的事情；更为可贵地是他们紧紧依靠地方的努力，短时间内就完成了第2版和第3版的修订，且为国内省市区目前唯一的一个。中国地方性的研究成果不仅在地方植物资源的利用上起到了重要作用，同时也为**中国植物志**做出了重要贡献。一般提到地方植物志，除了抄袭**中国植物志**外没有更好的评价，事实上这种现象存在，但不完全如此。俞德浚和李朝銮当年描述的蔷薇科的太行花属（*Taihangia*）就是一例[①]。**河北植物志**编辑委员会在编写过程中，北京师范大学的贺士元与河北师范大学的张景祥等于1979年5月在河北省武安县考察采到一种蔷薇科的植物，无论如何也鉴定不出来；于是贺士元把标本送给俞德浚鉴定。俞德浚觉得很不一般，于是让弟子李朝銮先后找到贺士元和张景祥，并由后者陪同于1980年5月到野外一起采集，最后定名发表。地方植物志对**中国植物志**的贡献远不止这一个例子，还有内蒙古的阴山芥属（*Yinshania*）等，在此不一一列举。

然而，在看到成绩的同时我们也要看到不足。第一，地方植物志工作受外来因素影响太大，以致一些项目长时间不能完成。**东北草本植物志**就是明显的例子。从1958年第一本出版，直到2004年才出版全部12卷，历经三、四代人近半个世纪的努力，可谓艰辛。另外就是整体规划不佳，出现很多不尽人意的结果。比如**湖北植物志**，其中第1卷和第2卷分别于1976年和1979年出版后，20多年无消息，直到2001至2002年全部4卷才出完，其中前2卷又重复印刷一遍；同时70年代的书名是韦氏拉丁化，而2001至2002版本的书名是拼音拉丁化。还有**福建植物志**，第1版没完成（1982—1995），第2版却开始

---

① 俞德浚、李朝銮，1980，太行花属——蔷薇科一新属，植物分类学报 18（4）：469-472。

出版（1991），但至今第 2 版只有第 1 卷，过去近 30 年间再也没有任何消息。**河南植物志**也是如此，第 1 卷和第 2 卷分别于 1981 年和 1988 年出版，而第 3 卷和第 4 卷直到 1997年和 1998 年才出版。虽然中国地方植物几乎都是中文版，但绝大多数有英文或拉丁文的书名，但**河南植物志**和**江苏植物志**（第 1 版）则只有中文名和拼音名。个别类群还由于人为因素重复出版，如**贵州植物志**的仙茅科（Hypoxidaceae）就在第 4 卷（681-684 页，1989 年 2 月出版，含 2 属 4 种）和第 6 卷（449-454 页，1989 年 12 月出版，含 2 属 5种）分别由两位作者出版两次，而且前后处理结果不一，也没有具体说明。第二，中国的植物分类学家底薄、起步晚、历史欠账多，至今我们的资源也不是十分清楚。植物分类学是一门基础学科，而她最基本的成果之一就是植物志，或曰为其他学科提供基本信息。但我们的记载却在一定程度上存在问题：要么没有标本，要么没见到标本，要么仅凭一号几十年前采集的标本，或者是干脆抄袭原始文献或二手文献，而没有详细考证。这种情况在中国地方植物志中比较普遍，甚至包括**中国植物志**。在此举一个比较典型的例子。方文培 1955 年凭四川省峨眉山采的一号标本发表峨眉卫矛（*Euonymus omeiensis*）[1]。其特征描述是叶子互生，果实具长柄，而柄的基部还有宿存的苞片，种子无假种皮。这些根本不是卫矛属植物的特征[2]。但这个种在 1983 年出版的**中国高等植物图鉴补编**中这样记载（2：221），1988 年出版的**四川植物志**仍然是原样记载（4：272，图版 71：7-8），1998 年有人在分析峨眉山特有种子植物区系时不仅照抄，还把当初原始文献中的海拔从1 300 米降到 800 至 900 米[3]，**中国植物志** 1999 年出版也是这样记载（45（3）：40-41）。直到 2004 年笔者编写 *Flora of China* 时，经过鉴定模式并野外考察才最终证实这个所谓的"峨嵋卫矛"实际上是梧桐科（Sterculiaceae）的梭罗树（*Reevesia pubescens*）[4]。第三，标本收藏量十分有限，设备和管理情况也不理想。据 20 世纪 90 年代初的粗略统计[5]，中国的维管植物种类大约占世界的八分之一左右，但我们的标本量只是世界平均水平的十六分之一左右；也就是说我们的标本是世界平均水平的一半左右，更谈不上与发达国家相比。在这种不利的情况下，我们的工作显然存在很多不足。这里举一个例子供大家参考。卫矛科（Celastraceae）的永瓣藤属（*Monimopetalum*）是中国的特有属，只有永瓣藤（*Monimopetalum chinense*）一种且种群十分稀少，被列为国家二级保护植物。该种是根据

---

① 方文培，1955，*Euonymus omeiensis*，四川大学学报 1：38，pl. 2。

② JinShuang MA，2001，A Revision of *Euonymus*（Celastraceae），*Thaiszia* 11（1-2）：235。

③ 庄平，1998，峨眉山特有种子植物的初步研究，生物多样性 6（3）：213-219。

④ 刘全儒、于明、马金双，2007，中国地方植物志评述，广西植物 27（6）：844-849。

⑤ JinShuang MA & QuanRu LIU，1998，The present situation and prospects of plant taxonomy in China，*Taxon* 47（1）：67-74。

秦仁昌 1925 年在安徽省祁门县采到的果实标本而于 1926 年发表的；据**中国植物志**记载，1959 年于江西省景德镇采到花期标本；1997 年江西省的专业采集人谭策铭（1952—）在湖北省通山县太平山发现新分布①；而新的分布信息在**中国植物志**和**湖北植物志**中都没有记载。我们的基础设施落后，管理更落后，特别是那些中小型的地方标本馆。标本馆是分类学工作的资料储备库，没有好的标本馆就根本没有办法写出好的植物志。2004 年笔者编英文版 *Flora of China* 时到四川的几个标本馆鉴定标本，但部分标本馆的管理现状让人忧心。这里举三个例子供大家了解。其一，四川省中药学校（校址峨眉山，现称四川省食品药品学校）历史上对峨眉山的植物有很多的研究，特别是药用植物方面，并发表过新分类群②。可是现在那个植物标本室既没有专门的房间，也没有专人管理，实际上就是办公室兼标本室，既没有来访人员的登记，也没有工具书（如**中国植物志**）可用，**四川植物志**已经出版的也不全。更让人惊讶的是所有标本几乎从来就没有真正地鉴定过，几乎每一份标本都有发霉、破损、记载不全等情况，可以说基本无法使用。其二就是四川林业科学研究院植物标本室，外面下大雨，屋内下小雨，没有工作台，也没有办公桌，更谈不上其他的。工作人员是兼职的，所有的标本都有很厚的灰尘。我们一同去的 4 个人只能将就着在走廊里的地上和台阶上看标本。更让人感到惊讶的是，一位兼职人员说我们是多年来首批来这里看标本的。大家都知道，这里曾经是**四川植物志**编写的重要组成单位之一。还有江苏省林业科学研究院的植物标本室，自 20 世纪 80 年代初就没有人管理，至今所有标本基本被放弃。据笔者 2002 年查找水杉第一份标本时了解的情况③，他们的收藏基本都是民国时期的标本，至少有上万份。这些标本不仅是抗战时期原中央林业实验所在重庆北碚所积累的宝贵财富，而且是中国历史上十分珍贵的标本。一方面我们的收藏有限而不得不花钱费力去采集，另一方面我们又放弃珍贵的历史资料不管，不仅可惜而且更令人费解，非常值得深思。第四，地方植物志的编研工作不受重视，使原本就比较难的工作更加困难。众所周知，**中国植物志**几经周折，可以说倾全国上下的力量，费尽九牛二虎之力才完成，地方植物志的困难就不用提了。由于资助强度不够，很多工作无法开展，即使是工作做了，最终

---

① 谢国文、谭策铭，1998，湖北新纪录属植物永瓣藤种群现状及其保护，植物资源与环境学报 7（4）：38–42。

② 郎楷永、祝正银，1982，四川蜘蛛抱蛋属新种，植物分类学报 20（4）：485–488；祝正银，1982a，b，& c，四川紫金牛科新植物，云南植物研究 4（1）：49–59；四川罗摩科秦岭藤属一新种，云南植物研究 4（2）：161–162；峨眉山开口箭属一新种，云南植物研究 4（3）：271–272。

③ 马金双，2003，水杉未解之谜的初探，云南植物研究 25（2）：155–172；JinShuang MA & GuoFan SHAO，2003，Rediscovery of the first collection of the "Living Fossil", *Metasequoia glyptostroboides*, *Taxon* 52（3）：585–588。

也无法出版。**甘肃植物志**就是十分典型的例子。20 世纪 50 年代甘肃师范大学植物研究所的孔宪武就带领大家编研**甘肃植物志**，"文革"前已经有了眉目就是没钱出版，我们在 21 世纪的今天见到的**甘肃植物志**是几代人不懈努力的结果；**湖南植物志**和**陕西植物志**为什么出版的这么晚，不是他们那里没有学者，也不是没有能力，而是没有资助；**四川植物志**和**黄土高原植物志**进展那么慢，也应该是如此。第五，分类学队伍青黄不接，后继无人。这在中国植物分类学界已是老生常谈、无可争议的事实。简单地讲，中国植物分类学的队伍老化速度这么快应该是人为因素。20 世纪末我们谈论的主要原因是文革造成的人才断层，但今天我们谈论的主要原因是政策导向造成的人才流失。经典分类工作不受重视，而学者们要养家糊口。目前这种现象在全国基本如此[1]。这里再举两个例子供大家参考。众所周知，中国科学院沈阳应用生态研究所（即原中国科学院林业土壤研究所）是中国东北的植物分类学重镇；当年刘慎谔带领那么多弟子，踏遍白山黑水，完成**东北木本植物图志**、**东北草本植物志**，还有**东北植物检索表**；而现在已经很难看到这样的规模了。还有著名的四川大学植物标本馆；当年方文培和他的学生们从南川到北川，从川东到川西，从槭树到杜鹃花，全国有那家能与之媲美！而如今只有几个人在坚持而已。要知道，想当初这两家在中国植物分类学界还是相当不错的研究单位，而那些不知名的标本馆就更不用提了。据笔者所知，中国经典植物分类学领域目前受影响最大的单位可能属于原西北植物研究所（位于陕西省杨凌，现属西北农林科技大学生命科学院）[2]。历史上他们的植物分类室最多时有 40 多人（包括标本馆工作人员），1993 年中国植物标本馆普查时注册有 18 位（在世）研究人员；如今**中国植物标本馆索引**（第 2 版）重新注册，真正从事植物分类学研究的人员仅仅是几个人而已。正如大家知道的那样，这里是中国西北植物研究的最大单位，同时也是中国两大自然区域植物志**黄土高原植物志**和**秦岭植物志**的编写根据地。然而几十年过去了，这两套志书一个至今没有完成，一个第 2 版还没有完成。

鉴于中国地方植物志存在的问题，在此提出几点建议供同行讨论。第一，地方植物志的修订。地方植物志有其他植物志无法取代的功能，包括**中国植物志**。**中国植物志**部头太大，80 卷 126 分册，加之出版时间长达 40 多年，地方上很少有收集全的[3]。地方植物志相对**中国植物志**而言卷册少，出版周期短；另外，在记载上地方植物志远比**中国植物志**更详细、更具体。随着**中国植物志**及英文版 *Flora of China* 的完成，修订地方植物志已是十分迫切的任务，也是我们植物分类学工作者的重要任务。第二，地方植物志究竟是什么样

---

① 马金双，2014，中国植物分类学的现状与挑战，科学通报 59（6）：510–521。

② 笔者 2009 年 10 至 11 月两次前往该单位调研。

③ 文榕生，2005，鸿篇巨制检讨图书馆采编工作——以《中国植物志》为例，江西图书馆学刊 35（3）：1–6。

的编写风格更好。这虽然是一个仁者见仁、智者见智的问题；但唯一的标准就是作为分类学最基本的志书，要给读者提供更好的信息，以最简单的语言，加以图式（特别是彩色图片），为读者提供最简明最直观的咨询服务。笔者比较欣赏**广西植物志**和**上海植物志**的风格，而不是那些千篇一律从头到尾一个规格的描述。另外，我们的参考书十分单一，要想查一个地方的植物信息除了植物志就再没有其他工具书或参考资料了。地方上十分缺乏各种图谱、图册、手册之类的参考书，不仅在专业上贫乏而且科普上更少[①]。如今网络为我们提供了大量的信息，有条件的可以考虑网络版本[②]；如 2016 年前上线的上海数字植物志（http://shflora.ibiodiversity.net/aboutus.html），尽管还不是十分理想，但毕竟已经迈出了可喜的一步。第三，如何给读者以全面正确的信息。我们的基础不好，标本不足，但我们的工作不能迁就；有确定的标本我们就如实记载，没有标本也要如实交代，参考他人的工作或毗邻地区资料必须留下具体说明；没有搞清的问题或悬案一定要如实记载。这不仅是科研作风问题，更重要的是给后人以详细地说明，让他们在前人的肩上继续前进，一代人搞不清下一代继续前进。第四，抢救中小型标本馆的收藏。近年来中国较大的标本馆在基本建设方面有了很大的改进，特别是在国家大力的投资之下，有些标本馆的基本设施已经达到或者是超过发达国家的大型标本馆的水准；但那些中小型的标本馆室条件则差很多，很多标本馆室没有空调设备，特别是在南方，夏天潮湿而又闷热，对标本的保管十分不利；更有甚者有关人员不作为，甚至根本就放弃管理，十分可惜。前辈们辛辛苦苦积累的成果，如果不积极的抢救，这些宝贵财富就会永远地丧失科研价值。如何抢救与保护这些珍贵的资料不仅是我们应尽的义务，同时也是义不容辞的职责；不仅仅是对老一代辛苦劳动的尊重，更重要的也是对下一代的负责并有一个交代。

■**3.3.1** 跨省区植物志（自然地区植物志）

跨省区植物志（自然地区植物志）（Natural Local Floras of China）共记载 18 种。

■**3.3.1.1 陕甘宁盆地植物志**，乐天宇、徐纬英著，274 页，1957；北京：中国林业出版社。

本志包含的区域为六盘山脉以东、黄河以西、长城以南、渭河平原以北，共收载该区

---

① 高等教育出版社出版的**中国常见植物野外识别手册**目前有山东册（2009）、古田山册（2013）、苔藓册（2016）、衡山册（2016）、祁连山册（2016）、荒漠册（2016）、北京册（2018）等是一个难得的出版物。

② JinShuang MA & QuanRu LIU，2002，*Flora of Beijing*：An Overview and Suggestions for Future Research. *Urban Habitats* 1：30-44；http://www.urbanhabitats.org/v01n01/beijing_full.html。

种子植物 101 科 313 属 510 种，266 幅图。

■3.3.1.2 东北草本植物志，*Flora Plantarum Herbacearum Chinae Boreali-Orientalis*，刘慎谔主编[①]，Vols. 1-12，1958—2005；北京：科学出版社。

本志包括东北三省和内蒙古东部[②]的维管植物，但历时太久，前后相差内容很大，亟待再版。

1，75 页，1958，蕨类植物（3 纲 7 目 21 科 34 属 112 种）；**2**，120 页，1959，金粟兰科—马齿苋科（10 科 35 属 154 种 1 亚种 33 变种 10 变型）；**3**，242 页，1975，石竹科—防己科（6 科 48 属 181 种 64 变种 28 变型）；**4**，239 页，1980，罂粟科—虎耳草科（6 科 59 属 153 种 1 亚种 26 变种 11 变型）；**5**，187 页，1976，蔷薇科—豆科（41 属 162 种 34 变种 13 变型）；**6**，308 页，1977，酢浆草科—伞形科（22 科 78 属 210 种 23 变种 9 变型，包括 1 杂交种 10 栽培种 1 栽培变种）；**7**，267 页，1981，鹿蹄草科—唇形科（10 科 70 属 205 种 1 亚种 22 变种 3 变型）；**8**，246 页，2005，李书心、刘淑珍、曹伟编著；茄科—葫芦科（15 科 71 属 175 种 30 变种 12 变型）；**9**，447 页，2004，李冀云主编；桔梗科—菊科（2 科 97 属共 340 种 37 变种 16 变型）；**10**，329 页，2004，秦忠时主编；香蒲科—禾本科（10 科 108 属 274 种 21 变种 1 变型）；**11**，220 页，1976，莎草科（14 属 193 种 16 变种 8 变型）；**12**，292 页，1998，傅沛云主编；天南星科—兰科（11 科 76 属 209 种 20 变种 18 变型）。

■3.3.1.3 秦岭植物志，*Flora Tsinlingensis*，中国科学院西北植物研究所编著，Vols. 1（1-5），2，& 3（1），1974—1983；北京：科学出版社。

本志收载的对象为高等植物[③]。覆盖范围东起河南伏牛山西部的灵宝和卢氏县，西至甘肃东南部的宕昌县而与青藏高原的东端相接，南以汉江、北以渭河为界；东西跨度约 8 个经度（104.30°—112.52° E），南北跨度约 2 个纬度（32.50°—34.45° N）。

第 1 卷，种子植物：**第 1 册**，476 页，1976，裸子植物和被子植物的单子叶植物（裸子植物 9 科 21 属 38 种 1 变种 2 变型，单子叶植物 24 科 200 属 543 种 62 变种 10 变型，图 421 幅）；**第 2 册**，647 页，1974，三白草科—蔷薇科（42 科 243 属 813 种 2 亚种 150

[①] 本志后期由各卷作者编辑或主编。

[②] 即内蒙古原来的东四盟（今为三市一盟）：昭乌达盟（赤峰市）、哲里木盟（通辽市）、呼伦贝尔盟（呼伦贝尔市）和兴安盟，其中 1969 至 1979 年曾隶属于东北三省。

[③] 按原计划 3（2）为苔类，第 4 卷为地衣，但至今均未出版。有关秦岭的苔类植物可参见：陈清、王玛丽、张满祥，2008，秦岭地区苔类植物区系的初步研究，武汉植物研究 26（4）：366-372（秦岭地区共有苔类和角苔类共 35 科 66 属 270 种）。

变种14变型，图487幅）；**第3册**，500页，1981，豆科—山茱萸科（47科222属608种2亚种109变种6变型，图377幅）；**第4册**，421页，1983，鹿蹄草科—车前科（28科171属454种11亚种65变种2变型，图328幅）；**第5册**，442页，1985，茜草科—菊科（8科141属477种5亚种68变种10变型，图299幅）；**第2卷**，246页，1974，蕨类植物（29科72属270种11变种，图版50幅）；**第3卷，第1册**，329页，1978，藓类植物（44科136属311种14变种1变型，线条图213幅）；第3卷，第2册，XXX（苔类植物）。

■**3.3.1.4 秦岭植物志增补**[①]，李思锋、黎斌主编，419页，图版19，2013；北京：科学出版社。

收录并记载了最近30年来秦岭植物区系中增补的种子植物413种（含种下等级），隶属于90科153属，附有插图267幅；其中，**秦岭植物志**中遗漏或新记录的6科61属。**秦岭植物志增补**（种子植物）科的编排，裸子植物按郑万钧、傅立国（1978）系统，被子植物按恩格勒系统。

■**3.3.1.5 秦岭植物志**，郭晓思、徐养鹏编著，第2版，第2卷，石松类和蕨类植物，298页，彩图48，2013；北京：科学出版社。

收录并记载了秦岭石松类和蕨类植物319种（含种下等级），隶属27科75属，其中新增加3属38种。本书科、属的编排按张宪春（2012）中国石松类和蕨类植物科属分类新系统。属以下分类等级的编排，则主要依据**秦岭植物志**（第2卷）和**中国植物志**。每种植物按中文名、别名、俗名、拉丁名及其主要文献引证、常见异名及其主要文献引证、形态学特征、产地、生境、分布及部分经济用途顺序编写，附有图版55幅。

■**3.3.1.6 东北藓类植物志**，*Flora Muscorum Chinae Boreali-Orientalis*，辽宁省林业土壤研究所编，404页，1977；北京：科学出版社。

本书收载东北三省主要苔类植物45科153属433种43亚种和变种及13个变型，261幅插图，分科、属、种检索表以及形态术语解释。

英文书评参见：Benito C. Tan，1978，*The Bryologist* 81（2）：348–350。

■**3.3.1.7 东北苔类植物志**，*Flora Hepaticarum Chinae Boreali-Orientalis*，高谦、张光初著，

---

① 种子植物。

220 页，1981；北京：科学出版社。

本书记载东北三省的主要苔类植物 32 科 55 属 174 种 7 变种 2 变型，分科、属、种检索，100 幅插图和图版。

■ **3.3.1.8 中国沙漠植物志**，*Flora in Desertis Reipublicae Populorum Sinarum*，刘媖心[①]主编，Vols. 1–3，1985—1992；北京：科学出版社。

本志的范围包括科尔沁沙地、浑善达克沙地、毛乌素沙地、库布齐沙地、乌兰布和沙漠、腾格里沙漠、巴丹吉林沙漠、河西走廊沙地和准噶尔盆地、塔里木盆地、柴达木盆地及其周围地区，行政区域涉及辽宁、内蒙古、陕西、宁夏、甘肃、新疆、青海等七省区。

1，546 页，1985，裸子植物、单子叶植物和被子植物的杨柳科—防己科（35 科 194 属 605 种 49 亚、变种 8 变型，图版 191 幅）；2，464 页，1987，罂粟科—伞形科（37 科 564 种 2 亚种 44 变种 5 变型，图版 161 幅）；3，508 页，1992，报春花科—菊科（24 科 184 属 477 种 5 亚种 68 变种 10 变型，图版 188 幅）。

■ **3.3.1.9 贺兰山维管植物**，*Plantae Vasculares Helanshanicae*，狄维忠主编，WeiZhong DI（Editor in Chief），378 页，1986；西安：西北大学出版社。

记载贺兰山野生植物 80 科 324 属 690 种（栽培植物未计）。

■ **3.3.1.10 中国滩羊区植物志**，*Flora Sinensis in Area Tang-yang*，宁夏回族自治区农业现代化基地办公室、宁夏回族自治区畜牧局、陕西省西北植物研究所编著，主编：于兆英、徐养鹏（第 1 卷），徐养鹏、王克制、于兆英（第 2 卷），徐养鹏、王克制（第 3、4 卷）；Vols. 1–4，1988—1995；银川：宁夏人民出版社。

中国滩羊区所指范围包括宁夏中部、甘肃东北部、内蒙古阿拉善左旗及陕西北部（东经 104°—108°，北纬 30°—40°）。

1，177 页，1988，裸子植物，被子植物的单子叶植物和双子叶植物的杨柳科；2，479 页，1993，胡桃科—豆科；3，379 页，1996，酢浆草科—马鞭草科；4，385 页，1996，唇形科—菊科[②]。

[①] 刘慎谔之女；**中国植物学文献目录**（1983 和 1995）及**中国植物标本馆索引**（1993）均记载"刘媖心"，而**中国种子植物科属词典**修订版（1982）记载"刘瑛心"。

[②] 该志 4 卷本均没有具体统计数字，尽管第 4 卷末有双子叶植物纲分科检索表，以及怀念于兆英的纪念文章。

■ **3.3.1.11 长江三角洲及邻近地区孢子植物志**，*Cryptogamic Flora of the Yangtze Delta and Adjacent Regions*，徐炳声主编，573 页，1989；上海：上海科学技术出版社。

本书的地理范围（长江冲积平原）以江苏镇江为西部起点（32.12°N，119.27°E），北界至镇江沿扬州、泰州、泰县、海安一线与苏北平原相接，南界经丹徒、江阴、沙洲、福山、常熟、金山、柘林一线入杭州湾，东至东海北缘与黄海南缘，跨越纬度约 2°，长达 200 km。全书共收载长江三角洲及邻近地区已知的底栖海藻、真菌（大型）、地衣、苔藓和蕨类植物共 205 科 469 属 1 071 种（及种下等级），对科属和种的特征进行描述，并有其检索表；每种均有形态特征、生态环境、产地、分布及用途等，照片 234 幅，插图 544 幅。

■ **3.3.1.12 黄土高原植物志**[①]，*Flora Loess-Plateaus Sinicae*，傅坤俊主编，Vols. 1-6，1989+；北京：科学出版社/中国林业出版社/科学技术文献出版社。

1，648 页，2000，裸子植物（8 科 15 属 34 种 1 变种），被子植物三白草科—十字花科（35 科 191 属 635 种 4 亚种 91 变种 14 变型，图版 119 幅）；**2**，547 页，1992，景天科—豆科（35 科 191 属 635 种 4 亚种 91 变种 14 变型，图版 102 幅）；**3 & 4**，XXXX，酢浆草科—爵床科；**5**，557 页，1989，透骨草科—菊科（10 科 155 属 577 种 4 亚种 65 变种 7 变型，图版 95 幅）；**6**，XXXX，香蒲科—兰科。

本志只出版了三卷，另外三卷未出版。

■ **3.3.1.13 横断山区苔藓志**，*Bryoflora of Hengduan Mts（Southwest China）*，中国科学院青藏高原综合科学考察队编著，吴鹏程主编；742 页，2000；北京：科学出版社。

本志的范围大致包括西藏自治区的昌都地区，四川省阿坝、甘孜、凉山以及云南省丽江、怒江和大理等地区，总面积约 50 万 km²。本志以**西藏苔藓植物志**为基础，取科属进行描述，而种无描述，但有检索表和采集记录。在引论中介绍了横断山区苔藓植物区系的基本特点及其特有现象；各论中记载该地区苔藓植物 86 科 294 属 934 种（含种下单位），图版 279 幅。

■ **3.3.1.14 中国长江三峡植物大全**，*Encyclopedia of Plants in Three Gorges of Yangtze River of China*，彭镇华主编，上卷（蕨类植物、裸子植物、被子植物的木兰科—鞘柄木科），1-886 页，2005；下卷（被子植物的伞形科—禾本科），887-1 771 页，2005；北京：科学出版社。

---

① 本书目前已经出版的 3 卷里没有记载该志的具体覆盖的地理范围。

全书包括维管束植物 242 科 1 374 属 5 582 种（被子植物按哈钦松系统），其中 1 863 种配置了插图；每种植物都有中文名、学名、描述、生境、海拔以及用途等。本书的三峡地区覆盖范围东起湖北的宜昌，西至重庆，北抵大巴山，南接武陵山，由鄂西山区、盆周山地和渝（川）东平行谷岭三部分组成，总面积达 8.5 万 km²。书末附有以三峡宜昌地域命名的植物名录和模式标本采自三峡宜昌的植物名录。

本书实际上是三峡区域的维管束植物志（尽管英文题目为百科全书），故置于此类。

■ **3.3.1.15** *Flora of the Loess Plateau in Central China*[①]*, a field guide*。CunGen CHEN & Fischer Anton（general eds），Herrmann Walter，PingHou YANG，YanSheng CHEN，ShuoXin ZHANG，ZaiMin JIANG & Harald Forther（co-eds），336 p，2007；Berchtesgaden：IHW-Verlag。

本书只包括种子植物的检索表，没有具体分类群的数据统计。本书的地理范围南北大约在北纬 34° 的西安至 41° 的呼和浩特，东西大约在 101° 的西宁到 114° 的郑州（但不包括银川西北部，即北纬 37° 以北、东经 106° 以西）。书末附有中文拼音和学名索引。本书是在中文版**黄土高原植物志**未完成的情况下先出版的，对我们了解该地区的植物类群很有帮助。

■ **3.3.1.16** **贺兰山苔藓植物**，白学良等编著，281 页，2010；叶苔科—金发藓科（30 科 80 属 204 种和种下类群）。银川：黄河出版传媒出版集团、宁夏人民出版社。

贺兰山位于内蒙古和宁夏的交界处，南北长约 250 km，东西宽 20～40 km，总面积约 6 000 km²；最高峰达 3 556 m；其区系组成和植被类型复杂，是我国西北部温带草原与荒漠的分界线和连接青藏高原、蒙古高原和华北植物区系的枢纽。

■ **3.3.1.17** **贺兰山植物志**，*Flora of Helan Mountain*，朱宗元、梁存柱、李志刚主编，848 页，2011；银川：黄河出版传媒集团阳光出版社。

本书梳理了贺兰山东西两个国家级自然保护区植物采集的历史，分别叙述了蕨类植物、裸子植物、被子植物并给出名录；同时列出了贺兰山的栽培植物名录。全书记载维管植物 87 科 357 属 788 种 2 个亚种和 28 个变种。

■ **3.3.1.18** **昆仑植物志**，吴玉虎主编，2012-2015，4 卷本；1，593 页，2014；蕨类

---

① 本书中记载中国黄土高原的英文 Central China Loess Plateau 也称为 Northwestern Chinese Loess Plateau。

植物、裸子植物和被子植物的杨柳科—十字花科（28科141属504种和77种下类群）；2，776页，2015；景天科—伞形科（25科124属609种和66种下类群）；3，942页，2012；杜鹃花科—菊科（24科184属786种和66种下类群）；4，601页，2013；香蒲科—兰科（10科106属532种和52种下类群）。重庆：重庆出版社。

本志记载总计87科555属2 431种和261种下类群；每卷都有喀喇昆仑山和昆仑山地区范围图和喀喇昆仑山和昆仑山山文水系图。喀喇昆仑山和昆仑山地区包括青藏高原的西北部，同时与吉尔吉斯、塔吉克斯坦、阿富汗、巴基斯坦、克什米尔和印度等多个国家和地区接壤，国内又跨越新疆、西藏、青海、甘肃和四川等省区，不仅地理位置独特而且自然科学的基础研究薄弱，因此编撰**昆仑植物志**显得格外重要。作为青藏高原植物区系和中亚植物区系的地理交接地带，植物区系独特。该地区植物区系的研究，对了解昆仑山乃至整个青藏高原的地质历史和生物区系的起源与发展都具有关键作用。

详细参见：马金双，2016，书评：昆仑植物志，热带亚热带植物学报24（2）：242。

■3.3.2 中国的省区市植物志

省区市的植物志（Province Floras of China）共记载70种（按省市自治区和特区拼音排列，同一省市自治区和特区内不同出版物，特别是苔藓、蕨类和种子植物，则按出版时间先后排列）。

■3.3.2.1.1 安徽植物志，*Flora of Anhui*，钱啸虎主编，Vols. 1-5，1986—1992；合肥：安徽科学技术出版社（1986—1987，1991—1992）/北京：中国展望出版社（1990）。

1，281页，1986，蕨类和裸子植物，蕨类植物（41科88属232种18变种3变型），裸子植物（9科27属53种1变种17栽培变种，1杂交种，插图269幅）；2，583页，1987，双子叶植物杨梅科—海桐花科（55科237属622种4亚种86变种9变型，插图624幅）；3，695页，1990，蔷薇科—伞形科（52科283属781种8亚种126变种18变型，插图799幅）；4，1991，山柳科—菊科（38科335属777种8亚种102变种13变型1栽培变种，插图760幅）；5，1992，泽泻科—兰科（30科262属674种7亚种69变种10变型，插图651幅）。

另外参见：张恒辉、何云核，2007，《安徽植物志》新增补，安徽农业科学35（26）：8 309-8 311页（包括安徽新栽培的50种3变种1变型及6个栽培型植物）。

■3.3.2.2.1 澳门植物志，*Flora de Macau*，*Flora of Macao*，繁体中文版，邢福武主编，叶华谷、潘永华、陈玉芬副主编（第1卷），潘永华、叶华谷副主编（第2、3卷）；Vols. 1-3，2005—2007；澳门/广州：澳门特别行政区民政总署园林绿化部/中国科学院华南植物园。

1，328页，2005，前言（包括区系，植被及植物志介绍等），蕨类植物门（秦仁昌1978），裸子植物（Klaus Kubitzki 1990），被子植物（Arthur J. Cronquist 1988）木兰科—苏木科（111科282属446种4亚种26变种1变型10栽培种，彩色照片889幅）；2，404页，2006，蝶形花科—菊科（63科396属594种3亚种17变种3变型25栽培品种，彩色照片1 225幅）；3，314页，2007，单子叶植物，以及第1卷和第2卷的增补（58科249属380种2亚种18变种6杂交种59栽培品种，彩色照片793幅）。总索引（Index），60页（无出版日期）：包括学名、英文名、葡名和中文名（繁体笔画）四种索引。

英文书评参见：JinShuang MA，2008，*Taxon* 56（4）：1386-1387；中文书评参见：马金双、刘全儒，2009，广西植物29（4）：568。

■**3.3.2.2.2 澳门苔藓植物志**，*Flora Briófita de Macau*，*Bryophyte Flora of Macao*，繁体中文版，张力主编，361页，2010；澳门/深圳：澳门特别行政区民政总署园林绿化部/深圳仙湖植物园。

本书详细记载了澳门产苔藓植物34科63属103种，包括科、属、种特征描述、分属和分种检索表以及产地、生境、地理分布等信息。每一种均有学名和文献引证，同时附有黑白墨线图（与依据标本），约97%的种类有彩色照片。另外，本书的内容介绍、序和前言都是中（繁体）、葡、英三种文字，但索引只有学名和中文（繁体）两种。

英文述评参见：JinShuang MA，2010，*Taxon* 59（3）：998-999。

■**3.3.2.3.1 北京植物志**，*Flora of Beijing*，1962—1975，贺士元主编，北京：北京出版社。

第1版，上册，32开，1-532页，1962，蕨类植物、裸子植物和被子植物的金粟兰科—豆科；中册，533-1 965页，1961，酢浆草科—菊科；下册（北京地区植物志），1-349页，1975，单子叶植物。本书共包括北京地区维管植物158科759属1 482种151亚种和变种，其中蕨类植物18科25属63种2变种，裸子植物7科14属18种10变种，被子植物133科720属1 401种139亚种和变种；其有栽培植物445种87亚种和变种，插图1 200余幅。

■**3.3.2.3.2 北京植物志**，*Flora of Beijing*，1984—1987，1993，贺士元主编，北京：北京出版社。

第2版，上册，1-710页，1984，蕨类植物、裸子植物和被子植物的金粟兰科—山茱萸科（111科407属1 057种71变种及变型，插图823幅）；下册，711-1 476页，1987，鹿蹄草科—兰科（58科462属999种53变种及变型，插图923幅）。

1992 年修订版，上册，1–710 页；下册，711–1 510 页，1993。在原版基础上进行增补，包括新增加的 46 科 118 种及变种以及一些类群的修订文字，作为 1992 年的增补于全书最后。

■ **3.3.2.4.1 福建植物志**，*Flora Fujianica*，福建省科学技术委员会福建植物志编写组编著，林来官主编，Vols. 1–6，1982—1995；福州：福建科学技术出版社。

1，631 页，1982，蕨类植物、裸子植物和被子植物的木麻黄科—石竹科（84 科 259 属 777 种，插图 535 幅）；2，417 页，1985，睡莲科—金虎尾科（37 科 196 属 549 种 59 变种 8 变型，插图 287 幅）；3，556 页，1988，远志科—红木科和豆科（2 卷遗漏，31 科 215 属 687 种 6 亚种 51 变种 8 变型，插图 371 幅）；4，669 页，1990，堇菜科—唇形科（45 科 275 属 736 种 60 亚种及变种 3 变型，插图 476 幅）；5，470 页，1993，茄科—菊科（19 科 288 属 634 种 21 亚种及变种，插图 419 幅）；6，724 页，1995，香蒲科—兰科（32 科 363 属 995 种 65 亚、变种 10 变型，插图 609 幅，另附有福建近代植物研究与采集简介）。

另参见：潘润荣、林光，1997，福建植物志分科索引，林业勘察设计 1：87–92 & 2：81–83。

修订本，1，645 页，1991；包括蕨类植物、裸子植物和被子植物木麻黄科—石竹科，补编部分共增补了蕨类植物 19 种 1 变种，裸子植物 6 种，被子植物 11 种 1 变种，此外，还补述了 7 个种，更正了 6 个种。

■ **3.3.2.4.2 福建苔类和角苔类植物最新名录与区系分析**，张晓青、朱瑞良、黄志森、陈允泰、陈文伟，2011，植物分类与资源学报 33（1）：101–122。

■ **3.3.2.5.1 甘肃植物志**，*Flora of Gansu*，甘肃植物志编辑委员会编，Vols. 1–8，2005+；兰州：甘肃科学技术出版社。

本书记载甘肃省野生及常见栽培维管植物 213 科 1 296 属 4 400 余种，共分 8 卷出版；蕨类植物采用秦仁昌系统（1978），裸子植物采用郑万钧系统（1978），被子植物采用恩格勒系统（1964）。

1，XXXX，包括蕨类植物、裸子植物及甘肃高等植物区系分析；2，607 页，2005，廉永善、孙坤主编，胡桃科—连香树科（30 科 148 属 517 种 5 亚种 73 变种 17 变型 3 个人工育成种，其中引进栽培 15 属 30 种，图版 107 幅）；3，毛茛科—景天科；4，虎耳草科—豆科；5，酢浆草科—伞形科；6，岩梅科—玄参科；7，紫葳科—菊科；8，单子叶植物。

目前仅有第 2 卷出版，其余卷正在编辑出版之中。

■ **3.3.2.6.1 广东植物志**, *Flora of Guangdong*，陈封怀（1-2 卷）、吴德邻（3-10 卷）主编，Vols. 1-10，1987—2011；广州：广东科学技术出版社。

本志被子植物部分基本采用哈钦松系统，但较重要的和先完成的科先出版，详细如下：

1，600 页，1987，木兰科、五味子科、防己科、马兜铃科、胡椒科、三白草科、白花菜科、海桑科、山龙眼科、海桐花科、红树科、杜英科、梧桐科、金缕梅科、桑科、桑寄生科、苦木科、无患子科、清风藤科、五加科、杜鹃花科、越橘科、紫金牛科、安息香科、山矾科、夹竹桃科、萝藦科、杠柳科、报春花科（29 科 231 属 821 种 1 亚种 92 变种 2 变型，插图 638 幅）[①]；2，511 页，1991，八角科、番荔枝科、肉豆蔻科、大花草科、猪笼草科、辣木科、远志科、茅膏菜科、川苔草科、沟繁缕科、石竹科、粟米草科、番杏科、马齿苋科、商陆科、牻牛儿苗科、酢浆草科、安石榴科、紫茉莉科、天料木科、西番莲科、山茶科、玉蕊科、锦葵科、绣球科、毒鼠子科、榆科、铁青树科、芸香科、楝科、伯乐树科、漆树科、胡桃科、伞形花科、山榄科、肉子科、草海桐科、茄科、苦槛蓝科、芭蕉科、旅人蕉科、兰花蕉科、姜科、美人蕉科、竹芋科、棕榈科、水玉簪科（47 科 258 属 741 种 3 亚种 57 变种 4 变型，插图 337 幅）；3，511 页，1995，莲叶桐科、金鱼藻科、睡莲科、小檗科、金粟兰科、十字花科、景天科、虎耳草科、藜科、千屈菜科、瑞香科、第伦桃科、大风子科、葫芦科、秋海棠科、水东哥科、金莲木科、钩枝藤科、龙脑香科、桃金娘科、使君子科、金丝桃科、藤黄科、木棉科、金虎尾科、交让木科、鼠刺科、黄杨科、杨梅科、翅子藤科、茶茱萸科、刺茉莉科、檀香科、橄榄科、槭树科、省沽油科、八角枫科、鹿蹄草科、水晶兰科、柿树科、马钱科、蓝雪科、车前草科、桔梗科、半边莲科、花柱草科、花荵科、田基麻科、马鞭草科、唇形科（50 科 263 属 719 种 4 亚种 79 变种 5 变型，插图 298 幅）；4，446 页，2000，裸子植物门苏铁科—买麻藤科，被子植物的木通科、大血藤科、罂粟科、荷包牡丹科、堇菜科、蓼科、苋科、落葵科、亚麻科、蒺藜科、金莲花科、凤仙花科、水马齿科、红木科、柽柳科、仙人掌科、五列木科、猕猴桃科、椴树科、古柯科、粘木科、蔷薇科、蜡梅科、旌节花科、杜仲科、悬铃木科、山柚子科、鼠李科、胡颓子科、七叶树科、牛栓藤科、珙桐科、桤叶树科、忍冬科、败酱科、川续断科、龙胆科、睡菜科、旋花科、玄参科、列当科、狸藻科、胡麻科、浮萍科、仙茅科（55 科 207 属 674 种 4 亚种 72 变种 3 变型 4 栽培品种，插图 251 幅）；5，498 页，2003，毛茛科、番木瓜科、大戟科、含羞草科、苏木科、蝶形花科、杨柳科、木麻黄科、冬青科、木犀科、无叶莲科、莓草科、须叶藤科、石蒜科、假兰科、田葱科、白玉簪科（17 科 223 属 769 种 4 亚种 49 变种 1 变型，插图 246 幅）；6，445 页，2005，樟科、菱科、小

[①] 本卷中曾提到**广东植物志**包括野生和习见栽培的维管束植物约 7 千余种，分 8 卷出版。

二仙草科、荨麻科、大麻科、茜草科、苦苣苔科、水鳖科、波喜荡科、水蕹科、眼子菜科、川蔓藻科、角果藻科、茨藻科、鸭跖草科、黄眼草科、百合科、菝葜科、香蒲科、鸢尾科、薯蓣科、露兜树科、灯心草科、刺鳞草科、帚灯草科（25科203属767种11亚种48变种4变型，插图241幅）；7，543页，2006，蕨类植物门的松叶蕨科—满江红科、兰科（59科254属889种27变种2变型，插图259幅）；8，431页，2007，柳叶菜科、野牡丹科、桦木科、榛木科、卫矛科、葡萄科、山茱萸科、菊科、雨久花科、莎草科（10科188属765种1亚种51变种4变型，插图214幅）；9，558页，2009，壳斗科、蛇菰科、紫草科、紫葳科、爵床科、泽泻科、谷精草科、凤梨科、延龄草科、天南星科、百部科、龙舌兰科、蒟蒻薯科、禾本科（14科217属792种15亚种33变种4变型，插图273幅）；10，330页，2011，广东种子植物分科检索表，广东植物志（第1-9卷）中文名和拉丁名索引；附录1，广东植物学研究简史，附录2：华南植物所（园）植物标本采集简史。

全书一至九卷共记载广东和海南蕨类和种子植物306科2 044属6 937种43亚种508变种，插图2 757幅。[①]

■ **3.3.2.6.2 广东苔藓志**，吴德邻、张力，552页，2013；广州：广东科技出版社。[②]中国科学院华南植物园、深圳市中国科学院仙湖植物园编；South China Botanical Garden，Chinese Academy of Sciences，Fairylake Botanical Garden，Shenzhen & Chinese Academy of Sciences，***Bryophyte Flora of Guangdong***，522 p，2013。

本书收载广东及海南苔藓植物（含苔类、角苔类及藓类）87科279属944种，附有插图328幅。本志对各科、属的特征均有简要的描述，并对每种植物的形态、产地、分布作了较详细的介绍。

■ **3.3.2.7.1 广西植物志**，*Flora of Guangxi*，广西壮族自治区中国科学院广西植物研究所编著，李树刚主编，Vols. 1-6[③]，1991—2017；南宁：广西科学技术出版社。

1，976页，1991，裸子植物和被子植物的木兰科—桃金娘科（84科353属1 380种3亚种121变种17变型，图版356幅）；2，947页，2005，野牡丹科—荨麻科（除桑科，

---

① 本志从一开始就包括海南，而且自始至终都是如此。

② 本书也包括海南的类群。

③ 本志原计划4卷，但后来由于种类的不断增加而不得不改为6卷（参见韦发南、文和群，2007，肝胆相照——李树刚传，桂林市民主党派工商联和无党派人士史料，**桂林文史资料**第52集，第293-304页；桂林：桂林市政协文史资料委员会编，内部资料）。

移入第 3 卷，38 科 338 属 1 401 种 19 亚种 125 变种 11 变型，图版 358 幅）；3，1 024 页，2011，桑科—萝藦科（50 科 318 属 1 393 种 5 亚种 168 变种 5 变型，图版 391 幅）；4，1 082 页，2017，茜草科—唇形科（33 科 454 属 1 612 种 24 亚种 141 变种 5 变型 1 杂交种，图版 269 幅）；5，1 073 页，2016，水鳖科—禾本科（45 科 451 属 1 677 种 19 亚种 90 变种和 1 杂交种，图版 298 幅）；6，474 页，2013，蕨类植物松叶蕨科—满江红科（57 科 159 属 833 种和种下单位，图版 112 幅）。

■ **3.3.2.7.2 广西蕨类植物概览**，*The Preliminary Study on Pteridophyte Flora from Guangxi, China*，周厚高主编，32 开，149 页，2000；北京：气象出版社。

本书内容包括广西蕨类植物发育的自然地理、广西蕨类植物区系的特征、广西蕨类植物区系的水平分化、广西蕨类植物的垂直分布和广西蕨类植物的区系组成，并列出广西蕨类植物 56 科 158 属 815 种 31 变种 8 变型的详细名录与分布。

■ **3.3.2.8.1 贵州植物志**，*Flora Guizhouensis*，李永康（1-9 卷）、陈谦海（10 卷）主编，Vols. 1-10，1982—2004；贵阳：贵州人民出版社（第 1-3 卷），成都：四川民族出版社（第 4-9 卷），贵阳：贵州科学技术出版社（第 10 卷）。

本志的被子植物采用恩格勒系统，但先编写完的科编辑在一起出版，详细如下：

1，393 页，1982，裸子植物苏铁科—买麻藤科，被子植物的三白草科、金粟兰科、杨柳科、杨梅科、胡桃科、桦木科、榛科、壳斗科、榆科、马尾树科、桑科、大麻科、山龙眼科、铁青树科、马兜铃科、蓼科、藜科、苋科、紫茉莉科、商陆科、马齿苋科、落葵科、石竹科、睡莲科、金鱼藻科、领春木科、番荔枝科、茅膏菜科、金缕梅科、杜仲科、悬铃木科、旱金莲科、马桑科、漆树科、无患子科、木棉科、柽柳科、山榄科、茄科、胡麻科和狸藻科（裸子植物 10 科 28 属 44 种 11 变种，被子植物 51 科 187 属 617 种 68 亚种、变种与变型，另插图 320 幅）；2，700 页，1986，十字花科、桑寄生科、蜡梅科、樟科、大血藤科、木通科、藤黄科、景天科、海桐花科、亚麻科、芸香科、苦木科、楝科、五列木科、冬青科、卫矛科、省沽油科、茶茱萸科、胡颓子科、番木瓜科、千屈菜科、菱科、八角枫科、蓝果树科、珙桐科、山茱萸科、桤叶树科、安息香科、马钱科、龙胆科、莕菜科、夹竹桃科、醉鱼草科、泽泻科、水玉簪科和浮萍科（36 科 155 属 585 种 95 亚种、变种与变型，彩图 6 幅，图版 295 幅）；3，484 页，1990，粟米草科、莲叶桐科、毛茛科、芍药科、猕猴桃科、山柑科、古柯科、虎皮楠科、伯乐树科、葡萄科、瑞香科、鹿蹄草科、杜鹃花科、紫草科、川续断科、眼子菜科、百合科、百部科、蒟蒻薯科（19 科 100 属 457 种 66 亚种、变种与变型，图版 181 幅，彩图 8 幅）；4，758 页，1989，荨麻科、木兰科、八角科、五味子科、水青树科、连香树科、胡椒科、罂粟科、牻牛儿苗科、黄杨科、堇菜科、西番莲科、秋海棠科、安石榴科、柳叶菜科、小二仙草科、五加科、伞形科、山矾科、木犀科、萝藦科、苦苣苔科、透骨草科、车前草科、仙茅科[①]、姜科、美人蕉科、竹芋科（28科171属619种3亚种41变种及变型，图版251幅）；5，688页，1988，山茶科、清风藤科、椴树科、梧桐科、大风子科、桃金娘科、使君子科、忍冬科、禾本科（竹亚科—黍亚科，9科164属537种5亚种50变种，图版320幅）；6，643页，1989，檀香科、番杏科、仙人掌科、酢浆草科、大戟科、橄榄科、远志科、旌节花科、沟繁缕科、野牡丹科、紫金牛科、茜草科、旋花科、桔梗科、水鳖科、茨藻科、龙舌兰科、石蒜科、仙茅科[②]、薯蓣科、雨久花科、鸢尾科、灯芯草科、鸭趾草科、谷精草科、天南星科、黑三棱科、香蒲科、芭蕉科（29科177属473种32亚种、变种，图版182幅）；7，771页，1989，十字花科、蔷薇科、豆科、凤仙花科、葫芦科、柿树科（6科156属642种97变种和变型，图版245幅）；8，701页，1988，防己科、虎耳草科、金虎尾科、槭树科、鼠李科、杜英科、锦葵科、报春花科、蓝雪科、水马齿苋科、唇形科、紫葳科、列当科、棕榈科、莎草科（15科130属519种77变种8变型，图版211幅）；9，410页，1989，菊科（97属307种1亚种12变种，图版92幅）；10，607页，2004，蛇菰科、小檗科、川苔草科、七叶树科、希藤科、马鞭草科、玄参科、爵床科、败酱科、兰科（10科148属515种1亚种25变种5变型，图版163幅）。

■ **3.3.2.8.2 贵州蕨类植物志**，*Pteridophyte Flora of Guizhou*，王培善、王筱英主编，727页，2001；贵阳：贵州科学技术出版社。

记载贵州省野生蕨类植物53科151属770种28变种8变型以及2杂交种。本志记载的科基本上采用秦仁昌系统（1978），但在编排上，着重以属为单位，按拉丁字母顺序排列。在概论中将属以上类群作系统排列，并列有分科分属检索表。其中462种植物绘制有相应的图版，产地亦以图的形式表示，以县市为单位标入图中，每种1图。

■ **3.3.2.8.3 贵州苔藓植物志**，熊源新编著，第1卷，509页，2014；第2卷，686页，2014；第3卷，720页，2018；贵阳：贵州科技出版社。

该著作全套3卷，第1、2卷是贵州藓类植物志，第3卷是贵州苔类植物志，采用*Moss Flora of China*和**中国高等植物**（第1卷）的分类系统进行排列。第1卷记述了泥炭藓科（Sphagnaceae）到美姿藓科（Timmiaceae）的种类共计21科99属450种2亚种和

---

① 本科在本志中共记载两次，第4卷（1989年2月）由陈谦海编写，包括2属4种，较第6卷少一种。

② 本科在本志中共记载两次，第6卷（1989年8月）由杨龙编写，包括2属5种，较第4卷多一种。

11 变种。第 2 卷记述了树生藓科（Erpodiaceae）到金发藓科（Polytrichaceae）的种类共计 35 科 179 属 579 种 3 亚种和 18 变种。第 3 卷记述了苔纲和角苔纲 44 科 95 属 498 种 8 亚种 14 变种 1 变型。3 卷本共收录了贵州苔藓植物 100 科 373 属 1 620 种（含种下单位）。每一个种均有形态描述生境和在贵州的分布与其他分布；并附有墨线图版 436 版，扫描电镜照片版 41 幅，134 幅野外彩色的形态照片。

■ **3.3.2.8.4 贵州石松类和蕨类植物**，*Flora of Lycophytes and Ferns of Guizhou*，王培善、潘炉台主编，中英文双语版；上卷：486 页，下卷：490 页，2018；贵阳，贵州科技出版社。

本书上卷包括前言、目录、石松类和蕨类的木贼科至蹄盖蕨科、图版、中文名和拉丁文名索引，下卷包括金星蕨科至水龙骨科、图版、中文名和拉丁文名索引以及参考文献；记述贵州石松类和蕨类植物 36 科 114 属 844 种，每个物种的描述包括中文名、学名、文献引证、形态特征、生境和分布，以及在省内的县（市、区）为基本单位的地理分布图；多数种类都配有彩色图片。

■ **3.3.2.9.1 海南植物志**[①]，*Flora Hainanica*，陈焕镛主编，张肇骞、陈封怀副主编[②]，Vols. 1–4，1964—1977；北京：科学出版社。

1，517 页，1964，蕨类植物、裸子植物和被子植物的木兰科—龙脑香科（113 科 330 属 881 种，插图 285 幅）；**2**，470 页，1965，桃金娘科—蛇菰科（44 科 287 属 844 种 1 亚种 47 变种 3 变型，插图 241 幅）；**3**，629 页，1974，鼠李科—爵床科（56 科 409 属 927 种 3 亚种 66 变种 4 变型 4 栽培变种，插图 416 幅）；**4**，644 页，1977，马鞭草科—禾本科（46 科 321 属 739 种 3 亚种 58 变种 5 变型，图版 330 幅）；并附有种子植物分科检索表，海南岛植被概况）。

■ **3.3.2.9.2 海南蕨类植物**，杨逢春、梁淑云主编，143 页，2009；北京：中国林业出版社。

本书包括海南自然地理概况、蕨类植物自然分布及区系组成与生存状况。各论部分记载常见蕨类 35 科 123 种，每种包括简要的描述、分布、生境及精美的图片。

[①] 另参阅邢福武、吴德邻，1996，**南沙群岛及其附近岛屿植物志**，*Flora of Nansha Islands and Their Neighbouring Islands*，375 页；北京：海洋出版社（本书包括菌类、地衣、苔藓、蕨类和种子植物共 97 科 262 属 405 种 3 亚种 15 变种 1 变型）。

[②] 本志第 2 卷副主编为张肇骞；而从第 3 和第 4 卷没有主编和副主编，编辑单位为广东省植物研究所。

■**3.3.2.9.3 海南植物图志**，杨小波等编著，2015，14 卷本；**1**，557 页，**2**，425 页，**3**，578 页，**4**，400 页，**5**，361 页，**6**，397 页，**7**，379 页，**8**，401 页，**9**，414 页，**10**，539 页，**11**，500 页，**12**，380 页，**13**，502 页，**14**，666 页；北京：科学出版社。[①]

第 1 卷蕨类，第 2 至 11 卷为裸子植物和双子叶植物，12 至 14 卷为单子叶植物；记载维管束植物 6 036 种，隶属于 243 科 1 895 属；其中本地 4 579 种，特有 483 种，外来栽培植物 1 294 种，外来逸生及归化 163 种（其中入侵 57 种）。

■**3.3.2.10.1 河北植物志**，*Flora Hebeiensis*，贺士元主编，Vols. 1-3，1986—1991；石家庄：河北科学技术出版社。

1，831 页，1986，河北省自然概况、河北省植物、河北省高等植物分门检索表、苔藓植物、蕨类植物、裸子植物和被子植物的金粟兰科—豆科（99 科 389 属 1 065 种 1 亚种 104 变种 17 变型，插图 887 幅）；**2**，676 页，1989，鹿蹄草科—桔梗科（78 科 365 属 826 种 4 亚种 83 变种 5 变型，插图 720 幅）；**3**，698 页，1991，菊科和单子叶植物（27 科 331 属 833 种 48 变种 7 变型，插图 680 幅）。

参见：李孟军等，2002，《河北植物志》维管植物补正名录，河北师范大学学报 26（5）：513-518。

■**3.3.2.11.1 黑龙江省植物志**，*Flora Heilongjiangensis*，周以良主编，Vols. 1-11，1992+；哈尔滨：东北林业大学出版社。

1，231 页，1985，苔纲（28 科 51 属 129 种），角苔纲（2 科 3 属 3 种）；**2**，XXXX：藓纲；**3**，XXXX：蕨类植物门和裸子植物门；**4**，483 页，1992，胡桃目的胡桃科—中央种子目的苋科（7 目 14 科 59 属 249 种 2 亚种 66 变种 15 变型 15 个栽培变种，图版 113 幅）；**5**，392 页，1992，木兰目的木兰科—罂粟目的十字花科（7 目 17 科 81 属 228 种 3 亚种 26 变种 10 变型 8 个栽培变种，图版 124 幅）；**6**，371 页，1998，蔷薇目的景天科—豆科（4 科 66 属 254 种 40 变种 8 变型，图版 158 幅）；**7**，424 页，2003，牻牛儿苗目的酢浆草科—伞形目的伞形科（11 目 28 科 82 属 216 种 38 变种 15 变型，图版 195 幅）；**8**，430 页，2001，石楠目的鹿蹄草科—管花目的透骨草科（6 目 23 科 131 属 250 种 1 亚种 34 变种 13 变型，图版 165 幅）；**9**，363 页，1998，车前目的车前科—桔梗目的菊科（3 目 7 科 93 属 275 种 1 亚种 27 变种 12 变型，图版 94 幅）；**10**，404 页，2002，沼生目的泽泻科—禾本目的禾本科（5 目 14 科 106 属 296 种 1 亚种 20 变种 6 变型，图版 143 幅）；**11**，262

---

① 参见马克平，2019，从《海南植物图志》看中国地方植物志编研的新方向，生物多样性 27（3）：353-354。

页，1993，佛焰花目的天南星科—微子目的兰科（4目6科40属178种1亚种10变种7变型，图版88幅）。

■**3.3.2.11.2 黑龙江省蕨类植物**，敖志文、李国范，32开，173页，1990；哈尔滨：东北林业大学出版社。

本书包括黑龙江省常见蕨类植物79种，每种都有图和详细的描述，以及生境、产地与分布和利用的介绍。

■**3.3.2.11.3 黑龙江省及大兴安岭藓类植物**，敖志文，32开，392页，1992；哈尔滨：东北林业大学出版社。

本书分为苔藓植物与森林、东北主要森林类型中的苔藓植物、藓类植物的形态特征、黑龙江省及大兴安岭的主要藓类植物等4部分，描述180多种藓类植物的形态，介绍产地与分布、生境等。

■**3.3.2.12.1 河南植物志**，*Henan Zhiwuzhi*，丁宝章、王遵义、高增义（1卷）、丁宝章、王遵义（2-4卷）主编，Vols. 1-4，1981—1998；郑州：河南人民出版社（1卷）、河南科学技术出版社（2-4卷）。

1，632页，1981，蕨类植物、裸子植物和被子植物的三白草科—樟科（73科260属998种及变种，其中38个新种及新变种，插图711幅）；2，670页，1988，罂粟科—葡萄科（35科233属1 095种204变种及变型，其中21个新种及新变种，插图856幅）；3，781页，1997，椴树科—菊科（63科425属1 172种17亚种107变种2变型，其中21个新种及新变种，插图707幅）；4，581页，1998，单子叶植物香蒲科—兰科（26科268属778种2亚种79变种9变型及10栽培变种，插图676幅）。

■**3.3.2.12.2 河南植物志（补修篇）**，*Flora of Henan（Supplement and Revision）*，王健、杨秋生主编，569页，彩图32版，2019；郑州：河南科学技术出版社。

本补修篇共收录维管束植物185科352属514种83亚种、变种和变型。具体增加或者变化等都在具体类群之下给予详细说明，非常清晰。

■**3.3.2.13.1 湖北植物志**，*Flora Hupehensis*，湖北植物研究所、中国科学院武汉植物研究所编，Vols. 1-2，1976—1979；武汉：湖北人民出版社。

1，508页，1976，裸子植物和被子植物的三白草科—樟科；2，522页，1979：罂粟科—清风藤科，1979。

该志第 1 卷和第 2 卷前后印刷两次，内容一致，但外文标题不同（详细参下）。

■ **3.3.2.13.2 湖北植物志**，*Flora of Hubeiensis*，中国科学院武汉植物研究所编著，傅书遐主编，Vols. 1-4，2001—2002；武汉：湖北科学技术出版社。

1，508 页，2001，裸子植物各科及被子植物中双子叶植物三白草科—樟科（48 科195 属 752 种，插图 678 幅）；2，510 页，2002，罂粟科—清风藤科（35 科 229 属 851种，插图 782 幅）；3，746 页，2002，凤仙花科—川续断科（62 科 364 属 1 258 种，插图1 076 幅）；4，692 页，2002，葫芦科—菊科及单子叶植物各科（25 科 352 属 1 067 种，插图 963 幅）。

■ **3.3.2.14.1 湖南植物志资料**

湖南植物志资料（第 1 集），湖南师范学院学报，自然科学版，李丙贵、刘林翰、万绍宾，1982 年增刊（总第 9 期）：115 页，1982。本部分包括 20 科 71 属 240 种（含种下单位），其中裸子植物 10 科 30 属 70 种，被子植物 10 科 41 属 170 种。

湖南植物志资料（第 2 集），湖南师范学院学报，自然科学版，李丙贵、彭寅斌、万绍宾、杨保民、刘林翰，1983 年增刊（总第 13 期）：150 页，1983。本部分包括被子植物离瓣花亚纲 26 科 101 属 283 种 4 亚种变种和 1 变型。

■ **3.3.2.14.2 湖南植物志**，*Flora of Hunan*，湖南植物志编辑委员会编，李丙贵主编，Vols. 1-7，2000+；长沙：湖南科学技术出版社。

1，509 页，2004，李建宗、陈三茂、林亲众（卷主编）；总论，蕨类植物门（53 科149 属 718 种和种下单位，精致图版 69 版及彩色图片 8 版，附录：被子植物分科检索表）；2，887 页，2000，刘克明（卷主编），裸子植物，被子植物的杨梅科—芍药科（57科 227 属 1 021 种和种下单位，图版 410 幅，彩色照片 50 余幅）；3，1 008 页，2010，李丙贵、刘林翰（卷主编），猕猴桃科—交让木科（22 科 215 属 976 种和种下单位，图版410 幅，彩色照片 101 幅）；4-7，XXXX。

■ **3.3.2.15.1 吉林省植物志**，*Flora of Jilin*，金洙哲、金英花主编，第 1 卷，1-313 页，2019；长春：吉林科学技术出版社。

本卷记载吉林省所产野生及部分栽培的石松类与广义真蕨类和裸子植物 23 科 50 属125 种 15 变种 3 亚种 3 变型，附图版 137 幅；其中石松类与广义真蕨类 18 科 39 属 101种 9 变种 3 亚洲 2 变型，裸子植物 5 科 11 属 24 种 6 变种 1 变型。内容有分门、纲、目、科、属、种的检索表、科和属的特征，以及每个种的形态特征、生境、产地、分布、用途等；其中每种植物的名称用"中文名—拉丁名—朝文名—日文名"和东北地区的常用异名则别具特色。

■**3.3.2.16.1** **江苏植物志**，*Jiangsu Zhiwuzhi*，江苏省植物研究所编，上册，1–502 页，1977；南京：江苏人民出版社；下册，503–1 010 页，1982；南京：江苏科学技术出版社。

该志收载江苏野生及习见栽培维管植物 197 科 2 350 种，插图 2 000 余幅，彩图 12 幅。上册记载蕨类植物、裸子植物和被子植物的单子叶植物；下册记载三白草科—菊科。

■**3.3.2.16.2** **江苏植物志**，*Flora of Jiangsu*，刘启新主编，第 2 版，Vols. 1–5，2013—2017；南京：江苏凤凰科学技术出版社。

1，573 页，彩 32，2017，拟复叉苔科—金发藓科（62 科 160 属 351 种 1 亚种 1 变种）、石松科—水龙骨科（30 科 67 属 164 种 1 亚种 7 变种）、苏铁科—红豆杉科（10 科 32 属 67 种 5 变种）；2，507 页，彩 32，2013，木兰科—十字花科（72 科 283 属 740 种 1 亚种 75 变种）；3，528 页，彩 32，2015，海桐花科—伞形科（49 科 269 属 720 种 8 亚种 66 变种）；4，540 页，彩 32，2015，杜鹃花科—菊科（39 科 326 属 772 种 9 亚种 37 变种）；5，473 页，彩 32，2015，花蔺科—兰科（35 科 254 属 669 种 5 亚种 50 变种）。

江苏植物志是我国目前为数不多的完成第 2 版的省市区植物志，记载江苏高等植物，包括野生的常见栽培的，297 科 1 391 属 3 483 种 25 亚种 251 变种。[①]

■**3.3.2.17.1** **江西植物志**，*Flora of Jiangxi*，江西植物志编辑委员会编著，林英主编，Vols. 1+，1993+；南昌：江西科学技术出版社/北京：中国科学技术出版社。

1，541 页，1993，自然地理概况、植被与植物区系，蕨类植物、裸子植物（蕨类植物 49 科 114 属 401 种 27 变种 5 变型，附插图 371 幅，裸子植物 12 科 41 属 164 种 9 变种 24 栽培变种）；2，1 112 页，2004，木兰科—蜡梅科（83 科 401 属 1 308 种 101 亚种、变种和变型，插图 1 219 幅）；3（1）[②]，410 页，2014，含羞草科—伞形科（16 科 140 属 410 种 3 亚种 53 变种 8 变型，彩图 96 张）；3（2），503 页，2014，杨梅科—五加科（29 科 130 属 527 种 3 亚种 109 变种 7 变型，彩图 143 张）；南昌：江西科学技术出版社，北

① 参见马克平，2017，《江苏植物志》修订再版，让人耳目一新，生物多样性25（8）：914；夏仟仟，2017 年 8 月 8 日，一本"内外兼修"的地方植物志——"中国最美图书"这样打造（http://www.bookdao.com/article/399429/，2018 年进入）。

② 主编：赖书绅。

京：中国科学技术出版社。

■ **3.3.2.18.1 辽宁植物志**，*Flora Liaoningica*，辽宁省科学技术委员会辽宁植物志编辑委员会编，李书心主编；Vols. 1-2，1988—1992；沈阳：辽宁科学技术出版社。

上册，1 439 页，1998，蕨类植物、裸子植物和被子植物离瓣花类胡桃科—伞形科（104 科 407 属 1 120 种 170 变种 68 变型，其中蕨类植物 24 科 40 属 94 种 10 变种，裸子植物 6 科 16 属 43 种 12 变种 3 变型，被子植物 74 科 351 属 983 种 148 变种 65 变型，图版 596 幅）；**下册**，1 245 页，1992，合瓣花类鹿蹄草科—菊科和单子叶植物（56 科 389 属 1 025 种 105 变种 14 变型，图版 521 幅）。

■ **3.3.2.19.1 内蒙古植物志**，*Flora Intramongolica*，马毓泉主编，第 1 版，Vols. 1-8，1978—1985；呼和浩特：内蒙古科学技术出版社。

第 1 版，1，294 页，1985，区系概况，蕨类植物、裸子植物、被子植物的金粟兰科—马兜铃科（30 科 59 属 166 种 25 变种 3 变型，图版 83 幅，其中蕨类植物 17 科 27 属 45 种 8 变种，裸子植物 3 科 7 属 24 种 1 变种，被子植物 10 科 25 属 88 种 16 变种 3 变型）；**2**，390 页，1978，蓼科—十字花科（13 科 94 属 248 种 3 亚种 63 变种 6 变型，图版 195 幅）；**3**，309 页，1978，景天科—豆科（4 科 62 属 219 种 1 亚种 36 变种 7 变型，图版 142 幅）；**4**，223 页，1979，酢浆草科—山茱萸科（32 科 82 属 149 种 3 亚种 13 变种 2 变型，图版 95 幅）；**5**，442 页，1980，鹿蹄草科—桔梗科（27 科 148 属 315 种 11 亚种 52 变种 3 变型，图版 169 幅）；**6**，355 页，1982，菊科（81 属 270 种 1 亚种 53 变种 5 变型，图版 127 幅）；**7**，282 页，1983，香蒲科—禾本科（8 科 77 属 233 种 3 亚种 30 变种 2 变型，图版 96 幅）；**8**，372 页，1985，莎草科—兰科（11 科 67 属 242 种 13 变种 2 变型，图版 129 幅；另有第 5 至第 7 卷的补编 8 科 21 属 23 种 3 变种，附图 29 幅）。

■ **3.3.2.19.2 内蒙古植物志**，*Flora Intramongolica*，马毓泉主编，第 2 版，Vols. 1-5，1989—1998；呼和浩特：内蒙古人民出版社。

第 2 版[①]，1，408 页，1998，内蒙古植物区系研究历史，内蒙古植物区系概况，蕨类植物（17 科 28 属 62 种 4 变种 1 变型），裸子植物（3 科 7 属 25 种 2 变种，图版 95 幅）；**2**，759 页，1991，金粟兰科—茅膏菜科（25 科 140 属 541 种 3 亚种 113 变种 17 变型，

---

① 本志第 1 版第 2、3、4 卷（1977 至 1979 年）的地理范围受当时行政界线的变化而与第 2 版不完全一致，详细参见第 2 版第 1 卷的再版前言。

附图和图版 296 幅）；**3**，716 页，1989，景天科—山茱萸科（40 科 165 属 541 种 5 亚种 69 变种 14 变型，附图和图版 268 幅）；**4**，907 页，1992，鹿蹄草科—菊科（30 科 257 属 689 种 11 亚种 86 变种 3 变型，图版 339 幅，图 1 幅）；**5**，634 页，1994，香蒲科—兰科（19 科 93 属 541 种 5 亚种 47 变种 2 变型，图版 250 幅）。

■**3.3.2.19.3 内蒙古植物志**，*Flora Intramongolica*，赵一之、赵利清、曹瑞主编，第 3 版，Vols. 1-6，2020；呼和浩特：内蒙古人民出版社。

第 3 版，**1**，779 页，内蒙古植物区系研究历史，内蒙古植物区系概述，蕨类植物、裸子植物、被子植物的金粟兰科—马齿苋科（37 科 92 属 342 种，另 4 栽培属和 36 栽培种）；**2**，579 页，石竹科—蔷薇科（15 科 137 属 494 种，另 3 栽培属和 27 栽培种）；**3**，513 页，豆科—山茱萸科（39 科 117 属 409 种，另 1 栽培科 23 栽培属和 43 栽培种）；**4**，482 页，鹿蹄草科—葫芦科（30 科 145 属 390 种，另 12 栽培属和 27 栽培种）；**5**，451 页，桔梗科—菊科（2 科 93 属 385 种，另 3 栽培属和 4 栽培种）；**6**，619 页，香蒲科—兰科（21 科 153 属 599 种，另有 9 栽培属和 31 栽培种）。

第 3 版每个物种不仅有结合黑白线条图而且附有彩色照片，每一卷前面都有内蒙古植物分区图，后面都有植物蒙古文名、中文名、拉丁文名对照目录；第 1 卷还有全书 6 卷本的中文名和拉丁名总索引。第 3 版较第 2 版增加了 12 科 53 属 320 种，更正学名 17 属 330 种，新发现 2 属 76 种。全书记载野生植物达 144 科 737 属 2 619 种，外加栽培植物 1 科 63 属 178 栽培种。

■**3.3.2.19.4 内蒙古苔藓植物志**，*Flora Bryophytarum Intramongolicarum*，白学良主编，541 页，1997；呼和浩特：内蒙古大学出版社。

本书记载苔藓植物 63 科 184 属 511 种和种下分类单位，附图版 174 幅。

■**3.3.2.20.1 宁夏植物志**，*Flora Ningxiaensis*，马德滋、刘慧兰编著，第 1 版，Vols. 1-2，1986—1988；银川：宁夏人民出版社。

第 1 版，**1**，505 页，1986，蕨类植物、裸子植物和被子植物的金粟兰科—藤黄科（67 科 287 属 806 种、变种、变型，图 463 幅）；**2**，555 页，1988，柽柳科—菊科和单子叶植物（58 科 346 属 784 种 6 亚种 82 变种 7 变型，图 394 幅）。

■**3.3.2.20.2 宁夏植物志**，*Flora Ningxiaensis*，马德滋、刘慧兰、胡福秀主编，第 2 版，Vols. 1-2，2007；银川：宁夏人民出版社。

第 2 版，上册，635 页，2007，蕨类植物、裸子植物和被子植物双子叶植物纲金粟兰科—千屈菜科（77科290属942种，包括亚种、变种和变型，图474幅）；**下册**，642页，2007，柳叶菜科—菊科，单子叶植物（53科354属926种和种下单位，附图381幅）。

■3.3.2.21.1 青海植物志，*Flora Qinghaiica*，中国科学院西北高原生物研究所青海植物志编辑委员会编，刘尚武主编，Vols. 1-4，1996—1999；西宁：青海人民出版社。

1，544页，1997，蕨类植物、裸子植物和被子植物杨柳科—十字花科（35科164属647种3亚种76变种7变型，图版102幅，其中蕨类植物14科19属40种1变种，裸子植物3科7属33种，被子植物18科138属574种3亚种75变种7变型）；**2**，463页，1999，景天科—山茱萸科（36科153属585种2亚种76变种6变型，图版72幅）；**3**，547页，1996，鹿蹄草科—菊科（29科195属700种75亚种、变种，图版111幅）；**4**，353页，1997，单子叶植物香蒲科—兰科（14科120属488种38亚种、变种，图版54幅）。

■3.3.2.22.1 山东植物志，*Shandong Zhiwuzhi*，陈汉斌主编、陈汉斌、郑亦津、李法曾主编，Vols. 1-2，1990—1997；青岛：青岛出版社。

上卷，1 210页，1990，山东植被概况，高等植物分门检索表，蕨类植物、裸子植物、单子叶植物和双子叶植物的三白草科—石竹科（83科357属835种6亚种84变种13变型12栽培变种，插图773幅）；**下卷**，1 518页，1997，睡莲科—菊科（100科568属1 284种8亚种179变种36变型27栽培变种，图1 241幅）。

■3.3.2.22.2 山东苔藓植物志，*Flora Bryophytarum Shandongicorum*，赵遵田、曹同主编，339页，1998；济南：山东科学技术出版社。

本书记载山东省苔藓植物55科145属368种3亚种12变种，图337幅。

■3.3.2.22.3 山东苔藓志，*Bryophyte Flora of Shandong*，任昭杰、赵遵田主编，2016，450页；青岛：青岛出版社。

本书收录了山东苔藓植物77科180属510多种。

■3.3.2.23.1 *Flora of the Shanghai Area*，上海植物志，Book 1，130 p，1996；Volume Ⅰ，Pteridophyta，Ⅱ，Gymnospermae，O. William Borrell；Book 2，Ⅲ，369 p，2002；Dicotyledoneae：Casuarinaceae-Apiaceae；O. William Borrell & BingSheng XU。

本书作者 O. William Borrell[①] 是民国时期的传教士，且在上海震旦博物馆（Musee Heude）兼职从事植物采集；1934 年来华，1952 年离开，1991 年返回，并利用今天上海自然博物馆和复旦大学的标本，将原来的手稿（*The Trees and Shrubs of the Shanghai Area*，1950）整理出版（但只完成一部分）。第 1 书：第 1 卷蕨类植物部分包括 38 科，共 16 个彩色照片，31 个黑白照片，32 个插图；第 2 卷裸子植物部分包括 11 科，共 16 个彩色照片，16 个黑白照片，18 个插图。每种植物只有简单的描述、分布、学名、英文名和中文名；书末附有学名和中文名（笔画）索引及参考文献。第 2 书：第 3 卷：作者和复旦大学的徐炳声合作，并由后者加入绪论。内容包括双子叶植物 100 科，共 8 幅彩色图版，12 幅黑白图版，13 幅墨线图。描述内容较第 1 书详细，但书末只有学名和英文名索引。

本书的排列很奇特，"书"置于"卷"之上；内容的排列与编写也与普通的植物志有所不同。单子叶植物部分没有具体交代，至今也没有出版。

■ **3.3.2.23.2 上海植物志**，*The Plants of Shanghai*，上海科学院编著，徐炳声主编，Vols. 1-2，1999；上海：上海科学技术文献出版社。

上卷，953 页，区系植物，包括上海植物研究简史、自然地理和植被概况、分科和异常属植物检索表、区系植物分科描述，记载了上海地区野生和常见栽培种子植物 168 科 981 属 1 904 种 392 种下分类单位，图 184 幅；**下卷**，596 页，为经济植物，包括园林植物、药用植物、大田作物、蔬菜果树、农田杂草、环保植物和滩涂植物等 7 篇，各篇的植物按科归类，然后按恩格勒系统的顺序排列，共记载 1 146 种 9 亚种 79 变种 14 变型 187 栽培变种，隶属于 148 科 686 属；附图 22 幅，彩色照片 30 幅。

■ **3.3.2.23.3 上海数字植物志**（2016）：http://shflora.ibiodiversity.net/aboutus.html

上海数字植物志网站整合了**上海维管植物名录**（2013，即本书第 3.7.2.14.3 种）、**上海维管植物检索表**（2014，即本书第 3.6.21 种）及**上海植物图鉴**系列丛书（2016 年至今，即本书第 3.5.34 种）全部内容。网络图鉴含两个常见分类系统，即 APG Ⅲ 及恩格勒系统，以科属种列表为主线，分别点开科、属或种即可查看内容，包括名称、描述、分布、图片（部分引用自自然标本馆网站）等内容。左侧除了分类系统，还包括上下级的检索表，检

---

① O. William Borrell（1916–2007）was a Marist brother, missionary in Shanghai, China, 1934–1952. He later taught in eastern countries and regions, including Hong Kong, Taiwan, and Kairiru Island and Papua New Guinea. Borrell collected specimens for a Shanghai museum and worked on An annotated checklist of the flora of Kairiru Island, Papua New Guinea. More details, please see Augustine Doronila, 2015, How a rare botanical Filipina came to the Baillieu Library, *University of Melbourne Collections* 17（2）: 14–23。

索表同样可以分级查询，并直接跳转到物种页面。网站还包括物种搜索页面，可以进行中文名、学名的搜索，并且支持模糊搜索，只要给出部分关键词，即可检索所有结果。网络图鉴的优势在于查阅方便，更新及时，能够将最新、最准确的信息呈现出来。

■ **3.3.2.24.1 山西植物志**，*Flora Shansiensis*，山西植物志编辑委员会编，刘天慰（1-3卷），刘天慰、岳健英（4-5卷）主编，Vols. 1-5，1992—2004；北京：中国科学技术出版社。

1，702页，1992，包括蕨类植物、裸子植物和被子植物金粟兰科—木通科（54科157属414种1亚种53变种5变型，其中蕨类植物21科35属87种3变种，裸子植物7科13属21种4变种，被子植物26科109属306种1亚种46变种5变型，图版429幅）；2，575页，1998，小檗科—牻牛儿苗科（18科141属456种及种下分类等级，图版333幅）；3，655页，2000，旱金莲科—紫草科（56科210属484种及种下分类等级，图版344幅）；4，670页，2004，马鞭草科—菊科（20科201属515种及种下分类等级，图版342幅）；5，532页，2004，单子叶植物香蒲科—兰科（22科183属453种及种下分类等级，图版274幅）。

■ **3.3.2.25.1 四川植物志**，*Flora Sichuanica*，方文培主编，Vols. 1+；1981—1983；成都：四川人民出版社；1985—1988；成都：四川科学技术出版社；1991—；成都：四川民族出版社。

1，509页，1981，蜡梅科、樟科、连香树科、三白草科、金粟兰科、悬铃木科、槭树科、七叶树科、省沽油科、木棉科、梧桐科、胡颓子科、使君子科、八角枫科、兰果树科、珙桐科、山茱萸科、桤叶树科、安息香科、山矾科（20科59属269种22变种1变型，图版180幅）；2，250页，1983，裸子植物（9科28属78种22变种，引种栽培1科5属22种2变种，图版96幅）；3，309页，1985，杨梅科、胡桃科、杨柳科、榆科、商陆科、落葵科、旱金莲科、鼠李科、旌节花科、岩梅科、柿科（11科30属208种1亚种32变种2变型，图版86幅）；4，493页，1988，藜科、领春木科、猕猴桃科、海桐花科、马桑科、漆树科、清风藤科、冬青科、卫矛科、杜英科、石榴科、花荵科、旋花科、紫葳科（14科58属307种5亚种58变种10变型，图版121幅）；5（1），427页，2017，禾本科（1）禾本科的狐茅族、小麦族（37属268种7亚种18变种）；5（2），457页，1988，禾本科（2）禾亚科的虎尾草族—玉蜀黍族（90属，图版223幅）；6，410页，1988，蕨类植物石杉科—睫毛蕨科（30科55属273种2变种，图版123幅）；7，416页，1991，百合科（44属279种40变种1变型，其中包括3个引进属7个引进栽培种，图版124幅）；8，571页，1990，木麻黄科、杜仲科、紫茉莉科、马齿苋科、苋科、五味子科、大血藤科、木通科、防己科、山茶科、山柑科、酢浆草科、远志科、伯乐树科、无患子科、番木瓜科、桃金娘科、紫金牛科、夹竹桃科、茄科、龙舌兰科、鸭跖草科、美人蕉科（23 科 121 属 331 种 1 亚种 47 变种 3 变型，图版 197 幅）；9，544 页，1989，山龙眼科、茅膏菜科、牻牛儿苗科、蒺藜科、芸香科、锦葵科、瑞香科、百部科、芒苞草科、石蒜科、仙茅科、鸢尾科、天南星科、浮萍科（14 科 71 属 327 种 36 变种，图版 150 幅）；10，687 页，1992，马兜铃科、葫芦科、唇形科、透骨草科、桔梗科、姜科（6 科 98 属 475 种 103 变种 15 变型，图版 141 幅）；11，185 页，1994，椴树科、忍冬科（2 科 13 属 121 种 3 亚种 29 变种，图版 47 幅）；12①，338 页，1998，禾本科的竹亚科（20 属 135 种，图版 111 幅）；13，308 页，1999，报春花科（8 属 22 种 10 亚种 13 变种，图版 89 幅）；14，181 页，1999，十字花科（40 属 155 种 54 变种 6 变型，图版 34 幅）；15，199 页，1999，龙胆科、睡菜科（2 科 17 属 190 种，图版 31 幅）；16②，415 页，2005，桑科、金缕梅科、苦木科、柽柳科、千屈菜科、五加科、马钱科、醉鱼草科、苦苣苔科、雨久花科、灯心草科、凤梨科、黄眼草科、谷精草科（14 科 ③，图版 124 幅）；17，347 页，2007，杜鹃花科（9 属 250 种 13 亚种 39 变种，图版 101 幅）；21④，549 页，2012。

■ **3.3.2.26.1** *Flora of Taiwan*，台湾植物志，HuiLin LI，李惠林（Editor in chief），**ed 1**，Vols. 1-6，1975-1979；Taipei：Department of Botany，National Taiwan University；Taipei：Department of Botany，National Taiwan University。

1，562 p，1975，Pteridophyta & Gymnospermae（plates 1-195）；2，722 p，1976，Myricaceae-Cruciferae（plates 196-456）；3，1000 p，1977，Hamamelidaceae-Umbelliferae（plates 457-891）；4，994 p，1978，Diapensiaceae-Compositae（plates 892-1264）；5，1166 p，1978，Alismataceae-Orchidaceae（plates 1265-1653）；6，665 p，1979，Statistics of Taxa，A Checklist of the Vascular Plants of Taiwan，Bibliography，Index for Chinese Name，Index for Scientific Name，Errata，List of New Taxa and New Names。

本志第 1 版记载 228 科 1 360 属 3 577 种 74 亚种 370 变种 40 变型 44 归化种 104 新名。

■ **3.3.2.26.2** *Flora of Taiwan*，台湾植物志，TsengChieng HUANG，黄增泉（Editor

---

① 本卷内容介绍中提到**四川植物志**记载四川高等植物，全书共分 26 卷出版。

② 据**四川植物志**第 16 卷（2005）后记中记载，1 至 15 卷共有 129 科 4 000 多种，1 700 多幅图版，700 余万字。

③ **四川植物志**第 16 卷没有种一级的具体统计数字。另外，本卷有前言，其中提到重庆市从四川分出后，为了保证四川植物志的连续、统一与完整，仍然保留原来的地理范围不变。

④ 高宝莼主编。

in chief), **2**nd ed，Vols. 1–6，1994–2003；Taipei：Department of Botany，National Taiwan University；**1**，648 p，1994，Pteridophyta & Gymnospermae（237 plates，121 photograph-plates）；**2**，855 p，1996，Myricaceae-Cruciferae（361 plates，335 photograph-plates）；**3**，1084 p，1993，Hamamelidaceae-Umbelliferae（521 plates，90 photograph-plates）；**4**，1217 p，1998，Diapensiaceae-Compositae（525 plates，502 photograph-plates）；**5**，1143 p，2000，Alismataceae-Triuridaceae（467 plates，142 photograph-plates）；**6**，343 p，2003，Flora of Taiwan：Composition，Endemism and Phytogeographical affinities，A checklist of the vascular plants of Taiwan，Index of Scientific names and Index of Chinese names；**6**，34 p，2003，Errata（另册发行）。

本志第 2 版记载 235 科 1 419 属 4 077 种 262 归化种（包括种下单位），其中蕨类植物 37 科 145 属 629 种 1 归化种，裸子植物 8 科 17 属 28 种，被子植物 190 科 1 257 属 3 420 种 261 归化种（双子叶植物 + 单子叶植物：151+39 科 901+356 属 2 410+1 010 种 210+51 规划种（tai2.ntu.edu.tw/fotdv/bebmain.htm）[1]。

第 2 版第 1 至 5 卷英文书评 Kai Larsen，2001，Review，*Nordic Journal of Botany* 21（4）：364。

▌**3.3.2.26.3** *Flora of Taiwan，Supplement*，National Taiwan Normal University，2012，413 p，Gymnosperms and Angiosperms，台湾植物志，第 2 版，补遗，裸子植物、被子植物。台北：台湾师范大学出版社。

文献截止 2009 年，全书增补 294 个分类群，包括 2 个裸子植物、194 个双子叶植物和 98 个单子叶植物。卷首有详细的作者署名以及分工。

▌**3.3.2.26.4** 台湾维管束植物简志，*Manual of Taiwan Vascular Plants*，Vols. 1–6，1997—2002：台北：行政院农业委员会。

台湾植物志不但是英文版，而且学术性较强。本书如题所示，不但全面而且简练并配备墨线图和彩色相片，实用性较强，确实是普及、教育、保育等方面的绝佳参考（subject.forest.gov.tw/species/vascular/index.htm）。

1，266 页，1997，蕨类植物（郭城孟）；**2**，352 页，1999，裸子植物，被子植物杨梅科—十字花科（杨远波、刘和毅、吕胜由）；**3**，392 页，2000，金缕梅科—伞形科（杨远波、刘和毅、施炳林、吕胜由）；**4**，432 页，2000，岩梅科—菊科（杨远波、刘和毅、彭

---

① 详细参见：黄增泉，1993，植物分类学——台湾维管束植物科志（三、台湾植物志编撰史），521–553 页；台北：南天书局。

镜一、施炳林、吕胜由）；5，456 页，2001，单子叶植物（杨远波、刘和毅、林赞标）；6，666 页，2002，裸子植物及被子植物科的检索表，各种植物学名的沿革，原始文献的出处、模式标本及其典藏之标本馆，第 1 册至第 5 册简志中各种的索引（杨远波、刘和毅）。

■ **3.3.2.26.5 台湾种子植物科属志**，*Family and Genus Flora of Taiwan Seed Plants*，杨远波、廖俊奎、唐默诗、杨智凯、叶秋妤，YuenPo YANG，ChunKuei LIAO，MoShih TANG，ChihKai YANG & ChiouYu YEH，2009，231 页；台北：行政院农业委员会林务局。

本书以最新的资料为基础，重新描述台湾种子植物科与属，共计 216 科 1 292 属。书中科与属均依各学名的字母顺序排列。书末附有台湾种子植物科属表。

■ **3.3.2.26.6 *Ferns and Fern Allies of Taiwan***，Ralf Knapp，1064 p，2011；Pingtung，Taiwan：KBCC Press；Ferns and Fern Allies of Taiwan，Supplement，212 p，2013；Ferns and Fern Allies of Taiwan second supplement，Ralf Knapp & TianChuan HSU（许天铨），419 p，2017；Pingtung，Taiwan：KBCC Press；Index to Ferns and Fern Allies of Taiwan，348 p，2014（https：//www.researchgate.net/publication/316191492_2014_Index_of_ferns_and_fern_allies_of_Taiwan_Ralf_Knapp）。[1]

本书第 1 版包括 729 种，补编增加到 747 种，而第 2 补编已经达到 801 种。

■ **3.3.2.27.1 天津植物志**，*Flora of Tianjin*，刘家宜主编，994 页，2004；天津：天津科学技术出版社。

本书记载天津市野生及习见栽培的高等植物 4 门 163 科 748 属 1 356 种 6 亚种 127 变种 18 变型，附图 1 185 幅；其中苔藓植物门收载 5 科 6 属 6 种，蕨类植物门收载 18 科 20 属 34 种 1 变种，裸子植物收载 7 科 9 属 12 种，被子植物门 133 科 713 属 1 304 种 6 亚种 126 变种 18 变型。本志的蕨类植物采用秦仁昌系统（1954），裸子植物和被子植物均采用恩格勒系统（1936）。

■ **3.3.2.28.1 *Flora of Hong Kong***，香港植物志，Hong Kong Herbarium，Agriculture，Fisheries and Converservation Department & South China Botanical Garden，Chinese Academy of Sciences，QiMing HU & DeLin WU（editors in chief），NianHe XIA（Associate Edtior in

---

① LiBing ZHANG & Hai HE，2014，Ferns and Fern Allies of Taiwan-a review，*American Fern Journal* 103（3）：191–192。

chief）, NianHe XIA, KwokLeung YIP & Patrick C. C. LAI（Volume editors）; Vols. 1–4, 2007–2011; Hong Kong: Agriculture, Fisheries and Convervation Department, Government of the Hong Kong Special Administrative Region（bookstore.gov.hk）。

1，329 p，2007，Map of the Hong Kong Special Administrative Region, Forward, Preface, Acknowledgements, Introduction, Classification Systems adopted for the Flora of Hong Kong, The Study of Hong Kong Flora-a historic account, Taxonomic Treatments: Gymnosperms（Klaus Kubitzki 1990）: Ginkgoaceae-Gnetaceae & Angiosperms（Arthur J. Cronquist 1988）: Magnoliaceae-Primulaceae, 85 families, 628 species, 233 black and white figures, and 521 color photos; 2，331p，2008，Map of the Hong Kong Special Administrative Region, Forward, Preface, Acknowledgements, Introduction, Classification Systems adopted for the Flora of Hong Kong, Vegetation of Hong Kong: The Past, Present and Future, Taxonomic Treatments: Connaraceae-Apiaceae, 56 families, 615 species, 251 black and white figures, and 488 color photos; 3，352 p，2009，Map of the Hong Kong Special Administrative Region, Forward, Preface, Acknowledgements, Introduction, Classification Systems adopted for the Flora of Hong Kong, Flora Conservation in Hong Kong: efforts to preserve plant diversity, Taxonomic Treatments: Loganiaceae-Asteraceae, 29 families, 305 genera, 593 species（including infraspecies）, 295 black and white figures, and 559 color photos; 4，379 p，2011，Map of the Hong Kong Special Administrative Region, Foreword, Preface, Acknowledgements, Introduction, Classification Systems adopted for the Flora of Hong Kong, Taxonomic Treatments: Liliopsida（Monocotyledons）。

全书共 4 卷，第 1 卷：香港植物志的研究历史；裸子植物（Kubitzki 1990 系统），被子植物（Cronquist 1988 系统）木兰亚纲、金缕梅亚纲、石竹亚纲和第伦桃亚纲共 75 科，彩图 521 幅；第 2 卷：香港的植被：过去、现在与未来；蔷薇亚纲共 56 科，彩图 488 幅；第 3 卷：香港植物保育的历史回顾及现今概况介绍；菊亚纲 29 科，彩图 860 幅；第 4 卷，百合纲（单子叶植物纲），40 科；彩图 940 幅。

另有香港植物志总索引，119 页，2012。本书为**香港植物志**第 1, 2, 3 及 4 卷中所收录的植物类群之总索引。4 卷，分别于 2007 年至 2011 年间出版，共记录 210 科 1 121 属 2 541 种本地和常见栽培的维管束植物，并附有 1 050 张绘图及 2 241 幅彩照。

第 1 卷和第 2 卷的英文书评参见：Rudolf Schmid & JinShuang MA, 2008, *Taxon* 57（2）: 681–682 & 57（4）: 1383；中文书评参见：马金双、刘全儒，2009，广西植物 29（4）: 568。

■ **3.3.2.28.2 香港植物志　蕨类植物门**, *Flora of Hong Kong Pteridophyta*，李添进、周锦

超、吴兆洪编著，Wicky TimChun LEE，Lawrence KamChiu CHAU & ShiewHung WU，32
开，469页，2003；香港：嘉道理农场暨植物园　Kadoorie Farm & Botanic Garden，Flora
Conservation Publication No 1。

本书采用秦仁昌系统（1978），记载蕨类植物47科96属239种及3变种，另记载栽
培67种，存疑14种，彩色插图115个。

■ **3.3.2.28.3 *Mosses & Liverworts of Hong Kong***，MayLing SO and RuiLiang ZHU &
MayLing SO，Vols. 1：162，& 2：130，1995 & 1996；Hong Kong：Heavenly People Depot。

本书是实用性手册，其中第1卷收载156种，第2卷记载103种。每种都附有彩图及
墨线图，但本工作并不是全部苔藓。有关香港的苔藓研究，详细的内容可以参考张力的博
士论文 [1] 及其相关报道 [2]。

■ **3.3.2.28.4 *Hepatic Flora of Hong Kong***，香港苔类植物，PengCheng WU & Paul P. H.
BUT，吴鹏程、毕培曦，192，2009；Harbin：Northeast Forestry University Press。

本志记载香港苔类植物27科56属115种又85个墨线图；每种植物都有文献、描述、
生境、分布及必要的讨论。

■ **3.3.2.28.5 香港植物志**，渔农自然护理署香港植物标本室、中国科学院华南植物园编
著，夏念和主编，2015，第1卷：458页，图片608；香港：渔农自然护理署出版。

香港植物志中文版由中国科学院华南植物园及香港植物标本室共同合作主编，将分四
卷出版。本志以英文版**香港植物志**（*Flora of Hong Kong*）为基础，并参考香港植物标本室
的馆藏标本及最新出版的相关分类文献等编写而成。本志有系统地描述在香港生长的种子
植物（裸子植物及被子植物），第1卷记载了10科裸子植物和被子植物中木兰纲的76科
（双子叶植物）。随后的第2卷及第3卷将收录余下的木兰纲植物，而第4卷则记载百合纲
植物（单子叶植物）的分类。本志于个别的科新增了描述术语，并辅以更多植物绘图及更
细致的彩照。至于内容方面，本志不仅附有检索表及记述生态、分布等资料，还修订了学
名及收录了新种和香港新分布记录。

---

[1] Li ZHANG，2001，*Diversity and Conservation of Hong Kong*，303 p，The University of Hong Kong（藓类40科
105属238种及种下单位，苔类和角苔类29科52属127种及种下单位）。

[2] Li ZANG & Richard T. Corlett，2003，Phytogeography of Hong Kong Bryophytes，*Journal of Biogeography* 30：
1329–1337（70科159属360种12种下单位）。

■ **3.3.2.29.1 新疆植物志**，*Flora Xinjiangensis*，新疆植物志编辑委员会编，Vols. 1—6，1993—2011；乌鲁木齐：新疆科技卫生出版社/新疆科学技术出版社。

1，337 页，1993，蕨类植物门、裸子植物门和被子植物门杨柳科—蓼科（杨昌友编辑，31 科 53 属 289 种 17 变种 3 变型 19 栽培变种，图版 93 幅，其中蕨类植物 16 科 23 属 54 种 1 变种，裸子植物 4 科 7 属 41 种 4 变种 6 栽培变种，被子植物 11 科 23 属 194 种 12 变种 3 变型 13 栽培变种）；2（1），394 页，1994，藜科—星叶草科（毛祖美编辑，13 科 97 属 443 种 3 亚种 33 变种 1 变型，图版 102 幅）；2（2），425 页，1995，小檗科—蔷薇科（毛祖美编辑，8 科 123 属 453 种 37 变种 8 变型，图版 99 幅）；3，704 页，2011，豆科—伞形科（沈观冕主编，39 科 168 属 747 种 35 变种和亚种，图版 144 幅）；4，573 页，2004，鹿蹄草科—桔梗科（米吉提·胡达拜尔地、潘晓玲主编[1]，27 科 174 属 616 种 1 亚种 18 变种，图版 163 幅）；5，534 页，1999，菊科（安争夕编辑，115 属 538 种 1 亚种 39 变种，图版 122 幅）；6，669 页，1996，单子叶植物（崔乃然编辑，19 科 127 属 627 种 63 亚种和变种 2 变型，图版 220 幅）；后记：707-710 页。

■ **3.3.2.29.2 新疆植物志简本**，新疆植物志编辑委员会编著，安峥晢主编，2014，1 007 页；乌鲁木齐：新疆人民出版社、新疆科学技术出版社。

本书为**新疆植物志**六卷的简写本，包括 141 科 910 属，4 210 种，图版 227 幅。书中对每一种的名称、形态、生境、产地及用途等作了详细记述。书后附有中文名索引、拉丁名索引。

■ **3.3.2.30.1 西藏植物志**，*Flora Xizangica*，吴征镒主编，Vols. 1—5，1983—1987；北京：科学出版社。

1，791 页，1983，蕨类植物，裸子植物，被子植物的三白草科—石竹科（其中蕨类植物 44 科 126 属 470 种，裸子植物 7 科 16 属 44 种，被子植物 25 科 102 属 368 种，插图 241 幅）；2，956 页，1985，睡莲科—豆科（21 科 232 属 1 332 种，插图 305 幅）；3，1 047 页，1986，酢浆草科—龙胆科（67 科，插图 373 幅）；4，1 021 页，1985，夹竹桃科—菊科（21 科，插图 419 幅）；5，955 页，1987，单子叶植物及西藏植物区系的起源与演化（22 科 264 属 912 种，插图 499 幅）。

参见李晖、于顺利、土艳丽、央金卓嘎，2009，《西藏植物志》亟待修订，西藏科技 5：67-68。

---

[1] 本志的署名除第 3 和 4 卷为"主编"外，其余卷（册）都是"编辑"。

■ **3.3.2.30.2 西藏苔藓植物志**，*Bryoflora of Xizang*，中国科学院青藏高原综合科学考察队编著，黎兴江主编，581 页，1985；北京：科学出版社。

本书共收载当时已知的苔藓植物 62 科 254 属 754 种 5 亚种 53 变种和 3 变型，图版 238 幅。

■ **3.3.2.31.1 云南植物志**，*Flora Yunnanica*，吴征镒主编，Vols. 1—22，1977—2010；北京：科学出版社。

全志第 1 至 21 卷收载云南已知野生及习见栽培高等植物 433 科 3 008 属 16 201 种 1 701 亚种和变种，图版 4 263 幅。其中苔藓植物（第 17 至 19 卷）110 科 421 属 1 611 种 55 亚种和变种，蕨类植物（第 20 至 21 卷）60 科 193 属 1 266 种 35 亚种和变种，裸子植物（第 4 卷）11 科 33 属 92 种，被子植物（第 1 至 16 卷）252 科 2 361 属 13 232 种 819 亚种和变种。本志的系统：苔纲和角苔纲植物采用 Rudolf M. Schuster 系统（1966）和 Riclef Grolle 系统（1983），藓纲植物采用陈邦杰系统（1963），蕨类植物采用秦仁昌系统（1978），裸子植物按照郑万钧系统（1978），被子植物采用哈钦松系统（1926，1934），但先完成的科组成一卷先出版（1 至 16 卷），因而科的排列顺序不规则。本志每卷附录除学名索引外，还有经济植物索引。本书第 22 卷为总索引，其中中文（笔画）总索引 1-275 页，拉丁名总索引 276-638 页，经济植物总索引 639-682 页。

1，870 页，1977，肉豆蔻科、大血藤科、金粟兰科、商陆科、山龙眼科、西番莲科、猕猴桃科、使君子科、红树科、鼠刺科、金缕梅科、黄杨科、大麻科、茶茱萸科、心翼果科、苦木科、橄榄科、楝科、无患子科、紫树科、珙桐科、山榄科、紫金牛科、蓝雪科、马鞭草科、透骨草科、六苞藤科、唇形科（27 科 190 属 819 种，图版 192 幅）；2，889 页，1979，木通科、大花草科、罂粟科、山柑科、野牡丹科、梧桐科、锦葵科、壳斗科、九子母科、省沽油科、漆树科、五加科、桤叶树科、半边莲科、花荵科、田基麻科、茄科、旋花科、菟丝子科、紫葳科、芭蕉科、天南星科（22 科 287 属 791 种，图版 221 幅）；3，795 页，1983，樟科、莲叶桐科、防己科、远志科、黄叶树科、千屈菜科、海桐科、四数木科、木棉科、旌节花科、桑寄生科、蛇菰科、柿树科、野茉莉科、马钱科、夹竹桃科、萝藦科、五福花科、鸭跖草科、薯蓣科（20 科 166 属 788 种 3 亚种 77 变种，图版 231 幅）；4，823 页，1986，裸子植物苏铁科—买麻藤科、被子植物金鱼藻科、睡莲科、茅膏菜科、柳叶菜科、菱科、小二仙草科、杉叶藻科、天料木科、金刀木科、冬青科、翅子藤科、檀香科、清风藤科、杜鹃花科、木樨科[①]、睡菜科、紫草科、狸藻科、花蔺

[①] 木犀科。

科、水鳖科、泽泻科、眼子菜科（33科121属818种，图版214幅）；5，809页，1991，领春木科、水青树科、连香树科、番荔枝科、三白草科、川草科、牻牛儿苗科、酢浆草科、五桠果科、番木瓜科、龙脑香科、藤黄科、杨梅科、桦木科、榛科、槭树科、山茱萸科、鞘柄木科、越橘科、四角果科、忍冬科、桔梗科、五隔草科、楔瓣花科、苦苣苔科、胡麻科、角胡麻科、无叶莲科、水麦冬科、角果藻科、茨藻科、黄谷精科、雨久花科、浮萍科、黑三棱科、香蒲科、鸢尾科、百部科（38科135属775种，图版234幅）；6，910页，1995，十字花科、沟繁缕科、石竹科、大风子科、葫芦科、椴树科、杜英科、杨柳科、桑科、铁青树科、赤苍藤科、山柚子科、芸香科、竹芋科、假叶树科、仙茅科、假兰科、箭根薯科、水玉簪科（19科151属756种191亚种和变种，图版235幅）；7，888页，1997，小檗科、星叶草科、粟米草科、桃金娘科、金丝桃科、荨麻科、伞形科、百合科（8科130属808种，图版259幅）；8，778页，1997，马兜铃科、胡椒科、紫堇科、景天科、隐翼科、海桑科、石榴科、水马齿科、瑞香科、紫茉莉科、马桑科、柽柳科、山茶科、五列木科、肋果茶科、金虎尾科、虎皮楠科、毒鼠子科、苏木科、鹿蹄草科、水晶兰科、岩梅科、川续断科、姜科、延龄草科、石蒜科（26科116属742种82亚种和变种，图版179幅）；9，807页，2003，禾本科（181属888种，图版118幅）；10，929页，2006，堇菜科、蒺藜科、旱金莲科、古柯科、大戟科、小盘木科、含羞草科、蝶形花科、胡桃科（9科173属883种，图版220幅）；11，754页，2000，八角科、五味子科、毛茛科、芍药科、马齿苋科、蓼科、藜科、苋科、亚麻科、粘木科、葡萄科、败酱科、龙胆科（13科95属813种，图版168幅）；12，884页，2006，虎耳草科、番杏科、秋海棠科、仙人掌科、茶藨子科、蔷薇科、榆科、鼠李科、胡颓子科、牛栓藤科、马尾树科、八角枫科、花柱草科（13科85属888种203亚种和变种，图版174幅）；13，918页，2004，菊科、凤梨科、拔葜科、龙舌兰科、露兜树科（5科156属884种，图版180幅，其中菊科145属810种，含栽培及已归化的27属约38种）；14，885页，2003，棕榈科、兰科（2科162属840种37变种，图版179幅）；15，874页，2003，红木科、弯子木科、蜡梅科、杜仲科、悬铃木科、木麻黄科、七叶树科、伯乐树科、茜草科、报春花科、谷精草科、旅人蕉科、灯心草科、莎草科（15科117属952种114亚种和变种，图版188幅）；16，650页，2006，木兰科、落葵科、凤仙花科、水东哥科、绣球花科、卫矛科、十齿花科、山矾科、车前科、玄参科、列当科、爵床科（12科140属879种78亚种和变种，图版234幅）；17，650页，2000，苔纲的藻苔科—钱苔科和角苔纲的角苔科和短角苔科（52科118属604种和种下分类单位，图版297幅）；18，525页，2002，藓纲藻藓亚纲的藻藓科、泥炭藓亚纲的泥炭藓科、黑藓亚纲的黑藓科、真藓亚纲牛毛藓科—皱蒴藓科（19科105属480种及种下分类单位，图版202幅）；19，681页，2005，真藓亚纲珠藓科—金发藓科（39科194属554种及种下分类单位，图版273幅）；20，785

页，2006，松叶蕨科—球盖蕨科（42 科 762 属 31 变种 8 变型，图版 144 幅）；**21**，477页，2005，鳞毛蕨科—满江红科（18 科 70 属 504 种 4 变种，图版 121 幅）；**22**，682 页，2010，中文、拉丁名和经济植物总索引。

■3.3.2.31.2 *Yunnan Ferns of China*，中国云南蕨类植物，Yu JIAO & ChengSen LI，焦瑜、李承森著，238 页，2001；北京：科学出版社。

本书包括 28 科 72 属 172 种，共 700 余幅彩色图片（包括局部放大）。每种植物包括学名、中文名、分布和生境，且中英文并举。

■3.3.2.31.3 *Yunnan Ferns of China，Supplement*，中国云南蕨类植物，新编，Yu JIAO & ChengSen LI，焦瑜、李承森著，328 页，2007；北京：科学出版社。

本书是继**云南蕨类植物**之后作者们的另一部著作，包括 46 科 124 属 290 种，但没有彩色图片的具体统计（尽管照片和印刷质量更好）。每种植物包括学名、中文名、分布和生境，且中英文并举。

■3.3.2.31.4 中国云南野生蕨类植物彩色图鉴，*Native Ferns and Fern Allies of Yunnan China in Colour*，成晓、焦瑜著，Xiao CHENG & Yu JIAO，313 页，2007；昆明：云南科技出版社。

本书几乎囊括了云南省蕨类植物的所有科属（59 科 161 属），覆盖了在云南各气候带下各种植被类型中所生长的常见种类 585 种和变种。正文中科属按秦仁昌（1978）系统排列，而种类按学名字母顺序排列。除 1 000 余张彩色照片外，包括学名、中文名、生境、海拔、习性、在云南的具体地理分布，以及**云南植物志**的卷册与页码。

■3.3.2.32.1 浙江植物志，*Flora of Zhejiang*，浙江植物志编辑委员会编，Vols. 0—7，1989—1993；杭州：浙江科学技术出版社。

总论，343 页，1993，章绍尧、丁炳扬主编，包括研究简历，植物区系，植物资源的开发利用，主要资源植物的栽培技术，植物资源的调查与估量，珍稀濒危植物的保护与繁殖，古树名木的保护与复壮，采自浙江的模式植物标本，文献目录；**1**，411 页，1993，张朝芳、章绍尧主编，蕨类植物及裸子植物（49 科 116 属 503 种 34 变种 5 变型）；**2**，408 页，1992，王景祥主编，木麻黄科—樟科（39 科 170 属 510 种 6 亚种 64 变种 6 变型）；**3**，541 页，1993，韦直、何业祺主编，罂粟科—漆树科（28 科 224 属 645 种 4 亚种 106 变种 12 变型）；**4**，423 页，1993，裘宝林主编，冬青科—山茱萸科（42 科 158 属 503 种 8 亚种 79 变种 8 变型）；**5**，356 页，1989，方云亿主编，山柳科—茄科（21

科 160 属 417 种 1 亚种 57 变种 5 变型）；**6**，390 页，1993，郑朝宗主编，玄参科—菊科（17 科 223 属 477 种 8 亚种 38 变种 11 变型）；**7**，584 页，1993，林泉主编，香蒲科—兰科（26 科 287 属 780 种 3 亚种 75 变种 79 变型）。

书评参见：王文采，1995，《浙江植物志》简介，植物学通报 12（4）：57；李卓凡，1996，一部有特色的地方志，中国图书评论 4：42-43。

■ **3.3.2.32.2** A Synopsis of the Hepatic Flora of Zhejiang，China，RuiLiang ZHU，MayLing SO & LiXin YE，*Journal of the Hattori Botanical Laboratory* 84：159-174，1998。

本文包括 33 科 73 属 249 种 4 亚种 6 变种和 2 变型；每个类群都有文献引证，但没有具体分布。

■ **3.3.2.32.3 浙江种子植物检索鉴定手册**，郑朝宗主编，538 页，2005；杭州：浙江科学技术出版社。

本书收录浙江野生和习见种子植物 184 科 1 344 属 3 814 种 36 亚种 480 变种，是迄今为止对全省种子植物的最新总结，包括对已出版的**浙江植物志**的修订（305 种）与补充以及新类群（其中增加 2 科 88 属 510 种）。全书采用二歧检索方式，包括科属种及分布信息，如为单属种，则附有种的鉴别形态特征、省内的分布及重要用途简述。

3.4 中国早期植物志

从 19 世纪中期至 20 世纪中期的百年间，西方植物学者出版了大量关于中国植物的研究结果。本部分主要收载这一时期外国学者的论著，但为了与中国学者的工作相区别，称之为中国早期植物志（Early Floras of China），实际上个别研究工作直到今天还在进行（但都是他们独立进行，没有中国学者参加）。

本书共收集 39 种。

■ **3.4.1** *Primitiae Florae Amurensis*，Versuch einer Flora des Amur-Landes，Carl J. Maximowicz，1859，*Mémoires de l'Académie impérial des sciences de Saint-Pétersbourg par divers savans et lus dans ses assemblées* 9：1-504，pl. 1-10。

Carl J. Maximowicz（1827—1891）[①]是沙俄时期彼得堡植物博物馆的研究员，研究中国东北植物的先驱。本书是他于 1853 至 1857 年在黑龙江流域进行大规模采集的研究结果。全书共记载植物 985 种，包括 4 新属和 112 新种，还有植被和区系分析等。另外本书书末附有北京和蒙古植物名录及图版与地图。

书评参见：Franz J. Ruprecht，1859，Bericht über das Werk des Herrn C. J. Maximowicz：Primitiae Florae Amurensis，*Beitrage zur Pflanzenkunde des Russischen Reiches. St. Petersburg* 11：45-89。

■ **3.4.2** *Flora Hongkongensis*，George Bentham，482 p，1861；London：L. Reeve。

本书被视为有关中国植物的第一本植物志，包括 1 056 种植物。前言中包括香港植物研究史、区系分析等。本书的补遗包括 76 种，参见：Henry F. Hance，1872，Florae Hongkongensis Supplementum，*Journal of the Linnean Society Botany* 13：95-144。

■ **3.4.3** *Diagnoses Plantarum Novarum Japoniae et Mandshuriae*，Carl J. Maximowicz，Part. 1-20，1866-1877；*Bulletin de l'Academie Imperiale des Sciences de Saint-Pétersbourg. St. Petersburg* 10：485-490，1866；11：429-432，& 433-439，1867；12：60-73，& 225-231，1868；15：225-232，& 373-381，1870；16：212-226，1871；17：142-180，& 417-456，1872；18：35-72，1872；18：275-296，& 371-402，1873；19：158-186，1873；19：247-287，& 475-540，1874；20：430-472，1875；& 22：209-264，1877；Reprinted，*Mémoires de l'Academie Imperiale des Sciences de Saint Petersbourg Ser. 7. St. Pétersbourg* 6：19-26，1866；6：200-205，206-214，258-276，& 367-376，1867；7：332-342，& 553-564，1870；8：1-21，& 367-421，1871；8：506-562，& 597-650，1872；9：1-30，31-76，148-188，& 213-270，1873；9：281-374，1874；9：393-452，1875，& 9：581-660，1877。

Carl J. Maximowicz 于 1859 至 1864 年在黑龙江流域和日本进行过大规模的采集，本工作就是这些采集的系列报道，包括新种的描述与讨论等。

■ **3.4.4** *Diagnoses Plantarum Novarum Asiaticarum*，Carl J. Maximowicz，Part. 1-7，

---

① 参见 Eduard August von Regel，1891，Obituary，*Gartenflora* 40：147-151；Otto Stapf，1891，Obituary，*Journal of Botany* 28：118-119；Sereno Watson，1891，Charles John Maximowicz：Biographical Notice. *Proceedings of the American Academy of Arts and Sciences* 26：374-376；Andrey le Lèivre，1997，Carl Johann Maximowicz，explorer and plant collector（1827-91），*The New Plantsman* 4（3）：131-143。

1877–1888；*Bulletin de l' Academie Imperiale des Sciences de Saint-Pétersbourg St. Petersburg* 23：305–391，1877；24：26–89，1877；26：420–542，1880；27：425–560，1882；29：51–228，1883；31：12–121，1886；& 32：477–629，1888；Reprinted，*Mémoires de l' Academie Imperiale des Sciences de Saint Petersbourg. Ser. 7. St. Pétersbourg* 9：707–831，1877；10：43–134，1877；10：567–741，1880；11：155–350，1882；11：623–876，1883；12：415–572，1886；12：713–934，1888；& 12：935–938，1890；Part 8，1–41，published separately in 1893。

本工作是作者根据采自日本、俄罗斯远东和中国北部的标本长期研究的总结，包括很多东亚植物新类群。

日本学者原宽 1943 年将 Carl J. Maximowicz 的上述两部长篇报道装订成东亚新植物宗览 *Diagnoses Breves Plantarum Novarum Japoniae et Mandshuriae* I–XX，1866–1877，et *Diagnoses Plantarum Novarum Asiaticarum* I–VIII，1–777，1877–1893 一书，并保留原来页码，同时增加学名索引（共 17 页），对于查询极为方便。

■ **3.4.5** Florule de Shang-hai（Province de Kiang-sou），Jean Odon Debeaux，1875，*Actes de la Société Linnéenne de Bordeaux*，30：57–130。

本文记载种子植物 148 种，是上海历史上第一篇分类学专著。

■ **3.4.6** *Plantae Davidianae* **ex Sinarum Imperio**，Adrien R. Franchet，1883 & 1888，Vols. 1 & 2；Paris。

原著为五部分陆续发表于 *Nouvelles Archives du Muséum d' Histoire Naturelle*，*Paris* 5：153–272，1883；6：1–126，1883；7：55–200，1884；8：183–254，1885；& 10：33–198，1888；后重印分为 2 卷本，第 1 卷记载 Armand David 在蒙古、华北、华中地区所采标本研究报告成果 *Plantes de Mongilie du Nord et du Centre de la Chine*，出版于 1884 年；第 2 卷记载 Armand David 在四川宝兴一带所采标本研究报告 *Plantes du Thibet Oriental*（*Province de Moupine*），出版于 1888 年。

另参见采集史部分。

■ **3.4.7** *Plantae Delavayanae* Plantes de Chine recueillis au Yun-nan par l'Abbe Delavay et décrites par Adrien R. Franchet，1889–1890，Vols. 1–3；Paris：Paul Klineksieck。

本书是 Adrien R. Franchet 根据 Pere Jean Marie Delavay（1834—1895）于 1882 至 1895 年间在中国云南（大理、邓川、洱源、宾川、鹤庆、剑川及丽江等地）所采标本（约 20 万号 4 000 种；其中包括 6 新属约 1 500 新种）编著而成，内有很多新种。全书共三部分，

但以单卷本 ① 装订（1：1-80 p，1889；2：81-160 p，1889；3：161-240 p，1890）。本工作的标本及模式基本都存放于巴黎（P）。笔者 2007 和 2008 年两次到那里看了部分中国标本，发现他当年采自中国的标本有几点惊人之处：之一是数量之多，每号至少 10 至 20 份，最多的达 30 份以上；之二是这些标本绝大多数至今还没有上台纸，包括模式和其他上了台纸的标本一样捆在一起；之三，这些标本除了当年 Adrien R. Franchet 研究外，至今基本没有被其他人详细研究过，至少作者熟悉的马兜铃属、大戟属、卫矛属还有沟瓣属等如此，更何况如今的法国自然历史博物馆早已没有人专门从事中国植物的研究 ②。不过法国还算不错的，起码所有的标本都数字化了；详细参见本书的附录 1。

■ **3.4.8** *Flora Tangutica* sive Enumeratio plantarum regionis Tangut（Amdo）Provinciae Kansu，*nec non Tibetiae praesertim orientali-borealis atque Tsaidam*，*ex collectionibus N. M. Przewalski atqut G. N. Potanin*，Carl J. Maximowicz，Fasc. 1，1-110 p，1889；Thalamiflorae et Disciflorae：Petropoli（Leningrad）。

■ **3.4.9** *Enumeratio Plantarum hucusque in Mongolia* nec non adjacente parte Turkestaniae sinenses lectarum，Carl J. Maximowicz，Fasc. 1，1-138 p，1889，Historia naturalis iterum N. M. Przewalskii per Asiam centralem；Petropoli（Leningrad）。

■ **3.4.10** *Plantae Chinenses Potaninianae nec non Piasezkianae*，Carl J. Maximowicz，1890，*Acta Horti Petropolitani* 11（1）：1-112。

以上三部（篇）论著是研究中国西北地区植物的重要参考文献。其中第 1 部和第 2 部是 Carl J. Maximowicz 研究 Nikolai M. Przewalski 和 Grigorii N. Potanin 在中亚地区采集标本计划的一部分（Historia naturalis iterum N. M. Przewalski per Asiam centralem），作者不幸于 1891 年逝世，只完成离瓣花类的 Thalamiflorae 和 Disciflorae。第 1 种主要收录 Nikolai M. Przewalski 和 Grigorii N. Potanin 在甘肃和柴达木采集的标本；第 2 种主要收录蒙古和中国的内蒙古、新疆等地的标本，除引用 Nikolai M. Przewalski 和 Grigorii N. Potanin 标本外，其他如 Michael V. Pevtsov，P. J. Piasezki 等人在该地区所采标本也有所引用。第 3 种则是

---

① Adrien R. Franchet，1889-1890，*Plantae Delavayanae*，sive enumeration plantarum quas in provincial chinesi Yun-nan collegit J. M. Delavay. 1-240 p，pl. 1-48.

② 实际上世界上很多收藏中国植物标本的地方基本如此。2006 年中国科学院植物研究所的陈艺林夫妇、林尤兴、王忠仁等到世界上研究中国植物的著名单位 Havard University Herbaria，发现很多中国的标本根本没有鉴定过，他们感到十分惊讶。

Carl J. Maximowicz 根据 Grigorii N. Potanin（1884 至 1886 年）和 Piasezki（1875 年）在川、甘、陕、晋、冀、鲁等地所采的标本编写而成。

另参见采集史部分。

■ **3.4.11 *Die Flora von Central-China*，** Friedrich Ludwig E. Diels，1900–1901，*Botanische Jahrbücher für Systematik，Pflanzengeschichte und Pflanzengeographie* 29：169–659。

本书作者主要利用 Armand David，Ernst Faber，Paul G. Farges，Père Giuseppe Giraldi，Augustine Henry 和 Back von Rosthorn 等人在中国东起湖北宜昌、巴东，西至四川松潘、宝兴，北达秦岭，南至四川（重庆）南川一带采集的标本编著而成。书中除种类记载外，作者还概述了植被和区系的内容，详见作者的补充 "Beitrage zur Flora Des Tsin Ling Shan undere zusatze zur Flora von Central-China"，*Botanische Jahrbücher für Systematik，Pflanzengeschichte und Pflanzengeographie* 82：1–138，1905[1]。

■ **3.4.12 *Flora Manshuriae*，** Vladimir L. Komarov，Vols. 1–3，1901–1907；St. Petersburg。原著发表于 *Acta Horti Petropolitani* 20：1–559，1901，Polypodiaceae-Selaginellaceae，Coniferae-Taxaceae，& Typhaceae-Orchidaceae；22：1–452，1903，Chloranthaceaee-Saxifragaceae，& 453–787，pl. 1–17，1904，Rosaceae-Sapindaceae；25：1–334，pl. 1–3，1905，Rhamnaceae-Boraginaceae，& 335–853，pl. 4–15，1907，Labiatae-Compositae。日文版，满洲植物志，Vols.1—7，1927—1933；南满洲铁路株式会社广务部调查课编；大阪：每日新闻社。

Vladimir L. Komarov（1869—1945）[2]，沙俄时期著名的植物分类学家，是首位到中国东北境内（1895 至 1897 年）大规模采集植物并进行研究的学者。本书就是根据作者本人以及 Carl J. Maximowicz 和 Nikolai M. Przewalski 等在中国东北采集的标本编著而成，是中国东北第一部比较完整的（维管束）植物志，所依据的标本至今存在俄罗斯圣彼得堡（LE）。

日文版在宫崎正义的指导下，由吉泽敏太郎（1—4 卷）和竹内谦三郎（5—7 卷）翻译，三浦密成（三浦道哉，Michiya Miura）校阅。另外，日文翻译版共分 7 卷 9 册出版，

① 中文版，**中国中部植物**，董爽秋译，自然科学（国立中山大学）3：305–320，435–474，684–723，1932；4：85–132，221–281，1932；4：427–479，619–671，1933；5：267–316，455–506，1933；6：25–60，277–316，1934。

② Vladimir L. Komarov，*Opera Selecta*，Vols. 1–12，1945–1958；Mosquae & Leninopoli：Academia Scientiarum Unionis Rerum Publicarum Societicarum Socialisticarum。1，668 p，1945；2，342 p，1947；3，522 p，1949；4，766 p，1950；5，814 p，1950；6，527 p，1950；7，506 p，1951；8，526 p，1951；9，767 p，1953；10，475 p，1954；11，707 p，1948；12，1086 p，1958。另外参见：Baranov A. I. 1946（1945），V. L. Komarov as an explorer of the flora of Manchuria，*Proceedings of the Habin Society of Natural History* 5：9–48.

而且每册都附有索引：

1，269页，1927，绪论，蕨类植物和裸子植物（包括两张大幅采集路线图和一张区系图）；2，473页，1927，单子叶植物；3（上），256页，1927，金粟兰科—石竹科；3（下），225页，1927，睡莲科—十字花科；4，346页，1930，茅膏菜科—豆科；5，374页，1931，牻牛儿苗科—山茱萸科；6（上），274页，1932，鹿蹄草科—唇形科；6（下），234页，1932，茄科—桔梗科；7：317页，1933，菊科。

■3.4.13 *The Flora of Tibet or High Asia* being a consolidated account of the various Tibetan Botanical Collections in the Herbarium of the Royal Gardens，Kew，together with an exposition of what is known of the Flora of Tibet，William B. Hemsley & Henry H. W. Pearson，1902，*Journal of the Linnean Society Botany* 35：124–265。

■3.4.14 *A sketch of the geography and botany of Tibet* being materials for a flora of that country，Francis Kingdon Ward，1935，*Journal of the Linnean Society Botany* 50：239–265。

上述两篇文献，前者是**西藏植物志**雏形，根据邱园收藏的标本写成；包括采集历史、植被介绍以及 Richard Strachey & James E. Winterbottom（1848年），Thomas Thomson（1847至1848年），Joseph D. Hooker（1849年），The Brothers Schlagintweit（1854至1858年），H. Bower & W. G. Thorold（1891至1892年），W. Woodville Rockhill（1892年），George R. Littledale（1895年），M. S. Wellby & Neill Malcolm（1896年），Sevn A. Hedin（1895至1897年），H. H. P. Deasy & Arnold Pike（1896年）等人在西藏及其周围地区考察的行程与发现；后者则是基于上述雏形而写的西藏植物地理与区系学论文，包括详细的区划与论述等。

■3.4.15 *Plantae Chinenses Forrestianae* Plants discovered and collected by George Forrest during his first exploration of Yunnan and eastern Tibet in the years 1904，1905，1906，Staff of Royal Botanic Garden Edinburgh，*Notes from the Royal Botanic Garden*，*Edinburgh* 5：65–148，1911-1912；8：1–45，1913；Catalogue of the plants（excluding *Rhododendron*）collected by George Forrest during his fifth exploration of Yunnan and Eastern Tibet in the years 1921–1922，14：75–393（nos 19334–23258），1924；Catalogue of all the plants collected by George Forrest during his fourth exploration of Yunnan and Eastern Tibet in the years 1917-1919，17：1–406（nos 13599–19333 & corrections），1929–1930；18：119–158 & 275–276（Conifers），1934；Friedrich Ludwig E. Diels，New and Imperfectly known species，*Notes from the Royal Botanic Garden*，*Edinburgh* 5：161–308，1912；Catalogue of all the plants collected by George Forrest during his first exploration of Yunnan and eastern Tibet in the years 1904，1905，1906，*Notes from the Royal Botanic Garden*，*Edinburgh* 7：1–298（nos 1–5099），299–333（natural order），& 321–411（alphabetized），1912–1913。

这是爱丁堡植物园职员等根据 George Forrest 于 1904 至 1932 年间在云南和西藏东部采集的大量标本所做的名录（没有全部公开发表 [①]），其中包括许多新分类群和新纪录，特别是高山花卉等观赏植物，对研究中国西南植物有非常重要的参考价值。

另请参见本书的采集史部分。

■ **3.4.16** ***Enumeratio Plantarum in Insula Formosa*** *sponte erescentium hucusque rite cognitarum adjectis descriptionibus et figuris specierum pro regione novarum*，Jino Matsumura & Bunzo Hayata，1906，*Journal of the College of Science*，*Imperial University of Tokyo*，22：1–702。

■ **3.4.17** ***Flora Montana Formosae***，*an enumeration of the palnts found on Mt. Morrison*，*the Central Chain*，*and other mountainous regions of Formosa at altitudes of 3000–13000 ft*，Bunzo Hayata，1908，*Journal of the College of Science*，*Imperial University of Tokyo*，25：1–260。

■ **3.4.18** ***Materials for a Flora of Formosa***，*Supplementary notes to the Enumeratio Plantarum Formosanarum and Flora Montana Formosae*，*based on a study of the collections of the Botanical Survey of the Government of Formosa*，*principally made at the herbarium of the Royal Botanic Garden*，*Kew*，Bunzo Hayata，1911，*Journal of the College of Science*，*Imperial University of Tokyo*，30：1–471。

■ **3.4.19** ***Icones Plantarum Formosanarum*** *nec non et contributiones ad floram Formosanam*，*or*，*Icones of the plants of Formosa*，*and materials for a flora of the island*，*based on a study of the collection of the botanical survey of the Government of Formosa*，Bunzo Hayata，Vols. 1–10，1911–1921；**1**，265 p，1911；**2**，156 p，1912；**3**，122 p，1913；**4**，264 p，1914；**5**，358 p，1915；**6**，168 p，1916；**6 Supplement**，155 p，1917；**7**，107 p，1918；**8**，164 p，1919；**9**，155 p，1920；**10**，335 p，1921。

■ **3.4.20** ***Supplementa Iconum Plantarum Formosanarum***，Yoshimatsu Yamamoto，Vols. 1–5，

[①] George Forrest 的采集记录虽然没有全部公开发表，但位于伦敦的 Royal Horticultural Society 等有关单位几乎将他所有的采集纪录都作了内部印刷，而在英伦的主要植物学机构几乎都有收藏。

1925–1932；**1**，47 p，1925；**2**，40 p，1926；**3**，48 p，1927；**4**，28 p，1928；**5**，47 p，1932。

■ **3.4.21** ***Genera Plantarum Formosanarum***，*or a description of all the genera of the vascular plants indigenous to Formosa and an enumeration of all the species*，*varieties and forms hitherto known in Formosa*，I. Saururaceae-Rosaceae，Yushun Kudo & Genkei Masamune，1932，*Annual Reports of the Taihoku Botanic Garden*，*Faculty of Science and Agriculture*，*Taihoku Imperial University*，*Formosa*，*Japan*，2：1–141。

■ **3.4.22** ***Short Flora of Formosa***，*or*，*An enumeration of the higher cryptogamic and phanerogamic plants hitherto known from the Island of Formosa and its adjacent islands*，Genkei Masamune，1936，1–410 p，*Kudoa*，Taihoku，Taiwan。

以上 7 项（**3.4.16 至 3.4.22**）是以日本学者松村任三（Jino Matsumura，1856—1928）、早田文藏（Bunzo Hayata[①]，1874—1934）、工藤又舜（Yoshimatsu Yamamoto，1893—1947）、山本由松（Yushun Kudo，1887—1932）和正宗严敬（Genkei Masamune，1899—1993）等在日本占领中国台湾期间关于台湾植物研究的一系列论著。

■ **3.4.23** ***Plantae Wilsonianae*** *An Enumeration of the Woody Plants Collected in Western China for the Arnold Arboretum of Harvard University during the years 1907*，*1908*，*and 1910 by E. H. Wilson*，Charles S. Sargent[②]（ed），Cambridge：The University Press：1（1）：1–144 p，1911，1（2）：145–312 p，1912，1（3）：313–611 p，1913；2（1）：1–262 p，1914，2（2）：263–422 p，1915，2（3）：423–661 p，1916；3（1）：1–188 p，1916，3（2）：189–419 p，1916，3（3）：421–666 p，1917。

本书主要记载 Ernest H. Wilson（1876—1930）等人采自中国湖北和四川等地的木本植物，因此是中国研究温带木本植物重要的参考书。另外，本书不仅仅依据 Ernest H. Wilson 本人不同时期从中国采集的标本，同时还参考了西方一些著名采集家的标本，包括 Augustine Henry 等多人。本书主要由 Arnold Arboretum of Harvard University 的学者完成，

---

① 参见 Hiroyoshi Ohashi，2009，Bunzo Hayata and his contributions to the flora of Taiwan，*Taiwania* 54（1）：1–27。

② 参见 Stephanne（Silvia）B. Sutton，1970，*Charles Sprague Sargent and the Arnold Arboretum*，382 p；Cambridge：Harvard University Press。

特别是 Alfred Rehder，Ernest H. Wilson 以及 Camillo K. Schneider 等，但也聘请了当时英、德、法一些重要研究机构的著名学者参加疑难类群的处理。全书报道木本植物 100 科 429 属 2 716 种 640 变种或变型，其中 4 新属 521 新种 356 新变种和新变型为 Ernest H. Wilson 所采集，而另外 150 新种 51 变种和 17 新变型主要为 Augustine Henry 的采集。

另请参见本书的采集史部分。

■ **3.4.24** *Flora of Kwangtung and Hongkong*（*China*），Stephan T. Dunn & William J. Tutcher，1912，*Bulletin of Miscellaneous Information*，*Royal Gardens*，*Kew Additional Series* 10：1–370。

作者根据当时邱园所藏的标本写成此书，其前言有详细的自然地理、采集历史和植被的描述；另外还附有当时的广东地图。

■ **3.4.25** *Flore du Kouy-Tchéou*，*autographée en partie par l'auteur* A. A. Hector Léveillé，532 p，1914–1915；Le Mans。

■ **3.4.26** *Catalogue des Plantes du Yun-nan* *avec renvoi aux diagnoses originales*，*observations et descriptions d'espèces nouvelles* A. A. Hector Léveillé，299 p，1915–1917；Le Mans。

■ **3.4.27** *Catalogue Illustrè et alphabetique des plantes du Seu Tchouen*，A. A. Hector Léveillé，221 p，1918；Le Mans。

以上三部著作（第 3.4.25 至 3.4.27 种）以及先行发表的文章是作者依据 Emile M. Bodinier，Julien Cavalerie，Joseph H. Esquirol，Edouard-Ernest Maire，Urbain J. Faurie，Emile J. Taquet 等人在中国云南、贵州、四川等地采集的标本编著而成，其中有大量的"新种"。遗憾的是作者的描述与命名不仅简单而且错误极多，甚至科属都有严重的问题，以致给后人造成极大的不便。作者故去后，他的标本被爱丁堡植物园购得，成为后人重新研究的好材料。我们应该感谢 Alfred Rehder，Lucien A. Lauener 和 Douglas R. McKean 等人，他们的工作使我们对 A. A. Hector Léveillé 的"种"有了较为明确的概念。The Arnold Arboretum of Harvard University 的 Alfred Rehder 考证了其中的木本植物，详细参见：Notes on the Ligneaus plants described by A. A. Hector Léveillé from eastern Asia，*Journal of Arnold Arboritum* 10：103–132，184–196，1929；12：275–281，1931；13：299–332，1932；14：223–252，1933；15：1–27，91–117，267–326，1934；16：311–340，1935；17：53–82，316–340，1936；18：26–53，206–257，& 278–321，1937（其中 18：278–321 为索引）；而爱丁堡植物园的 Lucien A. Lauener 和 Douglas R. McKean 先后订正了全部类群，详细参

见：Catalogue of the Names Published by A. A. Hector Léveillé，*Notes from the Royal Botanic Garden*，*Edinburgh* 23–41（I–XVII），1961–1983（其中 41：339–393 为双子叶植物的索引），42（XVIII），1985，44（XIX），1986，45（XX），1988 和 46（XXI），1989 分别为裸子植物和部分单子叶植物的考订，总计 2 258 种。其中 I–XVII 为 Lucien A. Lauener 所订正，XVIII–XXI 为 Douglas R. McKean 所订正。

■**3.4.28** *Botanische Reisen in den Hochgebirgen Chinas und Ost-Tibets*，H. Wolfgang Limpricht，1922，*Repertorium Specierum Novarum Regni Vegetabilis* 12：1–297。

■**3.4.29** *Aufzählung der von Dr. Limpricht in Ostasien gesammelten Pflanzen*，Ferdinand A. Pax，1922，*Repertorium Specierum Novarum Regni Vegetabilis* 12：298–515。

以上两篇报道是一部论著的两个部分：前者系作者根据自己于 1900 至 1920 年间在中国江苏、浙江、福建、云南、四川、秦岭和华北一带采集植物的历史与概述；后者是在 Ferdinand A. Pax 主持下集体完成的 H. Wolfgang Limpricht 采集标本的研究结果。其中有不少新分类群，因此两者是研究中国植物不可缺少的文献。

■**3.4.30** ***A List of Flowering Plants from Inner Asia collected by Dr. Sven A. Hedin*** determined by various authors and compiled by Carl E. H. Ostenfeld & Ove W. Paulsen in Sven A. Hedin（ed），1922，*Southern Tibet Discoveries in Former Times Compared with my own researches in 1906–1908*，6（3）：1–193，I–VIII plates。

Sven A. Hedin 曾在中国的西部和北部等地采集过大量的生物标本，但本工作只是其多年考察结果的一部分，由丹麦学者 Carl E. H. Ostenfeld & Ove W. Paulsen 完成，包括全部植物类群。

另参见本书的采集史部分。

■**3.4.31** *Plantae Sinenses* a Dre H. Smith annis 1921-22，1924，1934 Lectae，Harry Smith，1924–1947，*Acta Horti Gothoburgensis* 1：1–187，1924；2：83–121，143–184，285–328，1926；3：1–10，65–71，151–155，1926；5：1–54，1930；6：67–78，1931；8：77–81，127–146，1933；*Acta Horti Gotoburgensis*[①] 9：67–145，167–183，1934；12：203–359，

---

① 1934 年第 9 卷改名为 *Acta Horti Gotoburgensis*，但后人在文献的引证中常混淆。该刊的历史详细参见 Bo Peterson 1967，*Acta Horti Gotoburgensis* a short history，*Acta Horti Gotoburgensis* Index：3–7。

1938；13：37-235，1940；15：1-30，figs. 1-195，plates 1-6，1944；17：113-164，1947；Index：26，1967。

Harry Smith（Harry Karl August Harald Smith，1889—1971）1921 至 1922 年间和 1934 年主要在川西，1924 年在山西共采集 10 000 多号维管植物标本，特别是龙胆科、禾本科、虎耳草科、蔷薇科等 [1]。这些标本经他本人和其他学者研究后陆续发表于上述刊物，因此是研究四川和山西必不可少的文献，包括新分类群，但全部工作并没有完成。

▌**3.4.32** *Enumeration of the ligneour plants collected by J. F. Rock on the Arnold Arboretum expedition to northwestern China and northeastern Tibet*，Alfred Rehder & Ernest H. Wilson，1928 & 1932，*Journal of Arnold Arboretum* 9：4-27 & 37-125，& 13：385-409；*An enumeration of the herbaceous plants collected by J. F. C. Rock for the Arnold Arboretum*，Alfred Rehder & Clarence E. Kobuski，1933，*Journal of Arnold Arboretum* 14：1-52。

本工作是基于 Joseph F. C. Rock 于 1924 至 1927 年间在云南、四川、青海和甘肃等地所采集的近 3 000 号标本（采集号 12 131—15 095）所写成，包括新类群。其中第 14 卷第 42-52 页为标本号与鉴定结果的索引。

另参见采集史部分。

▌**3.4.33** ***Symbolae Sinicae*** *Botanische Ergebnisse der Expedition der Akademie der Wissenschaften in Wein nach Südwest-China*，*1914-1918* Heinrich R. E. Handel-Mazzetti，Teil. 1-7，1929-1937；Wien：J. Springer。

本书主要根据作者于 1914 至 1918 年在中国（云南、贵州、四川、湖南）采集的标本（共 13 107 号）编写而成，另外也参照了一些其他人采集的标本，因此除上述地区外，还包括福建、江西、湖北等地。凡是作者所采的标本，在书中只引采集号，若非本人采集的均注明采集者姓名。全书分 7 部分（Teil.）：1，Algae，105 p，1937；2，Fungi，79 p，1937；3，Lichens，254 p，1930；4，Musci [2]，147 p，1929；5，Hepaticae，60，1930；6，Pteridophyta，52 p，1929；7，Anthophyta。第 7 部共 1 450 页，分 5 册（Lieferung）出版：1：1-210 p（出版年月日：1929.10.5），2：211-448 p（1931.8.10），3：449-730 p

---

[1] 参见 Göran Herner，1988，Harry Smith in China：Routes of His Botanical Travels. *Taxon* 37（2）：299-308。

[2] See Tong CAO & Timo J. Koponen，2004，Musci in "***Symbolae Sinicae***"：An annotated checklist of mosses collected by H. Handel-Mazzetti in China in 1914-1918，and described by Victor F. Brotherus in 1922-1929. *Bryobrothera* 8：1-34.

（1933.8.28），4：731-1 186 p（1936.2.1），5：1 187-1 450 p（1936.9.15）。在考虑新种的优先权时应多加注意以上日期。另外应该提醒读者，本书由德文写成，作者在工作过程中见到很多欧洲各大标本馆的模式标本，因此考证结果不仅详细，而且比较可靠。除蕨类和种子植物由作者本人研究外，其他部分均由专家研究完成。Heinrich R. E. Handel-Mazzetti 本人采集的全部标本在 W，部分标本在 WU。

另参见本书的采集史部分。

■ **3.4.34 "满洲国" 植物考** Lineamenta Florae Manshuricae or An enumeration of all of the indigenous vascular plants hitherto known from Manchurian Empire together with their synonymy, distribution and utility Masao Kitagawa，487 p，1939；Hsinking：Report of the Institute of Scientific Research，Manchoukuo 3，Appendex 1（1）：1-488；Revised ed：**Neo-Lineamenta Florae Manshuricae** enumeration of the spontaneous vascular plants hitherto known from Manchuria（north-eastern China）together with their synonymy and distribution 715 p，1979；Lehre：J. Cramer。

本书是研究中国东北的重要参考资料，包括植物调查沿革、植物分布概说、植物名录、属名索引及图版。作者北川政夫（Masao Kitagawa，1909—1995）是日本著名的中国东北植物研究专家，并于 20 世纪 30 年代长期在中国东北从事野外采集与研究。1979 年不仅将该书原名 "满洲国" 植物考改编为满洲植物新考[①]重新发表，而且又将原本的日文改为英文。读者应该注意，1979 年版与 1939 年版在类群上有所变化，并且作者的观点比较小。

■ **3.4.35 *Reports from the Scientific Expedition to the North-Western Provinces of China under Leadership of Dr. Sven A. Hedin*** Lichens from Central Asia，Adolf H. Magnusson，11（Botany 1）：1-168 p，1940 & 11（Botany 2）：1-68 p，1944；A Contribution to Our Knowledge of the Distribution of Vegetation in Inner Mongolia，Kansu and Ching-Hai，Birger Bohlin，11（Botany 3）：1-95 p，1949；Flora of the Mongolian Stepe and Desert Areas，Tycho Norlindh，11（Botany 4），1：1-157 p，1949；Stockholm。

本书实际上是**亚洲腹地探险八年（1927—1935）**系列报告（1 至 56 卷，1937 至 1992 年）的一部分，其中植物学部分为第 11 卷。该工作除斯文 赫定采集的标本外，还参照了其他人采自该地区的植物标本，但全部工作并没有完成。其中第 4 部分只出版了第 1 卷，包括蕨类植物、裸子植物和单子叶植物的香蒲科—禾本科。以上标本现今主要在瑞典斯德哥尔摩自然历史博物馆。

---

① 又作**新满洲植物考**。

另参见本书的采集史部分。

■ **3.4.36 海南岛植物誌**，*Flora Kainantensis*，正宗厳敬，Genkei Masamune，473 p，1943：台北：台湾总督府外事部（Taihoku：Taiwan Sotokufu Gaijabu）；Reprinted in 1975：Tokyo：Inoue Book，Co。

本书是作者在海南的采集名录，所依据的标本现存于台湾大学植物标本馆（TAI）；后来曾有两次补编，*Florae Novae Kainantensis*，Ⅰ & Ⅱ，Genkei Masamune & Y. Syozi，1950 & 1951，*Acta Phytotaxonomica et Geobotanica* 12：199-203 & 14：87-90。

■ **3.4.37 *Manual of Vascular Plants of the Lower Yangtze Valley，China***，Albert N. Steward，621 p，1958；Corvallis，OR：Oregon State College。

Albert N. Steward（1897—1959）于民国时长期任教于南京私立金陵大学（1921至1926，1930至1950）。本书是作者第一手资料的总结；其地理范围跨越江苏、安徽、浙江和江西的大部分、湖北的东部以及河南东南部和湖南东北部。本书共记载维管植物196科871属1 959种，另插图510幅；科和属有简单的描述和检索表。每个种都有文献引证、中文名称、简要特征、分布、生境等；书末还有植物分类学家和中英文对照的术语。

■ **3.4.38 *Plantae Asiae Centralis***，Rastenija Tsentral'noj Azii，Valery I. Grubov（ed），fasc. 1+，1963+；Leningrad；*Plants of Central Asia plants collections from China and Mongolia*，English edition，Enfield，NH：Science Publishers，Inc。

本志系根据苏联科马洛夫植物研究所收藏的标本编写而成。这里所指的"中亚"实际上包括中国的内蒙古、宁夏、甘肃河西走廊、青海、西藏、新疆以及蒙古人民共和国和前苏联的部分中亚地区。全书共计约20卷，目前俄文版仍在进行，还没有完成；英文版也只翻译出版一部分（详见下面第2个页码与年代）。

1[①]，167 p，1963/188 p，1999，Bibliografiya，Plantae Asiae centralis，Praefatio，Filicales，Bibliographia；**2**，134 p，1966/165 p，2000，Chenopodiaceae；**3**，118 p，1967/149 p，2000，Cyperaceae，Lemnaceae，Araceae，Juncaceae；**4**，246 p，1968/315 p，2001，Gramineae；**5**，208 p，1970/241 p，2002，Verbenaceae-Scrophulariaceae；**6**，82 p. 1971/87 p，2002，Equisetaceae-Butomaceae；**7**，137 p，1977/169 p，2003，Liliaceae-Orchidaceae；**8a**，125 p，1988/170 p，2003，Leguminosae（Fabaceae）；**8b**，88 p，1998/108 p，

[①] 第1卷，**亚洲中部植物概论**，中文版，李世英译，1976，**生物学译丛** 3：39-94（青海生物研究所，内部出版）。

2003, *Oxytropis*; **8c**, 180 p, 2000 / 260 p, 2004, Leguminosae (Fabaceae): *Astragalus*; **9**, 149 p, 1989 / 197 p, 2005, Salicaceae-Polygonaceae; **10**, 118 p, 1994 / 139 p, 2005, Araliaceae, Umbelliferae, Cornaceae; **11**, 122 p, 1994 / 136 p, 2007, Amaranthaceae, Caryophyllaceae, Aizoaceae, Portulacaceae; **12**, 169 p, 2001 / 190 p, 2007, Nymphaeaceae, Ceratophyllaceae, Ranunculaceae, Berberidaceae, Menispermaceae; **13**, 129 p, 2002 / 149 p, 2007, Plumbaginaceae, Oleaceae, Buddlejaceae, Gentianaceae, Menyanthaceae, Apocynaceae, Asclepiadaceae; **14a**, 153 p, 2003 / 176 p, 2007, Compositae (Anthemideae); **14b**, 222 p, 2008 / XXXX, Compositae (Cichorioideae); **15**, 142 p, 2006 / XXXX, Bignoniaceae, Rubiaceae, Campanulaceae; **16**, 134 p, 2007 / XXXX, Crassulaceae-Saxifragaceae。

■**3.4.39 中国東北区（満洲）の植物誌**，野田光藏 [①]，Mitsuzo Noda，1 613 页，237 图版，1971；東京都：風間書房。

本书包括高等植物 139 科 809 属 2 324 种 25 亚种 246 变种 76 变型 189 种栽培植物和650 种低等植物。其中第一部分为东北的蕨类（羊齿）植物、裸子植物和单子叶植物，第二和第三部分是东北的双子叶植物（分别为离瓣花类和合瓣花类），第四部分则是中国和朝鲜的藻类、东北的菌类、地衣和苔藓类。这本书的编排很有意思，全书虽然是一个人完成，但所用的语言并不一致。其中大部分分类学的处理用日文，但前言中的东北植物采集历史与区系及最后第四部分则是英文。本书中的采集史料非常详细，是我们了解东北植物采集史的重要参考资料之一。日本人对中国东北的研究非常广泛，但是报道非常零散，大多数散落于各种各样的期刊及考察专辑中，亟待整理。

3.5 图册类

图册类（Illustrations and Icones）包括早年和现代中国的有关图鉴、图志、图说和图谱（国外的内容参见本书相关的章节）。

本项共收 38 种。

■**3.5.1 *Icones Plantarum Sinicarum***，中国植物图谱，HsenHsu HU & WoonYoung CHUN，胡先骕、陈焕镛，Vols. 1-5，1927-1937；上海：商务印书馆；北平：静生生物调查所。

1，1-50 p，pl. 1-50，1927；**2**，1-50 p，pl. 51-100，1929；**3**，1-50 p，pl. 101-

---

[①] 野田光藏，1982，植物与我 50 年，32 开，212 页，（日文版，内部刊物）。

150，1933；**4**，1-50 p，pl. 151-200，1935；**5**，1-50 p，pl. 201-250，1937。本图谱每册 50 页 50 个图版。

■ **3.5.2 台湾植物图说**，*Illustrated Flora of Formosa*，伊藤武夫著，Takeo Ito，32 开，1 083 页，1927；续台湾植物图说，全一册，32 开，400 页，1928；台北：台湾植物图说发行所 [①]。

本书由日文写成，正卷包括维管束植物 1 081 种，续卷包括 400 种；每种植物都有学名、日文名、详细的描述与产地等内容。

■ **3.5.3 *Icones Filicum Sinicarum***，中国蕨类植物图谱，HsenHsu HU & RenChang CHING（Vol. 1），RenChang CHING（Vols. 2-5）；Vols. 1-5，1930-1958；北平：静生生物调查所（Vols. 1—4），北京：科学出版社（Vol. 5）。

1，pl. 1-50，1930；**2**，pl. 51-101，1934；**3**，pl. 101-150，1935；**4**，pl. 151-200，1937；**5**，pl. 201-250，1958。本图谱每册 50 页 50 个图版。

■ **3.5.4 *Flore Illustrée du Nord de la Chine* Hopei（Chili）et ses Provinces Voisines**，中国北部植物图志，TchenNgo LIOU，刘慎谔，Fascienie 1—5，1931—1936；北平：国立北平研究院植物学研究所。中文、法语或英文。

1，59 页，图版 22，旋花科（刘慎谔、林镕），1931；**2**，63 页，图版 25，龙胆科（林镕），1933；**3**，94 页，图版 37，忍冬科（郝景盛），1934；**4**，107 页，图版 40，苋科、藜科、商陆科、马齿苋科（孔宪武），1935；**5**，97 页，图版 41，蓼科（孔宪武），1936。

■ **3.5.5 中国森林植物志**，*Icones of Chinese Forest Trees*，钱崇澍主编，SungShu CHIEN；Vols. 1—2 [②]，1937 & 1950。上海：中国科学社生物研究所。

该志共出版两册，每册收载 50 个种，每个种都有详细的描述和图版。本书中文名称虽然没有图的字样，但实际内容则是图志，英文也是这样给出的，故列于此。

■ **3.5.6 峨嵋植物图志**，*Icones Plantarum Omeiensium*，方文培，WenPei FANG，Vols. 1—2，1942—1946；成都：国立四川大学。

1（**1**），Plates 1-50，1942；**1**（**2**），Plates 51-100，1944；**2**（**1**），Plates 101-150，

---

① 1976 年和 1977 年分别由东京的国书刊行会重新发行。

② 第 2 册与杨衔晋（YenChin YANG）合作。

1945；**2（2）**，Plates 151–200，1946。本图志为中英对照及图版。

■**3.5.7 华东水生维管束植物**，裴鉴、单人骅，128页，1952；北京：中国科学院。

本书包括山东、江苏、安徽、浙江、福建和台湾的水生维管束植物32科53属80种（其中蕨类植物4科5属5种，单子叶植物12科29属52种，双子叶植物16科19属23种），每个类群都有详细的描述、检索表、分布及标本引证，共70种有图版。

■**3.5.8 中国主要植物图说　豆科**，中国科学院植物研究所编辑，32开，726页，1955；北京：科学出版社。

本书是中国科学院植物研究所10多位学者集体编著的，是当时中国豆科分类研究的初步总结。全书共收120属791种，属数为当时全部记载过的，而种数则占中国已记载的70%左右，另外附图704幅。书中有科、亚科、属、种和变种的记载，并有分亚科、分属和分种检索表。每种植物都记载中文名、学名、形态说明、分布和经济用途及附图等。

参见中文书评：耿伯介等，1958，对"中国主要植物图说（豆科）"一书的意见，植物分类学报7（2）：197–199。

■**3.5.9 东北木本植物图志**，刘慎谔等编著，568页，1955；北京：科学出版社。

本书收载了中国东北地区木本种子植物56科141属464种178变种，其中有8个新种46个新变种71个栽培种7栽培变种和4个新纪录种；另附图170幅（每版约4幅图）。本书限于当时的行政划分，除黑龙江省、吉林省和辽宁省外，还包括原热河省和内蒙古东部。本书论述了东北植物的分布，还有木本植物形态术语解说、实用中文植物命名原则等。正文部分有科、属、种检索表，科、属、种的描述及一些林业生产上的技术指标等。

■**3.5.10 中国主要植物图说　蕨类植物门**，傅书遐编著，230页，1957；北京：科学出版社。

本书是**中国主要植物图说**系列的其中一册，专门论述中国常见的蕨类植物的分类与分布。全书共选载中国蕨类植物42科130属437种，内有346种具有插图，收载数量约占当时全国已知蕨类的1/3弱。本书按秦仁昌系统（1954）编排。

■**3.5.11 中国主要植物图说　禾本科**，南京大学生物系、中国科学院植物研究所编，耿以礼主编，大32开，1 181页，1959；北京：科学出版社。

本书是**中国主要植物图说**继**豆科**和**蕨类植物门**之后的另一部专著（同时也是最后一本，该系列只出三本），是近30年来中国植物分类学工作者对禾本科植物研究的初步总结。全书由 7 位专家集体完成，共收中国竹类和禾草 201 属 774 种；其中包括引种栽培的、有经济价值和观赏价值的外来种类 12 属 45 种，约占当时中国已知记录的 80% 以上。本书有科、亚科、族、亚族、属、种和变种的性状描述，较大的属有组、系等记载；每一分类阶层均有拉丁名和检索表；各属和种均有分布、生境、花果期、经济用途等；还有属和种的模式等；每种基本均有图，共计附图 199 幅。

■**3.5.12 中国高等植物图鉴**，*Iconographia Cormophytorum Sinicorum*，中国科学院植物研究所等编，32 开，5 册，补编 2 册，1972—1976，1982—1983；北京：科学出版社。

第 1 册，1 157 页，1972，苔藓植物，蕨类植物、裸子植物和被子植物木麻黄科—莲叶桐科；**第 2 册**，1 312 页，1972，罂粟科—山茱萸科；**第 3 册**，1 083 页，1974，岩梅科—茄科；**第 4 册**，932 页，1975，玄参科—菊科；**第 5 册**，1 144 页，1976，单子叶植物纲。每册均有附录—中国高等植物检索表，第 1 册和第 5 册上还有附录二，植物分类学上常用术语解释；每册均有中文名和拉丁名索引；第 5 册还有 1 至 5 册总索引（中文名、拉丁名）。5 册书共收载中国高等植物约 8 千种，每种植物均有形态、分布、生境方面的简要描述和线条图以及用途等。另外，从第 3 册起，每册还增加科的简要描述和一些属的检索表；由于第 1 和第 2 册没有这一内容，故后来又对第 1 和第 2 册进行了补编。**补编第 1 册**，806 页，1982，胡椒科—山柑科的 28 个科，补充了分种检索表，对其中的 16 个科补充了 390 种，此外还增加了科的形态描述；**补编第 2 册**，879 页，1983，景天科—山茱萸科中的 54 个科，补充了分种检索表，对其中的 36 个科补充了 318 种，此外还增加了一些科的描述。另外，这两个补编中其他方面的内容与前 5 册相似或相同。

需要说明的是本书是中国植物分类学界"文革"后 70 年代的主要工作，但随着研究工作的深入，特别是**中国植物志**和地方植物志的出版，本书原来记载的部分内容已经有所更新。

书评参见：Frans A. Stafleu，1974，A new iconography of Chinese Cormophyta，*Taxon* 23（1）：198–199；于拔，1981，《中国高等植物图鉴》简介，植物分类学报 19（3）：391。

■**3.5.13 水生维管束植物图册**，厦门水产学院养殖系水生生物教研组编，32 开，224 页，1975；厦门：厦门水产学院。

本图册包括上海水生维管束植物 91 种（包括飘浮、浮叶、沉水和挺水四类植物），而**华东水生维管束植物**记载但没有采集到的 19 种作为附录。每种植物都有详细的描述、分布、生境和图版。

■**3.5.14 中国高等植物图志**，甘伟检等校订，32 开，1 211 页，1980；台北：宏业书局有限公司。

本书是**中国高等植物图鉴**第 1 册的复制版，为繁体字，且增加了台湾的分布信息。中国台湾著名植物学家刘堂瑞为本书作序，并简介了中国植物学的历史。

■**3.5.15 中国水生高等植物图说**，颜素珠编著，32 开，355 页，1983；北京：科学出版社。

本书收集中国水生高等植物 54 科 120 属 295 种；各科均有分属、分种检索表和科、属、种的描述，并有插图 252 幅。本书还简要地论述了水生植物的景观、繁殖、群落类型；并按浮水、浮叶、沿水、挺水、沼生等不同生态类型编成总的检索表；最后将轮藻作为附录列出。书末还附有中文名和拉丁名索引。

■**3.5.16 中国水生维管束植物图谱**，中国科学院武汉植物研究所编著，王宁珠等编，32 开，683 页，1983；武汉：湖北人民出版社。

本图谱编入中国水生维管束植物 61 科 145 属 317 种 15 变种和 2 个变型，附图 317 幅。书中的水生植物包括沿水植物、漂浮植物、浮动植物、挺水植物及沼生植物（湿生）植物等；各科的编排顺序是依据恩格勒系统进行的，3 个属以上的科有分属检索表，5 个种以上的属有分种检索表；每种植物按植物学名、形态特征、花果期、地理分布、生长环境和重要经济用途顺序编写。书末附有科属检索表及中文和学名索引。

■**3.5.17 _Aquatic Plant Book_**，Christopher D. K. Cook，The Hague：SPB Academic Publishing，228 p，1990：中文版，世界水生植物，王徽勤、游浚、王建波译，陈家宽、郭友好校；306 页，1993；武汉：武汉大学出版社。

本书包括水生维管束植物 87 科 407 属，其中蕨类植物 9 科 11 属，被子植物 78 科 396 属（Rolf M. T. Dahlgren 系统，1980）。

■**3.5.18 中国竹类植物图志**，朱石麟编，244 页，1994；北京：中国林业出版社。

本书介绍了中国竹类植物 39 个属 500 余种。每个种包括形态特征、分布、用途等项；另附有 31 个属 209 种 50 个变种和变型的照片。

■**3.5.19 中国被子植物科的花图式——设计、注释与校正**，刘胜祥主编，32 开，197 页，1993；武汉：湖北科学技术出版社。

本书按照 Arthur J. Cronquist 系统对中国被子植物 265 科 400 余幅花图式进行了设计、校正与注释。另外，对中国被子植物科的地理分布、属种统计、花图式设计所参考的种都有简要的介绍。

■ **3.5.20 中国高等植物**，*Higher Plants of China*，傅立国等主编，1—14卷，1999—2013；青岛：青岛出版社。

本书记载近2万种植物，科属齐全，有森林、植被及园林中的常见种，有经济或科研价值的物种，分布在两省区以上或毗邻国家分布较广而在中国仅在某周边省区有分布的物种，每个属的代表种，以及常见引种栽培的外来种[①]。全书共14卷，包括苔藓植物、蕨类植物、裸子植物和被子植物，有分属和分种检索表，每种植物均有形态图和县级地理分布点图，有些植物还附有彩图。全书文字稿共计760万字，物种形态图1 500幅，地理分布图1 500幅，彩图3 900幅。详细如下：

1，1 013页，2012，苔藓植物门：藻苔科—金发藓科，图1 512，彩片293；**2**，825页，2008，蕨类植物门：石杉科—满江红科，图1 131，彩片157；**3**，757页，2000，裸子植物门：苏铁科—买麻藤科；被子植物门：木兰科—杜仲科，图1 144，彩片448；**4**，745页，2000，榆科—藤黄科，图1 126，彩片320；**5**，775页，2003，杜英科—岩梅科，图1 194，彩片298；**6**，775页，2003，山榄科—蔷薇科，图1 300，彩片171；7，929页，2001，含羞草科—毒鼠子科，图1 366，彩片334；**8**，748页，2001，黄杨科—伞形科，图1 151，彩片293；**9**，627页，1999，马钱科—唇形科，图921，彩片195；**10**，719页，2004，透骨草科—假繁缕科（假牛繁缕科），图1 032，彩图215；**11**，826页，2005，忍冬科—菊科，图1 215，彩图182；**12**，1 227页，2009，花蔺科—禾本科，图1 631，彩片101；**13**，806页，2002，黑三棱科—兰科，图1 193，彩片582；**14**，721页，2013，中文名音序索引、拉丁名索引，以及第3卷小檗科和第8卷凤仙花科的补编。

本书使用Cronquist系统。读者使用时要注意两点，一是该书不是全部的中国高等植物；二是该书的主编和副主编等前后各卷册不完全相同，引用时应注意。

■ **3.5.21 台湾苔类植物彩色图鉴**，*Mosses of Taiwan*，蒋镇宇等著，399页，2000；台北：成功大学。

本书名为"苔类"植物，实际上是我们通常所称的藓类植物[②]，故英文是Mosses。尽管台湾的苔藓植物约66科261属约900种，本书只收集150种，包括学名、生境、形态、产地，墨线图及彩色图片。

[①] 参见1999，中国植物分类学大型工具书——《中国高等植物》将陆续编著出版，植物分类学报37：296 & 302。
[②] 中国台湾部分学者称liverwort为藓类植物，而称moss为苔类植物，读者使用时要有所注意。

■**3.5.22 台湾薛类植物彩色图鉴**，*The Liverwort Flora of Taiwan*，林善雄著，431 页，2000；台北：行政院农业委员会。

本书名为"薛类"植物，实际上是我们通常所称的苔类植物[①]，故英文是 Liverwort。尽管台湾的苔薛植物约 66 科 261 属约 900 种，本书只收集 155 种，包括学名、生境、形态、产地，墨线图及彩色图片。本书书末附有台湾薛类目录。

■**3.5.23 台湾植物图鉴**，*The Illustrated Flora of Taiwan*，郑武灿编著，上册，1-1 010 页，2000；下册，1 011-1 987 页，2000；台北：茂昌图书有限公司。

全书记载中国台湾维管束植物 3 673 种，每一个植物都有简要特征介绍和插图，并附有中英日和学名的索引。

■**3.5.24 中国苔薛植物图鉴**，*Illustrations of Bryophytes of China*，高谦、赖明洲主编，1 313 页，2003；台北：南天书局。

全书报道中国已知薛类 65 科 356 属 764 种（约占全部中国已知种的 1/3 强），苔类和角苔类 53 科 138 属 544 种（约占全部中国已知种的 2/3 强）；总计 118 科 494 属 1 308 种，彩图 63 幅，图版 592 幅。

■**3.5.25 中国长白山植物**，祝廷成、严仲铠、周守标著，12 开，559 页，2003；北京：科学技术出版社；延吉：延边人民出版社。

本书收录了 800 余种植物和 1 000 余幅彩色图片，每种植物都附有文字说明，包括形态、生态、环境及其利用等。

■**3.5.26 中国西北内陆盐地植物图谱**，贾恢先、孙学刚编著，127 页，2005；北京：中国林业出版社。

本书共收录了西北内陆干旱地区盐地植物 51 科 180 属 279 种（包括 1 亚种 10 变种），被子植物各科顺序按照恩格勒系统排列，科内各属顺序参照**中国植物志**和**中国沙漠植物志**，属内各种植物按学名顺序排列。

■**3.5.27 中国苔薛植物孢子形态**，张玉龙、吴鹏程主编，339 页，2006；青岛：青岛出版社。

[①] 中国台湾部分学者称 moss 为苔类植物，而称 liverwort 为薛类植物，读者使用时要有所注意。

本书系中国苔藓植物孢子形态研究的首部专著，内容涉及苔藓植物 83 科 177 属约 270 种的形态描述、生态习性、地理分布，以及 178 版光学和扫描电子显微镜照片。

■**3.5.28 植物古汉名图考**，高明谦主编，大 32 开，547 页，2006；郑州：大象出版社。

本书收载植物古汉名 4 394 个，分属于 177 科 800 种植物；对每种植物的古汉名都作了注释，并标明现代汉名和拉丁名；另有附图 789 幅

■**3.5.29 长白山植物图谱**，赵大昌著、绘图、摄影，705 页，2007；沈阳：沈阳出版社。

本书共载有长白山植物 1 546 种（依次是种子植物 108 科 1 410 种、蕨类植物 20 科 72 种、真菌 37 种、苔藓 13 种、地衣 14 种），每种植物都有墨线图，另外还有 408 幅彩色相片。全书包括名录（1-44 页）、检索表（45-190 页）、植物图（191-574 页）、植物彩图（575-650 页）、中文名索引（651-664 页）、学名索引（665-686 页）、异名名录（687-702 页）、国家级保护植物（703 页）和编后记（704-705 页）。中国科学院昆明植物研究所名誉所长吴征镒、日本原琵琶湖研究所所长吉良龙夫和中国科学院长白山森林生态系统定位站站长韩士杰分别为本书作序。

本书最大的一个特点就是不仅有名录，还有检索表，不仅每个种都有非常精细的墨线图，很多种还有彩色图片。因此，不论是对专业人员还是植物爱好者，都有很好的使用价值。另一个特点就是不仅包括广义的长白山区植物（狭义长白山一般就是指位于吉林省境内的长白山自然保护区，包括安图县、抚松县和长白县，地理位置 E127°42′55″—W128°16′48″，N41°41′49″—S42°51′18″），很多小兴安岭的植物种类也包括在内（即以红松为针阔混交林地区，从辽东半岛到小兴安岭），所以本书的使用范围就更大了。但是在这样一个广泛的区域，每个种都没有分布范围，即使是大致的地理分布范围，也会让读者在使用上方便。

作者赵大昌（1926—2020）1947 年毕业于东北农学院，自 1950 年代开始一直在中国科学院沈阳应用生态所（原中国科学院林业土壤研究所）从事研究直到 1987 年退休。1998 年作者开始利用该单位收藏的标本对长白山植物进行绘图并结合多年野外的积累，一个人承担本书的全部编写、绘图与摄影工作。非常难得的是一个非植物分类专业的研究人员，以自己退休后的精力完成这样的工作，确实是让我等植物分类学工作者汗颜。本书虽然不是完整的长白山植物志或者手册，但无疑是迄今为止记载长白山植物种类最全、使用最方便的工具书，特别是在吉林省没有植物志的今天。

详细参见：马金双，2010，新书介绍，云南植物研究 32（2）：126。

■**3.5.30 水生植物图鉴**，赵家荣、刘艳玲主编，320 页，2009；武汉：华中科技大学

出版社。

本书收录中国沉水植物、浮水植物、浮叶植物、挺水植物、湿生植物、沼生和部分荫湿生种子植物共 74 科 204 属 560 余种（包括 58 个外来种），附彩色照片 1 000 余幅。

■ **3.5.31** *Atlas of Woody Plants in China-Distribution and Climate*，中国木本植物分布图集，JingYun FANG，ZhiHeng WANG & ZhiYao TANG（Editors），方精云、王志恒、唐志尧编，Volumes 1—2，1972 pages（English Edition），Volumes 1—4（Chinese and English Edition），1—2 020 页，2010；Beijing：Higher Education Press & Berlin Heidelberg：Springer。

本工作在忠实于标本记录的基础上，收集了我国目前已出版的全国、各省区和地方植物志、树木志，以及地区科学考察报告和学术论文中有关木本植物分布资料，并在此基础上邀请全国各地 21 位专家对现有资料进行修订补充，最终编制了中国已知的全部 11 405 种（170 科 1 175 属，包括 1 355 个种下单位；据英文版 *Flora of China* 系统）木本植物（不包括栽培种，但包括国产种的栽培范围）的详尽分布图（县级）。图集中每个物种都有学名、中文名、生活型、分布区的 13 个气候和初级生产力指标，为生态学、生物地理学和保护生物学的基础研究和实践提供了重要的基础资料。

本图集是中国目前第一部完整的木本植物名录，包括翔实的分布信息和气候特征的专著。其主要特色如下：1，主要关注各物种的分布信息和气候特征，有利于读者进行各物种或类群的生态学分析，为生物多样性的保护、引种以及监测等理论研究和生产实践提供详尽的基础信息；2，物种分布区以图片形式表达，形象直观；3，信息丰富，图集包含了目前中国所记录的所有木本植物，收集了全面的分布信息，并提供了每个物种分布区内的气候特征。本图集将为我国生物多样性分析、保护以及农业、林业、环保等实践提供基础资料，适用于从事生态学、植物学、地理学、环境保护、生物多样性保护以及农业和林业等领域和行业的科研、教学人员和研究生。

全书分两个版本同时出版。中文版 4 卷本，前 3 卷为正文图集（第 1 卷，1-624 页，种 1 ~ 3 738；第 2 卷，625-1 264 页，种 3 739 ~ 7 578；第 3 卷，1 265-1 902 页，种 7 579 ~ 11 405；参考文献，1 903-1 908 页）。其中第 1 卷还有编制说明、中国木本植物分布的基本特征、气候指标的计算与分布图，18 张彩色图集（中国的地理位置、中国政区、中国地形、中国植被、中国植被区划、年均温、最冷月均温、最暖月均温、年生物温度、温暖指数、寒冷指数、潜在蒸散量、年降水、最暖季降水、最冷季降水、湿润指数、年实际蒸散量、植被净第一性生产力）。每卷都有中英文并列的内容提要、前言、使用说明、目录、项目的其他参与者、审稿人、编者简介；第 4 卷为索引（学名，第 1 909-1 972 页，中文汉语拼音，第 1 973-2 020 页）。

英文版按 2 卷本出版。每一卷都有前言、使用说明、目录、其他参与者、审稿人、编者简介。其中第 1 卷（第 1–984 页）还有编制说明、中国木本植物分布的基本特征、气候指标的计算与分布图，18 张彩色图集（中国的地理位置、中国政区、中国地形、中国植被、中国植被区划、年均温、最冷月均温、最暖月均温、年生物温度、温暖指数、寒冷指数、潜在蒸散量、年降水、最暖季降水、最冷季降水、湿润指数、年实际蒸散量、植被净第一性生产力）和正文图集（种 1 ~ 5 898）；第 2 卷（第 985–1 972 页）为正文图集（种 5 899 ~ 11 405）、参考文献（第 1 903–1 908 页）和学名索引（第 1 909–1 972 页）。参见 JinShuang MA，2011，Book Review，*Atlas of woody plants in China: Distribution and climate*，*TAXON* 60 (1)：621–622。

准确翔实的物种分布资料是宏观生态学、生物地理学以及保护生物学等学科的研究基础，也是农业和林业生产实践的重要基础。北美、欧洲和日本在 20 世纪七八十年代就出版了详细的动、植物物种分布图，而中国是全球 12 个"巨大生物多样性国家"之一，拥有超过 30 000 种维管束植物，远远高于同处于中高纬度的北美洲和欧洲，但中国目前还没有较为完整的植物分布图集。本书的出版无疑为我国木本植物的研究提供了非常及时而又珍贵的基本资料。

■**3.5.32 中国荒漠植物图鉴**，卢琦、王继和、褚建民主编，630 页，2012；北京：中国林业出版社。

本书是一部全面、系统描述我国荒漠植物的专业图鉴，共收集荒漠维管束植物 76 科 291 属 610 种，通过简练的文字对每种植物的形态特征、分布、生境和利用价值等进行描述，利用彩图对植物生境、枝叶、花果、种子等整体和局部特征进行了全面的展示。

■**3.5.33 中国高等植物彩色图鉴**，中国高等植物彩色图鉴编辑委员会主编[①]，2016，9 卷本，外加总索引卷；1，226 页，苔藓植物（张力、左勤）；2，413 页，蕨类植物 – 裸子植物（张宪春、成晓）；3，596 页，被子植物：木麻黄科 – 莲叶桐科（王文采、刘冰）；4，523 页，被子植物：罂粟科 – 毒鼠子科（于胜祥）；5，534 页，被子植物：大戟科 – 山茱萸科（刘博、林秦文）；6，538 页，被子植物：岩梅科 – 茄科（李振宇）；7，669 页，被子植物：玄参科 – 菊科（陈又生）；8，402 页，被子植物：香蒲科 – 翡若翠科（张树仁）；9，345 页，被子植物：蒟蒻薯科 – 兰科（金效华）；总索引（科与种的中文名与拉丁学名索引），244 页；北京：科学出版社。

本套图鉴精选中国野生高等植物和重要栽培植物 1 万余种，配以图片近 2 万张，每一物种

---

① 编辑委员会主任：王文采，副主任：吴声华、李振宇；作者：费永等；总策划：吴声华。

以中英文形式简要介绍植物的中文名称及拉丁学名、形态特征、花果期、生境和分布。全书 9 卷共收载苔藓植物 100 科、蕨类植物 40 科、裸子植物 11 科、被子植物 232 科，共计 383 科。

■3.5.34 **上海植物图鉴·草本卷**，汪远、马金双主编，2016，335 页、**上海植物图鉴·乔灌木卷**，2017，413 页；郑州：河南科学技术出版社。

草本卷包括上海草本植物 118 科 607 属 1 670 种（含品种），彩色图片 3 276 张；木本卷包括上海木本植物 104 科 349 属 2 133 种（含品种），彩色图片 3 779 张；全书计划 3 卷本，室内观赏卷编撰之中。

■3.5.35 **东北珍稀濒危植物彩色图志**，周繇编著，2016，上册：1-752 页；下册：753-1 056 页；哈尔滨：东北林业大学出版社。

本书收录东北（含内蒙古东部五盟市[①]）野生珍稀濒危植物 190 科 370 属 636 种 27 变种 23 变型，包括国家级、省级的藻类、菌类、苔藓、蕨类和种子植物，并配有 3 374 张彩色图片。

■3.5.36 **台湾原生植物全图鉴——采用最新植物分类系统 APG Ⅳ**，*Illustrated Flora of Taiwan*，1—8 卷，2016—2018：1，苏铁科—兰科（双袋兰属），钟诗文、许天铨，416 页，2016；2，兰科（恩普莎兰属）—灯心草科，许天铨、钟诗文，407 页，2016；3，禾本科—沟繁缕科，陈志辉、林哲宇、叶修溢、武圣杰、钟诗文，416 页，2017；4，大戟科—蔷薇科，钟诗文，416 页，2017；5，榆科—土人参科，钟诗文，416 页，2018；6，山茱萸科—紫薇科，钟诗文，416 页，2018；台北：猫头鹰出版社。

本书收录中国台湾 4 743 种原生植物资料，共 15 000 张以上清晰照片、生态图及详细图说，依照最新的 APG IV 植物分类系统涉及分册。

■3.5.37 **中国苔藓图鉴**，吴鹏程、贾渝、王庆华、于宁宁、何强，874 页，2018；北京：中国林业出版社。

本书是一部精美苔藓植物分类图典。全书以苔藓分类学为基础，介绍了 107 科 410 属 1 018 种苔藓植物，涵盖了中国苔藓植物大部分科、属和东亚特有属（包括中国特有属），展示了苔藓植物与环境的关系及其化学内含物。植物表型与基因型相结合的综合分析是现代苔藓植物分类学不可或缺的组成部分，**中国苔藓图鉴**中近千幅苔藓植物形态解剖特征和

---

① 振兴东北的范围，与以往的传统东北相关工作的范围（东四盟市）增加了锡林郭勒。

生境写实素描图是作者费时三年在台式放大镜下精心绘制而成，凝聚了作者数十年来的研究心血，不仅突显了表基相结合的核心价值，更是科学与艺术相结合的创新典范。书后附有近百幅苔藓彩色图片。

■**3.5.38 东北植物分布图集**，曹伟主编，2019，上册：1—788 页，下册：789—1630 页；北京：科学出版社。

本书共收录东北野生维管植物 153 科 788 属 2 537 种 9 亚种 408 变种 147 变型，每种均有中文名、拉丁名、生境、县级产地及在世界上的分布，并配以该种植物在东北（广义，含内蒙古三市一盟）的产地分布图。该书的学名考证主要依据《东北植物检索表》（第 2 版），其标本主要来自东北生物标本馆（IFP）。

3.6 检索表

检索表（Keys）是植物分类学中鉴定植物的钥匙，其编排依据主要是各种性状的对比，按一定的规则进行排列、循序渐进而组成的二歧式检索工具。根据其排列方式可分为定距（或等距）检索表和平行检索表两种；前者多见于较小的篇幅所采用的形式，后者多见于大部头著作节约篇幅。当然这种划分并没有严格的要求，实际应用中也没有本质的区别，多为作者的习惯或者编辑的要求等，只是前者更直观，后者则节省篇幅。按检索表所含的范围与内容，可分为世界性、国家或地区，分科、分属、分种或分变种以及两者相组合等类别。本部分仅包括中国的内容（世界性的参见植物志类）。

本书记载 24 种。

■**3.6.1 中国种子植物分科检索表**，耿以礼编，小 32 开，74 页，1948；上海：中国科学图书仪器公司；新增订版，耿以礼、耿伯介合编，小 32 开，100 页，1951；上海：中国科学图书仪器公司；新增订版，32 开，108 页，1958；北京：科学出版社。**中国种子植物分科检索表及图解**，耿以礼、耿伯介、王正平、宋桂卿、谢权中合编，32 开，541 页，1988；南京：南京大学出版社。

本检索表新增订版计含国产种子植物 278 科，引种 28 科，共 306 科（哈钦松系统，单子叶植物置于双子叶植物之后）。1988 年版不仅增加到 318 科，而且还有国产 296 科的图解图版（108-510 页），故名为**中国种子植物分科检索表及图解**。

■**3.6.2 中国主要禾本植物属种检索表**，南京大学生物系、中国科学院植物研究所合编，耿以礼主编，32 开，257 页，1957；北京：科学出版社。

本书系由**中国主要植物图说禾本科**一书中抽出重新整理而成，共包括两部分。第一部分为检索表，计有亚科、族、属、和种等分类阶层，在某些含种数较多的大属之下尚有分组和分系检索表；竹类分属和早熟禾属分种因识别较困难，各自按自然分类系统和人为分类系统，以便实际应用。第二部分为中国主要禾本植物的系统名录，包括中国野生和外来栽培竹类及禾草 201 属 791 种，不仅按分类系统的位置加以安排，且对每一属、种的分布地点详加引注；若干双重命名的学名之下尚附以其种名的基本名。书末有中文和学名索引。全书 25 万字，为当时中国六位著名禾本科专家集体完成。虽然本书出版时间较长，但仍不失为鉴定中国禾本植物的重要工具。

■ **3.6.3 东北植物检索表**，刘慎谔主编，655 页，1959；北京：科学出版社、第 2 版，傅沛云主编，1 007 页，图版 456 幅，1995；北京：科学出版社。

本书记载中国东北三省、内蒙古东部地区及河北省一部分地区所产的野生及一部分栽培的维管束植物共计 148 科 820 属 2 775 种，图版 224 幅，1 567 种附有植物图。内容有科的特征及属种检索表，包括形态特征、生态习性、中文名、拉丁名等，卷末附有中文名和学名索引。本书虽为检索表，但具图，应用很方便；虽已成书多年，仍不失为东北鉴定植物的重要工具书。本书第 2 版收载维管植物 164 科 928 属 3 103 种，图版 456 幅。

第 2 版书评参见：马金双，1997，广西植物 17（4）：383-384。

■ **3.6.4 北京地区植物检索表**，北京师范大学生物系植物组，32 开，399 页，1978；北京：北京出版社；**北京植物检索表**，修订本，32 开，414/468 页，贺士元等，1981/1992（增订）；北京：北京出版社。

全书包括北京市各区、县野生种及常见栽培的树木、花卉、作物、蔬菜、杂草等蕨类和种子植物 165 科 867 属约 2 000 种。正文包括分科、分属和分种检索表，其中分科检索表又分为生殖器官和营养器官两种。书末附有补编及中文名和拉丁名索引。本书是北京地区范围内识别植物的重要工具书。

■ **3.6.5 中国高等植物科属检索表**，中国科学院植物研究所主编，32 开，733 页，1979；北京：科学出版社。

本书是"中国植物科属检索表"（参见植物分类学报 2（3—4）：173-337 & 339-536，1953 和 1954 年）的修订与补充，并加入苔藓植物，故为此名。本书包括中国高等植物 395 科，其中苔藓植物为 106 科，蕨类 52 科 197 属，裸子植物 11 科 41 属，被子植物 226 科 2 946 属（恩格勒系统）。正文包括高等植物分门检索表、苔藓植物门分科检索表（没有分属检索表）、蕨类植物门分科检索表、蕨类植物门各科分属检索表、裸子植物门分科检索表、裸子植物门各科分属检索表、被子植物门分科检索表、被子植物门各科分属检索表各大类。书末附有植物分类学常用术语解释及中文名及拉丁名索引。全书由 20 个单位的专家学者集体完成，可谓当代鉴定中国高等植物的权威工具。应该指出，本书范围虽为高等植物，但不包括苔藓类植物的分属检索表，读者可利用**中国藓类植物属志**（上、下册，即本书第 3.2.5 种）来弥补藓类分属，苔类可利用**中国苔纲和角苔纲植物属志**（2010）（即本书第 3.2.12 种）。

■ **3.6.6 新疆植物检索表**，*Claves Plantarum Xinjiangensium*，新疆八一农学院编著，Vols. 1—5，1982+；乌鲁木齐：新疆人民出版社。

1，516 页，1982，蕨类植物，裸子植物，被子植物的单子叶植物；**2**，612 页，1983，双子叶植物的离瓣花亚纲分科检索，杨柳科—蔷薇科；**3**，469 页，1983，豆科—山茱萸科；第 4 和第 5 为合瓣花亚纲类（未出版）。

■ **3.6.7 横断山区维管植物**，中国科学院青藏高原综合科学考察队编；上册，1 363 页，1993；下册，1 651 页，1994；北京：科学出版社。

本书上册包括蕨类植物 43 科，裸子植物 7 科，被子植物双子叶植物纲三白草科—山茱萸科共 106 科；下册包括双子叶植物纲的岩梅科—菊科和单子叶植物各科，共收载 8 559 种 [1]；每种植物包括文献、分布、标本引证、生长环境；若每个属内 2 种以上，则有分种检索表。横断山的范围大致北起石渠、色达至南坪九寨沟一带，南至泸水、漾濞一带，西起泸水、碧江、经察隅直至江达和石渠，东到渡口、德昌、直至小金，再经茂汶至九寨沟。

■ **3.6.8 江苏维管植物检索表**，陈守良、刘守炉主编，32 开，559 页，1986；南京：江苏科学技术出版社。

本工作在**江苏植物志**的基础上整理而成，共收载野生及常见栽培植物 204 科 1 021 属 2 290 种和 306 变种。

■ **3.6.9 中国种子植物分科检索表及图解**，耿以礼等合编，32 开，541 页，1988；南

---

[1] 王文采先生为本书审稿时提供；并指出"本书没有加入分科和分属检索表是他的考虑，因为已有**中国高等植物科属检索表**一书；想使这本书的体积小些，便于携带，但结果编写出两大卷，还是很厚。"尽管如此，本书的范围已经超出名录，实为检索表，故置于此。

京：南京大学出版社。

本书内容包含国产植物 296 科（哈钦松系统），外来引种 22 科。各科均有附图，且书末附有学名和中文名相互对照索引等。

■3.6.10 内蒙古植物检索表，*Key to the Plants of Inner Mongolia*，内蒙古植物志编辑委员会、内蒙古植物学会编，293 页，1993；呼和浩特：内蒙古植物志编辑委员会、内蒙古植物学会（内部发行）。

本书是在**内蒙古植物志**第 2 版基础上整理而成，包括维管束植物 134 科 751 属 2 387 种 334 变种 19 亚种和 38 变型，是迄今为止包括内蒙古植物种类最多的分门、分科、分属和分种等检索表；书末附有学名索引。

■3.6.11 河南种子植物检索表，*Claves Familiarum Generum Specierumque Spermatophytorum Henanensis*，朱长山、杨好伟编，560 页，1994；兰州：兰州大学出版社。

本书为河南原产与栽培种子植物分科、分属和分种检索表，共有 176 科约 3 500 种，包括新纪录 180 种。

■3.6.12 武陵山地区维管束植物检索表，*Keys to the Vascular Plants of the Wuling Mountains*，王文采主编，626 页，1995；北京：科学出版社。

本书收载武陵山（湘西、黔东北、川东南、鄂西南）维管束植物 217 科 1 039 属 3 807 种 35 亚种 315 变种 11 变型。

■3.6.13 新疆高等植物检索表，*Claves Plantarum Xinjiangensis*，米吉提·胡达拜尔地、徐建国主编，788 页，2000；乌鲁木齐：新疆大学出版社。

本书名为"高等植物"，实际上只有"维管束植物"，共有 138 科 858 属 3 344 种，其中蕨类 16 科 23 属 45 种、裸子植物 3 科 10 属 41 种、被子植物 118 科 825 属 3 258 种，另附图版 300 幅，包括 2 011 种植物的插图。

■3.6.14 山东植物精要，李法曾主编，600 页，2004；北京：科学出版社。

本书收集了山东省自然分布和常见引种栽培的维管植物 184 科 949 属 2 508 种及变种、变型。书中编制了各个分类等级的检索表，记录了其分布情况，配图 2 013 幅，对大部分种类作了图解说明。本书名为"精要"，实际上是检索表，故置于此类。

■3.6.15 新疆高等植物科属检索表，吾买尔夏提·塔汉等编著，周桂玲主编，124 页，

2005；乌鲁木齐：新疆大学出版社。

本书名为"高等植物"，实际上只是"维管束植物"，包括科属检索表，但没有具体统计数字。

■**3.6.16 台湾种子植物要览**，*A Synopsis of Taiwan Seed Plants*，杨远波、廖俊奎、唐默诗、杨智凯，YuenPo YANG，ChunKuei LIAO，MoShih TANG & ChihKai YANG，2008，278 页；台北："行政院"农业委员会林务局。

本书提供各属及种的检索，但是没有分科检索；具体数字也没有给出，但与 2009 年出版的台湾种子植物科与属为相同作者。书中科依各学名的字母顺序排列。

■**3.6.17 重庆维管植物检索表**，杨昌煦等编著，1 026 页，2009；成都：四川科学技术出版社。

本书收载重庆维管束植物 244 科 1 521 书 5 954 种（含种下类群和栽培类群），附有彩图近 100 多幅。这是重庆自 1997 年从四川分出后的首部专著。

■**3.6.18 华东种子植物检索手册**，李宏庆主编，438 页，2010；上海：华东师范大学出版社。

本书包括华东地区（上海、安徽、江苏、浙江以及山东南部、江西北部和福建北部）野生和常见栽培种子植物 233 科 1 782 属 6 458 种（包括种下单位）的科、属、种检索表，每种植物都有各省市的分布信息以及一些有用类群的用途。书末附有科和属的中文和学名索引以及生僻字注音。

■**3.6.19 香港植物检索手册**，香港渔农自然护理署香港植物标本馆、中国科学院华南植物园编著，夏念和、张国伟主编，349 页，2 025 图片，2013；香港：香港特别行政区政府渔农自然护理署。

本手册以英文版 *Flora of Hong Kong* 为蓝本，根据植物的形态及特征编纂成香港裸子及被子植物分科、分属及分种的二歧式检索表，以协助从事科研、教育、园艺、环保工作的人士和植物爱好者鉴定植物品种。本检索手册共记录了 210 科 1 122 属和 2 541 种香港原生和常见栽培的维管束植物，并附有 2 025 张植物彩照。

■**3.6.20 喀喇昆仑山 - 昆仑山地区植物检索表**，吴玉虎、李忠虎主编，292 页，2014；西宁：青海民族出版社。

本书收录野生和重要的露天栽培维管束植物 87 科 554 属 2 634 种（仅有栽培种而没有

野生种的科未收录）。

▌3.6.21 上海维管植物检索表，马金双主编，411 页，2014；北京：高等教育出版社。

本书包括上海维管植物共 202 科 1 100 属 2 979 种；其中，原生植物 844 种、外来逸生及归化（包括入侵）植物，359 种，栽培植物 1 776 种（含 301 种栽培品种）。

▌3.6.22 内蒙古维管植物检索表，赵一之、赵利清著，426 页，2014；北京：科学出版社。

本书收载了内蒙古野生维管植物 144 科 735 属 2 604 种 11 亚种 182 变种 3 变型。此外，还收载了内蒙古栽培维管植物 1 科 62 属 176 种 20 变种。

▌3.6.23 贺兰山维管植物检索表，赵一之、马文红、赵利清著，342 页，2016；呼和浩特：内蒙古大学出版社。

本书收载了贺兰山野生维管植物 84 科 314 属 714 种；每种植物除了中文名、拉丁学名、检索特征之外，还与其后记载了植物的分布区类型、生境、地点，以及黑白线条图。

▌3.6.24 青海植物检索表，*Claves Plantarum Qinghaiensis*，吴玉虎主编，406 页，2018；西宁：青海民族出版社。

本书收录野生和重要的露天栽培维管束植物 129 科 723 属 3 489 种（包括种下类型）。

3.7 名录

名录（Checklists），顾名思义，即名称的汇录。这里收载的主要是指植物名录或目录，而且仅仅是中国的。其他国家参阅本书的其他国植物志部分。

▌3.7.1 全国与跨省市区
本部分共收载 22 种。

▌3.7.1.1 蒙满植物名录，*List of Plants in Manchuria and Mongolia*，三浦密成（三浦道哉，Michiya Miura），南满洲铁道株式会社兴业部农务课产业资料第 25，1–381（+35）页，1925；Vascular Plants。South Manchurian Railway，Kungchuling Agricultural Experiment Station（公主岭：农业试验站）。

本书包括维管束植物，但没有统计数字。

■ **3.7.1.2 满洲植物目录**，*A List of the Manchurian Plants*，292 页，1930；满铁中等教育研究会博物分科会编撰，The Nature–Study Society of Secondary School of South Manchuria Railway Co.。

本名录包括维管束植物共 1 927 种 475 变种。

■ **3.7.1.3 黄河中游黄土区植物名录**，中国科学院西北生物土壤研究所植物组编，110 页；1958；西安：西安第一印刷厂（内部资料）。

本书没有具体数字记载。

■ **3.7.1.4 秦岭苔藓植物名录**，张满祥，58 页，1972。武功：中国科学院西北植物研究所（内部刊物）。

本名录记载秦岭苔藓植物 67 科 171 属 451 种。

■ **3.7.1.5** *Catalog of the Mosses of China*，Paul L. Redfearn & PanCheng WU，1986，*Annals of the Missouri Botanical Garden* 73（1）：177–208。

本名录按学名字母顺序记载中国（大陆和台湾）藓类植物 409 属 2 004 种 21 亚种 196 变种 20 变型和 688 个异名，并有详细的文献目录。

■ **3.7.1.6** *Annotated Catalogue of Chinese Hepaticae and Anthocerotae*，Sinikka S. Piippo，1990；*The Journal of the Hattori Botanical Laboratory* 68：1–192.

本文报道中国苔类和角苔类植物 52 科 147 属 884 种[1]；每种都有详细的文献引证以及异名等。全文共有 441 处解释及属以上系统概要[2]，另有参考文献 30 页。

■ **3.7.1.7 华东五省一市植物名录**，张美珍、赖明洲等编著，32 开，491 页，1993；上海：上海科学普及出版社。

本名录包括地衣、苔藓和维管植物 8 616 种，覆盖范围包括福建、江西、浙江、江苏、安徽和上海。每种植物都有具体的省级分布。

---

[1] 不包括徐文宣，1979，*Index of Bryological list*，*China*，134 p，云南大学生物系（内部资料），以及吴鹏程、罗健馨、汪楣芝，1984，**苔藓名词及名称**两书中的学名。

[2] 主要来自：Riclef Grolle，1983，Nomina generic Hepaticarum；references，types and synonymies，*Acta Botanica Fennica* 121：1–62。

■ **3.7.1.8 海南及广东沿海岛屿植物名录**，*A Checklist of Flowering Plants of Islands and Reefs of Hainan and Guangdong Province*，吴德邻主编，334 页，1994；北京：科学出版社。

本名录收载野生及常见栽培的种子植物 221 科 1 475 属 3 930 种 12 亚种和 258 变种。

■ **3.7.1.9 湘黔桂交界地区植物名录**，赵运林、潘晓玲编著，396 页，1996；长沙：湖南科学技术出版社。

湘黔桂交界地区是指湖南西南部的通道、城步、新宁、绥宁、东安、武冈、靖州、会同，贵州东南部的黎平、榕江、从江、雷山、剑河、台江、三都、锦屏，广西北部和东北部的融水、罗城、环江、融安、三江、龙胜、全州、兴安、灵川、临桂等 27 个县；地理位置 E107°52′—111°34′，N24°37′—26°40′，面积约 70 418 km²。本书共收集野生与栽培植物 266 科 1 468 属 5 394 种 603 变种 44 亚种和 36 变型（被子植物采用哈钦松系统）。每种植物都有学名、中文名、生境和分布等详细信息。

■ **3.7.1.10** *A newly updated and annotated checklist of Chinese mosses*，Paul L. Redfearn，Benito C. Tan & Si HE，1996；*The Journal of the Hattori Botanical Laboratory* 79：163–357.

本文记载 2 457 个分类群（截至 1994 年，共包括异名 4832），每种都有文献、异名、省级分布和参考文献。

■ **3.7.1.11 南岭植物名录**，张奠湘、李世晋主编，2011，407 页；北京：科学出版社。

南岭是我国重要的地理分界，是长江水系和珠江水系的分水岭，地理上涉及广东、广西、湖南、江西、福建等省区；南岭也是华南地区生物区系的分界线，是中国 14 个具国际重要地位的生物多样性的关键地区之一，也是我国亚热带常绿阔叶林的典型代表地区。本书收录南岭地区野生及常见栽培的维管植物 279 科、1 470 属、6 205 种及种下类群，附录有 20 幅精美的图版。

■ **3.7.1.12 喀喇昆仑山 - 昆仑山地区植物名录**，吴玉虎、王玉金主编，456 页，2013；西宁：青海民族出版社。

本书收录喀喇昆仑山 - 昆仑山地区（新疆、西藏、青海、四川以及甘肃的部分地区）植物目前所知的野生和重要的露天栽培植物 87 科 554 属 2 684 种。

■ **3.7.1.13 中国入侵植物名录**，马金双主编，324 页，2013；北京：高等教育出版社。

本书根据文献记载（截至 2012 年 12 月）与学名考证，共整理出中国入侵植物 94 科 450 属 806 种。每一种植物都有学名、中文名（中文别名）、原始文献、名称出处、省市区的分布、原产地及详细的参考文献（引证文献）。书中将中国入侵植物物种分为七个等级：1级，恶性入侵类；2级，严重入侵类；3级，局部入侵类；4级，一般入侵类；5级，有待观察类；6级，建议排除类；7级，中国国产类。

■ **3.7.1.14 中国生物物种名录**，中国生物物种名录编辑委员会植物卷工作组，1—13卷，2013—2018；**1，植物**；贾渝、何思，苔藓植物，525页，2013；严岳鸿、张宪春、周喜乐、孙久琼，**2**，蕨类植物，277页，2016；金效华、杨永，**3**，种子植物（Ⅰ，裸子植物、被子植物：莼菜科—兰科），372页，2015；陈文利、张树仁，**4**，种子植物（Ⅱ，被子植物：棕榈科—禾本科），354页，2018；覃海宁、刘博、何兴金、叶建飞，**5**，种子植物（Ⅲ，被子植物：百合科—五桠果科），264页，2018；朱相云、陈之端、刘博，**6**，种子植物（Ⅳ，被子植物：芍药科—远志科），344页，2015；夏念和、童毅华，**7**，种子植物（Ⅴ，被子植物：蔷薇科—叶下珠科），420页，2018；张志翔、侯元同、廖帅、谢宜飞，**8**，种子植物（Ⅵ，被子植物：沟繁缕科—钩枝藤科），343页，2017；于胜祥、郝刚、金孝锋，**9**，种子植物（Ⅶ，被子植物：石竹科—杜鹃花科），329页，2016；王瑞江、刘演、陈世龙，**10**，种子植物（Ⅷ，被子植物：茶茱萸科—胡麻科），332页，2017；向春雷、刘启新、彭华，**11**，种子植物（Ⅸ，被子植物：唇形科—伞形科），313页，2016；高天刚、张国进，**12**，种子植物（Ⅹ，被子植物：桔梗科—忍冬科），300页，2018；王利松、贾渝、张宪春、覃海宁，**13**，第1卷，植物总目录（上册：苔藓植物、蕨类植物、裸子植物，1-240页、中册：爵床科—千屈菜科，241-944页、下册：木兰科—蒺藜科，945-1 951页），2018；北京：科学出版社。

■ **3.7.1.15 华东植物区系维管束植物多样性编目**，田旗主编，2014，565页；北京：科学出版社。

共收录了华东植物区系的维管束植物7 272种（含种下分类单位，下同），隶属于245科1 563属。其中，石松类3科7属43种；蕨类33科102属590种；裸子植物8科22属44种；被子植物201科1 432属6 595种；其中也包含了59科141属194种归化和逃逸植物。

■ **3.7.1.16 横断山高山冰缘带种子植物**，徐波、李志敏、孙航著，413页，2014；北京：科学出版社。

本书共收载横断山高山冰缘带种子植物48科168属942种（包括种下单位），并附有植物分布图167幅（含665种），植物照片779张（含536种）。书中被子植物部分采用APG Ⅲ编排，科内各属、种均按照拉丁名首写字母顺序排列。每个分类群涵盖中文名、拉丁学名、重要的异名、生活型、花色、花果期、染色体数目、海拔范围、生境、分布地点、凭证标本（除存放于中国科学院昆明植物研究所标本馆"KUN"的标本外，均列出标本馆代码）、分布图及参考文献等信息。

■ **3.7.1.17 大巴山地区高等植物名录**，贾渝、马欣堂、班勤、李敏、杨改河主编，392页，2014；北京：科学出版社。

根据新近采集、鉴定的标本及相关标本收藏机构的馆藏标本收录了大巴山地区高等植物共计 252 科 1 157 属 3 828 种。每一种包括中文名、拉丁学名、海拔、大巴山地区分布（以县为单位）和引证标本等内容。

■ **3.7.1.18 *A Checklist of Woody Plants from East Asia***，**东亚木本植物名录**，JinShuang MA，650 p，2017；Zhengzhou：Henan Science and Technology Press。

本书首次系统整理出东亚原生木本植物 152 科 1 264 属 11 885 种 141 亚种和 1 653 变种，计 13 679 分类群；其中 4 940 个分类群（约总数的 36%）为广布种（即东亚之外也有分布），8 739 个分类群（约占总数的 64%）为东亚特有种（仅分布于东亚）。这些特有的 8 739 个分类群中，中国有 8 110 个，日本有 857 个，韩国和朝鲜只有 337 个，分别占总数的 93%、10% 和 4%。

■ **3.7.1.19 滇黔桂喀斯特地区种子植物名录**，于胜祥、许为斌、武建勇、余丽莹、黄云峰，602 页，2017；北京：中国环境出版社。

本书收录了滇黔桂喀斯特地区野生及常见外来栽培的种子植物 226 科 1 737 属 8 795 种（含种下等级，以下同）。本土植物 209 科 1 621 属 8 553 种，其中常见栽培植物 64 种，外来植物（含入侵种）178 种。裸子植物按郑万钧、傅立国 1977 年**中国植物志**系统编排，共计 9 科 22 属 70 种；被子植物按哈钦松 1926、1934 年系统编排，共计 217 科 1 715 属 8 725 种。属、种按拉丁字母顺序排列，书后附有科、属名索引，便于查阅和检索。

■ **3.7.1.20 中国喀斯特地区种子植物名录**，税玉民、陈文红、秦新生，273 页，2017；北京：科学出版社。

本名录共收载我国喀斯特地区种子植物 134 科 696 属 2 622 种（包括种下等级），包括了我国该地区最具喀斯特地貌特色的种子植物类群。

■ **3.7.1.21 中国外来入侵植物名录**，马金双、李惠茹主编，299 页，2018；北京：高等教育出版社。

根据全国范围内的野外调查、文献记载、标本查阅与学名考证（截至 2017 年 12 月），共记载植物 95 科 466 属 845 种。全书分成两部分：第一部分包括外来入侵植物（1 级恶性入侵种；2 级严重入侵种；3 级局部入侵种；4 级一般入侵种）48 科 142 属 239 种和有待观察种 49 科 147 属 225 种；第二部分包括建议排除种（附录 1）98 种和中国国产种（附录 2）283 种。本书收录了每个种的中文名（含中文别名）、学名、学名原始文献、学名主要参考依据、入侵等级、入侵省份、引证文献、地理分布等。本书被子植物科的排序采用了恩格勒系统（1964），蕨类植物采用秦仁昌系统（1978）。本名录是我国现阶段外来入侵植物全国范围内的系统总结，是了解和认识中国外来入侵植物的必备参考书，对科研、教学、管理以及科学普及等具有重要的指导意义。

■ **3.7.1.22** *The Checklist of the Naturalized Plants in China*，中 国 归 化 植 物 名 录，XiaoLing YAN，ZhangHua WANG & JinShuang MA（Editors in Chief），闫小玲、王樟华、马金双主编，425 页；上海：上海科技出版社。

In total 928 naturalized plant species（including intraspecific taxa）of 475 genera and 103 families from China are documented in this work，listed with their scientific name，synonym（if available），Chinese name and character，their origin and naturalized area，as well as their distribution in China.

■ **3.7.2 省市区**
本部分共收载 57 种。

■ **3.7.2.1.1 澳门植物名录**，*Catalogo de Plantas de Macau*，*Check List of Macao Plants*，邢福武主编，239 页，2004；广州／澳门：中国科学院华南植物园／澳门民政署园林绿化部。

本名录记载澳门维管束植物 206 科 886 属 1 508 种（含种下单位）；各种植物有中文名、学名（异名）、标本引证、英文名、葡文名、习性、产地、分布及用途。蕨类植物按秦仁昌系统（1978），裸子植物按 Kubitzki 系统（1990），被子植物按 Cronquist 系统（1988）。前言部分还介绍了自然地理与研究简史。

■ **3.7.2.1.2 澳门苔藓植物名录**，*Checklist of Macao Bryophytes*，繁体中文版，张力主编，32 开，86 页，2010；澳门／深圳：澳门特别行政区民政总署园林绿化部／深圳仙湖植物园。

本书记录了澳门产苔藓植物 34 科 63 属 103 种，并以中英文详细记录了每个种的中文名、学名、产地、生境和分布等资料。本名录的序和前言也是中英文双语，而索引则是学名和中文。

■ **3.7.2.2.1** The bryophytes of Gansu Province, China-A new annotated checklist, YuHuan WU（吴玉环）, Chien GAO（高谦）& Benito C. Tan, 2002, *Arctoa* 11：11-22。

The checklist contains bryophyte names reported from Gansu Province of China。It includes 251 specific and subspecific epithets of mosses and hepatics with 191 accepted names in 91 genera and 39 family, i.e., 18 species of liverworts in 7 genera and 7 families, and 159 species and 14 varieties of mosses in 83 genera and 32 families。These taxa are presented separately in an alphabetical list followed by annotations and a synopsis of classification。No hornwort has been recorded from Gansu。

■ **3.7.2.3.1** 广东植物名录，*Checklist of Guangdong Plants*，叶华谷、邢福武主编，大 32 开，500 页，2005；广州：世界图书出版公司。

本书共收集广东维管束植物 289 科 2 026 属 7 415 种（哈钦松系统），其中野生植物 5 933 种，栽培植物 1 482 种。本名录没有详细的分布信息。

■ **3.7.2.3.2** 广东植物多样性编目，叶华谷、彭少麟主编，657 页，2006；广州：世界图书出版公司。

本书共收集广东维管束植物 289 科 2 051 属 7 717 种（含种下单位，哈钦松系统），其中野生植物 6 135 种，栽培植物 1 582 种。本编目每个物种包括形状、产地、生境、分布以及在广东的分布、常见度及保护级别等。

■ **3.7.2.3.3** 广东维管植物多样性编目，*Inventory of Species Diversity of Guangdong Vascular Plants*，王瑞江主编，372 页，2017；广东科技出版社，广州。

本书共收录广东省行政区域内维管植物 6 846 种、76 亚种、521 变种、14 变型和 16 杂交种，共 7 473 条记录，隶属于 269 科 2 028 属。同时尽可能地收录了截止至 2017 年初发表的源于广东省的新种名、新纪录等。

■ **3.7.2.4.1** 广西植物名录，广西植物研究所编，雁山：广西植物研究所出版（内部发行）。

1，70 页，1970，蕨类植物，裸子植物；2，841 页，1971，双子叶植物；3，198 页，1973，单子叶植物。全书共包括维管束植物 280 科 1 671 属 5 990 种。[1]

---

[1] 广西历史上有多个版本的名录，详细参见毛宗铮，1997，广西植物名录考，广西植物 17（2）：187-192。

■ **3.7.2.4.2** Liverworts and hornworts of Shangsi County of Guangxi（Kwangsi），with an updated checklist of the hepatic flora of Guangxi Province of China，RuiLiang ZHU & MayLing SO，2003，*Cryptogamie Bryologie* 24（4）：319-334。

Guangxi（Kwangsi），one of China's five autonomous provinces，is located between 20°54′—26°23′N and 104°28′—112°04′E. A hepatic checklist of the province comprising 225 species（excluding one nom. nud. and a doubtful species）belonging to 58 genera and 32 families is provided based on all published literature and our recent studies of specimens，including a field collection from Shangsi County in southwestern Guangxi.

■ **3.7.2.4.3 广西植物名录**，*A Checklist of Vascular Plants of Guangxi*，覃海宁、刘演主编，625 页，2010；北京：科学出版社。

本名录收录野生和常见栽培的维管束植物 308 科 2 011 属 9 168 种（含种下等级）；包括本土植物 297 科 1 820 属 8 562 种，其中特有植物 880 种；常见栽培植物 539 种，归化种 67 种。其中蕨类植物 56 科 155 属 833 种（秦仁昌 1978 年系统）、裸子植物 10 科（栽培科 2 个）30 属（栽培属 11 个）88 种（栽培种 26 个，郑万钧 1978 年系统），被子植物 243 科（栽培科 10 个）1 826 属（栽培属 180 个）8 247 种（512 种栽培，67 种归化，哈钦松 1926 年和 1934 年系统）。本书的属种均按字母顺序排列；书前有王文采所作的序，书末附有科属索引。

■ **3.7.2.5.1 海南植物物种多样性编目**，邢福武等主编，630 页，2012；武汉：华中科技大学出版社。

本书收录海南的维管束植物 284 科 1 475 属 4 804 种 36 亚种 241 变种 8 变型 7 栽培品种和 12 杂交种，其中野生维管束植物 274 科 1 239 属 4 234 种 28 亚种 191 变种 3 变型。内容包括每种植物的中文名（别名）、拉丁学名（包括异名）、性状、花果期、采集人、采集地点、生境、海拔、国内外分布等，并附有植被与代表性植物彩色照片 400 多幅。本书科的排列，蕨类植物按秦仁昌 1978 年系统，裸子植物按郑万钧 1975 年系统，被子植物按哈钦松系统，少数类群按最新研究成果稍作调整。

■ **3.7.2.5.2 海南植物名录**，杨小波主编，579 页，2013；北京：科学出版社。

本书收录了海南岛内野生及栽培的维管植物共计 285 科 1 875 属 5 860 种（含 39 个亚种 283 个变种和 4 个变形），共有木本植物 2 668 种，草本植物 2 718 种，藤本植物 474 种。其中海南特有植物 502 种（木本植物 307 种、草本植物 157 种、藤本植物 38 种）；海南岛本地野生种 4 596 种（木本植物有 1 949 种，草本植物有 2 252 种，藤本植物有 395 种）；

栽培植物 1 141 种（木本植物有 679 种，草本植物有 390 种，藤本植物有 72 种）；逸生种及归化种分别是 61 种、62 种（其中外来入侵种 62 种），它们当中木本植物有 40 种、草本植物有 76 种、藤本植物有 7 种。本名录中，蕨类植物按秦仁昌 1978 年系统编排，共计 57 科 146 属 562 种；裸子植物按郑万钧、傅立国 1978 年**中国植物志**系统编排，共计 9 科 24 属 76 种；被子植物按哈钦松 1926 年、1934 年系统编排，共计 219 科 1 705 属 5 222 种。

■ **3.7.2.6.1 河北植物名录**，林镕编，43+11+1 页，1949；北京：师范大学生物学系（铅印，内部发行）。

本书包括野生和栽培的种子植物，但没有具体统计数字与分布；书后面带有中英文名词对照与植物学名词缩写与符号。

■ **3.7.2.6.2 河北植物名录**，北京师范大学生物学系编，1–11 页，1–114 页，115–125 页，125–126 页，1–15 页，1951；北京（油印，内部发行）。

本书包括野生和栽培的种子植物，但没有具体统计数字但有分布；书后面带有中英文名词对照与植物学名词缩写与符号。另外，书末附有华北植物分科检索表。

■ **3.7.2.6.3 河北野生及习见栽培植物名录**，中国科学院植物研究所、北京大学生物系编，大 32 开本，134 页，1954；北京（内部发行）。

本名录含裸子植物和被子植物，但没有具体种类统计。

■ **3.7.2.6.4 河北植物名录**，中国科学院植物研究所编，16 开本，264 页，1972；北京（内部发行）。

本名录收载维管植物 160 科 825 属 2 848 种（其中包括 14 亚种、349 变种、46 变型、347 种栽培植物）。

■ **3.7.2.6.5 河北高等植物名录**，*Higer Plant Catalogue of Hebei Province，China*，赵建成、王振杰、李琳主编，132 页，2005；北京：科学出版社。

本书包括河北高等植物 213 科 1 002 属 2 685 种及 386 种下单位，160 余幅彩色照片；其中苔藓植物 52 科 145 属 394 种 33 种下单位，蕨类植物 20 科 36 属 93 种 6 种下单位，裸子植物 4 科 11 属 25 种 7 种下单位，被子植物 137 科 810 属 2 173 种 341 种下单位。本名录中的分类群没有具体分布信息。

■ **3.7.2.6.6 河南省苔藓植物的研究现状及展望**，刘永英、李琳、王育水等，焦作师范高等专科学校学报 22（1）：50-55，2006。

本文依据现有文献资料整理出河南省苔藓植物名录共 57 科 136 属 315 种 2 亚种 12 变种；其中苔类 16 科 21 属 29 种 1 亚种 2 变种，藓类 41 科 115 属 286 种 1 亚种 10 变种。

■ **3.7.2.6.7 河南省藓类植物名录**，刘永英、张为民、赵建成等，河南科学 27（8）：935-946，2009。

本文记载河南藓类植物 44 科 150 属 454 种；每种有文献依据或标本引证。

■ **3.7.2.7.1** The bryophytes of Hubei Province，China–An annotated checklist，ChunLiang PENG（彭春良），Johannes Enroth，Timo J. Koponen & Sinikka S. Piippo，2000，*Hikobia* 13：195-211。

This annotated catalogue summarizes all past publications on the bryophytes of the Hubei Province，China。 An updated annotated checklist，containing all bryophytes recorded from the province up till early 1999，is provided。 The list includes 322 specific and subspecific epithets of mosses（219 species），hepatics（12 species）and hornworts（1 species）。 Thirteen moss genera and 34 species，as well as two hepatic genera and four species are additions to previous checklists。 119 moss species are excluded from the flora of Hubei，because the records were based on erroneous locality information。 The presence of several bryophytes in Hubei is doubted on the basis that their documented ranges do not extend to Central China。 A brief history of bryological exploration and a synopsis of the families and genera are presented。

■ **3.7.2.8.1 湖南植物名录**，祁承经主编，32 开，466 页，1987；长沙：湖南科学技术出版社。

本名录以收集湖南乡土植物为主，并兼收了该省引进的重要栽培植物，其中蕨类 46 科 106 属约 350 种，裸子植物 9 科 28 属约 30 种，被子植物 193 科 1 111 属约 3 900 种。

■ **3.7.2.8.2** *The bryophytes of Hunan Province，China–an annotated checklist*，PengCheng RAO（饶鹏程），Johannes Enroth，Sinikka S. Piippo & Timo J. Koponen，*Hikobia* 12：181-203，1997。

本文报道湖南苔藓植物 63 科 144 属 269 种，其中 1 种角苔类，69 苔类和 197 种藓类植物。

■ **3.7.2.8.3 湖南种子植物总览**，*A Survey of Hunan Seed Plants*，祁承经、喻勋林编，ChengJing QI & XunLin YU，615 页，2002；长沙：湖南科学技术出版社。

本书收载湖南种子植物 210 科 1 310 属 4 859 种（含种下单位，被子植物采用哈钦松系统），每个种都有学名、中文名、重要异名、习性、生境、海拔、国内外和省内外（县级）的分布信息。本书资料新颖、内容翔实，所载类群都有严谨的考证与出处，实为中国植物名录编写的典范。

■ **3.7.2.9.1** A new checklist of mosses of Jiangxi Province，China，MengCheng JI（季梦成）& Benito C. Tan，2003，*Hikobia* 14：87–106。

本文报道江西藓类植物 49 科 185 属 464 种，包括 28 个江西新纪录种和 3 个中国大陆新纪录种，以及 8 个江西新纪录属。

■ **3.7.2.9.2 江西种子植物名录**，刘仁林、张志翔、廖为明，365 页，2010；北京：中国林业出版社。

本名录共记录江西种子植物 4 452 种（含栽培植物及种以下等级），隶属于 1 160 属 200 科，其中裸子植物 83 种 35 属 9 科，被子植物 4 369 种 1 125 属 191 科；栽培植物 312 种 71 属 6 科，野生植物 4 057 种 1 054 属 185 科。裸子植物按**中国植物志**（第 7 卷）系统排列，被子植物按哈钦松系统排列。

■ **3.7.2.10.1** *Conspectus of Flora Hepaticae in Nei Mongol*，内蒙古苔类植物志大纲，白学良，1988；内蒙古大学学报 21（2）：264–276。

本文为英文写成，中文题目为"内蒙古苔类植物志大纲"，实为名录。全文共记载苔类植物 22 科 33 属 65 种，每个种都有文献、异名、生境、分布、标本引证及经纬度等详细信息。

■ **3.7.2.10.2 内蒙古种子植物名称手册**，哈斯巴根主编，219 页，2010；呼和浩特：内蒙古教育出版社。

本书在统计整理**内蒙古植物志**第 2 版所收录的全部植物种类之基础上，查阅有关内蒙古植物新分类群、新纪录种类以及对原收录种类的分类学订正的文献资料，经过分析考证后重新确定了植物种类。本书共收录裸子植物 2 纲 2 目 3 科 7 属 27 种 1 变种（郑万钧系统）。本书共收录内蒙古植被子植物 2 纲 10 亚纲 56 目 124 科 729 属 2 377 种 28 亚种 349 变种 37 变型 4 栽培变种（克朗奎斯特系统）。

■ **3.7.2.11.1 青海种子植物名录**，*Index Florae Qinghaiensis*，苟新京编著，284 页，1990；西宁：青海种子植物名录编写组（内部刊物）。

本名录包括种子植物 132 科 780 属 3 730 种；每种植物没有文献引证，但有生境和分布信息。

■ **3.7.2.11.2 青海植物名录**，*Index Florae Qinghaiensis*，吴玉虎主编，411 页，1997；西宁：青海人民出版社。

本书包括维管束植物 120 科 659 属 2 836 种（包括种下单位）；每种植物不但有文献引证而且还有详细的分布信息。

■ **3.7.2.12.1 山东种子植物名录**，张德山，1986，烟台师范学院学报 2（1）：61–96 & 2（2）：45–79。

本名录收载种子植物 166 科 2 444 种（包括栽培和部分花卉植物）。

■ **3.7.2.13.1 陕西种子植物名录**，张志英、李继瓒、陈彦生著，32 横开本，128 页，2000；西安：陕西旅游出版社。

本书收载陕西种子植物 171 科 1 143 属 5 735 种 41 亚种 531 变种 51 变型。每个属都有世界、中国和陕西的分布数字；每个种还有经济用途；而且栽培植物有星号标注。另外，书末附有"陕西珍稀濒危植物保护名录"。

■ **3.7.2.13.2 陕西维管植物名录**，陈彦生主编[①]，525 页，2016；北京：高等教育出版社。

全书共收录陕西分布的维管植物 211 科 1 269 属 4 919 种及种下单位（包含 4 330 种、106 亚种、466 变种及 17 变型）。其中石松类植物有 2 科 3 属 21 种及种下单位（包含 20 种、1 变型），蕨类植物有 23 科 59 属 244 种及种下单位（包含 231 种 2 亚种 9 变种 2 变型），裸子植物有 9 科 24 属 60 种及种下单位（包含 50 种 9 变种 1 变型），被子植物有 177 科 1 183 属 4 594 种及种下单位（包含 4 029 种 104 亚种 448 变种 13 变型）。

■ **3.7.2.14.1 上海植物名录**，*Enumeratio Plantarum Civitatis Shanghai*，徐炳声编著，138

---

① 本书主编陈彦生自 1976 年到西北植物所工作以后，一直从事经典植物分类工作，特别是西北植物所与其他科教单位合并组成西北农林科技大学之后，全心整理**陕西维管植物名录**直至完成初稿。遗憾的是因身体原因，未能最后编辑并交付出版。鉴于**陕西维管植物名录**的重要性，先后参加名录编写工作并来到上海辰山植物园工作的陈建平和杜诚数次与陈彦生的女儿沟通，最终双方达成一致，决定将陈彦生的手稿交由由辰山植物分类学课题组杜诚进行最后编辑并加工（包括撰写前言、编写说明、所有学名的拼写校对、个别物种学名的处理以及全书的统稿和最终定稿工作），由辰山植物分类学课题组系列专著项目资助出版。

页，1959；上海：科技卫生出版社。

本名录收载上海地区种子植物 166 科 1 450 种及 169 变种，每种有中文名、学名及用途，但没有具体分布信息。

■ **3.7.2.14.2 上海地区高等植物**，秦路平、黄宝康、周秀佳主编，234 页，2013；上海：第二军医大学出版社。

记录了上海高等植物涉及 257 科、3 790 种及种以下分类群。

■ **3.7.2.14.3 上海维管植物名录**，*The Checklist of Shanghai Vascular Plants*，马金双主编，442 页，2013；北京：高等教育出版社。

本名录共记载上海地区维管植物 202 科 1 100 属 2 991 种（包括种下单位，下同）。其中，野生植物 150 科 601 属 1 199 种（原生植物 842 种、外来植物 275 种、栽培逸生植物 82 种），栽培植物 1 792 种（另含上海野生及逸生植物中有栽培的种类 291 种，上海见有栽培的植物计 170 科 824 属 2 083 种）。

■ **3.7.2.15.1** *Hepatics from northwestern Sichuan*，*China*，*with a checklist of Sichuan hepatics*，Sinikka S. Piippo，XiaoLan HE（何小兰）& Timo J. Koponen，1997；*Annales Botanic Fennici* 34（1）：51–63。

本名录包括 139 种四川苔类植物。

■ **3.7.2.16.1** *A list of Plants from Formosa*，with some preliminary remarks on the Geography，Nature of the Flora，and Economic Botany of the Island，Augustine Henry，1896，*Transactions of the Asiatic Society of Japan*，24 Supplement：1–118 p。

本文包括中国台湾维管束植物 1 428 种，外加数种海洋藻类。

■ **3.7.2.16.2 台湾植物名录**，*A List of Plants in Taiwan*，杨再義，TsaiI YANG，32 开，1281+351 页，1982。

本名录包括维管束植物 244 科 2 066 属 5 998 种 80 亚种 570 变种 1 亚变种 72 变型。其中外来植物 29 科 742 属 2 474 种 8 亚种 200 变种 31 变型。每种植物都有学名、异名、中文名、日文名和分布，而外来植物则标明来源与栽培地等。书末附有科属、中文名、日文名和英文名索引。

■ **3.7.2.16.3** *An updated checklist of Taiwan mosses*，台湾藓类植物新目录，TzenYu

CHIANG，TsaiWen HSU，ShangJye MOORE & Benito C. Tan，2001，Nantou（南投）；The Biological Society of China（中国生物学会），1–36。

本名录共记载 900 个种及种下分类群。

■ **3.7.2.16.4 台湾维管束植物名录**，*Checklist of the Vascular Plants of Taiwan*，黄增泉、萧锦隆，32 开，254 页，2003；台北：南天书局。

本书是在第 2 版**台湾植物志**的基础上，结合最新资料编写而成，是目前中国台湾最完整的信息。作者黄增泉也是**台湾植物志**第 2 版的主编。全书包括蕨类植物、裸子植物、双子叶植物和单子叶植物四大类；而各类内的科按科的拉丁字母顺序排列；每种植物都有学名和中文名（繁体），但没有分布。书末附有科属（拉丁）索引和中文（繁体笔画）索引。

■ **3.7.2.16.5 2017 台湾维管束植物红皮书名录**，*The Red List of Vascular Plants of Taiwan，2017*，台湾植物红皮书编辑委员会，Editorial Committee，The Red List of Vascular Plants of Taiwan，187 页，2017；南投："行政院"中国农业委员会特有生物研究保育中心、"行政院"农业委员会林务局、台湾植物分类学会。

本书为中国台湾学者集体完成，召集人前后分别为王震哲（2008 至 2010 年）和刘和毅（2017 年），而编委会则几乎包括中国台湾的所有学者。前 40 页为中国台湾红皮书方面的内容，41–120 页则为新修订的台湾维管束植物名录（其中，石松与蕨类为 2016 年 PPG 系统、裸子植物为 Christenbusz 等 2012 系统、被子植物为 APG Ⅳ 系统），121–122 页为致谢，123–124 页为参考文献，125–164 页为学名索引，165–187 页为中名索引。

全书根据 IUCN，对台湾维管束植物 5 188 分类群进行评估，其中 746 分类群不适用（not applicable）区域评估筛选条件，4 442 进入评估流程。结果显示中国台湾有 27 种野生维管束植物已经灭绝，其中 5 种野外灭绝（extinct in the wild），22 种属于区域灭绝（regionally extinct），国家受胁（national threatened）989 分类群，其中 195 个分类群属于极危（critically endangered），283 分类群属于濒危（endangered），511 分类群为易危（vulnerable）；另有 463 分类群归于接近受胁（near threatened），336 分类群缺乏数据（data deficient），其余 2 627 分类群则属于暂无危机（least concern）。国家受胁和接近受胁分别占评估总数的 22.3% 和 10.4%。

■ **3.7.2.16.6 Liverworts and hornworts of Taiwan：an updated checklist and floristic accounts**，Jian WANG（王健），MingJou LAI（赖明洲）& RuiLiang ZHU（朱瑞良），2011，*Annales Botanici Fennici* 48：369–395.

An updated checklist of the liverworts（Marchantiophyta）and hornworts（Anthocerotophyta） of Taiwan is presented。Based on published records，the present checklist includes 512 species of liverworts belonging to 116 genera in 52 families and 19 species of hornworts belonging to six genera in three families。Twenty-five taxa are hitherto known only from Taiwan。Forty-seven formerly recorded species are dubious and excluded from this checklist。

■ **3.7.2.16.7** *Updating Taiwanese pteridophyte checklist*：*a new phylogenetic classification*，*TPG*[①]，*Taiwania* 64（4）：367–395，2019.

本名录包括 824 类群以及 25 个新类群，并有中国台湾蕨类组网络在线版链接（Google discussion group:https://groups.google.com/forum/#!forum/taiwanpteridophyte-group）。

■ **3.7.2.17.1** **天津植物名录**，*Enumeration of Plants in Tianjin*，刘家宜编，32 开，229 页，1995；天津：天津教育出版社。

本名录收载 157 科 737 属 1 477 种，每种都有学名、中文名、主要异名及其分布、生境与用途。

■ **3.7.2.18.1** *A Checklist of Bryophytes from Hong Kong*，Li ZHANG & PangJuan LIN，1997，*The Journal of the Hattori Botanical Laboratory* 81：307–326。

本文记载藓类植物 36 科 94 属 198 种 3 种下单位 3 不明种和苔类植物 29 科 53 属 129 种（截至 1996）；每种植物都有详细的文献引证，但没有分布。

■ **3.7.2.18.2** **香港植物名录**，*Check List of Hong Kong Plants*，中国科学院华南植物研究所、渔农自然护理署香港植物标本室编著，吴德邻主编，胡启明、夏念和副主编，409/517 页，2002/2002（中文版/英文版）；香港：渔农自然护理署。

本书记录维管束植物 3 136 种及变种。

■ **3.7.2.18.3** **香港植物名录**，*Check List of Hong Kong Plants*，香港植物标本室，Hong Kong Herbarium，小 32 开，198 页，2004；香港：香港渔农自然护理署刊物第 1 号（增订本）。

香港植物名录自 1962 年以来共修改 7 次，其中 2004 年包括维管束植物 3 164 种及种

[①] LiYaung KUO，TianChuan HSU，YiShan CHAO，WeiTing LIOU，HoMing CHANG，ChengWei CHEN，YaoMoan HUANG，FayWei LI，YuFang HUANG，Wen SHAO，PiFong LU，ChienWen CHEN，YiHan CHANG，WenLiang CHIOU.

下类群（其中 2 121 种为原产，而 1 042 种为外来）。

■ **3.7.2.18.4** ***Hepatic Flora of Hong Kong***，香港苔类名录，PengCheng WU，Paul P. H. BUT & MeiZhi WANG，2005，*Chenia* 8：127-131。

本文记载苔类植物 27 科（属种数目原文没有给出）；每种植物没有文献引证，但有分布。

■ **3.7.2.18.5** **香港植物名录**，第 8 版，219 页，2012。

此增订版以**香港植物志**为依据，并参考其他有关资料编写而成，共记录 3 329 种及变种，除增加种类、更正错误外，还附有「修订植物学名参照表」，以方便读者追查曾收录于第 7 版名录，但基于最新分类资料和学名修订而不再收录在本名录中的植物学名。此外，本名录亦有以彩色图片介绍一些在香港新记录的植物。

■ **3.7.2.19.1** **新疆植物名录**，中国科学院新疆沙漠土壤研究所编，72 页，1975；乌鲁木齐：中国科学院新疆沙漠土壤研究所生物研究室（铅印本）。

本书收录新疆维管束植物 132 科 856 属 3 537 种（蕨类植物 18 科 29 属 63 种，种子植物 114 科 827 属 3 474 种（变种），每种只有拉中文名称而没有分布。

■ **3.7.2.19.2** An updated checklist of mosses of Xinjiang，China，Benito C. Tan，JianCheng ZHAO（赵建成）& RenLiang HU（胡人亮），1995，*Arctoa* 4：1-14。

An updated checklist of Xinjiang mosses based on past publications and new collections made in 1993 showed a total of 130 genera，339 species and 8 infraspecific taxa。Twelve species and two varieties are reported here as new to China。Amblyodon and Conardia are two new moss generic records for China。

■ **3.7.2.19.3** *A Checklist of the Lierworts of Xinjiang*，*China*，Alan T. Whittemore，RuiLiang ZHU，RenLiang HU & JianCheng ZHAO，1998，*Bryologist* 101（3）：439-443。

本文报道新疆苔类植物 28 属 56 种，其中 11 属 30 种为新疆新纪录，而 5 种为中国新纪录。

■ **3.7.2.19.4** ***New checklist of Xinjiang liverworts*，*hornworts and mosses***，Mamtimin Sulayman，2012，Journal of Xinjiang University（Natural Science Edition）29（3）：259-267。
买买提明·苏来曼，2012，新疆苔类、角苔类、藓类植物最新名录，新疆大学学报（自然科学版）3：259-267。

本区系名录是根据迄今为止的有关新疆苔藓植物文献资料经过整理编写而成，包含了已记录和发表的新疆苔藓植物 471 种（含变种、亚种）；它们隶属于 61 科 182 属，其中，22 科 31 属 62 种是苔类；1 科 1 属 1 种是角苔类；38 科 150 属 408 种是藓类。

■ **3.7.2.20.1 西藏植物名录**，西藏植物名录编辑组编，463 页，1980；拉萨：西藏自治区科学技术委员会（内部发行）。

本书包括西藏维管束植物 208 科 1 258 属 5 766 种，每种都有学名、中文名、分布、海拔等。

■ **3.7.2.21.1 云南种子植物名录**，中国科学院昆明植物研究所编，吴征镒主编，昆明：云南人民出版社。

上册：1-1 070 页，1984，裸子植物，被子植物的离瓣花类；下册：1 071-2 259 页，1984，被子植物的合瓣花类，单子叶植物。全书共记载 299 科 2 136 属近 14 000 种（包括种下单位，其中被子植物为哈钦松系统）。每种植物依次记载中文名称、别名、学名、异名、文献年代、分布区、产地、海拔、生境、模式产地、模式标本以及鉴定的重要标本。本书是中国植物名录中收录信息量最全、最详细的。

■ **3.7.2.21.2** *Hepaticae from Yunnan*，*China*，*with a checklist of Yunnan Hepaticae and Anthocerotae*，Sinikka S. Piippo，XiaoLan HE，Timo J. Koponen，Paul L. Redfearn & XingJiang LI，1998；*The Journal of the Hattori Botanical Laboratory* 84：135-158.

本文附录包括云南苔类和角苔类约 310 种，每种有产地及分布信息。

■ **3.7.22.1 浙江植物名录**，吴长春著，32 开，上册：1-276 页，下册：277-458 页，1950[①]；杭州：浙江师范学院（手写油印本）。

本书包括维管束植物，但没有统计数字；每种都有异名和产地。书末附有学名索引和文献引证。

■ **3.7.22.2** *The Mosses of Zhejiang Province*，*China-An Annotated Checklist*，Yan LIU（刘艳），Tong CAO（曹同）& ShuiLiang GUO（郭水良），2005，*Arctoa* 14：95-133。

---

① 笔者见到的本书出版页已经遗失，根据前言和后面的借书信息估计出版时间应该是 1950 年。

本名录包括浙江藓类植物 45 科 222 属 697 种 8 亚种 27 变种。每个分类群都有详细的异名引证，但没有分布信息。

3.8 植物区系与植物地理

考虑到植物区系（Floristics）与植物地理学（Plant Geography）的关系，两者放在一起介绍，包括相关的中文翻译版。

本部分共收录 19 种。

■ **3.8.1 *A Junior Plant Geography***，Marcel E. Hardy，1st ed，1913，2nd，1924，3rd，1948；Oxford：Clarendon Press；中文版，世界植物地理，哈第原著，胡先骕译订，32 开，213 页，1933；上海：商务印书馆。

这是中国第一本翻译西方的有关专著。正如译者在序言中所述，我们起步晚研究贫乏，而西方又对中国了解甚少，所以作者加入很多有关中国的内容，并对章节的排列进行变更，进而更好地为中国学者所用。

■ **3.8.2 *The Geography of the Flowering Plants***，Ronald Good，1st ed，403 p，1947；2nd ed，452 p，1953；3rd ed，518 p，1965；4th ed，557 p，1974；London：Longman；中文版，显花植物地理学，李锡文译[①]，387 页，1987；昆明：中国科学院昆明植物研究所，云南省植物学会编印（内部出版）。

作者将全球划分为 6 个 Floristic Kingdom，37 个 Floristic Region。书中着重讨论了植物地理上的一般性现象和原理，科属种的分布式，以及进化背景和成因等。本书较前一种更具有理论性，实为从事植物区系与植物地理方面重要的参考书。

■ **3.8.3 *Floristicheskie Oblasti Zemli***，Armen L. Takhtajan，246 p，1978；Lenningrad：Nauka；English edition：*Floristic Regions of the World*，translated by Theodore. J. Crovello with the assistance and collaboration of the author and under the editorship of Arthur J. Cronquist，522 p，1986；Berkeley：University of California Press；中文版，世界植物区系区划，董观程译，张宏达校，32 开，311 页，1988；北京：科学出版社。

本书阐述世界植物区系区划及其原则，指出植物区系区划的理论意义和实践意义，包

---

① 据李锡文教授，译自第 4 版。

括对特有植物丰富的地区采取保护措施的重要性。作者在书中用较大的篇幅分析了植物区系域和植物区系的组成成分和分布界限及彼此的关系。每个域列举了维管植物特有科的名录，对每个区举出特有植物属名，温带植物区的植物名录较为详细，而热带植物区的特有植物只择其重要的属。作者将世界植物区系区划为 6 个域 34 个区 147 个省。英译（校勘）本作者将全球分为 6 个 Floristic Kingdom，35 个 Floristic Region 和 152 个 Floristic Province，最后还附有作者最新的优化植物区系大纲。读者应该主意，这一点与原著和译自原著的中文版不同。

▌3.8.4 华夏植物区系，张宏达。

华夏植物区系是中国植物地理学与区系学中的重要工作[1]，详细参见如下论著：华夏植物区系的起源与发展，张宏达，中山大学学报 1：89-98，1980；再论华夏植物区系的起源，张宏达，中山大学学报 33（2）：1-9，1994；地球植物区系分区纲要，张宏达，中山大学学报 33（3）：73-80，1994。

▌3.8.5 中国自然地理·植物地理（上册），吴征镒、王荷生著，129 页，1983；北京：科学出版社。

本书是**中国自然地理**的一个分册，即中国植物区系地理部分。作者多年从事中国植物区系的研究工作，并在此基础上根据近年来植物分类学和植物地理学研究的新资料，对中国种子植物区系进行了比较全面的与分析，从全球的角度着重研究他们的分布类型（75 个类型和 31 个变型）与地理成分；概括了中国植物区系的总体特征，并对中国植物区系进行了分区。本书是中国植物区系工作第一本综合著作，是从事区系工作必备的参考书。

▌3.8.6 中国种子植物属的分布区系型，吴征镒著，**云南植物研究**增刊Ⅳ，1-139 页，1991；"中国种子植物属的分布区类型"的增订和勘误，昆明：**云南植物研究**增刊Ⅳ：141-178 页，1993。

本书是作者**中国自然地理·植物地理分册**（参见本书第 3.8.5 种）的续篇。全书共收载中国种子植物 3 117 属，每个属有学名、命名人、科别、中国与世界种数、中文名、分布类型等，正文按属的学名顺序排列。作者在正文前简单介绍了 15 个分布区类型和 31 个变型的概念、地理范围并用中英文同时发表。本书对研究中国种子植物区系以及植物分类学工作具有重要的意义，无疑是必备的参考书。

---

[1] 参见吴立宏、杨得坡，2002，中国现代植物区系（地理）学的学派形成与展望，广西植物 22（1）：75-80。

■ **3.8.7 植物区系地理**，王荷生著，180 页，1992；北京：科学出版社。

本书概述了植物区系地理学的发展历史、趋势及一些基本概念和研究方法，详细阐述了植物科属种的分布区类型、分布区形成的各种学说、气候变迁和植物的分布与发展、植物区系的起源与散布、岛屿植物区系、染色体地理学、世界植物区系分区和中国植物区系地理。

■ **3.8.8 种子植物科属地理**，*The Geography of Spermatophytic Families and Genera*，路安民主编，644 页，1999；北京：科学出版社。

本书用植物系统发育的观点对种子植物不同演化水平的 52 个类群的地理分布进行了研究，阐述了各类群系统演化的关系及其在地球上的分布式样、分析了它们的分布中心、可能的起源时间和起源地、散布及现代分布格局形成的原因。论述了东亚是被子植物早期分化的一个关键地区，东亚是北半球温带植物区系的重要发生地，中国种子植物区系来源的多样性，喜马拉雅山脉隆起对中国植物区系多样性分化和丰富新特有成分产生巨大的影响等。全书共由 45 篇论文组成。

■ **3.8.9 种子植物分布区类型及其起源与演化**，*The Areal-Types of Seed Plants and Their Origin and Differentiation*，吴征镒、周浙昆、孙航、李德铢、彭华，566 页，2006；昆明：云南科学技术出版社。

本书回顾了植物地理学的发展历史、介绍了分布区学说的理论与方法、提出了世界种子植物科的分布区类型、论述了各种分布区类型的起源和发展的过程，并重点介绍了中国 3 201 属的分类历史及不同的分类学处理、分布范围及分布区类型、中国和世界的种类与文献。附录中介绍了作者的裸子植物新系统、被子植物的"八纲系统"及其分布与可能的起源板块，以及 18 种分布类型的代表植物分布区图及 40 个亚纲代表类群植物的彩色图片。本书的卷首为吴征镒的自序，特别是一生中在大江南北及海内外的各种学术考察活动等。

■ **3.8.10 青藏高原维管植物及其生态地理分布**，*The Vascular Plants and Their Eco-Geographical Distribution of the Qinghai-Tibetan Plateau*，吴玉虎著，1 369 页，2008；北京：科学出版社。

本书收录青藏高原主体（横断山地区除外）维管束植物 222 科 1 543 属 9 556 种（含种下单位，被子植物采用恩格勒系统）；每种植物都有学名、文献、产地、生境、海拔及国内外的分布信息。本书的地理范围在行政上包括西藏和青海的全部，还有甘肃的玛曲县和阿克赛县、四川的石渠县和新疆南部的塔里木盆地西部和南部山地，自喀喇昆仑山、东帕米尔高原和包括昆盖山在内的昆仑山以及阿尔金山北麓大部分县市。附录包括青藏高原生物标本馆简介、青藏高原生物标本馆馆藏植物标本采集史及彩色地图。

■ **3.8.11 中国植物地理**，应俊生、陈梦玲著，2011，598 页；上海：上海科学技术出版社。

本书较全面系统地阐述了中国种子植物区系的基本情况、分布规律，中国具有北半球最高程度物种多样性的原因，特有性及特有现象中心的形成原因，以及植物群落组成种类的成分及其历史；讨论了中国种子植物区系的发生发展。

■ **3.8.12 *Joseph Franz Rock–Phytogeography of Northwest and Southwest China***，Hartmut Walravens，356 p，2011；Wien：Austrian Academy of Sciences Press。

Joseph F. Rock wrote his phytogeography as an abstract of his botanical explorations in China in 1952 for the Royal Horticultural Society but because of circumstances beyond his control it remained unpublished。It gives a survey of the vegetation of the areas that Rock visited himself，especially Yunnan and Qinghai and is enhanced by the inclusion of the author's experiences and views。Rock lived for more than twenty years，until 1948，in the Chinese province of Yunnan where besides botanical exploration mainly for Harvard University and the US National Museum，research on the rituals and pictographic manuscripts of the Naxi people were his main occupation。The present work，in German，is based on the typescript in the Royal Botanic Garden Edinburgh and includes many plates from Rock's own photographs。Rock's original captions were added to the plates。

■ **3.8.13 中国种子植物区系地理**，吴征镒、孙航、周浙昆、李德铢、彭华，485 页，2011；北京：科学出版社。

本书是一部关于中国植物区系地理的专著，介绍了植物区系背景和区系分区概况。专著中强调了"属"这个分类单位，以作者独创的研究方法，结合前人的研究结论，着重着墨于属的分布区类型特征、组成和区系分析。作者研究认为中国植物区系分为 4 个区 7 个亚区 24 个地区和 49 个亚地区。作者意在以**中国种子植物区系地理**与其他专著融会贯通、衔接呼应，共同形成一套完整的关于中国种子植物区系的理论。专著中还详细绘制了重点类群分布区图。

■ **3.8.14 内蒙古维管植物分类及其区系生态地理分布**，赵一之著，856 页，2012；呼和浩特：内蒙古大学出版社。

本书共收载了内蒙古野生维管植物 143 科 718 属 2 447 种 28 亚种 215 变种 6 变型，另记载有 1 栽培科 65 栽培属 160 栽培种 28 栽培变种；每个种记载有中文名（有的带有别名）、拉丁学名（有的带有异名）、主要文献引证、生活型、水分生态类群、生境、重要种的群落成员型及其群落学作用、产地、分布、区系地理分布类型以及染色体计数等内容。

■ **3.8.15 中国蕨类植物多样性与地理分布**，严岳鸿、张宪春、马克平编著，308 页，2013；北京：科学出版社。

本书通过构建中国蕨类植物物种及分布数据库，介绍了中国蕨类植物的基本概况，运用 SPSS 及 GIS 软件分析了中国蕨类植物、中国特有蕨类植物的地理分布格局及其与地理、气候因子的相互关系，系统地统计分析了中国蕨类植物在中国及其各省区（市）的区系地理成分，用 IUCN 濒危等级系统评估了中国蕨类植物的濒危现状并提出了相关保护建议。同时，给出了中国蕨类植物详细的分类、分布、生境、海拔和濒危等级信息。

■ **3.8.16 中国植物区系与植被地理**，中国自然地理系列专著，陈灵芝主编，580 页，2014；北京：科学出版社。

本书是中国植物地理最为全面的总结，主要内容包括：植物区系地理和植被地理二大部分。在植物区系地理方面：重点论述了中国植物区系形成的历史背景和研究的历史进程、分析论证了第三纪古地中海植物区系、晚白垩纪和早第三纪北热带植物群以及北极——第三纪植物区系是中国植物区系的三个重要源头。并将中国种子植物区系的 3 256 属按照现代地理分布和历史发生相结合，将中国种子植物属的分布划分成了 15 大分布区类型和 35 个变型，在原来的基础上进一步细化，且系统地分析了每一个分布区类型的地理范围、区系组成和发生发展的进程。

■ **3.8.17 中国特有种子植物的多样性及其地理分布**，黄继红、马克平、陈彬著，442 页，2014；北京：高等教育出版社。

本书以中国特有种子植物为研究对象，基于大量文献数据的查阅和专家审核，确定了中国特有种子植物名录；分析了中国特有种子植物组成特点、多样性分布格局及其与环境的关系；并以特有种子植物为例，基于物种空间分布和进化历史信息，确定了中国植物多样性的热点地区。

■ **3.8.18 中国外来入侵植物调研报告**，马金双主编，2014，上卷：1-537 页，下卷：542-949 页；北京：高等教育出版社。

全书按地区记载中国外来入侵植物的概况及编目。各地区的概况包括各省市区的自然地理状况、植被概括与植物区系分析，以及外来入侵物种分析；各地区的物种编目包括物种的中文名、学名、分类地位、生物学识别特征、原产地、入侵时间、入侵方式和传播途径、可能扩散的区域、生境及危害、控制措施、县市级地理分布及标本信息。全书分为上、下两卷。其中上卷包括东北、华北、西北、华中和华东，下卷包括华南、中南、西南及全书的学名和中文名以及异名索引。本书是中国外来入侵植物的重要本底资料，是国家层面对中国外来入侵植物进行深入研究、科学普及以及科学管理的重要依据，是科研、教学、管理和生产的重要参考书。

■ **3.8.19** 2017 年 2 月，**生物多样性**第 25 卷第 2 期，以**中国植物区系地理研究**专辑为题刊登 12 篇相关文章。中国作为北半球植物区系最为丰富的国家，是解决整个北半球植物区系时空演变问题的关键地域。植物区系地理研究已进入了大数据时代，由定性的现象认识和描述逐步深入到定量的探索机理和形成。本专辑总结了我国植物区系地理学研究的历史与现状，反映出该领域研究已经步入了多学科融合交叉、综合研究分析的新时代。

3.9 其他国家植物志

中国与北半球很多国家或地区的植物有着密切的关系，了解并掌握这些毗邻或隔海相望的国家与地区的植物种类及其分布状况信息，对研究中国的植物非常必要[1]。为此，本书选列了一些常见且比较重要的国家植物志、名录及有关的图鉴作如下介绍。

■ **3.9.1 东亚：朝鲜半岛、日本**
本书收载朝鲜半岛 21 种。

■ **3.9.1.1.1** *Flora Koreana*，Takenoshin Nakai，中井猛之进，*Journal of the College of Science*，*Imperial University of Tokyo* 26，1：304，1909，31：1–573，1911。

■ **3.9.1.1.2** *Flora Sylvatica Korean*，朝鲜森林植物编，Takenoshin Nakai，中井猛之进，Vols. 1–22，1915—1936；日文与拉丁文；1976 年重新印刷并有索引[2]。
第 3.9.1.1 和第 3.9.1.2 种著作是研究朝鲜半岛植物的经典文献，但观点比较小。作者

---

① 杜诚、马金双，2014，亚洲植物志编研简述，中国生物多样性保护与研究进展 X：67–80。
② 参见：前川文夫，1976，朝鲜森林植物编 I—X Ⅻ 附总索引，*Journal of Japanese Botany* 51（9）：267。

1909 和 1911 共记载朝鲜种子植物 135 科 669 属 1 791 种和 405 种下类群，而到作者故去前发表有关朝鲜半岛的植物总结性文章时 ①，其记载的分类群数目达 223 科 968 属 3 176 种和 1 015 种下类群。

■ **3.9.1.1.3** *An Enumeration of Plants Higherto Known from Corea*，Tamezo Mori，372+174 p，1921；Seoul：The Government of Chosen。

本名录包括 888 属 2 904 种 506 变种，其中 112 属 161 种 5 变种为栽培种。

每个类群都有分布信息。

■ **3.9.1.1.4 韩国植物图鉴**，*Korean Flora*，郑台铉，Tae-hyŏn Chŏng，朝文版，上卷：木本部，507 p，1957；下卷：草本部，1025 p，1956；Sŏul，Korea：Sinjisa，tangi。

本书记载朝鲜半岛种子植物 249 科 990 属 3 686 个类群（包括种和种下单位）。实际上本书是作者 1943 年版**韩国森林植物图说**（*Illustrated Manual of Korean Trees and Shrubs*，*Chosen Shinrin Shokubutsu Zusetsu*；Seoul：Chosen Natural History Museum Society，日文版，河本台铉，Taigen Kawamoto）的修订版，并分为两册出版。据记载 ②，本书是战争之前利用朝鲜半岛的全部标本完成的，而出版则是战后的事情。从分类群数字上不难看出作者的观点深受日本学者的影响。

■ **3.9.1.1.5** *Flora Coreana*，Vols. 1–7+Appendix，1972–1979；Rok-Jae Im③；朝文，Phyongyang：Edittio Scientiarum R P D C。

1，277 p，1972，Ginkgoaceae-Urticaceae；**2**，393 p，1974，Polygonaceae-Droseraceae；**3**，274 p，1974，Grossulariaceae-Amygdalaceae；**4**，563 p，1976，Mimosaceae-Apiaceae；**5**，373 p，1975，Diapensiaceae-Plantaginaceae；**6**，311 p，1976，Rubiaceae-Asteraceae；**7**，658 p，1976，Typhaceae-Orchidaceae；Appendix，684 p，1979。

本工作包括种子植物，但没有具体统计数字。最后一卷实际是本书的植物名录（没有分布）以及朝文和学名索引。

---

① Takenoshin Nakai，1952，A synoptical sketch of Korean flora，*Bulletin of the National Science Museum* 31：1–152。

② Chong-wook Park，2005，Recent progress in floristic research in Korea，*Progress in Botany* 67：345–360。

③ As Rog-Dzae Im。

3.9.1.1.6 A Check-list of the Korean cultivated plants，Mun-Chan Baik，Ho-Dzun Hoang & Karl Hammer，1986，*Kulturpflanze* 34（1）：69–144；Additional notes to the check-list of the Korean cultivated plants（1–5），Karl Hammer et al.，1987，*Kulturpflanze* 35：323–333，…，1997，*Genetic Resources and Crop Evolution* 44（4）：349–391。

本名录在本书第 3.9.1.1.5 种的基础上，结合其他资料与野外考察，整理出朝鲜（半岛）栽培植物 316 种，而 1987 至 1997 年间补充后增加到 111 科 381 属 608 种。每种植物包括异名、分布、利用、朝名以及必要的评论。该工作是 80 年代朝鲜与前东德学者合作的产物并由后者执笔发表，详细参见：Ho-Dzun Hoang，H. Knüpffer & Karl Hammer，1997，Additional notes to thbe checklist of Korean cultivated plants（5），Consolidated summary and indexes，*Genetic Resources and Crop Evolution* 44（4）：349–391。

3.9.1.1.7 *Illustrated Encyclopedia-the Fauna & Flora of Korea*，Seoul：Samhwa（for Ministry of Education，Republic of Korea）。

本书是朝鲜动植物百科全书，其中植物部分如下：

Vol. 16，*Pteridophyta*，朴萬奎，Man-Kyu Park，549 p，1975。

本卷包括蕨类植物（含拟蕨类）272 种，另有 60 幅图版及若干插图。每种包括文献、描述、绘图与分布，以及英文名录及异名引证。

Vol. 18，*Flowering Plant*，李永鲁，Yong-No Lee，893 p，1976。

本卷包括 12 种裸子植物，877 种被子植物，另有 186 幅图版，每种包括文献、描述、绘图与分布，以及英文名录及异名引证。

Vol. 24，*Musci-Hepaticae*，崔斗文，Du-Mun Choe，790 p，1980。

本卷包括 691 种苔藓植物，其中藓类 487 种，苔类 204 种，另有彩色图版 96 幅；每种包括文献、描述、绘图与分布，以及英文名录及异名引证。

3.9.1.1.8 朝鲜植物图鉴，任錄宰著，朝文，1 023+25 页，1976；平壤：科学出版社。

本书包括朝鲜维管束植物 3 068 种，其中蕨类植物 189 种，裸子植物 43 种，被子植物 2 836 种；每种都有图、学名、描述等。

3.9.1.1.9 大韩植物图鉴，*Illustrated Flora of Korea*，李昌福，Tchang-Bok Lee，990 页，1979；汉城：东亚出版社。

本书包括维管束植物 3 161 种（被子植物部分按恩格勒系统排列且单子叶植物置于双子叶植物之前），每种都有文字说明和插图。

■ 3.9.1.1.10 韩国植物分类学史概说，郑英昊执笔（韩文），404 页，1986。

本书按广义植物学各门类编写，内容非常详细，是我们了解朝鲜半岛植物分类学史料的一个重要参考。

■ 3.9.1.1.11 韩国植物名考，*Lineamenta Florae Koreae*，李愚喆著，Woo-Tchul Lee；1996，Vol. 1: 1–1 688 页，2: 1 695–2 383 页。

本书第 1 卷记载维管束植物 190 科 1 079 属 3 129 种 8 亚种 627 变种 1 亚变种 306 品种，每种包括原始文献、异名与分布；第 2 卷为附录，包括学名索引和染色体的文献目录。

■ 3.9.1.1.12 *Flora Coreana*，Vols. 1–10，1996–2000；Rok-Jae Im； 朝 文，Pyongyang: The Science and Technology Publishing House。

1，359 p，1996，Ginkgoaceae-Pinaceae，Saururaceae-Polygonaceae；**2**，311 p，1996，Portulaceae-Paeoniaceae；**3**，383 p，1997，Papaveraceae-Amygdalaceae；**4**，402 p，1998，Mimosaceae-Begoniaceae；**5**，367 p，1998，Violaceae-Symplocaceae；**6**，387 p，1999，Loganiaceae-Cucurbitaceae；**7**，403 p，1999，Campanulaceae-Asteraceae；**8**，428 p，2000，Rubiaceae-Dipsacaceae，Typhaceae-Juncaceae；**9**，378 p，2000，Cyperaceae-Orchidaceae；**10**，240 p，2000，appendix。

本书实际上是第 3.9.1.1.5 种的修订版，而且是目前朝鲜最新的资料，但全书没有具体统计数字。每一种都有详细的描述、文献引证、分布以及插图等。其中最后的第 10 卷为三个索引：即名录（按各卷列出，1–144 页）、学名（145–209 页）和朝文（210–240 页）。

■ 3.9.1.1.13 A Checklist of Hepaticae and Anthocerotae in the Korean Pennisula，Kohsaku Yamada & Du-Mun Choe，1997，*The Journal of the Hattori Botanical Laboratory* 81: 281–306。

本文报道朝鲜半岛 Hepaticae and Anthocerotae 35 科 75 属 222 种 9 亚种 5 变种；每种都有文献和地理分布，及 50 多种参考文献。

■ 3.9.1.1.14 The Hepaticae and Anthocerotae of the Korean Pennisula: An annotated List of Taxon，Won-Shic Hong，1997，*Lindbergia* 22（3）: 134–142，and 2003，The Hepaticae and Anthocerotae of the Korean Penninsula: Identification Keys to the Taxa，*Lindbergia* 28: 134–147。

前者报道朝鲜半岛 Hepaticae and Anthocerotae 37 科 76 属 259 种 4 亚种 3 变种；每种没有文献也没有分布，但有 29 处解释及 50 多种参考文献；后者包括 37 科 80 属 250 种 7 亚种 6 变种的检索表，并包括参考文献。

■ **3.9.1.1.15** *Ferns，Fern-Allies and Seed-Bearing Plants of Korea*，高 庚 式、全 义 植，Kyeongshik Koh & Euishik Jeon，998 页，2003；Soul−si：IIchinsa。

本书包括 250 属约 1 929 种维管束植物，每种都有彩色图片和描述（韩文）。书末附有参考文献和索引。

■ **3.9.1.1.16** 原色韩国植物图鉴（改订增补版），*Flora Koreana*，李永鲁，Yong-No Lee，1 270 页，2004；Seoul：Kyo-Hak Publishing Co.，Ltd.。

■ **3.9.1.1.17** 韩国植物图鉴，*New Flora Koreana*，李 永 鲁，Yong-No Lee，Vols. 1−2，2007；Seoul：Kyo-Hak Publishing Co.，Ltd.。

1，974 p，Pteridophyta，Gymnospermae，Angiospermae：Myricaceae-Umbelliferae；**2**，885 p，Angiospermae：Diapensiaceae-Compositae，Monocotyledons。

随着韩国经济的起飞，植物学方面的著作也有很大的长进，以上两部著作就是典型的代表。第一本自 1996 年第 1 版以来不断改订，到 2004 年共记载朝鲜半岛种子植物（包括野生以及归化植物）约 3 750 个分类群（包括种下等级），而且基本上每一个类群都有彩色图片，所以使用非常方便。只是书中的分类群概念深受日本学者的影响划分过细；特别是第 2 种，2 卷本共记载 4 157 类群，尽管彩色图册质量很好。

■ **3.9.1.1.18** *The Genera of Vascular Plants of Korea*，Chong-Wook Park（editor in chief），1498 p，2007；Seoul：Academy Publishing Co.。

本书实际上是未来 *Flora of Korea* 的介绍或导论。全书包括维管束植物 217 科 1 045 属 3 034 种和 406 个种下分类群；每个种有学名、韩语名、文献引证和地理分布；科属均有描述和检索表。本书的蕨类采用 Man-Kyu Park 系统（1975，Volume 16，*Pteridophyta*，*Illustrated Encyclopedia of Fauna and Flora of Korea*），裸子植物采用恩格勒系统（ed 12，1954），被子植物采用 Arthur J. Cronquist 系统。

这是首部由韩国人自己编写的英文版植物志，而且物种概念较朝鲜半岛历史上的其他工作有所进步。朝鲜半岛历史上曾经有过多个版本的植物志，不仅有日本人的工作，还有朝鲜半岛自己人的工作，但后者都是朝（韩）语版，而且物种概念受早年日本学者的影响划分太细，包括郑台铉 1956 和 1957 年的韩国植物图鉴（2 卷本）、*Flora Coreana*（1996—2000）和李永鲁 2004 年的原色韩国植物图鉴（改订增补版）等。读者在利用这些资料时应该注意到朝鲜半岛是中国周边国家和地区植物分类学比较落后的地区之一，历史上曾经受日本人主导，但战后不仅南北分离且至今没有学术交流。目前完成的工作大多数来自南方，他们自己的标本也非常有限，多为新近采集，而战前的积累大多数在战争中遗失。目前韩国最大的标本馆只不过 30 万（SNU）。截至 2019 年韩国全部 26 个注册的标本馆收藏量仅 150 万左右。

英文书评 JinShuang MA，2008，The Genera of Vascular Plants of Korea，by Chong-wook Park，2007，Seoul，*Taxon* 57（2）：681-682；Kae Sun Chang，Heung Soo Lee & Chin-Sung Chang，2009，The Importance of Using Correct Names in Taxonomy-A Case Study of "The Genera of Vascular Plants of Korea" and Other Recent Published Literature in Korea，*Journal of Korean Forest Society* 98（5）：524-530。

■ **3.9.1.1.19** *Provisional Checklist of Vascular Plants for the Korea peninsula flora*（*KPF*），Chin-Cung Chang，Hui Kim & Kae Sun Chang，660 p，2014；Seoul，Korea：DesignPost。

There are 203 families 1 179 genera 3 381 species 38 nothotaxa（species of hybrid origin）224 infraspecific taxa，and total Species+infraspecific taxa 3 605，including 64 regional endemics，661 introduced taxa，about 18.3%。

■ **3.9.1.1.20** *Flora of Korea*，Editor-in-Chief：Chong-Wook Park；Flora of Korea Editorial Committee，Seaul National University Herbariua，National Institute of Biological Resources，Ministry of Environment，Korea。

计划 8 卷本若干册；其中蕨类依据 Christenhusz et al（2011）系统，裸子植物按照恩格勒第 12 版（1954）系统，被子植物按照 Cronquist 系统。这是朝鲜半岛有史以来的首部完整植物志而且是英文版，目前获得的卷册如下：

1，211 p，2015，Pteridophytes：Lycopodiaceae-Polypodiaceae，& Gymnosperms：Cycadaceae-Taxaceae；**2a**，130 p，2017，Magnoliidae：Magnoliaceae-Fumariaceae；**3**，130 p，2018，Caryophyllidae：Phytolaccaceae-Plumbaginaceae；**5b**，96 p，2015，Rosidae：Elaeagnaceae-Sapindaceae，96；**5c**，164 p，2017，Rosidae：Rhamnaceae-Apiaceae，164 p；**6a**，168 p，2018，Asteridae：Loganiaceae-Oleaceae；**6c-1**，71 p，2017，Asteridae：Asteraceae（1）：Cichorieae and Cardueae。

■ **3.9.1.1.21** Integrating continental mainland and islands in temperate East Asia：liverworts and hornworts of the Koearn Peninsula，Seung Se Choi，Vadim Bakalin & Seung Jin Park，2021，*PhytoKeys* 176：131-226。

本文包括朝鲜半岛苔类和角苔类植物 50 科 112 属 326 种 16 亚种和 4 变种；与此同时，排除从前报道的 41 种。

本书收载日本 19 种。

■ **3.9.1.2.1 牧野日本植物图鉴** [1]，*An Illustrated Flora of Nippon with the Cultivated and Naturalized Plants*，1 070+72+31+11 页，牧野富太郎，Tomitaro Makino，1940；东京：北隆馆；改订版，1 080 页，1953；上海：忠良书店；增补版，**牧野日本植物图鉴，*Enlarged Edition Makino's Illustrated Flora of Japan***，1 304 页，1958；东京：北隆馆；**牧野新日本植物志，*Makino's New Illustrated Flora of Japan***，前川文夫、原宽、津山尚改订，Fumio Maekawa，Hiroshi Hara & Takasi Tuyama，1 060+77 页，1961 & 1977；改订增补，**牧野新日本植物图鉴，*Revised Makino's New Illustrated Flora of Japan***，小野幹雄、大場秀章、西田诚；Mikio Ono，Hideaki Ohba & Makoto Nishida，1 452 页，1989；新订，**牧野新日本植物图鉴，*Newly Revised Makino's New Illustrated Flora of Japan***，小野幹雄、大場秀章、西田诚；Mikio Ono，Hideaki Ohba & Makoto Nishida，1 452 页，2000；**新牧野日本植物图鉴，*New Makino's Illustrated Flora of Japan***，大桥广好、邑田仁、岩槻邦男，Hiroyoshi Ohashi，Jin Murata & Kunio Iwatsuki，1 458 页，2008；**APG 原色牧野植物大图鉴**（Ⅰ&Ⅱ），*APG Makino's Illutrated Flora in Colour*（Ⅰ&Ⅱ），邑田仁、米仓浩司编，664 页、904 页，2012—2013；紧凑本：**APG 原色牧野植物大图鉴**（Ⅰ&Ⅱ），邑田仁、米仓浩司编，649 页、645 页，2014—2015；**新分类 牧野日本植物图鉴，*New Makino's Illustrated Flora of Japan***，New Systematics Edition，邑田仁、米仓浩司编集，Jin Murata & Koji Yonekura，1 627 页，2017；东京：北隆馆；Tokyo：The Hokuryukan Co. Ltd。

本图鉴原版记载日本全部植物共 3 500 种，包括菌类、藻类、苔藓、蕨类和种子植物，其中 3 206 种有图，1953 年改订版 3 235 种有图，1958 年增补版 3 900 种有图，1961 年版只有 3 896 种有图，1989 年和 2008 年版增至 5 056 种有图；2017 年版记载 5 196 种。

■ **3.9.1.2.2 日本种子植物集览**，*Enumeratio Spermatophytarum Japonicarum*，原宽著，Hiroshi Hara，Vols. 1-3，1948—1954；东京：岩波书店。

1，300+34 p，1948，Angiospermae：Pyrolaceae-Plantaginaceae；**2**，280+30 p，1952，Angiospermae：Rubiaceae-Compositae；**3**，337+37 p，1954，Angiospermae：Geraniaceae-Cornaceae。

---

[1] 本书可以追溯到 1925 年牧野富太郎（Tomitaro Makino）和根本莞尔（Kwanji Nemoto）共著的日本植物总揽（*Flora of Japan*）；其订正增补版，小 32 开，1 936 页，1931 年；东京：春阳堂。

■ **3.9.1.2.3** 日本植物誌，*Flora of Japan*，大井次三郎，Jisaburo Ohwi，1 383 页，1953；日本植物誌　顕花篇，*Flora of Japan*，1 383 页，1956；改订增补新版，日本植物誌，*Flora of Japan New Edition Revised and Englarged*，1 585 页，1978；薪日本植物誌　顕花篇，*Flora of Japan New Edition Revised and Englarged*，改订增补新版，北川政夫改订，Masao Kitagawa，1 716 页，1983；東京：至文堂。

本书记载日本种子植物；书前有概要、外形及日本植物调查研究史，书末附有日本植物命名者表（包括缩写、全称、国别及生卒年代）以及学名和日文名索引。

■ **3.9.1.2.4** 日本植物志　蕨类篇，*Flora of Japan Pteridophyta*，大井次三郎，Jisaburo Ohwi，244 页，1957；**日本植物誌　シダ篇**，***Flora of Japan–New Edition Revised and Enlarged***，日本植物誌改订增补新版，中池敏之增补，Toshiyuki Nakaike，289 页，1978；東京：至文堂。

原版书评参见：Egbert H. Walker & Conrad V. Morton，1958，*American Fern Journal* 48（2）：86–89。

■ **3.9.1.2.5** 原色日本植物图鉴，*Colored Illustrations of Herbaceous Plants of Japan*，北村四郎等著，Siro Kitamura et al；大阪：保育社。

全书共分为 3 卷本：草本篇（Ⅰ）合瓣花类，538 种，彩图 70 版，插图 75 幅，297 页，1957；草本篇（Ⅱ）离瓣花类，653 种，彩图 72 版，插图 159 幅，390 页，1961；草本篇（Ⅲ）单子叶类，797 种，彩图 108 版，插图 256 幅，464 页，1964。本书历史上有多次印刷，绘图精美，非常实用。

■ **3.9.1.2.6** *Flora of Japan*，a combined，much revised，and extended translation by the author of his **Flora of Japan**（1953）and **Flora of Japan–Pteridophyta**（1957），English Edition，Frederick G. Meyer & Egbert H. Walker（eds），1067 p，1965；Washington DC：Smithsonian Institution。

这是历史上首部分科分属分种的英文版 *Flora of Japan*，不仅有全面而详细的描述与地理分布信息，并对日本植物学的研究历史有比较详细地介绍。尽管日本某些学者（尤其是早年的学者）持"小种"观点，但大井次三郎的著作则较为客观，因此受到了国内外的欢迎。美国国家自然科学基金资助作者的翻译工作，将日本植物志（1953）和日本植物志（蕨类篇，1957）两本书合译成英文版的 *Flora of Japan* 出版。应该提醒读者，英文版并非日文的直译本，而是校勘本。

■ **3.9.1.2.7 原色日本蘚苔类図鑑**，*Coloured Illustrations of Bryophytes of Japan*，岩月善之助、水谷正美，Zennoske Iwatsuki & Masami Mizutani，405 页，1972；Osaka：Hoikusha Publishing Co., Ltd.。

本书共记载日本 821 种蘚苔植物，每种均有日文描述、墨线图和精美的彩色图。其中，岩月善之助负责蘚类植物，水谷正美负责苔类植物。正文前有专门术语解释，正文后有参考文献、学名和日名索引。

■ **3.9.1.2.8 日本産苔類図鑑**，*Illustrations of Japanese Hepaticae*，井上浩，Hiroshi Inoue，**1**，189 页，1974，**2**，194 页，1976；东京：築地書館。

本书每册含 81 种苔类植物，每种包括形态、生境、产地、分布图、形态图片及大幅解剖详图，十分精美而又实用，图例同时配有日文和英文说明。

■ **3.9.1.2.9 原色日本帰化植物図鑑**，长田武正，32 开，425 页，1977；东京：日本保育社。

本书是日本保育社原色图鉴的一个分册（共 50 多分册），收载归化于日本的外来植物 403 种，另有 64 个彩色图版；每个种均有日文名、拉丁名、线条图、形态特征、原产地、归化地及其归化历史、图解、英文名称和引用的文献等。本书虽用日文写成，但由于中日两国毗邻，对于我们鉴定外来植物有很大帮助。书中附图精美、彩图清晰，印刷质量实为上乘。

■ **3.9.1.2.10 日本蕨类植物図鑑**，*Illustrations of Pteridophytes of Japan*，仓田悟、中池敏之，Satoru Kurata & Toshiyuki Nakaike，Vols. 1–8，1979—1997，东京：东京大学出版会。

1，628 p，1979；**2**，648 p，1981；**3**，728 p，1983；**4**，850 p，1985；**5**，816 p，1987；**6**，881 p，1990；7，409 p，1994；**8**，473 p，1997。

本书每册载有 100 种蕨类，每种都有详细的形态图与微观图或图版，还有生境写真、地理点图，以及详细的标本采集地点列表，确实是非常详细的工作。其中，第 7 卷只有 48 种，但包括杂交种；第 8 卷包括补编和总索引以及日本蕨类原始描述和文献目录。

书评参见：Richard E. Holttum，1981 &1988，Vols. 1 & 5，*Kew Bulletin* 36：430，& 43（2）：365；R. Cranfill，1982，Vol. 1，*American Fern Journal* 72（1）：11；M. G. Price，1982，Vol. 2，*American Fern Journal* 72（2）：48。

■ **3.9.1.2.11 原色牧野植物大图鉴 / 补编**，*Makino's Illustrated Flora in Colour*，牧野富太郎著，Tomitaro Makino，本田正次修编，Masaji Honda，906 / 538 页，1982 / 1983；东京：

北隆馆；Tokyo：The Hokuryukan Co. Ltd。

本书实际上是**牧野新日本植物图鉴**的改订本。其中正篇收录离瓣花、合瓣花、单子叶植物、裸子植物和羊齿类（共 2 556 种），外加索引，而补编不仅补充上述类群而且还增加藻类和菌类（共 1 332 种），外加总索引。正篇加补编共收录 3 888 种植物，每种都有分布、简单的描述及彩色绘图，非常实用。

■ **3.9.1.2.12 新日本植物誌　シダ篇**，*New Flora of Japan–Pteridophyta*，中池敏之，Toshiyuki Nakaike，808 页，1982；Tokyo：Shibundo；新日本植物誌　シダ篇改訂増補版，*New Flora of Japan–Pteridophyta–Revised & enlarged*，868 页，1992；東京：至文堂。

本书实为日本蕨类植物标本图集，共收载 23 科 849 图（包括很多杂交种及种下单位）；每种均有学名、特征、生境、产地及利用等方面的简介，并配有标本图片；1992 年增订版共有 909 图。

■ **3.9.1.2.13 *Illustrated Moss Flora of Japan***，Akira Noguchi，Vols. 1–5，1987–1994，Supplemented by Zennoske Iwatsuki；Nichinan，Japan：Hattori Botanical Laboratory。

1，1–242 p，1987，Andreaeaceae-Leucobryaceae；**2**，243–491 p，1988，Calymperaceae-Bryaceae；**3**，493–742 p，1989，Mniaceae-Thamnobryaceae；**4**，743–1012 p，1991，Hookeriaceae-Brachytheciaceae；**5**，1013–1253，1994，Entodontaceae-Fontinalaceae，Index。

本书 5 卷本记载日本藓类约 900 种，按 Hugh N. Dixon（1932）和 Victor F. Brotherus（1924 & 1925）的系统排列，而命名则基于 Roelof van der Wijk et al（1959）的工作；每种都有详细的描述与精美的插图。

书评参见：Aaron J. Sharp，1988 & 1989，*The Bryologist* 91（3）：251，& 92（4）：555。

■ **3.9.1.2.14 日本の野生植物シダ**，*Ferns and fern allies of Japan*，岩槻邦男，Kunio Iwatsuki，311 页，1992；Tokyo：Heibonsha。

本书记载日本蕨类植物 34 科 630 种，包括详细的描述、检索表、分布、变异等，另附 285 幅彩图。

■ **3.9.1.2.15 *Flora of Japan***，Kunio Iwatsuki，Takasi Yamazaki，David E. Boufford，& Hideaki Ohba and Kunio Iwatsuki，David E. Boufford & Hideaki Ohba（eds），Vols. 1–4，1993–2020；Tokyo：Kodansha Ltd.（kspub.co.jp）。

1，320 p，1995，Pteridophyta：Psilotaceae-Azollaceae，Gymnospermae：Cycadaceae-Taxaceae；**2a**，550 p，2006，Angiospermae：Casuarinaceae-Cruciferae；**2b**，321 p，2001，

Droseraceae-Linaceae；**2c**，328 p，1999，Euphorbiaceae-Umbelliferae；**3a**，483 p，1993，Diapensiaceae-Dipsacaceae；**3b**，181 p，1995，Asteraceae/Compositae；**4a**，430 p，2020，Typhaceae-Cyperaceae；**4b**，332 p，2016，Palmae-Orchidaceae。

4 卷 8 册的 *Flora of Japan* 可以说是历史上日本人第一次自己组织编写的英文版出版物，而且还有美方等国的学者参加。全书从组织到完成历时近 30 年，几乎涉及日本全部植物分类学工作，可谓举国之力。与大井次三郎的版本比较，本书不仅内容更新很多，而且还增加了琉球群岛和小笠原群岛，因此被称为真正的 *Flora of Japan*（foj.c.u-tokyo.ac.jp/gbif/）。然而仍然有很多不足，特别是本书没有图，没有数据统计（尽管后来出版社的网站上有这样的记载：第 1 卷 660 种，第 2 卷 1 980 种，第 3 卷 1 270 种，第 4 卷 1 460 种），也没有特有种和外来种的统计。其次，科属以上没有描述，很多外来种和杂交种也如此；但本书的文献引证部分详细地让人眼花缭乱，以致到了无法相信的地步。另外，个别类群的处理和近年来的研究以及周边地区的工作不相符。如柳杉科（Cryptomeriaceae）而不是惯例的杉科（Taxodiaceae）或者柏科（Cupressaceae），还有承认 *Sabina* 而不是 *Juniperus*（Cupressaceae），并且把 *Aria* 和 *Pourthiana* 从 *Sorbus* 和 *Photinia*（Rosaceae）中分开，把 *Styphnolobium* 从 *Sorphora*（Fabaceae）中分出等，类似的地方很多。还有种下划分过细，到了让人烦恼的地步，同时包括很多新组合；如日本特有的 *Hamamelis japonica*（Hamamelidaceae）有 4 个变种外加 4 个变型，其中 2 个是新类群；实际上这些都是园艺学上的栽培变异或品种。最后，本书的价格可能打破世界纪录；目前出版的前 4 卷 7 册大约 2 500 页，价格已达 2 500 美元，大约合每页 1 美元。待全书全部出完，4 卷本 8 册的 *Flora of Japan* 接近 3 000 美元。

英文书评参见：George Yatskievych，1996，*American Fern Journal* 86（3）：104；Rudolf Schmid，1997，*Taxon* 46（1）：170–171；JinShuang MA，2006，*Taxon* 55（4）：1072。中文新书介绍参见马金双，2021，Flora of Japan 介绍，生物多样性 29（4）：559。

▌3.9.1.2.16 *New Catalogue of the Mosses of Japan*，Zennoske Iwatsuki，2004；*Journal of the Hattori Botanical Laboratory*，96：1–182。

本名录基于作者 1991 年工作的重新修订，截至 2004 年共收入日本藓类植物 332 属 1 135 种，按分类群学名顺序排列，每种都有文献、分布及日文名称。

▌3.9.1.2.17 *Catalogue of the hepatics of Japan*，Kohsaku Yamada & Zennoske Iwatsuki，2005，*Journal of the Hattori Botanical Laboratory*，99：1–106。

本名录收载（截至 2004 年底）日本 Hepaticae 134 属 612 种，Anthocerotae 6 属 17 种；按分类群学名顺序排列，每种都有文献、分布及日文名称。

■ **3.9.1.2.18 日本帰化植物写真図鑑**，*Plant Invader 600 Species*，清水矩宏、森田弘彦、广田伸七，Norihiro Shimizu，Hirohiko Morita & Shinshichi Hirota，554页，2007；东京：全国农村教育协会。

本书记载日本归化植物 600 种，并有漂亮的图版，实用性很强。

■ **3.9.1.2.19 日本産シダ植物標準図鑑**，*The Standard of Ferns and Lycophytes in Japan*，海老原淳著，日本蕨类会企画协力，Atsushi Ebihara in collaboration with The Nippon Fernist Club，Vol. Ⅰ：475 p，2016，Lycopodiaceae-Blechnaceae；Ⅱ，507 p，2017，Athyriaceae-Polypodiaceae；Tokyo：Gakken Plus；东京：学研。

本书第一部分为图版（特写与分布）、第二部分为文字解说以及类群的详细形态比较、第三部分为索引（包括和名与学名）。每卷书前都有详细的图版说明、各不同系统的比较以及分科检索表，使用上非常方便。

■ **3.9.2 南亚：越南、老挝、柬埔寨、泰国、缅甸** [①]
本书收载 16 种。

■ **3.9.2.1** *Flore générale de l' Indo-Chine*，publiée sous la direction de Paul Henri Lecomte，rédacteur principal，Francois Gagnepain，1907–1948；*Supplément á la flore générale de l' Indo-Chine*，publié sous la direction de Jean-Henri Humbert，rédacteur principal，Francois Gagnepain，1938–1951；Paris：Masson，…Muséum national d'histoire naturelle—Phanérogamie。

本书的地理范围包括越南、老挝和柬埔寨。编写工作在法国巴黎自然博物馆进行，先后在 Paul Henri Lecomte（1856—1934）和 Jean-Henri Humbert（1887—1967）的主持下，由 Francois Gagnepain（1866—1952）等编写。正文部分共 7 卷，另有补编只有 1 卷（未完成）。本书的卷册划分十分繁琐，而且前后年代不一，为方便读者详细列出。该志正在进行修订，即 *Flore du Cambodge，du Laos et du Vietnam*，是从事中国南方植物研究的必备参考书。

Premiminaire：Introduction and Index，156 p，1944；1（1）：112，1907，Ranunculaceae，Dilleniaceae，Magnoliaceae，Annonaceae；1（2）：113–208，1908，Anonaceae，Menispermaceae，Lardizabalaceae，Berberidaceae，Nymphaeaceae，Fumariaeae，Cruciferae，Capparidaceae，Violaceae；1（3）：209–288，1909，Violaceae，Bixaceae，Pittosporaceae，

---

① 有关南亚和东南亚植物志的历史与进展，参见 David J. Middleton et al.，2019，Progress on Southeast Asia's Flora project，*Gardens' Bulletin Singapore* 71（2）：267-319。

Xanthophyllaceae, Polygalaceae, Caryophyllaceae, Portulacaceae, Tamaricaceae, Elatinaceae, Hypericaceae; 1（4）: 289–448, 1910, Hypericaceae, Guttifereae, Ternstroemiaceae, Dipterocarpaceae, Ancistrocladaceae, Malvaceae; 1（5）: 449–576, 1911, Malvaceae, Sterculiaceae, Tiliaceae; 1（6）: 577–688, 1911, Tiliaceae, Linaceae, Erythroxylaceae, Malpighiaceae, Oxalidaceae, Balsaminaceae, Rutaceae, Simaroubaceae; 1（7）: 689–848, 1911, Simaroubaceae, Irvingiaceae, Ochnaceae, Burseraceae, Meliaceae, Dichapetalaceae, Opiliaceae, Olacaceae, Aptandraceae, Schoepfiaceae, Erythropalaceae, Icacinaceae, Phytocrenaceae, Cardiopteridaceae; 1（8）: 849–1055, 1912, Cardiopteridaceae, Ilicaceae, Celastraceae, Hippocrateaceae, Rhamnaceae, Leeaceae, Ampelidaceae, Sapindaceae, Aceraceae; 2（1）: 1–56, 1908, Sabiaceae, Anacardiaceae, Moringaceae, Connaraceae; 2（2）: 57–216, 1913, Leguminosae-Mimosees, -Caesalpiniees; 2（3）: 217–344, 1916, Leguminosae-Caesalpiniees, -Papilionees; 2（4）: 345–504, 1916, Leguminosae-Papilionees; 2（5）: 505–680, 1916, Leguminosae-Papilionees, Rosaceae; 2（6）: 681–824, 1920, Rosaceae, Saxifragaceae, Crypteroniaceae, Crassulaceae, Droseraceae, Hamamelidaceae, Haloragaceae, Callitrichaceae, Rhizophoraceae, Combretaceae, Gyrocarpaceae, Myrtaceae; 2（7）: 825–980, 1921, Myrtaceae, Melastomaceae, Lythraceae, Punicaceae; 2（8）: 981–1132, 1921, Oenotheraceae, Samydaceae, Homaliaceae, Passifloraceae, Cucurbitaceae, Begoniaceae, Datiscaceae, Ficoides, Umbelliferae; 2（9）: 1133–1197, 1923: Umbelliferae, Araliaceae, Cornaceae; 3（1）: 1–144, 1922, Caprifoliaceae, Rubiaceae; 3（2）: 145–288, 1923, Rubiaceae; 3（3）: 289–432, 1924, Rubiaceae; 3（4）: 433–576, 1924, Valerianaceae, Dipsacaceae, Compositae; 3（5）: 577–664, 1924, Compositae, Stylidiaceae; 3（6）: 665–808, 1930, Stylidiaceae, Goodeniaceae, Lobeliaceae, Campanulaceae, Vacciniaceae, Clethraceae, Ericaceae, Epacridaceae, Plumbaginaceae, Primulaceae, Myrsinaceae; 3（7）: 809–978, 1930, Myrsinaceae, Sapotaceae, Ebenaceae; 3（8）: 979–1122, 1933, Styracaceae, Symplocaceae, Oleaceae, Salvadoraceae, Apocynaceae; 3（9）: 1123–1262, 1933, Apocynaceae; 4（1）: 1–160, 1912, Asclepiadaceae, Loganiaceae; 4（2）: 161–224, 1914, Loganiaceae, Gentianaceae, Boraginaceae; 4（3）: 225–336, 1915, Boraginaceae, Hydrophyllaceae, Convolvulaceae, Solanaceae; 4（4）: 337–464, 1927, Solanaceae, Scrophulariaceae, Orobanchaceae; 4（5）: 465–608, 1930, Orobanchaceae, Lentibulariaceae, Gesneriaceae, Bignoniaceae, Pedaliaceae; 4（6）: 609–752, 1935, Pedaliaceae, Acanthaceae; 4（7）: 753–896, 1935, Acanthaceae, Verbenaceae; 4（8）: 897–1040, 1936, Verbenaceae, Myoporaceae, Labiatae; 4（9）: 1041–1078, 1936: Labiatae, Plantaginaceae, Nyctaginaceae, Amaranthaceae; 5（1）: 1–96, 1910, Chenopodiaceae,

Basellaceae, Phytolaccaceae, Polygonaceae, Podostemonaceae, Nepenthaceae, Aristolochiaceae, Saururaceae, Piperaceae, Chloranthaceae, Myristicaceae; **5 (2)**: 97–164, 1914, Myristicaceae, Monimiaceae, Lauraceae, Hernandiaceae, Proteaceae; **5 (3)**: 165–228, 1915, Thymelaeaceae, Elaeagnaceae, Loranthaceae, Santalaceae, Balanophoraceae; **5 (4)**: 229–372, 1925, Euphorbiaceae; **5 (5)**: 373–516, 1926, Euphorbiaceae; **5 (6)**: 517–676, 1927, Euphorbiaceae, Ulmaceae; **5 (7)**: 677–820, 1928, Ulmaceae, Cannabaceae, Moraceae; **5 (8)**: 821–916, 1929, Moraceae, Urticaceae; **5 (9)**: 917–1028, 1929, Urticaceae, Juglandaceae, Myricaceae, Casuarinaceae, Fagaceae; **5 (10)**: 1029–1092, 1931, Fagaceae, Betulaceae, Salicaceae, Ceratophyllaceae, Gnetaceae, Taxaceae, Araucariaceae, Abietaceae, Cupressaceae, Cycadaceae; **6 (1)**: 1–128, 1908, Hydrocharitaceae, Burmanniaceae, Zingiberaceae, Marantaceae; **6 (2)**: 129–288, 1932, Marantaceae, Cannaceae, Musaceae, Orchidaceae; **6 (3)**: 289–432, 1933, Orchidaceae; **6 (4)**: 433–576, 1933, Orchidaceae; **6 (5)**: 577–720, 1934, Orchidaceae, Apostasiaceae, Hemodoraceae, Iridaceae, Amaryllidaceae, Taccaceae, Dioscoreaceae; **6 (6)**: 721–840, 1934, Dioscoreaceae, Stemonaceae, Liliaceae, Pontederiaceae, Philydraceae, Xyridaceae; **6 (7)**: 841–984, 1937, Xyridaceae, Commelinaceae, Flagellariaceae, Juncaceae, Palmae; **6 (8)**: 985–1074, 1937, Palmae, Pandanaceae, Typhaceae; **6 (9)**: 1075–1232, 1942, Araceae, Lemnaceae, Alismaceae, Butomaceae, Naiadaceae, Potamogetonaceae, Aponogetonaceae, Centrolepidaceae, Restiaceae; **7 (1)**: 1–96, 1912, Eriocaulaceae, Cyperaceae; **7 (2)**: 97–192, 1912, Cyperaceae; **7 (3)**: 193–336, 1922, Cyperaceae, Gramineae; **7 (4)**: 337–480, 1922, Gramineae; **7 (5)**: 481–650, 1923: Gramineae; **7² (6)**: 1–144, 1939, Pteridophytae; **7 (7)**: 145–288, 1940, Pteridophytae; **7 (8)**: 289–432, 1941, Pteridophytae; **7 (9)**: 433–544, 1941, Pteridophytae; **7 (10)**: 545–596, 1951, Pteridophytae; **Supplément 1 (1)**: 1–144, 1938, Ranunculaceae, Dilleniaceae, Magnoliaceae, Annonaceae, Menispermaceae, Sargentodoxaceae, Berberidaceae; **1 (2)**: 145–236, 1939, Berberidaceae, Lardizabalaceae, Nymphaeaceae, Papaveraceae, Fumariaceae, Curciferae, Capparidaceae, Violaceae, Bixaceae, Pittosporaceae, Xanthophyllaceae, Polygalaceae; **1 (3)**: 237–364, 1943, Polygalaceae, Caryophylaceae, Portulacaceae, Elatinaceae, Hypericaceae, Guttiferae, Ternstroemiaceae, Pentaphyllaceae, Dipterocarpaceae, Malvaeae; **1 (4)**: 365–588, 1945, Malvaceae, Ancistrocladaceae, Sterculiaceae, Tiliaceae, Linaceae, Erythroxylaceae, Malpighiaceae, Zygophyllaceae, Oxalidaceae, Geraniaceae, Balsaminaceae; **1 (5)**: 589–700, 1946, Balsaminaceae, Rutaceae, Simaroubaceae, Irvingiaceae, Ochnaceae, Burseraceae, Meliaceae; **1 (6)**: 701–764, 1948, Meliaceae, Dichapetalaceae, Opiliaceae, Olacaceae, Aptandraceae, Schoepfiaceae,

Erythropalaceae, Icacinaceae, Phytocrenaceae, Cardiopteridaceae, Aquifoliaceae; **1**（7）: 765-844, 1948, Aquifoliaceae, Celastraceae, Hippocrateaceae, Siphonodontaceae, Rhamnaceae, Leeaceae; **1**（8）: 845-1013, 1950, Leeaceae, Ampelidaceae, Sapindaceae, Hippocastanaceae, Bretschneideraceae, Aceraceae; **1**（9）: 1014-1027, 1950, Ampelidaceae, Sapindaceae, Staphyleaceae, Hippocastanaceae, Bretschneideraceae, Aceraceae。

■ 3.9.2.2 *Flore du Cambodge*，*du Laos et du Viét-Nam*，Vols. 1-22, 1960-1986, *Flore du Cambodge*，*du Laos et du Viétnam*，23+, 1987+; Publiée sous la direction de Andre Aubréville, Rédacteur principal, Marie Laure Tardieu, Vols. 1+, 1960+; Paris: Muséum national d'histoire naturelle。

本书实为 *Flore Genevale de l' Indo-Chine* 的修订版，在 Andre Aubréville（1897—1982）和 Jean-Francois Leroy（1915—1999）的先后主持下由 Marie Laure Tardieu（1902—1998）等编写。自 1960 年出版以来，现已出版 36 卷（至 2018 年）。每卷包括的内容与顺序无关，实际上是先完成者先出版。如果要了解某一类群是否出版，可查阅最新出版的一卷，其封面上有科名和卷数索引。本志自第 13 卷后，每卷后附有分省地图及其各国各省的编号，还有各省的新旧地名索引。本志及其前面版本的编写工作均在法国巴黎自然历史博物馆进行，所用的语种为法语，书中除文献引证、描述、检索表及绘图外，还有标本引证，且伴随有新分类群的发表，实为研究中国热带和亚热带的重要参考书。

1，58 p，1960，Sabiaceae；**2**，200 p，1962，Moringaceae, Connaraceae, Anacardiaceae；**3**，105 p，1963，Sapotaceae；**4**，216 p，1965，Saxifragaceae, Crypteroniaceae, Droseraceae, Hamamelidaceae, Haloragaceae, Rhizophoraceae, Sonneratiaceae, Punicaceae；**5**，157 p，1967，Umbelliferae, Aizoaceae, Molluginaceae, Passifloraceae；**6**，210 p，1968，Rosaceae I（excl. *Rubus*）；7，83 p，1968，Rosaceae II（*Rubus*）；**8**，53 p，1968，Nyssaceae, Cornaceae, Alangiaceae；**9**，55 p，1969，Campanulaceae；**10**，119 p，1969，Combretaceae；**11**，114 p，1970，Flacourtiaceae, Bixaceae, Cochlospermaceae；**12**，23 p，1970，Hernandiaceae；**13**，111 p，1972，Loganiaceae, Buddlejaceae；**14**，91 p，1973，Ochnaceae, Onagraceae, Trapaceae, Balanophoraceae, Rafflesiaceae, Podostemaceae, Tristichaceae；**15**，123 p，1975，Cucurbitaceae；**16**，75 p，1977，Symplocaceae；**17**，217 p，1979，Leguminosae: Phaseoleae；**18**，227 p，1980，Leguminosae: Cesalpinioideae；**19**，159 p，1981，Leguminosae: Mimosoideae；**20**，175 p，1983，Pandanaceae, Sparganiaceae, Ruppiaceae, Potamogetonaceae, Aponogetonaceae, Smilacaceae, Philydraceae, Hanguanaceae, Flagellariaeae, Restionaceae, Centrolepidaceae, Lowiaceae, Xyridaceae；**21**，217 p，1985，Scrophulariaceae；**22**，72 p，1985，Bignoniaceae；**23**，258 p，1987，Leguminosae:

Papilionoideae; **24**, 144 p, 1989, Amaranthaceae, Basellaceae, Caryophyllaceae, Chenopodiaceae, Nyctaginaceae, Phytolaccaceae, Portulacaceae, Cactaceae; **25**, 123 p, 1990, Dipterocarpacees; **26**, 207 p, 1992, Rhoipteleaceae, Juglandaceae, Thymelaeaceae, Proteaceae, Primulaceae, Styracaceae; **27**, 154 p, 1994, Leguminosae: Papilionoideae: Desmodieae; **28**, 166 p, 1996, Gymnospermae: Cycadaceae, Pinaceae, Taxodiaceae, Cupressaceae, Podocarpaceae, Cephalotaxaceae, Taxaceae, Gnetaceae; **29**, 67 p, 1997, Leguminosae: Papilionoideae: Dalbergieae; **30**, 191 p, 2001, Leguminosae: Papilionoideae: Millettieae; **31**, 97 p, 2003, Gentianaceae; **32**, 228 p, 2004, Myrsinaceae; **33**, 276 p, 2014, Apocynaceae; **34**, 63 p, 2014, Polygalaceae; **35**, 104 p, 2014, Solanaceae; **36**, Convolvulaceae, 406 p, 2018。

注意：Title for 33—34 & 36 is as *Flora of Cambodia*, *Laos and Vietnam*。

▎ **3.9.2.3 *Cậyco Việtnam*, *An Illustrated Flora of Vietnam*,** Phạm-Hoàng Hô, 1st ed, 1969, 2nd ed, 1970 & 1972; 3rd ed, vols. 1（1）: 1–618 p, & 1（2）: 619–1249 p, 1991, 2（1）: 1–609 p, & 2（2）: 611–1174 p, 1992, 3（1）: 1–603 p, & 3（2）: 603–1176 p, 1993; Montreal: Phạm-Hoàng Hô; 4th ed, 1999; Ho Chi Minh: Nha Xuat Ban Tre。

本书是越南目前最全的植物志，第 3 版记载 10 419 种维管植物，第 4 版记载 11 611 种，而且每个种都有简单的草图、详细的越南文描述和简单的英文描述。

1, 991 p, 1999, Psilotaceae-Azollaceae; Cycadaceae-Amentotaxaceae; Magnoliaceae-Papilionoideae; **2**, 953 p, 1999, Eleagnaceae-Scrophulariaceae; **3**, 1020 p, 1999, Myoporaceae-Orchidaceae, & Supplement。Index[①], 41 p。

▎ **3.9.2.4 *Vascular Plants Synopsis of Vietnamese Flora*,** Trích yêu thuc vât có mach thuc vât chí Viêt Nam, Leonid V. Averyanov et al（eds）, **1**, 1–199 p, 1990, & **2**, 1–274 p, 1996; Proceedings of the Academy of Sciences of the USSR. V. L. Komarov Botanical Institute & National Centre for Scientific Research of Vietnam, Institute of Ecology and Biological Resources。St. Petersburg: World and Family。

俄罗斯近年来在越南开展大规模采集与研究，而且还有出版物发行；本工作就是其中的一个缩影。本书第 1 卷包括兰科，苋科和旋花科，第 2 卷则包括番杏科等 50 个科。每种均有文献及产地，卷首有越南的行政简图。

---

① 41 页的越南文和学名索引是后来印刷的，没有任何具体的出版信息。

3.9.2.5 *Handbook to Reference and Identification of the Families of Angiospermae Plants in Vietnam*，Nguyen Tien Ban，532 p，1997；Hanoi：Agriculture Publishing House。

本书第一部分（1-79 页）是越南被子植物 265 科的基本情况，第二部分（80-161 页）是分科检索表，第三部分（162-454 页）是属的基本情况，按学名排列，第四部分（455-515 页）是属的越南文索引，第五部分（516-525 页）是科的越南文索引。

3.9.2.6 *Thuc vat chi Viet Nam*，*Flora of Vietnam*，Hanoi：Nha Xuat Ban Khoa Hoc Va Ky Thuat。本工作是越南文，包括广义的植物学范畴。

1，342 p，2000，Annonaceae；**2**，278 p，Lamiaceae；**3**，571 p，2002，Cyperaceae；**4**，237 p，2002，Myrsinaceae；**5**，347 p，2007，Apocynaceae；**6**，283 p，2007，Verbenaceae；**7**，723 p，2007，Asteraceae；**8**，511 p，2007，Liliales（22 families）；**9**，219 p，2007，Orchidaceae-*Dendrobium*；**10**，279 p，2007，Chlorophyta；**11**，247 p，2007，Fucales & Polygonaceae。**12**，356 p，2017，Sapindaceae；**13**，414 p，2017，Arecaceae；**14**，314 p，2017，Malvaceae；**15**，482 p，2017，Asclepiadaceae；**16**，458 p，2017，Araceae；**17**，324 p，2017，Solanaceae & Loganiaceae；**18**，416 p，2017，Gesneriaceae；**19**，357 p，2017，Theaceae；**20**，698 p，2017，Lauraceae；**21**，469 p，2017，Zingiberaceae。

3.9.2.7 **Danh luc Các Loài Thực Vật Việt Nam**，*Checklist of Plant Species of Vietnam*，Coordinator by Le Trong Cuc；Ha Noi：Nha Xuat Ban Nong NGHIEP。

1，1182 p，Procaryota-Gymnospermae，2001，**2**，1203 p，Magnoliaceae-Viscaceae，2003，**3**，1248 p，Santalaceae-Typhaceae，2005。

这是目前能见到的最权威的越南植物学资料，包括广义植物类群：Procaryota 368，Fungi 2200，Algae 2176，Bryophyta 841，Psilotophyta 1，Lycopodiophyta 53，Equisetophyta 2，Polypodiophyta 692，Gymnospermae 69，Angiospermae c. 10000（and more than 850 infraspecies，Richard K. Brummitt 1992）。全书由越文写成，每个类群都包括详细的产地与生境。

3.9.2.8 *Florae Siamensis Enumeratio* A list of the plants known frow Siam with records of their occurrence，William G. Craib，1925-1936 & 1938-1954，joined by Arthur F. G. Kerr（since 1936）；Bangkok：The Bangkok Times Press，Ltd。

Willaim G. Craib（1882—1933）是研究南亚植物的著名专家，遗憾的是其在世时未能完成这部著作，故去后由 Arthur F. G. Kerr（1877—1942）承担未完的部分，后者不幸也在二次世界大战期间故去，其手稿直到多年后才经 Euphemia C. Barnett（1890—1970）整理发表（并页码连续）。

1（1），1-198 p，1925，Ranunculaceae-Elaeocarpaceae；1（2），199-358 p，1926，Linaceae-Anacardiaceae；1（3），359-562 p，1928，Connaraceae-Leguminosae；1（4），563-809 p，1931，Rosaceae-Nyssaceae；2（1），1-146 p，1932，Caprifoliaceae-Rubiaceae（in part）；2（2），147-234 p，1934，Rubiaceae（continued）-Dipsacaceae；2（3），235-310 p，1936，Compositae-Campanulaceae；2（4），311-394 p，1938，Vacciniaceae-Styraceae；2（5），395-476 p，1939，Oleaceae-Apocynaceae；3（1），1-100 p，1951，Asclepiadaceae-Convolvulaceae（in part）；3（2），1-81 p，1954，Convolvulaceae（continued），Scrophulariaceae（in part）；3（3），181-238 p，1962，Scrophulariaceae（continued）-Gesneriaceae，Index to all volumes/parts。

■ **3.9.2.9** *A Phylogenetic Study of The Ferns of Burma*，Frederick G. Dickason，1946，*Ohio Journal of Science* 46：109-141。

本文报道缅甸蕨类植物 104 属 460 种，包括研究简史、分属检索表、名录、分布、标本引证及学名索引。

■ **3.9.2.10** *Flora of Thailand*，Tem Smitinand & Kai Larsen（eds），Bangkok：Applied Scientific Research Corporation of Thailand。

本志是丹麦和泰国长期合作的产物①。自 1970 年开始出版第 2 卷第 1 部分（计划在第 1 卷中包括泰国的土壤和植物地理、采集历史、植物学文献、术语以及分科检索表等，但目前尚未出版）；每卷都附有泰国植物区系分区和行政分省图。

位于泰国林业标本馆的泰国植物志官方网址：http：//www.dnp.go.th/botany/Botany_Eng/FloraofThailand/flora_Eng.html。

1，XXXX；2（1），1-91 p，1970，Haloragaceae，Rhizophoraceae，Oxalidaceae，Ochnaceae，Rosaceae，Icacinaceae；2（2），93-196 p，1972，Cardiopteridaceae，Dilleniaceae，Saurauiaceae，Schisandraceae，Illiciaceae，Connaraceae，Apostasiaceae，Actinidiaceae，Theaceae，Bonnetiaceae，Centrolepidaceae，Flagellariaceae，Hanguanaceae，Juncaceae，Lowiaceae，Restionaceae，Triuridaceae，Balanophoraceae，Rafflesiaceae，Cycadaceae，Pinaceae，Cephalotaxaceae，Cupressaceae；2（3），197-280 p，1975，Podocarpaceae，Gnetaceae，Smilacaceae，Magnoliaceae，Portulacaceae，Stylidiaceae，Goodeniaceae，Sphenocleaceae；2（4），281-464 p，1981，Ebenaceae，Cannabaceae，Hippocastanaceae，Irvingiaceae，Casuarinaceae，

---

① 参见系列报道 Studies in the Flora of Thailand（1-59），*Dansk Botanisk Arkiv* 20-27（1961-1969）。

Elaeocarpaceae, Simaroubaceae, Symplocaceae; **3**（1）, 1–128 p, 1979, Pteridophytes：**3**（2）, 129–296 p, 1985, Pteridophytes；**3**（3）, 297–480 p, 1988, Pteridophytes；**3**（4）, 481–639 p, 1989, Pteridophytes：Dipteridaceae, Cheiropleuriaceae, Polypodiaceae, Grammitidaceae, Marsileaceae, Salviniaceae, Azollaceae, Addtions and Corrections；**4**（1）, 1–130 p, 1984, Leguminosae-Caesalpinioideae；**4**（2）, 131–220 p, 1985, Leguminosae-Mimosoideae；**4**（**3.1**）, 221–371 p, 2018, Leguminosae-Papilionoideae；**5**（1）, 1–138 p, 1987, Aristolochiaceae, Bignoniaceae, Droseraceae, Epacridaceae, Gentianaceae, Opiliaceae, Philydraceae, Proteaceae, Salicaceae, Thismiaceae, Valerianaceae, Xyridaceae；**5**（2）, 139–238 p, 1990, Scrophulariaceae；**5**（3）, 239–374 p, 1991, Bretschneideraceae, Capparaceae, Malpighiaceae, Menispermaceae, Nyctaginaceae；**5**（4）, 375–470 p, 1992, Amaranthaceae, Basellaceae, Caryophyllaceae, Chloranthaceae, Crypteroniaceae, Phytolaccaceae, Sonneratiaceae, Umbelliferae；**6**（1）, 1–80 p, 1993, Taccaceae, Tiliaceae；**6**（2）, 81–177 p, 1996, Myrsinaceae；**6**（3）, 179–245 p, 1997, Cruciferae, Hugeniaceae, Ixonanthaceae, Linaceae, Loganiaceae, Thymelaeaceae；**6**（4）, 247–485 p, 1998, Cyperaceae；**7**（1）, 1–250 p, 1999, Apocynaceae, Primulaceae, Sapindaceae；**7**（2）, 251–349 p, 2000, Callitrichaceae, Chenopodiaceae, Hydrophyllaceae, Monotropaceae, Myricaceae, Oleaceae, Salvadoraceae, Saururaceae；**7**（3）, 352–654 p, 2001, Alismataceae, Aponogetonaceae, Ctenolophonaceae, Cymodoceaceae, Hamamelidaceae, Hydrocharitaceae, Lemnaceae, Limnocharitaceae, Melastomataceae, Polygalaceae, Potamogetonaceae, Sterculiaceae；**7**（4）, 655–920 p, 2002, Buddlejaceae, Hydrangeaceae, Loranthaceae, Myristicaceae, Myrtaceae, Saxifragaceae, Viscaceae；**8**（1）, 1–303 p, 2005, Euphorbiaceae, Genera A–F；**8**（2）, 305–592 p, 2007, Euphorbiaceae, genera G–Z；**9**（1）, 1–87 p, 2005, Aizoaceae, Aralidiaceae, Bombacaceae, Datiscaceae, Iteaceae, Lardizabalaceae, Molluginaceae, Petrosaviaceae, Pontederiaceae, Santalaceae, Sarcospermataceae；**9**（2）: 91–188 p, 2008, Cannaceae, Caricaceae, Carlemanniaceae, Costaceae, Cunoniaceae, Heliconiaceae, Hemerrocallidaceae, Iridaceae, Lomandraceae, Marantaceae, Orobanchaceae, Plagiopteraceae, Plantaginaceae, Sabiaceae, Strelitziaceae, Typhaceae；**9**（3）: 179–410 p, 2008, Fagaceae；**9**（4）: 411–546 p, Cucurbitaceae；**10**（1）: 1–140 p, 2009, Dioscoreaceae；**10**（2）: 141–263 p, 2010, Celastraceae, Hernandiaceae, Leeaceae, Mastixiaceae, Passifloraceae, Verbenaceae；**10**（3）: 265–468 p, 2010, Anacardiaceae & Convolvulaceae；**10**（4）: 469–675 p, 2011, Cecropiaceae & Moraceae；**11**（1）: 1–99 p, 2011, Cornaceae, Daphniphyllaceae, Erythroxylaceae, Helwingiaceae, Lentibulariaceae, Monimiaceae, Ranunculaceae & Stemonaceae；**11**（2）: 101–325 p, 2012, Acoraceae & Araceae；**11**（3）: 323–498 p, 2013, Arecaceae（Palmae）；

11（4）：499–666 p，2014，Campanulaceae，Elatinaceae，Lythraceae，Onagraceae，Ruppiaceae，Sapotaceae & Staphyleaceae；**12（1）**：1–302 p，2011，Orchidaceae 1；**12（2）**：303–670 p，2014，Orchidaceae 2；**13（1）**：1–141 p，2015，Achariaceae，Adoxaceae，Cannabaceae，Caprifoliaceae，Ericaceae，Salicaceae & Ulmaceae；**13（2）**：143–428 p，2016，Compositae（Asteraceae）；**13（3）**：429–556 p，2017，Dipsacaceae，Eriocaulaceae，Juglandaceae，Melanthiaceae，Oleaceae（Myxopyreae），Plumbaginaceae，Polyosmaceae，Sapindaceae（Hippocastanoideae）；**13（4）**：557–685 p，2017，Dipterocarpaceae；**14（1）**：1–184，2018，Betulaceae，Busaceae，Cornaceae（Part 2），Dichapetalaceae，Gelsemiaceae，Moringaceae，Olacaceae，Podostemaceae，Polygonaceae & Violaceae。

▌ **3.9.2.11** *Flora of Thailand*，Chote Suvatti（ed），Vols. 1—2，1-1 503 p，1978；Bangkok：Royal Institute，Thailand。

本书名为植物志，但所记载的内容仅是名录，包括广义的植物类群。其中藻菌植物1 291种，苔藓植物336种，蕨类植物222种，裸子植物47种，单子叶植物1 081种，双子叶植物3 608种。书末附有参考文献、泰文和学名索引。

▌ **3.9.2.12** *A Checklist of the Trees，Shrubs，Herbs，and Climbers of Myanmar*，W. John Kress，Robert A. DeFilipps，Ellen R. Farr & Daw Yin Yin Kyi（eds），Smithsonian Institution，*Contribution from the United States National Herbarium*，45：1–590 p，2003；Washington DC：Department of Systematic Biology-Botany，National Museum of Natural History。

本名录包括缅甸原产和栽培的种子植物273科2 371属11 800种，每一种都有习性、分布、学名和缅甸名称，并且数据库上网（botany.si.edu / Myanmar /）。前言部分还有缅甸的自然地理及植被的介绍，包括彩色图等，对于从事中国西南的植物研究有很大的参考价值。缅甸历史上曾经是 *Flora of British India* 的覆盖范围，但本书的编写则基于过去百年间的不断修订。其中 John H. Lace 1912 年的第 1 版 2 483 种，Alexander Rodger 1921 年的第 2 版 2 927 种，H. G. Hundley 1957 年的第 3 版近 7 000 种和 1987 年第 4 版 285 科 2 254属 7 050 种。读者在使用时应注意，本书的前 4 版基本上是 George Bentham & Joseph D. Hooker 的系统，而最新的版本则依据 Richard K. Brummitt 1992 年 *Vascular Plant Families and Genera* 的概念，即当时邱园使用的修改后的 George Bentham & Joseph D. Hooker 的系统。

新版的书评参见：Ian Turner，2003，*Taxon* 52（4）：883–884。

▌ **3.9.2.13** A Checklist of Indochinese Mosses，Benito C. Tan & Zennoske Iwatsuki，1993，

The Journal of The Hattori Botanical Laboratory 74：325–405。

本文的地理范围为中国以南、印度次大陆以东的广大地区，包括马来半岛，共记载 55 科 236 属 995 种（截至 1992 年底），每种植物都有详细的文献以及分布信息。

■ **3.9.2.14** *Checklist of Lao Plants Names*，Mike Callaghan，207 p，2004；Vientiane：Mimeograph。

本书没有具体统计数字，但每种植物都有学名（隶属的科）、老挝名、老挝字、英文名及习性的记载。本书主题以学名字母为序，并有老挝名、老挝字、英文名的索引。

■ **3.9.2.15** *A Checklist of the Vascular Plants of Lao PDR*，Mark Newman etc，394 p，2007；Edinburgh：Royal Botanic Garden Edinburgh。

本名录包括 4 850 种维管束植物，包括栽培、引种和归化的类群。详细参见书评：Timothy M. A. Utteridge，*Thai Forest Bulletin* 36：142–143，2008。

■ **3.9.2.16** *Lao Flora-A Checklist of Plants found in Lao PDR with scientific and vernacular names*，Lamphay Inthakoun & Claudio O. Delang（eds），238 p，2008；Morrisville，NC：Lulu Enterprises。

本名录是近年来有关老挝植物的总结，但只包括主要的老挝文和学名的索引以及有关的研究简史及概况简介。

■ **3.9.3** 喜马拉雅：尼泊尔、不丹、锡金
本书收载 20 种。

■ **3.9.3.1** *The Flora of Eastern Himalaya* results of the Botanical Expedition to Eastern Himalaya organized by the University of Tokyo 1960 and 1963，compiled by Hiroshi Hara，744 p，1966；Tokyo：University of Tokyo Press；2rd report，results of the Botanical Expeditions to Eastern Himalaya in 1967 and 1969 organized by the University of Tokyo，compiled by Hiroshi Hara，393 p，1971；Tokyo：University of Tokyo Press；3rd report，results of the botanical expeditions to Eastern Himalaya in 1972 organized by the University of Tokyo，compiled by Hiroyoshi Ohashi，458 p，1975；Tokyo：University of Tokyo Press。

本书是东京大学先后五次组织的东喜马拉雅地区考察研究报告。第 1 卷报告第 1 次（1960 年）和第 2 次（1963 年）考察的结果，第 2 卷报告第 3 次（1967 年）和第 4 次（1969 年）考察的结果，第 3 卷报告第 5 次（1972 年）考察结果。考察的地区和路线分

别列于各卷之首，主要在尼泊尔东部、锡金和不丹西部。各卷除列举所采到的标本名录外，还报道了引种与日本的该区植物的细胞学研究结果。此外，还对某些类群，如 *Sedum*（Subgen. *Rhodiola*），*Hedysarum*，*Helwingia*，*Desmodium* 等属进行详细研究。覆盖类群以苔藓、蕨类、种子植物为主，兼及真菌和地衣。这三本报告，不仅对我们了解东喜马拉雅山植物有很大帮助，也是近代地区性植物考察报告的典范。

■ **3.9.3.2** *Keys to the Dicot genera in Nepal*，**1**，98 p，1967，Polypetalae；**2**，71 p，1968，Gamopetalae and Monochlamydeae；Kathmandu：His Majeqty's Government of Nepal，Ministry of Forests，Department of Medicinal Plants。

■ **3.9.3.3** *Keys to the Pteridophytes，Gymnosperms and Monocotyledonous Genera of Nepal*，90 p，1981；Kathmandu：His Majesty's Government of Nepal，Ministry of Forests，Department of Medicinal Plants。

上述工作（第 3.9.3.2 和 3.9.3.3 种）没有具体统计数据，但共同组成一个完整的尼泊尔维管植物属的检索表。

■ **3.9.3.4** *Catalogue of Nepalese Vascular Plants*，Samar B. Malia et al（eds），211 p，1976，*Bulletin of Department of Medicinal Plant，Nepal.* No. 7；Kathmandu：Ministry of Forests，Nepal。

本名录包括维管植物 210 科 1 242 属 3 453 种（约占尼泊尔估计总数的 1/2），其中蕨类植物 308 种，裸子植物 24 种，被子植物 3 121 种。

I，Gymnosperms and Monocotyledons，174 p；Keshab Raj Rajbhandari，Sushim Ranjan Baral，Government of Nepal，Department of Plant Resources，National Herbarium and Plant Laboratories，2010，10 families，17 genera and 31 species in Gymnosperms and 29 families，311 genera and 1006 species of Monocotyledons。II，Dicotyledons（Ranunculaceae to Dipsacaceae），210 p；Keshab Raj Rajbhandari，Khem Raj Bhattarai，Sushim Ranjan Baral，Government of Nepal，Department of Plant Resources，National Herbarium and Plant Laboratories，2011，98 families，510 genera and 1433 species。III，Dicotyledons（Compositae to Salicaceae），255 p；Keshab Raj Rajbhandari，Khem Raj Bhattarai，Sushim Ranjan Baral，Government of Nepal，Department of Plant Resources，National Herbarium and Plant Laboratories，2012，62 families 530 genera and 1513 species。**Supplement 1**，304 p；2015；Keshab Raj Rajbhandari，Ganga Datt Bhatt，Rita Chhetri，Sanjeev Kumar Rai，checklist 60 pages，index 30 pages，and 604 pictures。Total，95 familiess，327 genera and 560 taxa has been added, including 20 new taxa.

■ **3.9.3.5** ***An Enumeration of the Flowering Plants of Nepal***, Hiroshi Hara, Willam T. Stearn & Leonard H. J. Williams（eds），**1**，1–154 p，1978；**2**，Hiroshi Hara & Leonard H. J. Williams（eds），1–220 p，1979；& **3**，Hiroshi Hara, Arthur O. Chater & Leonard H. J. Williams（eds），1–226 p，1982；London：British Museum（Natural History）。

本书是 20 世纪中后期英国 British Museum（Natural History）Leonard H. J. Williams（1915—1991）和日本东京大学 Hiroshi Hara（1911—1986）在尼泊尔的考察结果。虽名曰"名录"，但每科有分属、分种检索表。每一种除列举有关异名和文献外，按尼泊尔的气候和植被分区（分东、中、西三部），每区列举 1 至 2 个标本，以示各区的分布和生长海拔等，实为以最简约的方式给读者以最大的信息量。本书卷首有尼泊尔植物研究简史。

■ **3.9.3.6** ***Flora of Bhutan including a record of plants from Sikkim***，Andrew J. C. Grierson & David G. Long，Edinbough：Royal Botanic Garden。

本志是一本手册性的植物志，有科、属、种的简要描述和检索表，3 卷本共 10 本。第 1 卷第 1 分册的卷首讨论了不丹及锡金的植被、植物区系成分、采集简史以及参考文献。这些对我们研究西藏、云南等地区的植物有参考价值。详细如下：

1（1）：1–186 p，1983，Origin and aims of the Flora，Botanical exploration of Bhutan and Sikkim，Geographical outline of Bhutan，Classification of the vegetation of Bhutan，Conservation of the Bhutanese flora，Phytogeography of Bhutan and Sikkim floras，Horticultural introduction of Bhutanese plants，Notes on taxonomic treatment，Scope of Flora，Geographical subdivision of Bhutan，and Botanical bibliography of Bhutan and Sikkim，Gymnospermae：Cycadaceae-Gnetaceae，and Angiospermae：Myricaceae-Polygonaceae；1（2）：189–462 p，1984，Phytolaccaceae-Moringaceae；1（3）：466–834 p，1987，Hamamelidaceae-Daphniphyllaceae；2（1）：1–426 p，1991，Rutaceae-Ericaceae；2（2）：427–1033 p，1999，Umbelliferae-Labiatae；2（3）：1035–1675 p，2001，Solanaceae-Compositae；3（1）：1–456 p，1994，Dioscoreaceae-Pandanaceae；3（2）：457–883 p，2000，Gramineae，The Grasses of Bhutan；3（3）：1–643 p，2002，The Orchids of Bhutan。

■ **3.9.3.7** ***The Himalayan Plants***，Hideaki Ohba & Samar B. Malia（eds），Univercity of Tokyo Press；**1**，386 p，1988，*Bulletin*，*University of Tokyo*，*University Museum* No. 31；**2**，269 p，1991，*Bulletin*，*University of Tokyo*，*University Museum* No. 34；**3**，174 p，1999，*Bulletin*，*University of Tokyo*，*University Museum* No. 39。

本书为日本东京大学与尼泊尔药用植物部（Department of Medical Plant，Nepal）两家合作研究工作的总结，主要报道分类研究成果，对研究中国西南地区植物的研究有参考价值。

■ **3.9.3.8** *Name List of the Flowering Plants and Gymnosperms of Nepal*，Hidehisa Koba，Shinobu Akiyama，Yasuhiro Endo & Hideaki Ohba，569 p，1994；Tokyo：The University Museum，The University of Tokyo，Material Reports No. 32。

自上世纪 60 年代日本学者研究尼泊尔植物以来，出版了 *An Enumeration of the Flowering Plants of Nepal*（1978，1979，1982）等工作，但是没有索引，各种分类群也没有按系统排列，很难查找。本书就是为方便读者起见而编辑的索引。第一部分作为全书的主题按属名字母顺序排列，第二部分是上述名录出版之后最新资料的补充。

■ **3.9.3.9** *Flora of Nepal*，Madhusudan S. Bista，Y. Vaidya & Keshab R. Rajbhandari（eds），1995+；Kathmandu：Department of Plant Resources by Ministry of Forest & Soil Conservation。

本志计划 16 卷，包括全部植物界类群；其中第 10 和 16 卷分别为种子植物和孢子植物的索引和文献。详细参见：*Flora of Nepal*，Nepal Flora Implementation Project，Flora of Napal National Work Plan，His Majesty's Government，Ministry of Forest and Soil Conservation，Department of Plant Resources，Thapathali，Kathmandu，Nepal；30+60 p，1997。

Vol. 1（Parts 20），12 p，1997，Fagaceae；**2（17）**，18 p，1995，Magnoliaceae；**2（20）**，5 p，1997，Annonaceae；**4（1）**，7 p，2001，Oxalidaceae；**4（6）**，22 p，2000，Melastomataceae；**4（23）**，15 p，2001，Aceraceae；**4（26）**，7 p，2001，Sabiaceae；**4（32）**，44 p，2000，Malvaceae；**4（33）**，3 p，2000，Bombaceae；**4（39）**，18 p，1995，Theaceae；**4（47）**，2 p，2000，Stachyuraceae；**4（54）**，7 p，1995，Thymelaeaceae；**5（4）**，4 p，1997，Cornaceae；**5（7）**，18 p，1995，Myrsinaceae；**5（18）**，14 p，1997，Apocynaceae。

■ **3.9.3.10** *Annotated Checklist of the Flowering Plants of Nepal*，J. Robert Press，Krishna K. Shrestha & David A. Sutton，A Joint Project of The Natural History Museum and Tribhuvan University，Kathmandu，430 p，2000；London：The Natural History Museum。

本书包括尼泊尔维管束植物 216 科 1 534 属 5 345 种 163 亚种 517 变种 51 变型，其中约 5% 为尼泊尔特有，而 30% 为喜马拉雅特有。本书包括 *An Enumeration of the Flowering Plants of Nepal* 的所有类群及其发表以来的所有类群与文献，可以说是尼泊尔比较新的资料。该名录目前在爱丁堡植物园网站 *Flora of Nepal* 的介绍中有连接并可以检索（floraofnepal.org），因为有更新所以与印刷版有所不同。

■ **3.9.3.11** ***Flowering Plants of Nepal***（***Phanerogams***），Arjun P. Singh，399 p，2001；Godavari，Lalitpur：Department of Plant Resources，National Herbarium & Plant Laboratories，Nepal。

本书包括尼泊尔有花植物 5 636 种 206 亚种 599 变种 60 变型（类群总数达 6 501 个），每种都有隶属、海拔和分布信息。书前对尼泊尔植物的研究历史有详细的记载；书末附有详细的参考文献和索引。

■ **3.9.3.12** ***Pteridophytes of Nepal***，Naresh Thapa，175 p，2002；Godavari，Lalitpur：Department of Plant Resources，National Herbarium and Plant Laboratories。

本书包括尼泊尔蕨类植物 35 科 102 属 534 种，每种都有详细的文献引证和分布信息。书前对尼泊尔蕨类植物的研究历史有比较详细的记载；书末附有详细的参考文献和索引。

■ **3.9.3.13** ***Himalayan Botany in the Twentieth and Twenty-first Centuries***，Shuichi Noshiro & Keshab R. Rajbhandari，212 p，2002；Tokyo：The Society of Himalayan Botany。

本书是 2001 年 5 月 14 至 15 日在尼泊尔首都加德满都召开的 *Flora of Nepal* 会议文集。全书共包括三部分 31 篇文章，包括历史、成果和野外考察；其内有很多有关尼泊尔植物志的信息。

■ **3.9.3.14** ***Fascicles of of Flora of Nepal***，Keshab R. Rajbhandari，2002+；Kathmandu：Department of Plant Resources by Ministry of Forest & Soil Conservation。

1，48 p，2002，Alangiaceae，Dipterocarpaceae，Hippocastanaceae，Linaceae，Sapindaceae，Staphyleaceae；2，42 p，2003，Betulaceae，Buxaceae，Dipsacaceae，Pontederiaceae；2（3），58 p，2006，Amaranthaceae（by Nirmala Pandey）。

本书是 *Flora of Nepal* 的另一个系列，只是后者不再是每科一册，而是多个科一册印刷，且编辑不同。另外就是出版不是按系列而是按完成的先后出版，但卷册号码已经排好。

以上两部 *Flora of Nepal* 工作（即本书第 3.9.3.9 种和第 3.9.3.14 种）与下一种（即本书第 3.9.3.15 种）计划中的 10 卷本 *Flora of Nepal* 不是一个项目 [①]。

---

① 参见网站 http://www.floraofnepal.org/home。有关内容可以参见：Colin A. Pendry & Mark F. Watson，2009，Flora Malesiana and the Flora of Nepal：Floristic links and the potential for collaboration，*Blumea* 54（1-3）：18-22，以及 *Flora of Nepal* 网站（www.floraofnepal.org）。

3.9.3.15 *Flora of Nepal*

爱丁堡植物园主持的 10 卷本 *Flora of Nepal* 项目，也就是 *Newsletter of Himalayan Botany* 中提到的工作，但是目前只有第 3 卷出版：1，Introduction：Pteridophytes & Gymnosperms；2，Saururaceae to Menispermaceae（Moraceae，Urticaceae，Polygonaceae，Caryophyllaceae，Ranunculaceae）；**3**，425 p，2011，Magnoliaceae to Rosaceae（Lauraceae，Papaveraceae，Cruciferae，Crassulaceae，Saxifragaceae）；4，Leguminosae to Sapindaceae（Rutaceae，Euphorbiaceae）；5，Sabiaceae to Toricelliaceae（Balsaminaceae，Malvaceae，Cucurbitaceae，Umbelliferae）；6，Diapensiaceae to Hydrophyllaceae（Ericaceae，Primulaceae，Gentianaceae，Asclepiadaceae，Solanaceae，Convolvulaceae）；7，Boraginaceae to Carlemmaniaceae（Verbenaceae，Labiatae，Scrophulariaceae，Gesneriaceae，Acanthaceae）；8，Rubiaceae to Compositae（Caprifoliaceae，Campanulaceae）；9，Alismataceae to Gramineae（Cyperaceae，Juncaceae）；10a and 10b，Acoraceae to Orchidaceae（Araceae，Liliaceae，Ruscaceae，Commelinaceae，Zingiberaceae）。

书评参见：Maarten J. M. Christenhusz，2012，Book Reviews，*Botanical Journal of the Linnean Society* 170：135–136。

Nepal：an introduction to the natural history，ecology and human environment of the Himalayas：a companion volume to the Flora of Nepal，Georg Miehe & Colin Pendry，560 p，2015；Edinburgh：Royal Botanic Garden Edinburgh.

书评参见：Morag McDonal，2016，Book Review：Nepal-an introduction to the natural history，ecology and human environment of the Himalayas，*Mountain Research and Development* 36（4）：563–564. Udo Schickhoff，2017，Nepal：an Introduction to the Natural history，Ecology and Human Environment of the Himalays. A Companion to the Flora of Nepal，*Edinburgh Journal of Botany* 74（3）：370–373.

Flora of Nepal 有两个网站：尼泊尔政府的 http：// kath.gov.np / Flora_of_Nepal；爱丁堡植物园的 http：// www.floraofnepal.org / ?page=Editorial%20centre。

3.9.3.16 *Endemic Flowering Plants of Nepal*，part 1，210 p，2009，Keshab R. Rajbhandari & Mahesh Kumar Adhikari，Acanthaceae-Euphorbiaceae，18 families and 98 species；part 2：216 p，2010，Keshab Raj Rajbhandari & Suraj Ketan Dhungana，Gentianaceae-Primulaceae，15 families and 100 species，and part 3，184 p，2011，Ranunculaceae-Zingiberaceae，10 families and 84 species；Government of Nepal，Department of Plant Resources，Thapathali，Kathmandu，Nepal。Total，43 families 282 species recorded with maps。

3.9.3.17 *Ferns and Fern-allies of Nepal*，Christopher R. Fraser-Jenkins，Dhan Raj Kandel &

Sagun Pariyar，1：492 p，2015；Christopher R. Fraser-Jenkins & Dhan Raj Kandel，2：446 p，2019；Nepal：Department of Plant Resources，National Herbarium and Plant Laboratories.

1，Lycopodiaceae-Vittariaceae；2，Aspleniaceae-Dryopteridaceae。

■ **3.9.3.18 *Flora of Pan-Himalaya***，DeYuan HONG（editor in chief），2015+；Science Press，Beijing and Cambridge University Press，Cambridge，UK.

这是国人为首牵头的国际项目，尽管大多数地区仍然在中国境内，但是挑战性相对较大，因为相关地区的研究与积累比较少。全书计划 50 卷 80 册，目前已经出版卷册如下：

Vol. **12**（**2**）：413 p，2019（XiaoFeng JIN & ShuRen ZHANG：Cyperaceae Ⅱ–*Carex*）**19**（**6**）：132 p，2019（Ren SA：Fabaceae Ⅵ），**30**：594 p，2015（Ihsan A. Al-Shehbaz：Brassicaceae/Cruciferae），**44**（**1**）：236 p，2019（Qiang WANG：Lamiaceae Ⅰ），**46**：570 p，2020（YunFei DENG，ZhenYu LI，Qiang WANG & Hua PENG：Lentibulariaceae，Acanthaceae，Bignoniaceae，Verbenaceae，Martyniaceae，Stemonuraceae，Cardiopteridaceae），**47**：292 p，2015（DeYuan HONG：Aquifoliaceae，Helwingiaceae，Campanulaceae，Lobeliaceae，Menyanthaceae）；**48**（**2**）：340 p，2015（YouSheng CHEN：*Saussurea* of Asteraceae/Compositae）；**48**（**3**）：134 p，2017（TianGang GAO：Mutisieae，Hyalideae，Pertyeae of Asteraceae/Compositae）。

另参见本书第 3.9.3.20 种。

■ **3.9.3.19** *Handbook of Flowering Plants of Nepal*，Volume 1，Gymnosperms and Angiosperms：Cycadaceae-Betulaceae，Krishna K. Shrestha，Shandesh Bhattarai & Prabin Bhandari，648 pages，2018；Jodhpur：Scientific Publishers.

Handbook of Flowering Plants of Nepal is an updated version of '*Enumeration of the Flowering Plants of Nepal Vols. 1–3*（*Hara et al. 1978–1982*）' and '*Annotated Checklist of Flowering plants of Nepal*（*Press et al. 2000*）'。The orders and families are arranged according to Angiosperm Phylogeny Group Classification（APG Ⅳ，2016），Whereas，genera and species are arranged in alphabetical order。The book covers basic information on global biodiversity；vegetation，forest types and flora of Nepal。The Handbook of Flowering Plants of Nepal，Volume 1 comprises 91 families（Cycadaceae-Betulaceae），696 genera and ca. 3004 taxa（2857 species，33 subspecies，113 varieties，and 1 forma）of gymnosperms and flowering plants（nearly 40 percent species of Nepal flora）。It also includes 103 species of exotic species，and 137 species of doubtful or uncertain species。The volume two will comprise remaining species belonging to Coriariaceae-Apiaceae。Additional information includes information on Type specimen of endemic species of Nepal。Similarly，Nepali names，English names，life forms，elevation ranges，and general distribution are provided for each species。Furthermore，economic use values of most of the species（with parts use），and information on species with IUCN Red List category， and CITES Appendices are also provided.

▌ 3.9.3.20 *A Preliminary Catalogue of Vascular Plants in the Pan-Himalaya*，YouSheng CHEN，371p，2019；Beijing：Science Press。

"泛喜马拉雅地区"是地球上一个独特的地理单元，跨越中国、阿富汗、巴基斯坦、印度、尼泊尔、不丹、缅甸等 7 个国家，是地球上环境和气候最复杂多样的地区，也被称为是地球的第三极。这里的生物物种分化强烈，生物多样性极具特色，是重要的世界生物多样性热点地区。泛喜马拉雅地区具有全球最高多样性的高山植物，以及纬度最靠北的热带植物。泛喜马拉雅地区一直缺乏完整而科学的植物名录，这对于**泛喜马拉雅植物志**的编写是一项巨大的挑战。本书的出版，第一次为本地区的维管植物提供一份完整的本底资料和家谱。

本书共记载泛喜马拉雅地区野生维管植物 282 科 2 535 属 19 485 种（大约相当于中国植物种数的 61%、欧洲植物种数的 1.6 倍）。本书吸收最新的分子系统学研究成果，按照较新的分类系统排列，其中被子植物按照 APG Ⅲ 系统排列，蕨类和裸子植物采用 Christenhusz 等人的系统排列。本书是泛喜马拉雅地区现阶段维管植物的系统总结，是研究该地区植物的重要参考书，对于学术研究、政策制定、资源保护、生物多样性编目和保护、科学普及等具有重要参考意义。

Generally speaking，the eastern Pan-Himalaya is much richer than the western Pan-himalaya in species diversity。There are only 617 species of flowering plants recorded from the Wakha corridor in NE Afghanistan，with 103 species of the Asteraceae，87 species of the Poaceae，67 species of the Fabaceae，and only two species of the Orchidaceae（Podlech，2012）。On the other side， the eastern Pan–himalaya is a biodiversity hotspot，with new species being continussussy described even in recent years。For example， more than 50 new species of Saussurea DC. have been described from the eastern Pan–himalaya within the last ten years

This catalogue includes 282 families 2535 genera and 19 462 species of vascular plants in Pan-himalaya。The Pan-himalayan region is renowned and characterized by its distinct mountain flora，with plants ranging from tropical，subtropical，temperate，to arctic on the same mountain at different altitudes。This region holds the richest temperate and alpine flora in the world，with tremendously differentiated genera，such as *Pedicularis*（414/600），*Rhododendron*（342/1000），*Corydalis*（301/465），*Primula*（285/500），*Saxifraga*（256/450），*Carex*（240/2000），*Saussurea*（236/460），*Gentiana*（218/360），*Impatiens*（191/900），*Berberis*（75/500），

Delphinum（144/350），*Aconitum*（127/400），*Salix*（118/520），*Artemisia*（111/380），
Rubus（106/700）。

■ **3.9.4 印度次大陆：印度、孟加拉、巴基斯坦、斯里兰卡**
本类收载 31 种，另外还有印度地方邦植物志 49 种。[①]

■ **3.9.4.1** ***The Flora of British India***，Joseph D. Hooker（ed），Vols. 1-7，1872-1897；
London：L. Reeve。

本书在 Joseph D. Hooker 的领导下完成，而且编著者的工作极为精细，所描述的特征非常准确。虽然这部著作已出版 100 多年，但仍然是了解印度植物的重要参考书。本书的范围虽名为 *Flora British India*，实际上包括现在的印度、巴基斯坦、孟加拉国、尼泊尔、不丹、斯里兰卡、缅甸、新加坡、马来西亚以及今日西藏的一小部分。全书按 George Bentham & Joseph D. Hooker 系统，共包括 174 科 2 346 属 14 384 种；由于本书的系统我们不是非常熟悉，故录入如下：

1（1），1-208 p，1872，Ranunculaceae, Dilleniaceae, Magnoliaceae, Annonaceae, Menispermaceae, Berberideae, Nymphaeaceae, Papaveraceae, Fumariaceae, Cruciferae, Capparidaceae, Resedaceae, Violaceae, Bixineae, Pittosporeae, Polygaleae；1（2），209-464 p，1874，Polygaleae, Frankeniaceae, Caryophylleae, Portulaceae, Tamariscineae, Elatineae, Hypericineae, Guttiferae, Ternstroemiaceae, Dipterocarpeae, Malvaceae, Sterculiaceae, Tiliaceae, Lineae, Malpighiaceae, Zygophylleae, Geraniaceae；1（3），465-740 p，1875，Geraniaceae, Rutaceae, Simarubeae, Ochnaceae, Burseraceae, Meliaceae, Chailletiaceae, Olacineae, Ilicineae, Celastrineae, Rhamneae, Ampelideae, Sapindaceae；2（4），1-240 p，1876，Sabiaceae, Anacardiaceae, Coriarieae, Moringeae, Connaraceae, Leguminosae；2（5），241-496 p，1878，Leguminosae, Rosaceae, Saxifragaceae, Crassulaceae, Droseraceae, Hamamelideae, Halorageae, Rhizophoreae, Combretaceae, Myrtaceae（excl. Barringtonieae）；2（6），497-792 p，1879，Myrtaceae（excl. Barringtonieae），Myrtaceae-Barringtonieae, Melastomaceae, Lythraceae, Onagraceae, Samydaceae, Paxifloreae, Cucurbitaceae, Begoniaceae, Datiscaceae, Cacteae, Ficoideae, Umbelliferae, Araliaceae, Cornaceae；3（7），1-192 p，1880，Caprifoliaceae, Rubiaceae；3（8），193-448 p，1881，Rubiaceae, Valerianeae, Dipsaceae, Compositae, Stylidieae, Goodenovieae, Campanulaceae,

---

[①] 详细参见 efloraofindia.com

Vacciniaceae；**3（9）**，449–712 p，1882，Vacciniaceae，Ericaceae，Monotropeae，Epacrideae，Diapensiaceae，Plumbagineae，Primulaceae，Myrsineae，Sapotaceae，Ebenaceae，Styraceae，Oleaceae，Salvadoraceae，Apocynaceae；**4（10）**，1–256 p，1883，Asclepiadeae，Loganiaceae，Gentianaceae，Polemoniaceae，Hydrophyllaceae，Boragineae，Convolvulaceae，Solanaceae，Scrophularineae；**4（11）**，257–512 p，1884，Scrophularineae，Orobanchaceae，Lentibularieae，Gesneriaceae，Bignoniaceae，Pedalineae，Acanthaceae；**4（12）**，513–780 p，1885，Acanthaceae，Selagineae，Verbenaceae，Labiatae，Plantagineae，Nyctagineae，Illecebraceae，Amaranthaceae；**5（13）**，1–240 p，1886，Chenopodiaceae，Phytolaccaceae，Polygonaceae，Podostemonaceae，Nepenthaceae，Cytinaceae，Aristolochiaceae，Piperaceae，Chloranthaceae，Myristiceae，Monimiaceae，Laurineae，Proteaceae，Thymelaeaceae，Elaeagnaceae，Loranthaceae，Santalaceae，Balanophoreae，Euphorbiaceae；**5（14）**，241–462 p，1887，Euphorbiaceae；**5（15）**，463–686 p，1888，Euphorbiaceae，Urticaceae，Juglandeae，Casuarineae，Cupuliferae，Salicineae，Ceratophylleae，Gnetaceae，Coniferae，Cycadaceae，Hydrocharideae，Burmanniaceae，Orchideae；**5（16）**，687–910 p，1890，Orchideae；**6（17）**，1–224 p，1890，Orchideae，Scitamineae；**6（18）**，225–448 p，1892，Scitamineae，Haemodoraceae，Iridaceae，Amaryllideae，Taccaceae，Dioscoreaceae，Roxburghiaceae，Liliaceae，Pontederiaceae，Philydraceae，Xyrideae，Commelinaceae，Flagellarieae，Juncaceae，Palmae；**6（19）**，449–672 p，1893，Plamae，Pandaneae，Typhaceae，Aroideae，Lemnaceae，Triurideae，Alismaceae，Naiadaceae，Eriocauleae，Cyperaceae；**6（20）**，673–792 p，1894，Cyperaceae；**7（21）**，1–224 p，1896，Gramineae；**7（22）**，225–422 p，1896，Gramineae；**7（23/24）**，423–842 p，1897，Index。

■ **3.9.4.2** *Handbook to the Ferns of British India，Ceylon and the Malay Peninsula*，Richard H. Beddome，500 p，1883；*Handbook to the Ferns of British India，Ceylon and the Malay Peninsula-with Supplement*，500+110 p，1892：Calcutta：Thacker，Spink and Co。

　　本工作弥补了 *Flora of British India* 没有蕨类的不足。另参照 Bala K. Nayar & Surjit Kaur，1974，*Companion to R. H. Beddome's Handbook to the ferns of British India，Ceylon，and the Malay Peninsula*。

■ **3.9.4.3** *List of species and genera of Indian phanerogams not included in Sir J. D. Hooker's Flora of British India*，Charles C. Calder，V. Narayanaswami & Madabusi S. Ramaswami，157 p，1926；Calcutta：Government Printer。

　　自 Joseph D. Hooker 的 *Flora of British India* 一书出版以来的百年间，有关印度、尼泊尔

和不丹这一地区的植物区系分类工作、新种、新纪录、修订和植物种类名称的变化等工作散见于世界各地的文献中，作者根据 Index Kewensis 编辑而成，而截止时间为 1924 年。全书按属的字母顺序排列，包括新类群、新纪录、文献和索引等，对我们非常有用。遗憾的是由于内容太多，没有提供具体的分类群数字。

■ **3.9.4.4** *History of Botanical Researches in India，Burma and Ceylon*，P. Matheshwari（ed），Part Ⅰ，Mycology and Plant Pathology，S. N. Das Gupta，1–118 p，1958；Part Ⅱ，Systematic Botany of Angiosperms，Hermenegild S. J. Santapau，1–77 p，1958；Part Ⅲ，Palaeobotany，A. R. Rao，1–57 p，1958。Bangalore City：The Bangalore Press。

这是印度学者组织撰写的植物学研究史方面的专著，但全书中史学部分的内容比较少，倒是文献目录方面占据绝大多数。其中包括植物志、考察队、植物园、经济植物、新类群与专著等。

■ **3.9.4.5** *Mosses of Eastern India and Adjacent Regions–A monograph*，Hirendra C. Gangulee，Fasc. 1–8，1969–1980；Calcutta：The Author。

本书 8 卷本，包括印度东部（西界从南到北位于东经 82°—84° 一带）以及东南部岛屿的藓类约 900 种，每种都有详细的文献引证、异名、描述、插图与分布图。本书对中国西南部的研究非常重要。

1，1–170 p，1969，Sphagnidae，Andreaidae & Nematdonteae；**2**，171–566 p，1971，Archidiales，Dicranales & Fissidentales；**3**，567–830 p，1972，Syrrhopodontales，Pottiales & Dicranales；**4**，831–1134 p，1974，Funariales & Eubryales；**5**，1135–1462 p，1976，Isobryales；**6**，1463–1546 p，1977，Hookeriales；7，1547–1752 p，1978，Hypnobryales（Leskeineae）；**8**，1753–2145 p，1980，Hypnobryales-Hypnineae，Floristic Trends，Index & Errata。

■ **3.9.4.6** *A Dictionary of the Flowering Plants in India*，Hermenegild S. J. Santapau & Ambrose N. Henry，198 p，1973；New Delhi：Council of Scientific and Industrial Research。

本书实际上是印度植物属的字典，共包括种子植物 328 科 2 890 属。书的主题按分类群学名顺序排列，每个属都有介绍，包括参考文献、简要描述、分布范围、世界和印度的种类以及利用等，是了解印度植物的重要工具书。由于历史的原因，早年一些印度的自然地理名称与范围在不同的著作中表示与使用不尽相同，本书对此给出比较详细地解释与说明；所以，尽管出版时间较早，在 *Flora of India* 没有完成的情况下，仍可以参考。

■ **3.9.4.7** *Companion to R. H. Beddome's Handbook to the ferns of British India，Ceylon，* *and the Malay Peninsula*，Bala K. Nayar & Surjit Kaur，244 p，1974；New Delhi：Chronica Botanica。

全书分三部分，第一部分是命名变化，第二部分是蕨类分类，第三部分是索引。

书评参见：David B. Lellinger，1975，*American Fern Journal* 65（2）：51。

■ **3.9.4.8** ***Taxonomy of Indian Mosses***（***Introduction***），Ram S. Chopra，631 p，1975；New Delhi：Publications and Information Directorate，Council of Scientific & Industrial Research。

本书记载印度藓类植物 56 科 329 属近 2 000 种，包括 122 个附图。每个分类群都有详细的描述与检索表以及地理分布。书末附有详细的术语解释，参考文献及学名索引。

■ **3.9.4.9** ***Fascicles of Flora of India***，Vols. 1+，1978+；Sudhanshu K. Jain et al（eds）：Howrah，West Bengal：Botanical Survey of India。

这是印度的另一个全国性的工作，遗憾的是进展非常缓慢，何时能够完成很难推断。详细列表如下：

1，8 p，1978，Coriariaceae and Paeoniaceae；**2**，15 p，1979，Dilleniaceae；**3**，16 p，1979，Poaceae：Tribe Garnotieae；**4**，24 p，1980，Simaroubaceae and Balanitaceae；**5**，33 p，1980，Orchidaceae：Genus *Coelogyne*；**6**，14 p，1980，Pittosporaceae；7，23 p，1981，Liliaceae：Tribe Scilleae；**8**，33 p，1982，Leguminosae：Genus *Derris*；**9**，22 p，1982，Aceraceae：Genus *Acer*；**10**，21 p，1982，Annonaceae；**11**，136 p，1982，Cucurbitaceae；**12**，40 p，1983，Violaceae；**13**，16 p，1983，Linaceae and Ixonanthaceae；**14**，42 p，1984，Poaceae：Tribe Isachneae；**15**，30 p，1984，Poaceae：Tribe Andropogoneae；**16**，34 p，1984，Asclepiadaceae：Genus *Ceropegia*；**17**，48 p，1984，Papaveraceae and Hypecoqaceae；**18**，44 p，1984，Rosaceae：Genus *Prunus*；**19**，235 p，1988，Alangiaceae，Burmanniaceae，Cochlospermaceae，Cornaceae，Lardizabalaceae，Lobeliaceae，Malvaceae，Nyssaceae；**20**，194 p，1990，Barclayaceae，Cabombaceae，Nelumbonaceae，Nymphaeaceae，Rhamnaceae，Sabiaceae，Stachyuraceae，Symplocaceae，Tetracentraceae，Zygophyllaceae；**21**，167 p，1995，Leguminosae，Papilionoideae：Tribe Indigofereae；**22**，144 p，1996，Salvadoraceae，Goodeniaceae，Ellisphyllaceae，Sonneratiaceae，Campanulaceae，Aponogetonaceae；**23**，134 p，2006，Alliaceae，Liliaceae，Trilliaceae，Uvulariaceae；**24**，332 p，1999，Asclepiadaceae and Periplocaceae；**25**，468 p，2014，Ericaceae；**26**，76 p，2014，Fabaceae：Caesalpinioidese Tribe Cercideae；**27**，118 p，2015，Cyperaceae：Mapanioideae，Cyperaceae：Cyperoideae Tribe：Schoenese & Sclerieae；**28**，285 p，2018，Orchidaceae：Orchidoideae：Cranichideae：Subtribe Goodyerinae。

■ **3.9.4.10** *Introduction to Fern Genera of the Indian Subcontinent*，Christopher R. Fraser-Jenkins，1984，*Bulletin of the British Museum Botany* 12（2）：37–76。

本文虽然是印度次大陆的蕨类植物介绍，但实际是对整个亚洲，包括中国及喜马拉雅等地区蕨类植物工作的系统性评论与总结。该文内容非常详细，特别是有关历史和现代工作的评论，尤其是对中国的工作有深刻的论述。另外该文还有详细的文献引证，是从事中国蕨类植物研究非常重要的文献。

■ **3.9.4.11** *A Census of the Indian Pteridophytes*，Ram D. Dixit，177 p，1984；Howrah：Botanical Survey of India，Department of Environment。

■ **3.9.4.12** *A Dictionary of the Pteridophytes of India*，Ram D. Dixit & Jitindar N. Vohra，48 p，1984；Howrah：Botanical Survey of India。

以上两本书是印度 80 年代工作的总结，包括的数字完全一样，均为 67 科 191 属约 1 000 多种；但两者的侧重点不同。前者主要是详细的文献，而后者只有简单的特征介绍。

■ **3.9.4.13** *Key Works to the Taxonomy of Flowering Plants of India*，Madhavan P. Nayar，Vols. 1–5，1984–1986；Howrah：Botanical Survey of India。

1，462 p，1985，Acanthaceae-Crypteroniaceae；**2**，279 p，1985，Cucurbitaceae-Juncaginaceae；**3**，169 p，1985，Labiatae-Lythraceae；**4**，268 p，1984[①]，Magnoliaceae-Orchidaceae；**5**，268 p，1986，Orobanchaceae-Polygonaceae。

参见第 1.2.22 种。

■ **3.9.4.14** *Name changes in flowering plants of India and adjacent regions*，Sigamony S. R. Bennet，772 p，1987；Dehra Dun：Triseas Publishers。

■ **3.9.4.15** *Flowering Plants of India，Nepal and Bhutan（not recorded in Sir J. D. Hooker's Flora of British India）*，Harsh B. Naithani，711 p，1990；Dehra Dun：Surya Publications。

以上两本书以及前一工作（即第 3.9.4.3 种）和后一个工作（第 3.9.4.18 种）是 Joseph D. Hooker 的 *Flora of British India* 一书出版以来，有关印度、尼泊尔和不丹这一地区的植物

---

① 本书的出版时间不规则。

区系分类工作、新种、新纪录、修订和植物种类名称的变化等工作的系列性总结，包括新类群和新纪录的文献与索引。全书按原书科的系统排列，使用不是很方便；建议最好利用后边的索引，以免遗漏。

■ **3.9.4.16** *The European Discovery of the Indian Flora*，Ray Desmond，355 p，1992；Oxford：Oxford Press for Royal Botanic Gardens，Kew。

本书与其说是欧洲研究印度植物的历史，不如说英国研究印度次大陆的植物学史。作为执政邱园图书馆几十年的知名作者，凭借英国本身的历史和丰厚的资料，应该写出更好的东西。遗憾的是出版后没有得到非常好的评论，特别来自新大陆的美国学者。

详细参见英文书评：Peter S. Green，1993，*Kew Bulletin* 49（1）：161–162；Laurence J. Dorr，1994，*Brittonia* 46（4）：372–373。

■ **3.9.4.17** *Flora of India*，Vols. 1+，1996+；Calcutta：Botanical Survey of India。
Introductory volume（part I），Parbhat K. Hajra et al.，583 p，1996；***Introductory volume（part II）***，Natra P. Singh et al.，467 p，2000。

本书由印度最大的植物学研究机构主持，计划 32 卷，但目前只见到如下：

1，467 p，1993，Ranunculaceae-Barclayaceae；**2**，625 p，1993，Papaveraceae-Caryophyllaceae；**3**，639 p，1993，Portulacaceae-Ixonanthaceae；**4**，561 p，1997，Malpighiaceae-Dichapetalaceae；5，577 p，2000，Olacaceae-Connaraceae；6–11，XXXX，12，454 p，1995，Asteraceae（Anthemideae-Heliantheae）；13，411 p，1995，Asteraceae（Inuleae-Vernonieae）；23，558 p，2012，Loranthaceae-Daphniphyllaceae。

■ **3.9.4.18** *Additional Elements in Indian Flora*，Uma P. Samaddar & B. Roy，1：632 p，1997；Calcutta：Botanical Survey of India。

这是 Joseph D. Hooker 的 *Flora of British India* 一书出版以来，有关印度、尼泊尔和不丹这一地区的植物区系分类工作、新种、新纪录、修订和植物种类名称的又一次报道，包括480 个新类群和新纪录的原始描述和文献。使用本书时要注意：正文按属的字母顺序排列，但前半部分（1–470 页）是新类群，而后半部分（471–598 页）是新纪录，两者中间没有任何明确间隔，只有字母顺序和页首的目录；最好的使用办法是利用后边的索引。

■ **3.9.4.19** *Floristic Diversity and Conservation Strategies in India*，Vishwanath Mudgal & Parbhat K. Hajra（eds），Vols. 1–3，& N. P. & K. P. Singh（eds），Vols. 4–5；Calcutta：Botanical Survey of India。

1，472 p，1997，Cryptogams and Gymnosperms；**2**，473–1065 p，1999，In the context of states and union territories；**3**，1067–1630 p，1999，In the context of states and union territories；**4**，1631–2340 p，2001，Angiosperms（selected groups）and Ethnobotany；**5**，2341–3090 p，2002，In Situ and Ex Situ conservation。

本书是印度植物的总结，内容包括各邦、各主要类群、经济用途等详细内容，是我们了解印度目前基本资料的重要文献。

■ **3.9.4.20** ***The Ferns of India***，*Enumeration*，*synonyms & distribution*，Subhash Chandra，459 p，2000；Dehra Dun：International Book Distributors。

本书是 *A Census of the Indian Pteridophytes*（Ram D. Dixit，1984；本书第 3.9.4.11 种）的修订，共包括印度蕨类植物 34 科 144 属 1 150 种；每种都有详细的文献引证与分布；书末附有对 Ram D. Dixit（1984）工作的补充以及排出种和存疑种。

■ **3.9.4.21** ***A Checklist of Indian Mosses***，Jagdish Lal，164 p，2004；Dehra Dun：Bishen Singh Mahendra Pal Singh。

本书记载印度藓类 57 科 338 属 1 576 分类群（种和种下等级），按属的学名顺序排列，包括原始文献及在印度的分布等。其系统基本采用 Dale H. Vitt（1984）和 Williams R. Buck & Dale H. Vitt（1986）的概念[①]。书末附有参考文献。

■ **3.9.4.22** ***Taxonomic Revision of Three Hundred Indian Subcontinental Pteridophytes with a Revised Census-List***，A new picture of fern-taxonomy and nomenclature in the Indian subcontinent，Christopher R. Fraser-Jenkins，685 p，2008；Dehra Dun：Bishen Singh Mahendra Pal Singh。

作者多年来一直从事印度次大陆（包括喜马拉雅及邻近地区）的蕨类研究，并修订了 *A Census of the Indian Pteridophytes*（Ram D. Dixit，1984；即本书第 3.9.4.11 种）。本书只是先行报道部分结果，包括对 26 科 73 属（包括一个新属）300 个类群的修订或评论、164 新种或新组合、最新的印度（包括外岛）蕨类名录（约 33 科 125 属 981—1 005 种）、255 个彩色图片以及作者的论著目录（包括未发表的和正在准备的）。

[①] Dale H. Vitt，1984，Classification of Bryopsida，in Rudolf M. Schuster，*New Manual of Bryology* 2：696–759，和 William R. Buck & Dale H. Vitt，1986，Suggestions for a new familial classification of Pleurocarpous Mosses，*Taxon* 35：21–60。

██ **3.9.4.23** *An annotated Checklist of Indian Pteridophytes*，Christopher R. Fraser-Jenkins，Kanchi Natarajan Gandhi，Bhupendra Singh Kholia & Asir Benniamin，Vol. 1：562 p，2017，Lycopodiaceae to Thelypteridaceae；Christopher R. Fraser-Jenkins，Kanchi Natarajan Gandhi & Bhupendra Singh Kholia，Vol. 2：573 p，2018，Woodsiaceae to Dryopteridaceae；Dehra Dun：Bishen Singh Mahendra Pal Singh。

第 1 卷目录记载印度蕨类植物 34 科 130 属 1 107 种 50 亚种，但是第 2 卷只有 4 个科，并没有第 1 卷目录列的完整；具体情况不详，尽管作者对 PPG Ⅰ 进行了详细的评论。

██ **3.9.4.24 印度地方（邦）植物志**

印度植物志共有四个系列：即国家植物志、各邦和各大地区的植物志、地方植物志和特种用途等植物志。本书只介绍第 1 和第 2 系列；其中第 1 系列已在前面介绍过了，本部分只介绍第 2 系列，即邦一级植物志。印度邦一级行政单位目前共有 28 个邦，6 个联邦领土，外加新德里市等。部分邦级植物志仅仅开始，大多数没有完成编写，而且几乎所有的工作都是依据 George Bentham & Joseph D. Hooker 系统或在 *Flora of British India* 的基础上作少许改动；但是有一点非常值得肯定，就是几乎所有的地方植物志都是英文写成。

本书共收载 49 种 [①]。

██ **3.9.4.24.1** *Flora of Andaman and Nicobar Islands*，Parbhat K. Hajra et al（eds），**1**，487 p，1999，Ranunculaceae–Combretaceae；Calcutta：Botanical Survey of India。

██ **3.9.4.24.2** *Pteridophytes of Andaman and Nicobar Islands*，Ram D. Dixit & B. K. Sinha，155 p，2001；Dehra Dun：Bishen Singh Mahendra Pal Singh。

██ **3.9.4.24.3** *Flora of Andhra Pradesh*，Thammineni Pullaiah et al（eds），Vols. 1–5，1997–2008；& Supplement，2008；Jodhpur：Scientific Publishers。**1**，1–463 p，1997，Ranunculaceae-Alangiaceae；**2**，465–921 p，1997，Rubiaceae-Ceratophyllaceae；**3**，923–1349 p，1997，Monocotyledons；**4**，1350–2071 p，1998，Illustrations；**5**，1–628 p，2008，Additions，floristic analysis and further Illustrations. Supplement to Flora of Andhra Pradesh India，Thammineni Pullaiah & S. Karuppusamy；*Supplement to Flora of Andhra Pradesh India*，1–148 p，2008，C. Sudhakar Reddy et al。

[①] 在此仅列出植物志，没有详细的数字介绍或者评论。

■ **3.9.4.24.4** ***Pteridophytes in Andhra Pradesh，India***，Thammineni Pullaiah et al.，168 p，2003；New Delhi：Regency Publications。

■ **3.9.4.24.5** ***Materials for the Flora of Arunachal Pradesh***[①]，Parbhat K. Hajra et al（eds）；Calcutta：Botanical Survey of India。**1**，693 p，1996，Ranunculaceae-Dipsacaceae；**2**，491 p，2008，Asteraceae-Ceratophyllaceae，G. S. Giri et al；**3**，349 p，2009，Hydrocharitaceae-Poaceae，Harsh J. Chowdhery et al。

■ **3.9.4.24.6** ***Ferns and Fern-allies of Arunachal Pradesh***，Sarnam Singh & Gopinath Panigrahi；Dehra Dun：Bishen Singh Mahendra Pal Singh。**1**，1–426 p，2005，Fern-Allies and Ferns：Adiantaceae-Nephrolepidaceae；**2**，427–881 p，2005，Ferns：Oleandraceae-Vittariaceae。

■ **3.9.4.24.7** ***Flora of Assam***，Upendranath N. Kanjilal et al（Vols. 1–4）& Norman L. Bor（Vol. 5），1934–1940，& Reprinted in 1982；Shillong：Assam Government。**1**，386 p，part 1，Ranunculaceae-Elaeocarpaceae，part 2，Linaceae-Moringaceae；**2**，409 p，Connaraceae-Cornaceae；**3**，578 p，Caprifoliceae-Plantaginaceae：**4**，377 p，Nyctaginaceae-Cycadaceae；**5**，480 p，Poaceae；**6**，Monocotyledons（except Poaceae，never published，但可以参见：A. S. Rao & D. M. Verma，Materials towards a monocot flora of Assam，Ⅰ–Ⅴ，*Bulletin of the Botanical Survey of India* 12：139–142，1972；14：113–143，1975；15：189–203，1976；16：1–20，1977；& 18：1–48，1979）。

■ **3.9.4.24.8** ***Illustrated Manual of Ferns of Assam***，S. K. Borthakur et al.，468 p，2001；Dehra Dun：Bishen Singh Mahendra Pal Singh。

■ **3.9.4.24.9** ***Flora of Bihar-Analysis***，Netra P. Singh et al.，777 p，2001；Calcutta：Botanical Surrvey of India。

■ **3.9.4.24.10** ***The Botany of Bihar and Orissa***，Henry H. Haines，Vols，**1**–**2**，1350 p，1921–1925；London：West，Newman；***Supplement to The Botany of Bihar and Orissa***，

---

① 中国西藏的一部分，下同。

Herbert Mooney, 294 p, 1950; Ranchi: Catholic Press。

■ **3.9.4.24.11** *Floristic Diversity of Chhattisgarh*（*Angiosperms*）, K. K. Khanna et al., 660 p, 2005; Dehra Dun: Bishen Singh Mahendra Pal Singh。

■ **3.9.4.24.12** *Pteridophytic Flora of Darjeeling and Sikkim Himalayas*, Pran N. Mehra & Sarmukh S. Bir, 1964, *Research Bulletin of the Punjab University* 15（1-2）: 69-181。

■ **3.9.4.24.13** *Flora of Darjeeling Himalayas and Foothills*, Deepak Kr. Ghosh & Jayanta Kr. Mallick, Angiosperms, 960 p, 2014; Dehra Dun: Research Circle, Forest Directorate, Government of West Bengal & Bishen Singh Mahendra Pal Singh.

■ **3.9.4.24.14** *Plants of Darjeeling and the Sikkim Himalayas*, Kalipada P. Biswas, **1**, 540 p, 1966, Ranunculaceae-Ericaceae; Alipore: West Bengal Government Press。

■ **3.9.4.24.15** *The Pteridophytic Flora of Eastern India*, S. R. Ghosh et al., **1**, 591 p, 2004; Kolkata: Botanical Survey of India。
Eastern India（85.53°-97.23°E & 20.75°-29.25°N）, is comprising with mountainous Eastern Himalayan region and valleys and plains which include 9 states: Sikkim, West Bengal, Arunachal Pradesh, Mehgalaya, Assam, Tripura, Manipur, Nagaland and Mizoram。

■ **3.9.4.24.16** *Flora of Goa, Diu, Daman, Dadra and Nagarhaveli*, Rolla S. Rao, Vols. 1-2, 1985-1986; Howrah: Botanical Survey of India。**1 & 2**, 546 p, 1985 & 1986, Ranunculaceae-Caprifoliaceae; & Rubiaceae-Selaginellaceae（via Monocotyledons, Gymnosperms, Ferns）。

■ **3.9.4.24.17** *Bryophyte Flora of Gujarat*, B. L. Choudhary, T. P. Sharma & Charu Sanadhya（eds）, 197 p, 2006; New Delhi: Himanshu。

■ **3.9.4.24.18** *Flora of Gujarat State*, G. L. Shah, Vols, **1-2**, 1-1074 p, 1978; Vallabh: Sardar Patel Univeristy。

■ **3.9.4.24.19** *Flora of Haryana*（*materials*）, Sarvesh Kumar, 507 p, 2001; Dehra Dun:

Bishen Singh Mahendra Pal Singh。

■ **3.9.4.24.20** *Flora of Haryana*, S. P. Jain et al., 266 p, 2000; Lucknow: Central Institute of Medicinal and Aromatic Plants。

■ **3.9.4.24.21** *Flora of Himachal Pradesh-Analysis*, Harsh J. Chowdhery & Brij M. Wadhwa, 1984; **1**, 1–340 p, Ranunculaceae-Caprifoliaceae; **2**, 341–677 p, Rubiaceae-Salicaceae; **3**, 679–860 p, Monocotyledons。Culcatta: Botanical Survey of India, Department of Environment。

■ **3.9.4.24.22** *Flora of Jammu and Kashmir*, Netra P. Singh, Devendra K. Singh, & Bhagwati P. Uniyal, with contributions by Devendra K. Singh et al; **1**, 900 p, 2002, Pteridophytes, Gymnosperms and Angiosperms: Ranunculaceae-Moringaceae; Kolkata: Botanical Survey of India。

■ **3.9.4.24.23** *Flora of Jammu and Plants of Neighbourhood*, Brij M. Sharma & Prem N. Kachroo (eds); Ⅰ, 407 p, 1981; Ⅱ, illustrations, 303 p, 1983; Dehra Dun: Bishen Singh。

■ **3.9.4.24.24** *Flora of Karnataka*, Brahma D. Sharma et al., **1**, 535 p, 1984, Magnoliaceae-Fabaceae; **2**, 304 p, 1996, Podostemaceae-Apiaceae; New Delhi: Oxford & IBH。

■ **3.9.4.24.25** *Flora of Karnataka-analysis*, Brahma D. Sharma et al., 394 p, 1984; Howrah: Botanical Survey of India, Department of Environment (The checklist with 199 families 1323 genera and 3924 species)。

■ **3.9.4.24.26** *The Flora of Kerala*, P. Daniel, with assistance from G. V. S. Murthy & P. Venu, **1**, 883 p, 2005, Ranunculaceae-Connaraceae; **2**, 601 p, 2016, G. V. S. Murthy & V. J. Nair, Fabaceae-Cornaceae; Kolkata: Botanical Survey of India。

■ **3.9.4.24.27** *Flowering Plants of Kerala–a handbook*, T. S. Nayar et al., 1069 p, 2006; Thiruvananthpuram: Tropical Botanic Garden & Research Institute。

■ **3.9.4.24.28** *Flora of Kerala-Grasses*, P. V. Sreekumar & V. J. Nair, 470 p, 1991;

Calcutta：Botanical Survey of India。

■ **3.9.4.24.29** *Flora of Maharashtra State*, Brahma D. Sharma, Saravanam Karthikeyan & Netra P. Singh（eds）, 794 p, 1996, **Monocotyledones**；1, Netra P. Singh & Saravanam Karthikeyan（eds）, 898 p, 2000, Ranunculaceae-Rhizophoraceae；2, Netra P. Singh, Pakshirajan Lakshminarasimhan & Saravanam Karthikeyan（eds）, 1080 p, 2001, Combretaceae-Ceratophyllaceae；Calcutta：Botanical Survey of India。

■ **3.9.4.24.30** *Flora of Maharashtra*, Marselin R. Almeida, 1, 294 p, 1996, Ranunculaceae-Connaraceae；2, 457 p, 1998, Fabaceae-Apiaceae；3a, 1–299 p, 2001, Rubiaceae-Ehretiaceae；3b, 301–567 p, 2001, Cuscutaceae-Martyniaceae；4（a, b）, 1–278 p & 279–471 p, 2003, Acanthaceae-Ceratophyllaceae；5（a, b）, 1–245 p, Hydrocharitaceae-Typhaceae, 246–495 p, 2009, Araceae-Cyperaceae；6（a, b）, 1–201 p & 202–373 p, 2014, Poaceae。Mumbai：Thomas Paul Almeida for Blatter Herbarium。

■ **3.9.4.24.31** *Flora of Madhya Pradesh*, 1, D. M. Verma, Nambiyath P. Balakrishnan & Ram D. Dixit, 668 p, 1993, Pteridophytes and Angiosperms：Ranunculaceae-Plumbaginaceae；2, Vishwanath Mudgal, K. K. Khanna & Parbhat K. Hajra, 618 p, 1997, Primulaceae-Ceratophyllaceae；3, Netra P. Singh et al., 587 p, 2001, Hydrocharitaceae-Poaceae and Gymnosperms；Calcutta：Botanical Survey of India。 *Supplement to the Flora of Madhya Preadesh*, K. K. Khanna et al., 181 p, 2001；Calcutta：Botanical Survey of India。

■ **3.9.4.24.32** *Grasses of Madhya Pradesh*, G. P. Roy, 180 p, 1984；Howrah：Botanical Survey of India, Department of Environment。

■ **3.9.4.24.33** *Flora of Manipur*, Netra P. Singh, A. S. Chauhan & M. S. Mondal, 1：600 p, 2000, Ranunculaceae-Asteraceae；Calcutta：Botanical Survey of India（also see D. B. Deb, 1961, & 1962, Monocotyledonous and Dicotyledonous plants of Manipur Territory, *Bulletin of the Botanical Survey of India* 3：115–138 & 253–350。

■ **3.9.4.24.34** *Flora of Mizoram*, N. P. Singh, K. P. Singh & D. K. Singh, 1：845 p, 2002, Ranunculaceae-Asteraceae；G. P. Sinha, D. K. Singh & K. P. Singh, 2：649 p, 2012, Campanulaceae-Salicaceae；Kolkata：Botanical Survey of India。

■ **3.9.4.24.35 *The Ferns of Nagaland*,** N. S. Jamir & R. Raghavendra Rao, 426 p, 1988; Dehra Dun: Bishen Singh Mahendra Pal Singh。

■ **3.9.4.24.36 *Ferns of North-Western Himalayas*,** K. K. Dhir, 158 p, 1980; Vaduz: Cramer / Gantner。

■ **3.9.4.24.37 *Flora of Orissa*,** Hari O. Saxena & M. Brahmam, Vols. 1–4, 1994–1995; Bhubaneswar: Orissa Forest Development Corporation。**1,** 1–633 p, 1994, Ranunculaceae-Fabaceae; **2,** 635–1322 p, 1995, Rosaceae-Martyniaceae; **3,** 1323–2008 p, 1995, Acanthaceae-Commelinaceae; **4,** 2010–2918 p, 1996, Flagellariaceae-Poaceae, Gymnosperms and Pteridophyta。

■ **3.9.4.24.38 *Flora of Rajasthan*,** Brahmavar V. Shetty & V. Singh, Vols. 1–3, 1987–1993; Calcutta: Botanical Survey of India。**1,** 1–451 p, 1987, Ranunculaceae-Compositae; **2,** 453–860 p, 1991, Campanulaceae-Commelinaceae; **3,** 863–1246 p, 1993, Palmae-Gramineae, bibliography and index。

■ **3.9.4.24.39 *Moss Flora of Rajasthan*,** B. L. Chaudhary & G. S. Deora, 127 p, 1993; Delhi: Himanshu Publications。

■ **3.9.4.24.40 *Flora of Sikkim*,** **1,** Parbhat K. Hajra & D. M. Verma, with assistance from S. Bandyopadhaya, 336 p, 1996, Monocotyledons; Calcutta: Botanical Survey of India; **2,** Ramesh C. Srivastava, 309 p, 1988, Ranunculaceae-Moringaceae; Dehra Dun: Oriental Enterprises。

■ **3.9.4.24.41 *Flora of Tamil Nadu*,** **1,** N. Chandrasekharan Nair & Ambrose N. Henry, 184 p, 1983, Ranunculaceae-Sambucaceae; **2,** Ambrose N. Henry, Gorti R. Kumari & V. Chithra, 258 p, 1987, Rubiaceae-Ceratophyllaceae; **3,** Ambrose N. Henry, V. Chithra & Nambiyath P. Balakrishnan, 171 p, 1989, Hydrocharitaceae-Poaceae; Coimbatore: Botanical Survey of India, Department of Environment。

■ **3.9.4.24.42 *Flora of Telangana*,** Thammineni Pullaiah, Vol. **1,** 1–445 p, Ranunculaceae-Alangiaceae; **2,** 447–892 p, Rubiaceae-Ceratophyllaceae, & **3,** 893–1304 p, Monocotyledones and Gymnosperms, 2015; New Delhi: Regency Publications.

■ **3.9.4.24.43** *The Flora of Tripura State*, Debendra B. Deb, **1**, 509 p, 1981, Vegetation, Ophioglossaceae-Staphyleaceae; **2**, 601 p, 1983, Biddlejaceae-Gramineae (Poaceae); New Delhi: Today & Tomorrow's Printers and Publishers。

■ **3.9.4.24.44** *Pteridophytes of Uttaranchal* (*A Check List*), Ram D. Dixit & Ramesh Kumar, 159 p, 2002; Dehra Dun: Bishen Singh Mahendra Pal Singh。

■ **3.9.4.24.45** *Flora of Uttarakhand*, Prashant K. Pusalkar & S. K. Srivastava, Vol. **1**, 1099 p, 2018; Gymnosperms and Angiosperms (Ranunculaceae-Moringaceae); Kolkata: Botanical Survey of India.

■ **3.9.4.24.46** *Dicotyledonous Plants of Uttar Pradesh* (*A Check-list*), K. K. Khanna et al., 455 p, 1999; Dehra Dun: Bishen Singh Mahendra Pal Singh。

■ **3.9.4.24.47** *Flora of Uttar Pradesh*, K. P. Singh, K. K. Khanna & G. P. Sinha, Vol. **1**, 674 p, 2016, Ranunculaceae-Apiaceae; Kolkata: Botanical Survey of India.

■ **3.9.4.24.48** *Flora of West Bengal*, Botanical Survey of India (ed), **1**, 486 p, 1997, Ranunculaceae-Moringaceae; **2**, 439 p, 2015, Leguminosae-Aizoaceae, T. K. Paul et al.; **3**, 493 p, 2016, Apiaceae-Boraginaceae, V. Ranjan et al.。

■ **3.9.4.24.49** *An Illustrated Fern Flora of West Himalaya*, Surinder P. Khullar, **1**, 506 p, 1994, & **2**, 538 p, 2000; Dehra Dun: Internatinal Book Distributors。

■ **3.9.4.25** *Flora of Bandgladesh*, Mohammad S. Khan et al (eds), Vols. 1+, 1975+; Dacca: Bangladesh Agricultural Research Council。
孟加拉植物志是不规则出版系列，目前出版如下：
1, 13 p, 1975, Casuarinaceae, Phytolaccaceae, Hydrophyllaceae, Martyniaceae, Caricaceae; **2**, 13 p, 1975, Moringaceae, Polemoniaceae, Pedaliaceae, Basellaceae, Butomaceae; **3**, 13 p, 1975, Ochnaceae, Turneraceae, Fumariaceae, Tropaeolaceae, Flagellariaceae; **4**, 41 p, 1977, Commelinaceae; **5**, 3 p, 1977, Sphenocleaceae; **6**, 10

p, 1977, Onagraceae; **7**, 15 p, 1978, Rhizophoraceae; **8**, 3 p, 1978, Haloragaceae; **9**, 12 p, 1979, Nymphaeaceae; **10**, 4 p, 1979, Ceratophyllaceae; **11**, 2 p, 1979, Zannichelliaceae; **12**, 12 p, 1980, Sonneratiaceae; **13**, 3 p, 1980, Buddlejaceae; **14**, 4 p, 1980, Cannabaceae; **15**, 10 p, 1981, Oxalidaceae; **16**, 3 p, 1981, Zygophyllaceae; **17**, 8 p, 1981, Molluginaceae; **18**, 5 p, 1982, Averrhoaceae; **19**, 3 p, 1982, Ruppiaceae; **20**, 3 p, 1982, Salicaceae; **21**, 9 p, 1983, Orobanchaceae; **22**, 3 p, 1983, Punicaceae; **23**, 3 p, 1983, Dichapetalaceae; **24**, 9 p, 1984, Pontederiaceae; **25**, 15 p, 1984, Dipterocarpaceae; **26**, 6 p, 1984, Linaceae; **27**, 5 p, 1984, Trapaceae; **28**, 15 p, 1985, Hydrocharitaceae; **29**, 3 p, 1985, Juncaceae; **30**, 59 p, 1985, Convolvulaceae; **31**, 11 p, 1986, Avicenniaceae; **32**, 4 p, 1986, Stylidiaceae; **33**, 29 p, 1986, Loranthaceae; **34**, 6 p, 1987, Aizoaceae; **35**, 3 p, 1987, Bixaceae; **36**, 7 p, 1987, Burseraceae; **37**, 3 p, 1988, Peperomiaceae; **38**, 8 p, 1988, Burmanniaceae; **39**, 8 p, 1987, Elatinaceae; **40**, 9 p, 1989, Potamogetonaceae; **41**, 3 p, 1989, Stemonaceae; **42**, 8 p, 1989, Plumbaginaceae; **43**, 3 p, 1989, Lauraceae; **44**, 7 p, 1990, Hydrocotylaceae; **45**, 4 p, 1990, Costaceae; **46**, 6 p, 1991, Xyridaceae; **47**, 16, 1991, Periplocaceae; **48**, 71 p, 1995, Asclepiadaceae; **49**, 8 p, 1995, Menyanthaceae; **50**, 48 p, 1996, Combretaceae; **51**, 44 p, 1996, Menispermaceae; **52**, 53 p, 2002, Annonaceae; **53**, 48 p, 2002, Solanaceae; **54**, 79 p, 2003, Malvaceae; **55**, 11 p, 2003, Cuscutaceae; **56**, 11 p, 2007, Dilleniaceae; **57**, 25 p, 2007, Capparaceae; **58**, 161 p, 2008, Lamiaceae; **59**, 59 p, 2009, Sapindaceae; **60**, 17 p, 2009, Lecythidaceae。

■ **3.9.4.26** An overview of the mosses of Bangladesh, with a revised checklist, Brian J. O'Shea, 2003, *The Journal of the Hattori Botanical Laboratory* 93: 259–272。

本文报道 183 种藓类植物，其中 92% 和印度共有。

■ **3.9.4.27** *Encyclopedia of Flora and Fauna of Bangladesh*, Vols. 1–28, 2007–2009[①], Zia Uddin Ahmed (chief ed), Z. N. Tahmida, M Abul Hassan & Moniruzzaman Khondker (flora eds); Dhaka: Asiatic Society of Bangladesh。

1, 230 p, 2008, Bangladesh Profile; **5**, 390 p, 2007, Bryophytes, Pteridophytes and Gymnosperms; **6**, 408 p, 2008, Angiosperms: Dicotyledons: Acanthaceae-Asteraceae; **7**,

---

① 仅指高等植物卷册出版时间（其他卷册未见）。

546 p，2008，Balsaminaceae-Euphorbiaceae；**8**，478 p，2009，Fabaceae-Lythraceae；**9**，488 p，2009，Magnoliaceae-Punicaceae；**10**，580 p，2009，Ranunculaceae-Zygophyllaceae；**11**，399 p，2007，Angiosperms：Monocotyledons：Agavaceae-Najadaceae；**12**，552 p，2008，Orchidaceae-Zingiberaceae；**13**，325 p，2009，Flora，Cumulative Index，Scientific Names & English Names。

本书共 28 卷，其中第 1 卷为孟加拉国自然地理背景介绍，第 2 至 4 卷为低等植物，第 5 至 13 卷为高等植物，第 14 至 28 卷为动物。全书由孟加拉国学者独立完成，而且每个物种都有学名、异名、详细描述、染色体数目、生境、分布、利用、繁殖、濒危、保护级别等，大多数物种都有彩色图片、墨线图或标本相片；每卷后都有详细的文献引证、学名和英文名索引。

■ **3.9.4.28** *Flora of West Pakistan*，Vols. 1-129，1970-1979，*Flora of Pakistan*，Vols. 130+，1979+，Eugene Nasir，Syed I. Ali，Yasin J. Nasir & Mohammad Qaiser（eds），Rawalpindi & Karachi：The National Herbarium & University of Karachi。

本志以一科为一册形式出版，在每册卷首均有一幅地图，以示本志所覆盖的地区，包括 Gilgit 和 Ladakh 等地区。因此在研究中国西部植物时，本志不失为一重要参考文献。本志原名 *Flora of West Pakistan*，从 1979 年第 130 卷开始更名为 *Flora of Pakistan*。另有两册未编号，其一为 *An Annotated Catalogue of the Vascular Plants of West Pakistan and Kashmir*，1028 p，1972"，另一册是 *History And Exploration of Plants in Pakistan And Adjoining Areas*，186 p，1982"，均由先后在巴基斯坦研究植物近 60 年的美国学者 Ralph R. Stewart（1890—1993）所著。这两本书实际上是 *Flora of Pakistan* 的核心之作，从中我们不但可以了解自然地理概况，还可以了解有关的采集与研究历史。本志到 2015 年已经出版了 220 册。

1，5 p，1970，Flacourtiaceae；**2**，3 p，1970，Hamamelidaceae；**3**，3 p，1970，Phytolaccaceae；**4**，7 p，1971，Oxalidaceae；**5**，9 p，1971，Ericaceae；**6**，3 p，1971，Monotropaceae；**7**，3 p，1971，Frankeniaceae；**8**，4 p，1971，Polemoniaceae；**9**，3 p，1971，Iteaceae；**10**，3 p，1971，Vahliaceae；**11**，3 p，1971，Averrhoaceae；**12**，10 p，1971，Thymelaeaceae；**13**，3 p，1972，Martyniaceae；**14**，5 p，1972，Juglandaceae；**15**，6 p，1972，Philadelphaceae；**16**，4 p，1972，Hydrangeaceae；**17**，8 p，1972，Meliaceae；**18**，3 p，1972，Zannichelliaceae；**19**，5 p，1972，Elatinaceae；**20**，169 p，1972，Umbelliferae；**21**，6 p，1972，Linaceae；**22**，3 p，1972，Corylaceae；**23**，3 p，1972，Platanaceae；**24**，3 p，1972，Staphyleaceae；**25**，3 p，1972，Sphenocleaceae；**26**，6 p，1972，Burseraceae；**27**，10 p，1972，Grossulariaceae；**28**，14 p，1972，Plumbaginaceae；**29**，4 p，1972，Salvadoraceae；**30**，3 p，1972，Goodeniaceae；**31**，5 p，1973，Parnassiaceae；**32**，12 p，1973，Guttiferae；**33**，4 p，1973，Pedaliaceae；**34**，35 p，1973，

Capparidaceae；**35**，9 p，1973，Loranthaceae；**36**，41 p，1973，Mimosaceae；**37**，3 p，1973，Datiscaceae；**38**，4 p，1973，Moringaceae；**39**，10 p，1973，Sapindaceae；**40**，6 p，1973，Molluginaceae；**41**，12 p，1973，Aizoaceae；**42**，4 p，1973，Dilleniaceae；**43**，3 p，1973，Coriariaceae；**44**，5 p，1973，Cannabaceae；**45**，4 p，1973，Malpighiaceae；**46**，3 p，1973，Phrymaceae；**47**，12 p，1973，Illecebraceae；**48**，5 p，1973，Juncaginaceae；**49**，4 p，1973，Avicenniaceae；**50**，3 p，1973，Alangiaceae；**51**，8 p，1973，Portulacaceae；**52**，11 p，1973，Polygalaceae；**53**，6 p，1973，Dioscoreaceae；**54**，47 p，1974，Caesalpiniaceae；**55**，308 p，1973，Brassicaceae；**56**，5 p，1974，Buddlejaceae；**57**，4 p，1974，Podophyllaceae；**58**，5 p，1974，Leonticaceae；**59**，27 p，1974，Oleaceae；**60**，4 p，1974，Lardizabalaceae；**61**，32 p，1974，Papaveraceae；**62**，21 p，1974，Plantaginaceae；**63**，4 p，1974，Symplocaceae；**64**，6 p，1974，Magnoliaceae；**65**，6 p，1974，Buxaceae；**66**，5 p，1974，Passifloraceae；**67**，4 p，1974，Morinaceae；**68**，12 p，1974，Alismataceae；**69**，3 p，1974，Butomaceae；**70**，3 p，1974，Ceratophyllaceae；**71**，49 p，1974，Amaranthaceae；**72**，4 p，1974，Proteaceae；**73**，43 p，1974，Fumariaceae；**74**，10 p，1974，Menispermaceae；**75**，33 p，1974，Tiliaceae；**76**，35 p，1974，Zygophyllaceae；**77**，40 p，1974，Verbenaceae；**78**，14 p，1975，Lythraceae；**79**，11 p，1975，Potamogetonaceae；**80**，3 p，1975，Ruppiaceae；**81**，6 p，1975，Hippuridaceae；**82**，3 p，1975，Hippocastanaceae；**83**，31 p，1975，Alliaceae；**84**，14 p，1975，Commelinaceae；**85**，6 p，1975，Elaeagnaceae；**86**，5 p，1975，Araliaceae；**87**，31 p，1975，Berberidaceae；**88**，4 p，1975，Cornaceae；**89**，8 p，1975，Myrsinaceae；**90**，9 p，1975，Resedaceae；**91**，5 p，1975，Sabiaceae；**92**，5 p，1975，Aceraceae；**93**，3 p，1975，Pittosporaceae；**94**，12 p，1975，Dipsacaceae；**95**，5 p，1975，Betulaceae；**96**，4 p，1976，Begoniaceae；**97**，4 p，1976，Trapaceae nom. cons.（Hydrocaryaceae）；**98**，25 p，1976，Orobanchaceae；**99**，25 p，1976，Sterculiaceae；**100**，388 p，1977，Papilionaceae；**101**，21 p，1976，Valerianaceae；**102**，3 p，1976，Punicaceae；**103**，2 p，1976，Sonneratiaceae；**104**，9 p，1976，Fagaceae；**105**，3 p，1976，Trilliaceae；**106**，2 p，1976，Ruscaceae；**107**，9 p，1977，Smilacaceae；**108**，29 p，1977，Saxifragaceae；**109**，15 p，1977，Celastraceae；**110**，4 p，1977，Aristolochiaceae；**111**，4 p，1977，Menyanthaceae；**112**，3 p，1977，Cistaceae；**113**，4 p，1977，Haloragidaceae；**114**，4 p，1977，Pontederiaceae；**115**，16 p，1978，Nyctaginaceae；**116**，3 p，1978，Ebenaceae；**117**，3 p，1978，Caricaceae；**118**，13 p，1978，Lauraceae；**119**，6 p，1978，Bombacaceae；**120**，17 p，1978，Araceae；**121**，3 p，1978，Paeoniaceae；**122**，11 p，1978，Combretaceae；**123**，4 p，1978，Sambucaceae；**124**，4 p，1978，Aquifoliaceae；**125**，5 p，1979，Colchicaceae；**126**，

64 p, 1979, Convolvulaceae; **127**, 3 p, 1979, Hydrophyllaceae; **128**, 6 p, 1979, Pyrolaceae; **129**, 3 p, 1979, Biebersteiniaceae; **130**, 107 p, 1979, Malvaceae; **131**, 22 p, 1979, Bignoniaceae; **132**, 29 p, 1980, Rutaceae; **133**, 17 p, 1980, Balsaminaceae; **134**, 7 p, 1980, Amaryllidaceae; **135**, 3 p, 1980, Balanophoraceae; **136**, 3 p, 1981, Olacaceae; **137**, 25 p, 1981, Urticaceae; **138**, 27 p, 1981, Juncaceae; **139**, 44 p, 1981, Onagraceae; **140**, 24 p, 1981, Rhamnaceae; **141**, 65 p, 1982, Tamaricaceae; **142**, 4 p, 1982, Eriocaulaceae; **143**, 678 p, 1982, Poaceae; **144**, 2 p, 1982, Musaceae; **145**, 3 p, 1982, Cannaceae; **146**, 7 p, 1982, Zingiberaceae; **147**, 20 p, 1982, Vitaceae; **148**, 41 p, 1984, Apocynaceae; **149**, 43 p, 1983, Geraniaceae; **150**, 65 p, 1983, Asclepiadaceae; **151**, 3 p, 1983, Adoxaceae; **152**, 22 p, 1983, Anacardiaceae; **153**, 33 p, 1984, Palmae; **154**, 56 p, 1984, Cucurbitaceae; **155**, 22 p, 1984, Campanulaceae; **156**, 10 p, 1984, Agavaceae; **157**, 103 p, 1984, Primulaceae; **158**, 11 p, 1984, Rhizophoraceae; **159**, 6 p, 1984, Santalaceae; **160**, 5 p, 1984, Lecythidaceae; **161**, 4 p, 1984, Basellaceae; **162**, 7 p, 1984, Simaroubaceae; **163**, 12 p, 1984, Sapotaceae; **164**, 63 p, 1984, Orchidaceae; **165**, 6 p, 1985, Haemodoraceae; **166**, 28 p, 1985, Violaceae; **167**, 15 p, 1985, Annonaceae; **168**, 61 p, 1985, Solanaceae; **169**, 13 p, 1985, Hydrocharitaceae; **170**, 11 p, 1985, Ulmaceae; **171**, 54 p, 1985, Moraceae; **172**, 170 p, 1986, Euphorbiaceae; **173**, 11 p, 1986, Lemnaceae; **174**, 33 p, 1986, Caprifoliaceae; **175**, 125 p, 1986, Caryophyllaceae; **176**, 6 p, 1987, Najadaceae; **177**, 8 p, 1987, Typhaceae; **178-186**, 36 p, 1987, Gymnospermae (Cycadaceae, Zamiaceae, Ginkgoaceae, Araucariaceae, Pinaceae, Taxodiaceae, Cupressaceae, Taxaceae, Ephedraceae); **187**, 3 p, 1988, Pandanaceae; **188**, 79 p, 1988, Acanthaceae; **189**, 24 p, 1988, Cuscutaceae; **190**, 145 p, 1989, Rubiaceae; **191**, 200 p, 1990, Boraginaceae; **192**, 310 p, 1990, Labiatae; **193**, 164 p, 1991, Ranunculaceae; **194**, 4 p, 1993, Nelumbonaceae; **195**, 10 p, 1993, Nymphaeaceae; **196**, 8 p, 1993, Lentibulariaceae; **197**, 172 p, 1995, Gentianaceae; **198**, 4 p, 1997, Neuradaceae; **199**, 5 p, 1997, Casuarinaceae; **200**, 6 p, 1998, Sparganiaceae; **201**, 4 p, 1998, Callitrichaceae; **202**, 35 p, 2000, Iridaceae; **203**, 60 p, 2001, Salicaceae; **204**, 217 p, 2001, Chenopodiaceae; **205**, 190 p, 2001, Polygonaceae; **206**, 277 p, 2001, Cyperaceae; **207**, 172 p, 2002, Asteraceae (I): Anthemideae; **208**, 4 p, 2002, Cynomoriaceae; **209**, 64 p, 2002, Crassulaceae; **210**, 215 p, 2003, Asteraceae (II): Inuleae, Plucheae & Gnaphalieae; **211**, 28 p, 2005, Asphodelaceae; **212**, 4 p, 2005, Hemerocallidaceae; **213**, 10 p, 2005, Convallariaceae; **214**, 20 p, 2005, Hyacinthaceae; **215**, 108 p, 2007, Liliaceae; **216**, 138 p, 2009, Rosaceae (I), Potentilleae & Roseae;

217，23 p，2009，Asparagaceae；**218**，84 p，2011，Asteraceae（Ⅲ）；**219**，45 p，2012，Myrtaceae；**220**，331 p，2015，Scrophulariaceae；**221**，161 p，2017，Rosaceae（Ⅱ）；**222**，356 p，2017，Asteraceae（Ⅳ）；**223**，363 p，2019，Asteraceae（Ⅴ）；**224** p，2020。

■ *3.9.4.29 A Revised Handbook to the Flora of Ceylon*，Meliyasena D. Dassanayake et al（eds），Vols 1-15，1980-2006；Peradeniya：University of Ceylon…，Enfield，NH：Plymouth：Science Publishers.

本志采用先完成的部分组成一卷先出版，详细如下：

1，508 p，1980，Amaranthaceae，Bombacaceae，Guttiferae，Compositae，Connaraceae，Convolvulaceae，Dipterocarpaceae，Elatinaceae，Leguminosae-Momosoideae；2，511 p，1981，Orchidaceae，Bignoniaceae，Lemnaceae，Myrtaceae，Pittosporaceae，Primulaceae，Proteaceae，Rhizophoraceae，Thymelaeaceae；3，499 p，1981，Ebenaceae，Gentianaceae，Gesneriaceae，Labiatae，Lecythidaceae，Pedaliaceae，Menyanthaceae，Moraceae，Pedaliaceae，Rosaceae，Sabiaceae，Scrophulariaceae，Lythraceae，Umbelliferae；4，532 p，1983，Anacardiaceae，Apocynaceae，Asclepiadaceae，Avicenniaceae，Begoniaceae，Burmanniaceae，Campanulaceae，Lobeliaceae，Nyctanthaceae，Periplocaceae，Sphenocleaceae，Symphoremaceae，Verbenaceae，Zingiberaceae；5，476 p，1985，Annonaceae，Balsaminaceae，Bixaceae，Cochlospermaceae，Cyperaceae，Rutaceae；6，424 p，1988，Ancistrocladaceae，Aponogetonaceae，Araceae，Balanophoraceae，Datiscaceae，Dipsacaceae，Droseraceae，Geraniaceae，Hernandiaceae，Loranthaceae，Magnoliaceae，Melastomataceae，Nepenthaceae，Ochnaceae，Oleaceae，Piperaceae，Polygalaceae，Punicaceae，Rubiaceae，Solanaceae，Valerianaceae，Viscaceae，Zygophyllaceae；7，439 p，1991，Boraginaceae，Leguminosae，Flagellariaceae，Hydrophyllaceae，Juncaceae，Leeaceae，Malpighiaceae，Salvadoraceae，Tamaricaceae，Tiliaceae，Vahliaceae；8，458 p，1994，Gramineae/Poaceae；9，482 p，1995，Chenopodiaceae，Combretaceae，Dioscoreaceae，Elaeocarpaceae，Hydrocharitaceae，Lauraceae，Lentibulariaceae，Lythraceae，Meliaceae，Menispermaceae，Molluginaceae，Onagraceae，Sapotaceae，Sterculiaceae，Vitaceae；10，426 p，1996，Araliaceae，Callitrichaceae，Capparaceae，Caricaceae，Caryophyllaceae，Casuarinaceae，Celastraceae，Ceratophyllaceae，Dilleniaceae，Elaeagnaceae，Erythroxylaceae，Leguminosae，Flacourtiaceae，Hippocrateaceae，Icacinaceae，Loganiaceae，Monimiaceae，Nelumbonaceae，Nymphaeaceae，Olacaceae，Passifloraceae，Phytolaccaceae，Plantaginaceae，Podostemaceae，Polygalaceae，Portulacaceae，Ranunculaceae，Rhamnaceae，Stemonaceae，Theaceae，Tiliaceae，Violaceae；11，420 p，1997，Aizoaceae，Cucurbitaceae，Eriocaulaceae，Euphorbiaceae，Goodeniaceae，

Malvaceae, Myristicaceae, Orobanchaceae, Plumbaginaceae, Polygonaceae, Simaroubaceae, Stylidiaceae, Surianaceae; **12**, 390 p, 1998, Acanthaceae, Rubiaceae, Sapindaceae; **13**, 284 p, 1999, Alangiaceae, Aquifoliaceae, Aristolochiaceae, Burseraceae, Buxaceae, Cabombaceae, Cactaceae, Caprifoliaceae, Chloranthaceae, Cornaceae, Crassulaceae, Daphniphyllaceae, Dichapetalaceae, Ericaceae, Euphorbiaceae (in part), Haloragaceae, Hypericaceae, Linaceae, Moringaceae, Myrsinaceae, Nyctaginaceae, Opiliaceae, Oxalidaceae, Papaveraceae, Santalaceae, Schizandraceae, Staphyleaceae, Trapaceae, Turneraceae, Ulmaceae, Urticaceae; **14**, 307 p, 2000, Agavaceae, Alismataceae, Alliaceae, Aloaceae, Amaryllidaceae, Anthericaceae, Arecaceae, Asparagaceae, Berberidaceae, Bromeliaceae, Cannaceae, Colchicaceae, Commelinaceae, Convallariaceae, Cymodoceaceae, Dracaenaceae, Hanguanaceae, Hyacinthaceae, Hypoxidaceae, Iridaceae, Limnocharitaceae, Marantaceae, Musaceae, Najadaceae, Phormiaceae, Pontederiaceae, Potamogetonaceae, Smilacaceae, Taccaceae, Trichopodaceae, Triuridaceae, Typhaceae, Xyridaceae, Cycadaceae, Pinaceae; **Index to Volumes** I – XIV, 293 p, 2003, Scientific names, English names, Sinhala names and Tamil names; **15A**, 310 p, 2006, Ferns and fern–allies: Aspleniaaceae, Azollaceae, Blechnaceae, Cyatheaceae, Davalliaceae, Dennstaedtiaceae, Dryopteridaceae, Equisetaceae, Gleicheniaceae, Grammitidaceae, Hymenophyllaceae, Isoetaceae, Lomariopsidaceae, Loxogrammaceae, Lycopodiaceae, Marattiaceae, Marsileaceae, Oleandraceae, Ophioglossaceae, Osmundaceae, Parkeriaceae, Polygodiaceae; **15 B**, 311–616 p, 2006, Ferns and fern–allies: Psilotaceae, Pteridaceae, Salviniaceae, Schizaeaceae, Selaginellaceae, Thelypteridaceae, Vittariaceae, Woodstaceae, List of endemic species, Selective Glossary of Terms, and Index to Scientific Names。

▌ 3.9.4.30 *A Checklist of the flowering plants of Sri Lanka*, 451 p, 2001, Lilani Kumudini Senaratna; MAB Check list and Hand Book Series publication No. 22, National Science Foundation, Sri Lanka。

This checklist includes 214 families, 1 522 genera and 4 143 species。 Of the total number of species, about 75% are indigenous and about 25% are exotics。 Of the total number of indigenous plant species, 27.53% are found to be endemic to Sri Lanka.

▌ 3.9.4.31 *Endemic Flowering Plants of Sri Lanka–Part II A Index to the Distribution of Plants with Localities*, 201 p, 2007; Biodiversity Secretariat of the Ministry of Environment & Natural Resources; Sri Lanka。

Based on the Revised Handbook to the Flora of Ceylon, Senaratna (2000) have shown that there are 4143 plant species recorded from Sri Lanka distributed within 214 families and 1522 genera。 The present study reveals that out of the total number 4143, 1025 species i.e. 24.7% are endemic。 Most of these species are found restricted to the wet and the intermediate zones with some distributed in the dry zone of Sri Lanka。 The 1025 endemic plant species are distributed within 98 families 353 genera。 It is observed that 163 species (i.e. 15.9% of the total number of endemics) are rare and another 86 species (i.e. 8.3%) are threatened or in the verge of extinction。 This publication lists the distributional localities of the taxa concerned so that the user of this book could find where the plant is growing in the field。 Further it is hoped that such persons would take necessary measures to preserve and conserve these localities and habitats for the future。

▌3.9.5 西亚：阿富汗、伊朗、土耳其
本书收载 5 种。

▌**3.9.5.1** *Flora of Afghanistan*，Siro Kitamura，2: 1–486 p，1960，Results of the Kyoto University Scientific Expedition to the Karakoram and Hindukush 1955；*Flora of Afghanistan Additions Reports*，Siro Kitamura & Riozo Yosii，8：1–419，1966，Results of Kyoto University Scientific Expidation to the Karakoram and Hindukush 1955。

▌**3.9.5.2** *Plants of West Pakistan and Afghanistan*，Siro Kitamura，3：1–283 p，1964，Results of the Kyoto University Scientific Expeditions to Gilgit，Baltistan，Swat and Chitral，1955。

以上两部著作是日本京都大学北村四郎（Siro Kitamura）等在巴基斯坦和阿富汗考察与研究系列结果的植物学部分，包括种子植物的新类群。

▌**3.9.5.3** *Vascular plants of Afghanistan-an augmented checklist*，Siegmar-W Breckle，Ian C Hedge，M Daud Rafiqpoor & Andreas Dittmann，597 p，2013；Bonn，Germany：Scientia Bonnensis。

约 5 000 种记载，约 24% 为特有。

▌**3.9.5.4** *Flora Iranica Flora des Iranischen Hochlandes und der Umrahmenden Gebrrge Persien*，*Afghanistan*，*Teile von West-Pakistan*，*Nord-Irag*，*Ayerbaidjan*，*Turkmenistan*，Karl H. Rechinger (ed)，Vols. 1–175，1963–2001；Graz Austria：Akademische Druck und Verlagsanstalt，Vols.

176–181，2005–2015；Wien，Austria：Verlag des Natürhistorischen Museums Wien。

从其书名可知，本志基本上覆盖伊朗高原地区，北与 *Flora of the USSR* 范围接壤，西与 *Flora of Turkey* 范围相连，东邻 *Flora of Pakistan* 范围。因此，本书对于中国从事西部类群研究有参考价值。本志由奥地利维也纳自然历史博物馆主持，欧美等数个国家的学者参加。本志的描述和检索表是拉丁文，而讨论和标本引证主要是德语，偶尔也有英文。全书的编写规则与众不同，不分卷，绝大多数每科一册，而每册基本由两部分组成，其一是正文，其二是图版（太小的科则没有图版，而且图版多数是相片，少数也有墨线图），但少数科由于太大而分为两册（其一是正文，其二是图版），更有的大科分成不同的分册出版，如菊科等。自1963年出版以来，截至2015年181册已全部完成。

1，8 p，2 pl，1963，Araceae；**2**，8 p，1963，Ephedraceae；**3**，24 p，4 pl，1963，Convolvulaceae；**4**，17 p，8 pl，1964，Tamaricaceae；**5**，25 p，8 pl，1964，Orobanchaceae；**6**，48 p，20 pl，1964，Euphorbiaceae；**7**，19 p，8 pl，1965，Onagraceae；**8**，16 p，4 pl，1964，Cuscutaceae；**9**，37 p，12 pl，1965，Primulaceae；**10**，16 p，4 pl，1965，Caprifoliaceae；**11**，2 p，1965，Ericaceae；**12**，2 p，1965，Taxaceae；**13**，51 p，12 pl，1965，Campanulaceae；**14**，9 p，4 pl，1965，Pinaceae；**15**，23 p，4 pl，1965，Plantaginaceae；**16**，4 p，1966，Elatinaceae；**17**，4 p，1966，Globulariaceae；**18**，3 p，1966，Haloragaceae；**19**，4 p，1966，Hydrangeaceae；**20**，4 p，1966，Parnassiaceae；**21**，4 p，1966，Platanaceae；**22**，4 p，1966，Punicaceae；**23**，4 p，1966，Vahliaceae；**24**，9 p，1966，Acanthaceae；**25**，3 p，1966，Aquifoliaceae；**26**，3 p，1966，Aristolochiaceae；**27**，4 p，1966，Buxaceae；**28**，3 p，1966，Ceratophyllaceae；**29**，3 p，1966，Datiscaceae；**30**，3 p，1966，Ebenaceae；**31**，3 p，1966，Hippuridaceae；**32**，3 p，1966，Myrtaceae；**33**，4 p，1966，Nymphaeaceae；**34**，27 p，8 pl，1966，Papaveraceae；**35**，3 p，1966，Phytolaccaceae；**36**，21 p，8 pl，1966，Rutaceae；**37**，4 p，1966，Salvadoraceae；**38**，4 p，1966，Sapindaceae；**39**，3 p，1966，Theligonaceae；**40**，4 p，1967，Oxalidaceae；**41**，28 p，4 pl，1967，Gentianaceae；**42**，17 p，4 pl，1967，Saxifragaceae；**43**，8 p，1967，Verbenaceae；**44**，3 p，1967，Bignoniaceae；**45**，3 p，1967，Loganiaceae；**46**，8 p，1967，Cistaceae；**47**，9 p，1967，Grossulariaceae；**48**，281 p，48 pl，1967，Boraginaceae；**49**，20 p，1968，Guttiferae；**50**，10 p，1968，Cupressaceae；**51**，9 p，1968，Lythraceae；**52**，11 p，1968，Oleaceae；**53**，3 p，1968，Hamamelidaceae；**54**，3 p，1968，Cornaceae；**55**，3 p，1968，Elaeagnaceae；**56**，88 p，8 pl，1968，Polygonaceae；**57**，372 p，36 pl，1968，Cruciferae；**58**，8 p，1969，Lentibulariaceae；**59**，4 p，1969，Sparganiaceae；**60**，6 p，1969，Paeoniaceae；**61**，11 p，8 pl，1969，Aceraceae；**62**，23 p，10 pl，1969，Valerianaceae；**63**，9 p，8 pl，1969，Anacardiaceae；**64**，5 p，1969，Celastraceae；**65**，45 p，

1969, Salicaceae; **66**, 217 p, 60 pl, 1969, Rosaceae I; **67**, 8 p, 1970, Amaryllidaceae; **68**, 32 p, 4 pl, 1970, Capparidaceae; **69**, 67 p, 8 pl, 1970, Geraniaceae; **70**, 573 p, 72 pl, 1970, Gramineae; **71**, 8 p, 4 pl, 1970, Typhaceae; **72**, 32 p, 8 pl, 1970, Crassulaceae; **73**, 21 p, 8 pl, 1970, Asclepiadaceae; **74**, 5 p, 4 pl, 1970, Vitaceae; **75**, 35 p, 4 pl, 1971, Juncaceae; **76**, 100 p, 28 pl, 1971, Alliaceae; **77**, 20 p, 12 pl, 1971, Fagaceae; **78**, 5 p, 4 pl, 1971, Alismataceae; **79**, 1 p, 1971, Butomaceae; **80**, 4 p, 1971, Hydrocharitaceae; **81**, 1 p, 1971, Zosteraceae; **82**, 3 p, 1971, Juncaginaceae; **83**, 9 p, 4 pl, 1971, Potamogetonaceae; **84**, 1 p, 1971, Ruppiaceae; **85**, 4 p, 1971, Zannichelliaceae; **86**, 2 p, 1971, Najadaceae; **87**, 2 p, 1971, Staphyleaceae; **88**, 3 p, 1971, Sphenocleaceae; **89**, 3 p, 1971, Eriocaulaceae; **90**, 329 p, 184 pl, 1972, Compositae-Cynareae: *Cousinia*; **91**, 19 p, 8 pl, 1972, Amaranthaceae; **92**, 2 p, 1972, Hippocastanaceae; **93**, 3 p, 2 pl, 1972, Pyrolaceae; **94**, 2 p, 1972, Monotropaceae; **95**, 17 p, 4 pl, 1972, Thymelaeaceae; **96**, 9 p, 8 pl, 1972, Betulaceae; **97**, 9 p, 8 pl, 1972, Corylaceae; **98**, 32 p, 32 pl, 1972, Zygophyllaceae; **99**, 6 p, 1972, Frankeniaceae; **100**, 82 p, 20 pl, 1972, Solanaceae; **101**, 11 p, 4 pl, 1973, Podophyllaceae; **102**, 5 p, 4 pl, 1973, Araliaceae; **103**, 11 p, 8 pl, 1974, Apocynaceae; **104**, 3 p, 1973, Dioscoreaceae; **105**, 16 p, 8 pl, 1974, Urticaceae; **106**, 19 p, 8 pl, 1974, Linaceae; **107**, 2 p, 1974, Burseraceae; **108**, 158 p, 104 pl, 1974, Plumbaginaceae; **109**, 2 p, 1974, Moringaceae; **110**, 32 p, 22 pl, 1974, Fumariaceae; **111**, 16 p, 8 pl, 1975, Berberidaceae; **112**, 79 p, 24 pl, 1975, Iridaceae; **113**, 8 p, 1975, Aizoaceae; **114**, 8 p, 1975, Molluginaceae; **115**, 6 p, 7 pl, 1976, Nyctaginaceae; **116**, 6 p, 1976, Loranthaceae; **117**, 5 p, 1976, Portulacaceae; **118**, 6 p 4 pl, 1976, Callitrichaceae; **119**, 8 p, 1976, Lemnaceae; **120**, 86 p, 55 pl, 1976, Malvaceae; **121**, 5 p, 1976, Juglandaceae; **122**, 351 p, 208 pl, 1977, Compositae Ⅱ: Lactuceae; **123**, 14 p, 4 pl, 1977, Cucurbitaceae; **124**, 11 p, 8 pl, 1977, Polygalaceae; **125**, 28 p, 16 pl, 1977, Rhamnaceae; **126**, 148 p, 72 pl, 1978, Orchidaceae; **127**, 2 p, 1978, Trapaceae; **128**, 3 p, 1978, Pedaliaceae; **129**, 3 p, 1 pl, 1978, Cynomoriaceae; **130**, 2 p, 1978, Myrsinaceae; **131**, 2 p, 1978, Avicenniaceae; **132**, 3 p, 1978, Commelinaceae; **133**, 3 p, 1978, Meliaceae; **134**, 3 p, 1978, Goodeniaceae; **135**, 4 p, 4 pl, 1978, Morinaceae; **136**, 2 p, 1978, Rafflesiaceae; **137**, 4 p, 1978, Menispermaceae; **138**, 5 p, 1978, Cannabaceae; **139**, 286 p, 276 pl, 1979, Compositae Ⅲ: Cynareae; **140**, 89 p, 60 pl, 1979, Papilionaceae I: Vicieae; **141**, 3 p, 1979, Lauraceae; **142**, 16 p, 8 pl, 1979, Ulmaceae; **143**, 12 p, 3 pl, 1979, Balsaminaceae; **144**, 38 p, 12 pl, 1980, Caryophyllaceae Ⅰ: Paronychioideae; **145**, 140 p,

128 pl, 1980, Compositae Ⅳ: Inuleae; **146**, 6 p, 8 pl, 1980, Palmae; **147**, 298 p, 264 pl, 1981, Scrophulariaceae; **148**, 15 p, 8 pl, 1981, Tiliaceae; **149**, 23 p, 36 pl, 1982, Resedaceae; **150**, 597 p, 592 pl, 1982, Labiatae; **151**, 31 p, 24 pl, 1982, Liliaceae; **152**, 32 p, 24 pl, 1982, Rosaceae Ⅱ: *Rosa*; **153**, 15 p, 8 pl, 1982, Moraceae; **154**, 70 p, 76 pl, 1982, Compositae Ⅴ: Astereae; **155**, 11 p, 12 pl, 1982, Santalaceae; **156**, 5 p, 1982, Sterculiaceae; **157**, 499 p, 424 pl, 1984, Papilionaceae Ⅱ; **158**, 234 p, 224 pl, 1986, Compositae Ⅵ: Anthemideae; **159**, 2 p, 1986, Sapotaceae; **160**, 11 p, 8 pl, 1986, Caesalpiniaceae; **161**, 15 p, 16 pl, 1986, Mimosaceae; **162**, 555 p, 499 pl, 1987, Umbelliferae; **163**, 524 p, 505 pl, 1988, Caryophyllaceae Ⅱ; **164**, 125 p, 83 pl, 1989, Compositae Ⅶ; **165**, 194 p, 180 pl, 1990, Liliaceae Ⅱ; **166**, 3 p, 1990, Rhizophoraceae; **167**, 2 p, 1990, Pontederiaceae; **168**, 67 p, 60 pl, 1991, Dipsacaceae; **169**, 29 p, 24 pl, 1992, Violaceae; **170**, 40 p, 14 pl, 1992, Liliaceae Ⅲ; **171**, 249 p, 276 pl, 1992, Ranunculaceae; **172**, 371 p, 212 pl, 1997, Chenopodiaceae; **173**, 307 p, 42 pl, 1998, Cyperaceae; **174**, 350 p, 227 pl, 1999, Papilionaceae Ⅲ, *Astragalus*; **175**, 197 p, 135 pl, 2001, Papilionaceae Ⅳ, *Astragalus* Ⅱ; **176**, 287 p, 157 pl, 2005, Rubiaceae; **177**, 124 p, 45 pl, 2008, Papilionaceae Ⅴ, *Astragalus* Ⅲ; **178**, 430 p, 375 pl, 2010, Papilionaceae Ⅵ, *Astragalus* Ⅳ; **179**, 312 p, 2012, Papilionaceae Ⅵ, *Astragalus* Ⅴ; **180**, 125 p, 2015, Scrophulariaceae Ⅱ Antirrhineae; **181**, 15 p, 2015, Simaroubaceae。

■ **3.9.5.5** *Flora of Turkey and the East Aegean Islands*, Peter H. Davis, James Cullen & Mark J. E. Coode; Vols. 1–9, & 10–11, 1965–1985, & 1998–2001; Edinburgh: Edinburgh University Press。

本志目前共 11 卷，其中 1 至 9 卷为正篇，第 10 卷和第 11 卷为补编和索引。全书共载维管植物 163 科 1 146 属 8 576 种。本书由苏格兰爱丁堡植物园的学者完成，对中国从事西部地区研究有一定参考价值。

1, 567 p, 1965, Pteridophyta–Spermatophyta, Ranunculaceae-Polygalaceae; **2**, 581 p, 1967, Portulacaceae-Celastraceae; **3**, 628 p, 1970, Leguminosae; **4**, 457 p, 1972, Rosaceae-Dipsacaceae; **5**, 890 p, 1975, Compositae; **6**, 825 p, 1979, Lobeliaceae-Scrophulariaceae; **7**, 947 p, 1982, Orobanchaceae-Rubiaceae; **8**, 632 p, 1984, Butomaceae-Typhaceae; **9**, 724 p, 1985, Juncaceae, Cyperaceae, & Gramineae; **10**, 590 p, 1988, Supplement; **11**, 656 p, 2001, Supplement 2。

详细参见: *Taxon* 15: 77, 1996, 17: 79, 1968, 19: 811, 1970, 21: 702, 1972, 25: 348, 1976, 28: 468, 1979, 32: 327, 1983, 34: 168, 1984 & 35: 619, 1986。

有关本书的补编等事宜参见：Peter H. Davis，1979，Towards a supplement for the Flora of Turkey，*Webbia* 34：135–141；

▌ 3.9.6 中亚和北亚：苏联及其共和国（1991 年前）、蒙古

本书收载 29 种。

▌ 3.9.6.1 *Concise Key for the Plants of the Far Eastern Region of the USSR*，Vladimir L. Komarov & E. N. Klobukova-Alisova，516 p，1925；*Key for the Plants of the Far Eastern Region of the USSR*，Opredelitel' rastenii dal'nevostochnogo kraia，**1**：1–622 p，187 plates，1931；**2**：623–1175 p，143 plates，1932；Leningrad：Izdatel'stvo Akademii nauk SSSR。

本书包括苏联远东维管束植物，并有分门检索表；第 2 版，**1**，Filicales，Gymnospermae，Angiospermae：Typhaceae-Saxifragaceae；**2**，Angiospermae：Rosaceae-Compositae。

▌ 3.9.6.2 *Flora of Kamtchatka and the adjacent islands*，Eric Hulten，Stockholm：Almqvist & Wiksells，1927–1930；

1，Pteridophyta，Gymnospermae and Monocotyledonae，1927；**2**，Dicotyledoneae：Salicaceae-Cruciferae，1928；**3**，Dicotyledoneae：Droseraceae-Cornaceae，1929；4，Dicotyledoneae：Pyrolaceae-Compositae，1930。

▌ 3.9.6.3 *Flora Turkmenii*，*Turkmenskii Botanicheskii Sad NKZ TSSR*，General editor：Tom. 1–2，Boris A. Fedtschenko，Tom. 3–7，Boris K. Schischkin；Leningrad：An SSSR（Tom. 1）；Ashkhabad：Turkmensk. Gosizdat（Tom. 2）；Turkmensk. fil. An SSSR Press（Toms. 3–7）。

本书包括土库曼维管束植物 2 607 种，第 7 卷后有索引。详细如下：

1，340+27p，1932，Filicales，Gymnospermae，Monocotyledoneae：Typhaceae-Orchidaceae；**2**，217 p，Salicaceae-Chenopodiaceae；**3**，280 p，1948，Amaranthaceae-Resedaceae；**4**，364 p，1949，Crassulaceae-Leguminosae；**5**，271 p，1950，Geraniaceae-Cornaceae；**6**，402 p，1954，Primulaceae-Campanulaceae；**7**，423 p，1960，Compositae；Index。

▌ 3.9.6.4 *Flora Unionis Rerumpublicarum Sovieticarum Socialisticarum*，*Flora SSSR*[①]，Vladimir L. Komarov，Boris K. Shishkin（eds），Vols.1–30，1934–1964；*Indias Alphaletiai*，

---

① 苏联全称 Soyuz Sovetskikh Sotsialisticheskikh Respublik 的缩写。

Evgenij G. Bobrov & Nikolai N. Tyvelev, 264 p, 1964; Moscow／Leningrad: Nauka; English edition, *Flora of the USSR*, Vols. 1–30, 1963–2002; Jerusalem: Isreael Program for Scientific Translations, New Delhi: Amerind／Plymouth, England, & Enfield, NH: Science Press; *A Ditamenta et Corrigenda ed Floram URSS tomi 1–30*, Sergei K. Cherepanov, 1973; Leningrad: Izdatel' Stovo Nauka: English Edition, Sergei K. Cherepanov, *Additions and changes to the flora of the USSR, Volume I–XXX*, 667 p, 2002; Dehra Dun: Bishen Singh Mahendra Pal Singh。

　　本志是在著名学者 Vladimir L. Komarov（1869—1945）的领导下，以位于列宁格勒（今圣彼得堡）苏联科学院（今俄罗斯科学院）科马洛夫植物研究所为基地，全国 92 位学者 39 位绘图人员参加，历时 30 年完成的宏伟项目 [1]。Vladimir L. Komarov 虽然是主编，但仅主持前 13 卷，他过世后的 14 至 30 卷则由 Boris K. Shishkin（1886—1963）[2] 主持。全书 30 卷包括 159 科 1 675 属 17 520 种 [3]。学术界认为，由于受 Vladimir L. Komarov 的影响，*Flora of the USSR* 中种的划分是比较典型的"细分"观点 [4]；Vladimir L. Komarov 故去之后，各卷则由作者编辑出版，所以 *Flora of the USSR* 中关于种的观点也不完全一致，有的比 Vladimir L. Komarov 大些，有的则更小 [5]。当时苏联与中国北部很多地方相接或相邻，因此对于中国学者，特别是从事温带类群研究的，确实是非常重要的参考书。但使用本书是要注意，该志前 10 卷的地理范围是苏联 1940 年时的边境；从第 11 卷开始，白俄罗斯、乌克兰、摩尔达维亚及波罗的海等西部地区逐渐列入本志的地理范围；而从第 14 和第 15 卷开始，西部的卡累利亚和加里宁格勒地区，东部的沙哈林岛南部和千岛群岛等也列入本志的范围。苏联的领土很大，全部植物志完成的又快，所以翻译的英文版很快也完成了。Sergei

---

[1] Evgenij G. Bobrov, 1965, Preparation of Flora of URSS, *Nature* 205: 1046–1049; & Flora SSSR, its preparation and significance, *Botanicheskii Zhurnal* 50（10）: 1374–1383。

[2] 苏联人常译为 Boris K. Schischkin，参见: Evgenij G. Bobrov, 1963, Boris K. Schischkin 1886–1963, *Taxon* 12: 273–276。

[3] 该志的统计数字还有 160 科 1 676 属和 17 520 种的记载，包括 1 500 多个新种，以及 22 000 页 1 250 个图版上万个原始图，参见: Igory A. Linczevski, 1966, Flora USSR（Notula Bibliographica）, *Novitates Systematicae Plantarum Vascularium* 1966: 316–330; Stanwyn G. Shetler, 1967, *The Komarov Botanical Institute: 250 Years of Russian Research*, 240 p; Washington, D.C.: Smithsonian Institution Press。

[4] Armen L. Takhtajan et al., 1965, Investigation of the Flora of the USSR-achievements and prospects, *Botanicheskii Zhurnal* 50（10）: 1365–1373。

[5] Moisey E. Kirpicznikov, 1969, The *Flora of the USSR*, *Taxon* 18（6）: 685–708; Andrey A. Fedorov, 1971, Floristics in the USSR, *BioScience* 21（11）: 514–521。

K. Cherepanov[①] 在俄文版 *Plantae Vasculares URSS*（509 p，1981）的基础上同时增加了地理分布，修订后的英文版名称为 *Vascular Plants of Russia and Adjacent States*（*the former USSR*）（516 p，1995；Cambrige：Cambridge University Press），实际上后者就是 *Flora of the USSR* 修订后的一个植物名录。

为使读者方便各卷内容（俄文版页码与出版年代在左侧，英文版的页码与出版年代在右侧）详细如下：

1，302 p，1934 / 244 p，1968，Hymenophyllaceae-Hydrocharitaceae；**2**，776 p，1934 / 622 p，1963，Gramineae；**3**，636 p，1935 / 512 p，1964，Cyperaceae-Juncaceae；**4**，757 p，1935 / 586 p，1968，Liliaceae-Orchidaceae；**5**，759 p，1936 / 593 p，1970，Saururaceae-Polygonaceae；**6**，790 p，1936 / 731 p，1970，Chenopodiaceae-Caryophyllaceae；**7**，790 p，1937 / 615 p，1970，Nymphaeaceae-Papaveraceae；**8**，696 p，1939 / 524 p，1970，Capparidaceae-Resedaceae；**9**，524 p，1939 / 425 p，1971，Droseraceae-Rosaceae；**10**，676 p，1941 / 512 p，1971，Rosaceae；**11**，432 p，1945 / 327 p，1971，Leguminosae；**12**，919 p，1946 / 681 p，1965，Leguminosae：*Astragalus*；**13**，588 p，1948 / 455 p，1972，Leguminosae；**14**，792 p，1949 / 616 p，1974，Geraniaceae-Vitaceae；**15**，742 p，1949 / 565 p，1974，Tiliaceae-Cynomoriaceae；**16**，648 p，1950 / 478 p，1973，Araliaceae-Umbelliferae；**17**，392 p，1951 / 285 p，1974，Umbelliferae-Cornaceae；**18**，803 p，1952 / 600 p，1969，Pyrolaceae-Asclepiadaceae；**19**，752 p，1953 / 563 p，1974，Convolvulaceae-Verbenaceae；**20**，555 p，1954 / 389 p，1976，Labiatae；**21**，704 p，1954 / 520 p，1977，Labiatae；**22**，863 p，1955 / 952 p，1994，Solanaceae-Scrophulariaceae；**23**，776 p，1958 / 890 p，2000，Bignoniaceae-Valerianaceae；**24**，502 p，1957 / 370 p，1972，Moringaceae-Lobeliaceae；**25**，631 p，1959 / 666 p，1990，Compositae；**26**，940 p，1961 / 1072 p，1995，Compositae；**27**，759 p，1962 / 913 p，1997，Compositae；**28**，655 p，1963 / 810 p，1998，Compositae；**29**，798 p，1964 / 997 p，2001，Compositae；**30**，732 p，1964 / 706 p，2002，Compositae；**Volume Index**，264 p，1964 / 241 p，2004。

另外参见：Boris K. Schischkin & Andrey A. Fedorov，1963，On the taxonomical and floristical works published in the U.S.S.R. during the last fifteen years（1945–Sept. 1961），*Webbia* 18：501–562）；Moisey E. Kirpicznikov，1954，A bibliographical reference on the most important standard samples（exsiccata）of the flora of the USSR，*Botanicheskii Zhurnal*，39（4）：616–622；

---

① 苏联人常译为 Sergei K. Czerepanov，参见：Sergei K. Czerepanov，1967，Index taxorum novorum Florae Unionis Rerumpublicarum Socialisticarum Soviet alarum，*Novosti Sistematiki Nizshikh Rastenii* 1967，7–142。

1967," Flora USSR"-the greatest achievement of Soviet taxonomists, *Botanicheskii Zhurnal* 52: 1503–1530 (In Russian with English summary); 1968, A brief review of the most important Floras and identification manuals published in the USSR during the last 50 years, *Botanicheskii Zhurnal* 53: 845–856 (In Russian with English summary); & 1969, A brief review of the most important Floras and identification manuals published in the USSR during the last 50 years, II, Baltic Soviet Republics, *Botanicheskii Zhurnal* 54: 121–135 (In Russian with English summary)。

▎ **3.9.6.5 *Flora Uzbekistana*,** *Flora Uzbekistanica*, Eugeny P. Korovin et al (eds), Vols. 1–6, 1941–1962; Taschkent: Uzbekskij fil. An SSSR (An Uzbekskoj SSR) Press。

本书包括乌兹别克斯坦维管束植物 4 148 种, 第 6 卷后有索引。详细如下:

1, 566 p, 1941, Filicales, Gymnospermae, Monocotyledoneae; **2**, 549 p, Salicaceae-Calycanthaceae; **3**, 825 p, 1955, Papaveraceae-Leguminosae; **4**, 507 p, 1959, Geraniaceae-Cornaceae; **5**, 667 p, 1961, Primulaceae-Campanulaceae; **6**, 626 p, 1962, Compositae, Index。

▎ **3.9.6.6 *Flora Kirgizskoj SSR*,** Boris K. Shishkin & Aleksei I. Vvedensky (eds), Vols. 1–11, 1950–1965; Frunze: Kirgizskij fil. An SSSR (An Kirgizskoj SSR) Press; ***Flora Kirgizskoj SSR Supplement*** 1–2, Y. V. Vykhotsev, 1967–1970; *Flora Kirgizskoj SSR*: Dopolnenie, Frunze: Ilim。

本书包括吉尔吉斯斯坦维管束植物, 详细如下:

1, 103 p, 1950, Pteridophytes, Gymnosperms, Monocotyledons: Typhaceae-Hydrocharitaceae; **2**, 315 p, 1950, Gramineae; **3**, 148 p, 1951, Monocotyledons: Araceae-Orchidaceae; **4**, 153 p, 1953, Salicaceae-Polygonaceae; **5**, 185 p, 1954, Chenopodiaceae-Caryophyllaceae; **6**, 298 p, 1955, Ceratophyllaceae-Cruciferae; **7**, 642 p, 1957, Crassulaceae-Capparidaceae; **8**, 223 p, 1959, Umbelliferae-Convolvulaceae; **9**, 211 p, 1960, Labiatae-Solanaceae; **10**, 388 p, 1962, Cuscutaceae-Lobeliaceae; **11**, 607 p, 1965, Compositae, Index; **Supplement 1**: 149 p, 1967; **Supplement 2**: 63 p, 1970。

▎ **3.9.6.7 *Flora Plantarum Cryptogamarum URSS*,** *Flora Plantarum Cryptogamarum URSS*, Flora sporovykh rasteniĭ SSSR, Moskva: Izd-vo Akademii nauk SSSR & Leningrad: Izd-vo "Nauka"。

1, 248 p, 1952, Musci Frondosi (1); **2**, 122 p, 1952, Conjugatae (1); **3**, 280 p, 1954, Musci Frondosi (2); **4**, 419 p, 1957, Fungi (I); **5**, 706 p, 1960, Conjugatae (II); **6**, 432 p, 1962, Fungi (II); **7**, 330 p, 1966, Silico-Flagellatophyceae; **8**,

411 p，1966，Euglenophyta 1；**9**，286 p，1976，Euglenophyta 2；**10**，192 p，1977，Siphonophyceae；**11**，363 p，1985，Fungi III。

本志为隐花植物，涉及本书范围仅有苔藓部分。

■ **3.9.6.8** *Flora Armenii*，*Flora of Armenia*，Armen L. Takhtajan（Editor in Chief），Vols. 1-11，1954-2010；Erevan：Izd-vo Akademii nauk Armianskoǐ SSR。

1：289 p，1954，Lycopodiaceae-Fumariaceae；**2**：519 p，1956，Portulacaceae-Plumbaginaceae；**3**：385 p，1958，Platanaceae-Crassulaceae；**4**：433 p，1962，Mimosaceae-Juglandaceae；**5**：382 p，1966，Paeoniaceae-Salicaceae；**6**：484 p，1973，Ericaceae-Elaeagnaceae；**7**：291 p，1980，Oleaceae-Boraginaceae；**8**：418 p，1987，Verbenaceae-Lentibulariaceae；**9**：674 p，1995，Campanulaceae，Asteraceae；**10**：610 p，2001，Monocotylones（except Poaceae）；**11**：545 p，2010，Poaceae，and Index。

全书 11 卷共收录 156 科 879 属 3 260 种。

■ **3.9.6.9** *Synopsis of the Flora of the Mongolian Peopte's Republic*，*Konspekt flory Mongol'skoj Narodnoj Respubliki*，Valery I. Grubov，308 p，1955；Moskva：Izd-vo Akademii nauk SSSR。

蒙古是中国周边国家中植物学研究相对较为落后的国家之一，因为早年的工作多为前苏联学者所作。本工作就是当年的初步总结，共收载 2 655 种植物；俄文版。

■ **3.9.6.10** *Flora Kazakhstana*，*Flora Sporovykh Rastenii Kazakhstana*，Vols.1-9，1956-1966；Nikolai V. Pavlov（ed），Akademi'i`a nauk Kazakhskoi SSR Institut botaniki；Alma-Ata：Izd-vo Akademii nauk Kazakhskoi SSR。

本志记载哈萨克斯坦维管束植物 5 631 种，第 9 卷书末有索引。详细如下：

1，352 p，1956，Polypodiaceae-Equisetaceae；Pinaceae-Ephedraceae；Typhaceae-Graminae；**2**，290 p，1958，Cyperaceae-Orchidaceae；**3**，459 p，1960，Salicaceae-Caryophyllaceae；**4**，546 p，1961，Nymphaeaceae-Rosaceae；**5**，513 p，1961，Leguminosae；**6**，463 p，1963，Geraniaceae-Umbelliferae；**7**，495 p，1964，Pyrolaceae-Labiatae；**8**，445 p，1965，Solanaceae-Compositae；**9**，639 p，1966，Compositae；Index。

■ **3.9.6.11** *Flora of Tajikistan*，ed 1[①]，Vladimir L. Komarov，Nikolai F. Gontscharow &

---

① Volumes 1-9，with 5 published first in 1937，but titled as *Flora of Tajikskaya SSR*，*Flora Tadzhikistana*。

Pavel N. Ovczinnikov（eds.），***Flora Tadzikskoj SSR***，2nd ed，Pavel N. Ovczinnikov et al（eds），Vols. 1–10，1957–1991；Moscov/Leningrad：Nauka。

本书第 2 版包括塔吉克斯坦维管束植物，第 10 卷书末有索引。详细如下：

1，547 p，1957，Equisetaceae-Marsileaceae；Ginkgoaceae-Ephedraceae；Typhaceae-Gramineae；**2**，456 p，1963，Cyperaceae-Orchidaceae；**3**，710 p，1968，Juglandaceae-Caryophyllaceae；**4**，576 p，1975，Ceratophyllaceae-Rosaceae；**5**，678 p，1978，Cruciferae-Leguminosae（except *Astragalus*）；**6**，725 p，1981，Leguminosae：*Astragalus*-Hippuridaceae；**7**，562 p，1984，Umbelliferae-Verbenaceae；**8**，519 p，1986，Limoniaceae-Plantaginaceae；**9**，546 p，1988，Rubiaceae-Compositae；**10**，619 p，1991，Compositae；Index。

■ **3.9.6.12 *Flora Arctica URSS***，Arkticheskaia flora SSSR，Alexandr I. Tolmachev & B. A. Yurtsev，Vols. 1–10，1960–1987；Moskva：Nauka。

本书的范围大约在位于北极圈内（北纬 67.5°）的欧洲和亚洲的西部，而在远东则达到北纬 60°，内容包括维管束植物 360 属 1 650 种和 220 种下单位。详细如下：

1，101 p，1960，Polypodiaceae-Butomaceae；**2**，272 p，1964，Gramineae；**3**，174 p，1966，Cyperaceae；**4**，95 p，1963，Lemnaceae-Orchidaceae；**5**，207 p，1966，Salicaceae-Portulacaceae；**6**，246 p，1971，Caryophyllaceae-Ranunculaceae；**7**，179 p，1975，Papaveraceae-Cruciferae；**8**（**1**），332 p，1980，Geraniaceae-Scrophulariaceae；**8**（**2**），51 p，1983，Orobanchaceae-Plantaginaceae；**9**（**1**），332 p，1984，Droseraceae-Rosaceae；**9**（**2**），187 p，1986，Leguminosae；**10**，410 p，1987，Rubiaceae-Compositae。

■ **3.9.6.13 *Flora of the Russian Arctic*** *a critical review of the vascular plants occurring in the Arctic region of the former Soviet Union*，English translated by G. C. D. Griffiths，edited by John G. Packer，published by Edmonton：The University of Alberta Press，& Berlin：Gebrüder Borntraeger。

本书是 ***Flora Arctica URSS*** 的英文版，详细如下：

1（Fasc. 1 & 2），330 p，1995，Polypodiaceae-Gramineae；**2**（Fasc. 3，& 4），233 p，1996，Cyperaceae-Orchidaceae；Edmonton：University of Alberta Press；**3**（Fasc. 5 & 6），472 p，2000，Salicaceae-Ranunculaceae；Berlin：Gebrüder Borntraeger。

Taxon 45（3）：584，1996 报道的下列出版计划目前未见：Vol. 4，1997，Fasc. 7 & 9（1）；Vol. 5，1997–1998，Fasc. 9（2），& 8（1，2），Vol. 6，1998，Fasc. 10。

■ **3.9.6.14 *Conspectus Florae Asiae Mediae***，*Opredelitel' Rastenij Srednej Azii*，Aleksei I.

Vvedensky et al (general eds), S. S. Kovalevskaja et al (volume eds), Vols. 1–10, 11, 1968–1993, 2015; Tashkent: Institut Botaniki Akademii Nauk Uzbekskoi SSR。

本书包括中亚维管束植物 8 096 种，主要根据塔什干大学和乌兹别克科学院的标本完成。详细内容如下：

1, 225 p, 1968, Lycopodiaceae-Salviniaceae, Pinaceae-Ephedraceae, Typhaceae-Graminae; 2, 360 p, 1971, Araceae-Caryophyllaceae; 3, 266 p, 1972, Salicaceae-Berberidaceae; 4, 269 p, 1974, Papaveraceae-Saxifragaceae; 5, 272 p, 1976, Cyperaceae-Juncaceae, Platanaceae-Rosaceae; 6, 388 p, 1981, Leguminosae (except *Oxytropis*); 7, 414 p, 1983, Geraniaceae-Cornaceae, plus *Oxytropis*; 8, 186 p, 1986, Pyrolaceae-Verbenaceae; 9, 397 p, 1987, Labiatae-Campanulaceae; 10, 691 p, 1993, Plumbaginaceae-Compositae; 11, 456 p, 2015, Index。

第 11 卷（2015）为学名索引及地方各国文字索引，还有前 10 卷出版以来的补充。总计收载 161 种 1 245 属 9 341 种。

■ 3.9.6.15 *The Handbook of the Mosses of the U.S.S.R.*, *Opredelitel' listostebel'nykh mkhov SSSR*, verkhoplodnye mkhi, Lidiia I. Savicz-Ljubitzkaja[1] & Z. N. Smirnova, The Academy of Sciences of The USSR, The Komarov Botanical Institute, 826 p, 1970; Leningrad: Izd-vo "Nauka"。

本书包括苏联藓类植物 30 科 134 属 706 种及 416 图版。

■ 3.9.6.16 *New and Rare Bryophytes in the Flora of Mongolia*, Kazimierz Karczmarz, 1981, *The Bryologist* 84 (3): 339–343。

本文是波兰科学院 1977 和 1978 年在蒙古的考察结果，共包括新分布和稀有藓类 109 属 269 种，苔类 25 属 40 种。

■ 3.9.6.17 *Key to the Vascular Plants of Mongolia*, *Opredelitel' sosudistykh rastenij Mongolii*, Valery I. Grubov, Komarov Botanical Institute, Russian Academy of Sciences, 441 p, 1982; Leningrad: Nauka; English edition, 1, 1–411 p, 2, 412–817 p, 2001, with an atlas; Enfield, NH: Science Publishers, Inc。

本书在作者 1955 年（本书 3.9.6.9 种）的工作基础上，利用作者所在单位 150 多年积

---

① Also as Lidiia I. Savicz-Lubitskaya。

累的蒙古资料系统整理而成，2001 年的修订包括 103 科 599 属 2 239 种。

■ **3.9.6.18** *Vascular Plants of the Russian Far East*，*Plantae Vasculares Orientis Extremi Sovietici*，Sosudistye rasteniia sovetskogo Dal'nego Vostoka，Sigismund S. Kharkevich，Russian Academy of Sciences，Far Eastern Branch，Institute of Biology and Soil Science，Vols. 1–8（+2），1985–1996，2002 & 2006；Vladivostok：Dalnauka。

本志范围包括俄罗斯远东和北远东地区全部：哈巴罗夫斯克边疆区、阿穆尔州、犹太自治州、楚科奇自治区、马加丹州、堪察加边疆区、海滨边疆区和萨哈林州；即从北部的弗兰格尔岛到南部的符拉迪沃斯托克，而西界为萨哈共和国和外贝加尔边疆区；每种植物都有点状分布图。详细内容如下：

1，398 p，1985，Huperziaceae，Lycopodiaceae，Selaginellaceae，Isoetaceae，Juncaceae，Poaceae；2，444 p，1987，Equisetaceae，Magnoliaceae，Schisandraceae，Chloranthaceae，Aristolochiaceae，Cabombaceae，Nymphaeaceae，Ceratephyllaceae，Nelumbonaceae，Menispermaceae，Berberidaceae，Papaveraceae，Myricaceae，Juglandaceae，Phytolaccaceae，Portulacaceae，Plumbaginaceae，Paeoniaceae，Elatinaceae，Violaceae，Cucurbitaceae，Capparaceae，Primulaceae，Tiliaceae，Malvaceae，Aceraceae，Polygalaceae，Araliaceae，Apiaceae，Caprifoliaceae，Butomaceae，Alismataceae，Hydrocharitaceae，Scheuchzeriaceae，Juncaginaceae，Potamogetonaceae，Ruppiaceae，Zannichelliaceae，Zosteraceae，Najadaceae，Colchicaceae，Liliaceae，Alliaceae，Hemerocallidaceae，Agavaceae，Asparagaceae，Iridaceae，Pontederiaceae；3，419 p，1988，Amaranthaceae，Chenopodiaceae，Brassicaceae，Resedaceae，Grossulariaceae，Lythraceae，Linaceae，Oxalidaceae，Geraniaceae，Aquifoliaceae，Celastraceae，Adoxaceae，Valerianaceae，Trilliaceae，Smilacaceae，Dioscoreaceae，Cyperaceae；4，379 p，1989，Pinaceae，Cupressaceae，Taxaceae，Ephedraceae，Polygonaceae，Saxifragaceae，Rutaceae，Rhamnaceae，Vitaceae，Elaeagnaceae，Dipsacaceae，Convolvulaceae，Verbenaceae；5，388 p，1991，Ophioglossaceae，Botrychiaceae，Osmundaceae，Hemionitidaceae，Sinopteridaceae，Cryptogrammaceae，Adiantaceae，Plagiogyriaceae，Polypodiaceae，Dennstaedtiaceae，Hypolepidaceae，Hymenophyllaceae，Aspleniaceae，Aspidiaceae，Onocleaceae，Athyriaceae，Woodsiaceae，Thelypteridaceae，Blechnaceae，Salviniaceae，Daphniphyllaceae，Ulmaceae，Moraceae，Cannabaceae，Urticaceae，Fagaceae，Actinidiaceae，Ericaceae，Empetraceae，Diapensiaceae，Euphorbiaceae，Hydrangeaceae，Onagraceae，Balsaminaceae，Cornaceae，Rubiaceae，Asclepiadaceae，Menyanthaceae，Oleaceae，Hydrophyllaceae，Boraginaceae，Solanaceae，Scrophulariaceae；6，428 p，1992，Asteraceae；7，393 p，1995，Ranunculaceae，Salicaceae，Thymelaeaceae，Crassulaceae，Parnassiaceae，

Droseraceae, Trapaceae, Haloragaceae, Anacardiaceae, Santalaceae, Viscaceae, Gentianaceae, Cuscutaceae, Polemoniaceae, Lamiaceae; **8**, 382 p, 1996, Betulaceae, Caryophyllaceae, Rosaceae, Callitrichaceae, Orobanchaceae, Plantaginaceae, Lentibulariaceae, Hippuridaceae, Campanulaceae, Orchidaceae, Commelinaceae, Eriocaulaceae, Typhaceae, Araceae, Lemnaceae; Flora of the Russian Far East, 2000, Alphabetical Indexes To the eight volumes edition "Vascular Plants of the Soviet Far East" (1985–1996), 362 p; Vladivostok: Dalnauka。

Flora of the Russian Far East-addenda and corrigenda to the "*Vascular Plants of the Soviet Far East*", *Vols. 1–8, 1985–1996*, 455 p, 2006。

3.9.6.19 *Vascular Plants of the Russian Far East*, English Edition, Vol. 1, Lycopodiophyta, Juncaceae, Poaceae (Gramineae), Sigismund S. Kharkevich (chief ed), Nikolai N. Tzvelev (vol. ed), 506 p, 2003; Enfield, NH & Plymouth: Science Publishers。

本书为俄文翻译版，目前仅见到一卷。

3.9.6.20 *Flora Sibiri*, *Flora Sibiriae*, Leonid I. Malyschev & Galina A. Peshkova (eds), Vols. 1–14, 1988–2003; Novosibirsk: Nauka; *Flora of Siberia*, English translated by P. M. Rao, edited by Margaret Jajithia, Vols. 1–14: 2000–2007; Enfield, NH: Science Publishers, Inc。

本志的范围为广义的西伯利亚，从西部的乌拉尔到东北部的科雷马河流域，从北部的极地到南部的中国、蒙古和哈萨克边境，面积约 972 万 km^2。全书 14 卷，含维管植物 137 科 842 属 4 510 个分类群（种和种下类群），但不包括栽培和非归化的植物。本书主要由西伯利亚中央植物园、西伯利亚科学院、国立明斯克大学等单位的 43 位学者历经 15 年时间（1981 至 1995）完成。每册都有西伯利亚 28 个植物区的区划图，而且每个种都有详细的描述和分布图。其中第 14 卷分两部分，第一部分是前 13 卷的补充与更正，第二部分是全书的科属种索引。本书的英文翻译版历时八年（2000 至 2007），详细内容如下（卷册，页码，出版年代；俄文/英文）：

1, 200 p, 1988/189 p, 2000, Lycopodiaceae-Hydrocharitaceae; **2**, 361 p, 1990/362 p, 2001, Poaceae (Gramineae); **3**, 280 p, 1990/276 p, 2001, Cyperaceae; **4**, 248 p, 1987/238 p, 2001, Araceae-Orchidaceae; **5**, 312 p, 1992/305 p, 2003, Salicaceae-Amaranthaceae; **6**, 308 p, 1993/301 p, 2003, Portulacaceae-Ranunculaceae; 7, 311 p, 1994/318 p, 2004, Berberidaceae-Grossulariaceae; **8**, 200 p, 1988/197 p, 2004, Rosaceae; **9**, 277 p, 1994/276 p, 2006, Fabaceae (Leguminosae); **10**, 252 p, 1996/313 p, 2006, Geraniaceae-Cornaceae; **11**, 294 p, 1997/310 p, 2006, Pyrolaceae-Lamiaceae (Labiateae); **12**, 206 p, 1996/221 p, 2007, Solanaceae-Lobeliaceae; **13**, 470 p, 1997/499 p, 2007,

Asteraceae（Compositae）；**14**，186 p，2003/210 p，2007，Additamenta et corrigenda，Indices Alphabetici。

■ **3.9.6.21** *Conspectus of Flora of Outer Mongolia*（*Vascular Plants*），*Konspekt florz vnesnej Mongolii*（*sosudistye rastenija*），Ivan A. Gubanov，136 p，1996；Moscow：Valang for D. P. Syreishcikov Herbarium，Moscow State University。

本书是国立莫斯科大学 1971 至 1991 年间的最新考察结果，共包括维管植物 2 823 个分类群。

■ **3.9.6.22** *Conspectus of the Vascular Plants of Mongolia*，Magsar Urgamal，Batlai Oyuntsetseg，Dashzeveg Nyambayar & Choimaa Dulamsuren，245 p（online），282 p（PDF），334 p（print），2014；Magsar Urgamal，Oyuntsetseg Batlai & Dashzeveg Nyambayar，2013，Synopsis and recent additions to the vascular flora of Mongolia–I，*Proceedings of the Institue of Botany*，*Mongolian Academy of Sciences* 25：53–72；Magsar Urgamal，2014，Additions to the vascular flora of Mongolia–Ⅱ，*Proc. Inst. Bot. Mongolian Academy of Sciences* 26：91–97；Magsar Urgamal，Oyuntsetseg Batlai，V. Gundegmaa，T. Munkh–Erdene，Kh. Solongo，2016，Additions to the vascular flora of Mongolia–Ⅲ，*Proceedings of Mongolian Academy of Sciences* 56（4）：32–38。

这是近年来蒙古学者自己的工作，2013 年修订增加至 112 科 679 属 3 053 种和亚种（基于 APG Ⅲ 系统），2014 年则包括维管束植物 112 科 286 属 3 127 种和亚种。然而，由于印刷滞后等原因，后续的更正不断增加，2016 年又增补 1 属 33 种（含种下单位）。近年来蒙古的工作进展很快，详细参见：Magsar Urgamal & Chinbat Sanchir，2016，An Updatge of the Family-Level Taxonomy of Vascular Plants in Mongolia，*Erforschung biologischer Ressourcen der Mongolei/Expedition into the Biological Resources of Mongolia*，163，13：75–81。

■ **3.9.6.23** *Flora Altaica*，Rudolf V. Kamelin，Vol. 1，338 p，2004；Barnaul；AZBUKA。
本志是俄罗斯近年的新项目。原书由俄文写成，但详细介绍及自然地理与区系等内容有英文翻译（Vol. 1，p 55–97）。该志的范围包括整个阿尔泰山区四国（俄罗斯、蒙古、中国和哈萨克斯坦，故英文称 Altai Mountain Country）。该志结合苏联、俄罗斯、西伯利亚、中国（包括**中国植物志**中英文版和**新疆植物志**）及哈萨克斯坦各国植物志的研究结果，资料比较新。全部计划共 144 科，目前出版的第 1 卷包括蕨类植物 20 科（Huperziaceae-Marsileaceae）。同其他苏联/俄罗斯植物志一样，每种都有详细的描述、分布已经部分插图和地理分布点状图等。

■ **3.9.6.24** *Conspectus Florae Sibiriae Planae Vasculares*, K. S. Baikov, 361 p, 2005; Nobosibirsk; NAUKA。

本书为 *Flora Sibiri* 的修订名录，共记载西伯利亚维管束植物 145 科 848 属 4 587 种。

■ **3.9.6.25** *Flora of Dahuria*（*Vascular Plants*），**1**，A. V. Galanin，175 p，2008; Vascular Sporous Plants：Lycopodiophyta，Equisetophyta，Polypodiophyta，Gymnospermae：Pinaceae，Cupressaceae，Ephedraceae；Moncotyledones：Juncaceae，Juncaginaceae，Araceae，Alismataceae，Butomaceae，Commelinaceae，Typhaceae，Lemnaceae，Najadaceae，Orchidaceae；**2**，A. V. Galanin，277 p，2009；Poaceae，Iridaceae；**3**，A. V. Galanin，233 p，2011；Liliaceae，Cyperaceae；**4**，A. V. Galanin，259 p，2014；Nymphaeaceae，Ceraphyllaceae，Ranunculaceae，Salicaceae，Betulaceae，Fagaceae，Ulmaceae，Corylaceae，Crassulaceae，Empetraceae，Celastraceae，Rhamnaceae，Tamaricaceae，Elaegnaceae，Cornaceae，Ericaceae，Pyrolaceae，Verbenaceae，Caprifoliaceae，Berberidaceae，Zogophyllaceae；**5**，L. M. Dolgalyeva，284 p，2014；Caryophyllaceae，Apiaceae，Fabaceae，Gentianaceae，Campanulaceae，Crassulaceae。

本书的地理范围包括俄罗斯达乌里地区和蒙古东北以及中国内蒙古大兴安岭西坡。目前只印刷了前 3 卷纸制版，其余仅为网络版；详细参见：http://ukhtoma.ru/geobotany/dahuria_01.html（accessed 6 October，2016）

■ **3.9.6.26** *Liverworts and Hornworts of Russia*，Aleksei D. Potemkin & Elena V. Sofronova，英文/俄文版；Vol. 1，368 p，2010；Sankt-Peterburg：IAkutsk，Boston−Spektr。

本书是俄罗斯的最新工作，包括 107 属 460 种的详细处理以及很多参考文献。

■ **3.9.6.27** *The distribution of bryophytes in the Russian Far East*，Vadim A. Bakalin，2010，Far Eastern University Press，Vladivostok，175 pp（Bilingual：Russian，English）.

The Russian Far East is characterized by the highest species diversity in Russia in the taxonomical view and includes 405 species of recorded hepatic species.

■ **3.9.6.28** *Flora of Mongolia*，**1**：219 p，2015，Huperziaceae-Ephedraceae（N. Ulziikhutag，Sh. Dariimaa，E. Ganbold，Dashzeveg Nyambayar，Magsar Urgamal，D. Sumberelmaa，U. Enkhmaa），**4**： p，2020，Ceratophyllaceae-Zygophyllaceae（U，Magsar，M. Tovulldorj，S. Khadbaatar & G. Vanjil），**10**：130 p，2009，Apiaceae-Cornaceae（Magsar Urgamal），**12**： p，2020，Amaranthaceae（T. Radnaakhand，C. Dulamsuren & M. Magsar），**14a**：277 p，2014，

Asteraceae 1（Sh. Dariimaa），**14b**：220，2017，Asteraceae 2（Sh. Dariimaa），**17**：137 p，2009，Cyperaceae（Dashzeveg Nyambayar）；Ulaanbaatar：Institute of Botany，Academy of Sciences.

这是近年来蒙古国学者自己主持的工作，目前已经出版 5 卷本。

■ **3.9.6.29** *Flora of Uzbekistan*，A new project，'*Flora of Uzbekistan*'，is announced to start with publication in 2017. It aims at publishing a multi-volume taxonomic treatment of vascular plants of Uzbekistan，with complete synonymy，nomenclature，distribution data，descriptions and identification keys. The taxonomic treatment is supported by an extensive database of distribution records，used to generate distribution maps. The background information for the Flora is provided，and the structure and the format of the work are outlined.

For details please see Alexander N. Sennikov，Komiljon Sh. Tojibaev，Furkat O. Khassanov & Natalya Yu. Beshko，2016，The Flora of Uzbekistan Project，Phytotaxa 282（2）：107–118.

Flora of Uzbekistan（Alexander N. Sennikov, Ed.），vol. 1，xxviii+173 p，2016；2，xii+200，2017；Toshkent：Navro'z Publisers，and 3，xx+201，2019；Toshkent，Ma'naviyat Publisers.

■ **3.9.7** 东南亚：马来西亚、菲律宾、印度尼西亚、新加坡 [①]

本书收载 3 种。

■ **3.9.7.1** *Flora Malesiana*，Cornelis G. G. J. van Steenis（ed），Vols. 1+，1950+，Dordrecht，…，Leiden：Nationaal Herbarium Nederland / Foundation Flora Malesiana。

本志的覆盖范围包括印度尼西亚、马来西亚、菲律宾、新加坡、巴布亚新几内亚、文莱、东帝汶，即热带亚洲的广义马来西亚地区。本志的编著方针为专著性的植物志，描述非常详细，附图非常精美，异名考订非常翔实，是当代百科全书式植物志的典范。本志的作者大都对此分类群有较深入的研究，其研究结果率先发表于 *Blumea* 或 *Reinwardtia* 两种期刊上。关于本志中的"种"的划分范围，一般被认为是归并派，有别于 *Flora Europaea* 和 *Flora of the USSR*。主编 Cornelis G. G. J. van Steenis（1901—1986）对此有详细的讨论 [②]。

本志已经编写半个多世纪了，然而由于种种原因，何时能够完成还不清楚，将来很有可能多元化（地方性各类工作）并向电子版方向发展。详细参见：Marco C. Roos & Peter

---

[①] 有关南亚和东南亚植物志的历史与进展参见：David J. Middleton et al.，2019，Progress on Southeast Asia's Flora project，*Gardens' Bulletin Singapore* 71（2）：267–319。

[②] 详细参见："Specificand infraspecific delimilation" 一节，Series I，Vol.5，Part.3，CLXVII-CCXXXIV，1957。

H. Hovenkamp, 2009, Flora Malesiana in the coming decade, *Blumea* 54（1-3）: 3-5。

官方网址: https: // floramalesiana.org / new /

全志分5个 Series，其中 Series Ⅰ种子植物，Series Ⅱ蕨类植物，Series Ⅲ苔藓植物，Series Ⅳ真菌与地衣，Series Ⅴ藻类。目前编写的是种子植物和蕨类植物。编辑工作主要在荷兰，但本地学者近年来逐渐增多，现已出版的卷册如下:

Series Ⅰ 种子植物

1，1-639 p，1950，General Part: I-CXLⅦ: Introduction，The technique of plant collecting and preservation in the tropics，The delimitation of Malaysia and its main plant geographical divisions，Chronology of the collections，Desideration for future exploration and Important sources of information used in compiling the list of collectors。Special Part: Legend to abbreviations and symbols，Illustrated Alphabetical list of Collectors 3-639 p; 2，XXXX，Malesian vegetation; 3，XXXX，Malesian plant geogryphy; 4（1），1-39 p，1948，General chapters I-CCXIX: Introduction，General considerations，Short history of the phytography of Malaysian vascular plants，Keys to identifying Malaysian plants，Dates of publication: and revisions: Aceraceae，Philydraceae，Ancistrocladaceae，Aponogetonaceae，Burmanniaceae，Sphenocleaceae，Nyssaceae，Sarcospermaceae，Stackhousiaceae，Actinidiaceae; 4（2），40-140 p，1949，Ceratophyllaceae，Hydrocaryaceae，Moringaceae，Saururaceae，Styracaceae，Juncaginaceae，Trigoniaceae，Cochlospermaceae，Zygophyllaceae，Podostemaceae，Amaranthaceae，Chenopodiaceae，Plumbaginaceae，Umbelliferae; 4（3），141-347 p，1951，Dilleniaceae，Caprifoliaceae，Polemoniaceae，Crassulaceae，Elatinaceae，Hydrophyllaceae，Juncaceae，Pedaliaceae，Cannabaceae，Salvadoraceae，Punicaceae，Phytolaccaceae，Sparganiaceae，Turneraceae，Bixaceae，Typhaceae，Flagellariaceae，Callitrichaceae，Valerianaceae，Pontederiaceae，Corynocarpaceae，Myoporaceae，Aizoaceae，Myricaceae，Sonneratiaceae，Dipsacaceae，Dioscoreaceae，Gnetaceae; 4（4），348-515 p，1953，Thymelaeaceae-Gonystyloideae，Xyridaceae，Droseraceae，Datiscaceae，Convolvulaceae，Sonneratiaceae（concluded）; 4（5），517-631 p，1954，Pentaphragmataceae，Stylidiaceae，Combretaceae; 5（1），1-120 p，1954，General chapters I-CCCXLII: and revision: Flacourtiaceae，Salicaceae，Haemodoraceae: Papaveraceae，Salicaceae，Haemodoraceae: Papaveraceae，Butomaceae; 5（2），121-296 p，1956，Pentaphylacaceae，Malpighiaceae，Proteaceae，Betulaceae，Burseraceae; 5（3），297-379 p，1957，Scyphostegiaceae，Basellaceae，Dichapetalaceae，Alismataceae，Goodeniaceae，Pittosporaceae，Hamamelidaceae; 5（4），381-595 p，1958，Hydrocharitaceae，Batidaceae，Restionaceae，Centrolepidaceae，Rhizophoraceae，Connaraceae，Erythroxylaceae; 6（1），1-154 p，1960，Thymelaeaceae，Staphyleaceae，Capparidaceae，

Campanulaceae, Juglandaceae; **6**（**2**）, 157–387 p, 1962, Najadaceae, Primulaceae, Simaroubaceae, Celastraceae I, Loganiaceae; **6**（**3**）, 389–468 p, 1964, Celastraceae II, Epacridaceae, Geraniaceae, Nyctaginaceae; **6**（**4**）, 469–668 p, 1966, Ericaceae; **6**（**5**）, 669–914 p, 1967, Ericaceae; **6**（**6**）, 915–1023 p, 1972, Addenda to vols. 4 to 6; **7**（**1**）, 1–263 p, 1971, Byblidaceae, Cardiopteridaceae, Clethraceae, Haloragaceae, Icacinaceae, Lemnaceae, Lophopyxidaceae, Ochnaceae, Oxalidaceae, Portulacaceae, Violaceae; **7**（**2**）, 265–434 p, 1972, Fagaceae, Passifloraceae; **7**（**3**）, 435–753 p, 1974, Cyperaceae; **7**（**4**）, 755–876 p, 1976, Balanophoraceae, Leeaceae, Taccaceae; **8**（**1**）, 1–30 p, 1974, Hypericaceae; **8**（**2**）, 31–300 p, 1977, Bignoniaceae, Cornaceae, Crypteroniaceae, Iridaceae, Lentibulariaceae, Onagraceae, Symplocaceae, Ulmaceae; **8**（**3**）, 301–577 p, 1978, Anacardiaceae, Labiatae; **9**（**1**）, 1–235 p, 1979, Araliaceae–I, Liliaceae s.s.; **9**（**2**）, 237–552 p, 1982, Dipterocarpaceae; **9**（**3**）, 553–600 p, 1982, Dedication to Beccari Addenda et Corrigenda; **10**（**1**）, 1–121 p, 1984, Aristolochiaceae, Olacaceae, Opiliaceae, Triuridaceae; **10**（**2**）, 123–336 p, 1986, Alseuosmiaceae, Chloranthaceae, Elaeagnaceae, Menispermaceae, Monimiaceae, Sphenostemonaceae, Trimeniaceae; **10**（**3**）, 337–634 p, 1988, Araucariaceae, Coniferales, Cruciferae, Ctenolophonaceae, Cupressaceae, Ixonanthaceae, Linaceae, Magnoliaceae, Pinaceae, Podocarpaceae, Polygalaceae, Sabiaceae, Taxaceae; **10**（**4**）, 635–748 p, 1989, Chrysobalanaceae, Sabiaceae; **11**（**1**）, 1–226 p, 1992, Mimosaceae（Leguminosae-Mimosoideae）; **11**（**2**）, 227–418 p, 1993, Alliaceae, Amaryllidaceae, Coriariaceae, Pentastemonaceae, Rosaceae, Stemonaceae; **11**（**3**）, 419–768 p, 1994, Sapindaceae; **12**（**1**）, 1–407 p, 1995, Meliaceae; **12**（**2**）, 409–784 p, 1996, Caesalpiniaceae, Geitonoplesiaceae, Hernandiaceae, Lowiaceae; **13**, 1–450 p, 1997, Boraginaceae, Daphniphyllaceae, Illiciaceae, Loranthaceae, Rafflesiaceae, Schisandraceae, Viscaceae; **14**, 1–645 p, 2000, Myristicaceae; **15**, 1–164 p, 2001, Nepenthaceae; **16**, 1–224 p, 2002, Caryophyllaceae; **17**（**1**）, 1–154 p（w/CD）, 2006, Moraceae（genera other than *Ficus*）; **17**（**2**）, 1–730 p（w/CD）, 2005, Moraceae（*Ficus*）; **18**, 1–474 p,（w/CD）, 2007, Apocynaceae（subfamilies Rauvolfioideae and Apocynoideae）; **19**, 1–342 p,（w/CD）, 2010, Cucurbitaceae; **20**, 1–66 p, 2011, Acoraceae, Pandaceae, Picrodendraceae; **21**, 1–140 p, 2013, Lecythidaceae, Peraceae; **22**, 1–68 p, 2016; Lythraceae; **23**, 1–444 p, 2019, Lamiaceae。

Flora Malesiana：Orchids of New Guinea, **3**[①], CD, 2005; Genera *Acanthephippium-*

---

① 本书 CD 的出版顺序不规则。

Hymenorchis（excluding Dendrobiinae s.l.）; ***Flora Malesiana***: Orchids of New Guinea，**2**，CD，2002; *Dendrobium* and allied genera; ***Flora Malesiana***: Orchids of the Philippines，**1**，CD，2003，Illustrated checklist and genera; ***Flora Malesiana***: Leguminosae: Caesalpinioideae of SE Asia，CD，2002，***Flora Malesiana***: Leguminosae: Mimosoideae of SE Asia，CD，2000。

Series Ⅱ 蕨类植物

1（1），Ⅰ-XXⅢ; 1-64 p，1959，General Chapters，Gleicheniaceae，Schizaeaceae，Isoetaceae; **1（2）**，65-176 p，1963，Cyatheaceae; **1（3）**，177-254 p，1971，*Lindsaea* Group; **1（4）**，255-330 p，1978，*Lomariopsis* Group; **1（5）**，331-599 p，1982，Thelypteridaceae; **2（1）**，1-132 p，1991，Polypodiaceae subfam. Tectarioideae: *Tectaria* Group; **3**，1-334 p，1998，Polypodiaceae，Davalliaceae，Azollaceae，Cheiropleuriaceae，Equisetaceae，Matoniaceae，Plagiogyriaceae; **4**，1-156 p，2012，Blechnaceae，Hypodematiaceae，Monachosoraceae，Nephrolepidaceae，Oleandraceae，Pteridaceae subfam. Parkerioideae，*Tectaria* goup: *Arthropteris*。

▍ **3.9.7.2 *A Handbook of Malesian Mosses***，Alan Eddy，Vols. 1-3，1988-1996; London: British Museum（Natural History）/The Natural History Museum/HMSO.

尽管本书的覆盖范围和 *Flora Malesiana* 相同，但并不是同一个工作。原书计划五卷，但由于作者 1998 年故去后，后两卷出版情况目前不详。

1，204 p，1988，Sphagnales-Dicranales; **2**，256 p，1990，Leucobryaceae-Buxbaumiaceae; **3**，276 p，1996，Splachnobryaceae-Leptostomataceae。

书评参见：Eustace W. Jones，1989，*Journal of Tropical Ecology* 5（3）: 336; Allan J. Fife，1990，*The Bryologist* 93（1）: 97-98; Mario Menzel，1990，*Willdenowia* 19（2）: 556-557，1991，*Willdenowia* 21（1/2）: 305-307，& 1992，*Willdenowia* 22（1/2）: 197-199; William R. Buck，1991，*The Bryologist* 94（1）: 132。

▍ **3.9.7.3 *Flora of Peninsular Malaysia*** Series Ⅰ: Ferns and Lycophyes，edited by Barbara S. Parris，Ruth Kiew，Richard C. K. Chung，Leng Guan Saw and Engkik Soepadmo，Kepong: Forest Research Institute Malaysia; Vol. **1**，1-249 p，2010，Introduction，Selaginellaceae，Psilotaceae，Equisetaceae，Osmundaceae，Matoniaceae，Schizaeaceae，Cibotiaceae，Loxogrammaceae，Grammitidaceae; **2**，1-243 p，2013; Families: Dipteridaceae，Lygodiaceae，Plagiogyriaceae，Parkeriaceae，Hypodematiaceae，Nephrolepidaceae，Oleandraceae，Davalliaceae，Polypodiaceae。

Flora of Peninsular Malaysia Series Ⅱ: Seed Plants，vol. 1-5，Kepong: Forest Research

Institute Malaysia；Vol. **1**，Ruth Kiew，Richard C. K. Chung，Leng Guan Saw，Engkik Soepadmo & P. C. Boyce，329 p，2010，Seed plants families in Peninsular Malaysia，Vegetation and Peninsular Malaysia，Species Assessment and Conservation in Peninsular Malaysia，Families：Ancistrocladaceae，Araucariaceae，Balanophoraceae，Bonnetiaceae，Casuarinaceae，Chloranthaceae，Clethraceae，Cruciferae，Ctenolophonaceae，Daphniphyllaceae，Datiscaceae，Eryrhroxylaceae，Illiciaceae，Myricaceae，Nelumbonaceae，Pediliaceae，Pentaphylacaceae，Pittosporaceae，Podocarpaceae，Portulacaceae，Schisandraceae，Symplocaceae，Tetrameristaceae，Torricelliaceae，Trigoniaceae，Turneraceae。**2**，Ruth Kiew，Richard C. K. Chung，Leng Guan Saw，Engkik Soepadmo & P. C. Boyce，231 p，2011，Apocynaceae（Subfamilies：Rauvolfioideae and Apocynoideae）。**3**，Ruth Kiew，Richard C. K. Chung，Leng Guan Saw & Engkik Soepadmo，385 p，2012，Chrysobalanaceae，Cleomaceae，Cucurbitaceae，Cycadaceae，Juglandaceae，Lecythidaceae，Magnoliaceae，Nepenthaceae，Ochnaceae，Olacaceae。**4**，Ruth Kiew，Richard C. K. Chung，Leng Guan Saw & Engkik Soepadmo，405 p，2013，Actinidiaceae，Cabombaceae，Crypteroniaceae，Goodeniaceae，Meliaceae，Memecylaceae，Opiliaceae，Pandaceae。**5**，Ruth Kiew，Richard C. K. Chung，Leng Guan Saw & Engkik Soepadmo，319 p，2015，Aristolochiaceae，Buxaceae，Convolvulaceae，Droseraceae，Nymphaeaceae，Phytolaccaceae，Podostemaceae，Viscaceae。**6**，Ruth Kiew，Richard C. K. Chung，Leng Guan Saw & Engkik Soepadmo，231 p，2017，Gelsemiaceae，Malpighiaceae，Monimiaceae，Nyctaginaceae，Onagraceae，Sapindaceae[1]。

■ **3.9.8 欧洲**

本书收载 3 种。

■ **3.9.8.1 *Flora Europaea***，Thomas G. Tutin et al（eds），Vols. 1–5，1964–1980；***Consolidated Index to Flora Europaea***，Geoffrey Halliday & H. Beadle，210 p，1983；Cambridge：Cambridge University Press。

本志是一部国际性合作的巨著，参加的作者多达 187 人，其中一半为英国人，其余来自 25 个国家。本志包括蕨类植物、裸子植物、被子植物，共 203 科 1 544 属 11 047 种。其目的是为读者提供一个正确的植物学名，以及有关的进一步文献。为此，每种植物的描述做

---

① 参见 Lung G. Saw & Richard C. K. Chung，2015，The Flora of Malaysial Projects，*Rodriguésia* 66（4）：947-960.

到重点突出，除区分特征外，还有其分布、生态、染色体数目、主要异名和文献等（非主要异名置于索引中），可以说是当今植物志中的"简明"者之典范。本志中关于"目"和"科"的范围，基本上是恩格勒第 12 版（1954 & 1964）的概念。主编之一的 Vermon H. Heywood（1927—）写出 *The Presentation of Taxonomic Information，A Short Guide for Contribution to Flora Europaea*（24 p，1958：Leicester：Leicester University Press）一书为编著者作为准绳，特别是关于属和种及无融合生殖的概念等，详细参考 Vermon H. Heywood，1957，A proposed flora of Europe，*Taxon* 6（2）：33–42；1959，*Flora Europaea*–A progress report，*Taxon* 8：73–79；1960，Problems of Taxonomy and Distribution in the European Flora，*Feddes Repertorium Specierum Novarum Regni Vegetabilis* 63（2）：107–228。这些文章对我们使用 *Flora Europaea* 很有帮助，并可以从中了解欧洲植物分类学家处理疑难分类群的思路与方法等。由于本书的第 1 卷出版时间较久而且错误较多，因此 1993 年出版了修订本，但其他卷的修订本好像还没有计划。本书的数据库早已与地中海植物志联合上网（http：// www.emplantbase.org / home.html）。

1，464 p，1964，Lycopodiaceae-Platanaceae；2，455 p，1968，Rosaceae-Umbelliferae；3，370 p，1972，Diapensiaceae-Myoporaceae；4，505 p，1976，Plantaginaceae-Compositae（and Rubiaceae）；5，452 p，1980，Alismataceae-Orchidaceae；2nd ed，1，581 p，1993，Psilotaceae-Platanaceae。

▌ **3.9.8.2** *The European Garden Flora–a manual for the identification of plants cultivated in Europe，both out of doors and under glass*，Stuart M. Walters & James Cullen（eds），Vols. 1–6，1984–2000；Cambridge：Cambridge University Press，and late sponsored by the Royal Horticultural Society，Royal Botanic Garden，Edinburgh and the Stanley Smith Horticultural Trust，Cambridge[1]。

欧洲是当今世界上的植物引种中心，特别是在园艺方面。其中有很多植物来自中国，因此本书对于我们的研究工作有一定的参考价值。

1，430 p，1986，Pteridophyta，Gymnospermae，Angiospermae-Monocotyledons（Part Ⅰ，Alismataceae-Iridaceae）；2，318 p，1984，Monocotyledons（Part Ⅱ，Juncaceae-Orchidaceae）；3，474 p，1989，Dicotyledons（Part Ⅰ，Casuarinaceae-Aristolochiaceae）；4，602 p，1995，Dicotyledons（Part Ⅱ，Dilleniaceae-Krameriaceae）；5，646 p，1997，

---

[1] 项目总结参见：James Cullen，2000，The completion of the European Garden Flora，*The New Plantsman* 7（3）：164–167。

Dicotyledons (Part Ⅲ, Limnanthaceae-Oleaceae); **6**, 739 p, 2000, Dicotyledons (Part Ⅳ, Loganiaceae-Compositae)。

参见书评: Peter A. Hyypi, 1985, *Quarterly Review of Biology* 60 (4): 513–514; J. Arditti & L. P. Nyman, *Bulletin of the Torrey Botanical Club* 112 (2): 200–201; L. F. Ferguson & Ian K. Ferguson, 1985, *Kew Bulletin* 40 (3): 679–293; Rupert C. Barneby, 1986, *Brittonia* 38 (4): 406; David M. Bates, 1987, *Quarterly Review of Biology* 62 (2): 197; J. Arditti, 1988, *Bulletin of the Torrey Botanical Club* 115 (2): 133; Rupert C. Barneby, 1990, *Brittonia* 42 (2): 99; Rudolf Schmid, 1995, *Taxon* 44 (4): 662–663; B. Tebbs, 1996, *Kew Bulletin* 51 (4): 821–822; D. J. Nicholas Hind, 2004, *Kew Bulletin* 59 (1): 171。

■ **3.9.8.3 *The European Garden Flora*,** James Cullen, Sabina G. Knees & H. Suzanne Cubey (eds), second edition, Vols. 1–5, 2011; Cambridge: Cambridge University Press, and sponsored by the Stanley Smith (UK) Horticultural Trust, the Royal Botanic Garden Edinburgh and the Cambridge University Botanic Garden

1, Alismataceae-Orchidaceae, 665 p; **2**, Casuarinaceae-Cruciferae, 642 p; **3**, Resedaceae-Cyrillaceae, 620 p; **4**, Aquifoliaceae-Hydrophyllaceae, 619 p; **5**, Boraginaceae-Compositae, 639 p。

第 2 版没有蕨类和裸子植物，所以减少一卷。详细参下（http://www.rhsshop.co.uk/productdetails.aspx?id=10000168&itemno=9780521761673）:

The European Garden Flora is the definitive manual for the accurate identification of cultivated ornamental flowering plants。 Designed to meet the highest scientific standards, the vocabulary has nevertheless been kept as uncomplicated as possible so that the work is fully accessible to the informed gardener as well as to the professional botanist.

This new edition has been thoroughly reorganised and revised, bringing it into line with modern taxonomic knowledge。 Although European in name, the Flora covers plants cultivated in most areas of the United States and Canada as well as in non-tropical parts of Asia and Australasia.

Volume 1 contains accounts of all the Monocotyledons, which includes those groups known informally as the 'petaloid monocotyledons' (the Liliaceae and Amaryllidaceae in the first edition, divided here among 17 families), the grasses and sedges (Gramineae and Cyperaceae), the aroids (Araceae) and the large and diverse Orchidaceae; Volume 2 contains accounts of the first 71 families of Dicotyledons, including the Aizoaceae and Cactaceae (large and important families of succulents), as well as many tree families (Juglandaceae, Betulaceae, Fagaceae, Ulmaceae) and popular herbaceous plants (Ranunculaceae, Papaveraceae, Cruciferae); Volume 3 contains accounts of 47 families，including those formerly included in the Leguminosae（Mimosaceae，Caesalpiniaceae，Fabaceae）as well as the large and important Rosaceae。Also included are those families formerly covered by the name Saxifragaceae（Saxifragaceae in the strict sense，Penthoraceae，Grossulariaceae，Parnassiaceae，Hydrangeaceae and Escalloniaceae）；Volume 4 contains accounts of 82 families，mostly rather small，but including the Primulaceae（with Primula as its largest genus）and Ericaceae（with Rhododendron，the largest genus in the Flora）；Volume 5 completes the series，and includes many important ornamental families，such as Labiatae，Solanaceae，Scrophulariaceae，Acanthaceae，Campanulaceae，and the largest family of Dicotyledons，the Compositae。

■ **3.9.9** 北美
本书收载 3 种。

■ **3.9.9.1** *Manual of Cultivated Plants* A flora for the identification of the most common or significant species of plants grown in the continental United States and Canada，for food，ornament，utility，and general interest，both in the open and under glass / *Most commonly grown in the continental United States and Canada*，Liberty H. Bailey，851 p，1924；2nd ed，1116 p，1949；New York：The Macmillan Co。

本书的内容涵盖北美全部栽培植物，包括水果、作物、蔬菜、禾草、观赏植物及温室植物等。本书第 1 版描述维管束植物 170 科 1 246 属 3 665 种[1]，第 2 版描述 194 科 1 523 属 5 347 种（不包括种下等级及品种）。全书附有检索表，而每个类群都有详细的描述及原产地信息；书前有详细的解释和名词术语以及分类学家姓名与缩写，书末有索引。作者 Liberty H. Bailey（1858—1954）是美国著名的园艺植物学家，创建康奈尔大学农学院并在那里工作半个多世纪，不仅涉猎广泛，而且专著丰厚，还留下了非常著名的标本室与图书馆，尤其是栽培植物领域。

■ **3.9.9.2** *Manual of Cultivated Trees and Shrubs* hardy in North America exclusive of the subtropical and warmer temperate regions，Alfred Rehder，930 p，1927；2nd ed，996 p，1940；New York：The Macmillan Co。

本书的内容虽然是北美温带栽培乔灌木，但很多种类都来自东亚，特别是中国。不仅描述详细，还有栽培范围，因此对于中国从事植物学特别是木本植物研究的很有参考价

---

[1] 被子植物部分采用恩格勒系统。

值。本书第 1 版记载种子植物 112 科 468 属 2 350 种及 2 465 变种 [1]，另外还简要描述并提及 1 科 30 属 1 265 种和 507 个杂交种。第 2 版记载 113 科 486 属 2 535 种及 2 685 变种，另外还简要描述并提及 25 属 1 400 种和 540 个杂交种。Alfred Rehder（1863—1949）是世界上著名的北温带木本植物权威，在 The Arnold Arboretum of Harvard University 工作半个多世纪，不仅治学严谨，而且考订翔实，很多工作尽管已经过去几十年，仍有我们原产地研究中值得借鉴的地方。

■ **3.9.9.3** *Flora of North America* north of Mexico, *Flora of North America* Editorial Committee, Vols. 1+, 1993+；Oxford：Oxford University Press。

东亚不仅与北美同处北温带，而且东亚和北美植物间的亲缘关系也一直是植物地理学与植物分类学领域一个非常重要的研究内容，所以在这里也简单介绍北美整体情况，即 *Flora of North America*，但不包括美国和加拿大等各国或者是他们的地方植物志（美国没有国家植物志，但各州基本都有自己的植物志，而且有的还不止一个版本或版次；加拿大上个世纪 70 年代出版过国家植物志，而各省也基本都有自己的植物志）。

北美历史上有几个版本的植物志，但遗憾的是至今没有一个全部完成。目前正在进行的是密苏里植物园主持的 *Flora of North America*，包括全部高等植物共分为 30 卷（尽管开始时计划 14 卷 [2]），截至 2019 年底已出版 22 卷，完成 70% 以上；相信不久的将来即可全部完成。这个项目可以说集中了北美的所有学者和可利用的资源与手段，堪称当代北美植物分类学历史上的里程碑性的工作 [3]。其中第 1 卷为导论，共包括 5 部分 15 章：自然地理、历史与气候、植被与植物地理、人类活动与影响以及分类群的概念和主要类群的分类系统及讨论，并有详细的文献引证；每卷都有详细的参考文献与索引。各卷所包括的每个种都有分布图，每个属基本都有详细的形态图。该志的所有内容，包括各种数据与资源都已上网。

详细参见官方网址，包括苔藓、蕨类和种子植物等全部类群，以及各个卷和科的详细索引等：http://beta.floranorthamerica.org/Main_Page。具体每一卷的内容如下：

1，372 p，1993，Introduction：1，Climate and Physiography，2，Soils，3，History of the Vegetation：Cretaceous Maastrichtian–Tertiary，4，Paleoclimates，Paleovegetation，and Paleofloras during the Late Quaternary，5，Vegetation，6，Phytogeograhy，7，Taxonomic

---

① 被子植物部分采用恩格勒系统。

② 参见：*Flora of North America* 2：3-4，1993。

③ 参见：Becky R. Rohr et al.，1971，The Flora North America Reports-A Bibliography and Index，*Brittonia* 29（4）：419-432。

Botany and Floristics，8，Weeds，9，Ethnobotany and Economic Botany，10，Plant Conservation，11，Concepts of Species and Genera，12，Pteridophytes，13，Gymnosperms，14，A Commentary on the General System of Classification of Flowering Plants，15，Flowering Plant Families: An Overview；**2**，475 p，1993，Pteridophytes and Gymnosperms；**3**，590 p，1997，Magnoliidae，Hamamelidae；**4**，559 p，2003，Caryophyllidae，part 1: Caryophyllales，part 1；**5**，656 p，2005，Caryophyllidae，part 2: Caryophyllales，part 2；**6**，452 p，2015，Cucurbitaceae-Droseraceae；7，797 p，2010，Salicaceae-Brassicaceae，Dilleniidae，Part 2: Salicaceae-Brassicaceae；**8**，585 p，2009，Paeoniaceae-Ericaceae；**9**，689，2014，Picramniaceae-Rosaceae；**10–11**，XXXX，Proteaceae-Elaeagnaceae；**12**，603 p，2016，Vitaceae-Garryaceae；**13**，XXXX，Geraniaceae-Apiaceae；**14**，XXXX，Gentianaceae-Hydroleaceae；**15**，XXXX，Fouquieriaceae-Boraginaceae（incl. Lennoaceae）；**16**，XXXX，Oleaceae，Lamiaceae & Verbenaceae；**17**，768 p，2019，Tetrachondraceae-Orobanchaceae；**18**，XXXX，Rubiaceae-Valerianaceae；**19**，579 p，2006，Asteraceae，part 1；**20**，666 p，2006，Asteraceae，part 2；**21**，616 p，2006，Asteraceae，part 3；**22**，352 p，2000，Alismatidae，Arecidae，Commelinidae（in part）& Zingiberidae；**23**，608 p，2002，Cyperaceae；**24**，911 p，2007，Poaceae，part 1；**25**，783 p，2003，Poaceae，part 2；**26**，722 p，2002，Liliales and Orchidales；**27**，713 p，2007，Mosses，part 1: Takakiaceae-Leucophanaceae；**28**，736 p，2014，Mosses，part 2；**29**，XXXX，Liverworts & Horworts；**30**，XXXX，Cumulative index and Bibliography。

该志被子植物部分开始时采用 Arthur J. Cronquist（1981 年）系统，但后来又结合了新的观点（特别是 APG 等），所以科的概念、范围与位置不完全一致。详细参照目前出版的各科及所在的卷册索引。

4 植物系统

植物系统（Plant System）即植物类群间亲缘关系的表达。自达尔文（Charles Darwin[①]，1809—1882）的进化论 1859 年问世以来的一个半世纪中，植物系统学越来越受到重视。特别是随着新的资料不断积累，新的系统与学说也在不断问世，进入 20 世纪后期更是此起彼伏，以致一些学者认为当今世界是植物系统的时代。在这种复杂多样而又不甚一致的情况下，只能选择以下几个有代表性的系统作为简介（尤其是种子植物）。这些系统的选择，优

---

① 参见：Anonymous，1885，Darwin's Biography，*Science* 6（138）：276–277。

先考虑下列因素：在中国影响较久、应用较多的两个代表，即恩格勒系统和哈钦松系统；之二是 20 世纪世界上影响较广的四个代表，即 Arthur J. Cronquist 系统、Rolf M. T. Dahlgren 系统、Armen L. Takhtajan 系统和 Robert F. Thorne 系统；之三是中国学者的工作，即陈邦杰系统、秦仁昌系统、郑万钧系统、胡先骕系统、张宏达系统和吴征镒系统；还有近年来世界学术界比较新颖的 Klaus Kubitzki 系统和 APG（The Angiosperm Phylogeny Group）系统。

　　本部分列出每个系统的代表作，并在这些系统之后专门设立系统评论一节，列出相关的评论文献。文献排列先按大类群然后再按系统发表的时间。

4.1 苔藓植物系统

▌ 4.1.1 苔类植物系统
本部分收录 8 种。

▌ **4.1.1.1** Hepaticae（Lebermoose），Victor F. Schiffner，1893–1895，Heinrich Gustav Adolf Engler und Karl A. E. Prantl（eds），*Die Natüerlichen Pflanzenfamilien* 1（3）：3–141。

▌ **4.1.1.2** Classification of Hepatics，Frans Verdoorn，1932，Frans Verdoorn（ed），*Manual of Bryology*，Chapter 15：413–432。

▌ **4.1.1.3** The Classification of the Hepaticae，Alexander W. Evans，1939，*The Botanical Review* 5（1）：49–94。

▌ **4.1.1.4** Bryophyta，Hermann J. O. Reimers，1954，In Hans Melchior und Eric Werdermann（eds.），Engler's *Syllabus der Pflanzenfamilien*，Band I，218–268 p；Berlin-Nikolassee：Gebrüder Boristraeger。

▌ **4.1.1.5** Annotated key to the orders，families and genera of Hepaticae of America North of Mexico，Rudolf M. Schuster，1958，*The Bryologist* 61（1）：1–66。

▌ **4.1.1.6** *The Hepaticae and Anthocerotae of North America east of the hundredth meridian*，Rudolf M. Schuster，Vols. 1–6，1966–1992；New York：Columbia University Press（Vols. 1–4），& Chicago：Field Museum of Natural History（Vols. 5–6）。
　　1，802 p，1966；**2**，1062 p，1969；**3**，880 p，1974；**4**，1334 p，1980；**5**，854 p，

1992；**6**，937 p，1992。

■ **4.1.1.7** A Revised Classification of the Anthocerotophyta and a Checklist of the Hornworts of North America，North of Mexico，Raymond E. Stotler & Barbara Stotler，2005，*The Bryologist* 108（1）：16–26。

■ **4.1.1.8** Marchantiophyta（Hepaticae，Liverworts）& Anthocerotophyta（Hornworts）[1]，Wolfgang Frey & Michael Stech，2009，***Adolf Engler's Syllabus der Pflanzenfamilien***，*Syllabus of Plant Families*，**13**[th] **ed**，3：13–115 & 258–269；Berlin & Stuttgart：Gebrüder Boristraeger。

■ **4.1.2 藓类植物系统**
本部分收录 7 种。

■ **4.1.2.1** ***Die Laubmoose Deutschlands***，*Oesterreichs und der Schweiz*，Karl G. Limpricht，Abteil. **1**，836 p，1885–1889，**2**，853 p，1890–1895，**3**，864 p，1895–1903；Leipzig：Verlag von Eduard Kummer。

■ **4.1.2.2** ***Die Natüerlichen Pflanzenfamilien***，Victor F. Brotherus，1901–1909 & 1924–1925，2nd ed，Vols. **10**，478 p，& **11**，542 p；Leipzig：Wilhelm Engelmann。

■ **4.1.2.3** ***Classification of Mosses***，Hugh N. Dixon，1932，Frans Verdoorn（ed），*Manual of Bryology*，397–412 p；The Hague：Martius Nijhoff。

■ **4.1.2.4** Bryophyta，Hermann J. O. Reimers，1954，In Hans Melchior und Eric Werdermann（eds.），Engler's *Syllabus der Pflanzenfamilien*，Band I，218–268 p；Berlin-Nikolassee：Gebrüder Boristraeger。

■ **4.1.2.5 陈邦杰系统**
陈邦杰（PanChieh CHEN，1907—1970），江苏丹徒人，世界著名苔藓学家、中国苔藓

---

① Rayna Natcheva，2010，Book Review. *Nordic Journal of Botany* 28（1）：128；Harald Kurschner，2010，Book Review. *Nova Hedwigia* 90（1–2）：273–275。

植物学的奠基人。1931 年毕业于中央大学植物系，1932 年任四川重庆乡村建设学院教师，1936 年赴德国柏林大学攻读植物学，1940 年获博士学位 [1] 并回国，历任中国科学社生物学部主任、中央大学、同济大学、南京大学教授，1952 年后任南京师范学院教授兼生物系主任，兼任中国科学院植物研究所研究员；1955 年以后在南京举办苔藓学培训班并为国内主要植物学单位代培在职研究人员，1962 年后又招收研究生。他所培养的人才几乎包括了中国第二代全部从事苔藓研究的学者，如中国科学院植物研究所的罗健馨（1935—2020）、吴鹏程（1935—）、华南植物园的林邦娟（1936—）、昆明植物研究所的黎兴江（1932—2020）、沈阳应用生态研究所的高谦（1929—2016）、华东师范大学的胡人亮（1932—2009）、云南大学的徐文宣（1919—1985）、西安植物园的张满祥（1934—）、中山大学的李植华（1935—）、内蒙古大学的全治国（1925—1979）、贵州师范大学的钟本固（1929—）、东北林业大学的敖志文（1932—2014）、东北师范大学的郎奎昌（1927—1996），以及林尤兴（1934—）、郭木森（1940—）等。其代表论著包括主编**中国藓类植物属志**（即本书第 3.2.5 种）。

详细参见：佐华等 [2]，1979，中国苔藓植物研究的拓荒者，怀念我们的父亲陈邦杰教授，南京师范学院学报 1：94-96；C. L. WAN [3]，1980，Pan-Chieh Chen（1907-1970），Founder of Chinese Bryology，*Taxon* 29（5-6）：671-672；李学健，1991，中国苔藓植物研究的拓荒人，生物学通报，5：40；吴鹏程，1998，中国科学院植物研究所苔藓标本室的足迹，植物 4：13-14。

另外，参见学者文集部分。

▌**4.1.2.6** *Classification of the Bryopsida*，Dale H. Vitt，1984，Rudolf M. Schuster（ed），*New Manual of Bryology*，Chapter 13，696-759 p。

▌**4.1.2.7** Bryophyta（Musci，Mosses），Wolfgang Frey & Michael Stech，2009，***Adolf Engler's Syllabus der Pflanzenfamilien***，*Syllabus of Plant Families*，**13**[th] **ed**，3：116-257；Berlin & Stuttgart：Gebrüder Boristraeger。

---

① 博士学位论文：PanChieh CHEN，1941a & b，Studien über die ostasiatischen Arten der Pottiaceae I & II，*Hedwigia* 80（1）：1-76，& 80（2）：141-322。导师：Hermann J. O. Reimers（1893-1961）。

② 陈邦杰幼女，陈佐华。

③ As ZonLing WAN but no details is given in the original report.

4.1.3 当代苔藓植物系统工作

本部分收录 9 种。

4.1.3.1 The aims and achievements of bryophyte taxonomists，Rudolf M. Schuster，1988，*Botanical Journal of the Linnean Society* 98：185–202。

4.1.3.2 苔藓植物的分类及其系统排列，吴鹏程主编，1998，苔藓植物生物学，9–22 页；北京：科学出版社。

4.1.3.3 *Bryophyte Biology*，A. Jonathan Shaw & Bernard Goffinet（eds），476 p，2000[1]；Bernard Goffinet & A. Jonathan Shaw（eds），2nd edition，510 p，2008[2]；Cambridge：Cambridge University Press。

本书第 2 版（2008）包括：Preface，1，Morphology and classification of the Marchantiophyta（Barbara Crandall–Stotler，Raymond E. Stotler & David G. Long）：2，Morphology and classification of the Bryophyta（Bernard Goffinet，William R. Buck & A. Jonathan Shaw）；3，New insights into morphology，anatomy and systematics of hornworts（Karen S. Renzaglia，Juan Carlos Villarreal & R. Joel Duff）；4，Phylogenomics and early land plant evolution（Brent D. Mishler & Dean G. Kelch）；5，Mosses as model organisms for developmental，cellular and molecular biology（Andrew C. Cuming）；6，Physiological ecology（Michael C. F. Proctor）；7，Biochemical and molecular mechanisms of desiccation tolerance in bryophytes（Mel J. Oliver）；8，Mineral nutrition and substratum ecology（Jeff W. Bates）；9，The structure and function of bryophyte dominated peatlands（Dale H. Vitt & R. Kelman Wieder）；10，Population and community ecology of bryophytes（Hakan Rydin）；11，Bryophyte species and speciation（A. Jonathan Shaw）；12，Conservation biology of bryophytes（Alain Vanderpoorten & Tomas Hallingbäck）。

4.1.3.4 中国苔藓植物学研究（1993—2003）[3]，植物学报 45（增刊）：27–34，2003。

---

[1] Barbara Crandall-Stotler & Raymond E. Stotler，2000，Morphology and classification of Marchantiophta，In：Bryophyte Biology，A. Jonathan Shaw & Bernard Goffinet（eds.），21–77。

[2] Barbara J. Crandall-Stotler，Raymond E. Stotler & David G. Long，2008，Morphology and Classification of Marchantiophta，In：Bryophyte Biology，2nd edition，Bernard Goffinet & A. Jonathan Shaw（eds.），1–54。

[3] 系列标题：中国几个类群的研究进展Ⅲ；另外这个文集是增刊，没有作者。

■ **4.1.3.5** Systematics of the Bryophyta（Mosses）: From molecules to a revised classification，Bernard Goffinet & William R. Buck，2004，Bernard Goffinet，Victoria C. Hollowell & Robert E. Magill（eds），*Molecular Systematics of Bryophytes*，*Monographys in Systematic Botany from the Missouri Botanical Garden* 98：205-239。

■ **4.1.3.6** 苔藓植物研究进展 I [①].我国苔藓植物研究现状与展望，朱瑞良、王幼芳，2002；西北植物学报 22（2）：444-451。

■ **4.1.3.7** A morpho-molecular classification of the mosses（Bryophyta），Michael Stech & Wolfgang Frey，2008，*Nova Hedwigia* 86（1-2）：1-21（21）。

■ **4.1.3.8** Phylogeny and Classification of the Marchantiophyta，Barbara J. Crandall-Stotler，Raymond E. Stotler & David G. Long，2009，*Edinburgh Journal of Botany* 66（1）：155-198。

■ **4.1.3.9** Classification of the Bryophyta，Bernard Goffinet，William R. Buck & A. Jonathan Shaw，Constantly updated（https：//bryology.uconn.edu/classification/#）。

4.2 蕨类植物系统

■ **4.2.1 蕨类植物系统介绍**
本部分收录 9 个系统计 18 种。

■ **4.2.1.1 John Smith**（1798—1888），英国蕨类植物学家
An Arrangement and Definition of the Genera of Ferns，with observations on the affinities of each genus，John Smith，*Journal of Botany*（1842）4：38-70，& 147-198，1841；*London Journal of Botany* 1：419-438，659-668，1843；2：378-394，1843。

■ **4.2.1.2 Frederick O. Bower**（1855—1948），英国古生物学家
The Ferns（Filicales）treated comparatively with a view to their natural classification，Frederick O. Bower，Vol 1：359 p，1923；2：344 p，1926；& 3：306 p，1928；Cambridge：

---

① 作者之一王幼芳证实本系列只出版这一期。

Cambridge University Press。

■ **4.2.1.3 Carl F. A. Christensen**（1872—1942），丹麦蕨类植物学家

Filicinae，Carl F. A. Christensen，1938，Frans Verdoorn（ed），*Manual of Pteridology* 522-550 p；The Hague：Martinus Nijhoff。

■ **4.2.1.4 秦仁昌系统**

秦仁昌（RenChang CHING，1898—1986），江苏武进人，世界著名蕨类植物学家、中国蕨类植物研究的奠基人。1914 年考入江苏省第一甲种农业学校林科，1919 年农校毕业后考入南京金陵大学林学系，1925 年毕业并获学士学位；1923 年起在东南大学兼任助教直至讲师，1927 年受聘于中央研究院自然历史博物馆，1929 至 1932 年到欧洲各大标本馆研修，1932 年回国后入静生生物调查所任标本馆馆长，1934 年任庐山森林植物园首任主任，1938 年到云南丽江等地从事研究，1945 年受聘于云南大学，1949 年任职于云南林业局，1954 年调到北京中国科学院植物研究所，1955 年当选为中国科学院首届学部委员，1959 年率先完成并出版第一本**中国植物志**（第 2 卷）。

详细参见：吴兆洪，1984，秦仁昌系统（蕨类植物门）总览，广西植物 4（4）：289-307；吴兆洪，1986，秦仁昌分类系统（蕨类植物门）的历史渊源，广西植物 6（1—2）：63-78；吴兆洪，1988，中国蕨类植物研究的历史与现状，广西植物 8（2）：169-178；王中仁，1998，秦仁昌和"秦仁昌系统"，植物 4：8-10；王中仁，1998，中国蕨类植物学的奠基人秦仁昌（1898—1986）——纪念秦仁昌先生诞辰一百周年，植物分类学报 36（3）：286-288。其主要论著如下：

■ **4.2.1.4.1** On Natural classification of the family Polypodiaceae（水龙骨科的自然分类），RenChang CHING，1940，*Sunyatsenia* 5：201-268。

书评参见：Ewdin B. Copeland，1941，*Sunyatsenia* 6（2）：159-177。

■ **4.2.1.4.2** 中国蕨类植物科属名词及分类系统，秦仁昌，1954，植物分类学报 3（1）：93-99。

■ **4.2.1.4.3** 中国蕨类植物研究的发展概况，秦仁昌，1954，植物分类学报 3（3）：257-272。

■ **4.2.1.4.4** 中国蕨类植物科属的系统排列和历史来源，秦仁昌，1978，植物分类学报

16（3）：1-19，& 16（4）：16-37。

▌ **4.2.1.4.5 二十年来的中国植物分类学**，秦仁昌，1979，植物分类学报 17（4）：1-7。

▌ **4.2.1.4.6 喜马拉雅——东南亚水龙骨科植物的分布中心**，秦仁昌，1979，云南植物研究 1（1）：23-31。

▌ **4.2.1.4.7 中国蕨类植物科属志**，吴兆洪、秦仁昌著，630 页，1990；北京：科学出版社。

另参见学者文集部分。

▌ **4.2.1.5 Edwin B. Copeland**（1873—1964），美国蕨类植物学家

Genera Filicum *The Genera of Ferns*，Edwin B. Copeland，247 p，1947；Waltham：Chronica Botanica Company（*Annales Cryptogamici et Phytopathologici*，edited by Frans Verdoorn，v. 5）。

参见书评：Paul D. Voth，1948，*Botanical Gazette* 104（4）：535-536；Hugh M. Raup，1949，*The Quarterly Review of Biolgoy* 24（2）：148-149。

▌ **4.2.1.6 Richard E. Holttum**（1895—1990），英国蕨类植物学家 [1]

▌ **4.2.1.6.1** A Revised Classification of Leptosporangiate Ferns，Richard E. Holttum，1947，*Journal of the Linnean Society Botany* 53：123-158。

▌ **4.2.1.6.2** The Classification of Ferns，Richard E. Holttum，1949，*The Botanical Review* 24：267-296。

▌ **4.2.1.7 Rodolfo E. G. Pichi Sermolli**（**Rodolfo E. G. Pichi-Sermolli**，1912—2005），意大利蕨类植物学家 [2]

---

[1] 参见：Josephine M. Camus，1996，Pteridolgy in Perspective，Proceedings of the Holttum Memorial Pteridophyte Symposium，Kew，1995，700 p；Kew：Royal Botanic Gardens；Robert J. Johns，1997，Holttum Memorial Volume，272 p；Kew：Royal Botanic Gardens。

[2] 参见：Richard K. Brummitt，2007，Rodolfo E. G. Pichi Sermolli，*Taxon* 56（4）：1304-1307。

■ **4.2.1.7.1** The Higher Taxa of the Pteridophyta and Their Classification, Rodolfo E. G. Pichi Sermolli, 1958, Olov K. Hedberg（ed）, Systematic of Today: Proceddings of a symposium held at the University of Uppsala in commenmoration of the 250th anniversary of the birth of Carolus Linnaeus, *Uppsala Universitets Arsskrift* 6: 70-90。

■ **4.2.1.7.2** Tentamen Pteridophytorum Genera in Taxonomicum Ordimem Redigendi, Rodolfo E. G. Pichi Sermolli, 1977, *Webbia* 31（2）313-512。

■ **4.2.1.7.3** Cerimonia in onore delgi 80 anni di Rodolfo E.G. Pichi Sermolli, Ceremony in honour of Rodolfo E. G. Pichi Sermolli on his 80th birthday, 1992; *Universitá Degli Studi Di Firenze* 685-848。

■ **4.2.1.8 Bala K. Nayar**（1927—2012）, 印度蕨类植物学家 [1]

A Phylogenetic Classification of the Homosporous Ferns, Bala K. Nayar, 1970, *Taxon* 19（2）: 229-239。

■ **4.2.1.9 Engler System, The 13th ed, 恩格勒系统第 13 版**

Tracheophyta（Polysporangiomorpha, Protracheophytes, Rhyniophytina, Lycophytina, "Trimerophytina", Moniliformopses, and Radiatopses）, Eberhard Fischer, 2009, ***Adolf Engler's Syllabus der Pflanzenfamilien***, *Syllabus of Plant Families*, **13ed**, 3: 270-395; Berlin & Stuttgart: Gebrüder Boristraeger。

■ **4.2.2 当代蕨类植物系统工作**

本部分收录 11 种。

■ **4.2.2.1** The Classification of Major Groups of Pteridophytes, Masahiro Kato, 1983, *Journal of the Faculty of Science*, *University of Tokyo*, *Section III. Botany* 13: 263-283。

■ **4.2.2.2** Non-Molecular Phylogenetic Hypotheses for Ferns, Alan R. Smith, 1995, *American Fern Journal* 85（4）: 104-122。

---

[1] 参见: K. S. Manilal, 2012, B. K. Nayar（1927-2012）, *Current Science* 103（10）: 1219。

■ 4.2.2.3 Fern Phylogeny Based on rbcL Nucleotide Sequences，Mitsuyasu Hasebe，Paul G. Wolf，Kathleen M. Pryer et al.，1995，*American Fern Journal* 85（4）：134-181。

■ 4.2.2.4 Phylogenetic Relationships of Extant Ferns Based on Evidence from Morphology and rbcL Sequences，Kathleen M. Pryer，Alan R. Smith & Judith E. Skog，*American Fern Journal* 85（4）：205-282。

■ 4.2.2.5 A Classification for Extant Ferns，Alan R. Smith et al 2006，*Taxon* 55（3）：705-731。

■ 4.2.2.6 石松类和蕨类植物研究进展：兼论国产类群的科级分类系统，刘红梅、王丽、张宪春、曾辉，2008，植物分类学报 46（6）：808-829。

■ 4.2.2.7 *A linear sequence of extant families and genera of lycophytes and ferns*，Maarten J. M. Christenhusz，XianChun ZHANG & Harald Schneider，2011，*Phytotaxa* 19：7-54。

■ 4.2.2.8 石松类和蕨类植物的主要分类系统的科属比较，王凡红、李德铢、薛春迎、卢金梅，2013，植物分类与资源学报 35（6）：791-809。

■ 4.2.2.9 中国现代石松类和蕨类的系统发育与分类系统，张宪春、卫然、刘红梅、何丽娟、王丽、张钢民，2013，植物学报 48（2）：119-137。

■ 4.2.2.10 *Trends and concepts in fern classification*，Maarten J. M. Christenhusz & Mark W. Chase，2014，*Annals of Botany* 113（4）：571-594。

■ 4.2.2.11 A community-derived classification for extant lycophytes and ferns，**The Pteridophyte Phylogeny Group**（PPG I），2016，*Journal of Systematics and Evolution* 54（6）：563-603。

此为当代分子生物学手段出现之后，蕨类植物工作者联合发表的第一个系统．全世界 68 个单位 94 名作者联合署名，包括 20 名华人蕨类学者。本文将现存石松类和蕨类植物分为 2 纲 14 目 51 科 337 属约 12 000 种。详细参见，Harald Schneider & Eric Schuettpelz，2017，Systematics and evolution of Lycophytes and Ferns：*Journal of Systematics and Evolution* 54（6）：561-562；张丽兵，2017，蕨类植物 PPG I 系统与中国石松类和蕨类植物分类，生物多样性 25（3）：340-342。

4.3 种子植物系统与评论

本部分共收录 13 个系统 90 种系统文献以及 15 种评论文献（均以发表的时间为序）。

▌4.3.1 Heinrich Gustav Adolf Engler 恩格勒系统

恩格勒（1844—1930），德国人，19 世纪末及 20 世纪初德国杰出的植物学家、德国植物分类学和植物地理学派的领袖。该系统是本书介绍的所有系统中唯一一个包括全部植物界的系统，而且也是中国和世界上的影响最大的系统。**中国植物志**和多部地方植物志等大多采用恩格勒系统的 1936 年第 11 版（少数也采用 1954 年和 1964 年的第 12 版），还有很多植物标本室的排列也是采用他的系统。

参见：Friedrich Ludwig E. Diels，1931，Zum Gedachtuis von Heinrich Gustav Adolf Engler，*Botanische Jahrbücher für Systematik*，*Pflanzengeschichte und Pflanzengeographie* 64：I-li；Denis Barabe & Joachim Vieth，1990，Les Principes de Systematique Chez Engler，*Taxon* 39（3）：394-408；Hans Walker Lack，Botanisches Museum Berlin，Adolf Engler-Die Welt in einem Garten，72 p，2000；München：Prestel。代表论著有 3 种：

▌4.3.1.1 *Die Natüerlichen Pflanzenfamilien* **nebst ihren Gattungen und wichtigeren Arten，insbesondere den Nutzflanzen，unter Mitwirkung zahlreicher hervorragender Fachgelehrten begründet**，Heinrich Gustav Adolf Engler und Karl A. E. Prantl（eds），4 Teile，4 Nachtrage，1887-1915；Leipzig：Wilhelm Engelmann；*Die Natürlichen Pflanzenfamilien* **nebst ihren Gattungen und wichtigeren Arten insbesondere den Nutzpflanzen，unter Mitwirkung zahlreicher hervorragender Fachgelehrten，begründet**，Heinrich Gustav Adolf Engler und Karl A. E. Prantl（eds）：2nd ed，28 Band，1924+；Leipzig：Wilhelm Engelmann，& Berlin：Dunker & Humblot。
详细参见本书第 3.1.9 种 [①]。

▌4.3.1.2 *Syllabus der vorlesungen über specielle und medicinisch-pharmaceutische botanik*：Eine uebersichte über das gesammte pflanzensystem mit berücksichtigung der medicinal-und nutzpflanzen，Heinrich Gustav Adolf Engler，184 p，1892；Berlin：Gebrüder Borntraeger；

▌4.3.1.3 *Syllabus der Pflanzenfamilien*：eine übersicht über das gesamte pflanzensystem

---

① 本工作虽然不是具体的系统报道，但却是其系统的具体体现，故一并列出。

mit berücksichtigung der medicinal-und nutzpflanzen, zum gebrauch bei vorlesungen und studien über specielle und medicinisch-pharmaceutische botanik, Heinrich Gustav Adolf Engler; 2nd ed, 214 p, 1898; 3rd ed, 233 p, 1903; 4th ed, 237 p, 1904; 5th ed, 247 p, 1907; 6th ed, 256 p, 1909; 7th ed, 387 p, 1913 (mit Unterstützung von Ernest F. Gilg); 8th ed, 395 p, 1919-1920, (mit Unterstützung von Ernest F. Gilg); 9th & 10th ed, 420 p, 1924, (mit Unterstützung von Ernest F. Gilg); 11th ed, *A Engler's Syllabus der Pflanzenfamilien*, 419 p, 1936, Friedrich Ludwig E. Diels; 12th ed, *A Engler's Syllabus der Pflanzenfamilien*, Vol. I[①]: *Allgemeiner Teil, Bakterien bis Gymnospermen*, 367 p, 1954, Hans Melchior und Eric Werdermann; Vol. II[②]: *Angiospermen, Übersicht über die Florengebiete der Erde*, 666 p, 1964, Hans Melchior; 13th ed (Deutsch), *A. Engler's Syllabus der Pflanzenfamilien*, Kipitel V, 2, Bryophytina, Laubmoose, Kurt Walther, 108 p, 1983; Berlin & Stuttgart: Gebrüder Borntraeger; 13th ed[③] (English), *A Engler's Syllabus der Pflanzenfamilien*, *Syllabus of Plant Families*, **Part 1 (1)**, 178 p, 2012, Blue-green algae, Myxomycetes and Myxomycete-like Organisms, Phytoparasitic protists, Heterotrophic Heterokontobionta and Fungi p.p.; **Part 1 (2)**, 322 p, 2016, Ascomycota[④], **Part 1 (3)**, 471 p, 2018, Basidiomycota and Entorrhizomycota; **Part 2 (1)**, 324 p, 2015, Photoautotrophic eukaryotic algae, **Part 2 (2)**, 171 p, 2017, Photoautotrophic eukaryotic algae Rhodophyta; **Part 3**, 419 p, 2009, Bryophytes and Seedless Vascular Plants[⑤]; **Part 4**, 495 p, 2015, Seed Plants, Pinopsida

---

① 参见：Conrad V. Morton, 1955, A New Engler's Syllabus, *American Fern Journal* 45 (2): 85-87。

② 参见：Brian L. Burtt, 1965, A Engler's Syllabus der Pflanzenfamilien, *New Phytologist* 64 (3): 511-512; Frans A. Stafleu, 1965, Engler's Syllabus, *Taxon* 14 (1): 23-25; Herbert K. Airy Shaw, 1966, Engler's Syllabus, *Kew Bulletin* 20 (2): 199-200。

③ 由于各种原因，后人修订的有两个第13版；前者计划七卷，但最后只出版1册（1983）；后者计划5册，自第3册（2009）出版以来，2019年底已经出版4册，只差最后一册。详细参见：Williams D. M. 2017, Frey W. (ed.): Syllabus of Plant Families, Adolf Engler's Syllabus der Pflanzenfamilien, ed. 13, *Willdenowia* 47: 341-343.

④ Edited by Walter Jaklitsch, Hans-Otto Baral, Robert Lcking, H. Thorsten Lumbsch and Wolfgang Frey.

⑤ 本册由 Wolfgang Frey, Michael Stech, Eberhard Fischer 编辑，包括：Marchantiophyta, Bryophyta, Anthocerotophyta, Polysporangiomorpha, Protracheophytes, Rhyniophytina, Lycophytina, "Trimerophytina", Moniliformopses (Cladoxylopsida, Psilotopsida, Equisetopsida, Marattiopsida, Polypodiopsida), Radiatopses (Progymnospermopsida)。其中 Marchantiophyta, Bryophyta, Anthocerotophyta 由 Wolfgang Frey & Michael Stech 负责，而其余的为 Eberhard Fischer 负责。书评参见：Ryszard Ochyra, 2013, Syllabus of plant families. Adolf Engler's Syllabus der Pflanzenfamilien. 13th edition. Part 3. Bryophytes and seedless vascular plants, *Journal of Bryology* 32 (2): 150-151。

（Gymnosperms），Magnoliopsida（Angiosperms）p.p.：Subclass Magnoliidae：Amborellanae to Magnolianae，Lilianae p.p.[①]；**Part 5**，XXXX，Seed Plants，Spermatophytes（2）-Tracheophyta p.p.，Spermatophytina p.p.（Angiospermae p.p.）：Rosidae（Eudicotyledoneae）；Wolfgang Frey（ed）；Berlin & Stuttgart：Gebrüder Borntraeger。

▍4.3.2 **John Hutchinson 哈钦松系统**

哈钦松（1884—1972），英国人，世界著名植物分类学家。本系统仅是被子植物分类系统，且在中国具有较大的影响，包括一些地方植物志以及个别标本馆等均有采用，因为他的著作有中文翻译版。

详细参见：John P. M. Brenan，1974，Dr. John Hutchinson（1884-1972），*Kew Bulletin* 29（1）：1-6；马金双，1989，世界著名植物分类学家——哈钦森，生物学通报3：40-41。代表论著有4种：

▍4.3.2.1 *The Families of Flowering Plants*，John Hutchinson，1，328 p，1926，Dicotyledones；London：Macmillan；中文版，**双子叶植物分类**，黄野蘿译，胡先骕校订，32开，514页，1937；上海：商务印书馆；**有花植物科志**（Ⅰ，双子叶植物），中国科学院植物研究所译，526页，1954；Ⅱ，432 p，1934，Monocotyledones；London：Macmillan；中文版，**有花植物科志**（Ⅱ，单子叶植物），唐进、汪发缵、关克俭译，495页，1955；上海：商务印书馆；2nd ed，792 p，1959；Oxford：Clarendon Press；3rd ed，968 p，1973；Oxford：Clarendon Press。
详细参见本书第3.1.11种。

▍4.3.2.2 *The Genera of Flowering Plants*，John Hutchinson，1，516 p，1964，& 2，659 p，1967；Oxford：Clarendon Press。
详细参见本书第3.1.12种。

▍4.3.2.3 *Key to the Families of the Flowering Plants of the World*，John Hutchinson，Revised and Enlarged for use as a supplement to the Genera of Flowering Plants，117 p，1967；Oxford：Clarendon Press；中文版，世界有花植物分科检索表，洪涛译，李扬汉校，173页，1983；北京：农业出版社。
详细参见本书第3.1.14种。

---

① Edited by Eberhard Fischer，Wolfgang Frey，and Inge Theisen.

■ *4.3.2.4 Evolution and Phylogeny of Flowering Plants*，John Hutchinson，717 p，1969；London；Academic Press。

■ **4.3.3 Armen L. Takhtajan 塔赫他间系统**

Armen L. Takhtajan（1910—2009[①]），亚美尼亚（苏联）人，世界著名植物系统学家、植物区系学家。本系统是被子植物系统最受称赞的之一，其主要论著有 17 种：

■ *4.3.3.1 Correlations between Ontogenesis and Phylogenesis in Higher Plants*，Armen L. Takhtajan，1943，*Transactions of the Molotov State University of Erevan* 22：71-176（Russian with English and Armenian Summaries）。

■ *4.3.3.2 Morphological Evolution of the Angiosperms*，*Morfologicheskaia Evoliutsiia Pokrytosemennykh*，Armen L. Takhtajan，300 p，1948；Moskva：Izd. Moskovskogo ob-va2 ispytatelei pripody；*Die Evolution der Angiosperm*，Aus dem Russischen übersetzt von Werner Höppner，344 p，1959；Jena：G. Fischer。

■ *4.3.3.3 Phylogenetic principles of the system of higher plants*，Armen L. Takhtajan，1950，*Botanisheskii Zhurnal* 35：113-135；translated by D. I. Lalkow，edited by William I. Illman，*The Botanical Review* 19：1-45，1953；中文版，高等植物系统的系统发育原理，胡先骕译，54 页，1954；北京：中国科学院。

■ *4.3.3.4 Origins of Angiospermous Plants*，*Proiskhozhdenie pokrytosemennykh rastenii*，Armen L. Takhtajan，96 p，1954；Moska：Nauka；中文版，被子植物的起源，朱澂、汪劲武译，王伏雄校，32 开，76 页，1955；北京：科学出版社；Translated by Olga H. Gankin，edited by G. Ledyard Stebbins，68 p，1958；Washington DC：American Institute of Biological Sciences。

---

① Armen L. Takhtajan was born on June 10, 1910 in Shusha, Nagorno-Karabakh, a disputed, largely Armenian, enclave within Azerbaijan on the southern Caucasus, and died on November 13, 2009 in St. Petersburg, Russia。参见：Robert F. Thorne, 2010, *Taxon* 59（1）: 317; Dennis W. Stevenson, 2010, Armen Takhtajan, 1910-2009, *Plant Science Bulletin* 56（3）: 118-119; Peter H. Raven & Yatyana Shulkina, 2010, Armen Takhtajan-In Appreication of His life, *Plant Science Bulletin* 56（4）: 166-170。

■ **4.3.3.5** *Voprosy Evoliutsionnoi Morfologii Rastenii*，Armen L. Takhtajan，213 p，1954；Leningrad: Leningradskiĭ Universitet。中文版，植物演化形态学问题，塔赫他间著，匡可任、石铸译，176 页，1979；西宁：青海省科学技术协会（内部刊物）。

■ **4.3.3.6** *Proiskhozhdenie pokrytosemennykh rastenii*，Armen L. Takhtajan，2nd ed，132 p，1961；Moskva: Vyssha´i`a shkola；*Flowering Plants-Origin and Dispersal*（revised and augmented），translated by Charles Jeffrey，310 p，1969；Edinburgh: Oliver & Boyd；*Evolution und Ausbreitung der Blütenpflanzen*，189 p，1973；Jena: G. Fischer。

■ **4.3.3.7** *Foundations of the Evolutionary Morphology of Angiosperms*，*Osnovy Evolutsionnoy Morfologii Pokrytosemennykh*，Armen L. Takhtajan，1964；Moscow / Leningrad: Nauka（in Russian）。

■ **4.3.3.8** *System et Phylogenia Magnoliophytorum*，Armen L. Takhtajan，611 p，1966；Leningrad: Nauka。

■ **4.3.3.9** *The Chemical approach to plant classification with special reference to the higher taxa of Magnoliophyta*，Armen L. Takhtajan，1974，Gerd Bendz & John Santesson（eds），Nobel Symposium，No. 25，*Chemistry in Botanical Classification*，Lidingo，Sweden，August 20–25，1973，Nobel Foundation: Stockholm，Sweden，17–28 p；New York: Academic Press，Inc。

■ **4.3.3.10** *Outline of the Classification of Flowering Plants*（*Magnoliophyta*），Armen L. Takhtajan，1980，*The Botanical Review* 46（3）：225–259；中文版，有花植物（木兰植物）分类大纲，黄云晖译，224 页，1986；广州：中山大学出版社。

■ **4.3.3.11** Macroevolutionary Processes in the History of Plant World，Armen L. Takhtajan，1983，*Botanicheskii Zhurnal* 68（12）：1593–1603（in Russian with English summary）。

■ **4.3.3.12** *Flowering Plants-Origin and Dispersal-the Cradle of the Angiosperms Revisited*，Armen L. Takhtajan，1987，Timothy C. Whitemore（ed），*Biogeographical evolution of the Malay Archipelago*，26–31 p；Oxford: Clarendon Press。

■ **4.3.3.13** *Sistema Magnoliofitov*（*Systema Magnoliophytorum*），Armen L. Takhtajan，438 p，

1987；Leningrad：Nauka；中文版①，木兰植物系统，吴征镒、李恒摘译，40 页，1989；昆明：云南植物研究编辑部编印（内部出版；中国植物区系研究参考资料第 1 辑）。

■ **4.3.3.14** *Evolutionary Trends in Flowering Plants*，Armen L. Takhtajan，241 p，1991；New York：Columbia University Press。

■ **4.3.3.15** *Diversity and classification of flowering plants*，Armen L. Takhtajan，643 p，1997；New York：Columbia University Press②。

■ **4.3.3.16** *Granevoliutsii-Statipoteorii Evoliutsii 1943–2005 gg*，Armen L. Takhtajan，325 p，2007；St. Peterburg：Nauka。

■ **4.3.3.17** *Flowering Plants*③，Armen L. Takhtajan，xlvi+872 p，2009；Berlin：Springer-Verlag；The revised and expanded edition of *Diversity and classification of flowering plants*，1997，New York：Columbia University Press。

■ **4.3.4 胡先骕系统**

胡先骕（HsenHsu HU④，1894—1968），江西新建人，先后两次留学美国著名学府：1912 入加州大学伯克利分校，1916 年以荣誉本科毕业生称号毕业，获学士学位；1923 年入哈佛大学，1924 年获硕士学位，1925 年获科学博士学位⑤，是中国植物学家中获哈佛大学博士学位第一人。胡先骕在半个世纪（1917 至 1968 年）的植物学教学与研究中，为中国植物学的发展做出了杰出的贡献，是海内外公认的中国植物分类学奠基人。

任教高校，为中国的生物学，特别是植物学，培养了无数英才。 1918 年胡先骕任南

---

① 本书的中文版是摘译的，并作为"中国植物区系研究参考资料（第 1 辑）"。正文按塔赫他间的系统排列（科以上的单位），每个科均有拉丁名、命名人、建立时间、中文名、所含的属和种数、分布范围、染色体数目等。对于中国不产的科没有摘译，但对于中国目前尚无记录但有希望找到代表的科则列出，且用"*"号标出。本书的英文书评参见：Rudolf Schmid，1988，Takhtajan's latest system of classification for Angiosperms，*Taxon* 37（2）：422–424。

② 参见：汤彦承、路安民，1998，A. 塔赫他间《有花植物多样性与分类》读后记述，植物分类学报 36（2）：178–192。

③ 本书是作者生前的最后工作，共包括 12 亚纲 157 目约 560 科 13 500 属 260 000 种。

④ Elmer D. Merrill & Egbert H. Walker（1938）used as HsienHsu HU。

⑤ 参见本书第 8.1.7 种。

京高等师范学校教授，1922 年参与创办中国第一个大学生物系——东南大学生物系并担任首任系主任，1923 年与邹秉文和钱崇澍编写中国第一部大学植物学教科书**高等植物学**，1940 年于江西泰和出任首任国立中正大学首任校长，1946 年回北平主持静生生物调查所后在北京师范大学等院校教授植物学和植物分类学；1951 年著**种子植物分类学讲义**，1955 年著**植物分类学简编**。胡先骕多年教过的学生和培养的人才无计其数，其中包括著名植物分类学家唐进（1897—1984）、耿以礼（1897—1975）、秦仁昌（1898—1986）、方文培（1899—1983）、汪发缵（1899—1985）、张肇骞（1900—1972）、严楚江（1900—1978）、陈封怀（1900—1993）、郑万钧（1904—1983）、俞德浚（1908—1986）、蔡希陶（1911—1981）、王启无（1913—1987）、傅书遐（1916—1986）、王文采（1926— ）等。

创建研究机构并创办学术刊物，开创中国植物学新纪元。1922 年胡先骕与秉志（1886—1965）等于南京创建中国第一个生物学研究单位——中国科学社生物研究所并任植物部主任，1925 年于南京参与创办 *Contributions from the Biological Laboratory of the Science Society of China，Nanking*（英文），1928 年与秉志在北平创建静生生物调查所并任植物部主任且于 1932 至 1949 年任所长，1929 年于北平创办 *Bulletin of Fan Memorial Institute of Biology*（英文），1933 年 8 月于重庆发起成立中国植物学会（19 位发起人排名第一）并于 1934 年任第一届年会会长，1934 年于江西创建庐山森林植物园（今庐山植物园），1934 年于北平创刊中国植物学会会刊**中国植物学杂志**并任总编辑，1938 年于昆明创建云南农林植物研究所并兼任所长。这些机构与刊物对新中国乃至今天中国植物学的发展与壮大奠定了坚实的基础。

大规模组织考察与采集，谱写中国植物学新篇章。胡先骕不仅于 1920 至 1922 年在华东亲自采集标本，20 世纪 30 年代主持静生生物调查所期间派出唐进、汪发缵、周汉藩、陈封怀、夏纬瑛等在北平、山西、四川、吉林、华北等地采集，特别是派出蔡希陶（1931 至 1933 年）、王启无（1935 至 1937、1939 至 1941 至 ）、俞德浚（1932 至 1934、1937 至 1938 年）等人在云南和四川等地的大规模采集，至今中国植物学采集史上无人可比。30 年代初期，在经费非常有限的情况下，胡先骕高瞻远瞩，想尽办法全力资助秦仁昌在欧洲各大标本馆拍摄中国植物标本相片。正如两个人书信往来所谈到的那样"从此以后，中国植物学家不必再依靠西方人就可以鉴定自己的植物了！"这些相片后来成为开展中国植物分类学的研究和编写**中国植物志**的宝贵资料。

开展海外学术交流，为中国植物学在国际上赢得荣誉与地位。胡先骕的留学经历不仅奠定了坚实的学术基础，更重要的是与海外建立了广泛的联系与合作。中国近代植物分类学开始阶段，没有海外资料可谓寸步难行；而与海外学术界建立广泛的联系不仅能掌握国际研究动向并交换学术出版物，同时还可以通过各种渠道进行合作并争取经费进行采集与研究。胡先骕从 20 年代到 40 年代短短的 30 余年间，可以说和当时世界上所有的重要植物学单位（包括主要负责人和主要东亚植物学研究人员）都有广泛的联系。其中有哈佛大学阿诺德树木园首任主任 Charles S. Sargent（1841—1927）和著名东亚木本植物研究权威 Alfred Rehder（1863—1949），纽约植物园主任、哈佛大学阿诺德树木园主任和植物标本馆馆长 Elmer D. Merrill（1876—1956）、Karl Sax（1892—1973），德国柏林植物园主任 Friedrich L. E. Diels（1874—1945），苏格兰爱丁堡植物园主任 William W. Smith（1875—1956），奥地利维也纳博物馆的著名中国植物专家 Heinrich R. E. Handel-Mazzetti（1882—1940），加州大学的古生物学系主任 Ralph W. Chaney（1890—1971），加州大学伯克利植物园主任 Thomas H. Goodspeed（1887—1966），苏联列宁格勒科马洛夫植物所的著名学者 Armen L. Takhtajan（1910—2009），法国巴黎自然历史博物馆显花植物部主任 Jean-Henri Humbert（1887—1967），美国华盛顿国家植物标本馆的著名东亚植物学文献权威和嘉（Egbert H. Walker，1899—1991），日本东京大学的著名教授原宽（Hiroshi Hara，1911—1986）、日本著名朝鲜植物专家中井猛之进（Takenoshin Nakai，1882—1952）、英国皇家植物园邱园主任 Arthur William Hill（1875—1941）、George Taylor（1904—1993）、植物标本馆与图书馆馆长 William Bertram Turrill（1890—1961）、瑞士的日内瓦植物园园长 Charles Baehni（1906—1964）等。

学术研究硕果累累，名扬海内外。胡先骕 1917 年译中国西部植物志，1927 至 1937 年胡先骕与陈焕镛合著 5 卷本的 *Icones Plantarum Sinicarum*（中国植物图谱，中英文）先后出版，1933 年译世界植物地理，1948 年著中国森林树木图志 2，桦木科—榛科，1948 年与郑万钧联名发表"活化石"水杉轰动世界，1950 年发表"A Polyphyletic System of Classification of Angiosperm"（被子植物的一个多元的新分类系统），此为中国植物学家提出的被子植物分类系统第一人，1953 和 1954 年编写"中国植物科属检索表"，1955 年与孙醒东合著国产牧草植物，1955 至 1957 年著经济植物手册，1964 年译新系统学，1965 年于 *Taxon* 上发表"The Major Groups of Living Beings：A New Classification"，此为中国植物学家提出大系统的第一人。胡先骕一生发表学术论文一百三十多篇，译著二十多部（篇），另有科学散论等一百多篇[①]；所发表的刊物从国内到海外，从 *Journal of Arnold Arboretum* 到 *Taxon*，从 *Rhodora* 到 *Palaeobotanist*，从 *Journal of The Royal Horticultural Society* 到 *Journal of New York Botanical Garden*。30 年代的胡先骕，不仅是中国植物学的领袖，也是世界植物学界的著名学者。1930 年于英国举行的国际植物学会上，胡先骕尽管没有出席，还是和陈焕镛等被选为国际植物命名委员会的成员。这不仅是首次，同时也是直到今天中国植物分类学者在国际植物命名委员会中担任的最高职位与荣誉。

---

① 胡晓江主编，马金双、胡宗刚副主编，2021，胡先骕全集，第 1-18 卷，附卷；南昌：江西人民出版社。

文理兼通，博才善言；酷爱事业，追求真理。胡先骕不但是世界上著名的植物分类学家，同时对古植物学也有很深的造诣；他和加州大学 Ralph W. Chaney 合著的**中国山东山旺中新世植物群**不仅是中国新生代植物研究的第一本著作，同时也是中国乃至远东地区新生代植物研究的划时代巨作，至今在国内外仍具有十分重要的影响[1]。胡先骕还是中国学术界为数极少而且公认的文理通才。他不仅是中外的著名的植物学家，同时也是一位难得的诗人、文学家与时事评论家。上个世纪 20 年代与吴宓、梅光迪作为**学衡**的主将同胡适的论战是中国文坛的佳话。1960 年胡先骕将自己平生所作**忏庵诗稿**[2]请著名国学大师钱锺书选定，并由钱锺书作跋，油印为上下 2 卷本，收诗 294 首；植物学界所熟悉的"水杉歌"则是其一。1995 年出版的**胡先骕文存**收集了胡先骕的古典诗词及有关人文科学、社会科学方面的学术论文、短论及讲演记录，其中诗词 778 首，各类文章 49 篇[3]。

在 20 世纪惊涛骇浪的中国历史激流中，胡先骕对事业的酷爱可谓鞠躬尽瘁，对真理的追求可谓死而后已。胡先骕不仅是一位十分热爱真理而且也是一位非常正直的科学家，这一点在 50 年代的遗传学争论中表现得淋漓尽致。他是一个植物分类学家，但却是中国科学家中第一个公开站出来批评遗传学领域李森科伪科学的人（植物分类学简编，1955），这在当时的政治一边倒的情况下，胡先骕公开站出来的勇气与胆识是何等可贵。尽管当时他为此受到不公正的批判，但胡先骕并没有屈服，更没有公开承认错误，因为真理在手；最后当局不得不为此向他道歉。1956 年 8 月在山东青岛由中国科学院和高等教育部联合召开的遗传学座谈会，当局不得不邀请他出席。尽管曾为此受过批判，胡先骕还是那样的慷慨激昂，在会上前后共 11 次发言。从座谈会 54 人集体留影中可以看到，一个遗传学会议，坐在前排（共 4 排）15 个人正中的是植物分类学家胡先骕[4]，可见他的影响力及其在学术界的地位。

纵观上述成就，在中国植物学史上至今没有人能与他相提并论。然而由于种种原因，民国时期的首届中央研究院评议员（1935）与首届中央研究院院士（1948），在新中国的学部委员评选中胡先骕两度"榜上无名"（1955 和 1957）；1949 年后不仅没有被重用反而多次受到不公正的对待与批评；"文革"中又被批斗、抄家并停发工资，饱经折磨于 1968

---

① 孙启高，2003，胡先骕的古植物学情结，植物杂志 5: 18；QiGao SUN, 2005, The rise of Chinese Paleobotany, emphasizing the global context in Bowden, A. J., Burek, C. V. & R. Wilding, Hisotry of Paleobotany: Selected Essays, Geological Society, London, Special Publications, 241, 293-298。

② 参见：胡先骕著诗，张绂选注，忏庵诗选注，331 页，2010；成都：四川大学出版社。

③ 张大为，胡德熙，胡德焜合编，胡先骕文存，上卷，744 页，1995；南昌：江西高教出版社（本书第 8.1.7.1 种）；谭崎军主编、龚嘉英校读，胡先骕先生诗集，212 页，1992；台北：中正大学校友会（繁体版）。

④ 谈家桢、赵功民主编，2002；中国遗传学史，首页首幅巨照；上海：上海科技教育出版社。

年含冤与世长辞。让人不可思议地是，1934年作为中国植物学会会长时首次提出编写**中国植物志**的胡先骕，"文革"前完成**中国植物志**桦木科和榛科的编写并交稿，但1979年该册出版时胡先骕的名字被从校对稿中删掉。"胡的的确确参加过编写，名字被人有意或无意给去掉，这不能不说是对该志第一个倡议者的亵渎，笔者深信其真相总有一天会向社会曝光的"，"中国第一个提出要编撰**中国植物志**的人，竟被从编写人员的名单中抹去了，原因何在？我想应该在近代植物学史上有个明确的交代，否则冤魂难以瞑目"[①]。

胡先骕的英文传记参见：JinShuang MA & Kerry Barringer，2005，Dr. Hsen-Hsu Hu（1894–1968）-A founder of modern plant taxonomy in China，*Taxon* 54（2）：559–566；中文传记参见：张大为、胡德熙、胡德焜，胡先骕文存（本书第8.1.7.1种）；胡宗刚，不该遗忘的胡先骕（本书第8.1.7.2种），胡宗刚，胡先骕先生年谱长编（本书第8.1.7.3种）；胡晓江主编，**胡先骕全集**（本书第8.1.7.5种）。

本系统是中国学者首次提出的被子植物分类系统。其主要论著有3种：

▌**4.3.4.1** *A polyphyletic system of classification of Angiosperm*，被子植物的一个多元的新分类系统，胡先骕，1950，*Science Record*（*Peiping*）3（2/4）：221–230，& 中国科学1（1）：243–253。

▌**4.3.4.2 种子植物分类学讲义**，胡先骕，424页，1951；上海：中华书局。

▌**4.3.4.3 植物分类学简编**，胡先骕，430页，1955；北京：高等教育出版社；**植物分类学简编**（修改本），胡先骕，454页，1958；上海：科学技术出版社。

另参见学者文集部分。

▌**4.3.5 Arthur J. Cronquist 克朗奎斯特系统**

Arthur J. Cronquist（1919—1992），美国人，世界著名植物分类学家、植物系统学家。本系统是世界上最有影响的系统之一，在中国的高校教材、标本馆乃至植物志中有所采用，世界上较有影响的著作也较多采用。

详细参见：Theodore M. Barkley，1992，In Memoriam：Arthur Cronquist：An Appreciation，*Bulletin of the Torrey Botanical Club* 119（4）：458–463，& 1993，Arthur J. Cronquist（1919-1992），*Taxon* 42（2）：480–488；马金双，1994，当代世界著名植物分类学家 – 克朗奎斯特

[①] 陈德懋，1993，中国植物分类学史，第251和267页；武汉：华中师范大学出版社。

简介，生物学通报 1：42；Armen L. Takhtajan，1996，In Memory of Arthur Cronquist（1919–1991），*Brittonia* 48（3）：48（3）：376–378。其主要论著有 11 种：

▌ **4.3.5.1** Outline of a new system of families and orders of Dicotyledons，Arthur J. Cronquist，1957，*Bulletin du Jardin Botanique de l'État à Bruxelles* 27：13–40。

▌ **4.3.5.2** *The Natural Geography of Plants*，Henry A. Gleason & Arthur J. Cronquist，420 p，1964；New York：Columbia University Press。

▌ **4.3.5.3** The Status of the General System of Classification of Flowering Plants，Arthur J. Cronquist，1965，*Annals of the Missouri Botanical Garden* 52：281–303。

▌ **4.3.5.4** A consideration of evolutionary and taxonomic significance of some biochemical，microphological，and physiological characters in the Thallophytes，Richard M. Klein & Arthur J. Cronquist，1967，*Quarterly Review of Biology* 42：105–296。

▌ **4.3.5.5** *The Evolution and classification of flowering plants*，Arthur J. Cronquist，396 p，1968；Boston：Houghton Mifflin Company；Reprinted with a 2 page addendum，1978；New York：Allen Press；2nd ed，555 p，1988；New York：New York Botanical Garden。

▌ **4.3.5.6** On the relationship between taxonomy and evolution，Arthur J. Cronquist，1969，*Taxon* 18：177–187。

▌ **4.3.5.7** Broad Features of the System of Angiosperms，Arthur J. Cronquist，1969，*Taxon* 18：188–193。

▌ **4.3.5.8** The general system of classification of flowering plants，Arthur J. Cronquist，1969，*Ward's Bulletin* 8（58）：1–2，& 6–7。

▌ **4.3.5.9** Some thoughts on Angiosperm phylogeny and taxonomy，Arthur J. Cronquist，1975，*Annals of the Missouri Botanical Garden* 62：517–520。

▌ **4.3.5.10** *An Integrated System of Classification of Flowering Plants*，Arthur J. Cronquist，

1261 p，1981；New York：Columbia University Press；Corrected ed，1262 p，1993。

■ **4.3.5.11** A botanical critique of Cladism，Arthur J. Cronquist，1987，*The Botanical Review* 53：1–52。

■ **4.3.6** Robert F. Thorne **系统**

Robert F. Thorne（1920—2015），美国人，世界著名植物系统学家。其系统是最受拥护的系统之一，主要论著有 12 种：

■ **4.3.6.1** Some guiding principles of Angiosperm phylogeny，Robert F. Thorne，1958，*Brittonia* 10：72–77。

■ **4.3.6.2** Some problems and guiding principles of Angiosperm Phylogeny，Robert F. Thorne，1963，*American Naturalist* 97：287–305。

■ **4.3.6.3** Synopsis of a putatively phylogenetic classification of the flowering plants，Robert F. Thorne，1968，*Aliso* 6（4）：57–66。

■ **4.3.6.4** A phylogenetic classification of the Angiospermae，Robert F. Thorne，1976，*Evolutionary Biology* 9：35–106。

■ **4.3.6.5** Some realignments on Angiospermae，Robert F. Thorne，1977，*Plant Systematics and Evolution Supplementum* 1：299–319。

■ **4.3.6.6** Where and when might the tropical Angiospermous flora have originated？ Robert F. Thorne，1977，*Gardens' Bulletin Singapore* 29：183–189。

■ **4.3.6.7** A synopsis of the class Angiospermae（Annonopsida），Robert F. Thorne，1981，David A. Young & David S. Seigler（eds）：*Phytochemistry and Angiosperm Phylogeny*，227–295 p；New York：Praeger Publishers。

■ **4.3.6.8** Proposed new realimments in the Angiosperms，Robert F. Thorne，1983，*Nordic Journal of Botany* 3（1）：85–117；中文版，关于被子植物重新组合的新观点，张全泉译，生

物科学参考资料 22：185–210，1987；北京：科学出版社。

▌ **4.3.6.9** An updated phylogenetic of the flowering plants，Robert F. Thorne，1992，*Aliso* 12（2）：365–389。

▌ **4.3.6.10** Classification and geography of the flowering plants，Robert F. Thorne，1992，*The Botanical Review* 58（3）：225–327。

▌ **4.3.6.11** The classification and geography of monocotyledon subclass Alismatidae，Liliidae，and Commelinidae，Robert F. Thorne，2000，in Bertil Nordenstam，Gamal El-Ghazaly & Mohammed Kassas（eds），*Plant Systematics for the 21st century*，Proceedings from a symposium held at the Wenner-Gren Centre，Stockholm，in September 1998，75–124 p；London：Portland Press。

▌ **4.3.6.12** The classification and geography of the flowering plants-Dicotyledons of the class Angiospermae，Robert F. Thorne，2000，*The Botanical Review* 66（4）：441–649。

▌ **4.3.7 Rolf M. T. Dahlgren 达格瑞系统**

Rolf M. T. Dahlgren（1932—1987），瑞典人，世界著名植物系统学家。本系统是被子植物中最受瞩目的之一，详细参见：Arne Strid，1987，Rolf M. T. Dahlgren（1932–1987），*Taxon* 36（3）：698–599，1987；Ib Friis & Mark J. E. Coode，1987，Rolf M. T. Dahlgren，1932–1987，*Kew Bulletin* 42（3）：700。有关论著有 17 种：

▌ **4.3.7.1** A system of classification of the angiosperms to be used to demonstrate the distribution of characters，Rolf M. T. Dahlgren，1975，*Botaniska Notiser* 128：119–174。

▌ **4.3.7.2** Ett angiospermschema och dess användning vid kartering av egenskaper，Rolf M. T. Dahlgren，1977，*Svensk botanisk tidskrift–särtryck ur volym* 71（1977）sid. 33–64。

▌ **4.3.7.3** A commentary on a diagrammatic presentation of the angiosperms in relation to the distribution of character states，Rolf M. T. Dahlgren，1977，*Plant Systematics and Evolution Supplementum* 1：253–283。

■ **4.3.7.4** A revised system of classification of the angiosperms，Rolf M. T. Dahlgren，1980，*Botanical Journal of the Linnean Society* 80：91–124。

■ **4.3.7.5** A revised system of classification of the angiosperms with comment on correction between chemical and other characters，Rolf M. T. Dahlgren et al.，1981，David A. Young & David S. Seigler（eds）：*Phytochemistry and Angiosperm Phylogeny* 149–199 p；New York：Praeger Publishers。

■ **4.3.7.6** *The Monocotyledons–a comparative study*，Rolf M. T. Dahlgren & Harold T. Clifford，378 p，1982；London & New York：Academic Press。

■ **4.3.7.7** General Aspects of Angiosperm Evolution and Macrosystematics，Rolf M. T. Dahlgren，1983，*Nordic Journal of Botany* 3（1）：119–149；中文版，被子植物的进化和大系统的概况，张芝玉译，生物科学参考资料 22：21–53，1987；北京：科学出版社。

■ **4.3.7.8** Monocotyledon Evolution–Characters and Phylogenetic Estimation，Rolf M. T. Dahlgren & Finn N. Rasmussen，1983，*Evolutionary Biology* 16：255–395。

■ **4.3.7.9** 诺·达格瑞（Rolf M. T. Dahlgren）被子植物分类系统介绍和评注，路安民，植物分类学报 22（6）：497–508，1984。

■ **4.3.7.10** Dahlgren's Systems of Classification（1975 & 1980）–Implications on taxonomical ordering and impact on character state analysis，Erik Smets，1984，*Bulletin du Jardin Botanique National de Belgique* 54：183–211。

■ **4.3.7.11** *The Families of the Monocotyledons–Structure*，*Evolution and Taxonomy*，Rolf M. T. Dahlgren et al.，520 p，1985；Berlin：Springer-Verlag。

■ **4.3.7.12** Major Clades of the Angiosperms，Rolf M. T. Dahlgren & Kare Bremer，1985，*Cladistics* 1（4）：349–368。

■ **4.3.7.13** Explanatory notes on R. Dahlgren's System of classification of the Angiosperms，AnMin LU，*Cathaya* 1：149–160，1989。

■ **4.3.7.14** An updated angiosperm classification，Gertrud Dahlgren[1]，1989，*Botanical Journal of the Linnean Society* 100：197–203。

■ **4.3.7.15** The last Dahlgrenogram-System of Classification of the Dicotyledons，Gertrud Dahlgren，1989，Kit Tan（eds.），*The Davis and Hedge Festschrift，commemorating the seventieth birthday of Peter Hadland Davis and the sixtieth birthday of Ian Charleson Hedge*-plant taxonomy，phytogeography，and related subjects，249–260 p；Edinburgh：Edinburgh University Press。

■ **4.3.7.16** Step toward a natural system of the Dicotyledons–Embryological characters. Gertrud Dahlgren，1991，*Aliso* 13（1）：107–165。

■ **4.3.7.17** On Dahlgrenograms–a system for the classification of angiosperms and its use mapping characters，Gertrud Dahlgren，1995，*Anais da Academia Brasileira de Ciencias. Rio de Janeiro* 67（supplement 3）：383–404。

■ **4.3.8 郑万钧系统**

郑万钧（WanChun CHENG，1904—1983[2]），江苏铜山人，中国著名的林学家、树木学家、林业教育家，裸子植物分类学家。1923 年毕业于江苏省立第一农校林科并留校任教，1924 年任教于东南大学，1929 至 1938 年任职于中国科学社生物研究所，1939 年留学法国并获博士学位[3]；1939 至 1944 年任云南大学农学院林学系教授，其中 1940 至 1944 年兼任云南农林植物研究所副主任，1944 至 1950 年任中央大学（1949 年更名为南京大学）森林系教授、系主任，1950 至 1952 年任南京大学农学院森林系教授、系主任、副院长，1952 至 1962 年任南京林学院教授、副院长、院长，其间于 1955 年当选为中国科学院首届学部委员，1962 年后任中国林业科学院副院长、院长、名誉院长。郑万钧主编的教科书与学术著作包括中国树木学（第 1 分册，1961），**树木学**（上、下册，1962）、**中国植物志**第 7 卷（裸子植物，1978）、**中国主要树种造林技术**（1981）、**中国树木志**（1—4 卷，1983—2004）。郑万钧一生共发表学术论著 60 多篇（部）。特别是 1948 年和胡先骕联名

---

① Rolf M. T. Dahlgren1987 年不幸因车祸故去后，他的夫人 Gertrud Dahlgren（1931—2009）曾一直继续他的系统学工作，遗憾的是她本人也因癌症不治。

② **中国植物标本馆索引**（1993）记载郑万钧的生卒时间（1908—1987）是错误的；第 2 版（2019）已经更正。

③ 博士学位论文：WanChun CHENG，1939，Les Forets du Se-Tchouan et du Si-Kang Oriental，*Travaux du Laboratoire Forestier de Toulouse* 5（part 1，paper 2）：1–223；导师：Henri M. Gaussen（1891–1981）。

发表"活化石"水杉，更是震惊国际学术界，而名扬天下。

本系统仅是中国的裸子植物系统，共有2种。

■ **4.3.8.1 中国裸子植物**，郑万钧等，植物分类学报13（4）：56-89，1975。

■ **4.3.8.2 中国植物志**，第7卷（裸子植物门），郑万钧等，542页，1978；北京：科学出版社。

另参见学者文集部分。

■ 4.3.9 张宏达系统

张宏达（HungTa CHANG，HongDa ZHANG，1914—2013），广东揭西人，植物分类学家与植物区系学家。1939年毕业于中山大学生物系，曾任中山大学讲师、副教授、教授、植物研究室主任兼热带森林生态系统实验中心主任。另外，参见本书的区系部分。

本系统是中国学者第一个提出的种子植物系统，其有关文献有3种：

■ **4.3.9.1 种子植物系统分类提纲**，张宏达，广东省植物学会会刊2：17-18，1984。

■ **4.3.9.2 种子植物系统分类提纲**，张宏达，中山大学学报1：1-13，1986。

■ **4.3.9.3 种子植物系统学**，张宏达，699页，2004；北京：科学出版社。

另参见学者文集部分。

■ 4.3.10 Klaus Kubitzki 系统

Klaus Kubitzki（1933—），德国人，当代著名植物系统学家。早在1980年就开始该系统方面的准备工作[1]，后陆续发表一些有关被子植物方面的评论与想法[2]。本系统内容新而且全面，深受当代学术思想的影响。另外就是参加工作的学者众多，实为多位学者的贡献而且备受推崇，如 *Mabberley's Plant-book* 第3版（2008）曾采用这个系统的概念。详细如下：

---

[1] David M. Bates，Rolf M. T. Dahlgren，Peter S. Green，& Klaus Kubitzki，1980，A Prospectus for a proposed New Work：The Families and Genera of Vascular Plants，*Taxon* 29（2/3）：318-320。

[2] Klau Kubitzki & O. R. Gottlieb，1984，Micromolecular Patterns and the Evolution and Major Classification of Angiosperms，*Taxon* 33（3）：375-391；O. R. Gottlieb，M. A. C. Kaplan，Klaus. Kubitzki，1993，A Suggested Role of Galloyl Esters in the Evolutin of Dicotyledons，*Taxon* 42（3）：539-552。

■ **4.3.10.1** *The Families and genera of vascular plants*, Vols. 1+，1990+；Klaus Kubitzki（ed），Berlin：Springer。

1，404 p，1990，Pteridophytes and Gymnosperms，Karl U. Kramer & Peter S. Green；**2**，653 p，1993，Dicotyledons：Magnoliid，Hamamelid，Caryophyllid，Klaus Kubitzki et al；**3**，478 p，1998，Monocotyledons：Lilianae（except Orchidaceae），Klaus Kubitzki et al；**4**，511 p，1998，Monocotyledons：Alismatanae and Commelinanae（except Gramineae），Klaus Kubitzki et al；**5**，418 p，2002，Dicotyledons：Malvales，Capparales and non-betalain Caryophyllales，Klaus Kubitzki & Clemens Bayer；**6**，489 p，2004，Dicotyledons：Celastrales，Oxalidales，Rosales，Cornales，Ericales，Klaus Kubitzki；**7**，478 p，2004，Dicotyledons：Lamiales（except Acanthaceae including Avicenniaceae），Joachim W. Kadereit；**8**，635 p，2007，Eudicots：Asterales，Joachim W. Kadereit & Charles Jeffrey；**9**，509 p，2007，Eudicots：Berberidopsidales，Buxales，Crossosomatales，Fabales p.p.，Geraniales，Gennerales，Myrtales p.p.，Proteales，Saxifragales，Vitales，Zygophyllales，Clusiaceae Alliance，Passifloraceae Alliance，Dilleniaceae，Huaceae，Picramniaceae，Sabiaceae，Klaus Kubitzki et al；**10**，436 p，2011，Sapindales，Cucurbitales，Myrtaceae；**11**，331 p，2013，Malpighiales；**12**，213 p，2015，Santalales，Balanophorales（J. Kuijt & B. Hansen）；**13**，416 p，2015，Poaceae（E. A. Kellogg）；**14**，412 p，2016，Aquifoliales，Boraginales，Bruniales，Dipsacales，Escalloniales，Garryales，Paracryphiales，Solanales（except Convolvulaceae），Icacinaceae，Metteniusaceae，Vahliaceae（J.W.Kadereit and V. Bittrich）；**15**，570 p，2019，Apiales，Gentianales（except Rubiaceae）（J.W.Kadereit and V. Bittrich）。

■ **4.3.11 吴征镒系统**

吴征镒（ZhengYi WU，ChengYih WU，1916—2013），江西九江人，中国当代著名植物分类学家、植物区系学家。1937 年毕业于清华大学，1937 至 1940 从教于西南联大，1940 至 1942 年在西南联大读研究生，1942 至 1946 于云南大学等地任教，1946 至 1948 年任教于清华大学，1949 年后组建中国科学院植物分类研究所（即今日的中国科学院植物研究所）并兼任副所长，1955 年当选为中国科学院首届学部委员，1958 年后任中国科学院昆明植物研究所所长；先后主编**西藏植物志**、**云南植物志**、**中国植物志**和 Flora of China，创办**云南植物研究**并任主编（1979 至 2005 年）和名誉主编（2006 至 2013 年）；晚年提出被子植物的八纲分类系统。

本系统是第 2 个中国学者提出的被子植物分类系统，有关论著 12 种：

■ **4.3.11.1** A comprehensive study of "Magnoliidae" sensu lato，with special consideration on the possibility and necessity for proposing a new "Polyphyletic-Polychronic-Polytopic" system of Angiosperms，ZhengYi WU et al（eds），1996，***Floristic Characteristics and Diversity of East Asian Plants***，269–334 p；Beijing：China Higher Education Press，& Berlin：Springer-Verlag。

■ **4.3.11.2** 试论木兰植物门的一级分类—— 一个被子植物八纲系统的新方案，吴征镒等，1998，植物分类学报 36（5）：385–402。

■ **4.3.11.3** Synopsis of a new "polyphyletic-polychromic-polytopic" system of the Angiosperms，ChengYih WU et al，2002，*Acta Phytotaxonomica Sinica* 40（4）：289–322。

■ **4.3.11.4 中国被子植物科属综论**，吴征镒、路安民、汤彦承、陈之端、李德铢，1 209 页，2003；北京：科学出版社。

■ **4.3.11.5** 世界种子植物科的分布区类型系统，吴征镒、周浙昆、李德铢、彭华、孙航，2003，云南植物研究 25（2）：245–257。

■ **4.3.11.6** "世界种子植物科的分布区类型系统"的修订，吴征镒，2003，云南植物研究 25（5）：535–538，& 543。

■ **4.3.11.7 中国植物志**，第 1 卷吴征镒、陈心启，1 044 页，2004；北京：科学出版社。

■ **4.3.11.8**《中国植物志》和《中国被子植物科属综论》所涉及 "科" 界定之比较，汤彦承、路安民，2004，云南植物研究 26（2）：129–138。

■ **4.3.11.9** 中国植物区系中的特有性及其起源与演化，吴征镒、孙航、周浙昆、彭华、李德铢，2005，云南植物研究 27（6）：577–604。

■ **4.3.11.10 种子植物分布区类型及其起源与演化**，*The Areal-Types of Seed Plants and Their Origin and Differentiation*，吴征镒、周浙昆、孙航、李德铢、彭华，566 页，2006；昆明：云南科学技术出版社。详细参见本书第 3.8.9 种。

■ **4.3.11.11** Floristics and Plant Biogeography in China，DeZhu LI，2008，*Journal of Integrative Plant Biology* 50（7）：771–777。

■ **4.3.11.12 中国种子植物区地理**，*Floristics of Seed Plants from China*，吴征镒、孙航、周浙昆、李德铢、彭华，ZhengYi WU，Hang SUN，ZheKun ZHOU，DeZhu LI & Hua PENG，485 页，2010；北京：科学出版社。

另参见学者文集部分。

■ 4.3.12 The Angiosperm Phylogeny Group APG 系统

这是分子生物学方法在植物分类学领域应用并取得举世公认的成果之后，学术界提出的一个新系统，而且是世界上众多著名学者共同署名。其中 1998 年第 1 次报道 3 人执笔 26 人署名，2003 年第 2 次报道则 7 人执笔 20 人署名，2009 年第 3 次报道则 8 人执笔 9 人署名，2016 年第 4 次报道则 10 人执笔 15 人署名；几乎包括了世界上该领域的所有著名学者。该工作仍在进行之中，新的内容正在不断更新。读者可以登录密苏里植物园 Peter F. Stevens（1944—）博士（他本人也是上述四次报道的执笔人之一）的 The Angiosperm Phylogeny 网站（mobot.org / MOBOT / research / APweb / welcome.html）了解新的进展。

■ **4.3.12.1** An Ordinal Classification for the families of flowering plants，APG，THE ANGIOSPERM PHYLOGENY GROUP，1998，*Annuals of the Missouri Botanical Garden* 85（4）：531-553。

■ **4.3.12.2** An update of the Angiosperm Phylogeny Group classification for the orders and families of flowering plants，APG Ⅱ，THE ANGIOSPERM PHYLOGENY GROUP，2003，*Botanical Journal of the Linnean Society* 141：399-436。

■ **4.3.12.3** An update of the Angiosperm Phylogeny Group classification for the orders and families of flowering plants：APG Ⅲ，THE ANGIOSPERM PHYLOGENY GROUP，2009，*Botanical Journal of the Linnean Society* 161：105-121。

■ **4.3.12.4** An update of the Angiosperm Phylogeny Group classification for the orders and families of flowering plants：APG Ⅳ，THE ANGIOSPERM PHYLOGENY GROUP，2016，*Botanical Journal of the Linnean Society* 181：1-20。

■ 4.3.13 裸子植物的分子系统

A new classification and linear sequence of the gymnosperms based on previous molecular and morphological phylogenetic and other studies is presented。 Currently accepted genera are listed for each family and arranged according to their（probable）phylogenetic position。 A full synonymy is provided，and types are listed for accepted genera。 An index to genera assists in easy access to synonymy and family placement of genera。

■ **4.3.13.1 A new classification and linear sequence of extant gymnosperms**，Maarten J. M. Christenhusz[①]，James L. Reveal，Aljos Farjon，Martin F. Gardner，Robert R. Mill & Mark W. Chase，2011，*Phytotaxa* 19：55–70。

■ **4.3.14 种子植物系统评论**
本部主要包括有关多个系统的评论与比较方面的文章，不包括单一系统的介绍（详见上述有关系统），现择 15 篇（部）列此：

■ **4.3.14.1** 有花植物分类系统的比较，方文培著，32 开，75 页，1955；成都：四川大学出版社。

■ **4.3.14.2** On the higher taxa of Embryobionta，Arthur J. Cronquist，Armen L. Takhtajan & Walter Zimmerman，1966，*Taxon* 15（4）：129–134。

■ **4.3.14.3** A comparison of Angiosperm classification system，Kenneth M. Becker，1973，*Taxon* 22：19–50。

■ **4.3.14.4** *Botanical Classification-A Comparison of Eight Systems of Angiosperm Classification*，Lloyd H. Swift，374 p，1974；Hamden，CT：Archon。

■ **4.3.14.5** 对于被子植物进化问题的评述，路安民、张芝玉，1978，植物分类学报 16

---

① Born in Enschede，the Netherlands in 1976，received his undergraduate and master's degrees from Utrecht University in Biology，and earned his PhD from the University of Turku，Finland in 2007. He is an authority on fern，gymnosperm and angiosperm classification，and is a contributor to the Angiosperm Phylogeny Group（compiler of APG Ⅳ）. He has specialised in Marattiaceae and he described many species of *Danaea*. He is editor for the Linnean Society. He lives in Kingston-upon-Thames，Surrey，UK（https://en.wikipedia.org/wiki/Maarten_J._M._Christenhusz，Dec. 2019）.

（4）: 1-14。

4.3.14.6 An introduction to the system of classification used in *Flora of Australia*, Andrew Kanis in Rutherford Robertson et al（ed）, 1981, *Flora of Australia* 1: 77-111。

4.3.14.7 现代有花植物分类系统初评, 路安民, 1981, 植物分类学报 19（3）: 279-291。

4.3.14.8 Amended Outlines and Indices for six recently published Systems of Angiosperm Classification, Hollis G. Bedell & James L. Reveal, 1982, *Phytologia* 51: 65-156。

4.3.14.9 New evidence of relationships and modern systems of classification of the Angiosperms, Friedrich Ehrendorfer & Rolf M. T. Dahlgren, 1983, *Nordic Journal of Botany* 3（1）: 1-155。

4.3.14.10 被子植物系统发育研究的现状与展望, 徐炳声, 1984, 云南植物研究 6（1）: 1-10。

4.3.14.11 被子植物分类系统选介（&续）, 王文采, 1984, 植物学通报 I, 2（5）: 11-17, & II, 2（6）: 15-20。

4.3.14.12 当代四被子植物分类系统简介（一、二）, 王文采, 1990, 植物学通报 7（2）: 1-17, & 7（3）: 1-18。

4.3.14.13 Bessey and Engler-A Numerical Analysis of Their Classification of the Flowering Plants, Alain Cuerrier, Denis Barabe & Luc Brouillet, *Taxon* 41（4）: 667-684, 1992。

4.3.14.14 How to interpret Botanical Classification-Suggestions from History, Peter F. Stevens, *BioScience* 47（4）: 243-250, 1997。

4.3.14.15 Paradigms in biological classification（1707-2007）-Has anything really changed? Tod F. Stuessy, *Taxon* 58（1）: 68-76, 2009。

5 采集及研究历史

　　中国，历史上是西方采集的主要国家，尽管有很多文献记载 ①，但目前还没有完整或者比较全面的采集史，所以这方面还有很多的工作要做。在此考虑到本书的性质，只选择其中一部分，特别是那些有采集传记、考察报告以及后人撰写的与中国植物采集有密切关系的专著或历史性文章，但不包括分类学专著及在有关期刊与杂志上发表的各种论文（详细参见本书的相关章节）。

　　本书按三部分介绍：即采集家、采集专著与研究历史。

5.1 采集家

　　本部分收集 19 位采集家共 103 种文献。

▌ 5.1.1 Emil V. Bretschneider（1833—1901）

　　德裔俄国人，1866 到 1883 年间驻北京使馆的医生，在北京一带采了很多标本，寄往欧洲和北美的主要植物学研究机构，并撰写过有关的采集文献，是欧洲早期研究中国植物文献的著名人物。详细参见：Anonymous，1901，Dr. Emil Bretschneider *Bulletin of Miscellaneous Information*，*Royal Botanic Gardens*，*Kew* 201-202；Hartmut Walravens，1983，*Emil Bretschneider*，*Russischer Gesandtschaftsarzt*，*Geograph und Erforscher der Chinesischen Botanik*：*Eine Bibliographie*，42 p；Hamburg：C. Bell。

▌ 5.1.1.1 *On the study and value of Chinese Botanical Works* with notes on the History of Plants and Geographical Botany from Chinese Sources，Emil V. Bretschneider，1870，51 p，Fuzhou：Rozerio，Marcal & Co.；中译本，中国植物学文献评论，石声汉译，32 开，82 页，1935；71 页，1956（重印）；上海：商务印书馆。

▌ 5.1.1.2 *Early European researches into the flora of China*，Emil V. Bretschneider，1880，*Journal of the north China branch of the Royal Asiatic Society* ② *new series* 15：1-192。

---

① **中国植物志**第 1 卷 658-732 页载有"中国植物采集史"一节，参见本书第 5.3.6 种。

② 皇家亚洲文会华北支会会刊，1858—1948；2013 年上海科技文献出版社重印。

■ **5.1.1.3** *Botanicon Sinicum* Notes on Chinese botany from native and western sources I，Emil V. Bretschneider，1882–1896，*Journal of the North China Branch of the Royal Asiatic Society new series* 16：18–230，1882；II，25：1–468，1893；III，29：1–623，1896；Reprinted in three parts early，in 1882，1892 & 1895，with subtitles for part I，General Introduction and Bibliography，part II，The botany of the Chinese classics，and part III，Botanical investigations into the material medica of the ancient Chinese。

■ **5.1.1.4** *History of European Botanical Discoveries in China*，Emil V. Bretschneider，1898，Vols. 1–2，1167 p；London：Sampson Low，Marston & Co.；Reprinted，1935，1962 & 1981；Leipzig：Zentral-Antiquariat der Deutschen Demokratischen Republik。详细参见：Anonymous，1898，*Bulletin of Miscellaneous Information*，*Royal Botanic Gardens*，*Kew* 313–317。

■ **5.1.2　Urbain Jean Faurie**（1847—1915）

法国传教士佛里（1847—1915）于1873至1913年间在日本传教并采集，1903年4至7月首次赴中国台湾采集，1913至1915年再次赴台，1915年病死于台北。

■ **5.1.2.1** 佛里神父，李瑞宗著，*Pere Urbain Jean Faurie*，JuiTsung LEE，194页，2017；台北：行政院农业委员会林业试验研究所。日文版，宍仓香里（Kaori Shishikura）译，194页，2017；台北：行政院农业委员会林业试验研究所。

全书共分为五章：寻找佛里、采集竞争的时代、先后两次来台、佛里的学术网络、铜像重塑之日。书后附有佛里年表和数位标本查询信息。

■ **5.1.3　Euan H. M. Cox**（1893—1977）

苏格兰植物采集家与园艺学家，1919至1920年间在缅甸和中国的边境采集。

■ **5.1.3.1** *Farrer's last journey，upper Burma，1919–20*，*together with a complete list of all Rhododendrons collected by Reginald J. Farrer and his field notes*，Euan H. M. Cox，244 p，1926；London：Dulau & Co. Ltd。

■ **5.1.3.2** *The Plant Introduction of Reginald J. Farrer*，Euan H. M. Cox，113 p，1930；London：New Flora and Silva。

■ **5.1.3.3** *Plant-hunting in China* A History of Botanical Exploration in China and the Tibetan

Marches，Euan H. M. Cox，230 p，1945；London：Collins；Reprinted with new introduction by author's son Peter Cox，1986。

■ **5.1.4 Armand David**（Pere Armand David，1826—1900）
法国传教士，著名中国生物采集家，1862 至 1874 年间曾在中国（特别是华北到华南以至西南）长期采集动植物标本，包括大熊猫（熊猫）和鸽子树（珙桐）等珍稀动植物，都是他采集之后被外国人命名的。

■ **5.1.4.1 *Natural History of North China***，*with notices of that of the south*，*west and northeast*，*and of Mongolia & Thibet*，Armand David，45 p，1873；translated from Shanghai Nouveliste；Shanghai Evening Courier and Shanghai Budget。

■ **5.1.4.2 *Journal de mon troisieme voyage d'exploration dans L'empire Chinois***，Armand David，1875，1：383 p，2：348 p；Paris：Hachette et cie。

■ **5.1.4.3 *Abbé David's Dairy*–**Being an account of the French naturalist's journeys and observations in China in the years 1866–1869*，Armand David，302 p，1949；translated and edited by Helen M. Fox；Cambridge：Harvard University Press。

■ **5.1.4.4 *Travels in Imperial China***，The Exploration and Discoveries of Père David，George Bishop，192 p，1990；London：Cassell。

■ **5.1.4.5 *Père David 1826–1900–Early Nature Explorer in China***，David Sox，38 p，2009；York，UK：Sessions Book Trust.

■ **5.1.5 Reginald J. Farrer**（1880—1920）
英国植物采集家，1914 至 1916 年与 William Purdom（1880—1921）在甘肃、四川、1919 至 1920 年与 Euan H. M. Cox 在西藏及滇缅边境等地采集。详细参见：Euan H. M. Cox，1942，Reginald J. Farrer，1880–1920，*Journal of Royal Horticultural Society London* 67：287–290。

■ **5.1.5.1 *On the Eaves of the World***，Reginald J. Farrer，1917，1：311 p，2：328 p；London：Edward Arnold & Co。

■ **5.1.5.2** *The Rainbow Bridge*，Reginald J. Farrer，383 p，1921；London：Edward Arnold & Co。

■ **5.1.5.3** *Reginal Farrer-Dalesman*，*planthunter*，*gardener*，John Illingworth & Jane Routh，102 p，1991；Lancaster：Centre for North-West Regional Studies，University of Lancaster，Occasional paper，No 19。

■ **5.1.5.4** *Purdom and Farrer-plant hunters on the eaves of China*，Alistair Watt，352 p，2018；Lavers Hill：Privately published by the author，with introduction by Seamus O'Brien。

■ **5.1.6 George Forrest**（1873—1932）

苏格兰爱丁堡植物园专业植物采集家，从 1904 到 1932 年间 7 次到中国的云南等地采集（最后病死于云南腾冲）；他所采集与引种的杜鹃花等更是闻名于欧美[①]。详细参见：George Forrest Jr. 1973，George Forrest "the Man" by His Eldest Son，*Journal of the Scottish Rock Garden Club* 13（3）：169–175。

■ **5.1.6.1** *George Forrest*，*V. M. H. Explorer and Botanist who by his discoveries and plants successfully introduced has greatly enriched our gardens*，Scottish Rock Garden Club，Rowland E. Cooper et al（eds），89 p，1935；Edinburgh：Stoddart & Malcolm Ltd。

■ **5.1.6.2** *The Journeys and Plant Introductions of George Forrest V. M. H.*[②]，John M. Cowan（ed），with the assistance of members of the staff of the Royal Botanic Garden，Edinburgh，& Euan H. M. Cox，252 p，1952；London：Oxford University Press。

■ **5.1.6.3** *George Forrest Plant Hunter*，Brenda McLean，239 p，2004；Woodbridge，Suffolk：Antique Collectors' Club。

本书是 George Forrest 一生及其在中国考察与采集的总结，包括他的生平介绍、出版物、采集资助商等十分详细的内容。作者 Brenda McLean 博士是苏格兰著名的 George

---

① 英国皇家园艺学会曾将他的采集记录（Field Notes，1912-13，no. 7450-9516，1-161 p；1913-14，no. 9305-12130，1-272 p）印刷装订成册，英伦的大型植物学机构都收藏，如爱丁堡、邱园、都柏林国家植物园等图书馆。
② V. M. H.：The Victoria Medal of Honour。

Forrest 传记专家。

■ 5.1.7 **Robert Fortune**（1812—1880）

苏格兰著名植物资源考察与引种专家，1843 到 1861 年间四次受英国皇家园艺学会及东印度公司的派遣到中国考察农业并采集资源植物，特别是茶叶的栽培，制作及引种茶树和柑橘的种子和苗木等。详细参见：Euan H. M. Cox，1943，Robert Fortune，*Journal of the Royal Horticultural Society* 68：161–171；R. Gardener，1971，Robert Fortune and the cultivation of tea in the United States，*Arnoldia* 31：1–18。

■ 5.1.7.1 *Three years' wanderings in the northern provinces of China*，*including a visit to the tea*，*silk*，*and cotton countries-with an account of the agriculture and horticulture of the Chinese*，*new plants*，*et al.*，Robert Fortune，407 p（420 p），1847；London：J. Murray；Reprinted in 1979；New York：Garland Pub.；Reprinted in 1987；London：Mildmay Books。

■ 5.1.7.2 *A journey to the tea countries of China*，*including Sung-Lo and the Bohea hills-with a short notice of the East India company's tea plantations in the Himalaya mountains*，Robert Fortune，398 p，1852；London：J. Murray；Reprinted in 1987；London：Mildmay Books。

■ 5.1.7.3 *Two visits to the tea countries of China* and the British tea plantations in the Himalaya with a narrative of adventures，*and a full description of the culture of the tea plant*，*the agriculture*，*horticulture*，*and botany of China*，Robert Fortune，1：315 p，2：299 p，1853；London：J. Murray；中译本，**两访中国茶乡**，傲雪岗译，415 页，2015；南京：江苏人民出版社。

■ 5.1.7.4 *A residence among the Chinese inland*，*on the coast*，*and at sea*-being a narrative of scenes and adventures during a third visit to China，*from 1853–1856*，Robert Fortune，440 p，1857；London：J. Murray。

■ 5.1.7.5 *Yedo and Peking*-a narrative of a journey to the capitals of Japan and China，Robert Fortune，395 p，1863；London：J. Murray。

■ 5.1.7.6 *Robert Fortune*-A Plant Hunter in the Orient，Alistair Watt，420 p，2016；Kew Publishing，Royal Botanic Gardens，Kew。

■ 5.1.7.7 *For All the Tea in China*：*How England Stole the World's Favorite Drink and Changed History*，Sarah Rose，261/272 p，2010/2011；New York：Viking / Penguin Publishing Group。

■ 5.1.8 Heinrich R. E. Handel-Mazzetti（1882—1940）
奥地利植物学家，1914 到 1917 年间在中国西南部（特别是云南）等地采集，并著有 *Symbolae Sinicae* 一书（参见本书 3.4.33 种）。

■ 5.1.8.1 *Naturbilder aus Südwest–China-erlebnisse und eindrücke eines österreichischen forschers während des weltkrieges*，*... mit einer karte und 148 bildern nach aufnahmen des verfassers*，*darunter 24 autochromen*，Heinrich R. E. Handel-Mazzetti，380 p，1927；Wien：Österreichischer bundesverlag für unterricht，wissenschaft und kunst；*A botanical pioneer in South West China-experiences and impressions of an Austrian botanist during the first world war*，David Winstanley，translated，completed and unabridged with biography of Heinrich R. E. Handel-Mazzetti，with Introduction by Chris Grey-Wilson，192 p，1996；Brentwood：David Winstanley。

■ 5.1.9 Sven A. Hedin（1865—1952）
瑞典著名的地理学家与探险家，1885 年到 1935 年对亚洲广大地区进行过多次考察，特别是数次到过中国的华北和西北以及西藏等地并于 1901 年在新疆发现楼兰遗址，同时出版多部有关专辑和考察报告[①]。

■ 5.1.9.1 *En färd genom Asien*，Sven A. Hedin，565 p，1893 & 537 p，1897；Sweden：Albert Bonniers Förlag；*Through Asia*，Sven A. Hedin，1898，1：1–664 p，2：667–1 279 p；London：Methuen；中文摘译本，新疆古城探险记，萨维·汉丁著，夏雨译，32 开竖排本，1940，222 页；上海：东南出版社；*Through Asia* with nearly three hundred illustrations from sketches and photographs by the author Sven A. Hedin and John T. Bealby，1899，1–1 255 p；New York & London：Harper and Brothers。中文摘译本，生死大漠，斯文·赫定著，田杉编译，170 页，2000；乌鲁木齐：新疆人民出版社。

■ 5.1.9.2 *Central Asia and Tibet Towards the Holy City of Lassa*，Sven A. Hedin，1903，1：

---

① 日文版，横川文雄译，深田久弥等监修，**斯文赫定中亚探险纪行全集**，第 1-11 册，1960—1966；东京：株式会社，白水社。

613 p，2：617 p；London：Hurst and Blackett，Ltd.，& New York：C. Scribners sons。

■ 5.1.9.3 *Adventures in Tibet*，Sven A. Hedin，487 p，1904；London：Hurst and Blackett；*A Conquest of Tibet*，400 p，1934；New York：E. P. Dutton；Detlef Brennecke，*Abenteuer in Tibet*，translated，320 p，2000；Stuttgart：H. Albert Verlag in der Edition Redmann。中文版，西极探险——从叶尔羌到藏北，斯文·赫定著，王鸣野译，255 页，2003；乌鲁木齐：新疆人民出版社。

■ 5.1.9.4 *Scientific Results of a Journey in Central Asia 1899–1902*，Sven A. Hedin，1904–1907，Vols. 1–6；Stockholm：Lithographic Institute of the General Staff of the Swedish Army；中文版，罗布泊探秘（*Lop-nor*，Vol. 2，1906），斯文·赫定著，王安洪、崔延虎译，824 页，1997；乌鲁木齐：新疆人民出版社。

■ 5.1.9.5 *Trans-Himalaya-Discoveries and Adventures in Tibet*，Sven A. Hedin，1909，1：1–436，2：1–414，3：1–426；New York：MacMillan；Reprinted in India in 1990；New Delhi：Gian Publishing House。

■ 5.1.9.6 *Southern Tibet-discoveries in former times compared with my own researches in 1906–1908*，Sven A. Hedin，1917–1922，Vols. 1–11；Stockholm：Lithographic Institute of the General Staff of the Swedish Army。中文编译本，失踪雪域 750 天，斯文·赫定著，包菁萍译，343 页，2000；乌鲁木齐：新疆人民出版社。

■ 5.1.9.7 *Von Peking nach Moskau*，Sven A. Hedin，321 p，1924；Leipzig：F. A. Brockhaus。

■ 5.1.9.8 *My Life as an Explorer*，Sven A. Hedin，1925–1926；Alfhild Huebsch，1925–1926，translated，544 p，& 498 p；London & New York：Cassell & Co。中文版，亚洲腹地旅行记，斯文·赫定著，李述礼译，604 页，1984；上海：上海（开明）书店；我的探险生涯，斯文·赫定著，孙仲宽译，杨镰整理，471 页，1990；兰州：兰州古籍书店（内部出版，竖排本：上、下卷，508 页[①]。斯文赫定亚洲探险记，斯文·赫定著，大陆桥翻译社译，283 页，2005；台北：商周出版社。我的探险生涯，西域探险家斯文赫定回忆录，斯

---

① 没有出版单位与时间。

文·赫定著，李婉蓉译，2卷本，376页+394页，2002；北京：中国青年出版社；繁体版：1-428-876页，2000：台北：馬可孛羅文化事業公司；**我的探险生涯**，斯文·赫定著，潘岳、雷格译，574页，2002；海口：南海出版公司。

■ **5.1.9.9 *Ratsel der Gobi***, *die Fortsetzung der grossen Fahrt durch Innerasien in den Jahren 1928–1930*, Sven A. Hedin, 335 p, 1932；Leipzig：F. A. Brockhaus；***Acroos the Gobi Desert***, H. J. Cant, 402 p, 1932；New York：E. P. Dutton, & London：G. Routledge and Sons, ltd；***Riddles of the Gobi Desert***, 382 p, 1933；New York：E. P. Dutton & Com。中文版，**戈壁沙漠之谜**，斯文·赫定著，许建英译，280+26页，2004；喀什：喀什维吾尔文出版社；**戈壁沙漠之路**，斯文·赫定著，李述礼译，168页，2001；乌鲁木齐：新疆人民出版社。

■ **5.1.9.10 *The Flight of "Big Horse"*** *–the trail of war in Central Asia*, Sven A. Hedin, 247 p, 1934；translated by F. H. Lyon, New York：E. P. Dutton and Co. Inc；***The trail of war-on the track of "Big Horse" in Central Asia***, 247 p, 2008；London：Tauris Parke Paperbacks。中文版，**马仲英逃亡记**（原名大马的逃亡），斯文·赫定著，凌颂纯、王嘉琳译，271页，1987；银川：宁夏人民出版社。

■ **5.1.9.11 *Sidenvagen–En bilfärd genom Centralasien***, Sven A. Hedin, 403 p, 1936；Stockholm；London：Tauris Parke Paperbacks；***The Silk Road***, 1938, 322 p, translated by F. H. Lyon；London：Routledge；中文版，**丝绸之路**，斯文·赫定著，江红、李佩娟译，1996，296页；乌鲁木齐：新疆人民出版社；***Die Sedidenstrasse***, German：Leipzig, 322 p, 2009。

■ **5.1.9.12 *Durch Asiens wüsten–Drei Jahre auf neuen Wegen zwischen Pamir***, ***Tibet***, ***China 1893–1895***, Detlef Brennecke 编　辑，321页，Edition Erdmann in der marixverlag GmbH；中文版，**新疆沙漠游记**，绮纹译，189页，1939；长沙：商务印书馆；维吾尔文版，**Tărjimă qilghuchi**, **Sabir Ăli**, Abdurup Eli, 185页，2005, Hayat-mamatliq bayavan；Ürümchi：Shinjang Khălq Năshriyati；中文版，**亚洲腹地旅行记——最有名的探险**，斯文·赫定著，大陆桥翻译社译，194页，2003；呼和浩特：远方出版社。

■ **5.1.9.13 *The wandering lake***, Sven A. Hedin, 291 p, 1940, translated by F. H. Lyon；中文版，**游移的湖**，斯文·赫定著，江红译，265页，2000；乌鲁木齐：新疆人民出版社。

■ **5.1.9.14 *History of the expedition in Asia*，*1927–1935***，Reports from the scientific expedition to the north-western provinces of China under the leadership of Dr. Sven A. Hedin，The Sino-Swedish expedition，Sven A. Hedin，Publications 23-26：Part Ⅰ 1927-1928，258 p，1943；Part Ⅱ 1928-1933，215 p，1943；Part Ⅲ 1933-1935，345 p，1944；and Part Ⅳ General reports of travels and field-work，by Folke Bergman，Gerhard Bexell，Birger Bohlin & Gösta Montell，192 p，1945；Stockholm Göteborg：Elanders Boktryckeri Aktiebolag。中文版，**亚洲腹地探险八年**[①]，斯文·赫定著，徐十周、王安洪、王安江译，32 开，776 页，1992；乌鲁木齐：新疆人民出版社。

■ 5.1.9.15 *Mot Lop-nor-en flodresa pa Tarim*，Sven A. Hedin，292 p，1954；Stockholm：Nonnier。

■ 5.1.9.16 **史文·赫丁**，史文·赫丁著，辛锦俊译，176 页，1982；台北：名人出版事业公司。

■ 5.1.9.17 **探险家史文·赫丁**，邢玉林、林世田著，32 开，413 页，1992；长春：吉林教育出版社。

■ 5.1.9.18 中国西北科学考察团科学考察活动综合研究，**中国西北科学考察团综论**，罗桂环著，大 32 开，278 页，2009；北京：中国科学技术出版社。

■ 5.1.10 **Augustine Henry**（1857—1930）
英国[②]驻中国海关工作人员[③]，业余植物采集家，1880 到 1900 年在湖北宜昌和云南思

---

① 参见王忱，2005，**高尚者的墓志铭**（首批中国科学家大西北考察实录1927—1935）；北京：中国文联出版社。

② Augustine Henry 生于苏格兰，长于爱尔兰，服务于英国驻中国海关时爱尔兰是当时英国的一部分（1922 年才独立）；回国后主要服务于爱尔兰，故爱尔兰人称他为爱尔兰人。

③ 从入职时的助理医官到离职时的二等一级帮办。详细参见：叶文、马金双，2012（2014），重叠的脚印－两个爱尔兰青年相距百年的中国之旅，*Journal of Fairylake Botanical Garden* 11（3—4）：56-58。

茅以及台湾等地雇佣当地人员为邱园等采集植物标本 [1] 和种子，并出版过有关中国植物的文章与专著；回国后学习并从事林业教育与研究，最终成为一个林学教授（1910）[2]，还出版过树木学专著 [3]。详细参见：Arthur C. Forbes，1930，Augustine Henry，*Quarterly Journal of Forestry*（London）24：169–173；Alfred B. Rendle，1930，Augustine Henry，*Journal of Botany* 68：148–149；Frederick W. Moore，1942，Augustine Henry，*Journal of Royal Horticultural Society*（London）67：10–15；Brian D. Morley，1979，Augustine Henry-His botanical activities in China，1882–1890，*Glasra* 3：21–81；& 1980，Augustine Henry，*The Garden*（London）105（7）：285–289；E. Charles Nelson，1983，Augustine Henry and the exploration of the Chinese Flora，*Arnoldia* 43（1）：21–38。

■ **5.1.10.1** *Notes on economic botany of China*，Augustine Henry，68 p，1893；Shanghai：Presbyterian Mission Press；Reprinted，1986，with introduced by E. Charles Nelson，Kilkenny：Boethius。

■ **5.1.10.2** *The Wood and the Tree*，*a biography of Augustine Henry*，Sheila Pim，256 p，1966；London：Macdonald；2nd ed，*The Wood and the Tree-Augustine Henry*，*a biography*，252 p，1984；Kilkenny，Ireland：Boethius Press。

■ **5.1.10.3** *An Irish Plant Collector in China*-Augustine Henry，Irish Garden Plant Society，42 p，2002；Dublin：Irish Garden Plant Society in association with Bord Glas。

本书记载了爱尔兰杰出的业余植物采集家 Augustine Henry 的生平与成就，包括 20 年间从中国采集 158 000 份标本，代表 6 000 种植物，同时详细记载了他所引种并且今天仍

---

[1] Augustine Henry 所采集的标本主要在欧美标本馆，特别是邱园，但其他地方如爱尔兰和印度也有，参见 Anonymous，1957，*The Augustine Henry Forestry Herbarium at the National Botanic Gardens*，*Glasnevin*，*Dublin*，*Ireland*：a catalogue of the specimens，136 p：Dublin：The Herbarium；M. C. Biswas & T. K. Paul，1992，Dr. Augustine Henry's Type Collections in the Central National Herbarium（CAL）-Pteridophytes-Part I，*Bulletin of the Botanical Survey of India* 34（1–4）：149–154。

[2] Augustine Henry 故去后，他的夫人（Alice H. Henry，1882—1956）将所有的图书与手稿，包括在中国期间的日记，全部捐献给先生在世时经常打交道的、位于都柏林的爱尔兰国家植物园。参见：*The Brightest Jewel-A History of the National Botanic Gardens Glasnevin*，*Dublin*，E. Charles Nelson & Eileen M. McCracken，275 p，1987；Dublin：Natinonal Botanic Gardens Glasnevin。

[3] 如：Augustine Henry & Henry J. Elwes，1906–1913，*The Trees of Great Britain and Ireland*，Vols. 1–7，Privately printed。

然在爱尔兰栽培的中国植物。

5.1.10.4 *In the Footsteps of Augustine Henry and his Chinese plant collectors*，Seamus O'Brien，367 p，2011；Suffolk：Garden Art Press。

作者 Seamus O'Brien（1970—）为爱尔兰园艺工作者、植物采集家，足迹遍及世界各地，特别是中国及喜马拉雅地区等，先后两次获得 Christopher Brickell Prizes 奖，两次获得英国皇家园艺学会的资助，被称为当代爱尔兰的著名中国温带植物专家；现负责爱尔兰国家植物园的 Kilmacurragh Botanic Gardens。他为了写 Augustine Henry 的采集专著，前后历时 5 年整理 Augustine Henry 采集的各类中国植物标本 15 万多份，先后 3 次带队共 10 多人来中国实地考察（2002，2004，2005），并在中国科学院武汉植物园等有关人员的帮助下重走当年 Augustine Henry 的路线，不但获得大量的第一手资料，同时还引种了大批的中国植物。为了收集素材，他还到欧美等地访问了多个研究并引种中国植物著名的植物园与树木园，走访了多个著名中国植物采集人的后代，包括 Augustine Henry 的后人等。当然本书并非完美无瑕，特别是对三峡大坝的修建及其产生的影响等评论，相信读者能够从中分析吸收。但有一点可以肯定，今日中国植物资源现状和百年前 Augustine Henry 时代相比的明显变化则是不争事实！

本书利用翔实的历史资料，一方面根据日记以及来往书信与档案等，记述了当年 Augustine Henry 等人的采集与引种的详细过程与具体内容，另一方面通过作者百余年后重访故地，记述当今中国的变化，特别是植物资源和景观生态等，同时再次引种这些丰富多样的中国植物到爱尔兰等地，所用的资料十分丰富、所有的考察与注释十分详细，同时配有 430 张彩色图片和近 100 张珍贵的历史黑白图片，展现在读者面前的不仅是一部中国植物的采集史，更让人感到西方社会对自然与历史的探索、对资源与引种的追求、对历史人物和他们工作的酷爱；更让我们佩服的是当代西方专业人员的文化底蕴及敬业精神。

100 多年过去了，作为"园林之母"的中国，历史上西方采集植物资源的大国，至今自己没有一部基本的采集历史，更不要提完整的或比较完整的！更让人难以想象的是，发达的爱尔兰、世界著名的植物园，如此年轻的园艺工作者花这么大的力气、投入如此长的时间和精力编写出版这样的工作，今天的中国学术界能从中得到什么样的启迪或反思呢？难道我们的植物园比人家办得更好更漂亮更吸引观众？还是我们的工作远远高于人家、可以不管什么学科都一味地盲目追求 SCI 文章和影响因子？

详细书评参见：马金双、叶文，2013，书评：In the Footsteps of AUGUSTINE HENRY and His Chinese Plant Collectors，植物分类与资源学报 35（2）：216-218；叶文、马金双，2012（2014），重叠的脚印——两个爱尔兰青年相距百年的中国之旅，*Journal of Fairylake Botanical Garden* 11（3-4）：56-58。

■ **5.1.11 Peter K. Kozlov**[①] （1863—1935）

俄罗斯著名探险与考察家，曾于 1888 至 1920 年多次参加或带队到中国西部和北部探险、考察并采集生物标本。

■ **5.1.11.1** *Mongolia and Kam*–*Transactions of the Expedition of the Imperial Russian Geographical Society made in 1899–1901 under direction of P. K. Kozlov*，Peter K. Kozlov，1905-1907，1：1–256 p，1905，*Through Mongolia to the border of Tibet*；2：257–734 p，1907，*Kam and the Return Journey*；S.-Peterburg：Tipo-lit. "Gerol'd"。

■ **5.1.11.2** *Mongolia*，*Amdo and the dead city Khara-Khoto* *Expedition of the Russian Geographical Society of P. K. Kozlov in mountainous Asia*，*1907–1909*，Peter K. Kozlov，678 p，1923；*Mongolie*，*Amdo und die tote Stadt Chara-Choto*，*Die Expedition der Russischen Geographischen Gesellschaft 1907-1909*，305 p，1925；Berlin：Neufeld & Henius；中文版，**死城之旅**，科兹洛夫著，陈贵星译，361 页，2001；乌鲁木齐：新疆人民出版社。

■ **5.1.11.3** *Mongolia and Kam*-*Three years' travels in Mongolia and Tibet*（*1899–1901*），Peter K. Kozlov，437 p，1947；Moskva：Gos. izd–vo geogr. lit–ry。

■ **5.1.12 Charles Roy Lancaster**（1937—）

英国当代园艺家与自由撰稿人，20 世纪 80 年代以来曾多次带队或独立到中国各地考察与采集，特别是云南和四川等地。

■ **5.1.12.1** *Roy Lancaster Travels in China*–*A plantsman's Paradise*，Charles Roy Lancaster，516 p，1989；Woodbridge：Antique Collectors' Club；*Plantsman's Paradise*：*Travels in China*，2nd，511 p，2008；Woodbridge：Garden Art Press。

■ **5.1.13 Richard K. Maack**（1825—1886）

德裔俄国中学博物学教师、俄罗斯地理协会考察家，长期在东西伯利亚及远东采集，包括 1855 至 1856 年和 1859 年参加俄国皇家地理学会西伯利亚分会对黑龙江和乌苏里流域的考察，采集了很多动植物标本。

---

① 又译为 Peter K. Kozloff，参见 *The Geographical Journal* 19（5）：576–598，1902。

■ **5.1.13.1** *Journey to Amur in 1855*，Richard K. Maack，320 p，1859；中文版，**黑龙江旅行记**，吉林省哲学社会科学研究所译，496 页，1977；北京：商务出版社。

■ **5.1.13.2** *Journey to the Valley of Ussuri River* on the errand of the Siberian Branch of the Imperial Russian Geographical Society，Richard K. Maack，1861，1：203 p，& 2：344 p；St. Petersburg。

■ **5.1.14 Frank N. Meyer**（1875—1918）
荷兰人（原名：Frans Nicholas Meijer），14 岁就在阿姆斯特丹植物园从事园林工作；1901 年到美国，1905 至 1918 年间受雇于美国农业部先后四次到中国，特别是在中国北部大规模引种农作物（包括黄豆、高粱、水果、蔬菜、竹子、经济作物如板栗等）品种和观赏植物（如丁香、柏树、榆树、蔷薇等）种类。1918 年 6 月从汉口赴上海途中于长江溺水身亡。

■ **5.1.14.1** *Chinese Plant Name*，Frank N. Meyer，40 p，1911；USDA：Division of Foreign Plant Introduction，Bureau of Plant Industry。

■ **5.1.14.2** *Agricultural explorations in the fruit and nut orchards of China*，Frank N. Meyer，1911，*USDA Bureau of Plant Industry Bulletin* 204：1–62。

■ **5.1.14.3** *Frank N. Meyer–Plant Hunter in Asia*，Isabel S. Cunningham，317 p，1984；Ames，IA：The Iowa State University Press。

■ **5.1.15 Grigorii N. Potanin**（1835—1920）
俄国著名地理考察家与探险家，1875 至 1895 年在中国的北部和西部、蒙古及西伯利亚大规模采集生物标本。

■ **5.1.15.1** *Sketch of the northwestern Mongolia*，*Results of the Expedition performed in the years 1876 and 1877 by order of the Imperial Russian Geographical Society*，Grigorii N. Potanin，1881-1883，1：1–425 p，1881；2：1–181 p & 1–87 p，1881；3：1–372 p，4：1–1026 p，1883；S.–Peterburg：V. Bezobrazov。

■ **5.1.15.2** *The Tangut–Tibet border region of China and central Mongolia*-*Travels in 1884-*

1886，Grigorii N. Potanin，1893，1：1–567 p，2：1–437 p；S.–Peterburg：Tip. A.S.Suvorina。

■ **5.1.16 Nikolai M. Przewalski**（Nikolaj M. Przewalski，1839—1888）[1]

俄国著名探险家与采集家，1867 年到 1888 年从中国的东北、华北，到西北直至西南等地进行过多次考察，特别是在中国西部的大规模生物与地理考察而闻名于世。

■ **5.1.16.1** *Travels in the Ussuri Area*，Nikolai M. Przewalski，297 p，1870；S.-Peterburg：Vtip. N. Nekliudova；*Travels in Ussuri Region in 1867–69*，revised ed，317 p，1937；Moskva：God. Sotsialnoe-kon. Izd-vo；*Travels in Ussuri Region in 1867–1869*，310 p，1947（with a forward and biographical notes by M. A. Tensin）；Moskva：OGIZ，Gos. Izd-vo geograficheskoi lit-ry；*Travels in the Ussuri Region*，*1867–1869*，348，1949 p（with the plant names given by Vladimir N. Voroshilov）。

■ **5.1.16.2** *Mongolia and the Tangut country–Three years' travel in eastern High Asia*，Nikolai M. Przewalski，1875–1876，1：382 p，1875，2：420 p，1876；Sankpeterburg：izd. Imp. Russkago Ob-va；*Mongolia，The Tangut Country and the solitudes of northern Tibet–being a narrative of three years' travel in eastern High Asia*，translated by E. Delmar Morgan，with introduction and notes by Colonel H. Yule，1：1–287 p，& 2：1–320 p，1876；*Reisen in der Mongolei，im Gebiet der Tanguten und den wusten Nordtibets in den Jahren 1870 bis 1873*，538 p，1883；Jena：H. Costenoble *Mongolia，The Tangut Country and the solitudes of northern Tibet–being a narrative of three years' travel in eastern High Asia*，333 p，1946（with the plant names edited by Nikolai V. Pavlov）；London：Sampson Low et al；*Mongolia，the Tangut country and the Solitudes of Northern Tibet–Narrative of three years' travel in eastern high Asia*，with introduction and notes by Colonel H. Yule，translated by E. Delmar Morgan；2 volumes，1991；New Delhi：Asian Educational Services。

■ **5.1.16.3** *From Kuldzh to Tian Shan and Lob-nor*，Nikolai M. Przewalski，156 p，1876；Moskva：Gos. Idz-vo georgr. Lit-ry；*From Kuldzh to Tian Shan and Lob-nor*，translated by E. Delmar Morgan，251 p，1879；London：Sampson Low et al；with previously unpublished

---

[1] Elmer D. Merrill & Egbert H. Walker（1938）和 Egbert H. Walker（1960）称为 Nikolai M. Przhevalski；而 Daniel Brower（1994，*Russian Review* 53（3），367–381）则称为 Nikolai Przhevalsky。

excerpts from his dairy; botanical nomenclature revised by Nikolai V. Pavlov, translated by E. Delmar Morgan, 154 p, 1974。

■ **5.1.16.4** *From Zaisan through Khami to Tibet and the heardwaters of the Yellow River* (*Third expedition through central Asia*), Nikolai M. Przewalski, 473 p, 1883; S.-Peterburg: Tip. V. S. Balaskeva; *Reisen in Tibet und am oberen Lauf des Gelben Flusses in den Jahren 1879 bis 1880*, 281 p, 1884; Jena: H. Costenoble; *From Tsai-san through Hami into Tibet and to the upper reaches of the Yellow River*, 407 p, 1948 (with the names of the plant revised by Leonid E. Rodin)。

■ **5.1.16.5** *From Kiakhta to the Headwaters of the Yellow Rivers*–*exploration of the northern borderline of Tibet, and the journey through Lobnor along the basin of the river Tarim* (*Fourth expedition through central Asia*), Nikolai M. Przewalski, 536 p, 1888; S.-Peterburg: V. S. Balaskeva; *From Kiakhta to the sources of the Yellow River, A Study of the northern border of Tibet and path through Lob-Nor, along the Tarim basin*, 366 p, 1948 (with the names of the plants edited by Leonid E. Rodin); Moskva: Gos. Idz-vo georgr. Lit-ry; 中文版, 走向罗布泊, 黄健民译, 298页, 1999; 乌鲁木齐: 新疆人民出版社。

■ **5.1.16.6** *The Dream of Lhasa*–*The life of Nikolay Przhevalsky* (*1839–1888*) *Explorer of Central Asia*, Donald Rayfield, 221 p, 1976; London: P. Elek。

■ **5.1.16.7** 普尔热瓦尔斯基传, 尼·费·杜勃罗文著, 吉林大学外语系俄语专业翻译组译, 524页, 1978; 北京: 商务出版社。

■ **5.1.16.8** *Imperial Russia and Its Orient*–*The Renown of Nikolai Przhevalsky*, Daniel Brower, *Russian Review* 53 (3), 367–381, 1994。

■ **5.1.16.9** 荒原的召唤, 普尔热瓦尔斯基著, 王嘎、张友华译, 344页, 2000; 乌鲁木齐: 新疆人民出版社。

■ **5.1.16.10** 普尔热瓦尔斯基专著: 罗布泊之说震惊欧洲地学界, 杜根成、丘陵著, 325页, 2002; 北京: 中国民族摄影艺术出版社。

5.1.16.11 普尔热瓦尔斯基，走进中国西部的探险家丛书，马大正主编，杜根成、丘陵著，336 页，2002；北京：中国民族摄影艺术出版社。

5.1.17 Joseph F. C. Rock（1884—1962）

美籍奥地利植物学家，1911 至 1920 年任美国夏威夷大学植物学[1]与中文教授，自 1920 年直到 1949 年间先后受聘于美国农业部、哈佛大学阿诺德树木园、美国国家地理协会在中国的西部和西南部（特别是云南、四川等地）以及南亚（包括越南、柬埔寨、缅甸、泰国以及印度）长期考察并采集动植物标本，为美国国家地理杂志撰写系列报道；后受哈佛大学燕京学社的资助，研究中国少数民族纳西族的语言、文化和宗教等。详细参见：Alvin K. Chock，1963，J. F. C. Rock 1884-1962，*Taxon* 12：89-102；Egbert H. Walker，1963，Obituaries：Joseph F. C. Rock 1884-1962 An Appreciation，*Plant Science Bulletin* 9（2）：7-8；Mike Edwards，Our Man in China-Joseph Rock，*National Geographic* 191：62-81，1997。

5.1.17.1 *The ancient Na-Khi Kingdom of southwest China*，Joseph F. Rock，1947，1：1-274 p，2：275-554 p（Harvard-Yenching Monograph Series 8 & 9）；Cambridge，MA：Harvard University Press。中文版，中国西南古纳西王国，约瑟夫 洛克著，刘宗岳等译，368 页，1999；昆明：云南美术出版社。

5.1.17.2 *In China's Border Provinces*-The Turbulent Career of Joseph Rock*，Botanist-Explorer*，Stephanne（Silvia）B. Sutton，334 p，1974；New York：Hastings House。中文版，**苦行孤旅**，约瑟夫 F 洛克传，斯蒂芬妮 萨顿著，李若虹译，436 页，2013；上海：上海辞书出版社。

5.1.17.3 孤独之旅——植物学家、人类学家约瑟夫·洛克和他在云南的探险经历，和匠宇、和锵宇著，349 页，2000；昆明：云南教育出版社。

5.1.17.4 *Joseph Franz Rock*（*1884-1962*）-*Berichte*，*Briefe und Dokumente des Botanikers*，*Sinologen und Nakhi-Forschers*，*mit einem Schriftenverzeichnis*，Hartmut Walravens，452 p，2002；

---

[1] 参见 Al Keali'i Chock，2009，University of Hawaii Herbarium named in honor of J. F. Rock，*Taxon* 58（2）：681。

Stuttgart：Franz Steiner Verlag。

■ **5.1.17.5** *Expedition zum Amnye Machhen in Sudwest–China im Jahre 1926*-*im Spiegel von Tagebuchem und Briefen*，*Joseph F. Rock*，Hartmut Walravens，237 p，2003；Wiesbaden：Harrassowitz。

■ **5.1.17.6** *Joseph F. Rock and His Shangri-La*，Jim Goodman，196 p，2006；Hong Kong：Caravan Press。

■ **5.1.17.7** *Joseph Franz Rock Briefwechsel mit E. H. Walker 1938–1961*，Hartmut Walravens，328 p，2006；Wien：Österreichische Akademie der Wissenschaften。

■ **5.1.17.8** *Joseph Franz Rock（1884–1962）Tagebuch der Reise von Chieng Mai nach Yunnan，1921–1922*，Hartmut Walravens，580 p，2007；Wien：Österreichische Akademie der Wissenschaften。

■ **5.1.17.9** 约瑟夫洛克传 – 我生命中的仙境，海男著，大 16 开，144 页，2009；上海：学林出版社。

■ **5.1.18 Francis Kingdon Ward**（Francis Kingdon-Ward，1885—1958）
英国著名植物采集家，1909 到 1956 年在中国西南、缅甸、泰国和印度以及东喜马拉雅等地大规模采集植物种子与标本并于 1913 至 1914 年间发现滇西北著名的"三江并流"自然地理奇观；发表很多采集与学术著作。详细参见：Francis Kingdon Ward，1932，Explorations on the Burma-Tibet frontier，*The Geographical Journal* 80（6）：464–480；Francis Kingdon Ward，1936，Botanical and Geographical Explorations in Tibet，*The Geographical Journal* 88（5）：385–410。

■ **5.1.18.1** *The land of the blue poppy*-*travels of a naturalist in eastern Tibet*，Francis Kingdon Ward，283 p，1913；Cambridge：University Press。

■ **5.1.18.2** *In Farthest Burma*-*The record of an arduous journey of exploration and research through the unknown frontier territory of Burma and Tibet*，Francis Kingdon Ward，311 p，1921；London：Seeley，Service & co.，limited。

■ **5.1.18.3** *The Mystery Rivers of Tibet—A description of the little-known land where Asia's mightiest rivers gallop in harness through the narrow gateway of Tibet*，*its peoples*，*fauna*，& *flora*，Francis Kingdon Ward，316 p，1923；London：Seeley，Service & Co. Ltd。中文版，**神秘的滇藏河流——横断山脉江河流域的人文与植被**，金敦 沃德著，李金希、尤永弘译，272 页，2002；成都：四川民族出版社。

■ **5.1.18.4** *The Romance of Plant Hunting*，Francis Kingdon Ward，275 p，1926；London：Edward Arnold & Co。

■ **5.1.18.5** *From China to Hkamti Long*，Francis Kingdon Ward，317 p，1924；London：Edward Arnold & Co。

■ **5.1.18.6** *The Riddle of the Tsangpo Gorges*，Francis Kingdon Ward，328 p，1924；London：Edward Arnold & Co.；Reprinted，2001，*Frank Kingdon Ward's Riddle of the Tsangpo Gorges—retracing the epic journey of 1924–1925 in south-east Tibet*，edited by Kenneth N. E. Cox（1964–），with new forward，introduction，and more color photos as well as new information about the expedition since 1920s，especially after 1980s since China opened to the westerners，319 p；revised and updated edition with additional material by Kenneth N. E. Cox，Ken Storm Jr. & Ian Baker，335 p，2006；Woodbridge，Suffolk：Antique Collectors' Club；中文版，**西康之神秘水道记**，詹姆斯瓦特撰，杨庆鹏编译 [1]，638 页，2003，西南史地文献第 35 卷（中国西南文献丛书 110）；兰州：兰州大学出版社；**西康之神秘水道记**，詹姆斯瓦特著，杨图南编译，300 页，1987；台北：南天书局。

■ **5.1.18.7** *Plant Hunting on the Edge of the World*，Francis Kingdon Ward，383 p，1930；London：V. Gollan，Co. Ltd。

■ **5.1.18.8** *Plant hunting in the wilds*，Francis Kingdon Ward，78 p，1931；London：Figurehead。

■ **5.1.18.9** *A Plant Hunter in Tibet*，Francis Kingdon Ward，317，1934；London：

---

① 原版 1933 年由蒙藏委员会作为'边政丛书第 1 种'印刷，32 开，竖排本，300 页。

Jonathan Cape Ltd。

▌ **5.1.18.10** *The Romance of Gardening*，Francis Kingdon Ward，271 p，1935；London：Jonathan Cape。

▌ **5.1.18.11** *Plant Hunter's Paradise*，Francis Kingdon Ward，347 p，1937；London：J. Cape。

▌ **5.1.18.12** *Exploration in the Eastern Himalayas and the River Gorge Country of Southeastern Tibet-Francis（Frank）Kingdon Ward（1885–1958）*，Ulrich Schweinfurth，114 p，1975；Wiesbaden：Steiner。

▌ **5.1.18.13** *Frank Kindon-Ward–The last of the Great Plant Hunters*，Charles Lyte，218 p，1989；London：J. Murray。

▌ **5.1.18.14** *In the land of the blue poppies–The collected plant hunting writings of Frank Kingdon Ward*，Tom Christopher，243 p，2003；New York：Modern Library。

▌ **5.1.19** Ernest H. Wilson（**1876—1930**[①]）

英国著名的中国植物采集家[②]，在 1899—1918 年，长达约 20 年的时间里，曾先后五次到中国；其中两次为英国（1899 至 1902 年、1903 至 1905 年），两次为美国（1906 至 1909 年、1910 至 1911 年）在四川和湖北大规模采集，不仅包括植物标本[③]，还有大量的种子、苗木和插条等；其所引种的植物在欧美享有崇高的地位，被称为"Chinese"Wilson，即"中国的'威理森'[④]"。最后一次 1918 年曾到达中国台湾。他不但是一个出色的采集

---

① Ernest H. Wilson 曾多次在中国遇险，包括 1911 年在川西北野外被流石砸断腿并造成终生残疾等；然而他却在看望家住纽约州的女儿回程途中和夫人一起死于离波士顿家仅几十英里的车祸。

② 威尔逊从 1906 开始为美国的 Arnold Arboretum 工作直到 1930 年故去并没有加入美国国籍，而故去时其女儿坚持他是英国人而长眠于当时还是英国的加拿大；遗憾的是 1931 年加拿大也正式脱离了英国成为一个独立的国家。

③ 威尔逊的采集纪录（Field Notes）由 Thomas Nelson and Son 出版，1911，24 p（1910 年采集记录 4000—4462）。这里记载的只是一部分，并非全部。

④ Ernest H. Wilson 自己当时用的繁体中文名字是'威理森'，而今简体则译为'威尔逊'。

家与引种专家，同时也是一个出色的摄影家[①]、科普作家与学者，一生著作丰厚并写过多本与中国植物有关的书籍，如**中国——园林之母**就是出自他的笔下[②]。详细参见：Alfred Rehder，1930，Earnest Henry Wilson，*Journal Arnold Arboretum* 11：181-192；中井猛之進（Takenoshin Nakai），1930，Obituary Notice of Dr. Ernest Wilson，植物学杂志，527，617-620；Alfred B. Rendle，1931，Ernest Henry Wilson，*Journal of Botany*，*British and Foreign* 69：18-20；金平亮三（Ryozo Kanehira），1931，台湾博物学会会报 21：67-71；Frederick R. S. Balfour，1932，Ernest Henry Wilson，*The Rhododendron Society Notes* 3：289-292；唐进（译），1933，威尔逊氏传略，科学 17（7）：1095-1103；Alfred Rehder，1936，Ernest H. Wilson，*Proceedings of the American Academy of Arts and Sciences* 70：602-604；Peter J. Chvany，1976，Ernest H. Wilson，Photographer，*Arnoldia* 36（5）：181-236 p；Richard A. Howard，1980，E. H. Wilson as a Botanist（I & II），*Arnoldia* 40（3）：102-138，& 40（4）：154-193；Kristin S. Clausen & Shiu-Ying HU，1980，Mapping the Collecting Localities of E. H. Wilson in China，*Arnoldia* 40（3）：139-145。

■ **5.1.19.1** *Vegetaion of Western China-A series of 500 photogras with index*，with Introduction by Charles S. Sargent，Ernest H. Wilson，19 p，1912；London：Printed for the subscribers。

■ **5.1.19.2** *A naturalist in western China*[③]*-with vasculum*，*camera*，*and gun-being some account of eleven years' travel*，*exploration*，*and observation in the more remote parts of the Flowery kingdom*，with an introduction by Charles S. Sargent，Ernest H. Wilson，1913，1：251 p，2：229 p；London：Methuen & Co. Ltd。中文版，中国西部植物志，胡先骕译，科学 3（10）：1 079-1 092，1917；东方杂志 15（8）：104-114，1918；农商公报 52：7-14，1918。

■ **5.1.19.3** *Plant Hunting*，Ernest H. Wilson，1927，1：248 p，2：276 p；Boston，MA：The Stratford Com。

[①] 威尔逊的所有照片都被复制装订成册并收藏于邱园和哈佛大学树木园等单位。其中 1907 至 1909 年有 124 张，1910 至 1911 年有 120 张，而 1917 至 1919 年有 139 张。

[②] 参见何勇，1999，中国"世界园林之母"的由来，植物 6：40。

[③] 读者在阅读与威尔逊有关书籍的时候要注意，当年他的所谓"中国西部"实际上就是今天的湖北西部和四川（包括现在的重庆和原西康省），因为威尔逊当年在华的足迹主要在这两个省（及武汉以东的长江沿岸），而他在四川最西部只是到达康定（原西康省省会）及川西北的松潘一带。

■ **5.1.19.4** *China*，*Mother of Gardens*，Ernest H. Wilson，1929，408 p；Boston：The Startford Com。**威尔逊在阿坝**，100 年前威尔逊在四川西北部汶川、茂县、松潘、小金旅行游记[①]，威尔逊著，红音、于文清编译，32 开，106 页，2009；成都：四川民族出版社。**中国——园林之母**，［英］E.H. 威尔逊著，胡启明译，32 开，305 页，2015；广州：广东科技出版社。**中国乃世界花园之母**，包志毅主译，580 页，2017；北京：中国青年出版社。

中国在世界上以园林之母的美称而著名，因为这个名字出自于著名的"中国"威尔逊。然而，如果仔细地翻一下原著或者译著，不难发现其实这本书就是采集随感或游记。中国植物种类的丰富程度以及对世界园林界的贡献并没有完整体现或者展示。当然我们不能要求百年前来过几次中国、在有限的时间内、仅仅到过有限的地方的一个外国人完整无误地展给当今的世人；显然，这个任务还有待我们自己了。最近两年，威尔逊的园林之母突然间在中国走红，仅仅间隔一年，两个翻译版问世，不能不让人惊喜；遗憾地是，学术界的浮躁实在让人惊讶，甚至引来负面书评。详细参见：谭文德，2018 年 1 月 3 日，威尔逊 China：Mother of Gardens 两个中译本的比较阅读，中华读书报第 16 版，书评周刊·科学。另参见吴彤，2018，中国乃园林之母——读威尔逊的《中国——园林之母》，科普创作评论 3：71-74。

■ **5.1.19.5** *Ernest H. Wilson*，*plant hunter*-with a list of his most important introductions and where to get them，Edward I. Farrington，xxi+197 p，34 pl，1931；Boston：The Stratford Com。

■ **5.1.19.6** *The flowering world of "Chinese" Wilson*，Daniel J. Foley，334 p，1969；New York：Macmillan。

■ **5.1.19.7** *Chinese Wilson*-A life of Ernest H. Wilson 1876–1930，Roy W. Briggs，154 p，1993；London：HMSO。

■ **5.1.19.8** *Wilson's China*-A Century On，Tony Kirkham & Mark Flanagan，256 p，2009；

[①] 译者从威尔逊的原著中翻译了 5 章（原著第 11 至第 15 章）有关阿坝州的内容，取名为**威尔逊在阿坝**。这五章包括四川省西北部的植物、交通、建筑、民俗等方面的内容，还有译者从邱园得到的珍贵照片。这里不仅是百年前威尔逊的主要采集地，也是他最喜欢的地方（1903），"如果命运安排我在中国西部生活的话，我别无所求，只愿能够生活在松潘"。

London：Kew Publishing。

Ernest H. Wilson 是历史上西方在中国考察、采集与引种植物的杰出代表，为西方今天的园艺学事业作出了巨大的贡献。本书作者通过实地考察，沿当年 Ernest H. Wilson 在华的采集路线，与百年前 Ernest H. Wilson 的考察景观、村庄、河流、人文与植被进行详细的比较，将读者带回当年的现场。本书的主要叙述方式采用回忆与对比的方式，特别详细介绍了当年的考察过程和今天的再走 Ernest H. Wilson 之路的经历与体会。本书的第 3 章部分内容被转载，参见：*Arnoldia* 63（3）：2-13，2009。

■ **5.1.19.9 百年追寻——见证中国西部环境变迁**，*Tracing One Hundred Years of Change*，中英文，印开蒲等，KaiPu YIN et al.，582 页，2009；北京：中国大百科全书出版社。

本书通过威尔逊百年前所摄的老照片寻找当年的现场，并在原来的地点拍摄新照片，两者真实地展现中国西部百年间环境的变迁。本书从环境生态学、景观生态学和历史生态学的角度，采用自然科学与社会科学相结合的研究手法，揭示了生态环境和生物多样性变化与社会的发展和自然灾害之间的相互关系，启发人们对历史的尊重、对大自然应有的敬畏以及提醒我们对子孙后代必须承担的责任。中国科学院院士、时任中国植物学会理事长洪德元，中国科学院外籍院士、美国科学院院士、时任密苏里植物园主任 Peter H. Raven 博士分别作序。本书是采集者威尔逊逝世后他人撰写的第 4 本专著，也是中国人写的首部，而且是中英文双语的图片对照。

5.2 采集专著

本部分共收载 15 种。

■ **5.2.1 *The Plant Hunters***，Charles Lyte，191 p，1983；London：Orbis Publishing。

本书介绍了历史上英国著名[①]的 15 位植物采集家：John Tradescant（？—1638），John Tradescant the Younger（1608—1662），Joseph Banks（1743—1820），Francis Masson（1741—1805），Allan Cunningham（1791—1839），David Douglas（1799—1834），Robert Fortune（1813—1880），Richard Spruce（1817—1892），Joseph D. Hooker（1817—1911），George Forrest（1873—1932），Ernest Henry Wilson（1876—1930），Reginal Farrer（1880—1920），Frank Kingdon-Ward（1885—1958），Joseph F. Rock（1884—1962），很多都与中国植物采集有关。

---

① 英国出身的采集者。

■ **5.2.2 外国考察家在我国西北**，杨建新、马曼丽著，198 页，1983；郑州：河南人民出版社。

19 世纪中叶以来，国外一些人以"考察"、"探险"的名义相继来到中国西北活动。本书挑选了一些毕生从事考察活动，且这种活动又经清政府批准的人物，生动地介绍了他们的生平及在中国的考察活动与研究成果。

■ **5.2.3 *The Introduction of Chinese Plants into Europe***，Lucien A. Lauener，edited by David K. Ferguson，269 p，1996；Amsterdam：SPB Academic Publishing。

Lucien A. Lauener（1918—1991）是苏格兰爱丁堡植物园分类学研究员，长期从事中国植物研究，曾于 1980 年代 3 次到过中国①。本书是作者 1991 年逝世时的手稿，后由 David K. Ferguson（1942—）编辑出版。全书记载 47 科 90 属 185 种植物，包括引种到欧洲的详细历史。

英文书评参见：WenTsai WANG，1997，*Taxon* 46（2）：383。

■ **5.2.4 *A Pioneering Plantsman*-*A K Bulley and the great plant hunters***，Brenda McLean，184 p，1997；London：The Stationery Office。

本书系统地介绍了 Arthur Kilpin Bulley（1861—1942）及其他的 Bee's Ltd 之历史及其资助 George Forrest，Frank Kindon Ward，Roland E. Cooper，Reginald J. Farrer 等 1904 至 1922 年间在喜马拉雅及中国西南大规模采集引种的历史。

■ **5.2.5 被遗忘的日籍台湾植物学者**，吴永华著，大 32 开，474 页，1997；台北：晨星出版社。

本书记载了 1895 到 1945 年间 12 位日本植物学家的生平事迹，特别是在中国台湾的采集、工作、学术活动及主要出版物等都有详细的介绍。其中包括：早期的牧野富太郎（Tamitaro Makino，1862—1957），大渡忠太郎（Chutaro Owatari，1867—1953），内山富次郎（Tomijiro Uchiyama，1851—1915），开创热带植物研究的田代安定（Tasusada Tashiro，1857—1928），为中国台湾大半植物命名的早田文藏（Bunzo Hayata，1874—1934），主持台湾植物调查的川上龙弥（Takiya Kawakami，1871—1915），为台湾农林业奉献一生的岛田弥市（Yaichi Shimada，1884—1971），佐佐木舜一（Syuniti Sasaki，1888—1961），奠定台湾树木分类学基础的金平亮三（Ryoso Kanehira，1882—1948），在台北教学研究的工藤

---

① 详细参见 David K. Ferguson，1992，Lucien André Lauener F. L. S.（1918-1991），*Taxon* 41（2）：384-387。

又舜（Yoshimatsu Yamamoto，1893—1947），山本由松（Yushun Kudo，1887—1932），正宗严敬（Genkei Masamune，1899—1993）。无疑，本书是我们了解日本学者在中国台湾的采集历史及有关工作非常重要的参考书。

■ **5.2.6** ***The Plant Hunters–Two Hundreds years of Adventure and Discovery Around the World***，Toby Musgravea，Chris Gardner & Will Musgrave，224 p，1998；London：Ward Lock。中文版，植物猎人——探索发掘世界上两百年历程的植物，杨春丽、袁瑀译，276页，2006；台北：高谈事业文化有限公司。

本书介绍了世界植物学史上 200 年间 10 位伟大的采集家：Joseph Banks（1743—1820），Francis Masson（1741—1805），David Douglas（1799—1834），Joseph D. Hooker（1817—1911），Robert Fortune（1812—1880），The Lobbs and the Veitch Dynasty（William Lobb，1809—1864，Thomas Lobb，1811—1894），Ernest H. Wilson（1876—1930），George Forrest（1873—1932），Francis Kingdon-Ward（1885—1958）。读者从中可以看出，其中有 4 人的采集以中国为主。

■ **5.2.7 云南植物采集史略 1919—1950**，***A Brief History of Plant Collection in Yunnan 1919–1950***，包士英等著，中英文版，214 页，1996；北京：中国科学技术出版社。

本书记载 1919 到 1950 年间中国采集者 55 人在云南的详细采集历史，包括采集人简介、采集号码与地点、野外纪录与号牌式样、采集的新植物名录、原始文献引证与标本引证，以及采集线路图等。其中有著名云南植物采集家蔡希陶（HseTao TSAI，1911—1981），王启无（ChiWu WANG，1913—1987），俞德浚（TseTsun YÜ，1908—1986），秦仁昌（RenChang CHING，1898—1986），冯国楣（KuoMei FENG，1917—2007），汪发缵（FaTsuan WANG，1899—1985），刘慎谔（TchenNgo LIOU，1897—1975），毛品一（PinI MAO，1926—2014），邱炳云（BingYun QIU，1906—1989）等。

本书是中国植物采集史上的第一本专著，所记载的地点又是中国植物种类最多的云南省，而且是中英文双语版，所以非常值得称赞。但书中个别人的名字只有汉语拼音，而采集的标本上只有威氏音标。如邱炳云 20 世纪 50 年代以前采集所用的名字是威氏音标 PingYun CHIU（标本上的缩写为 P. Y. CHIU 或者是 CHIU），而不是 BingYun QIU（50 年代以后才实行的汉语拼音）。

详细参见：马金双，2001，云南植物采集史略读后感，云南植物研究 23（3）：350-351 & 23（4）：526。

■ **5.2.8 台湾植物探险——十九世纪西方人在台湾采集植物的故事**，*Plant Hunting in*

Formosa-A History of Botanical Exploration in Formosa in the nineteenth Century，吴永华著，大 32 开，302 页，1999；台北：晨星出版社。

本书记载 1854 到 1895 年间 23 位西方采集人员在中国台湾的采集历史，包括采集者的生平、来台背景、采集年代、采集地点、采集种类、旅行见闻以及相关学术文献等。其中有 Robert Fortune（1812—1880），Charles Wilford（? —1893），Robert Swinhoe（1836—1877），Max E. Wichura（1817—1866），Richard Oldham（1837—1864），William Gregory（1830—1915），Thomas Watters（1840—1901），William Campbell（1841—1921），Joseph B. Steere（1842—1940），Charles Maries（1851—1902），William Hancock（1847—1914），Charles Ford（1844—1927），George M. H. Playfair（1850—1917），Otto Warburg（1859—1938），Frederick S. A. Bourne（1854—1940），Alexander Hosie（中文名：谢立山，1853—1925），Hosea B. Morse（1855—1934），M. Schmuser，Augustine Henry（1857—1930）。书末附有 19 世纪以中国台湾命名的植物，19 世纪西方人所采的台湾特有植物以及 19 世纪台湾植物学编年。

■ **5.2.9 台湾森林探险——日治时期西方人在台采集植物的故事**，*Plant Hunting in Taiwan*-A History of Botanical Exploration in Taiwan in the Japanese colonial Taiwan，1895-1945，吴永华著，大 32 开，205 页，2003；台北：晨星出版社。

本书主要记载了五位西方采集者在中国台湾的采集情况，包括他们的生平、年表、详细的采集时间与地点、采集成果与报道、主要著作与所采集的植物名录、他人纪念文章、标本的去向与今日所在地等。这五位分别是法国传教士 Urbain J. Faurie（1847—1915），英国动物采集家 Henry J. Elwes（1846—1922），英国植物采集家 William R. Price（1886—1980），Ernest H. Wilson（1876—1930），美国密执安大学教授 Harley H. Bartlett（1886—1960）。另外，本书对美国植物病理学家 Henry A. Lee（1894—? ），苏联遗传学家 Otto A. Reinking（1890—1962），Nikolai I. Vavilov（1887—1943），美国植物学家 Franklin P. Metcalf（1892—1955），美国加州大学教授 Herman Knoche（1870—1945），美国蕨类形态学家 Alam G. Stokey（1877—1968），苏联植物病理学家 A. Kanchavely，美国昆虫学家 Judson L. Gressitt（1914—1982）等也有介绍。本书书末附有"20 世纪上半叶西方人所著台湾植物学编年（1900—1945）"。

■ **5.2.10 *British Naturalists in Qing China-Science，Empire and Cultural Encounter***，FaTi Fan，238 p，2004；Cambridge：Harvard University Press。中文版，**清代在华的英国博物学家——科学、帝国与文化遭遇**，范发迪著，袁剑译，2011，283 页；北京：中国人民大学出版社；**知识帝国——清代在华的英国博物学家**，范发迪著，袁剑译，276 页，2018；北京：

中国人民大学出版社。

本书作者是纽约州立大学历史系助理教授，也是华人（来自中国台湾）在海外用非母语所撰写的第一部有关动植物采集史料方面的论著。尽管本书不是专门的采集史著作，但作者凭借深厚的史学功底和丰富的海外资料，加上中英双语的优势，向读者展示了大英帝国对清代中国的动植物资源考察、采集、研究以及引种驯化的详细历史，很多内容不仅是自然科学史方面的，还有社会学、语言学以及历史学等内容。

英文书评参见：Ian Jackson，2004，*Taxon* 53（4）：1118。祝平一，2005，评介，新史学 16（3）：181-186；袁剑，2018，分类、博物学与中国空间，读书 5：131-138；汪亮，2012，当博物学家来到中国，中国图书评论 3：70-73。

■ **5.2.11** *Gifts from the Gardens of China*-The Introduciton of Traditional Chinese Garden Plants to Britain 1698-1862，Jane Kilpatrick，288 p，2007；London：Frances Lincoln Ltd。中文版，**异域盛放——倾靡欧洲的中国植物**，俞蘅译，287 页，2011；广州：南方日报出版社。

本书详细记载了清朝英国从中国采集与引种植物（特别是观赏等园艺植物）的历史（包括业余爱好者和专业采集家），还有对当时中国的文化、社会考察与交流等情况。作者是英国剑桥大学出身的历史学者，不但收集到非常珍贵的详细资料，而且作为一个植物爱好者，还多次到中国进行野外实地考察。本书不仅记载了英国从中国引种植物的详细历史，还从另一个侧面向读者展示了当代英国植物爱好者对中国的园林与植物的酷爱程度，以及对中国植物学/园艺学辉煌历史与杰出贡献的肯定，同时也包括对当年英法联军火烧圆明园的痛恨。本书书末附有在华的英国植物采集人员名单与采集情况简介。

中文书评参见：马金双，2008，云南植物研究 30（6）：644；陈俊愉，2009，初读英版新书《从中国花园获得的厚礼》，中国花卉盆景 8：2-3。

■ **5.2.12** *The Global Migrations of Ornamental Plants*-How the World got into Your Garden，Judith M. Taylor，312 p，2009；St. Louis，MO：Missouri Botanical Garden Press。

这是一本描述北美观赏植物来源与自然历史的专著，特别是包括从东亚的中国等地采集与引种植物的详细历史与过程，具有很高的学术价值。全书记载美国观赏植物近 6 500 种，其中近 30% 来自亚洲，居第一位；仅来自中国的就超过 10%。作者是英国牛津大学培养的医学家，在纽约爱因斯坦医学院从事神经科的临床与教学工作，1994 年退休后专门研究园艺植物的历史。本书由时任密苏里植物园主任 Peter H. Raven 博士作序。

中文书评参见：马金双，2009，云南植物研究 31（6）：563。

▌5.2.13 *The Paper Road*–*Archive and Experience in the Botanical Exploration of West China and Tibet*, Erik Mueggler, 361 p, 2011; Berkeley: University of California Press。

本书描述了 George Forrest 和 Joseph Francis Charles Rock 在华采集的详细历史以及彼此的关系等。作者 Erik Mueggler（1962—）是美国密执安大学人类学教授。作为霍普金斯大学的博士生，1991 至 1993 年曾经在中国云南永仁完成博士论文。

详细参见：赵玉燕，2006，底层历史与民俗研究——读埃里克·穆格勒《野鬼时代——中国西南的记忆、暴力和空间》，西南民族大学学报 9：31-34。；李晋，2017，纸路——19 世纪初期西方植物学家在西南中国的实践与体会，西南民族大学学报（人文社会科学版）8：37 ~ 50。

▌5.2.14 *Guide to the Flowers of Western China*, Christopher Grey-Wilson & Phillip Cribb, 504 p, 2011; Royal Botanic Gardens, Kew: Kew Publishing。

The extent and diversity of China's rich flora is unrivalled in temperate latitudes of the world, with some 30 000 species of plants。 Nowhere is this floral richness better seen than in the west of the country。 With its diverse scenery, lush forests, huge rivers and massive mountains, western China has been the centre of plant exploration for two centuries, yielding remarkable numbers of species of Clematis, Gentiana, Primula, Rhododendron as well as hundreds of orchids, poppies, camellias, peonies and roses。 Our gardens are full of trees, shrubs, perennials and bulbs of Chinese origin.

Today much of China is open for travellers to visit and enjoy the amazing variety of scenery and the vast, rich plantlife。 This exceptional new pictorial flora for western China describes and illustrates over 2 400 plants, and whilkst providing a field guide to many of the commoner and colourful elements of the flora, it also includes many endemics and plants of great rarity。 For the traveller, horticulturist or gardener it is the perfect reference, containing the largest collection of photographs of Chinese plants ever published。 With the arrangement of the plant families following the latest DNA-based classification, it will also meet the discerning needs of plant scientists.

▌5.2.15 *Fathers of Botany*–*The Discovery of Chinese Plants by European Missionaries*, Jane Kilpatrick, 254 p, 2014; Royal Botanic Gardens, Kew: Kew Publishing, and London and Chicago: University of Chicago Press。

The book covers Pere Armand David（1826-1900）, Pere Jean Marie Delavay（1834-1895）, Pere Paul Guillaume Farges（1844-1912）and Pere Jean Andre Soulie, but also includes other French priests who collected plants, particularly Pere Paul Perny（1818-1907）, Pere Edouard

Ernst Maire（1848–1932），Pere Francois Duclous，Pere Emile Bodinier（1842–1901），Pere Pierre Cavalerie（1869–1927）and Pere Theodore Monbeig（1875–1914）；Italian Padre Guisepper Giraldi（1848–1901）and Padre Cipriano Silvestri（1872–1955），and Irish Father Hugh Scallan（1851–1927）as was German Pastor Ernst Faber（1839–1899）；Pere Francois Ducloux（1864–1945），Pere Joseph Esquirol（1870–1934），Pere Nicholas le Cheron d' SJ Incarville（1706–1757），Pere Annet Genestier（1858–1937），Pere Leon Martin（1866–1919），Pere Jean Andre Soulie（1858–1905）。

英文书评参见：Hans W. Lack，2015，Catholic missionaries and Chinese plants，*Taxon* 64（6）：1362–1363。

5.3 研究历史

本部分收集有关植物（分类）学历史方面的出版物 14 种。

■ **5.3.1 中国种子植物分类学的回顾与展望**，植物分类学专业委员会；**五十年来的中国蕨类植物学**，秦仁昌；**中国苔藓植物学的研究概况及其展望**，苔藓植物组，1983，中国植物学会五十周年年会学术报告及论文摘要汇编，30–39，40–43，& 44–53。

以上三篇文章是改革开放后首次召开的中国植物学会 50 周年年会学术报告中的专题论文。其中回顾了有关的历史与取得的成绩，并展望了未来的工作。

■ **5.3.2 中国生物学发展史**，李亮恭著（繁体版），32 开，226 页，1983；台北："中央"文物供应社。

本书是**中华文化丛书**系列之一，包括从中国古代到当代各个时期的广义生物学历史，内容详细，值得推荐。特别是作者从翔实的史料出发，给予读者不同的视野。作者早年留学法国，并在国内多家大学任职，考证详细的生物学史，非常值得称赞。

■ **5.3.3 中国生物学史**，刘昭民编著，刘棠瑞订正（繁体版），32 开，496 页，1990；台北：台湾商务印书馆。

本书为**中华科学技艺史丛书**系列之一，包括中国古代到当代各个朝代的广义生物学史，并举有大量的实例，内容也很翔实，非常值得推荐。特别是作者从广泛的史料出发，向读者提供了多方面的知识，十分值得参考。作者刘昭民（1938—）是一位职业气象学家，著有多部相关史学书籍，能写出如此详细的生物学史，非常值得称赞。

■ **5.3.4 中国植物分类学史**，陈德懋著，32 开，356 页，1993；武汉：华中师范大学出版社。

这是中国第一部也是目前唯一一部比较齐全的植物分类学史专著。作者无论是史学功底，还是植物学背景，决非一般学者所能比之。以一个人的精力完成内容如此广泛而且详细、考证严谨而又周密的著作，确实是非常了不起的工作。遗憾的是本书在中国的学术界没有引起足够的注意，知道这本书的人可能也不是很多，更没有见到对这本书的介绍或评论。

全书分 3 章：第 1 章：萌芽时期（原始社会，第 1–8 页）；第 2 章：传统的植物分类时期（神农至清代，第 9–158 页），包括本草前期和本草著作期（后者详细介绍了 20 余种本草著作）；第 3 章：近现代植物分类时期（鸦片战争至当代，第 159–345 页），包括外国科学家活动期和中国科学家活动期，而后者又细分为孕育时期、自立时期和振兴时期。书末附录：第一届中国植物学会会员 105 人名单。本书不但记载了详细的中国植物分类学历史，而且还澄清了中国植物学界的一些错误记载与历史真相，不愧为中国植物分类学历史上的里程碑性专著。

■ **5.3.5 中国植物学史**，中国植物学会编，376 页，1994；北京：科学出版社。

本书是中国第一本植物学史，是几千年来中国植物学发展的回顾与总结。全书分上下两篇：古代和近现代；而古代部分包括四章：中国古代植物学的产生、古代植物学知识的积累、中国传统植物学的发展、中国传统植物学研究的高峰时期；而近现代部分包括 13 章：近代植物史总论、中国植物分类学史、中国植物生态学史、中国植物形态学史、中国植物生理学史、中国植物细胞学史、中国植物化学发展史、中国植物生殖生物学史、中国古植物学史、中国藻类学史、中国菌类学史、中国近代植物引种驯化史和植物科学画史。每章都由专家撰写，其中近代植物史总论（第 121–143 页）和中国植物分类学史（第 145–194 页）分别由中国科学院植物研究所王宗训和陈家瑞执笔。前者是中国著名的文献学家，后者是著名分类学家。本书无疑是我们了解中国植物学历史的重要工作，尽管不是非常详细。

■ **5.3.6 中国植物采集简史**，王印政、覃海宁、傅德志，中国植物志 1：658–732，2004；北京：科学出版社。

中国植物志第 1 卷第 6 章**中国植物采集简史**分为两部分：其一是新中国成立以前的采集史，包括 316 位外国人和近 100 名中国人；其二是新中国成立之后的采集史，包括全国性的和地方性的各类采集活动。每个人或每项采集活动都有详细的背景和成果等内容介绍。本书无疑是目前中国植物采集史记载最多的著作，但仍然不能称为完整的中国植物采集史。

5.3.7 近代西方识华生物史，*History of Western Botanical and Zoological Studies in China*，罗桂环著，32 开，434 页，2005；济南：山东教育出版社。

本书介绍了从明朝晚期葡萄牙人由海上来中国至中华人民共和国成立以前，西方各国对中国生物资源的考察、收集和研究的详细情况，阐述了他们的研究活动对生物学发展的影响，记述了这段时期西方各国在中国引种各类动植物的有关史实，展示了西方对中国作为一个生物多样性异常丰富的中心以及他们称为"园林之母"和"重要栽培植物起源中心"的认识过程。本书是目前中国采集史方面比较全面而又详细的专著，尽管称不上完整的采集史。

5.3.8 *Science and Civilisation in China*，中国科学技术史，Joseph Needham，李约瑟，Vol. 6，part 1，Botany，718 p，1986；Cambridge：Cambridge University Press；中译本，**植物学**，672 页，2006；北京：科学出版社，上海：上海古籍出版社。

本书无疑是中国古代和近代植物学历史比较全面的参考书，包括很多我们今天的学者都了解的有限。作者对中国植物资源的了解与掌握令笔者惊讶！原书在 1983 年的前言中就预言中国约有三万种植物，而那时**中国植物志**还远远没有结束；而 2004 年全部**中国植物志**全部完成数字是 31 000 多种。另外就是参考文献，非常多也非常详细。

5.3.9 中国科学技术史，卢嘉锡总主编，生物学卷，罗桂环、汪子春主编，445 页，2005；北京：科学出版社。

本书是中国古代和近代生物学历史比较完整的参考书。全书按历史时期分为六章：概论、中国古代生物学萌芽、描述性生物学体系的奠定（秦汉魏晋南北朝时期）、古代生物学的全面发展（隋唐宋元时期）、古代生物学发展的高峰（明清时期）和近代生物学的传入（又分为西方近代生物学的传入、中国近代生物学的发展时期、近代中国生物学教育的建立和中国科学社的建立及其贡献）。书末附有详细的参考文献和索引。

5.3.10 台湾特有植物发现史（西元 1854—2003 年中国台湾特有维管束植物研究），*The History of the Discovery of Endemic Plants in Taiwan*，吴永华著，大 32 开，797 页，2006；台北：晨星出版社。

本书载有中国台湾特有植物 1 056 种（包括种下单位，2003 年他人发表的数据）；其中清代（1854 至 1895 年）西方人发现仅 94 种，日治时期（1895 至 1945 年）占绝大多数，共 814 种，余下的 148 种为战后（1945 至 2003 年）国人自己的发现。本书按年代记载了这些特有植物的完整原始资料。书末附有植物的中文（繁体笔画）和学名索引。作者是中国台湾著名的生物史研究专家，多年来出版了很多有关的专著；若能把这些书籍联合起来参考，肯定受益匪浅。

■ **5.3.11 中国植物志编纂史**，胡宗刚、夏振岱著，2016，322 页；上海：上海交通大学出版社。

本书意在对**中国植物志**编纂过程作一全面记载，探寻各个时期重要历史事件始末，记述主要科、属编写经过和学术成就，借以评述中国植物分类学的发展历史。其主要内容按时间历程可分为：1922 至 1949 年学科的创建时期；1949 至 1958 年酝酿编写时期；1958 至 1977 年或编或停时期；1978 至 2005 年全面编辑时期。全书以档案记载和人物访谈为主要材料，力求忠实于历史，并以平实的笔法撰写历史。

■ **5.3.12 中国近代生物学的发展**，罗桂环著，417 页，2014；北京：中国科学技术出版社。

本书通过丰富的史料，以广阔的视野，条分缕析地阐述近代西方生物学引进我国及其植根和发展的艰难历程。力求真实地再现早期西方生物学知识在我国的传播和影响；我国主要生物学奠基人在国外的师承和学术渊源，他们对人才培养和科研机构建立所做的贡献；学术共回体的建立和学术期刊的发行。论证了我国生物学家在学科发展过程中遭遇的困难和艰辛，付出的努力和在推动学科发展以及"利用厚生"取得的重要成就；同时考察了社会环境、传统文化对近代生物学在我国成长的影响。

■ **5.3.13 云南植物研究史略**，胡宗刚著，373 页，2018；上海：上海交通大学出版社。

本书主要依据档案史料，将几百年来云南植物学发展经过，尤其对各研究机构发展脉络一一予以梳理，形成了一部完整至云南植物学史。全书共分为八章：云南本草和云南植物早期之采集、云南植物学研究机构之兴起与变迁、抗战之后复员、昆明工作站之重组与发展、1959 年后昆明植物研究所略史、西双版纳热带植物园、云南生态学研究机构、云南高等院校中的植物学研究。书前有中国科学院昆明植物研究所所长孙航（1963—）的序，书后有大事记以及后记。

■ **5.3.14 中国植物分类学纪事**，马金双主编，665 页，2020；郑州：河南科学技术出 版 社；*A Chronicle of PlantTaxonomy in China*，JinShuang MA（Editor in Chief），665 p，2020；Zhengzhou：Henan Science and Techonology Press。中英文双语版。

本书以编年纪事方式记载当代，特别是过去百年间（1916 至 2017 年），中国植物分类学的主要研究机构，主要植物分类学家及其成就，植物分类学图书、期刊及其他重要论著等，全国性与国际性植物分类学学术会议，以及重要的植物学采集内容。全书首次以中英文两种文字对照出版，记载中国植物分类学的历史事实，而且还附有 300 多幅照片（含 9 个插页），其中很多为首次面世。全书附有三个索引：中国年表 1753—2017、中外收藏中国植物标本的主要标本馆、中国植物分类学者名字的新旧拼写对照，六个索引：中国人名索引、西文人名索引、植物中文名索引、植物学名索引、中文期刊和图书索引、西文期刊和图书索引。

6 国际植物学大会与国际植物命名法规

对于植物分类学来说，国际植物学大会的目的不仅仅是会议，更重要的是通过大会所产生的命名法规。修订法规是历届国际植物学大会的一项重要任务。鉴于此，本书将其相关的内容一并记述，共记载 4 项。

6.1 国际植物学大会

国际植物学大会（英语：International Botanical Congress，简称 IBC）是植物学领域最大的国际性盛会，由国际植物学会和菌物学会联合会（英语：International Association of Botanical and Mycological Societies，简称 IABMS）授权举行；早年每隔 5 年一次（因两次世界大战而终止除外），1969 年之后每 6 年举行一次。国际植物学大会于 1900 年在巴黎举办第 1 届至今已经一百多年，截止 2017 年已经举行过 19 届。详细如下：

届数	年份	举办城市	举办国家	法规	注释与说明
I	1900	巴黎	法国	是	基于 1867 年植物命名法形成雏形。
II	1905	维也纳	奥地利	是	法语版的维也纳规则（1906）与英文版的美国法规（1907）先后形成。
III	1910	布鲁塞尔	比利时	是	国际植物命名规则基本形成。
IV	1926	伊萨卡	美国	否	没有法规出版，只有分类学命名的相关文章发表。
V	1930	剑桥	英国	是	国际植物命名规则 1935 年才发布。
VI	1935	阿姆斯特丹	荷兰	否	没有正式的法规出版，且由于二战，非正式规则与增补之后才发布。
VII	1950	斯德哥尔摩	瑞典	是	正式的国际植物命名法规通过，且首此将栽培与普通（即野生）植物分开，即出现首版国际栽培植物命名法规。

届数	年份	举办城市	举办国家	法规	注释与说明
VIII	1954	巴黎	法国	是	国际植物命名法规 1956 年发表。
IX	1959	蒙特利尔	加拿大	是	国际植物命名法规 1962 年发表。
X	1964	爱丁堡	英国	是	国际植物命名法规 1966 年发表。
XI	1969	西雅图	美国	是	国际植物命名法规 1972 年发表。
XII	1975	列宁格勒	苏联	是	国际植物命名法规 1978 年发表。
XIII	1981	悉尼	澳大利亚	是	国际植物命名法规 1983 年发表。
XIV	1987	西柏林	联邦德国	是	国际植物命名法规 1988 年发表。
XV	1993	东京	日本	是	国际植物命名法规 1994 年发表。
XVI	1999	圣路易斯	美国	是	国际植物命名法规 2000 年发表。
XVII	2005	维也纳	奥地利	是	国际植物命名法规 2006 年发表。
XVIII	2011	墨尔本	澳大利亚	是	国际植物命名法规更名为国际藻类、菌物和植物命名法规；2012 年发表。
XIX	2017	深圳	中国	是	国际藻类、菌物和植物命名法规 2018 年发表。

详细参见：Gideon F. Smith, Melanie Schori & Karen L. Wilson, 2019, The history, establishment, and functioning of Special-purpose Committees under the *International Code of Nomenclature for algae*, *fungi, and plants*, *Taxon* 68（5）: 1082–1092.

6.2 植物命名法规

法规在 2011 年末之前的全称为**国际植物命名法规**（英语：International Code of Botanical Nomenclature，简称 ICBN），而 2012 年之后全称则改为**国际藻类、菌物及植物国际命名法规**（英语：International Code of Nomenclature for algae, fungi and plants，简称 ICN）。国际植物命名法规或国际藻类、菌物及植物国际命名法规是植物分类学界每个人必须遵守的基本学术准则，然而我们现在所见到的法规从它的诞生、形成并成为今天世界性一致遵守的规则，经历了十分漫长而且充满争议的过程①。"法规"最早是在 Alphonse L. de

---

① 截至 1954 年巴黎第八届国际植物学大会的详细内容参见 Richard S. Cowan & Frans A. Stafleu, 1982, The Origin and Earty History of I. A. P. T., *Taxon* 31（3）: 415–420; Frans A. Stafleu, 1988, The Prehistory and History of IAPT, *Taxon* 37（3）: 791–800; Dan H. Nicolson, 1991, A history of botanical nomenclature, *Annuals of the Missouri Botanical Garden* 78: 33–56; 而之后的详细内容参见：John McNeill, 2000, Naming the groups: Developing a stable and efficient nomenclature, *Taxon* 49: 705–720。

Candolle 等人（1867）拟出的植物命名原则基础上，经过多次植物学会议反复讨论并不断修订而成为全世界植物分类学者共同遵守的章程。**国际植物命名法规**或**国际藻类、菌物及植物国际命名法规**的目的是国际植物学工作者共同使用的一个精确而简明的命名制度，以使分类群有一个稳定而统一的名称，以避免造成交流上混乱。"法规"的原则之一是最新版本替代所有以前版本；所以，使用时必须以最新版本为依据。这里顺便指出，随着法规的不断完善，特别是新近版本之间实质性变化不大，只是前一版法规某些条款修订或补充而已。当然若能掌握旧的版本，不仅可以解决有关问题，还能了解到某些条款变化的来龙去脉与演变历史等，这对于学名的考证极为重要。

历届国际植物学大会通过的法规一般都在大会之后一两年内正式发表，但会议之后的次年一月一日即生效。每次国际植物学大会后新的版本法规生效，全世界的植物分类学工作者都要认真执行，因此中国也数次译成中文版或以"简介"或以"编译"的形式刊出。以下本书详细列出具体版本，若已有相应的中文以及东亚的日文翻译版本或者编译本以及翻译文章等也一并列出（但不包括东亚以外的其他语种翻译版本）。

▌**6.2.1** Ⅰ，Alphonse L. de Candolle，Lois de la Nomenclature botanique adoptees par le Congres，a Paris en Aout **1867**，64 p，1867；Paris：H. Georg，Geneve et Bale，J. B. Bailliere et fils。

▌**6.2.2** Ⅱ，John I. Briquet，Regles internationales de la nomenclature botanique doptees par les Congres International de Botanique de Vienne，Austria，**1905**，99 p，1906；Jena：G. Fischer。

▌**6.2.3** Ⅲ，John I. Briquet，Regles internationales de la nomenclature botanique，deuxieme Edition mise au point d'apres les decisions du Congres International de Botanique de Bruxelles，Brussel，**1910**，110 p，1912；Jena：G. Fischer。

▌**6.2.4** Ⅳ，Ithaca，New York，USA，August，**1926**（没有通过法规）。

▌**6.2.5** Ⅴ，John I. Briquet，International Rules of Botanical Nomenclature，revisecd by the International Botanical Congress of Cambrdige，England，**1930**，152 p，1935；Jena：G. Fischer；中文版，国际植物命名法规，俞德浚译，1936—1937，中国植物学杂志 3（1）：873-893，3（2）：957-976，3（3）：1 109-1 136，1936，& 4（1）：79-103，1937。

■ **6.2.6** Ⅵ，Wendell H. Camp et al.，**International Rules of Botanical Nomenclature**，revised by the International Congress of Amesterdam，Netherlands，**1935**，*Brittonia* 6：1–120，1947。

■ **6.2.7** Ⅷ，Joseph Lanjouw et al.，**International Code of Botanical Nomenclature adopted by the seventh International Botanical Congress（Stockholm Code），Stockholm，Sweden，July，1950**，*Regnum Vegetabile* 3：1–228 p，1952。

■ **6.2.8** Ⅸ，Joseph Lanjouw et al.，**International Code of Botanical Nomenclature adopted by the Eighth International Botanical Congress（Paris Code），Paris，France，July，1954**，*Regnum Vegetabile* 8：1–338 p，1956。国际植物命名法规，刘慎谔，76页，1961；沈阳：中国科学院林业土壤研究所（油印本，内部印制）。

■ **6.2.9** Ⅸ，Joseph Lanjouw et al.，**International Code of Botanical Nomenclature adopted by the Ninth International Botanical Congress（Montreal Code），Montreal，Canada，August，1959**，*Regnum Vegetabile* 23：1–372 p，1961：中文版，国际植物命名法规，耿伯介译，耿以礼校，108页，1964；南京：南京大学出版社（内部印制）；国际植物命名法规，匡可任译，262页，1965；北京：科学出版社（内部发行）。

■ **6.2.10** Ⅹ，Joseph Lanjouw et al.，**International Code of Botanical Nomenclature adopted by the Tenth International Botanical Congress（Edinburgh Code），Edinburgh，Scotland，August，1964**，*Regnum Vegetabile* 46：1–402 p，1966。

■ **6.2.11** Ⅺ，Frans A. Stafleu et al.，**International Code of Botanical Nomenclature adopted by the Eleventh International Botanical Congress（Seattle Code），Seattle，USA，August，1969**，*Regnum Vegetabile* 82：1–426 p，1972。中文版，国际植物命名规约，谢万权译，1974，中华林学季刊7（2）：87-95；1975、1976，森林学报（中兴大学森林系）4：1-17，1975；5：15-35，1976；国际植物命名法规，廖日京译，74页，1975；台北：台湾大学农学院森林系（油印本）。

■ **6.2.12** Ⅻ，Frans A. Stafleu et al.，**International Code of Botanical Nomenclature adopted by the Twelfth International Botanical Congress（Leningrad Code），Leningrad，USSR，July，1975**，*Regnum Vegetabile* 97：1–457 p，1978；中文版，国际植物命名法规简

介①，汤彦承编，69 页，1982；陕西武功：西北植物研究所分类室（油印本）；**国际植物命名法规**，赵士洞译，俞德浚、耿伯介校，295 页，1984；北京：科学出版社。

▌**6.2.13 XⅢ**，Edward G. Voss et al.，**International Code of Botanical Nomenclature adopted by the Thirteenth International Botanical Congress（Sydney Code），Sydney，Australia②，August，1981**，*Regnum Vegetabile* 111：1-472 p，1983；中文版，《国际植物命名法规》简介（Ⅰ—Ⅸ），汤彦承译，1983—1985，植物学通报 1（1）：55-59，1（2）：57-59，1983；2（1）：53-55，2（2-3）：87-92，2（4）：51-57，2（5）：58-61，2（6）：49-54，1984；3（1）：59-61，& 3（2）：53-56③，1985。另参见：汤彦承，**国际植物命名法规简介**，71 页，1983，中国植物志参考文献目录第 31 册（油印本）④。

▌**6.2.14 XⅣ**，Werner R. Greuter et al.，**International Code of Botanical Nomenclature adopted by the Fourteenth International Botanical Congress（Berlin Code），Berlin，West Germany，July-August，1987**，*Regnum Vegetabile* 118：1-328，1988p；日文版，**国际植物命名规约**，大桥广好译，214 页，1992；茨城：津村研究所。

▌**6.2.15 XⅤ**，Werner R. Greuter et al.，**International Code of Botanical Nomenclature adopted by the Fifteenth International Botanical Congress（Tokyo Code），Yokohama（Tokyo），August-September，1993**，*Regnum Vegetabile* 131：1-389 p，1994；日文版，**国际植物命名规约**，大桥广好译，247 页，1997；茨城：津村研究所。

▌**6.2.16 XⅥ**，Werner R. Greuter et al.，**International Code of Botanical Nomenclature adopted by the Sixteenth International Botanical Congress（St. Louis Code），St. Louis，**

---

① 副标题：在西北植物研究所座谈会上的发言稿。发言具体时间不详，但印刷时间为 1982 年 3 月。此时悉尼法规已经通过，但内容依然是列宁格勒法规（参见原书第 8 页）。

② 第十三届国际植物学大会于 1981 年 8 月 21 至 28 日在澳大利亚悉尼召开。中国植物学会于 1981 年 10 月 11 至 17 日在安徽合肥市举行"第十三届国际植物学会议传达报告会"。会上，由 26 为参加第十三届国际植物学大会的代表作了传达报告，并汇总 31 篇传达报告稿，编辑成**第十三届国际植物学会议传达报告汇编**，194 页，1981 年 12 月；中国植物学会、河北省植物学会、河北省植物生理学会（铅印本）。其中第 58 页有出席会议的中国 33 名代表名单。这是中国首次、也是目前唯一的一次国际植物学大会之后的报告。

③ 有关真菌部分与郑儒永合作。

④ 本书 1982 年西北植物研究所分类室曾经以发言稿形式油印，69 页。

USA，July-August，1999，*Regnum Vegetabile* 138：1-474 p，2000；中文版，**国际植物命名法规**，朱光华译，412 页，2000；北京：科学出版社；中文繁体摘译版，**植物命名指南**（*Guide to Botanical Nomenclature*），黄增泉译，44 页，2000；台北：行政院农业委员会；修订版，329 页，2002；台北：行政院农业委员会；日文版，**国际植物命名规约**，大桥广好、永益英敏译，174 页，2003；茨城：日本植物分类学会。

▌6.2.17 XVII，John McNeill et al.，**International Code of Botanical Nomenclature adopted by the Seventeenth International Botanical Congress**（**Vienna Code**），**Vienna**，**Austria**，**July**，**2005**，*Regnum Vegetabile* 146：1-568 p，2006；日文版，**国际植物命名规约**，大桥广好、永益英敏译，208 页，2007；新泻：日本植物分类学会；中文版，**国际植物命名法规**，张丽兵译，295 页，2007；北京：科学出版社；中文繁体摘译版，**植物命名指南**（*Guide to Botanical Nomenclature*），黄增泉译，279 页，2007；台北：行政院农业委员会林务局。[①]

▌6.2.18 XVIII，John H. Wiersema et al.，**International Code of Nomenclature for algae，fungi and plants adopted by the Eighteenth International Botanical Congress**（**Melbourne Code**），**Melbourne**，**Australia**，**July 2011**；*Regnum Vegetabile* 154：1-240 p，2012，Königstein：Koeltz Scientific Books.[②] 日文版：**国际藻类、菌类、植物命名规约**，大桥广好、永益英敏、邑田仁译，233 页，2014；东京：北隆馆；中文版：**植物命名指南**，黄增泉、吴明洲、黄星凡著译，331 页，2013；台北：行政院农业委员会林务局；**国际藻类、真菌和植物命名法规（墨尔本法规）**，张丽兵译，1-105 页，215-257 页，2016；圣路易斯：

[①] 张丽兵，杨亲二，Nicholas J. Turland，John McNeill，2007，新版国际植物命名法规（维也纳法规）中的主要变化，植物分类学报 45（2）：251-255。

[②] John H. Wiersema，John McNeill，Nicholas J. Turland，Fred R. Barrie，William R. Buck，Vincent Demoulin，Werner R. Greuter，David L. Hawksworth，Patrick S. Herendeen，Sandra D. Knapp，Karol Marhold，Jefferson Prado，W. F. Prud'homme van Reine and G. F. Smith（eds.），2015，*International Code of Nomenclature for algae，fungi and plants*（*Melbourne Code*），adopted by the Eighteenth International Botanical Congress Melbourne，Australia，July 2011；***Appendices*** II-VIII. *Regnum Vegetabile* 157：1-492；Königstein：Koeltz Scientific Books。由于附录内容剧增，法规的正文和附录（而且附录页码远远多于正文页码）不得不分开发行。

密苏里植物园。①②

■ **6.2.19** **XIX**，Nicholas J. Turland et al.（eds.），**International Code of Nomenclature for algae，fungi，and plants**（Shenzhen Code）adopted by the Nineteenth International Botanical Congress Shenzhen，China，July 2017，*Regnum Vegetabile* 159：XXXVIII+254 p，2018；Glashütten：Koeltz Botanical Books；日文版，国际藻类、菌类、植物命名规约，永益英敏译，253 页，2019；东京：北隆馆。③

6.3 法规相关的其他出版物

法规的语言文字非常简练，许多术语具有特定和精确的含义。针对于此，学术界出版了一些有关的术语解释或读者指南，以便更容易理解并容易掌握。在此介绍 6 种。

■ **6.3.1** *An Annotated Glossary of Botanical Nomenclature–With special reference to the International Code of Botanical Nomenclature as adopted by the 10th International... at Edinburgh 1964*；Rogers McVaugh，Robert Ross & Frans A. Stafleu（eds），*Regnum Vegetabile* 56：1–31 p，1968；Utrecht，The Netherlands：IAPT。

本书是为读者熟练掌握法规的术语，在第 10 届国际植物学会（爱丁堡，1964 年）命名小组的决议下编辑的。名词解释浅显易懂，使用上非常方便。

■ **6.3.2** *Biological Nomenclature*，Charles Jeffrey，1st edition，69 p，1973，London：Edward Arnold，and New York：Crane Russak；2nd edition，72 p，1977；New York：Crane Russak；3rd edition，86 p；London，New York：Edward Arnold。

本书包含的内容很广，涉及生物命名法的一般问题，并讨论了植物、动物和原核生物（细菌）法规。

---

① http://www.iapt-taxon.org/files/Melbourne_Code_Chinese.pdf；2016 年 11 月国际植物分类学会（IAPT）网站在线发表（一部分，并非全部；内部发行，没有书号）。

② 朱相云，2016，浅谈《墨尔本法规》中的"采集"、"新命名"和"命名人引证"等术语，生物多样性 24（10）：1197-1199；朱相云，2017，《墨尔本法规》中的"后选模式"和"原白"概念及其应用，生物多样性 25（8）：904-906。

③ 朱相云、刘全儒，2020，2018 版《国际藻类、菌物和植物命名法规》（深圳法规）的主要变化，生物学通报 55（4）：11-15。

■ **6.3.3** *Plant Names–A Guide to Botanical Nomenclature*，Peter Lumley & Roger Spencer（eds），2nd，51 p，1991；Melbourne：Royal Botanic Gardens；Roger Spencer，Robert Cross & Peter Lumley（eds），3rd，162 p，2007；Collingwood：CSIRO Publishing。

本书是一本关于植物学名的出版物，包括**国际植物命名法规**以及**国际栽培植物命名法规**的介绍等。全书共分为 4 部分：野生植物、栽培植物、使用植物名和植物名资源（即进一步的参考资料等）。

■ **6.3.4** *The Names of Plants*，David Gledhill，4th edition，2008，426 p；Cambridge，New York：Cambridge University Press.

本书涉及植物命名法，特别是包括范围甚广的属名、种加词和词缀及其含义的术语。

■ **6.3.5** *Terms used in Bionomenclature*——*The naming of organisms（and plant communities）*，David L. Hawsworth，2010，215 p，Copenhagen：Global Biodiversity Information Facility.

作者是时任 IUBS/IUMS 国际生物命名局主席，为 GBIF 撰写的植物、栽培植物、系统、群落、原核生物（细菌）、病毒和动物命名的术语，包括 2100 多个名词，按字母顺序排列，并附有相关类别的资料来源以及缩写和参考文献；其服务对象不仅仅是植物学专业学者，还有更多的领域以及相关人员。

■ **6.3.6** *The Code Decoded-A User's Guide to the International Code of Nomenclature for algae*，*fungi*，*and plants*，Nicholas J. Turland，169 p，2013；*Regnum Vegetabile* 155：1-169 p；Königstein：Koeltz Scientific Books；2nd edition，196 p，2019；Pensoft Publishers，Sofia。 中文版：**解译法规**——《国际藻类、菌物和植物命名法规》读者指南，解译法规翻译组译，刘夙审校，190 页，2014；北京：高等教育出版社。

从本书副标题的名字可知，这是一本用显而易懂的语言介绍法规的普及本，不但其所依据的版本为新的墨尔本法规，而且作者还是墨尔本法规的参与者；两者出自一人之手，受益者无疑为广大读者。加之中文世界至今没有类似的出版物，于是翻译成中文不但必要，而且非常及时。原书第 2 版更值得推荐，不仅仅因为作者是根据深圳法规进行了修订，更因为作者还是深圳法规的主编；这无疑是目前该领域的权威参考。

6.4 植物学拉丁文

拉丁文（Latin）是古代拉丁民族的罗马帝国之国语，罗马帝国灭亡后，拉丁文也由其他语言代替而基本成为一种死语言。今天世界上除梵蒂冈外，仅在生物命名及医药等个别学科的术语和缩写中使用。然而，按国际植物命名法规或国际藻类、菌物和植物命名法规的要求，植物学拉丁文（Botanical Latin）却是全世界植物分类学工作者必须使用的国际通用语言，特别是新分类群的命名以及描述（至少在 2012 年之前是必需的，而 2012 年之后英文和拉丁文均可）。因此它也是植物分类学工作者必须掌握的语言之一。

本书共收载 12 种，包括植物学拉丁文（Botanical Latin）有关的拉丁文字典及名词和术语解释等。

■ **6.4.1 植物种名释**，丁广奇编译，侯宽昭校订，32 开，114 页，1965；北京：科学出版社。

全书收植物种名词汇约 9 000 条，按拉丁文顺序排列。

■ **6.4.2 *Botanical Latin***，William T. Stearn，1st ed，566 p，1966；2nd ed，566 p，1973；3rd ed，566 p，1983；4th ed，546 p，1992；London：Nelson，& Newton Abbot：David & Charles；中文版，**植物学拉丁**，秦仁昌译，32 开，上册：712 页，1978，下册：344 页，1980；北京：科学出版社。

本书为初学植物学拉丁语的工具书之一，内容不但包括拉丁语的基本文法，还有许多古典植物分类学文献中的知识，包括古代地名，实为阅读文献中常遇到的困难之一。根据第 2 版翻译的中文本分上下两册：上册主要为词汇及有关章节，即为原著的第 4 部分（略去文献部分）；下册主要为语法，即为原著的第 1 至 3 部分。中译本中译者还加举一些实例（有 * 号者），这是原书中没有的，而且对于初学者来说是绝对必要的。本书第 4 版（1992）分 4 部分共 26 章，包括绪论、词法、句法以及词汇和文献；特别是在词汇方面增加很多内容，包括园艺方面；所以本书的对象不仅仅是植物学者，还有园艺工作者等。本书作者 William T. Stearn（1911—2001）是世界上屈指可数的著名植物学拉丁文专家[1]。

■ **6.4.3 *BASIC LATIN for Plant Taxonomists***，Andrei Baranov，146 p，1968；New Delhi：Impex India；植物分类学基础拉丁语，赵能译，32 开，202 页，1988；成都：四川科学技术出版社。

---

[1] Christopher D. Brickell，2001，William T. Stearn CBE，FLS，VMH，An Appreciation，*The New Plantsman* 8（4）：196-200；Ghillean T. Prance，2001，William Thomas Stearn（1911-2001），*Taxon* 50（4）：1255-1276；Brian F. Mathew，B. Elliott，Christopher J. Humphries & Ray Desmond，2002，In Memoriam William Thomas Stearn 1911-2001，*The Linnean* 18（4）：32-45；Norman K. B. Robson，2002，Obituary of William Thomas Stearn（1911-2001），*Watsonia* 24，123-124。

本书是植物分类学者必备的拉丁文工具书。全书分为 5 章：创拟植物名称、检索表和特征集要，分类学引证，拉丁文语法纲要，拉丁语法在植物学上的应用，分类学著作中常用标准词语和缩写词汇编。很遗憾，在中国大多数图书馆没有收藏。

■ **6.4.4 拉丁文植物学名词及术语**[①]，方文培编著，64 开，211 页，1980；成都：四川人民出版社。

本书共载有植物学中常用的拉丁文名词及术语 2 600 余条，末尾附有拉丁文名词名称的词尾表和各种变格法的举例；书末的四川、云南两省的地名考对于我们查找文献及标本上的旧地名很有用。

■ **6.4.5 古生物命名拉丁语**，*Palaeontological Latin in Nomenclature*，张永辂编著，32 开，429 页，1983；北京：科学出版社。

本书主要以命名拉丁语为线索，以国际动、植物命名法规为依据，论述生物命名的主要规则和方法；介绍生物命名的拉丁语，并配合相当多的实例（特别是古生物学的）加以阐述。书中还收录了常用拉丁语词汇 8 千余条，供创建和汉译拉丁名时参考。书末还有国际动、植物命名法规要点和生物命名惯例，生物名称俄拉字母对应关系和拉丁地名集等三个附录。

■ **6.4.6 植物学名解释**，丁广奇、王学文编，32 开，463 页，1986；北京：科学出版社。

本书诠释植物拉丁学名的含义，共收载国产高等植物和引种栽培的植物属名约 4 000 条，种加词约 15 000 条；且属名解释分别列出其性别、中文名、词源、含义和附属的科别。

■ **6.4.7 拉丁语汉语词典**，*Dictionarium Latino-Sinicum*，谢大任主编，601 页，1988；北京：商务印书馆。

本书是中国唯一的拉丁文词典。全书共收词目 45 000 条，包括基本词汇、一般词汇和科学技术词汇以及外来语、古希腊和古罗马的人名和地名等。此外，还在有关词条内收入拉丁语句、词组、习语、格言和谚语等。

■ **6.4.8 汉英拉植物分类群描述常见词汇**，黄普华、孙洪志编，大 32 开，299 页，2005；哈尔滨：东北林业大学出版社。

---

① 本书 1955 年曾以**植物学名词及术语**（内部刊行，126 页；成都：四川大学）。

本书搜集植物分类群描述常见拉丁文词汇共 4 120 多条，包括植物的外部形态、气味与味道、生境及物候等，还包括描述中常见的介词、副词和连接词。为使读者使用方便，中文以有花植物形态归类排序，每一条目均以汉英拉三种文字对照出现。末尾附有英文和拉丁文词汇索引。本书实际上是从中文查找英文和拉丁文的描述性字典，具有很好的使用价值。作者黄普华（1932—）教授不仅长期教授本科生的树木学和研究生的植物分类学与植物学拉丁文，而且还是**中国植物志**豆科和樟科部分类群的作者，同时也是最后三届（1987 至 1992、1993 至 1995、1996 至 2004 年）中国植物志编委会的委员，是中国当代植物分类学家中为数极少的植物分类学和植物学拉丁文兼通的"两栖"专家。

■ **6.4.9 植物学拉丁文**，沈显生编著，162 页，2005；合肥：中国科学技术大学出版社。

本书对拉丁文各种词类的变格和用法以及有关植物形态描述的撰写范文等均作了详细的解释和说明。对拉丁语的起源和发音、**国际植物命名法规**的主要内容、植物的科名、属名和植物种的学名以及命名人等做了详细介绍，同时还列举**中国植物志**文献引证并加以解释。本书由王文采作序。

■ **6.4.10 植物拉丁学名及其读音**，郑一帆、郑瑾华编著，126 页，2008；广州：广东科学技术出版社。

本书在介绍植物科学分类等级的基础上对野生及栽培植物的种及种以下各类等级植物拉丁学名的构成和文本表达作了较全面的归纳，提出了一种属名词性区分的新概括和对同位种加词的新理解，提出了植物拉丁学名读者表达的基本要求和表达时应注意的几个问题。

■ **6.4.11 拉汉植物与真菌分类群描述常见例句**，黄普华、薛煜编著，142 页，2015；哈尔滨：东北林业大学出版社。

本书介绍植物和真菌分类群描述常用的拉丁语例句及发表新类群时进行特征简介的例子，内容包括维管束植物和真菌类，每一例句和例子均以拉汉两种文字对照出现。本书也是**汉英拉植物分类群描述常见词汇**（本书第 6.4.8 种）的续集。

■ **6.4.12 拉汉常见植物分类学词汇**，谭策铭、刘博编著，414 页，2017；北京：中央民族大学出版社。

本书收集了常见拉丁文、汉文植物学名词 23 900 余条（含少量中、英、德、法等国植物类书籍、期刊中的缩写词汇）。词汇涵盖植物科属名解释、植物种加词解释、部分中外植物分类学学者姓名缩写、中国主要植物标本馆名称和代码等。词汇所述植物含苔藓、蕨类、裸子和被子植物（以我国所产属种为主，少量收入部分国外产属种）。

7 植物标本馆与模式

植物标本馆是植物分类学的研究基地（类似实验室），其收藏是分类学的研究基础，特别是与模式无法分开，故一起介绍。本部分包括两项。

7.1 植物标本馆

植物标本馆（标本室，Herbaria）是永久保存供科学研究的植物标本及其信息的科研场所。其标本依据保存的形式又分为腊叶标本和液体标本，以及部分载玻片形式保存的花粉、或者实体木材或大型球果，以及各类化石等。这些标本是记载植物的依据，特别是那些描述命名的依据——模式。

植物标本馆不仅是植物分类学重要的研究场所，更是资源与信息的存放地！详细参见：Clarence E. Kobuski，Conrad V. Morton，Marion Ownbey，& Rollla M. Tryon，1958，Report of the committee for recommendations on desirable procedures in herbarium practice and ethics，*Brittonia* 10：93-95；Lorin I. Nevling Jr.，1973，Report of the committee for recommendations in desirable procedures in herbarium practice and ethics，II，*Brittonia* 25：307-310；Richard K. Rabeler，Harlan T. Svoboda，Barbara Thiers，L. Alan Prather，James A. Macklin，Laura P. Lagomarsino，Lucas C. Majure，& Carolyn J. Ferguson，2019，Herbarium Practices and Ethics，III，*Systematic Botany*，44（1）：7-13。

本书共收录 9 种。

■ **7.1.1 *Index Herbariorum Part 2*，*Collectors***，Joseph Lanjouw & Frans A. Stafleu，Vols. 1-7，1954-1988；**1**，A-D，1-179 p，1954；**2**，E-H，180-354 p，1957；**3**，I-L，355-475 p，1972；**4**，M，476-576 p，1976；**5**，N-R，577-803 p，1983；**6**，S，806-985 p，1986；7，T-Z，987-1213，1988；Utrecht：International Bureau for Plant Taxonomy and Nomenclature of the International Association for Plant Taxonomy。

本书的目的是收集世界主要采集家的名录以及标本的采集地和收藏所，对研究工作者查考他人研究的标本，特别是模式标本的收藏处很有参考价值，包括采集时间、采集地点、采集数量等。但由于本书出版时间跨越达 35 年之久，前后收载的详细程度有所不同，特别是早期，对于东欧和苏联以及中国的标本馆内容不是十分齐全，有的可以说相当缺乏，因为本书主要由欧洲、美洲、南亚、非洲及澳大利亚各大标本馆（室）提供的资料编辑而成。

■ **7.1.2** *Bryological Herbaria* a guide to the bryological herbaria of the world，Zennoske Iwatsuki，Dale H. Vitt & Stephan R. Gradstein，144 p，1976；Vaduz：J. Cramer。

本书是世界苔藓植物标本馆指南，是在 1974 年 *Index Herbariorum Part 1*，6th ed 的基础上编辑而成，并包括私人标本馆，按城市记载；内容包括主任、馆长、标本量、主要地区、重要采集人、借阅与否、交换内容以及出版物等。全书包括 292 个苔藓标本馆，其中 44 个属私人性质。

■ **7.1.3** *Compendium of Bryology a world listing of herbaria，collectors，bryologists，and current research*，Dale H. Vitt，Stephan R. Gradstein & Zennoske Iwatsuki，355 p，1985；Braunschweig：J. Cramer（Bryophytorum Bibliotheca Band 30，International Association of Bryologists）。

本书共分三部分：I，苔藓标本馆（1-179 p）；II，苔藓采集人（180-224 p）；III，当代苔藓研究（225-355 p）。其中标本馆又分为按代码和城市索引标本馆，没有代码的标本馆，个人标本馆，按国家、城市、代码索引标本馆（其中包括中国的 8 个单位）。当代苔藓研究又分为研究类别，研究人员与地永久地址，索引，研究人员（按国家与研究类别排列，其中包括中国 18 人），研究项目（据类别与研究领域排列）和 Bryologists with Permanent Cultures。

■ **7.1.4** *The Herbarium Handbook*，Leonard Forman & Diane Bridson，214 p，1989；2nd ed，303 p，1992；3rd ed，334 p，1998；Kew：Royal Botanic Gardens；中文版，**标本馆手册**，第 3 版，姚一建等译，299 页，1998；伦敦：皇家植物园（邱园[①]）。

本书是基于邱园 1980 年代末和 1990 年代初标本馆技术讲习班和培训班的教材基础上编写而成，是一本专门论述广义植物标本馆的手册。第 3 版包括 6 部分 42 章，内容包括引言（第 1-2 章）、标本馆建筑物、收藏物和材料（第 3-6 章）、标本馆技术与管理（第 7-22 章）、标本馆其他技术（第 23-29 章）、标本采集（第 30-38 章）和广义标本馆（第 39-42 章）。全书附有大量的参考文献，书末还有索引。本书不仅是标本馆建设与日常管理的必备工具书，同时也是植物分类学者必备的参考书。作者所在的单位是世界上著名的大型植物标本馆及世界植物分类中心，所以影响很大，目前至少有俄语、韩语和中文翻译版。

■ **7.1.5** *Index Herbariorum Part 1，The Herbaria of the world*，Patricia K. Holmgren，

---

① 本书中文版将英文 "Kew" 译为 "克佑"，而不是植物学界常称作的 "邱园"。

Noel H. Holmgren & Lisa C. Barnett（eds），8 th. ed，693 p，1990；New York：New York Botanical Garden。

本书为全世界植物标本馆（室）的索引，记载各标本馆的地址、代码、所隶属的机构、建立的年代、收藏标本数目、特色、研究人员的姓名、专长及联系方式、出版物等，书末还有学者和采集者索引。本书是植物分类学研究人员和植物标本室管理人员必备的工具书，特别是查找著名采集家的标本所藏地，了解学者的专长及联系方式等非常有用。

本书 1990 年出版以来在 *Taxon* 上已经连续补充 18 次：40（4）：687-692，1991，42（2）：489-505，1993，43（2）：305-328，1994，44（2）：251-266，1995，45（2）：373-389，1996，46（3）：567-591，1997，47（2）：503-514，1998，48（4）：837-842，1999，49（1）：113-124，& 49（2）：325-328，2000，50（2）：603-620，2001，51（1）：211-216，& 51（3）：589-592，2002，52（2）：385-389，& 52（4）：905-906，2003，54（4）：1111-1113，2005，55（3）：812-813，2006，& 57（4）：1377-1378，2008。

自 1997 年网络版开通至今（截止 2019 年 12 月 15 日），共收载世界上 178 个国家或地区 3 324 个标本馆及 12 135 位学者，标本量达 3.92 亿（http：// sweetgum.nybg. org / science / ih /）；可以按国家、城市、单位、代码及学者与研究专长等检索。另外还可以从这个系统中找到有关单位的网址，而这些网址在原来的文字版本（包括 1990 年的最后版本）是没有的。还有，最新的网络版共收录中国 361 个标本馆（标本室），标本达 2 千万，人员 1 318 位（截至 2019 年 12 月 15 日），显然是很多并没有及时更新。

为方便起见，本书摘录与中国有关的重要标本馆作为附录。参见附录 1，世界主要植物标本馆简介。

■ **7.1.6 *Plant Specialists Index***，Patricia K. Holmgren & Noel H. Holmgren，394 p，1992；Königstein：Koeltz Scientific Books。

详细参见本书第 1.1.27 种。

■ **7.1.7 中国植物标本馆索引**，*Index Herbariorum Sinicorum*，傅立国主编，张宪春、覃海宁、马金双副主编，Editor in Chief：LiKuo FU，Vice Editors in Chief：XianChun ZHANG，HaiNing QIN & JinShuang MA；中英文版；458 页，1993；北京：中国科学技术出版社。

本书首次根据国际惯例记载中国 318 个标本馆（室）的标准缩写代码、收藏量、研究人员的特长、出版物、联系人以及详细的联系地址等，包括港澳台的单位，同时用中英文发表。特别是不但详细列出现有学者而且还包括已经过世的学者，这样的工作即使是世界性的工作 *Index Herbariorum*（1990）第 8 版也没有做到。所以本书出版之后，*Index Herbariorum*（1990）第 8 版的主持人 Patricia K. Holmgren 等先后在 Taxon 上连续报道。

本书当时由于时间太匆忙，加之资料有限，很多历史性的信息没有收集，甚至一些在 *A Bibliography of Eastern Asiatic Botany*（1938）和 *A Bibliography of Eastern Asiatic Botany Supplement*（1960）中的内容我们都没有来得及考虑，同时还有一些遗漏以及个别错误等。进一步考虑，本书再版时应该考虑进入 IAPT 的 *Regnum Vegetabile* 出版系列，这样会增加本书在世界上的影响与使用，不至于直到今天在国际上连一个新书介绍都没有。覃海宁等 2019 年对本书进行了再版，详细参见本书的第 7.1.9 种。

为方便起见，本书摘录部分主要的中国标本馆作为附录。参见附录 2，中国主要植物标本馆（室）简介。

本书实际上是全国植物单位与植物分类学家合作的典范，详细编写过程参见本书的附录 3：中国植物标本馆索引编写后记与首届标本馆参加人员名单。

■ 7.1.8 *Handbook on Herbaria in India and Neighbouring Countries*，M. Venkatesan Viswanathan，Harbhajan B. Singh & P. R. Bhagwat（eds），158 p，2000；New Delhi：National Institute of Science Communication。

本书是印度国家科学交流研究所组织编写的印度次大陆各国的植物标本馆手册。其地理范围包括孟加拉、不丹、印度（包括锡金）、缅甸、尼泊尔、巴基斯坦和斯里兰卡。每个国家按城市排列，每个城市内按标本馆缩写代码排列。其内容包括成立年代、性质、主要收藏特色、标本量、出版物、联系方式以及学术活动等。本书的大部分内容和 *Index Herbariorum* 相似，并有一些国家或地区的标本馆内容直接来自那里，但一些内容也有更新，所以也值得借鉴。

■ 7.1.9 中国植物标本馆索引（第 2 版），*Index Herbariorum Sinicorum*（Second Edition），覃海宁、刘慧圆、何强、单章建编著，HaiNing QIN，HuiYuan LIU，Qiang HE & ZhangJian SHAN；中文版；340 页，2019；北京：科学出版社。

本书是**中国植物标本馆索引**（1993，即本书的第 7.1.7 种）的修订版，共收载中国植物标本馆 359 家，其中 226 家标本馆的信息得到更新或载入，包括首次记载的 41 家。每家标本馆的主要信息包括联系方式、收藏情况、职员以及专长等。194 家标本馆还附有标本馆库房及建筑照片。附录包括：Ⅰ，省区、城市检索的标本馆代码，Ⅱ，馆藏量十万份以上的标本馆名单，Ⅲ，标本馆代码索引名单，Ⅳ，职员索引，Ⅴ，类群索引，Ⅵ，学科领域索引。

正如作者前言中所述，自 2003 年、2006 年和 2013 年三次启动，前后达十多年，终于成书，包括作者亲自赴相关地区进行实地调研等，不仅原来第 1 版的 185 家得到了更新，而且还有 41 家首次记载，不仅增加了新内容（包括原来人员的变动等），而且还填补了网址和邮箱以及图片，外加研究类群索引等。全国性的基本资料收集，特别是今日的条件下，可谓十分艰辛；再版工作实属不易，值得称赞。

然而，本书的再版存在明显的不足：首先，原书是中英文双语版，26 年之后的再版只有中文，不能不说是遗憾！改革开放四十年了，对外合作与世界接轨，不仅没有继续下去，还倒退了！第二，再版时原来的 318 家（包括归并转移）仅有 185 家得到了更新，失联（93 家）、归并转移（20 家）、消失（6 家），多达百家以上没有新的信息，不知道是工作没有做到家还是这些标本馆已经不复存在！尤其是港台等地的相关信息没有收录，实为非常遗憾。如今海峡两岸不但合作与来往密切，而且人员交流十分频繁；特别是香港已经回归，还没有收录，真是不可思议！第三，原来的索引还有采集人员，不知何故，再版竟然没有采集人员的索引，也没有具体交代因由！植物分类学工作者都应该知道这部分的重要性，不知为何舍去！第四，还有一些标本馆由于种种原因并没有收录，如位于吉林省延边的延边大学，新近出版了**吉林省植物志**（2019，参见本书的第 3.3.2.15.1 种）；这样的情况全国不知道还有多少家，特别是第 1 版遗留的十个未记载（详细参见第 1 版附录四）第 2 版一个也未能解决！第五，很多细致的工作并没有做好，更没有做到家。比如编者自己单位的人员信息就不全，而且还有遗漏！苔藓学者汪楣芝（1947—）[1]是第 1 版该标本馆的苔藓植物管理负责人，不知道为何第 2 版竟然没有记载！还有，历史上该单位曾经的工作人员如郭勤峰（1962—）、夏群（1949—）、向秋云（1963—）等，而且与第 2 版第一作者同时在该单位工作，均没有记载！另外，自己单位的简焯波（1916—2003）和万宗玲（1906—2006）的故去时间再版时均以问号记载；还有记载自己单位的出版物也不全，包括该标本馆新近出版的且非常重要的 14 卷又 2 个补编的**中国国家植物标本馆（PE）模式标本集**（即本书第 7.2.17 种）都没有记载！第六，全书没有省市区目录，正文也没有明显的标注；但是正文却是按照省市区的顺序排列的，而每个省市区里面又根据城市和标本馆的缩写代码排列！没有省市区目录和分页区别，使用上十分麻烦！后面的人员索引也是如此，只索引到所在单位的标本馆缩写代码而不是全书的具体页码，使用上十分不便。第七，每个标本馆里面记载的人员，很多都没有当代最常用的交流工具——邮箱，包括自己单位研究技术人员 32 人只有 4 个人有邮箱，不知何故！。第八，还有第 1 版的一些遗漏以及个别错误等都没有更改，如蔡希陶（1911—1981）的出生时间（记载 1901 年）是第

---

[1] IPNI 数据库里面记载的出生年份 1948 是错误的；汪楣芝本人证实是 1947 年 2 月出生。汪楣芝于 1979 年到植物所至今还在工作（尽管 2002 年就退休了），不仅于上世纪八十年代参加了著名的西藏和横断山考察、采集了大量苔藓植物标本，而且还有很多出版物，包括参加撰写**中国苔藓植物志**（第 6 卷和第 8 卷）、英文版 ***Moss Flora of China***（第 6 卷和第 8 卷）、参加编写**苔藓名词及名称**（1984）和**苔藓名词及名称（新版）**（2016）并发表相关论文等。

1 版的错误没有更正；吴印禅（1902—1959）的故去时间（记载 1950 年）也是第 1 版错误没有更正；还有祝正银（1944—）也是第 1 版的错误（记载祝正根，1944—）！这些虽然是所在单位的填表不严谨或者不了解历史，但是编辑的工作实在无法让人恭敬。第九，不知何故，索引里面的人员列出来了，也标注了单位，但是该单位里面并没有其人！如缪柏茂在该书第 308 页的人名索引为 SHM，但是第 193-194 页该单位并没有记载这个人；还有张盉曾在该书第 318 页的人名索引为 HNWP，但是第 169-170 页该单位也没有记载这个人！总之，本书的再版，显然很多工作并没有到位！

如果进一步要求，本书第 1 版遗漏的很多历史性信息应该收集，甚至一些在 *A Bibliography of Eastern Asiatic Botany*（1938） 和 *A Bibliography of Eastern Asiatic Botany Supplement*（1960）中的内容都没有得到增补。如前所述，本书再版应该考虑进入 IAPT 的 *Regnum Vegetabile* 出版系列，这样会增加本书在世界上的影响与使用，特别是中国学者的名字在海外并不是很清楚，包括 IPNI 等相关数据库等，都存在诸多漏洞甚至错误。然而，再版时只是中文而没有英文，显然不现实！这不能不说是最大的遗憾！

7.2 模式

本部分含模式（Types）及其相关的内容，包括模式名录与模式目录等，共收录 17 种。

■ **7.2.1 *Catalogue of the Type Specimens Preserved in the Harbarium，Derpartment of Botany，The University Museum，The University of Tokyo***，Part. 1+，1981+；Tokyo：The University Museum，The University of Tokyo。

本名录是日本东京大学综合研究资料馆标本资料报告（The University Museum，The University of Tokyo Material Reports）的一部分，专门报道东京大学植物标本馆（TI）所存的模式名录。由于日本早年从中国东北及台湾等地采去大量标本，且东京大学植物标本馆又是日本收藏中国标本最多的单位之一，因此，这个目录对于中国学者在查找模式存放地时很有参考价值。此名录分科并分期刊登，详细如下：

1，Araceae，27 p，1981，63 plates，Hiroyoshi Ohashi；**2**，43 p，1983，180 plates，Caprifoliaceae and Adoxaceae，Hiroshi Hara & Hideaki Ohba；**3**，46 p，147 plates，1988，*Rosa* and *Rubus*（Rosaceae），Yasuichi Momiyama & Hideaki Ohba；**4**，39 p，207 plates，1990，Saxifragaceae（S.Lat.），Hideaki Ohba & Shinobu Akiyama；**5**，17 p，70 plates，1992，Crassulaceae，Hideaki Ohba；**6**，28 p，147 plates，1999，Aquifoliaceae & Celastraceae，Akiko Shimizu & Hideaki Ohba；7，Euphorbiaceae，44 p，183 plates，2000，Takahide Kurosawa & Akiko Shimizu；**8**，55 p，150 plates，2001，Violaceae，Shinobu Akiyama & Hideaki Ohba；

9，27 p，123 plates，2001，Aceraceae，Akiko Shimizu & Hideaki Ohba；**10**，23 p，91 plates，2002，Lauraceae，Akiko Shimizu，Hideaki Ohba & Shinobu Akiyama；**11**，31 p，64 plates，2002，Magnoliaceae，Annonaceae，Schisandraceae，Illiciaceae，Cercidiphyllaceae，Berberidaceae，Lardizabalaceae，Menispermaceae，Nymphaeaceae，Akiko Shimizu，Hideaki Ohba & Shinobu Akiyama；**12**，34 p，131 plates，2011，Polygonaceae，Chong-Wook Park，Hiroshi Ikeda，Akiko Shimizu & Hideaki Ohba；**13**，47 p，358 plates，2017，Cyperaceae Tribe Cariceae（ *Carex* and *Kobresia* ），Okihito Yano，Akiko Shimizu & Hiroshi Ikeda；**14**，31 p，367 plates，2019，Poaceae（ Gramineae ），Subfamily Bambusoideae（ *Sasa* ），Chikako Hasekura，Akiko Shimuzu & Hiroshi Ikeda。

■ **7.2.2** *Type Collections in the Central National Herbarium*，Uma P. Samaddar，65 p，1985；Howrah：Botanical Survey of India，Vol. 2，128 p，1991：Calcutta：Botanical Survey of India。

　　本书报道印度中央标本馆（CAL）所藏模式。第 1 卷包括 Forrest 于缅甸和中国西藏与中国华西等地采集的模式；第 2 卷则按学名顺序排列，包括广义植物类群。

■ **7.2.3** *A List of Linnaean Plant Names and Their Types*，Charlie E. Jarvis，Fred R. Barrie，David M. Allan & James L. Reveal，100 p，1993；Königstein：Koeltz Scientific Books。

　　本书记载 Carl Linnaeus 有效发表的 1 313 属名之原始文献与模式，是英国自然博物馆 Carl Linnaeus 植物名模式项目的核心内容之一[①]。其中，674 属的模式前人已经指定或者发表过，而 451 属的模式在本书中指定，另外余下不足 15% 的由于种种原因，至少在本书中没有给出具体的模式信息。其他有关这一工作的出版物参见本书第 7.2.10 种文献。

■ **7.2.4** 中国高等植物模式标本汇编[②]，*A Catalogue of Type Specimens*（ Cormophyta ）*in the Herbaria of China*，靳淑英编，中英文，716 页，1994；北京：科学出版社。

　　本书汇编了国内外 1949 年至 1986 年植物分类学家有关植物新分类群文献及其模式标本资料，收录中国高等植物分类 9 484 个（含种下单位）；每个分类群的拉丁名、中文名、

[①] 参见 Charles E. Jarvis，1992，Linnaean Plant Name Typification Project，*Botanical Journal of the Linnean Society* 109（ 4 ）：503–513，& 1992，Seventy-Two Proposals for the Consecvation of Types of Selected Linnaean Generic Names，*Taxon* 41（ 3 ）：552–583。

[②] 植物研究 1988 年 11 月增刊（ 第 1 至 117 页 ）曾报道过类似的内容，但具体数字不同。

原始文献、模式标本产地、采集人及采集号码、模式标本类别、保存单位名称及其缩写代码均有详细的记载。

参见：王文采，1995，祝贺《中国高等植物模式标本汇编》出版，植物分类学报 33（2）：207。

■ **7.2.5 中国高等植物模式标本汇编（补编）**，*A Catalogue of Type Specimens（Cormophyta）in the Herbaria of China*，*The Supplement*，靳淑英编，264 页，1999；北京：科学出版社。

本书汇编了国内外 1987 年至 1995 年植物分类学家有关植物新分类群文献及其模式标本资料，共收录中国高等植物分类群 3 262 个（含种下单位）。

■ **7.2.6 *Type Specimens in the Herbarium of Taiwan Forestry Research Institute***；Taiwan：Taiwan Forestry Research Institute。

台湾林业试验所标本馆之模式标本为 TAIF 典藏模式标本相片集，由邱文良、李哲豪等编著，为中国台湾林业试验所之正规出版物，并依据恩格勒系统排列。Ⅰ，Pteridophyta，WenLiang CHIOU et al（eds），92 p，2000；Ⅱ，Gymnosperms & Dicotyledons，JerHaur LI et al（eds），230 p，2004；Ⅲ，Magnoliaceae-Cruciferae，JerHaur LI et al（eds），219 p，2005；Ⅳ，Hamamelidaceae-Euphorbiaceae，JerHaur LI et al（eds），213 p，2006；Ⅴ，Rutaceae-Umbelliferae，JerHaur LI et al（eds），204 p，2007；Ⅵ，Diapensiaceae-Rubiaceae，JerHaur LI et al（eds），186 p，2008；Ⅶ，Convolvulaceae-Compositae，JerHaur LI et al（eds），176 p，2010。

■ **7.2.7 *Type specimens of Taiwanese Plants* named by Dr. C. J. Maximowicz and housed at the Herbarium，Komarov Botanical Institute of the Russian Academy of Sciences，St. Petersburg，Russian（LE），典藏于俄罗斯圣彼得堡马诺傅植物研究所植物标本馆（LE）Maximowicz 博士所命名的台湾植物模式版本**，T. Y. Aleck YANG，楊宗愈，90 p，2006；Taipei：National Museum of Natural Science。

本工作包括 Carl J. Maximowicz 命名产于中国台湾的 38 种植物（除 1 种蕨类植物外均是种子植物）的 85 张模式标本相片，每种植物都有学名和原始文献；而相片更是逼真，不仅有全部还有特写以及标签等，非常有价值。俄罗斯科马洛夫植物研究所保存很多中国植物的模式。本书所记载产于中国台湾的、而且是一个人所命名的模式，只是其中相当少的一小部分，亟待挖掘。

■ **7.2.8 *Type specimens collected from Korea at the herbarium of the University of Tokyo***，Young-Bae Suh et al.，Seoul National University（vols. 1–3）and Korea National Arboretum（vols. 4–15）。

韩国过去二三十年在收集本国模式方面投入很大，本工作就是其之一。

1，351 p，2006，Crassulaceae，Saxifragaceae，Rosaceae（*Rosa* & *Rubus*）；**2**，196 p，2008，Aceraceae，Celastraceae，Euphorbiaceae；**3**，204 p，2008，Violaceae，Araceae；**4**，222 p，2009，Caprifoliaceae；**5**，166 p，2009，Valsaminiaceae，Berberidaceae，Betulaceae，Brassicaceae；**6**，262 p，2011，Compositae；**7**，168 p，2011，Cyperaceae，Dioscoreaceae，Eriocaulaceae，Gramineae；**8**，282 p，2012，Buxaceae，Valerianaceae，Caryophyllaceae，Chloranthaceae，Dipsacaceae，Gentianaceae，Moraceae，Oleaceae；**9**，290 p，2012，Ranunculaceae，Campanulaceae；**10**，226 p，2013，Actinidiaceae，Aristolochiaceae，Asclepiadaceae，Boraginaceae，Convolvulaceae，Cornaceae，Ericaceae，Fagaceae，Theaceae，Thymelaeaceae，Tiliaceae，Ulmaceae；**11**，220 p，2013，Salicaceae，Symplocaceae，Geraniaceae，Guttiferae；**12**，210 p，2014，Leguminosae，Paeoniaceae，Papaveraceae，Primulaceae，Rhamnaceae；**13**，242 p，2014，Labiatae，Rubiaceae，Rutaceae，Scrophulariaceae，Staphyleaceae；**14**，239 p，2015，Rosaceae；**15**，203 p，2015，Aspleniaceae，Dryopteridaceae，Polypodiaceae，Cephalotaxaceae，Amaryllidaceae，Iridaceae，Liliaceae，Orchidaceae。

■ **7.2.9 中国高等植物模式标本汇编（补编二）**，*A Catalogue of Type Specimens（Cormophyta）in the Herbaria of China*，*The Supplement II*，靳淑英编，陈艺林审校，205 页，2007；北京：科学出版社。

本书收录了 1996 至 2005 年发表的新分类群及有关的模式标本 1 491 个（含种下单位）。

■ **7.2.10** ***Order out of Chaos–Linnaean Plant Names and Their Types***，Charlie E. Jarvis，1016 p，2007；London：Linnean Society of London in association woth the Natural History Museum。

本书专门讨论 Carl Linnaeus 植物名及其模式。全书共分为如下章节：序言（p. ix）为密苏里植物园主任 Peter H. Raven 博士所作，前言（p. x-xi）分别为伦敦林奈学会主席 David F. Cutler（1939—）教授和英国自然历史博物馆主任 Michael Dixon（1956—）博士所作；简介（p. 1-12）包括 Carl Linnaeus 的主要贡献，不仅广泛地描述了植物和动物，还有矿物。首次全面使用双名法命名有机物，并统一了植物描述术语以便交流。Carl Linnaeus1753 年的**植物种志**记载 5 900 个种与变种，是当今植物命名法规中植物双名的起点著作（联同 1754 年后续出版的**植物属志**第 5 版）。第 1 章（p. 13-62）模式的艺术与科学，包括模式种类和"原始资料"、Carl Linnaeus 原文的成分、Carl Linnaeus 植物名的模式化过程和属名。第 2 章（p. 63-80）生平介绍，包括早年对自然历史的兴趣、1727 至

1728 年在 Lund、1728 至 1735 年在 Uppsala、1735 至 1738 年在荷兰和返回瑞典等。第 3
章（p. 81–102）主要植物学出版物、论文和学术著作（包括 Carl Linnaeus 所指导的学生
的毕业论文），按时间分为前命名时期（1735 至 1752 年）31 部（篇，下同），重要命名时
期（1753 至 1769 年）36 部，下降时期（1770 至 1776 年）8 部，遗著（1782 年）1 部。
第 4 章（p. 103–166）Carl Linnaeus 所用的文献。由于本书主要涉及 Carl Linnaeus 的植物
名及其模式，所以主要记载有关模式的范畴，包括 Carl Linnaeus 引用的起点著作以前出版
的各种图等，共有 116 位学者的 183 部文献，跨越时间自 1530 到 1765 年。第 5 章（p.
167–186）Carl Linnaeus 标本馆和 Carl Linnaeus 用过的标本馆。Carl Linnaeus 自己的标本
今天在世界上的分布情况：伦敦林奈学会的林奈标本馆（LINN）收藏自 1727 到 1778 年
Carl Linnaeus 自己和他人各个不同时期采集的标本近 14 600 份；另外位于瑞典斯德哥尔摩
的瑞典自然历史博物馆（S）的林奈标本馆（S-LINN）有近 4 000 份，Uppsala University
（UPS）的林奈标本馆（UPS-LINN）有 83 份，斯德哥尔摩的 Bergius Foundation（SBT）
有 100 多份，芬兰 University of Helsinki 的植物博物馆（H）有 82 份，法国巴黎 Institut de
France（LAPP）有大约 250 份，俄罗斯的国立莫斯科大学（MW）有 50 多份，英国自然
历史博物馆有 85 份，其他美国等 8 个国家的 14 个标本馆各有 1 到 10 份不等。另外 Carl
Linnaeus 工作中曾经研究过当时 8 个私人的标本馆，这些标本今天分别保存在 BM，荷兰
Leiden University（L），S，和 UPS。第 6 章（p. 187–236）采集人。全世界共有 153 位人
士与 Carl Linnaeus 有过标本交流或向 Carl Linnaeus 提供过标本，其中包括 5 位在中国采
集的标本。本章详细介绍了每位的采集地、采集时间、及以此而发表的种类等。参考文献
（p. 237–246）：全书参考文献 393 部，包括 Carl Linnaeus 本人的 48 部。第 7 章（p. 247–
936）Carl Linnaeus 植物名及其模式，即全书的主题，包括 Carl Linnaeus 的全部植物种和变
种按属的拉丁学名顺序排列，不仅给出当年 Carl Linnaeus 的学名与模式以及产地与存放
地，还给出今日该类群的考证结果以及依据，内容十分详细而且图文并茂。致谢（p. 937–
938），照片版权（p. 939–940），英文索引（p. 941–956），分类群索引（p. 957–1 016）。

　　本书的英文书评参见：Rudolf Schmid，Reviews，2007，*Taxon* 56（4）：1315–1316：
J. Leong-Škorničková，2008，Book Reviews，*Edinburgh Journal of Botany* 65（2）：349–350；
中文新书介绍参见：马金双，2008，云南植物研究 30（1）：88。

　　▎ **7.2.11** ***Type specimens in Bangkok Herbarium***，Tippan Sadakorn，1+，2007+；
Bangkok：Department of Agriculture and Cooperatives。

　　本书实际是泰国 BK 的模式标本相片集，每份都有学名、科名、标本馆号和系列号、
海拔、采集人、采集号、采集地点与时间及注释等。本工作对中国南方从事分类研究有很
大的参考价值。

1，184 p，2007，Acanthaceae-Begoniaceae；**2**，185 p，2008，Bignoniaceae-Gramineae；**3**，188 p，2009，Guttiferae-Myrsinaceae；**4**，193 p，2009，Myrsinaceae-Rubiaceae；**5**，184 p，2009，Rubiaceae-Verbenaceae；**6**，146 p，2013，Anacardiaceae-Zingiberaceae，Index and List。

▌ *7.2.12 Type specimens of liverworts and hornworts located in the herbarium of the Hattori Botanical Laboratory*（*NICH*），Masami Mizutani，Jiro Hasegawa & Zennoske Iwatsuki，84 p，2009；Nichinan，Miyazaki，Japan：The Hattori Botanical Laboratory。

本书收集日本服部研究所标本馆（NICH）所藏苔类植物（包括角苔类）模式 987 个，每个都有详细的文献、模式种类、详细产地、采集人和采集号以及 NICH 的编号。正文按属的学名排列。

▌ *7.2.13 东北生物标本馆维管束植物模式标本考订*，*Textual Criticism of Type Specimens of Vascular Plants Preserved in the Northeast China Herbarium*，曹伟主编，Wei CAO（Chief Editor）415 页，2011；北京：科学出版社。

全面系统地记载了东北生物标本馆（即 IFP）收藏的全部维管束植物模式标本，共收录模式标本 415 份，其中包括蕨类植物 5 科 6 份、裸子植物 1 科 12 份、被子植物 41 科 397 份，对每份模式标本的拉丁学名、中文名、原始文献、模式标本产地、采集号、模式标本类别均有详细记载，并补充了当初发表时的一些不完善之处，纠正了一些错误。相关处理意见和依据写于模式标本考订栏。全书采用英文和中文两种语言写作，方便国内外读者使用。

▌ *7.2.14 Catalogue of the type specimens of the vascular plants from Siberia and the Russian Far East kept in the Herbarium of the Komarov Botanical Institute*（*LE*），Irina V. Sokolova（Editor in Chief），Part I：442 p，2012；II：500 p，2018；Moscow-St. Petersburg：KMK Scientific Press。

本书为俄罗斯科学院科马洛夫植物研究所收藏的西伯利亚和远东的维管束植物模式名录；第 1 卷包括蕨类植物、裸子植物和单子叶植物，第 2 卷包括双子叶植物的杨柳科至蔷薇科。

▌ *7.2.15 Korean type specimens of vascular plants deposited in Komarov Botanical Institute*，255 p，2013；Myounghai Kwak，Jina Lim，Byoungyoon Lee，Alisa E. Grabovskaya-Borodina，Irina D. Illarionova & Ivan V. Tatanov；Incheon：National Institute of Biological Resources。

随着韩国经济的起飞，相关项目越来越多，包括调查海外的韩国模式标本等。本书就是韩国 National Institute of Biological Resources and Komarov Botanical Institute 合作产物，包括 150 个分类群的 239 张各类模式，图片非常清晰。

▌7.2.16 *A Catalogue of Vascular Plant Type specimens from Korea*，Chin-Sung Chang，Hui Kim & Kae Sun Chang，267 p，2014；Goyang-Si，Korea：Designpost。

本书包括 1945 年之前采集自朝鲜半岛存放于日本（TI—1961，KYO—384，TNS—39，MAK—15）、美国（A—168，NY—6）、苏格兰（E—480）、英国（K—59，BM—5）、德国（B—58）和俄罗斯（LE—247）等国的模式 3 613 份，其中 107 份，3%，是蕨类，71 份，2%，裸子植物，2 955，81.9% 为双子叶，13.2%，480，为单子叶。

▌7.2.17 中国国家植物标本馆（PE）模式标本集，2015—2017、2017—2019，14 卷本、补编 2 卷；林祁（第 1 至 4 卷），林祁、杨志荣（第 5 至 6 卷），林祁、杨永、杨志荣（第 7 卷），林祁、杨志荣、林云（第 8 至 11 卷、第 14 卷），林祁、林云、张小冰、杨志荣（第 12 至 13 卷），林祁、何强、杨志荣、林云、张小冰（补编 1），林祁、田晔林（补编 2）主编，**1**，545 页，2015，蕨类植物门（1）；**2**，485 页，2015，蕨类植物门（2）；**3**，479 页，2015，蕨类植物门（3）和裸子植物门；**4**，519 页，2015，被子植物门（1）；**5**，528 页，2015，被子植物门（2）；**6**，589 页，2015，被子植物门（3）；7，594 页，2017，被子植物门（4）；**8**，562 页，2017，被子植物门（5）；**9**，608 页，2017，被子植物门（6）；**10**，578 页，2017，被子植物门（7）；**11**，602 页，2017，被子植物门（8）；**12**，638 页，2017，被子植物门（9）；**13**，595 页，2017，被子植物门（10）；**14**，614 页，2017，被子植物门（11）；**补编 1**，636 页，2017；**补编 2**，591 页，2019；郑州：河南科学技术出版社。

中国科学院植物研究所国家植物标本馆（PE）其前身是 1928 年成立的北平静生生物调查所植物标本室和 1929 年成立的北平研究院植物学研究所标本室，现已发展为亚洲最大的植物标本馆，目前馆藏植物标本 285 万余份，包括苔藓植物、蕨类植物、种子植物、种子和植物化石；其中模式标本近 2 万份（含主模式、等模式、后选模式、等后选模式、新模式、等新模式、附加模式、等附加模式、副模式、等副模式、合模式、等合模式）。**中国国家植物标本馆（PE）模式标本集**（1 至 14 卷，外加补编 2 卷）中所收录的模式标本是在同一学名下（种、亚种、变种、变型）遴选出一份最重要的馆藏模式标本，经整理并扫描后编撰而成。全书各科依据**中国苔藓志**及**中国植物志**系统排列，属、种、亚种、变种、变型的名称按字母顺序排列。每张扫描模式标本相片的图注解释均标注中文名、学名、原始文献、模式类型（主模式、等模式、后选模式、等后选模式、新模式、等新模式、附加模式、等附加模式、副模式、等副模式、合模式、等合模式）、采集地点（国名、省名、县名、山名）、海拔、采集时间（年月日）、采集人和采集号。本书中的采集人根据中国植物标本馆索引（本书第 7.1.7 种）书写，采集地根据中国地名录－中华人民共和国地图集地名索引（本书第 2.1.36 种）书写。

第 1 至 14 卷及补编 1 至 2 卷具体内容如下：第 1 卷，阴地蕨科—蹄盖蕨科的 512 份模式标本，含 444 份主模式、45 份等模式、5 份后选模式、10 份副模式、1 份等副模式、7 份等合模式，隶属于 18 科 50 属 463 种 47 变种和 2 变型；第 2 卷，肿足蕨科—鳞毛蕨科（1）共 465 份模式标本，含 420 份主模式、31 份等模式、6 份后选模式、7 份副模式、1 份等合模式，隶属于 7 科 29 属 445 种 14 变种和 6 变型；第 3 卷，鳞毛蕨科（2）—桫椤科和裸子植物的模式标本共 432 份，含 342 份主模式、51 份等模式、15 份后选模式、5 份等合模式、15 份副模式、4 份等副模式，隶属于 24 科 69 属 381 种 2 亚种 37 变种和 12 变型；第 4 卷，黑三棱科—百合科（1）模式标本共 489 份，含 268 份主模式、184 份等模式、9 份后选模式、1 份合模式、1 份等合模式、14 份副模式、12 份等副模式，隶属于 13 科 94 属 437 种 2 亚种 48 变种和 2 变型；第 5 卷，百合科（2）—杨柳科模式标本共 498 份，含 319 份主模式、106 份等模式、40 份后选模式、3 份合模式、4 份等合模式、19 份副模式、7 份等副模式，隶属于 11 科 94 属 414 种 1 亚种 70 变种和 13 变型；第 6 卷，胡桃科—荨麻科模式标本共 567 份，含 367 份主模式、141 份等模式、29 份后选模式、1 份合模式、3 份等合模式、24 份副模式、2 份等副模式，隶属于 7 科 43 属 462 种 16 亚种 86 变种和 1 变型；第 7 卷，山龙眼科—樟科（毛茛科除外）模式标本共 564 份，含 205 份主模式、230 份等模式、31 份后选模式、2 份等后选模式、2 份等附加模式、4 份合模式、7 份等合模式、57 份副模式、27 份等副模式，隶属于 17 科 83 属 501 种 2 亚种 54 变种和 8 变型；第 8 卷，毛茛科模式标本共 453 份，含 149 份主模式、14 后选模式、4 份等合模式、10 份副模式、12 份等副模式，隶属于 1 科 21 属 380 种 10 亚种 143 变种和 10 变型；第 9 卷，罂粟科—槭树科（蔷薇科和豆科除外）模式标本共 559 份，含 222 份主模式、239 份等模式、46 份后选模式、1 份等后选模式、1 份合模式、4 份等合模式、17 份副模式、31 份等副模式，隶属于 23 科 125 属 438 种 2 亚种 109 变种和 12 变型；第 10 卷，蔷薇科和豆科模式标本共 557 份，含 372 份主模式、141 份等模式、22 份后选模式、6 份等合模式、10 份副模式、6 份等副模式，隶属于 2 科 81 属 411 种 2 亚种 127 变种和 17 变型；第 11 卷，冬青科—山茶科（1）模式标本共 553 份，含 218 份主模式、228 份等模式、33 份后选模式、1 份新模式、6 份等附加模式、4 份合模式、16 份等合模式、14 份副模式、12 份等副模式，隶属于 20 科 65 属 448 种 5 亚种 91 变种和 11 变型；第 12 卷，山茶科（2）—马钱科（木犀科除外）模式标本共 572 份，含 176 份主模式、271 份等模式、39 份后选模式、5 份等后选模式、11 份合模式、30 份等合模式、18 份副模式、26 份等副模式，隶属于 33 科 130 属 471 种 5 亚种 91 变种和 9 变型；第 13 卷，龙胆科—玄参科模式标本共 563 份，含 306 份主模式、202 份等模式、19 份后选模式、1 份合模式、3 份等合模式、16 份副模式、17 份等副模式，隶属于 9 科 121 属 434 种 14 亚种 100 变种和 16 变型；**第 14 卷**，木犀科、紫葳科—菊科模式标本共 577 份，含 185 份主模式、11 份后选模式、1 份新模式、1 份合模式、2 份等合模式、20 份副模式、13 份等副模式，隶属于 12 科 129 属 497 种 3 亚种 72 变种和 5 变型；**补编 1**，苔藓植物和近年来发现的、赠送的、归还的、新找到的维管束植物共 506 份，含 227 份主模式、169 份等模式、76 份候选模式、1 份等候选模式、7 份合模式、6 份等合模式、14 份副模式和 8 份等副模式，隶属于 72 科 180 属 468 种 1 亚种 35 变种和 4 变型；**补编 2**，近年来发现的、赠送或交换的、归还的、新找到的维管束植物共 495 份，含 402 份主模式、76 份等模式、1 份合模式、3 份等合模式和 8 份副模式，隶属于 77 科 213 属 358 种 9 亚种 105 变种和 23 变型。

全书 **14 卷**收录模式标本 7 451 份，含 4 356 份主模式、2 203 份等模式、319 份后选模式、8 份等后选合模式、3 份新模式、3 份等附加模式、27 份合模式、94 份合模式、279 份副模式、170 等副模式，隶属于 194 科 1 134 属 6 159 种 66 亚种 1 114 变种和 122 变型。加上补编数字则近 8 452 份，达 243 科 1 527 属近 6 985 种。

读者使用本书时应该注意，这里收载的模式并非该标本馆的全部（只是目前模式总数 2 万多的三分之一多），更不是某个物种的全部模式，只是作者（们）认为他们的收藏里面**比较重要的**而已；详细参见本书的编写说明。

8 参考书类

参考书（References）类收集的内容包括植物分类学领域除上述几大类之外的其他内容，主要有文集、汇编、志书与简史，以及红皮书和濒危保护植物等数项。

8.1 学者文集

学者文集（Scholar Works）即有关研究人员的文集，在此仅指有关分类学者的文集，不包括研究机构（详细参见本书的有关章节）及其他学科的有关文集。本部分按学者出生年代排列，同一学者的有关出版物按出版年代先后介绍。

本书收集 30 位学者的 60 多种文集。

■ **8.1.1** 三好学（Manabu Miyoshi，1862—1939），生于日本岩村藩（今岐阜），1879 年毕业于石川师范学校，1880 年任土岐小学校长，1882 年准备大学入学考试，1885 年入东京大学理学部植物学科，1889 年毕业并进入大学院继续深造，1891 年赴德国莱比锡大学留学，1895 年获得理学博士学位并出任东京帝国大学教授，1920 年经推举入选帝国学士院会员，1922 年兼任东京大学理学部附属植物园园长，1923 年从东京帝国大学大学退休，被授予东京帝国大学名誉教授；1888 年至 1938 年五十年间著作达 30 多部，为日本当代植物学开创者与先驱者。

■ **8.1.1.1 评传三好学——日本近代植物学的开拓者**，酒井敏雄 Toshio Sakai 著，733 页，1998；东京：八坂书房。

本书分为祖先与家事、初级教育与大学预科、大学与大学院、留学德国、帝国大学教授与名誉教授、研究与著作，以及附录：年谱、自传、荣誉、出版物目录、门生论文目录等。

■ **8.1.2** 牧野富太郎（Tomitaro Makino，1862—1957），日本高知人，自小失去父母由祖母养大，没有经过系统的教育，完全靠自学成才，先后参与创办了日本历史上具有代表性的两个学术期刊**植物学杂志**（1887）和**植物研究杂志**（1916），1893 年开始为东京大学采集，1912 年开始任教，1927 年被东京大学授予博士学位，1940 年出版其著名的**牧野植物图鉴**（*Makino's Illustrated Flora of Japan*）并不断修订，直至逝世半个多世纪后的今天还被后人继续修订，不愧为当代日本著名的经典植物分类学工具书，1948 年以 86 岁高龄为天皇讲授植物学，1950 年 90 岁高龄被授予日本学士院会员。牧野富太郎一生采集标本 40 多万，包括 1896 年 34 岁赴中国台湾和 1941 年 80 周岁赴东北采集（5 月 5 日自大连登录，6 月 15 日返回神户，先后在大连、旅顺、长春、吉林、丰满、老爷岭、沈阳、郑家屯、四平等地），发表新分类群超过 2 500 多（种和种下单位），更具有独特的绘图技能[1]，且其著作主要是自己绘图，故被誉为日本植物分类学之父。1958 年其家乡高知县鉴于他的卓越成就以及丰富的标本和植物学文献收藏（特别是日本和中国的经典植物学文献，其中**本草纲目**的中日文就有 20 多个版本），特别在高知市郊五台山成立高知市立牧野植物园与牧野纪念馆；其珍贵的文献收藏也是牧野植物园著称于日本的特色所在。

■ **8.1.2.1 牧野富太郎选集**，牧野富太郎著，牧野鹤代编，佐藤达夫、佐竹义辅监修，1：277 页，2：300 页，3：256 页，4：292 页，5：206 页；1970；东京：美术株式会社。

---

[1] 详细参见：牧野富太郎纪念馆开馆纪念特别展，牧野富太郎的植物标本采集，183 页，2000；牧野富太郎的植物画展，The World of Dr. Makino's Botanical Illustrations，213 页，2001；高知：牧野植物园。

■ **8.1.2.2 牧野文库藏书目录洋书部**，高知县立牧野植物园编著，196 页，1982；**牧野文库藏书目录—邦文图书部**，228 页，1984；**牧野文库藏书目录和书—汉籍部**，148+26 页，1987，**牧野文库藏书目录论文—逐次刊行物部等**，148 页，1989；高知：高知县立牧野植物园。

■ **8.1.2.3 牧野富太郎植物画集**，高知县立牧野植物园编著，64 页，1999；高知：高知县立牧野植物园。

■ **8.1.2.4 牧野富太郎　藏书的世界**，高知县立牧野植物园编著，95 页，2002；高知：高知县立牧野植物园。

■ **8.1.2.5 牧野富太郎植物采集行动录**，山本正江、田中伸幸编，明治—大正篇，200 页，2004，昭和篇，208 页，2005；高知、东京：高知县立牧野植物园、东京都立大学牧野标本馆。

■ **8.1.2.6 MAKINO——牧野富太郎生诞 150 年纪念出版**，高知新闻社编，229 页，2014；东京：北隆馆。

此书为纪念牧野富太郎诞辰 150 周年的地方新闻机构撰写的出版物，除了业绩与成果介绍之外，主要是牧野的全国考察纪要和生涯年谱等。

■ **8.1.3 早田文藏**（Bunzo Hayata，1874—1934），日本新泻县加茂町人，16 岁矢志于植物学，1892 年 19 岁加入东京植物学会，1903 年师从东京帝国大学理学部松村任三教授后研究台湾植物，1905 年受聘为台湾总督府植物调查嘱托，直到 1924 年为止，十九年间致力于台湾植物的研究与分类，完成 10 卷本的**台湾植物图谱**。由早田文藏命名发表的台湾植物多达 1 636 种，被誉为"台湾植物界的奠基之父"。

■ **8.1.3.1 早田文藏——台湾植物大命名时代**，吴永华著，439 页，2016；台北：台湾大学出版中心。

本属透过早田文藏的生平历程，阐述他身处的大时代环境，是如何引发他对植物学的喜好，并在因缘际会下进入中国台湾植物研究的领域，成为建构**台湾植物志**的重大功臣。他一生关注分类学、形态学、解剖学、细胞学等植物学议题；晚年更涉猎宗教、哲学等层次，进而提出新的"动态分类系统"，影响无数后世学者。一部早田文藏的传记，讲的不只是一位先驱者的生命历程，更是中国台湾自然史中不可或缺的一页。

■ **8.1.3.2 早田文藏**，大場秀章，220 页，2017；台北：台湾林业试验所。汪佳琳译，**早田文藏**，202 页，2017（繁体中文版）；台北：台湾林业试验所。

本书是中国台湾植物调查与植物分类学者早田文藏专书；共分为五章：少年时代、迈向研究之路、"总督府"的嘱托、台湾植物研究和业绩与评价；透过对其生平事迹、行踪、研究精神与生活态度、研究成果、对台湾之贡献等文献收集与史料呈现，转化为大众可读之科普推广书籍。书末有年表以及著作目录。

■ **8.1.4 中井猛之进**（Takenoshin Nakai，1882—1952），日本岐阜人，1907 年毕业于东京帝国大学，专攻植物学，1914 年获得母校博士学位；1908 年开始先后任母校助理、讲师、助理教授和教授；一生致力于朝鲜半岛植物研究，先后 18 次赴朝鲜采集，并于 1933 年参加蒙满学术考察队负责在中国东北进行植物学采集；1930 至 1942 年兼任东京帝国大学小石川植物园主任，1943 至 1945 年任日本占领印尼爪哇岛时的茂物植物园主任，1947 年任日本国立科学博物馆主任（直至过世）；其中 1923 至 1925 年曾游学欧美各主要植物学标本馆，先后参加了 1926、1930 以及 1950 年的国际植物学大会，是日本在国际上的著名植物学者。详细参见：Hiroshi Hara，1953，Takenoshin Nakai（1882—1952），植物学杂志 66（775-776）：1-4。

■ **8.1.4.1 中井教授著作论文目录**（中井教授研究所发表的植物新名、新植物名及新学名总索引），中井博士功绩纪年事业会，256 页，1943；东京：中井博士功绩纪年事业会编。

中井博士一生发表论文 500 多篇，此为纪念他 60 周岁所整理的论著名录。

■ **8.1.4.2** Takenoshin Nakai（1882-1952），Hiroshi Hara，1953，植物学杂志 66（775-776）：1-4。

本文最后一页是中井博士 1942 年以后出版物的主要论著目录，且与上一个文献相接。

■ **8.1.5 陈焕镛**（WoonYoung CHUN，1890—1971），广东新会人，中国植物分类学的奠基人之一。1913 年入读美国哈佛大学，1919 年获林学硕士学位后回国，1920 至 1926 年任教于南京金陵大学和东南大学，1926 年转入中山大学任教，1929 年创立中山大学农林植物研究所（即今中国科学院华南植物园的前身），1935 年协助广西大学校长马君武（1881—1940）建立广西植物研究所并兼任主任，1954 年起任华南植物研究所所长并兼广西植物所所长，1955 年当选为中国科学院首届学部委员，1959 年任**中国植物志**首任主编之一。

■ **8.1.5.1 陈焕镛纪念文集**，陈焕镛纪念文集编委会，350 页，1996[①]；广州：中国科学院华南植物研究所（内部出版）。

本纪念文集分两部分，其一为论文著作选编 43 篇，其二是纪念文选 21 篇。

■ **8.1.6 辛树帜**（ShuChih HSIN[②]，1894—1977），湖南临澧人，著名教育家和农业史专家。1919 年毕业于武昌高师，1924 年留学英国，1925 至 1927 年在柏林植物园跟随 Friedrich Ludwig E. Diels（1874—1945）学习植物分类学，回国后曾任广州中山大学教授兼生物系主任，1928 至 1931 年间主持广西大瑶山等地生物考察，为中山大学的动植物标本室的建立及大瑶山的生物学考察做出了重要贡献[③]；1931 年负责筹建国立编译馆并任馆长，1936 年任国立西北农林专科学校校长，联合国立北平研究院植物学研究所刘慎谔创办中国西北植物调查所[④]，1939 年任西北农学院首任院长，1946 年出任国立兰州大学首任校长，1950 年又调回西北农学院任院长直到 1967 年，为西北农业教育与人才的培养做出了杰出的贡献。

■ **8.1.6.1 辛树帜先生诞辰九十周年纪念论文集**，史念海主编，32 开，503 页，1989；北京：农业出版社。

本书共收录 25 篇文章；其中第一篇为刘宗鹤[⑤]撰写的辛树帜传记；另外也可以参见：刘宗鹤，1984，辛树帜先生传略，西北农学院学报 1：1-3。

■ **8.1.7 胡先骕**（HsenHsu HU，1894—1968），江西新建人，先后两次留学美国著名学府：1912 入加州大学伯克利分校，1916 年以荣誉本科毕业生称号毕业，获学士学位；1923 年入哈佛大学，1924 年获硕士学位，1925 年获科学博士学位，是中国植物学家中获哈佛大学博士学位第一人。胡先骕在半个世纪（1917 至 1968 年）的植物学教学与研究中，为中国植物学的发展做出了杰出的贡献，是海内外公认的中国植物分类学奠基人。详细参见系统部分。

■ **8.1.7.1 胡先骕文存**，张大为、胡德熙、胡德焜合编，32 开，上册：744 页，1995；南昌：江西高校出版社；下册：913 页，1996；南昌：中正大学校友会（内部发行）。

---

① 原书没有具体出版时间，笔者根据本书副主编胡启明提供的信息加入。

② **中国植物学史**和**中国植物志**第 1 卷记载他在广西等地采集缩写都是 S.S.Sin，但至今没有查到这一缩写的全拼。

③ 谢道同，1986，新中国成立前广西瑶山调查采集文献简介，广西植物 6（3）：239-241。

④ 参见姜玉平，2003，北平研究院植物学研究所的二十年，中国科技史料，24（1）：34-46。

⑤ 中国农业大学统计学教授，辛树帜之女婿。

本书的上册是文学部分，收集了胡先骕的古典诗词及有关人文科学、社会科学方面的学术论文、短论及讲演记录，其中诗词778首，各类文章49篇；下册是自然科学部分，收集了有关生物学、植物分类学、经济植物学、系统学、树木学等学术论文、短文及演讲记录，包括论著73篇（其中有首次发表的**中国植物志**手稿：桦木科和榛科），译著17篇（不含英文论文）；书末有著作和论文总目录、"胡先骕传"、"乐天宇事件"和"胡先骕事件"。

▍**8.1.7.2 不该遗忘的胡先骕**，胡宗刚著，大32开，200页，2005；武汉：长江文艺出版社。

本书以大量历史档案材料和120多张历史照片，为胡先骕和生物学、植物学的开拓者留下珍贵的纪念。

▍**8.1.7.3 胡先骕先生年谱长编**，胡宗刚著，大32开，688页，2008；南昌：江西教育出版社。

本书用大量史实记载胡先骕从1894年出生到1968年故去的各种学术与社会活动，是中国植物学领域首部年谱，谱主又是中国当代植物分类学的奠基人；其所载的内容不仅仅是个人的生平轨迹，同时也是中国当代植物分类学的历史见证。

详细参见：马金双，2008，新书介绍，植物分类学报46（5）：793-794。

▍**8.1.7.4 抚今追昔话春秋——胡先骕的学术人生**，胡启鹏著，554页，2011；北京：北京燕山出版社。

本书分为：植物学与实践、文化与文学、教育与中正大学、人格　生平　交往、往事悠悠、杏岭弦歌、家属回忆、文存与书评、永远的怀念、纪念诞辰100周年活动等十部分，外加附录与后记。

▍**8.1.7.5 中国植物学先驱胡先骕**，胡宗刚著，156页，2019；太原：山西人民出版社。

本书实为**不该遗忘的胡先骕**（即本书第8.1.7.2种）的再版（作者胡宗刚后记语），作为山西人民出版社"教育薪火"书系之胡先骕卷。

▍**8.1.7.6 胡先骕全集**，胡晓江主编、马金双、胡宗刚副主编，18卷、附卷，2021；南昌：江西人民出版社。

胡先骕全集汇集整理了目前所能见到的我国著名植物学家、教育家、文学家胡先骕的科学论著和人文著述，包括胡先骕撰写的植物学著作及其创作的诗歌、散文和与中国近现代名人的往来书信，共计 18 卷外加附卷，约 1 350 万字。本书展示了胡先骕在中国植物学史、中国文化史上的重要地位，为研究胡先骕的学术贡献和文化成就，为研究中国近现代科学史、文学史、教育史提供了重要的参考资料。**胡先骕全集**首次将胡先骕先生半个世纪职业生涯所有出版物汇集，其时间跨度从 1915 至 1967 年，使得我们有机会领略大师在二十世纪波澜壮阔的中国历史长河中的光辉足迹与贡献！

第 1 卷，代前言、植物学中文论文 48 篇，第 2 卷，植物学英文论文 79 篇，第 3 至 4 卷，1925 年在美国哈佛大学用英文撰写的博士论文，第 5 卷，**高等植物学、细菌、植物学小史**，第 6 卷，**中国山东省中新统植物群、种子植物分类学讲义**，第 7 卷，**经济植物学、国产牧草植物、中国主要植物图说·豆科**，第 8 至 9 卷，**经济植物手册**，第 10 卷，**植物分类学简编**，第 11 至 12 卷，**中国植物图谱**（第 1 至 4 卷）；第 12 卷，**中国植物图谱**（第 5 卷）、**中国蕨类植物图谱**（第 1 卷）、**中国森林树木图志**（第 2 卷），第 13 卷，译文译著，包括 7 部译著和现存 14 篇科学译文，第 14 卷，科学散论，约 119 篇，第 15 卷，人文著述，包括胡先骕人文社会方面的各类文章 145 篇，第 16 卷，英译**长生殿**和**苏东坡诗**，第 17 卷，**忏庵诗词**与中文信函，其中中文信函部分包括了目前所能收集到的胡先骕与 66 位各界人士的中文信函，第 18 卷，外文信函，包括胡先骕 1920 至 1966 年间海内外外文通信共 743 封，来自 14 个国家的 55 人。附卷包括《胡先骕全集》总目、遗失作品存目、校订著作目录、发表的植物类群、采集的模式标本，纪念胡先骕的生物类群、胡先骕年表、胡先骕世系图、胡小蘧通参自订年谱、研究文献目录、《胡先骕全集》著作索引、文章索引、忏庵诗词索引、信函索引、人名索引和后记。

■ **8.1.8 刘慎谔**（TchenNgo LIOU，1897—1975），山东牟平人，著名植物学家、林学家。1921 至 1929 年先后在法国的郎西大学农学院、孟伯里埃农业专科学校、克来孟大学理学院、里昂大学理学院和巴黎大学理学院学习；1926 年在克来孟大学理学院毕业获理科硕士学位，1929 年在巴黎大学毕业获法国国家理学博士学位[①]。同年回国并任北平研究院植物学研究所专职研究员兼所长；同时兼职任教于北平大学、云南大学、辅仁大学、东北大学等。1936 年在国立西北农林专科学校校长辛树帜的协助下组建中国西北植物调查所。1950 年任东北农学院东北植物调查研究所所长，1953 年改任中国科学院林业研究所筹备处副主任，1954 年任中国科学院林业土壤研究所研究员、副所长兼植物研究室主任。刘慎谔民国

---

① 博士学位论文：TchenNgo Liou，1929，Études sur la géographie botanique des Causses. *Archives de Botanique* Tome III，Mémoire N° 1，1–220 p，Plates 1–30；CAEN。导师：Marcel Denis（1897–1929）和 Georges Kuhnholtz-Lordat（1888–1965）。

时期致力于华北和西北的植物学研究，50年代后专门从事东北植物研究。其分类学主要著作包括主编中国北部植物图志、东北木本植物图志、东北植物检索表和东北草本植物志等。

■ **8.1.8.1 刘慎谔文集**，刘慎鄂文集编委会，342页，1985；北京：科学出版社。

该文集共载24篇论文，其中包括"刘老生平与贡献"一文，后有刘慎谔的著作目录（1927至1973年）。

■ **8.1.9 孔宪武**（HsienWu KUNG，1897—1984）[1]，河北高邑人，著名教育家和植物分类学家。1917至1921年于北京高等师范学校博物系学习，1923至1925年在北京高等师范学校博物系研修科学习，1926年任北京师范大学生物系助理员，1929年任直隶省立河北大学教授，后考取刘慎谔为北平研究院植物学研究所招考的植物练习员，1936年升为研究助理、副研究员，1939年任西北农学院教授，1942年任西北技艺专科学校教授，后又任西北师范学院博物系教授，1946年后兼任系主任，1949年后任西北师范学院教授、代教务长、副校长，兼西北师范学院植物研究所所长。对藜科、紫草科等有深入的研究；不仅创建了中国高校中唯一的植物研究所，还参加了**中国植物志**的编写，并主持编写了**兰州植物通志**、**甘肃猪饲料植物介绍**、**甘肃野生油料植物**等地方植物志工作。在六十多年的学术生涯中，他为中国的师范教育和植物学研究培养了无数人才。

■ **8.1.9.1 孔宪武教授纪念文集**，纪念孔宪武教授逝世三周年筹备小组编，40页，1987；兰州：甘肃省植物学会、西北师范学院植物研究所（内部刊物）。

本文集共收录其学生等纪念文章32篇，还有孔宪武传略和科学论著目录（1921至1989年）。

■ **8.1.10 秦仁昌**（RenChang CHING，1898—1986），江苏武进人，世界著名蕨类植物学家、中国蕨类植物研究的奠基人。详细参见系统部分。

■ **8.1.10.1 秦仁昌论文选**，秦仁昌文选编委会，366页，1988；北京：科学出版社。

本文集选辑秦仁昌各个研究阶段的代表作11篇（中文5篇，英文6篇），书末附有秦仁昌的著作目录（1921至1987年）。汤佩松与 Richard E. Holttum 作序。

■ **8.1.10.2 *Proceedings of the International Symposium on Systematic Pteridology***，Kung

---

[1] 参见覃慧明等，1985，栽得桃李满园春——缅怀孔宪武教授，植物 3: 42-44。

Hsia SHING & Karl U. Kramer（eds.），330 p，1989；Beijing：China Science and Technology Press。国际蕨类植物学科学讨论会论文集，邢公侠、克拉姆编辑，1989，330 页；北京：中国科学技术出版社。

本文集为 1988 年 9 月 5 至 10 日在北京香山举行的国际蕨类植物学系统研讨会的论文集（In Memory of Professor R. C. Ching，1898–1986，Founder of Chinese Pteridology），包括海内外的蕨类系统、生物系统、地理、生态和区系、形态与解剖、化学和药用及古植物学等 53 篇英文论文。

■ **8.1.10.3 纪念秦仁昌论文集**——纪念秦仁昌 100 周年诞辰蕨类植物学研究论文集，张宪春、邢公侠编，503 页，1999；北京：中国林业出版社。

本书包括海内外的蕨类系统与分类、地理、生态与区系、形态与解剖、生物多样性及保护等 45 篇中英文论文；书末附有纪念秦仁昌的学名和秦仁昌命名的植物学名。

■ **8.1.11** 林镕（Yong LING，1903—1981），江苏丹阳人，1920 年赴法国留学，先就读于南锡大学农学院，于 1923 年获学士学位，后入克来孟大学理学院，并于 1927 获得克来孟大学理学院硕士学位；再入巴黎大学理学院，并于 1930 年获得博士学位；1930 年回国任教于北平大学农学院，同时兼职于国立北平研究院植物学研究所；抗战时期辗转于西北联合大学、西北农学院、西北植物调查所、福建省研究院农林植物研究所、厦门大学和福建农学院，1946 年返回北平主持国立北平研究院植物学研究所的复员并在北平诸多高校兼职，1949 年后任中国科学院植物研究所研究员、副所长、代所长等职，并于 1955 年入选首届中国科学院学部委员，1973 至 1974 年、1975 至 1976 年任**中国植物志**第二届和第三届主编。林镕留学专业为真菌学，而回国后才改为研究种子植物，在旋花科、龙胆科，特别是菊科造诣深厚，不但组织完成了**中国植物志**菊科（74-80 卷）的编写，而且还培养了诸如陈艺林（1930—）、林有润（1937—）、刘尚武（1934—）和石铸（1934—2005）等人才。

■ **8.1.11.1 林镕文集**，陈艺林、林慰慈主编，945 页，2013；北京：科学出版社。

本书汇集了林镕发表于国内外期刊上的重要论著 40 余篇。低等植物方面有广为关注且评价极高的有关毛霉菌有性繁殖的论文。高等植物方面涵盖旋花科、龙胆科、菊科、栎属植物等，涉及各科目中发现的新属、新种和新分类群。本书还收录了林镕在许多重要会议及国土资源考察中的报告，其中许多具有前瞻性，有些尚未公开发表，如有关物种和物种形成问题的讨论资料、对黄河中游黄土地区水土保持工作的初步意见、植物分类学的国际动态等。这些论著为植物学、植物分类学、植物区系学、生物多样性保护、植物资源的开发利用和环境保护等研究提供了重要的科学依据。本书首篇文章为林镕生平介绍。

■ **8.1.12** 郑万钧（WanChun CHENG，1904—1983），江苏铜山人，中国著名的林学家、树木学家、林业教育家，裸子植物分类学家。详细参见系统部分。

■ **8.1.12.1** 郑万钧专集——郑万钧林业学术思想研究，郑万钧专集编委会，684 页，2008；北京：科学出版社。

本专集共三部分：上篇（1–138 页）郑万钧林业学术思想研究（包括治学精神、科研风范、学术思想对后人的启示及主要论著评析），中篇（145–608 页）郑万钧论文精选（其中中文部分 31 篇及附文 1 篇，外文部分 14 篇）；下篇（611–666 页）综合文稿（忆文16 篇）；郑万钧生平（667–675 页）；郑万钧年表（677–681 页）；编后记（683–684 页）。

本书编写工作粗糙，一些内容前后罗列、重复，一些历史记载矛盾并有错误，详细参见：马金双，2009，云南植物研究 31（4）：386–388。

■ **8.1.13** 陈邦杰（PanChieh CHEN，1907—1970），江苏丹徒人，世界著名苔藓学家、中国苔藓植物学的奠基人。详细参见系统部分。

■ **8.1.13.1 中国苔藓学奠基人陈邦杰先生百年诞辰国际学术研讨会论文集**，*Proceedings of International Bryological Symposium for Prof. Pan-Chieh Chen's Centennial Birthday*，78 页，2005；南京：中国苔藓学奠基人陈邦杰先生百年诞辰国际学术研讨会论文集编辑委员会（内部出版）。

参见下一个文献。

■ **8.1.13.2** International Bryological Symosium on the Occasion of Prof. Pan-Chieh Chen's Centennial Birthday，*Chenia* 9：1–398，2007。

本工作是 2005 年 10 月 25 至 28 日于南京纪念陈邦杰教授百年诞辰举行的国际苔藓学术研讨会论文集，共收录 44 篇文章，包括开幕词、欢迎词、贺词、女儿回忆、学生回忆（5 篇）和研究论文（35 篇）。全集由英文出版，并附有 42 版黑白和彩色照片，包括陈邦杰的博士学位证书、学生及夫人万宗玲（1906—2006）等照片。详细参下。

■ **8.1.13.3 陈邦杰先生国际学术纪念文集**，*International Academic Memorial Issue for Prof. Pan-Chieh Chen*，吴鹏程，袁生主编，342 页，2010；南京：南京师范大学出版社。

本工作是 2005 年 10 月 25 至 28 日于南京纪念陈邦杰教授百年诞辰举行的国际苔藓学术研讨会论文集。全集共 33 篇文章，包括开幕词、欢迎词、贺词、女儿回忆、学生回忆（6 篇）和研究论文（23 篇，包括"英、日、中文苔藓植物术语对照"一文，第 278–342

页）。全集由中文出版，书前附有 39 版黑白和彩色照片，包括陈邦杰的博士学位证书、学生及夫人万宗玲等照片。

以上两部著作虽然是同一会议的同一文集，但前者是英文而后者是中文；另外所包括的研究文章除 4 篇相同之外，其他完全不同。

■ **8.1.14** 胡秀英（ShiuYing HU，女，1908—2012[①]），江苏徐州人，著名植物分类学家。1926 年入南京金陵女子文理学院，1933 年毕业于金陵大学植物系，1934 年入岭南大学，1937 年毕业获硕士学位，同年入南京中山植物园工作，1938 至 1946 年任教于四川成都华西联合大学（1946 年后称华西协和大学），1946 年赴美国哈佛大学攻读博士，1949 年获博士学位[②]后一直在哈佛大学 The Arnold Arboretum of Harvard University Herbaria 工作直到退休[③]；1950 年代曾编撰 *Flora of China* 工作[④]，1968 年起兼任香港中文大学教授，并致力于香港植物[⑤]、中国药用植物[⑥]、食用植物的研究[⑦]；20 世纪 80 年代初曾多次回国到各地讲学[⑧]。胡老的讲学内容除植物学外，还包括学习、学问和学术，以及历史、社会和人生，内容十分丰富。

■ **8.1.14.1 秀苑撷英——胡秀英教授论文集**，胡秀英教授论文集编委会，349 页，2003；香港：商务印书馆。

本文集分三部分：第一部分收录 2000 年胡秀英教授九二华诞研讨会与会学者所发表的植物学研究论文 7 篇；第二部分是胡秀英论文著作 14 篇，第三部分是胡秀英论文目录。

① Paul P. H. BUT, 2013, Professor Shiu-Ying HU (1908–2012), *Joural of Systematics and Evolution* 51 (2): 235–239。

② 博士学位论文：ShiuYing HU, 1949–1950, The Genus *Ilex* in China, *Journal of Arnold Arboretum* 30: 233–344, & 348–387, 1949, 31: 39–80, 214–240, & 242–263, 1950；导师 Elmer D. Merrill (1876–1956)。

③ June 30, 1976 (The Director's Report, The Arnold Arboretum of Harvard University, 1976, p 238)。

④ ShiuYing HU, 1953, *Flora of China*: Malvaceae, 80 p; Jamaica Plain, MA: The Arnold Arboretum of Harvard University。

⑤ ShiuYing HU, 1972, A Preliminary Enumeration of the Vascular Plants of Hong Kong and the New Territeries, 119 p; Hong Kong: The Chinese University of Hong Kong。

⑥ ShiuYing HU, 1980 & 1999 (ed. 2), An Enumeration of Chinese Materia Medica, 287 p; Hong Kong: The Chinese University Press（本书前后两版虽然页码相同，但内容并不完全相同）。

⑦ ShiuYing HU, 2005, *Food Plants of China*, 844 p; Hong Kong: Chinese University Press。

⑧ 胡秀英，1981，植物学讲座（一、二、三、四），华南农学院学报 2 (1): 22–29, 2 (2): 93–103, 2 (3): 68–76, 2 (4): 93–95。

2005 年，胡秀英九十七华诞之际，**植物分类学报**编辑部和深圳市仙湖植物园在深圳联合组织召开了"中国植物系统学百年回顾学术交流会"，以祝贺胡秀英诞辰 [1]。

胡秀英退休后在波士顿期间几乎每天都到标本馆上班，笔者 1995 年做访问学者时几乎每天都见面，不仅给予工作和生活上的帮助，还经常坐下来谈家常、有关中外和哈佛大学植物学的历史。胡秀英对待其他来访的中国学者也是如此，还经常开车帮助买东西等，而且节假日还把大家邀请到家里。1995 年我们全家到美国后的第一个感恩节就是在胡秀英家里过的。记得那次到她家的大约有 10 多个中国学生和学者。1996 年底笔者完成纽约植物园的访问回波士顿的时候就吃住全在她家，当时中国科学院植物研究所的访问学者汪楣芝也住在她家。很遗憾的是我 2001 年到纽约工作，而胡老则长期住在香港，我们彼此很少见面。2010 年春从香港哈佛大学校友会得知，他们每年春节后都为胡老祝寿。胡老晚年在香港过世，实足年龄 104 周岁，可谓中国植物分类学家里面著名的老寿星。

■ **8.1.15** 单人骅（JenHua SHAN，1909-1986），江西高安人，1930 年入南京金陵大学森林系，1931 年转入中央大学生物系，1934 年毕业，1934-1945 年任职于中央研究院动植物研究所；1946 年赴美国加州大学伯克利分校植物系学习，1947 年获硕士学位，1949 年 5 月获博士学位，1949 年 4 月任中央研究院植物研究所研究员；1950 年后任中国科学院江苏省植物研究所 南京中山植物园研究员；著名伞形科专家。

■ **8.1.15.1 育才尽瘁 事业流芳**——纪念单人骅教授百年诞辰，刘启新，72 页，2010；南京：江苏省 中国科学院植物研究所伞形科项目组（内部印制）。

本书为纪念单人骅教授百年诞辰活动出版物，全书分为六部分：纪念寄语、纪念会纪实、生平图片简介、主要论著、生平评价、纪念专文及颂辞。

■ **8.1.16** 李惠林（HuiLin LI，1911—2002），江苏苏州人，著名植物分类学家。1930 年（18 周岁）本科毕业于东吴大学生物系，1932 年硕士毕业于北平燕京大学生物系，同年加入东吴大学生物系任讲师，1940 年赴美国求学，1942 年获哈佛大学生物系博士学位 [2]，1943 至 1945 年在宾夕法尼亚大学及费城科学院从事马先蒿属及玄参科研究，1946 年返回

---

[1] 植物分类学报编辑部，2005，"中国植物系统学百年回顾"学术交流会纪要，植物分类学报 43（5）：191；李勇，2005，寿称人瑞，学为人师——著名植物学家胡秀英先生，植物分类学报 43（5）：390-391。

[2] 博士学位论文：HuiLin LI，1942，The Araliaceae of China，*Sargentia* 2：1-134；导师 Elmer D. Merrill（1876-1956）。

东吴大学任生物系教授，1947 年受聘出任台湾大学植物学系主任，1948 年创刊 *Taiwania*，1950 年返回美国在 University of Virginia at Boyce，Virginia 从事玄参科细胞学研究，1951 年到美国史密森学会研究东亚和北美的植物区系关系，1952 年到宾夕法尼亚大学及附属的莫里斯树木园从事杜鹃花的细胞学研究（1953 年起致力于中国台湾植物研究），1958 年晋升为宾夕法尼亚大学副教授，1963 年晋升为正教授（同年出版 *Woody Flora of Taiwan*，974 p，Philadelphia：The Morris Arboretum），1964 年获中研院院士称号，1971 年任莫里斯树木园执行园长，1972 年转为正式园长，同年获美方经费资助并主编 *Flora of Taiwan*[①]，1974 年转任宾夕法尼亚大学巴群植物学及园艺学讲座教授，1979 年退休。另外还于 1964 至 1965 年间担任过香港中文大学生物系讲座教授及生物系主任。李惠林可谓名副其实的著名植物学家，一生从事的研究不仅仅是植物分类学和植物地理学，还包括民族植物学、栽培植物学、树木学及园艺学，是一个真正的多栖专家，也是中国植物分类学者在美国的杰出代表。

■ **8.1.16.1** *Contributions to Botany Studies in Plant Geography*，*Phylogeny and Evolution*，*Ethnobotany and Dendrological and Horticultural Botany*，植物学论丛　植物地理、演化及系统、民族植物学及树木园艺植物学论文选集，HuiLin LI，李惠林，527 p，1982；Taiwan：Epoch Publishing Co.，Ltd。

该论文选集是李惠林诞辰 70 周年出版物，包括 1932 至 1981 年间所从事的四个领域论著共 42 篇；书前有李惠林女儿撰写的传记以及李惠林所发表的论著目录（共 270 篇部）。

■ **8.1.17** 原宽（Hiroshi Hara，1911—1986），日本东京人，当代著名植物分类学家；1934 年毕业于东京大学，曾在中井猛之进（Takenoshin Nakai）的指导下学习植物学，毕业后终生服务于东京大学，从助理教授直至教授（1971 年退休）；期间 1938 和 1940 年访问了哈佛大学植物标本馆；1948 至 1954 年间出版的 3 卷本**日本种子植物名录**（*Enumeration Spermatophytarum Japonicarum*）被视为权威性工作，1960 年代率领日本学者多次考察东喜马拉雅地区，并出版著名的 *The Flora of Eastern Himalaya*（1966 & 1971，参见本书第 3.9.3.1 种），*An Enumeration of the Flowering Plants of Nepal*（1978，1979，1982，即本书第 3.9.3.5 种）；晚年中国改革开放之后转向研究中国植物，并于 1980 年代赴四川和云南等地野外考察。

详细参见：Kunio Iwatsuki，1987，Hiroshi Hara（1911–1986），*Taxon* 36（2）：555–556；Hiroyoshi Ohashi，1987，Dr. Hiroshi Hara 1911–1986，*Journal of Japanese Botany* 62（2）：33–36。

---

① *Flora of Taiwan*，Vols. 1–6，1975–1979；Taipei：Epoch Publ. Co，详细参见本书第 3.3.2.26.1 种。

■ **8.1.17.1** 原宽博士追悼之记，原宽博士纪念事业会，301 p，1987；东京：国立科学博物馆。

全书分为四部分：自传、弔辞（代表，4 篇）、海外弔文（20 篇）、追悼文（机构，12 篇）、追悼文集（个人，100 多篇）

■ **8.1.17.2** *Catalogue of the Works of Dr. Hiroshi Hara*，原宽博士业绩纵览，Dr. Hiroshi Hara Commenmoration Committee，296 p，1991；Tokyo：Yasaka Shobo。

本书是纪念文集，包括年谱、论著目录、植物新学名一览及索引等。

■ **8.1.18** 蔡希陶（HseTao TSAI，1911[①]—1981），浙江东阳人，著名植物学家。1929 年上海光华大学物理系学习，1930 年入北平静生生物调查所做练习生，1931 年赴云南采集标本 3 年，采集植物标本 1 万多号。抗日战争期间，在北平静生生物调查所和云南省教育厅联合创办的云南农林植物研究所（今中国科学院昆明植物研究所前身）工作，1947 年任云南农林植物研究所副所长、研究员，1950 年任中国科学院植物分类研究所昆明工作站（即原云南农林植物研究所）站长，1955 年以后致力于橡胶引种与栽培工作，为中国进入世界产胶国前列作出了重要贡献，1958 年任中国科学院昆明植物研究所副所长并领导建立了中国科学院热带森林生物地理群落定位站，1959 年创建中国科学院西双版纳热带植物园，1961 年在勐连山找到名贵药物"血竭"资源龙血树，1965 年在横断山干热河谷建立了元江热带经济植物引种站，1972 年奉命组织寻找抗癌药物美登木，1975 年任云南省热带植物研究所（即今中国科学院西双版纳热带植物园）所长兼云南省科学技术委员会副主任，1978 年任中国科学院云南热带植物研究所所长、中国科学院昆明分院副院长。

■ **8.1.18.1** 热带植物研究论文报告集，*Collected Research Papers on The Tropical Botany*，中国科学院云南热带植物研究所编，16 开，125 页，1982；昆明：云南人民出版社。

该文集为纪念蔡希陶逝世一周年而编辑，所收录的 12 篇文章多反映中国热带植物学研究动态及云南热带植物资源及人文地理。

■ **8.1.18.2** 蔡希陶纪念文集，蔡希陶纪念文集编委会，201 页，1991；昆明：云南科技出版社。

[①] **中国植物标本馆索引**（1993、2019）两版都记载蔡希陶出生时间 1901 年，实为 1911 年的误写！第 1 版的错误，第 2 版没有更正！

本书为纪念蔡希陶诞辰80周年和逝世10周年而编选，其中纪念文选21篇，蔡希陶著译选23篇和文学作品5篇。书前有蔡希陶生平介绍，书末有著译目录（1931至1982年，包括蔡希陶的文学作品目录6篇）。

■ **8.1.18.3 绿之魂——中国著名植物学家蔡希陶（中国科技人物丛书）**，王雨宁著，32开，101页，1991；北京：科学普及出版社。

本书末有蔡希陶年谱和主要著作目录。

■ **8.1.18.4 蔡希陶传略**，旭文、王振淮、晓戈著，32开，358页，1993；国际文化出版公司。

本书附有蔡希陶年谱简编与续谱（逝世后）。

■ **8.1.18.5 走向绿野——蔡希陶传**，良振、成志著，大32开，525页，2000；昆明：云南教育出版社。

■ **8.1.18.6 大青树下——跟随老师蔡希陶的三十年**，冯耀宗编著，32开，100页，2008；昆明：云南科技出版社。

■ **8.1.19 王战**（Chang WANG, Zhan WANG, 1911—2000），辽东东港（原奉天省安东县）人，著名的林学家、树木学家、森林生态学家。1936年毕业于国立北平大学农学院森林系并留校任教，1937至1938年于西安临时大学农学院任助教兼陕西省林务局视察，1938至1943年于国立西北联合大学农学院任助教和西北农学院（武功）林学系讲师，其中1939至1941年兼任宝鸡工合农林实验场场长，1943至1945年任农林部中央林业实验所（重庆）技正，1945至1947年任农林部（重庆）林业司科长、东北经济委员会农林处部派专员、科长，其中1946至1947年兼任东北大学农学院（沈阳）副教授，1947至1949年任农林部中央林业实验研究所（南京）技正、林业经济系主任，1949至1950年任沈阳农学院副教授，1950至1953年任东北农学院（哈尔滨）林学系副教授，1953至1954年任中国科学院林业研究所筹备处（哈尔滨）副研究员，1954至2000年先后任中国科学院林业土壤研究所（沈阳，1987年更名为中国科学院沈阳应用生态研究所）研究员、森林室主任、副所长、学术委员会副主任等。王战1943年主持首次神农架考察并第一次采集活化石——水杉标本。[1]

■ **8.1.19.1 王战文选**，王战文选编委会，512 页，2011；北京：科学出版社。

本文选是纪念王战诞辰 100 周年出版物，包括王战传略与简历，研究报告（1-369 页，41 篇）和建议报告（373-474 页，23 篇），附录（477-510 页，包括同学、学生、亲友纪念文章 7 篇），和主要论著目录（511-512 页，1936 至 1992 年）。原中国林学会会长、林业部副部长董智勇为本书作序；书前附 20 多幅各个时期活动与生活的珍贵照片。

■ **8.1.20 张宏达**（HungTa CHANG，HongDa ZHANG，1914—2013），广东揭西人，植物分类学家与植物区系学家。1939 年毕业于中山大学生物系，曾任中山大学讲师、副教授、教授、植物研究室主任兼热带森林生态系统实验中心主任。另外，参见本书的系统部分。

■ **8.1.20.1 张宏达文集**，张宏达文集编写组编，770 页，1995；广州：中山大学出版社。

本书收录张宏达几十年来从事植物系统学、植物区系学和生态学研究的主要论著，共约 120 万字。书前有自序和六十年学术活动纪事（1935 至 1994 年），书末附有张宏达论文著作目录（1948 至 1994 年）。

■ **8.1.20.2 此生情怀寄树草——张宏达传**，李剑、张晓红，320 页，2013；北京、上海：中国科学技术出版社、上海交通大学出版社。

本书全面记述植物学家张宏达各时期学术、工作和生活等情况及其的研究成果，是科学、教育史之珍贵史料，并为植物学科发展提供宝贵资料。

■ **8.1.21 服部新佐**（Sinske Hattori，1915—1992），日本九州日南人[2]；1940 年毕业于东京帝国大学，专修植物学，1948 年获得东京帝国大学理学博士学位；1946 年成立服部研究所 The Hattori Botanical Laboratory（标本馆代号：NICH），致力于苔藓植物研究，1947 年创刊 *The Journal of The Hattori Botanical Laboratory*。世界著名苔藓学家。

详 细 参 见：Aaron J. Sharp，1993，Sinske Hattori（1915-1992）Eminent Bryologist，*The*

---

[1] JinShuang MA & GuoFan SHAO，2003，Rediscovery of the first collection of the "Living Fossil"，*Metasequoia glyptostroboides*，*Taxon* 52（3）：585-588。GuoFan SHAO，QiJing LIU，Hong QIAN，JiQuan CHEN，JinShuang MA，ZhengXiang TAN，2020，Zhan WANG（1911-2000），*Taxon* 49（3）：593-601。

[2] 1959 年负责家族企业经营日本柳杉，并拥有一个小型相机产品的塑料公司。

Journal of the Hattori Botanical Laboratory 74：3–5；Masami Mizutani，1993，Bryological publications by Dr. Sinske Hattori，*The Journal of the Hattori Botanical Laboratory* 74：5–22；R. E. Longton，1993，Obituaries：Sinske Hattori，*Journal of Bryology* 17（3）：519–520。

■ **8.1.21.1 *Selected Bryological Papers by Dr. Sinske Hattori published between 1940–1951***，the Committee for the Celebration of Dr. Sinske Hattori's Sixtieth Birthday，服部新佐博士论文选集，服部新佐博士还历纪年事业会，488 页，1975；Nichinan-Shi，Miyazaki-ken，Japan：The Hattori Botanical Laboratory。

本文集是庆祝服部先生六十周岁的出版物，包括他 1940 至 1974 年间发表的 180 多篇部苔藓植物文献目录，特别是收集了 1940 至 1951 年间的文章。

■ **8.1.22 马毓泉**（YuChuan MA，1916—2008），江苏徐州人，著名的植物学家、内蒙古大学教授。1945 年毕业于北京大学生物系并留校任教 13 年，1958 年起支边到内蒙古大学任教 50 年，率领师生在内蒙古全区各地采集植物标本，经过 20 年努力，采得标本 10 余万份，并创建内蒙古大学植物标本室；出版专著有 7 部，包括主编**内蒙古植物志**（第 1 版和第 2 版）。

■ **8.1.22.1 马毓泉文集**，马毓泉文集编委会，*Collected Works of Ma Yu-Chuan*，323 页，1995；呼和浩特：内蒙古人民出版社。

本文集选编了马毓泉从 1951 到 1994 年间发表的论文 31 篇。书前有马毓泉传略，书末附有马毓泉著作目录（1951 至 1995 年）。

■ **8.1.23 吴征镒**（ZhengYi WU，ChengYih WU，1916—2013），江苏扬州人，中国当代著名植物分类学家、植物区系学家。详细参见系统部分。

■ **8.1.23.1 绿色的开拓者——中国著名植物学家吴征镒**（中国科技人物丛书），周鸿、吴玉著，32 开，169 页，1994；北京：科学普及出版社。

本书为传记，书末有年谱和主要著作目录。

■ **8.1.23.2 吴征镒文集**，吴征镒文集编委会，954 页，2006；北京：科学出版社。

本文集收集学术论著 72 篇，另有论文专著目录及本人 90 高龄的自述。

■ **8.1.23.3 百兼杂感随忆**，吴征镒，594 页，2008；北京：科学出版社。

本书收录吴征镒除专业学术论文以外的文著，主要包括吴征镒亲身经历的真实记录，对师友、同学、同事的深切回忆，各种学术考察的专题报告，植物科普和学术专著的序与跋，治学求真的心得体会，业余爱好等。全书共分为四部分：专题报告、发言和科普文字（22 篇），历史的回忆、永恒的情谊（40 篇），序言、跋（46 篇），诗词与兴致（19 篇）。书前有吴征镒自定（订）年谱和九十自述，书后有图版 24 页。

▌**8.1.23.4 吴征镒自传**，吴征镒述、吕春朝记录整理，338 页，2014；北京：科学出版社。

本书以时间为顺序，吴征镒自述 1916 至 2011 年 95 年间各时段所经所历。一位在科研道路行进 70 余年老者的经历若对后人有所启迪和帮助是作者立书的心愿。

▌**8.1.23.5 吴征镒先生纪念文集**，中国科学院昆明植物研究所编，348 页，2014；昆明：云南科技出版社。

本书是吴征镒先生辞世周年之际，意在缅怀吴先生生生耕耘、奉献植物科学事业的功绩，学习吴先生执著探索、百折不挠的精神，追思吴先生尊师敬业、甘为人梯、提携后学的胸怀、领悟吴先生襟怀坦荡、谦和包容的品格。收集吴先生生前的领导、同事、学生、好友、包括国际同仁的纪念文稿。有的敬录吴先生治学名言，以勉后学；有的辨析吴先生科学理论的创新轨迹，以传师业；有的叙谈向吴先生请教求学的心得体会，以增自信；有的抒发与吴先生相处往事的心语情愫，以倾衷肠；有的论及吴先生自然科学与人文科学融会贯通的治学理念，以探真谛。

▌**8.1.23.6 吴征镒年谱**，吕春朝，2016，ChunChao LÜ，Chronicle of Wu Zhengyi（ChengYih WU），*Plant Diversity* 38（6）：330-344.

Dedicated to the 100th anniversary of the birth of Wu Zhengyi，Special issue of *Plant Diversity* 38（6）：259-344，2016。For details，see ZheKun ZHOU and Hang SUN，2016，Wu Zhengyi and his contributions to plant taxonomy and phytogeography，*Plant Diversity* 38（6）：259-261.

▌**8.1.24 侯定**

侯定（Ding HOU，1921—2008），江西新干（原新淦）人，荷兰国家植物标本馆（Nationaal Herbarium Nederland；原莱顿大学国立植物标本馆，Rijksherbarium，L）植物分类学研究员，长期从事 *Flora Malesiana* 的编写工作。1941 至 1945 年在江西国立中正大学生物系学习，毕业后在母校担任两年助教，是胡先骕执教中正大学时所培养的为数不多的植物分类学家之一。1947 至 1951 年任台湾大学助教，1952 在美国密苏里州著名的华盛顿大学获植物分类学硕士学位，继而于 1955 又获得该校植物分类学博士学位 [1]（其中 1951 至 1952 年间还兼任过密苏里植物园研究助理，1954 至 1955 年间还兼任过密苏里植物园标本馆研究助理），同年进入哈佛大学阿诺德树木园工作；1956 被 Cornelis G. G. J. Van Steenis 邀请到荷兰参加 *Flora Malesiana* 编写工作，之后一直在此达半个世纪（其中 1960 年成为永久研究员，1986 年退休后照常到标本馆继续从事研究），是中国植物分类学家中在欧洲唯一工作一生的学者。

侯定是 *Flora Malesiana* 项目里难得的人才，不仅从事过多个不同类群的编研工作（包括马兜铃科、刺鳞草科、卫矛科、漆树科、红树科、瑞香科及云实科等 600 种），而且为人特别谦虚，助人有佳，在荷兰乃至欧美的学术界备受尊敬。2001 年 80 大寿荷兰国立植物标本馆著名刊物 *Blumea* 刊登前任馆长、著名木材解剖学与系统学家 Pieter Baas 和 Frits Adema 的专门纪念文章并附有侯定的相片同时列出他的论文目录 [2]；2008 年逝世后，该刊再一次发表 Pieter Baas 和 Frits Adema 的文章并配有侯定夫妇相片以示纪念 [3]。这样的规格在植物分类学史上很少，特别是对于一个移民学者，尤其是在欧洲受到如此礼遇，确实是对他终生工作的最佳肯定。本人曾与侯定多次通信并得到他很多帮助，特别是在国内学习和工作期间得到很多有关马兜铃属的文献与资料；非常遗憾的是并未有机会谋面。2013 年中国植物学会 80 周年在南昌举行，笔者有幸与张宪春和胡宗刚二位见到了侯定先生的妹妹与外甥以及侄子等亲属；此时先生已经作古他乡五年，夫人则返国在亲属处安度晚年。

■ **8.1.25** 王文采（WenTsai WANG，1926—），山东掖县人，1945 年毕业于北京四中并考上北京师范大学，1949 年毕业留校任教，1950 年调入中国科学院植物研究所工作直至今，1993 年当选中国科学院院士；中国近代著名植物分类学家，曾任**植物分类学报**主编，主持编纂**中国高等植物图鉴**，参与编纂多卷本**中国植物志**。

■ **8.1.25.1** 王文采口述自传——20 世纪中国科学口述史，王文采口述，胡宗刚访问整理，32 开，239 页，2009；长沙：湖南教育出版社。The Oral History of Science in 20th Century China Series–Wang Wencai（WenTsai WANG）: An Oral Biography，239 p，2009；

① 博士学位论文：Ding Hou，1955，A revision of the genus *Celastrus*，*Annals of the Missouri Botanical Garden* 42：215-302；导师 Dr. Robert E. Woodson Jr（1904-1963）。
② Pieter Baas & Frits Adema，2001，Dr. Ding Hou 80 Years Young，*Blumea* 46：201-202；C. W. J. Lut，2001，Bibliography of Ding Hou，*Blumea* 46：203-205。
③ Pieter Baas & Frits Adema，2008，In Memoriam Ding Hou（1921-2008），*Blumea* 53：233-234。

Changsha，Hunan Education Press.

全书分为家庭与求学、几位难忘的师友、植物调查、分类学研究、往事杂忆、离休之后的研究与访学共六章。书后附有牛喜平采访王文采摘录、门生付德志的师门承学追忆、王文采年表、以及主要论述目录和后记。

■ **8.1.25.2 王文采院士论文集**，王文采著，上卷：毛茛科，1 376 页，2011；下卷：苦苣苔科、荨麻科、葡萄科、紫草科、十字花科、大戟科、虎耳草科、山龙眼科、芍药科、金丝桃科、植物区系、术语、杂评、标题论文、附录、新类群目录、大事年表、编后记：1 244 页，2012；北京：高等教育出版社。

本文集收录王文采 1950 年至今所发表的论文 181 篇，按照时间顺序和研究内容进行整合编排。全书分为上、下两卷；上卷主要收录毛茛科植物研究论文 61 篇（1962 至 2010 年）。下卷收录苦苣苔科、荨麻科、葡萄科、紫草科、十字花科和芍药科等植物研究论文以及其他区系和科普文章 120 篇（1950 至 2010 年）。内容涉及系统演化、植物地理、分类修订和专著等众多研究领域。这些研究成果为澄清中国的植物种多样性以及**中国植物志**的编写奠定了坚实的基础，为这些植物类群的深入研究，以及中国植物资源的保护和利用，提供了重要的资料和依据。

■ **8.1.25.3 笺草释木六十年——王文采传**，胡宗刚著，261 页，2013；上海、北京：上海交通大学出版社、中国科学技术出版社。

本书是老科学家学术成长资料采集工程、中国科学院院士传记之一。全书收录了王文采先生的家世与求学、初涉植物分类学、步入研究领域、60 年代、人到中年、离休后的研究与访学、结语（学术成长之路）共七章。书后有年表、主要论著目录、重要采集成果目录等。

■ **8.1.26 井上浩**（Hiroshi Inoue，1932—1989），日本高知人，著名苔藓学家，1952 年进入东京教育大学理学部学习，1956 年研修毕业，1961 年获博士学位，随后进入国立科学博物馆任研究员，1983 年任研究部部长。详细参见：Robbert Gradstein and Hironori Deguchi，2014，A tribute to Hiroshi Inoue at the 25th year of his death，*The Bryological Times* 139：17–18。

■ **8.1.26.1 井上浩博士追悼集**，*Dr. Hiroshi Inoue Memorial Publication*，333 p，1990；Tokyo：Dr. Hiroshi Inoue Commemorating Committee / Department of Botany，National Science Museum。

本书载有年谱、作品选（包括诗集与学术论文及部分日记）、追悼文章、论文目录、新分类群目录及夫人的纪念文章。

■ **8.1.27** 北村四郎（Siro Kitamura，1906—2002），日本滋贺人，1928 年入京都帝国大学理学部植物学科，1931 年入大学院，1938 年获得博士学位并任教于京都大学，1945 年晋升为教授，专长菊科，长期兼任天皇的植物学顾问；曾在阿富汗和巴基斯坦等地采集并著有相关著作（参见本书的第 3.9.5.1 和 3.9.5.2 种）。

■ **8.1.27.1 花的研究史　北村四郎选集 IV**，*Biography of herbalists and taxonomic botanists who studied the Eastern Asiatic plants*，北村四郎（1906—2002），Siro Kitamura，671 p，1990；Osaka：Hoikusha Publishing Co. LTD。

本书是北村四郎选集（共四卷，分别是：I：落叶，II：草本植物，III：植物文化史，IV：花的研究史）的一部分，包括近 40 位东亚植物研究与采集人员的生平与业绩，主要是日本学者，少数为西方学者，但没有中国学者。

■ **8.1.28** 臧穆（Mu ZANG，1930—2011），山东烟台人，1953 年毕业于江苏师范学院（原东吴大学）生物系，同年毕业留校任教，1955 至 1973 年于南京师范大学任教，1973 年 6 月调至中国科学院昆明植物研究所，历任该所副研究员、研究员；主要从事真菌系统学、生态地理学、外生菌根及其应用等领域的研究；创建了中国科学院昆明植物研究所隐花植物标本馆并任馆长、中国科学院真菌地衣开放实验室副主任、中国真菌学会副理事长；主编**中国隐花（孢子）植物科属辞典**等专著；擅长书画，喜欢集邮，爱好古董；协助吴征镒创办**云南植物研究**并长期担任编委和副主编。

■ **8.1.28.1 穆翁纪念册**，*The Commemorative Book for Mu Weng*，黎兴江主编、臧穆协编，中英文双语版，278 页，2013；昆明（内部出版）。

臧穆（别名：穆翁）纪念册，第一部分（1–108 页）为纪念文章，包括友人回顾、学生回忆、亲人与家人怀念等 30 篇，第二部分（109–118 页）附录：臧穆笔下的黎兴江（臧穆遗作）和黎兴江的先父黎纯一烈士生平，第三部分（119–237 页）为臧穆书画作品选登，第四部分（238–278）为臧穆照片选登。

■ **8.1.28.2 臧穆　黎兴江论文集**，臧穆、黎兴江论文集编辑组，1 296 页，2014；昆明：论文集编辑组（内部印制）。[①]

本书为臧穆与黎兴江夫妇 1956 年以来的国内外各类专业刊物的科研论文、以及他们缅怀隐花植物学先辈的专文、为同行撰写的序言与书评。王文采为本书作序。书前有臧穆与黎兴江的介绍，书后为本书组织者、大弟子刘培贵（1953— ）撰写的后记。

■ 8.1.28.3 山川纪行：第三极发现之旅——臧穆科学考察手记，*Field Records in the Mountains and Valleys*-*Discovery Journey to the Third Pole – Notes and Drawings of ZANG Mu's Scientific Expeditions*，臧穆著，黎兴江主编，杨祝良副主编，王文采、胡宗刚、曾孝濂、黎兴江序；全三册，上册：555 页，中册：461 页，下册：499 页，2020；南京：江苏凤凰科学技术出版社。软面精装，ISBN 978-7-5713-1533-7，总定价 890 元。

臧穆（1930—2011），山东青岛人，中国科学院昆明植物研究所研究员、著名真菌学家；1949 年入东吴大学生物系，1953 年毕业于江苏师范学院（1952 年高校调整之后，东吴大学改为苏南师范学院，同年更为江苏师范学院）并留校任教，1955 年江苏师范学院生物系并入南京师范学院生物科，成立南京师范学院生物系，成为著名苔藓学家、时任系主任陈邦杰教授的助手兼系业务秘书，先后任助教和讲师，并与当时在陈邦杰全国苔藓植物进修班的黎兴江（1932—2020）相识相爱[②]，1957 年结为终生伴侣，1973 年调入中国科学院昆明植物研究所与夫人相聚，同时也从教育战线走向科研岗位，研究领域从苔藓和真菌改为专攻真菌学、兼顾苔藓学的相关工作（如承担《中国苔藓志》和英文版 *Moss Flora of China* 的珠藓科编研），是中国科学院昆明植物研究所隐花植物标本室的创始人（1973）；他培养研究生并带领弟子，经过多年不懈的努力，使昆明所今日成为中国真菌研究领域的重要机构与团队，**云南植物研究**创建时（1979）是主编吴征镒先生的得力助手之一，并长期担任**云南植物研究**编委（1979—1990）及副主编（1991—2005）。臧穆先生勤奋耕耘，

① Kunming Institute of Botany, Chinese Academy of Sciences, 2011, Obituary: Zang Mu, *The Bryological Times* 134: 8.

② 四川涪陵人（女，1932—2020），中国科学院昆明植物研究所研究员、著名苔藓学家，1950 年入华西协和大学生物系，1954 年毕业于四川大学生物系（1952 年高校调整时前者并入后者），同年分配到中国科学院植物研究所植物分类室工作，1955 至 1958 年于南京师范学院研修苔藓，是陈邦杰全国苔藓植物进修班的首批 9 名学员之一，1965 年调入中国科学院昆明植物研究所，开创中国科学院昆明植物研究所的苔藓学研究，主编**西藏苔藓志**（1985）、**中国苔藓志**（第 3、4 卷，2000、2006）、英文版**中国藓类志**（第 2、4 卷，2001、2007）、**中国隐花（孢子）植物科属辞典**（2011），参编**中国藓类植物属志**（上、下册，1963、1978）、**中国苔藓志**（第 1、2 卷，1994、1996）、**横断山区苔藓志**（2000）、**云南植物志**（第 18、19 卷，卷编辑，2002、2005）等；执笔**中国苔藓志**和英文版 *Moss Flora of China* 的泥炭藓科、丛藓科、提灯藓科、真藓科、葫芦藓科等，先后获得国家级、省级和科学院等多项奖励。

主编**中国真菌志**第 22 卷（2006，牛肝菌科 I）和第 44 卷（2013，牛肝菌科 II）、**西藏的真菌**（1983）、**西南大型经济真菌**（1994）和**横断山区真菌**（1996）等，特别是以"不积跬步、无以至千里，不积小流，何以成江河"的顽强精神与毅力，从 1966 年开始，日积月累，终于在退休之际夫妇二人完成多年之终生夙愿，主编首部**中国隐花（孢子）植物科属辞典**（2011，即本书第 8.1.28.1 种）；另外参编数部著作，发表论文 150 多篇[①]。

臧穆一生勤勤恳恳、任劳任怨、工作认真而且严谨、为人低调、平易近人、乐于助人，他学识渊博，谈吐深邃而幽默，深受广大同仁的尊敬和学生们的崇敬；他生活俭朴、涉猎广泛、擅长书画、藏书丰富，喜欢京剧，鉴赏并收集大量古今中外邮票，对古字名画、石刻亦颇有研究和个人见地。中国科学院植物研究所王文采院士赞赏："臧教授是一位科学界的奇才，是一位博物学家……"。臧穆酷爱事业、生性执着，为了工作可以不顾一切！中国科学院昆明植物研究所曾孝濂先生就用郑板桥的一首竹石诗云："咬定青山不放松，立根原在破岩中。千磨万击还坚劲，任尔东西南北风。"形容臧穆和他的学生们，正是凭着这种坚韧不拔的精神，扎根西南边陲，以大无畏的气势面对困难，数十次野外考察，拼命采集标本，收集第一手资料，开创了我们西南真菌系统研究之先河。"臧穆博才多学，最具有体现的是长期在**中国食用菌**（1989—2011）连载"菌物学家科海萍踪"专栏，介绍国际菌物学家的生平事迹，达两百多例。

山川纪行全书三册，收载臧穆先生的科学考查野外手记，包括标本采集的地点、地形、地貌、植被类型、植物种类、生态环境、海拔高度、风土人情、历史典故等诸多原始资料，特别是亲手速描野外写生图，即兴配予诗书文字，并在闲暇时上色，而且集中于中国西南（特别是云、贵、川、藏）野外，堪称中国生物学界的当代徐霞客！上册收录 1975 年（西藏）、1976 年（云南、西藏、四川）、1978 年（云南高黎贡山）和 1980 年（云南、西藏）年间共计 242 幅图又 89 张照片，中册收录 1982 年（云南独龙江、西藏帮果）、1988 年（贵州宽阔水、梵净山、云南西双版纳、昭通）、1989 年（四川通江、酉阳、九寨沟）、1992 年（云南瑞丽、德宏、宾川鸡足山）、1994 年（云南碧江地区）、1995 年（云南中甸、丽江、西双版纳、贵州贵阳、云南老君山、麻栗坡）数年间共 222 幅图又 24 张照片；下册收录 1996 年（江西庐山、上海、云南个旧）、1997 年（云南西双版纳）、1998 年（云南昭通、片马）、1999 年（云南轿子雪山，四川西昌、石棉、乐山、峨眉山、都

---

① 刘培贵、王鸣、杨祝良、张力，2011，深切缅怀恩师臧穆先生，菌物研究 4: 187-189；刘培贵、王鸣、杨祝良、张力，2011，深切缅怀恩师臧穆研究员，植物分类与资源学报 6: 622-624；刘培贵、王鸣、杨祝良、张力，2012，深切缅怀恩师臧穆研究员，菌物学报 1: 2-4；杨祝良，2011，臧穆先生发表的论著及新物种，菌物研究 4: 193-203。

江堰等）、2000 年（云南菜阳河自然保护区、大理、丽江、泸沽湖、鸡足山等）、2003 年（云南中甸、叶枝）和 2007 年（吉林长白山、云南楚雄等）多年间共计 200 幅图又 100 张照片。山川纪行三册覆盖臧穆自 1975 至 2007 年三十二年间[①]野外的纪实写生，总计约 664 幅图又 213 张照片，多达 1515 页。如此逼真而又引人入胜的手记，无愧于中国当代著名的博物学家，即使在世界范围内，也是值得大书特书的！

众所周知，生物学野外考察非常艰苦，特别是改革开放之前或者初期，各方面的交通和生活条件大不如今，野外工作者白天忙于旅途和采集，晚上还要整理、记录并压制标本，完毕之后基本都是深夜甚至后半夜，先生还拿出这么多时间白天现场写生，晚上记日记并余暇上色。难能可贵的是几十年如一日地坚持，确实了不起；在生物学领域，这样图文并茂的写生手记极其罕见！臧穆 1973 年 43 岁从南京调到昆明才真正转入真菌学领域，而且一切从头开始（采集标本、收集文献、然后才能够开展具体的研究），人到中年（既不是博士也不是硕士），当时也没有什么各类头衔（更没有什么官衔），但是他做了那么多工作并取得那么多成果，确实令人佩服！真菌学本不是笔者熟悉的领域，但是看到了臧穆先生的工作和有关他的出版物（**穆翁纪念册**，2013），**臧穆黎兴江论文集**，2014），特别是三册山川纪行以及后人的缅怀纪念文章，格外感动！在国人学者中，毫无疑问，臧穆先生首屈一指，可谓前无古人、后无来者（至少在笔者熟悉的植物分类学者中，还没有类似的工作问世），即使是在世界上也是非常稀少！众所周知的外国来华采集中国植物的福琼、韩尔礼、威尔逊、洛克，以及国内著名的采集家等，也没有这么多内容和这么长时间的野外手记留给后人！说来遗憾，本人基本上未曾与先生交往，只是 2009 年秋与臧穆先生和夫人黎兴江先生有过短暂交流（请教中国科学院昆明植物所的隐花植物标本馆缩写之事），加之研究领域等完全不同，本没有资格撰写这样的介绍！在此提笔，完全是对先生的仰慕和对其工作的敬佩！江苏凤凰科学技术出版集团能够投入力量进行整理并出版这样的工作，特别是责任编辑周远政等，几年来不辞辛苦、各地奔波、起早贪黑、日夜兼程；还有本书编写团队齐心协力，通力合作，尤其是将所有的文字都整理重新排版，不仅省略了读者阅读臧穆手记原文的困惑，更有很多学名（拉丁文）等都以当今的中文名表述，是一个非常费时费力的艰巨项目！

■ 8.1.29 李恒（Heng LI，女，1929—），湖南衡阳人，1956 年北京外国语学院俄语系毕业，1956 年至 1961 年中国科学院地理研究所俄语翻译，1961 年至今中国科学院昆明植物研究所工作。其中，1958 至 1961 年北京大学地质地理系进修，1962 至 1963 年云南大学

[①] 刘培贵，2012，国际著名真菌学家臧穆的业绩简介，食药用菌 1：66-67。

生物系进修。以滇西北的独龙江流域考察与研究以及天南星科等研究而著名。

■ **8.1.29.1 李恒文集**，李恒文集编辑委员会编，2018，上卷：1-834 页，下卷：835-1 644 页；昆明：云南科技出版社。

本书包括四部分：植物分类学与系统学研究、植物区系地理学研究、湿地植物与湿地植被研究、植物资源的开发、利用、保护与产业发展。书前有自序、自传与简历，书后有论著目录与指导的研究生名单。

■ **8.1.30 赵一之**（YiZhi ZHAO，1939—2016），内蒙古呼和浩特人，1957 至 1962 年内蒙古大学生物系植物学专业学习，1962 至 1976 年先后在内蒙古林业勘察设计院和包头市药品检验所从事森林调查和药用植物调查工作，1976 至 2007 年退休一直在内蒙古大学生物系从事植物分类学和植物生态学教学和科研工作。晚年主编**内蒙古植物志**第 3 版（即本书第 3.3.2.19.3 种）。

■ **8.1.30.1 赵一之文集**，赵一之著，1 020 页，2018；呼和浩特：内蒙古大学出版社。

本书分为：生平、学术贡献、岁月如歌 人生几何（女儿撰写的纪念文章）、植物分类群的研究、发现与命名的新分类群、论著目录等。本书收录的论文涉猎从事的类群多达 23 科文章达 150 篇，另有生态学与植物地理学 18 篇。书后的论文目录记载论文 244 篇，学术著作 41 部。

8.2 机构文集

机构文集（Institutional Works）指研究机构的纪念文集，包括相关的志书与简史。本部分收集 29 种。

■ **8.2.1 中国科学院植物研究所建所 70 周年纪念文集**，中国科学院植物研究所编，276 页，1998；北京：中国科学院植物研究所（内部刊物）。

本书为中国科学院植物研究所建所 70 周年（1928—1998）纪念文集，共包括序言、科研回顾、展望未来、往事杂忆和机构与成果 5 部分 64 篇文章；书前有院士简介、历届所长和中国科学院植物研究所建所简史。

■ **8.2.2 原本山川 极命草木——中国科学院昆明植物研究所 60 周年纪念文集**，中国科学院昆明植物研究所编，238 页，1998；昆明：中国科学院昆明植物研究所（内部刊物）。

本书为中国科学院昆明植物研究所建所 60 周年（1938—1998）纪念文集，共包括序、流金岁月、松柏常青、耕耘收获、迈向二十一世纪和心中的歌 6 部分 82 篇文章。

■ **8.2.3 中国科学院华南植物研究所建所 70 周年纪念文集**，陈忠毅主编，160 页，1999；广州：中国科学院华南植物研究所（内部刊物）。

本书为中国科学院华南植物研究所建所 70 周年（1929—1999）纪念文集。全书分为 3 部分：第一部分包括 16 篇追忆回顾文章，第二部分包括 8 篇巡礼展示文章，第三部分包括 7 篇同庆同贺文章。书前有序言、题词和历届所长，书后有华南植物研究所大事记。

■ **8.2.4 广西壮族自治区中国科学院广西植物研究所发展七十年 1935—2005**，广西壮族自治区中国科学院广西植物研究所发展七十年编委会，242 页，2005；雁山：广西壮族自治区中国科学院广西植物研究所（内部印制）。

本书包括六部分：创新　发展、历史　沿革、追思　缅怀　承载、学科回顾　展望、科学成就、历任党政领导。

■ **8.2.5 静生生物调查所史稿**，胡宗刚著，250 页，2005；济南：山东教育出版社。

静生生物调查所是民国时期我国重要的生物学研究机构，由尚志学会和中华教育文化基金董事会为纪念范静生先生而设立，属民间性质。本书以大量的档案史料为据，忠实地记述了该所自 1928 年创办至 1950 年终结的 20 余年的历史，以及由该所与江西省农业院合办的庐山森林植物园、与云南省教育厅合办的云南农林植物研究所、与中央工业试验所合办的四川乐山木材试验馆等机构的始末，从中可悉中国近现代第一批科学家任鸿隽（1886—1961）、秉志、胡先骕等为实现科学救国的宏愿，不畏艰苦、筚路蓝缕的奋斗历程；书中还讲述了许多学科建制、人才成长、尊师重道的具体史实，诚可谓民国科学史中的一部信史。

■ **8.2.6 中国科学院武汉植物园五十周年史料集（1956—2006）**，中国科学院武汉植物园编，224 页，2006；武汉：中国科学院武汉植物园（内部印制）。

本书为中国科学院武汉植物园 50 周年（1956—2006）史料文集，共包括综述、组织结构、队伍建设与人才培养、科研与成果、基本建设与科研设施建设、文化建设和大事记等 7 部分内容。

■ **8.2.7 中国科学院植物研究所志**，中国科学院植物研究所志编纂委员会编；970 页，2008；北京：高等教育出版社。

全书共分为 7 篇 36 章。其中包括历史沿革（北平静生生物调查所、北平研究院植物学研究所）、学术研究（植物分类、系统发育与进化、古植物学研究、植被生态学与生物多样性研究、植物形态学与生殖生物学、植物细胞学、植物资源及植物化学、植物生理学、植物光合作用、生物固氮、植物信号转导与代谢组学、植物迁地保育与新品种培育）、所务管理、学位教育与在职培训、条件保障（中国科学院植物研究所植物标本馆、植物园建设、生态系统定位研究站、图书馆与文献工作、学术期刊与其他系列出版物、实验仪器及其管理、植物科学绘图、局域网）、综合（科学传播、挂靠的单位、兴办其他事业、参加政治运动情况、名人逸事）、人物、纪事、附表和编后记等。书前有时任所长马克平（1959—）撰写的序言。

■ **8.2.8 中国科学院昆明植物研究所简史 1938—2008**，中国科学院昆明植物研究所简史编撰委员会编，332 页，2008；昆明：昆明市五华区教育委员会印刷厂（内部资料）。

全书共分 16 章：概述，历史沿革，科学研究与学科建设，科学研究发展战略与科研体系建设，科技成果与成果转化，科技队伍与人才培养，研究生及学位教育、博士后流动站，科技平台和科技支撑系统建设，党组织建设及统战工作，职工代表大会、工会和离退休工作，学术委员会和云南省植物学会，国际科技合作与学术交流，园区建设和创新文化建设，科技管理和后勤体系建设，科技咨询与科技服务，关怀与支持。书后有 5 个附录：科技成果、获奖项目、授权专利、科研项目和论著一览表。本书书前有吴征镒和李德铢（1963—）所作的序与大事要览，书后有多幅黑白和彩色相片。

■ **8.2.9 沧桑葫芦岛——中国科学院西双版纳植物园 50 周年回顾**，许再富著，110 页，2008；昆明：云南科技出版社。

作者是跟随蔡希陶创建版纳植物园的首批八名科技工作者之一（自称第二代葫芦岛人），长期担任版纳植物园的领导（1968 至 2001 年历任中科院云南热带植物所副所长；中科院昆明植物所副所长、所长和中科院西双版纳热带植物园园长）。本书真实地记录作者一生在葫芦岛上奋斗五十年即西双版纳热带植物园的详细历史。

■ **8.2.10 江苏省中国科学院植物研究所（南京植物园）纪念文集（1929—2009）**，纪念文集编写委员会编，181 页，2009；南京：江苏省中国科学院植物研究所（南京植物园）所（园）（内部出版）。

全书分为四部分：第一部分为所园史话，包括一篇文章；第二部分为流金岁月，包括 12 篇文章；第三部分为人物回忆，包括 25 篇文章；第四部分为耕耘收获，包括 21 篇文章。

■ **8.2.11 根深叶茂竞芳菲——中国科学院华南植物园80周年纪念文集**，魏平主编，211页，2009；广州：广东科技出版社。

全书分为3部分：上篇包括32篇历史与发展的文章，中篇包括22篇纪念专家与学者的文章，下篇包括14篇八十周年庆祝与感怀的文章。书前有时任主任黄宏文（1957—）所作的序。

■ **8.2.12 风雨兼程八十载——中国科学院华南植物园80周年纪念画册**，任海主编，189页，2009；武汉：华中科技大学出版社。

全画册分为6章：殷切关怀、科技创新、园林园貌、科学传播、文化建设、难忘记忆。另画册后有大事记，书前有时任主任黄宏文所作的序。

■ **8.2.13 中国科学院西双版纳热带植物园1959—2009**，中国科学院西双版纳热带植物园，12开，145页，2009；勐仑：中国科学院西双版纳热带植物园。

该画册以六大篇章：双手劈开葫芦岛，建设植物大本营（1959至1965年）、十年浩劫，举步维艰（1966至1975年）、沐科学春风，显发展生机（1976至1986年）、锐意改革，谱写新篇（1987至1997年）、知识创新，全面发展（1998至2008年）和而今迈步从头越，继往开来创一流，用大量的图片和翔实的资料真实记录了版纳植物园五十年波澜壮阔、五十年辛勤耕耘、五十年春华秋实的风雨历程。细读画册，一幅幅动人的画面，勾起无穷追思，先者动容，后者动情，植物园几代科技工作者扎根边疆，不惧艰苦，献身科学的故事跃然纸上，历历在目。

■ **8.2.14 五十年回眸——中国科学院西双版纳热带植物园1959—2009**，陈进，145页，2009；勐仑：中国科学院西双版纳热带植物园（内部印制）。

本书为纪念中国科学院西双版纳热带植物园成立五十周年纪念画册，按时间分为六部分，包括大量的珍贵历史镜头。

■ **8.2.15 江苏省中国科学院植物研究所（南京植物园）所（园）志（1929—2009）**，所（园）志编写委员会编，143页，2009；南京：江苏省中国科学院植物研究所（南京植物园）所（园）（内部出版）。

全书分为3部分：第一部分为发展历程，共六章30节（历史渊源、机构扩建、经历浩劫、改革发展、开拓未来），第二部分为大事记，第三部分为附录，共有13个，包括机构沿革、历任领导、论著统计、科研奖励、职工与研究生名册等。书前有吴征镒所作的序。

■ **8.2.16 北平研究院植物学研究所史略**，胡宗刚著，212页，2011；上海：上海交通大学出版社。

本书是首部完整记述北平研究院植物学研究所从创办到发展直至终结的二十年历史的专著，其中涉及大量著名学者与该所相关的学术活动，不少史实系首次披露并附有大量珍贵历史照片。

■ **8.2.17 中国科学院西北高原生物研究所志**，中国科学院西北高原生物研究所志编纂委员会，1 102页，2012；西宁：青海人民出版社。

本书是所庆40周年时组织编写的出版物，费时多年完成，并截止于2006年，2012年才出版。全书包括9篇（总计50章）：历史沿革、方向任务与科学研究、科技成果、职工队伍与人才培养、科技服务与科研条件、科技管理与后勤保障、行政机构与党群组织、科技项目与公司、人物；附录包括职工名单与专著论文译文目录。

■ **8.2.18 华南植物研究所早期史——中山大学农林植物研究所史事（1928-1954）**，胡宗刚著，208页，2013；上海：上海交通大学出版社。

华南植物园前身是中山大学农林植物研究所，1928年由著名植物学家陈焕镛在中山大学农科设立。陈焕镛先生以其雄才博学，致力于种类丰富的华南地区植物区系研究，使中大农林植物研究所与胡先骕主持的北平静生生物调查所植物部"双星辉映"，成为民国时期一南一北两个重要的植物学研究机构。1954年，中山大学农林植物研究所改隶，成为华南植物研究所（现名华南植物园）。本书以档案为主要材料，记述中山大学农林植物所发展脉络，事不分巨细，凡有记录。

■ **8.2.19 庐山植物园八十春秋纪念集**，胡宗刚编，366页，2014；上海：上海交通大学出版社。

本书分为三个部分，上篇"庐山植物园八十年简史"，简略回顾植物园80年历程；中篇"庐山植物园档案选编"，收录80年来该园一些重要的历史档案文献；下篇"庐山植物园回忆"，收录曾在植物园工作过的老先生或其子女撰写的回忆文章，以亲历者身份，讲述当年的艰难岁月。

■ **8.2.20 西双版纳热带植物园五十年**，胡宗刚著，370页，2014；北京：科学出版社。

本书以该园所藏档案为主要材料，兼而采访相关人士，以科学社会学方法撰写而成，完整再现该园五十年历程。由于机构几经分合改隶，本书还囊括并入机构之始末，如云南热带森林生物地理群落定位研究站、中国科学院昆明生态研究所等，所涉及主要人物除蔡希陶外，还有许再富（1939—）、裴盛基（1938—）、冯耀宗（1932—）、陈进（1965—）等，书中还记录了大量著名学者和知名人士与该园的相关活动，许多史实系首次披露，所附大量照片多为首次公布。

■ **8.2.21 中国科学院武汉植物园史料集（2007—2016）**，中国科学院武汉植物园，284 页，2016；武汉：中国科学院武汉植物园（内部印制）。

本书为中国科学院武汉植物园 60 周年（1956—2016）史料文集，共包括组织结构、队伍建设与人才培养、科研成果、2007 至 2016 年毕业研究生学位和论文情况、大事记等 5 部分内容。

■ **8.2.22 中国科学院武汉植物园六十年（1956—2016）**，中国科学院武汉植物园，234 页，2016；武汉：中国科学院武汉植物园（内部印制）。

本书为中国科学院武汉植物园 60 周年（1956—2016）出版物，包括概述、重要科研成果、重要人物三部分内容。

■ **8.2.23 广西壮族自治区中国科学院广西植物研究所建所八十年纪念册（1935—2015）**，广西壮族自治区、中国科学院广西植物研究所，101 页，2015；雁山：广西壮族自治区、中国科学院广西植物研究所（内部印制）。

全书分为：简介、历史回顾、学科建设、科技成果、服务地方、平台建设、国际合作、附录（科学家简传、历任主要党政领导、大事纪略）

■ **8.2.24 江苏省·中国科学院植物研究所——南京中山植物园早期史**，胡宗刚，237 页，2017；上海：上海交通大学出版社。

江苏省中国科学院植物研究所又名南京中山植物园，其前身有二：一为 1929 年创建之陵园纪念植物园，一为 1929 年设立之中央研究院自然历史博物馆。陵园纪念植物园系由陵园园林组主持成立，抗日战争期间，该园停办，胜利后恢复重建，1949 年后陷入停顿。1954 年中国科学院接管，与中国科学院植物研究所华东工作站合并，成立南京中山植物园。中央研究院自然历史博物馆于 1934 年改组为中央研究院动植物研究所，1944 年动植物研究所分为动物和植物两个研究所，1950 年中国科学院接管，将其高等植物研究室改组为中科院植物分类所华东工作站。本书分别记述此两机构自创建之后各自发展历史，直至 1954 年合并为止。主要依据档案史料，作客观真实之记述，将一些鲜为人知之历史重现于读者面前。

■ **8.2.25 中国科学院昆明植物研究所所史（1938—2018）**，中国科学院昆明植物研究所编，634 页，2018；昆明：云南科技出版社。

全书共分为四篇：第一篇：历史沿革（5 章）：云南农林植物研究所、中国科学院植物分类研究所昆明工作站和中国科学院植物研究所昆明工作站、中国科学院昆明植物研究所和中国科学院植物研究所昆明分所、云南省植物研究所和中国科学院昆明植物研究所，第二篇：学术研究和学科建设（7 章）：植物分类学研究、植物系统学研究、植物区系地理学研究、植物化学及植物资源利用研究、植物生理学与生物技术、民族植物学、植物园建设、引种驯化及品种选育研究、野生植物种质资源收集、保存与研究，第三篇：所务管理（7 章）：党组织建设和党群工作、科学研究发展战略和科研体系建设和科研体系建设、人才队伍建设与管理、行政管理、研究生管理与教育、资产财务管理、人物；第四篇：大事要览（1937—2017）。书前有所长孙航和书记杨永平（1965—）以及历任所长周俊（1932—2020）、孙汉董（1939—）、许再富、郝小江（1951—）、李德铢的序言寄语。另有电子版27 个附表和 2 个附录。

■ **8.2.26 中国科学院昆明植物研究所 80 周年纪念文集**，中国科学院昆明植物研究所编，213 页，2018；昆明：中国科学院昆明植物研究所（内部发行）。

全书分为：原本：本源、原本山川，极命草木、山川：人物忆旧、吴征镒："春潮忆旧"五联、极命草木之君、昆植时代：元宝之情可追忆只是当时已惘然、昆植感怀：长短辞、关于 KIB 的二三片想。

■ **8.2.27 中国科学院植物研究所建所九十周年（1928—2018）——芳兰葳蕤**，中国科学院植物研究所建所九十周年编委会编，121 页，2018；北京：中国科学院植物研究所（内部发行）。

全书分为：历史溯源、前辈学者、名人轶事、主要获奖成果、重要研究进展、亲切关怀。

■ **8.2.28 薪火相传，再赋新篇——中国科学院华南植物园 90 周年纪念画册**，任海主编，245 页，2019；北京：中国林业出版社。

本书共分为五部分：历史足迹、科学创新、物种保育、科学传播和党的建设。

■ **8.2.29 九秩春秋，草木知春花满枝——中国科学院华南植物园九十周年纪念文集**，张福生主编，186 页，2019；北京：中国林业出版社。

本书共分为：第一部分：10 年创新与发展（11 篇文章），第二部分：历史上的人（7 篇文章）与事（22 篇文章），第三部分：花絮（5 篇文章）；以及序和后记；共记载 45 篇文章。

8.3 区域专集

区域专集（Regional Works）仅指区域性研究工作的专题汇集。本部分只收集 5 种。

■ **8.3.1 青藏高原研究横断山考察专集**，*Studies in Qinghai-Xizang（Tibet）Plateau Special Issue of Hengduan Mountains Scientific Expedition*，中国科学院青藏高原综合科学考察队，1，291 页，1983；昆明：云南人民出版社；2，623 页，1986；北京：北京科学技术出版社。

本工作是 1980 年代横断山科学考察报告，包括地质、古生物、自然地理、动植物区系和自然资源的评价及其利用等 100 多篇文章，是横断山综合科学考察的结果。

■ **8.3.2 新疆植物学研究文集**，中国科学院新疆生物土地沙漠研究所主办，230 页，1991；北京：科学出版社。

本文集包括植物生态与地植物学、植物区系与分类学、植物生理学、植物资源学、解剖学、草地学等四部分 34 篇论文。

■ **8.3.3 西北地区现代植物分类学研究**，*Advance in Plant Taxonomy in Northwest China*，于兆英、李学禹、狄维忠主编。北京：科学技术文献出版社。

第 1 卷（1992，151 页）汇集了西北地区首届现代植物分类学学术讨论会论文 20 篇，主要涉及植物分类、植物形态、实验分类以及计算机应用研究的各个方面，反映了西北地区在植物分类学研究领域的进展。西北地区包括陕西、甘肃、青海、宁夏和新疆五省区，其植物种类以北温带成分为主，在植物种类分布和组成上形成有别于中国其他地区的明显地域性特点。

■ **8.3.4 北方植物学研究**，1，464，1993；天津：南开大学出版社；王伏雄主编，山西省植物学会编。2，170，1996（河南科学，14 卷专辑），叶永忠主编；3，232，1999（河南科学，17 卷专辑），叶永忠主编；4，262，2002；北京：中国农业科学技术出版社；北方五省市植物学会恭贺河北大学建校 100 周年，刘孟军主编，河北省植物学会等编。

■ **8.3.5 山东植物研究**，李法曾、姚敦义主编，369 页，1995；北京：北京科学技术出版社。

本书共收集论文 66 篇，内容涉及系统与演化植物学、结构植物学、植物生态学与环境植物学、发育与生殖植物学、植物遗传学、代谢植物学、植物化学与植物资源学等植物科学的重要领域。

8.4 文献汇编

文献汇编（Compilation）在此指植物学领域不定期出版物，如进展和中国植物学会等相关出版物。

本书收集 13 种。

■ **8.4.1 中国植物学会三十周年年会论文摘要汇编**，中国植物学会编，383 页，1963；北京：中国植物学会编辑编（内部发行）。

本汇编是中国植物学会三十周年年会的会议文件之一，论文摘要包括广义植物学及其各个分支（植物生理学另册发行）学科的论文摘要，其中有关植物分类的内容占相当大的部分。

■ **8.4.2 中国植物学会五十周年年会学术论文摘要汇编**，*Reports and Abstracts Presented at a Meeting Commemorating the 50th Anniversary of the Botanical Society of China*，中国植物学会编，985 页，1983；北京：中国植物学会编（内部发行）。

本汇编是中国植物学会五十周年年会的会议文件之一；共分两部分：第一部分为 11 篇学术报告，主要是著名学者执笔的有关中国植物学会各学科 50 年来的总结与展望；第二部分为 794 篇论文摘要，包括广义植物学各个学科的内容，其中种子植物分类 133 篇，蕨类植物 7 篇，苔藓植物 10 篇。

■ **8.4.3** *Proceedings of the World Conference of Bryology*，**Tokyo**，**Japan**，Sinske Hattori，May 23–28，1983；1，325 p，& 2，269 p，Nichinan，Miyazaki，Japan：The Hattori Botanical Laboratory。

Symposium 1，Phytogeography of Bryophytes in Asia and the Pacific（5 papers），2，Recent Aspects of Physiology and Ecology（9 papers），3，Bryology for the 80's（5 papers）；Contributed Papers：Session 1，Taxonomy and Systematics（13 papers），2，Biogeography（8 papers），3，Ecology（5 papers），4，Morphology and Cytology（6 papers），5，Physiology and Morphogenesis（8 papers），& Chemistry（8 papers）。

■ **8.4.4 中国植物学会五十五周年年会学术报告及论文摘要汇编**，*Abstracts of the Papers Presented at the 55th Anniversary of the Botanical Society of China*，中国植物学会编，776 页，1988；北京：中国植物学会编（内部发行）。

本汇编为中国植物学会 55 周年年会的会议文件之一，共分两部分：第一部分为 12 篇有关第 14 届国际植物学大会传达报告；第二部分为 973 篇论文摘要，内容包括广义植物学各个分支学科，其中植物分类学 188 篇。

■ **8.4.5** 中国植物学会六十周年年会学术报告及论文摘要汇编, *Reports and Abstracts Presented at the 60th Anniversary of the Botanical Society of China*，中国植物学会主编，518 页，1993；北京：中国科学技术出版社。

本文集包括 7 篇大会报告全文和 615 篇论文摘要，其中系统与演化植物学 139 篇。

■ **8.4.6** *Recent Advances in Botany*，YueIe HSING & ChangHung CHOU，350 p，1993；Taipei：Institute of Botany，Academia Sinica。

本书是庆祝中研院植物研究所在台复所三十周年纪念而出版的**植物学学术研讨会文集**，内容为广义的植物学研究，包括系统分类学。

■ **8.4.7** 中国植物学会六十五周年年会学术报告及论文摘要汇编（1933—1998），*Presented at the 65th Anniversary of the Botanical Society of China*，中国植物学会编，638 页，1998；北京：中国林业出版社。

本文集包括 6 篇大会报告全文和 720 篇论文摘要，其中系统与演化植物学 148 篇。

■ **8.4.8** **植物系统学进展**，陈之端、冯旻编译，177 页，1998；北京：科学出版社。

本书根据最近几年来植物系统学领域出现的热点而精选的 7 篇论文编译而成，内容包括分子系统学、分支系统学和生殖结构化石三个方面，反映了当前植物系统学研究的进展与趋势。

■ **8.4.9** **植物科学进展**，*Advances in Plant Sciences*，李承森主编，北京：高等教育出版社。**1**，319 页，1998；**2**，210 页，1999；**3**，261 页，2000；**4**，404 页，2001；**5**，270 页，2003；**6**：317 页，2004。

本文集收录植物学各个分支学科的内容，特别是包括植物系统与进化生物学方面。

■ **8.4.10** 中国植物学会七十周年年会学术论文摘要汇编（1933—2003），中国植物学会编，583 页，2003；北京：高等教育出版社。

本文集包括论文摘要 665 篇，其中系统与进化植物学 153 篇。

■ **8.4.11** 中国植物学会七十五周年年会论文摘要汇编（1933—2008），中国植物学会编，432 页，2008；兰州：兰州大学出版社。

本文集包括特邀大会报告摘要 10 篇，论文摘要 568 篇，其中系统与进化植物学 137 篇。

▋ **8.4.12 中国植物学会八十周年年会论文摘要汇编**（1933—2013），中国植物学会主编，2013，346 页；南昌：江西高校出版社。

本文集包括大会特邀报告 8 篇，论文摘要 492 篇；其中，系统与进化植物学 130 篇。

▋ **8.4.13 中国植物学会八十五周年学术年会论文摘要汇编**（1933—2018），中国植物学会主编，2018，522 页；昆明：中国植物学会。

本文集包括大会报告 10 篇、论文摘要分为五组共 389 篇；其中分类学、植物系统与进化 110 篇。

8.5 红皮书与保护植物名录

红皮书（Red Books）和保护名录（Protection Lists）的性质与内容是相似的，在此将有关的"红皮书"与相似的"名录"或"珍惜濒危"等一并介绍，但两者并非完全相同。"名录"是行政主管部门组织制定并有配套的行政法规实施，所选择的物种首先侧重于经济与科研价值；其次才是濒危程度，其等级分为"I 级"和"II 级"等。而"珍惜濒危"等则是名录的另一种体现或者表述；这一点至少在中国如此。而"红皮书"则根据 IUCN 的标准所制定的保护物种级别，没有法规配套，且编录的基础是濒危程度，级别分为"濒危"、"渐危"等[1]，而且是世界范围的共识。由于两者在一定程度上即重叠且又内容相似或大致相同，所以使用时应注意。

本书共收载 33 种。

▋ **8.5.1 *The IUCN Plant Red Data Book***, compiled by Gern Lucas & Hugh Synge for the Threatened Plants Committee of the Survival Service Commission of IUCN，published by The World Wildlife Fund and The United Nations Enrironment Programme，540 p，1978；England：Kew，RBG.

这是首个世界性的有关植物的数字，至今已经四十多年，详细参见网址 http://www.iucn.org/。

---

[1] IUCN 是 International Union for Conservation of Nature 的缩写，目前实行的标准（IUCN 2017. *The IUCN Red List of Threatened Species. Version 2017-3*<http://www.iucnredlist.org>. downloaded on 05 December 2017），即：灭绝：**EX**, extinct；野外灭绝：**EW**, extinct in the wild；极危：**CR**, critically endangered；濒危：**EN**, endangered；易危：**VU**, vulnerable；近危：**NT**, near treated；无危：**LC**, least concern；数据缺乏：**DD**, data deficient；未评估：**NE**, not evaluated。

■ **8.5.2 Red Data Book of Kazakh SSR-Rare and endangered species of animals and plants**，Part 2，**Plants**，260 p，1981；Institute of Botany，Academy of Science and Kazakh SSR，Central Botanical Garden，Academy of Science of Kazakh SSR，The Main Administration of Natural Reserves and Hunting Economy Attached to Council of Ministers Kazakh SSR，Kazakh Society of Natural Service；Alma Ata：Publishing House，NAUKA of Kazakh SSR.

本书包括单子叶植物 50 种、双子叶植物 239 种、2 种裸子植物、3 种蕨类、3 种藓类、10 种菌类和 1 种地衣。

■ **8.5.3 *Red Data Book of Indian Plants***，Madhavan P. Nayar & Addala R. K. Sastry（eds），Calcutta：Botanical Survey of India。

1，367 p，1987；**2**，268 p，1988；**3**，271 p，1990。本书按 IUCN 标准收录印度 814 种维管束植物，每种都有详细的级别、分布、生境、保护状态、潜在价值、栽培、形态特征及参考文献等信息与附图。

■ **8.5.4 中国珍稀濒危保护植物名录**，国家环境保护局、中国科学院植物研究所编，96 页，1987；北京：科学出版社。

第 1 册收载了中国维管植物共 389 种（其中 1 亚种 24 变种），包括蕨类 13 种，裸子植物 71 种，被子植物 305 种，其中为濒危的 121 种，稀有的 110 种，渐危的 158 种，按级别划分则为 I 级 8 种，II 级 159 种，III 级 222 种。每种含类别、学名、中文名、科名（中、拉）、保护级别和产地。

■ **8.5.5 中国珍稀濒危植物**，傅立国主编，365 页，1989；上海：上海教育出版社。

本书介绍首批确定的中国珍稀濒危植物 388 种，其中濒危种 121 种，稀有种 110 种，渐危种 157 种。每种植物包括现状、形态特征、地理分布、生态学和生物学特性、保护价值、保护措施、栽培要点等内容，另配有彩图或黑白线条图。

■ **8.5.6 中国珍稀濒危保护植物**，宋朝枢等著，32 开，453 页，1989；北京：中国林业出版社。

本书根据 1984 年公布的中国第一批珍稀濒危保护植物名录及 1987 年出版的**中国珍稀濒危保护植物名录**第 1 册为依据编写的，按**中国高等植物科属检索表**所采用的分类系统，将保护植物分别按科、属、种次序进行排列，包括蕨类植物 11 科 13 种，裸子植物 8 科 71 种，被子植物 83 科 305 种。各类科属种均有简要的形态、分布、生境、保护价值及保护级别等内容。

■ **8.5.7** *Red Data Book of Armenian SSR*–Rare and Endangered Species of Plants，283 p，1988（Copyright，1989）；Erevan：Aistan。

记载五级：0，Apparently disappearing，36 种；1，Endangered，130 种；2，Rare，154 种；3，Reducing，59 种，4，Indefinite，8 种。

■ **8.5.8 中国植物红皮书——稀有濒危植物**，第一册，傅立国主编，736 页，1992；北京：科学出版社；繁体版，**中国稀有濒危植物**，*The Rare and Endangered Plants in China*，**1**，1–253 p，**2**，1–253 p，& **3**，1–257 p，1996；台北：淑馨出版社。

本书是国家环境保护局和中国科学院植物研究所主持的项目，全书包括 388 种（含变种）植物，即包括第一批**中国珍稀濒危保护植物名录**的全部类群，其中定为濒危的 121 种，稀有的 110 种，渐危的 157 种。其中划分的标准主要根据国际上通用的标准，但也结合所列种类的具体情况。每种都有详细的描述，地理分布点图以及彩色图片。本书繁体版分三册于台北发行。

■ **8.5.9** *Rare，Endemic and Endangered Plants of Nepal*，Tirtha B. Shrestha & Rabindra M. Joshi（eds），244 p，1996；Kathmandu：WWW Nepal Program。

本书包括尼泊尔的特有植物和珍稀、濒危保护植物（没有具体统计数字），每种都有详细的描述、分布及保护级别（IUCN）等。

■ **8.5.10** *Hot Spots of Endemic Plants of India，Nepal and Bhutan*，Madhavan P. Nayar，252 p，1996；Thiruvananthapuram：Tropical Botanic Garden and Research Institute。

本书讨论了广义喜马拉雅的特有植物及其区系性（没有具体统计数字），对我们了解印度次大陆和喜马拉雅的特有性具有很重要的参考价值。

■ **8.5.11 中国珍稀植物**，*Rare and Precious Plants of China*，贺善安主编，ShanAn HE（Editor in Chief），中英文，184 页，1998；上海：上海科学技术出版社。

本书收集了 40 多位植物学工作者在多年野外和植物园工作中拍摄的 676 幅彩色照片，计 327 种和变种，包括了列入第一批国家保护稀有濒危植物名录的大部分种类、第二批国家保护稀有濒危植物名录的部分种类以及一批有价值的和地方特有的种类，并以中英文介绍了这些植物的主要形态特征、生境及各种价值。

■ **8.5.12** *Rare，Threatened and Endangered Floras of Asia and the Pacific Rim*，ChingI PENG & Porter P. Lowry II，283 p，1998；Taipei：Institute of Botany，Academia Sinica。Institute of Botany，Academia Sinica Monograph Series No. 16；International Symposium on Rare，Threatened，and Endganered Floras and the Pacific Rim；亚太地区珍稀濒危植物国际学术研讨会。

本书为 1996 年 4 月 30 日至 5 月 4 日于台北举行的珍稀、濒危植物的学术研讨会文集，共包括 16 篇文章。书末附有作者和关键词索引及研讨会会议程序。

■ **8.5.13** 中国野生植物保护工作的里程碑——《国家重点保护野生植物名录（第一批）》出台，于永福，1999，植物 5：3-11。

国家重点保护野生植物名录（第一批）是 1999 年 8 月 4 日由国务院正式批准公布的，包括 419 种植物（从真菌到种子植物），其中 I 级保护的 67 种，II 级保护的 352 种。

■ **8.5.14** *Red Data Book of Vascular Plants of Bangladesh*，Mohammad S. Khan，M. Matiur Rahman & M. Arshad Ali，179 页，2001；Dhaka：Bangladesh National Herbarium。

本书记载孟加拉国珍稀濒危植物 106 种，每种都有学名、地方名、科别、保护状态、详细的描述、生境、潜在价值、分布、保护方法和参考文献等。

■ **8.5.15** 中国物种红色名录，*China Species Red List*，中英双语版，汪松、解炎主编，第 1 卷：红色名录，Vol. 1，Red List，724 页，2004；北京：高等教育出版社。

本书共分 6 卷，第 1 卷为 9 000 多个动植物种的红色名录，包括物种名称（学名、中文名和英文名）、中国分布占全球的比例、评估的等级以及所依据的标准和理由、IUCN 全球评估等级等。后 5 卷分别为脊椎动物（第 2 卷，2009 年出版）、无脊椎动物（第 3 卷，2005 年出版）和植物卷尚未出版。本书第 1 卷红色名录中的第 300-468 页为种子植物。其中裸子植物 10 科 33 属 184 种 42 变种，被子植物 147 科 991 属 4 183 种。书末附有学名、中文名和英文名索引。

■ **8.5.16** 日本绝灭危机植物图鉴，*A Pictorial of Japanese Flora Facing Extinction*，岩槻邦男等，207 页，1994；东京：宝岛社。

本书记载了日本濒危植物（Ex、E、V、R、I、U），并有详细的日文解说。

■ **8.5.17** 中国的珍稀植物，*Rare Plants of China*，邢福武主编，278 页，2005；长沙：湖南教育出版社。

本书重点收录全国各地的珍稀濒危野生维管植物 159 科 546 种（含变种，其中蕨类植物采用秦仁昌系统、裸子植物采用郑万钧系统、被子植物采用哈钦松系统），每种植物都有中文名、科名、学名、主要形态特征、地理分布与生境、保护价值和主要用途及濒危等级（IUCN，1994）。本书收录了 1984 年国家环保局公布的**中国珍稀濒危保护植物名录**中的保护植物 148 种，还收录了 1999 年国家林业局和国家农业部公布的**国家重点保护野生植物名录**中的保护植物 118 种。全书有彩色照片 626 幅。

■ **8.5.18** *Red Data Book of the Republic of Uzbekstan*，Uzbek Academy of Sciences Uzbek National Committee of MAB of UNESCO，Volume 1，Plants and Fungi；336 p，2006；Taskent：Chinor，ENK。

本书是乌兹别克多年研究的总结与修订，并且分别由俄文、乌兹别克文和英文写成。全书包括 302 种高等植物和 3 种真菌，每种都有简要的特征、分布、生境、濒危状况、繁殖、保护、栽培、资料来源、地理点图和彩色绘图等内容，十分丰富，对中国西北的植物研究很有参考价值。

■ **8.5.19** *Vietnam Red Data Book*–Part Ⅱ，**Plants**，Ministry of Science and Technology，越南文，611 页，2007；Hanoi：Vietnamese Academy of Science and Technology。

本书记载越南全部生物类群的濒危状况（其中第 1 卷为动物，第 2 卷为植物，并且包括从藻类和菌类到被子植物），并按 IUCN（1994）标准分别划分为：EX、EW、CR、EN、VU、LR、DD 和 NE。其中 LR 代表 Lower Risk，相当于 2004 年标准中的 VT 和 LC。所载类群分别为：1，被子植物 1 至 91 科 1 至 399 种（科的范围采用 Armen L. Takhtajan 的概念，但按学名顺序排列）；2，裸子植物 92 至 97 科，400 至 426 种；3 & 4，蕨类植物 98 至 99 科，427 至 429 种；5，Rhodophyta，100 至 104 科，430 至 437 种；6，Phaeophyta，105 科，438 至 442 种；7，Mycophyta，106 至 111 科，443 至 448 种。每种植物都有文献、异名、特征描述、墨线图、分布图、生物学和生态学特性、在各省的分布、濒危等级、应用以及保护措施等。

■ **8.5.20** *The 2007 Red List of Threatened Fauna and Flora of Sri Lanka*，166 p；The World Conservation Union（IUCN）in Sri Lanka and the Ministry of Environment and Natural Resources。

The findings of the assessment are alarming，when considering the fact that 33%（223 species）of inland vertebrate fauna and 61%（675 species）of the evaluated flora were found to be nationally threatened。The threatened fauna and flora include many endemic species，21 species of endemic amphibians and 72 species of plants seem to have disappeared from the island（extinct）during the past century。These findings would serve as the baseline for the development and implementation of suitable policies and actions to conserve the threatened species for the future。The last section of this publication has provided a framework for action to facilitate the conservation of threatened species in Sri Lanka。

▌ **8.5.21** **A report of the first national red list of Chinese endangered bryophytes**，Tong CAO，RuiLiang ZHU，Benito C. Tan，ShuiLiang GUO，Chien GAO，PanCheng WU & XingJiang LI，2005，*The Journal of the Hattori Botanical Laboratory* 99：275–295。

本文首次报道中国 41 科 73 属 82 种苔藓红色名录（包括 50 种藓类植物、31 种苔类植物和 1 种角苔），根据 IUCN/IAB 标准，其中 36 种为极危（CR），29 种为濒危（EN），17 种为易危（VU）。每种植物都有详细的分布、生境、濒危原因及参考文献。

▌ **8.5.22** 中国首批濒危苔藓植物红色名录初报，曹同、朱瑞良、左本荣、于晶，2006，植物研究 26（6）：756–762。

本文初步报道了 2004 年上海中国苔藓植物多样性保护国际研讨会上通过的中国首批濒危苔藓植物红色名录共计 82 种，其中藓类植物 28 科 47 属 50 种，苔类植物 12 科 26 属 31 种和角苔类植物 1 科 1 属 1 种。根据修订的 IUCN/IAB 标准，82 种苔藓植物中，36 种划为极危（CR），29 种划为濒危（EN），17 种划为易危（VU）。另外，文章还对中国首批濒危苔藓植物的地理分布特点、濒危原因及今后的保护行动也进行了初步讨论。

▌ **8.5.23** *Endemic Plants of the Altai Mountain Country*，A. I. Pyak et al.，368 p，2008；Hamppshire：Wild Guides Ltd。

本书覆盖俄罗斯、蒙古、哈萨克斯坦和中国约 60 万 km² 的广义阿尔泰地区，是俄罗斯、蒙古和哈萨克斯坦与英国 Darwin Initiative 合作的产物。遗憾的是没有中国学者参加，所以中国部分的资料只能依据文献。除自然地理等详细背景资料外，全书记载该地区特有和半特有植物共 288 种；每种植物都有详细的描述、美丽的彩色相片、分布、生境、濒危程度、保护状态等。

▌ **8.5.24** *Red Data Book of DPR Korea*（*Plant*），Son Kyong-Nam（Chief Editor），177 p，2005；Pyongyang，DPR Korea：MAB National Committee of DPR Korea，Botanical Institute，Biological Research Branch，Academy of Sciences。

在 181 科 1 021 属 3 366 种中，一级 8 种，二级 10 种，三级 17 种，四级 35 种，且全书由英文写成。

▌ **8.5.25** *Rare Plants Data Book of Korea*，Byung-Chun Lee et al.，296 页，2009；

Gyeonggi-Do：Korea National Arboretum。

本书由韩国国家树木园完成，记载朝鲜半岛珍稀濒危植物 571 种，并按 IUCN 标准划分为：EX4 种，CR144 种，EN122 种，VU119 种，LC70 种，DD112 种。

■ **8.5.26** *Mongolian Red List and Conservation Action Plans of Plants*，Ts. Jamsran，Chinbat Sanchir，S. Bachman，N. Soninkhishig，S. Gombobaatar，J. E. M. Baillie & Ts. Tsendeekhuu（edited），Dashzeveg Nyambayar，Batlai Oyuntsetseg & Radnaakhand Tungalag（compiled），183 p，2011；London：Zoological Society of London，Regents Park，& Ulaanbaatar：National University of Mongolia。

共记载 148 种种子植物。有关蒙古特有植物的工作可参见：Magsar Urgamal，2017，The endemic species to the vascular flora of Mongolia updated，96–100. Magsar Urgamal，O. Enkhtuya，N. Kherlenchimeg，E. Enkhjargal，Ts. Bukhchuluun，G. Burenbaatar & J. Javkhlan，2016，Current overview of plant diversity in Mongolia，*Proceedings of the Mongolian Academy of Sciences* 56（3）：86–94；。Magsar Urgamal & Batlai Oyuntsetseg，2017，*Atlas of the Endemic Vascular Plants of Mongolia*，107 p；Ulaanbaatar，Mongolia：Bembi San Press。

■ **8.5.27** *Korean Red List of Threatened Species*，Min-Hwan Suh，Byoung-Yoon Lee，Seung Tae Kim，Chan-Ho Park，Hyun-Kyoung Oh，Hee-Young Kim，Joon-Ho Lee & Sue Yeon Lee，second edition，246 p，2014；Inchon：National Institute of Biological Resources。

Some 4 384 vascular plant species are known to exist in Korea，among which 281 are Pteridophyta，53 Gymnosperm and 4 050 Angiosperm。Among Angiosperm，2 974 are Dicotyledoneae and 1，076 are Monocotyledoneae。Total 543 of vascular plants representing by CR 28，EN 86，VU 110，NT 56，LC 97，DD 40，NE 126.

■ **8.5.28** *The red list of selected Vascular Plants in Korea*，Chin-Sung Chang，Hui Kim，Sung-Won Son & Yong-Shik Kim，52 pages，2016；Pocheon：Karea National Arboretum and Korean Plant Specialist Group.

The Korean peninsular supports approximately 3500 species of vascular plants，of which approximately 2.5% are thought to be endemic，and IUCN Red List assessing results are 33，representing by CR 5，EN 15，VU 5，NT 1，LC 5，DD 2

■ **8.5.29** 中国珍稀濒危植物图鉴，国家林业局野生动植物保护和自然保护区管理司、中国科学院植物研究所编著，印红主编，378 页，2013；北京：中国林业出版社。

本书收录国际重点保护野生植物（第一批，1999）和全国极小种群野生植物（2011 至 2015 年）共计 361 种（含种下单位），包括藻类、菌类、蕨类和种子植物。

■ **8.5.30** *Red Data Book 2014–Threatened Wildlife of Japan*，Volume 8，Vascular Plants，日本的绝灭野生生物 2014 红皮书，8，植物 I，维管束植物，环境省自然环境局野生生物科稀少种保全推进室，646 p，2015；东京：环境省。

全书包括绝灭（EX）32 种、野生绝灭（EW）10 种、绝灭危惧 I 类（CR & EN）1 038 种、II 类（VU）741 种、准绝灭危惧（NT）297 种和情报不足（DD）37 种（含种下单位）。

■ **8.5.31** 生物多样性第 25 卷第 7 期第 689-795 页**中国高等植物红色名录**专辑刊登 8 篇文章：中国高等植物濒危状况评估、中国高等植物受威胁物种名录[①]、中国被子植物濒危等级的评估、中国裸子植物物种濒危和保育现状、中国石松类和蕨类植物的红色名录评估、中国苔藓植物濒危等级的评估原则和评估结果、野生牡丹的生存状况和保护、中国生物多样性保护的国家意志、科学决策和公众参与——第一份省域物种红色名录研究。

■ **8.5.32** *The Red List of Vascular Plants in Korea updated 2018*，Chin-Sung Chang，Hui Kim，Sung Won Son & Yong-Shik Kim，131 p，2017；Pocheon：Korea National Arboretum and Korean Plant Specialist Group。

本书由韩国国家树木园与韩国植物专家组共同完成，记载朝鲜半岛珍稀濒危植物 262 种，并按 IUCN 标准划分为：CR5 种，EN20 种，VU9 种，NT6 种，LC209 种，DD13 种。

■ **8.5.33 China's biodiversity hotpsots revisited**：A treasure chest for plants，Jie CAI，WenBin YU，Ting ZHANG，Hong WANG & DeZhu LI，2019，in Jie CAI，WenBin YU，Ting ZHANG & DeZhu LI（eds），Revealing of the plant diversity in China's biodiversity hotspots，*PhytoKeys* 130：1–24.

自 2013 年英文版中国植物志发表以来，根据 IPNI 的数据库整理出截止 2018 年中国的 1 038 个新类群或新纪录；其中约 73% 来自中国的生物多样性热点地区（附有名录）。

---

① 本工作是基于 2013 年 9 月环境保护部、中国科学院第 54 号公告形式发布的**中国生物多样性红色名录—高等植物卷**（http://www.zhb.gov.cn/gkml/hbb/bgg/201309/t20130912_260061.htm/）修订而成，但原始链接无法进入（2017 年 12 月）。

3

PART THREE

第三部分
期刊类

中国期刊

外国期刊

科技期刊（Journals）是科技文献的重要组成部分，是刊登科技论文并有固定名称的连续出版物。她所刊载的文章一般是原始研究结果的首次发表，即一级文献；当然少数也刊登一些综述性的文章，即二级文献；还有新书介绍与书评等。

这一部分在介绍上最为困难，主要体现在下列几个方面：1，数目之多，令人难以想象。世界上经常刊登植物学或与其有密切关系的期刊约 3 万 3 千种，而保守一点的估计经常刊登植物学工作的也有约几千种。就中国而言，刊登植物分类学文章的期刊约百种以上（包括大专院校校刊的自然科学版），而常刊登植物分类学或与其有关的专业性期刊也有 20 种以上；2，语种繁杂，使人难以应付。世界上 180 多个国家和地区，经常使用的官方语言近百种，即使是常用的中、英、法、德、日、葡、西、俄等几种语言，也是一般人难以全面掌握的；3，信息交流不畅，多数期刊与多数学者互不见面。一般分类学人员，特别是像中国这样的第三世界国家的科研与教学人员，很难见到大多数文献。即使是国内学术权威机构，收藏的国外植物分类学期刊也是有限的（特别是早年的刊物）。因此，很多期刊没有收藏更见不到，只能通过二次文献看其端倪；即使是网络化的今天，可以通过网络得知并能够下载的也极为有限；4，期刊名称更换频繁，使人不知所措，加之政治与社会变化导致出版中断或者停刊，更使人无所适从。这一点可以从苏联及欧洲的一些杂志上体会到，特别是对于文献不熟或初猎者，更感到头疼。

综合上述情况，笔者在选择时主要考虑了以下几方面的情况：1，世界性著名的、影响范围大的国际性植物分类学期刊；2，过去与现在经常报道中国植物（或东亚植物）的外国植物分类学期刊；3，毗邻国家或地区的有关期刊；4，中国过去和现在的植物分类学为主的专业性期刊（但不包括各大专院校的校刊，后者不仅繁杂，而且变化非常大，加之报道与植物分类学有关的内容非常有限）。尽管如此，本书介绍的内容也仅仅是一个简介，难免挂一漏万。

本部分分为两大类，即国内期刊和国外期刊；国内期刊又分为中国早期期刊和中国当代期刊；国外期刊部分为了方便，以国家为类别介绍。

9 中国期刊

中国期刊（Chinese Journals）相对其资源而言，不是很多，而且创办的以植物分类学为主要性质的期刊则是 20 世纪初的事情。经历了一个多世纪的历程，中国经常报道植物分类学的期刊总共约有 40 多个（包括已经停刊的）。现分早期类和现刊类分别按出版年代介绍。

9.1 中国早期期刊

中国早期期刊（Chinese Early Journals）主要指 1950 年前后停刊的期刊以及极少数未停刊的刊物，共收 15 种。

■ **9.1.1　科　学**，*Science*，Science Society of China，1—32，1915—1950；33—36，1957—1960；37+，1985+。

本刊早年报道植物学内容较多，1951 年 32 卷（月刊）后停刊，1957 年复刊（季刊）且卷号连续排列，但 1960 年 36 卷后又停刊；1985 年 37 卷复刊后至今几乎没有植物分类学的相关内容。

■ **9.1.2** ***Publications***，***Musee Hoangho Paiho de Tientsin***，天津北疆博物院丛刊（黄河白河博物馆丛刊），1-111，1916-1935，不定期。

■ **9.1.3** ***Lingnan Science Journal***，Lingnan University，Canton，1-22，1922-1952。本刊 1922-1927 年题为 *The Lingnaam Agricultural Review*。

参见 Neal L. Evenhuis，2015，Dating of the English-language Lingnan University Science Journal（1922—1952），*Sherbornia* 2（1）：1-7.

■ **9.1.4** ***Contributions from the Biological Laboratory***（***Nangking***）***Science Society of China***，中国科学社生物研究所论文集（since 1933），1—12，1925—1948（其中 6—12，1930—1948 年为 Botanical Series）。

■ **9.1.5** ***Sinensia***，*Contributions from the National Research Institute of Biology*，国立中央研究院自然历史博物馆丛刊，1—20，1929—1949。

本刊 1929 至 1934 年题为 ***Sinensia*** *Contributions from the Metropolitan Museum of Natural*

History，*Academia Sinica*；1934 年第 5 卷起中文题目为国立中央研究院动植物研究所丛刊。

▌ **9.1.6** *Bulletin of the Fan Memorial Institute of Biology*，静生生物调查所汇报，1-4，1929–1933；*Bulletin of the Fan Memorial Institute of Biology-Botany*，5–11（1-2），1934–1941，*Bulletin of the Fan Memorial Institute of Biology*，*new series*，1（1），1943，1（2），1948 & 1（3），1949。

　　本刊 new series 第 3 期是 1949 年 9 月 15 日出版的；而且绝大多数图书馆没有收藏。[1]

▌ **9.1.7** *Bulletin of National Academy of Peiping*，国立北平研究院院务汇报，1-7，1930–1936。

▌ **9.1.8** *Sunyatsenia*，*Journal of the Botanical Institute*，*College of Agriculture*，*Sun Yatsen University*，国立中山大学农林植物研究所专刊，1-7，1930–1948。本刊共出版 7 卷 26 期。

▌ **9.1.9** *Contributions from Institute of Botany*，*National Academy of Peiping*，国立北平研究院植物学研究所汇刊，1-6，1931–1949。

　　本刊第 1 卷名为 *Contributions from the Laboratory of Botany*，*National Academy of Peiping*。

▌ **9.1.10** 中国植物学杂志，*The Journal of the Botanical Society of China*，1—6，1934—1952（其中 1934 至 1937 为 Vols. 1—4，而 1950 至 1952 为 Vols. 5—6）。

▌ **9.1.11** *Bulletin of Chinese Botanical Society*，中国植物学会汇报，1-3，1935–1937。

▌ **9.1.12** *The Chinese Journal of Botany*，vol. 1（1），1936，The Chinese Society of Biological Sciences；**中国植物学杂志**[2]，vol. 1（1），1936，中国生物科学学会。

▌ **9.1.13** *Contributions from the Botanical Survey of North-Western China*，The Botanical Survey of North-Western China，Wukung，中国西北植物调查所丛刊，刘慎谔主编，国立北平研究院、国立西北农学院合组中国西北植物调查所出版，1（1-2），1939。

---

[1] 徐文梅、梁秋英，2009，《静生生物调查所汇报》的办刊理念与经验，编辑学报 21（4）：303-304。
[2] 此刊与中国植学会 1934 年创办的**中国植物学杂志**中文同名，但英文不同。

■ **9.1.14 云南农林植物研究所丛刊**，*Bulletin of the Yunnan Botanical Institute*，Vols. 1+，1941+；昆明：云南农林植物研究所。本刊仅出版一期。

■ **9.1.15 东北农学院植物调查所丛刊**，Vols. 1+，1951+。本刊仅出版一期。

9.2 中国当代期刊

中国当代期刊（Chinese Current Journals）是指 1950 年以后创刊至 2019 年底为止发行的期刊，包括少数已停刊或更换名称的刊物以及少数 1947 到 1948 年间创刊并至今仍然发行的刊物。遗憾的是，21 世纪的今天，传统上以分类学为主的期刊基本已经全部转型，所涉及的内容覆盖整个植物学的各个分支；加之相关工作不仅走向世界，而且很多地方性的各类高校学报也时有报道，所以出版物整体而言，非常零散。在此，只能依据传统并结合现实，尽可能选择相关的加以介绍。

本书收载 30 种。

■ **9.2.1 台湾博物馆学刊**，*Journal of the "National" Taiwan Museum*，台湾博物馆主办（台湾台北襄阳路 2 号），ISSN：0257-0520；Vols. 1+，1948+；现为季刊，英、中文版。本刊是台湾报道植物分类的有关刊物之一。原名为台湾省立博物馆季刊，*Quarterly Journal of The Taiwan Museum*，1983 年 36 卷起易名为台湾省立博物馆半年刊，*Journal of the Taiwan Museum*；1999 年 52 卷 2 期起更名为台湾"国立"博物馆半年刊；2005 年将英文的台湾省立博物馆半年刊和中文的年刊 *Annual of the "National" Taiwan Museum* 合并改为现名并接受中、英文稿件，2007 年至今季刊。网址：https：//www.ntm.gov.tw/publicationlist_281_1.html

■ **9.2.2 *Taiwania***，*An International Journal of Life Sciences*，**台湾植物分类地理丛刊**，台湾大学生命科学院生态学与演化生物学研究所主办（台湾台北罗斯福路 4 段 1 号，http：//tai2.ntu.edu.tw/taiwania/index.php），ISSN：0372-333X；Vols. 1+，1948+[1]；年刊；1989 年 35 卷改为季刊；目前为英文版但有简短的中文摘要。本刊的原名为台湾大学理学院研究报告，且主办单位的名称原为台湾大学理学院植物系系统植物学实验室，1954 年第 5 号易为现名。本刊是中国台湾现行报道有关植物分类学的重要刊物之一，且开放下载。

---

① *Acta Botanica Taiwanica* 创刊于 1947，只出版一期；1948 年由 *Taiwania* 取代，且刊号另起。

■ **9.2.3 植物分类学报**，*Acta Phytotaxonomica Sinica*[①]，ISSN 0925–1526；中国科学院植物研究所，中国植物学会主办（北京香山南辛村 20 号，100093，中国科学院植物研究所，http：//www.jse.ac.cn/EN/1674–4918/home.shtml），Vols. 1+，1951+；季刊，1984 年起改为双月刊，2008 年刊名由拉丁名 *Acta Phytotaxonomica Sinica* 改为英文 ***Journal of Systematics and Evolution***，但中文名称不变；2009 年起改为英文版。另有增刊 I，176 页，1965（包括 4 篇分类学文章）和增刊 II，300 页，1984，第 1 至 18 卷索引，即 1959 至 1980 年间所发表的530 多篇论文索引（包括作者、题目和植物名索引）。本刊 1952 年只出版第 2 卷 1 期，第 2 卷的 2 至 4 期 1953 至 1954 年出版；另外，1959 至 1963 年和 1966 至 1973 年间两度停刊。本刊是中国植物分类学权威刊物。

■ **9.2.4 植物研究**，*Bulletin of Botanical Research*，ISSN 1000–1042；黑龙江省植物学会主办（黑龙江哈尔滨香坊区（原动力区）和兴路 26 号，150040，东北林业大学，http：//bbr.nefu.edu.cn/CN/volumn/current.shtml），创刊于 1959 年，原名为东北林学院植物标本室刊，*Bulletin of the Herbarium of North-Eastern Forestry Academy*，每年一期，至 1961 年共出版 3 期后停刊；1979 年复刊，易名为东北林学院植物研究室汇刊，*Bulletin of Botanical Laboratory of North-Eastern Forestry Institute*；1979 年发行 2 期（第 4 至 5 期），1980 年发行 4 期（第 6 至 9 期），1981 年易名为植物研究，并按季刊发行且卷数重排；2000 年中文名称为"木本植物研究"，2001 年又恢复现名；2006 年改为双月刊。本刊是中国分类学主要刊物之一，分类学内容占相当重要比例，且开放下载。

■ **9.2.5 水生生物学报**，*Acta Hydrobiologica Sinica*，ISSN 1000–3207，中国科学院水生生物研究所、中国海洋湖沼学会主办（湖北武汉武昌东湖南路 7 号，中国科学院水生生物研究所，430072，ssswxb.ihb.ac.cn/），Vols. 1+，1955+；不定期期刊，1955 至 1984 年名为水生生物学集刊，1985 年易为现名，季刊，2000 年改为双月刊。本刊有时报道水生植物学方面内容，涉及植物分类学与生物多样性等。

■ **9.2.6 *Botanical Bulletin of Academia Sinica***，**中研院植物学汇报**，ISSN 0006–8063 中研院植物研究所、中研院植物暨微生物研究所主办（中国台湾台北南港研究院路二段 128 号，http：//ejournal.sinica.edu.tw/bbas/），Vols. 1+，1960+，季刊，英文并附有简短的中文摘要。本刊是中国台湾现行期刊中报道有关植物分类学的期刊之一；2006 年第 47 卷起更名为

---

① 本刊第 1 卷（1951）刊名为 *Acta Phytotaxonomica*。

Botanical Studies，*An International Journal*。

■ **9.2.7 热带植物研究**，*Redai Zhiwu Yanjiu*，云南省热带植物研究所主办（云南景洪西双版纳，内部资料），Vols. 1—47，1972—1986、1992—2002；不定期期刊。1992 年加入英文标题：*Tropical Plant Research*，主办单位 1978 年第 11 期更名为：中国科学院云南热带植物研究所，1992 年又更名为：中国科学院西双版纳热带植物园。本刊以植物园和生态方面的内容较多，但也有分类学与区系方面的论文。

■ **9.2.8 亚热带植物科学**，*Subtropic Plant Science*，ISSN 1009-7791，福建省亚热带植物研究所主办（福建省厦门市嘉禾路 780 号，361006，http://www.yrdzwkx.com/CN/volumn/current.shtml），Vols. 1+，1972+；1972 年创刊，原名三胶通讯（内部发行），1974 年起更名为亚热带植物通讯，1983 年公开发行，2000 年起由半年刊改为季刊，2000 年第 4 期起更为现名；本刊开放下载。

■ **9.2.9 生物科学参考资料**，1—25，1972—1988；北京：科学出版社，不定期集刊，编译生物方面的重要参考资料。

本资料第 15 集（1981）和第 22 集（1987）是专门编译植物分类学方面的。其中第 15 集收集的主要内容是植物分类学的一些新方法，植物系统学的发展，高级分类学的分类原则与概念，被子植物关系与分类系统的一些设想，单子叶植物的一个进化分类系统，叶脉的及叶片结构的术语和被子植物的起源，新技术在植物分类学中的应用，植物志的动态等方面的现代植物分类学动向和进展共 14 篇，其原文作者几乎均是当代世界植物分类学方面的权威人士，很有参考价值。第 22 集收集的主要内容是细胞分类学发展的现状，被子植物的亲缘关系和现代分类系统新证据的概述，被子植物的进化和大系统的概况，单子叶植物与双子叶植物之间的关系：证据、结论和假设；被子植物分类中超显微结构和微形态学的新证据，买麻藤属的导管结构和被子植物起源，次生代谢产物与被子植物的高等级分类，在被子植物分类中胚胎学的新证据，被子植物的及美洲与非洲的关系，热带木本被子植物的物种形成；关于被子植物重新组合的新观点，藓类植物的多样性与亲缘关系，配子体与科的关系，蕨纲植物的生物化学系统学等 14 篇重要文献。

■ **9.2.10 云南植物研究**，*Acta Botanica Yunnanica*，ISSN 0253-2700，中国科学院昆明植物研究所主办（云南昆明黑龙潭蓝黑路 132 号，650204，http://www.keaipublishing.com/en/journals/plant-diversity），Vols. 1+，1979+；季刊，2002 年改为双月刊。2011 年更名为植物分类与资源学报（**Plant Diversity and Resources**），2016 年又更名为 **Plant Diversity**，

并改为英文版（中文：**植物多样性**）；且卷数连续，并开放下载。本刊早年虽为综合性，但植物分类学和植物化学方面的内容占相当重要的比重。

本刊有下列增刊：Ⅰ，194 页，1988，植物资源研究专辑；Ⅱ，54 页，1989，1979 至 1988 年论文目录；Ⅲ，110 页，图版 8，1990，百合类群植物研究专辑；Ⅳ，1-139 页，Ⅳ，141-178 页，1991，1993，中国种子植物属的分布区类型专辑，"中国种子植物属的分布区类型"的增订和勘误；Ⅴ，107 页，1992，云南独龙江地区植物研究专辑；Ⅵ，126 页，1994，独龙江地区种子植物区系研究；Ⅶ，150 页，中国森林植物区系研究；Ⅷ，97 页，1996，百合群物种生物学研究；Ⅸ，173 页，1997，西双版纳热带雨林群落多样性特征研究；Ⅹ，129 页，图版 6，1998，天南星科植物研究进展；Ⅺ，144 页，图版 5，1999，高黎贡山生物多样性研究；Ⅻ，138 页，2000，农业生物多样性评价与保护；ⅩⅢ，200 页，2001，农业生物多样性评价与保护Ⅱ；ⅩⅣ，142 页，2003，民族植物学与生物多样性；ⅩⅤ，128 页，2004，民族植物学与植物资源的可持续利用；增刊 1，146 页，2009，可持续农业（一）；ⅩⅥ，116 页，2009，The mycorrhizal edible mushroom resources and their sustainable utilization；ⅩⅦ，104 页，2010，上海辰山植物研究专辑。

本刊 1975 至 1978 年间为内部刊物，共出版 10 期。其中 1975 至 1977 年每年 2 期，而 1978 年 3 期外加增刊 1 期。上述试刊中的总第 5 期（即 1977 年第 1 期）为**云南植物志**第 1 卷分属与分种检索表。

■ **9.2.11 西北植物学报**，*Acta Botanica Boreali-Occidentalia Sinica*，ISSN 1000-4025，西北植物研究所主办（陕西杨陵邰城路 3 号，712100，西北农林科技大学，http://xbzwxb.cnjournals.com/ch/index.aspx），Vols. 1+，1980+；季刊，1994 年改为双月刊，2003 年又改为月刊；本刊开放下载。本刊 1980 至 1984 年中文名为西北植物研究，1985 年易为现名[①]。

■ **9.2.12 植物分类研究**，*Phytotaxonomic Research*，中国科学院成都生物所植物室；1980 年临时出刊一期，报道新类群芒苞草（*Acanthochlamys* P. C. Kao）（参见：陈心启，1981，植物分类学报 19（3）：323-329；高宝莼，1989，四川植物研究，*Acta Botanica Sichuanica* 2：1-14；高宝纯，1989，四川植物志 9：483-507；& Zhanhe Ji & Alan W. Meerow，*Flora of China* 24：273，2000）。

---

① 参见南红梅等，2010，三十年辛勤耕耘，创中国植物学品牌期刊——庆祝《西北植物学报》创刊 30 周年，西北植物学报 30（12）：1-2。

■ **9.2.13 南京中山植物园论文集**, *Bulletin of the Nanjing Botanical Garden Mem. Sun Yat Sen*，江苏省中国科学院植物研究所暨南京中山植物园主办（江苏，南京，中山门外，210042）。1980—1991。本刊 1992 年被**植物资源与环境**取代。

■ **9.2.14 广西植物**，*Guihaia*，ISSN 1000-3142，广西壮族自治区中国科学院广西植物研究所；广西植物学会主办（广西桂林雁山，广西壮族自治区中国科学院广西植物研究所，541006，http://www.guihaia-journal.com/ch/index.aspx），Vols. 1+，1981+；季刊，2002 年改为双月刊，2016 年改为月刊；本刊开放下载。

本刊 1975 至 1978 年间名称为**植物研究通讯**（内部刊物）[①]。其中 1975 至 1976 年每年两期，1977 至 1978 年每年四期，而 1979 年未印刷。1980 年试刊改为**广西植物**并发行四期（其中第 3 和 4 期为合刊），1981 年正式发行并于第 4 期加入外文刊名 *Guihaia*。本刊是中国分类学主要刊物之一。

本刊增刊 **1**，293 页，1988，广西弄岗自然保护区综合考察报告；**2**，44 页，1989，深圳市园林植物病虫害、天敌资源调查研究报告；**3**，236 页，1991，世界猕猴桃文献目录；**4**，258 页，1993，中国石灰岩森林植物研究；**5**（原刊没有标注总期号），2001 年增刊 1，144 页，广西猫儿山植物研究；**6**，2003 年增刊 1，128 页，发展中的桂林植物园；**7**，2005 年增刊 1，120 页，广西珍稀濒危植物迁地保护研究；**8**，2006 年增刊 1，120 页，银杏高产高效技术示范研究。

■ **9.2.15 竹类研究**，*Bamboo Research*，南京林业大学竹类研究所主办（江苏南京龙蟠路 159 号，210037，南京林业大学竹类研究所，zls.njfu.edu.cn/shouye.htm），Vols. 1—19，1982—1999；1982 至 1985 年为半年刊，1986 年改为季刊，1999 第 2 期后停刊。本刊是中国竹类综合研究类刊物；其中 1975 至 1979 年间曾作为内部刊物共出版 16 辑。[②]

■ **9.2.16 竹子研究汇刊**，*Journal of Bamboo Research*，ISSN 000-6567，浙江省林业科学研究所（国家林业局竹子研究开发中心、中国林学会竹子分会、浙江省林业科学研究院）主办（浙江杭州西湖区文一路 138 号，310012），Vols. 1+，1982+；半年刊，1987 年改为季刊；2016 年更名为**竹子学报**，英文不变。本刊曾是中国竹类分类研究的主要刊物，现为有

[①] 参见蒋巧媛等，1998，《广西植物》创刊十八年：回顾与展望，广西植物 18（4）：390-394；2010，《广西植物》三十年发展回顾分析，广西植物 30（6）：907-911。

[②] 1981 年为英文，1982 为中文，且卷数重排。

关竹子的专业综合性学术刊物。

■ **9.2.17 高原生物学集刊**,*Acta Biological Plateau Sinica*,ISSN 7030097777,中国科学院西北高原生物研究所主办（青海西宁新宁路 23 号,820008）。Vols. 1—15,1982—2002;不定期集刊,主要报道生物学,包括植物分类学等学科的综合性学术刊物。

■ **9.2.18 植 物 学 集 刊**,*Botanical Research* Contributions from the Institute of Botany,Academia Sinica,中国科学院植物研究所主办（北京香山南辛村 20 号,100093）。Vols.1—7,1983—1994;不定期集刊。主要报道植物分类学及其他学科的综合性期刊。

■ **9.2.19 中国科学院华南植物研究所集刊**,*Acta Botanica Austro-Sinica*,ISSN 7-03-003685-9（9）,中国科学院华南植物研究所主办（广东广州天河兴科路 723 号,510650,scib.ac.cn/）。Vols. 1—10,1983—1995;不定期集刊,主要报道植物分类学及其他学科的综合学术性刊物。

■ **9.2.20 武汉植物学研究**,*Journal of Wuhan Botanical Research*,ISSN 1000-470X,中国科学院武汉植物研究所,湖北省植物学会主办（湖北武汉东湖高新区九峰一路 201 号）,430074,http://www.plantscience.cn/CN/volumn/current.shtml）,Vols. 1+,1983+; 季 刊,2000 年改为双月刊。本刊是中国植物分类学主要刊物之一;开放下载;2011 年更名为**植物科学学报**,英文 *Plant Science Journal*;且卷数联排。

■ **9.2.21 植物学通报**,*Chinese Bulletin of Botany*,ISSN 1003-2266,中国科学院植物研究所,中国植物学会主办（北京香山南辛村 20 号,100093,http://www.chinbullbotany.com/CN/volumn/home.shtml）,Vols. 1+,1983+;季刊,1998 年改为双月刊;本刊开放下载。本刊主要是综合性的,较少涉及植物分类学内容;2008 年中文名称改为植物学报而英文不变。

■ **9.2.22 考察与研究**,*Investigatio et Studium Naturae*,上海自然博物馆主办（上海延安东路 260 号,上海自然博物馆）,Vols. 1—17,1983—1999;其中 1983 至 1986 年不规则,1987 至 1999 年为年刊;另外,1995 年第 14 辑改名为**自然博物馆学报**,*Acta Museum Historiae Naturea Sinica*,1999 年停刊（共出版 17 辑）。本刊为综合性刊物,包括植物分类学内容,特别是早年多次报道植物染色体方面的内容。另 1988 年增刊为中国植物染色体专集（121 页）。

■ **9.2.23 森林植物研究**，*Bulletin of Forest Plant Research*，四川省林业科学研究所森林植物分类研究室主办（四川成都金华街，610081）。Vols. 1—4，1984—1988（不定期内部刊物）。

■ **9.2.24 四川植物研究**，*Acta Botanica Sichuanica*，中国科学院成都生物所植物室；1989年临时出刊一期，报道芒苞草科（参见：高宝纯，1980，植物分类研究 1：1-3；陈心启，1981，植物分类学报 19（3）：323-329；高宝纯，1989，四川植物志 9：483-507；& Zhan-He JI & Alan W. Meerow，*Flora of China* 24：273，2000）。本刊只出版 1 期，但称为"第 2 期"，实际上是 1980 年临时刊物植物分类研究（一）的续刊。

■ **9.2.25 Cathaya**，*Annals of the Laboratory of Systematic & Evolutionary Botany*，*& Herbarium*，*Instisute of Botany*，*Chinese Academy of Science*，Vols. 1-18，1989-2008；英文版，中国科学院植物研究所系统与进化植物学开放实验室主办（北京，香山，南辛村 20 号，100093）。本刊是开放实验室年刊，2005 年后不规则，2008 年为最后一期。

■ **9.2.26 Chinese Journal of Botany**，中国植物学会主办（北京香山南辛村 20 号，中国科学院植物研究所，100093），Vols. 1-7（2），1989-1995。本刊是改革开放后中国植物学界创办的一个综合性英文刊物，遗憾的是未能坚持下去。

■ **9.2.27 植物资源与环境**，*Journal of Plant Resources and Environment*，江苏省中国科学院植物研究所暨南京中山植物园主办（江苏南京中山门外前湖后村 1 号，210042，http：// zwzy.cnbg.net）。Vols. 1+，1992+；季刊，ISSN：1004-0978；2000 年第 9 卷起中文名称更为**植物资源与环境学报**，英文不变。本刊实为**南京中山植物园论文集**的续刊。

■ **9.2.28 热带亚热带植物学报**，*Journal of Tropical and Subtropical Botany*，ISSN 1005-3395，中国科学院华南植物园和广东省植物学会联合主办（广东广州天河兴科路 723 号，中国科学院华南植物园，510650，http：// jtsb.scib.ac.cn / jtsb_cn / ch / index.aspx），Vols. 1+，1993+；半年刊，1994 年改为季刊，2004 年又改为双月刊；本刊开放下载。本刊 1992 年试刊号为华南植物学报。

■ **9.2.29 隐花植物生物学**，**Chenia**，*Contributions to the Cryptogamic Biology*，*Botanical Society of China*，中国植物学会（北京香山南辛村 20 号，中国科学院植物研究所，100093）。Vols. 1+，1993+。

中国唯一的苔藓植物学刊物，不定期（Vol. 1，1993，2，1994，3-4，1997，5，1998，6，1999，7，2002，8，2005，9，2007，10，2011，11，2013，12，2016，13，2018，13 Special Issue No.1，2018），中文版，1998 年第 5 卷始为英文版。其中 "Current Chinese Bryological Literature I–V" 发表于：I, *Acta Bryolichenologica Asiatica* 2（12）：41-63；II, *Chenia* 1：133-134，1993；III，2：121-127，1994；IV，6：：127-135，1999；V，7：193-195，2002。2011 年以 Bryological Literatures in China（中国苔藓植物文献）为题，发表 1864 年以来的全部文献，I，10：139-318，2011（其中附录包括有关中国苔藓的学者以及相关的出版物缩写与全称），II，12：151-178，2016；III，13：156-167，2018；IV，14:225-272，2020.

■ **9.2.30 生物多样性**，*Biodiversity Science*，ISSN 1005-0094。中国科学院生物多样性委员会、中国植物学会、中国科学院植物研究所、动物研究所、微生物研究所主办（北京香山南辛村 20 号，中国科学院植物研究所，100093，http://www.biodiversity-science. net/CN/1005-0094/home.shtml），Vols. 1+，1993+；季刊，2003 年改为双月刊；中文版，兼收英文；开放下载。

本刊早年几乎没有发表与植物分类学相关的内容，但是近年来随着其他刊物的转向，不仅开始发表分类学相关的工作，而且有时还有专刊性质的集中报道，值得关注。

10 外国期刊

外国期刊（Foreign Journals）很多，为方便起见，本书采用国别方式，逐一列出一些较为重要的、国际上影响较大、与中国相邻、历史上与中国植物研究有较为密切的期刊。

10.1 日本期刊

日本是中国的近邻，同属东亚范围，且植物种类具有很大的相似性，加之历史上日本学者曾对中国东半部（从东北到台湾）进行过广泛的采集与研究，发表了许多工作。近年来，日本学者又对中国的近邻喜马拉雅各国（包括不丹、尼泊尔、锡金以及缅甸等）进行了大规模的采集与研究。另外，改革开放后日本学者也对中国内地有很多考察与研究报道，所以日本的文献对我们来说很重要。另一方面，日本是一个植物分类搞得比较清楚的国家，加之发达的经济，有关植物分类学刊物很多。日本植物分类学目录·索引（1985）收录的期刊统计已近 300 种，尽管其中包括很多科普性的刊物，但数目也是很大的。日本期刊较重要的是英文版，但多数是日文版，在此选择 14 种介绍如下。

■ **10.1.1** *Journal of Faculty of Science*，*University of Tokyo*，*Section Ⅲ*，*Botany*，东京大学理学部纪要，第 Ⅲ 类，植物学，Botanical Gardens，University of Tokyo，Vols. 1+，1925+；原名为 *Journal of the College of Science*，*Imperial University of Tokyo*，Vols. 1-45，1887-1925；1925 年易为现名且卷号重新开始（其中 1944 年停刊），基本上五年一卷，英文版。主编单位是日本最大的植物标本馆（TI）。

■ **10.1.2** *Journal of Plant Research*，The Botanical Society of Japan，Tokyo（springer.com /life+sci/plant+sciences/journal/10265）；原名植物学杂志，*The Botanical Magazine Tokyo*，Vols. 1-105，1887-1992；季刊，每年一卷，早年日文版，近年为英文版，1995 年第 108 卷易为现名；自 2002 年第 115 卷改为双月刊，而内容则包括广义的植物学。

■ **10.1.3** *Journal of Japanese Botany*，植物研究杂志，Tsumura Laboratory，Tokyo，Vols. 1+，1916+；双月刊，每年一卷，原为日文版，现为英文版（tsumura.co.jp/kampo/plant/top/index.html）专门刊登分类学内容，注意不要与下一种刊物的英文名及其缩写相混淆。

■ **10.1.4** 日本植物学辑报，*Japanese Journal of Botany*，National Committee of Botany，Science Council of Japan，Vols. 1+，1923+；综合性植物学刊物，注意本刊的英文名及其缩写不要与前一种相混淆。

■ **10.1.5** *Acta Phytotaxonomica et Geobotanica*，植物分类·地理，Japanese Society for Plant Systemetica（soc.nii.ac.jp/jsps/APG/APG_index.html），Vols. 1+，1932+；季刊；1944 至 1948 停刊，1949 年复刊后为双月刊，1991 年改为半年刊；原为日文版，现为英文版。

■ **10.1.6** *The Journal of The Hattori Botanical Laboratory*，服部植物研究所报告，The Hattori Botanical Laboratory，Vols. 1-100，1947-2006；英文版，早年不定期，1959 年后为年刊。本刊是日本私立机构的苔藓与地衣专刊，出版 100 期时停刊，并由 Hattoria（volumes 1-9，2010-2018）接替，详细参见网址：http://hattorilab.org/en/publication/，Hattori Botanical Laboratory，a bryological and lichenological research center。

■ **10.1.7** 植物地理·分类研究，*Journal of Phytogeography and Taxonomy*，the Society for the Study of Phytogeography and Taxonomy，Vols. 1—6，1952—1957；半年刊，英日混合版，原

名 *Hokuriku Journal of Botany*，后改为 *Journal of Geobotany*，Vols. 7—26，1958—1979；1979
年第 27 卷易为现名。

■ **10.1.8** *Memoirs of the Faculty of Science*，*Kyoto University*，*Series of Biology*，*Kyoto*，
Faculty of Science，Kyoto University：Vols. 1+，1967+；每两年一卷，英文版；主办单位
（KYO）是日本主要标本馆之一。本刊原名：*Memoirs of the College of Science*，*Kyoto Imperial
University*，Series B，1940，Vols. 1+33，1931–1967。

■ **10.1.9** 国立科学博物馆专报，*Memoirs of the National Science Museum*，National Science
Museum（Tokyo）主办，Vols. 1+，1968+；每年 1 册，每期内容不一，包括动植物等；主办
单位（TNS）是日本主要标本馆之一。

■ **10.1.10** *Bulletin*，*University Museum*，*University of Tokyo*，Vols. 1+，1971+；不定期
（2018 年已出版第 49 期），综合性博物馆刊物，包括植物学工作（um.u-tokyo.ac.jp / publish_
db / Bulletin / ）；其中 No. 2，1971，*The Flora of Eastern Himalaya*，2nd Report：Results of
the Botanical Expeditions to Eastern Himalaya in 1967 and 1969，organized by the University of
Tokyo，compiled by Hiroshi Hara：No. 8，*Flora of Eastern Himalaya*，3rd Report，compiled
by Hiroyoshi Ohashi，1975；No. 31，*The Himalayan Plants*，Volume 1，edited by Hiroyoshi
Ohashi & Samar B. Malia，386 p，1988；No. 34，*The Himalayan Plants*，Volume 2，edited
by Hiroyoshi Ohashi & S. B. Malia，1991；No. 39，1999，*The Himalayan Plants*，Volume
3，edited by Hiroyoshi Ohashi；No. 42，2006，*The Himalayan Plants*, Volume 4. Edited by
Hideaki Ohba 等。

■ **10.1.11** *Bulletin of the National Science Museum*，*Series B*，*Botany*，国立科学博物馆
研究报告，B 类，植物学，Botany Department，National Science Museum，Tokyo，Vols. 1+，
1975+；季刊，每年一卷，英文版。主办单位（TNS）是日本主要标本馆之一。

■ **10.1.12** *News Letter of Himalayan Botany*，Department of Botany，University Museum，
University of Tokyo，Tokyo：& Department of Medicinal Plants，Kathmandu，Nepal；Nos.
1–4，1986–1988；*Newsletter of Himalayan Botany*，Nos. 5+，1989+，Society of Himalayan
Botany，Tokyo，每年两期（截至 2018 年出版 50 期）。日本近年来对喜马拉雅地区的研究非
常深入，不仅采集很多标本，而且还和当地机构合作。这个刊物就是在这种背景下诞生的，
而所报道的内容以考察和学术动态为主，包括尼泊尔植物志（*Flora of Nepal*）的进展等。

■ **10.1.13** 分类，*Bunrui*，日本植物分类学会，Japanese Society for Plant Systemetica（soc. nii.ac.jp／jsps／bunrui／bunrui.html），Vols. 1+，2001+；半年刊，日文版。综合性刊物，很有参考价值。

■ **10.1.14** *Makinoa New Series*，*Bulletin of The Makino Botanical Garden*，Vols. 1+，2001+；不规则，英文版；分类学刊物，新近出版发行。

10.2 韩国期刊

朝鲜半岛长期以来植物分类学期刊极少，一些早年的工作多为日本学者所作。本工作仅收载 2 种。

■ **10.2.1** 韩国植物分类学杂志，*Korean Journal of Plant Taxonomy*，Seoul，Vols. 1+，1969+；季刊，每年一卷，韩文版，有英文摘要；原名 *Journal of Korean Plant Taxonomy*，Seoul，Vols. 1—12，1969—1982；1983 年易为现名。

■ **10.2.2** *Journal of Species Research*，The National Institute of Biological Resources，Incheon；Two issues from 2012–2013，and three issues since 2014。*The Journal of Species Research*（JSR）an open access，international peer-reviewed journal that is published triannually（February，June and October）by the NIBR。The JSR publishes original contributions of all aspects of taxonomy and biological diversity of all kinds of organisms。The subjects covered by this journal include，but are not limited to，topics related to new and unrecorded species，taxonomic review and revision，flora／fauna of the local habitats，and species list in domestic and overseas surveys。

这是韩国近年来一个新的期刊，尽管动物多于植物，但是英文且开放，详细参见网址：https:／／www.nibr.go.kr／eng／journal／journal02.jsp。

10.3 菲律宾期刊

菲律宾是热带亚洲的一个岛国，本身属于 *Flora Malesiana* 覆盖范畴，因此诸多工作都在荷兰及印度尼西亚等期刊上发表。本国期刊较少，现择 1 种介绍。

■ **10.3.1** *Philippine Journal of Science Sect. C. Botany*，Manila，Vols. 1+，1906+；英文版，季刊／半年刊。本刊第 1 卷（1906）未分 Sect. C. Botany，而且 1941-1947 年间停刊；

原名为 *Publications of the Bureau of Science Government Laboratories*（Vols. 1–36，1902–1905），1906 年改名后重排卷号。本刊历史上曾发表很多中国华南或与华南有关的类群。

10.4 新加坡期刊

新加坡虽是热带亚洲的一个小国，但植物分类学研究很详细；现择 2 种加以介绍。

■ **10.4.1 *Journal of the Malayan Branch of the Royal Asiatic Society***，Singapore Vols. 1+，1923+；半年刊，英文版；主办单位是 Malaysian Branch of the Royal Asiatic Society，4B（2nd floor）Jalan Kemuja，Bangsar，59000 Kuala Lumpur（mbras.org.my/）；其前身是 *Journal of Straits Branch of the Royal Asiatic Society*，*Singapore*，Vols. 1–86，1878–1922；1942–1946 年间由于日本入侵而中断 [1]。本刊历史上曾发表很多有关东南亚的植物。

■ **10.4.2 *The Garden's Bulletin Singapore***，Natinal Park Board，Singapore（sbg.org.sg/research/publicationgardensbulletin.asp），Series 3，Vols. 1+，1912+；半年刊，英文版。原名为 *Garden's Bulletin Straits Settlements*，Vols. 1–9，1891–1900，*New Series*，Vols. 1–10，1901–1911；1950 年易为现名。本刊历史上曾发表很多有关东南亚以及一些有关中国植物的工作。

10.5 印度尼西亚期刊

印度尼西亚是热带亚洲的植物大国，但他们的许多分类工作出自荷兰。本国著名的刊物不多，现介绍 1 种。

■ ***Reinwardtia***，*A Journal on Taxonomic Botany*，*Plant Sociology and Ecology*，Herbarium Bogoriense，Bogor，Indonesia：Vols. 1+，1950+；原名为 *Bulletin de l'Institut Botanique de Buitenzorg*，Nos. 1–22，1898–1905；Series 2 名称为 *Bulletin du Jardin Botanique de Buitenzorg*，Nos. 1–28，1911–1918；Series 3，Vols. 1–18，1918–1950。以上期刊均重新排卷且 4 年左右一卷。本刊是印度尼西亚著名的植物分类学刊物，*Flora Malesiana* 作者多在此发表文章。另外主办单位（BO）拥有该地区最大的植物标本馆，也是亚洲大型标本馆之一。

---

[1] 参见 Wai Sin Tiew，1998，History of Journl of the Malaysian Branch of the Royal Asiatic Society（JMBRAS）1878–1997，*Malaysian Journal of Library & Information Science* 3（1）：43–60。

10.6 泰国期刊

由于历史的原因，泰国早年工作不多，近年来的分类工作主要是编写 *Flora of Thailand*，且由本国学者和丹麦学者共同编研，其成果主要发表于北欧和本国的刊物上。现择 1 种作以介绍。

■ **10.6.1 *Thai Forest Bulletin*，*Botany*，Forest Herbarium，National Park，Wildlife and Plant Conservation Department（原　名：Royal Forest Department，dnp.go.th/botany/Botany_Eng/index.aspx），Vols. 1+，1954+；英文版。本刊是泰国最重要的分类学刊物，拥有泰国最大的植物标本室（BKF），*Flora of Thailand* 的作者常在此发表论文。

网站：http：//www.dnp.go.th/botany/Botany_Eng/index.aspx

10.7 孟加拉国期刊

早年的工作多为英国学者所做，近年自己也有出版物。现择 2 种作以介绍。

■ **10.7.1 *Bangladesh Journal of Botany***，Bangladesh Botanical Society，Dacca：Vols. 1+，1972+；每年一卷，英文版。

■ **10.7.2 *Bangladesh Journal of Plant Taxonomy***，Bangladesh Association of Plant Taxonomists，Vols. 1+，1994+；biannual，English。

10.8 印度期刊

由于历史原因，印度早年工作多为英国学者所做，而且很多是在殖民地时期的印度刊物上发表。印度独立后发展很快，近年来印度本国学者的工作也很多。本书共收集以上两方面刊物 13 种。

■ **10.8.1 *Journal of the Asiatic Society of Bengal*，*Calcutta*，Vols. 1–33，1832–1864；*Journal of the Asiatic Society of Bengal*，*Part 2. Natural Science*，Calcutta，Vols. 34–75，1865–1936。

■ **10.8.2 *Journal of the Bombay Branch of the Royal Asiatic Society***，Bombay，Vols. 1–26 （no. 1-75），July 1841-1922/23；*New Series*，Vols. 1-29，1925-1954；***Journal of the Asiatic Society of Bombay***，*New Series*，Vols. 30+，1955+。

■ **10.8.3** ***Annals of the Royal Botanic Garden***，***Calcutta***，Royal Botanic Garden，Calcutta，Vols. 1-14，1887-1938，季刊，英文版。本刊是印度早年著名的分类学刊物，主办单位是印度最大的植物标本馆（CAL）。

■ **10.8.4** ***Records of the Botanical Survey of India***，Botanical Survey of India，Calcutta，Vols. 1+，1893+；不定期，至 1983 年出版 23 卷，每卷为专著形式出版。本刊主办单位是印度最大的植物标本馆（CAL）。

■ **10.8.5** ***Journal and Proceedings of the Asiatic Society of Bengal***，***Calcutta***，Vols. 1-30，1905-1934；***Journal of the Royal Asiatic Society of Bengal***，***Calcutta***，2nd Series，Vols. 1-16，1935-1950；***Journal of the Asiatic Society***，***Calcutta***，3rd Series，Vols. 17-24，1951-1958；4th Series，Vols. 1+，1959+。本刊不仅题目经常变换而且卷册编排变化很大，使用上应多加注意。

■ **10.8.6** ***Journal of the Indian Botanical Society***，Indian Botanical Society，Madras：Vols. 1+，1919+；其中 1919-1923 年间 Vols. 1-3 为 ***Journal of Indian Botany***，Madras，1924 年第 4 卷易为现名，每年一卷，英文版。本刊是印度广义植物学刊物之一。

■ **10.8.7** ***Bulletin of the Botanical Survey of India***，Botanical Survey of India，Calcutta；Vols. 1+，1959+；季刊，英文版。本刊是印度重要的植物分类学刊物，其主办单位是印度最大的植物标本室（CAL）。

■ **10.8.8** ***Acta Botanica Indica***，the Society For Advancement of Botany，Meerut，Vols. 1+，1973+；半年刊，每年一卷，英文版，报道广义植物学内容。

■ **10.8.9** ***Indian Journal of Botany***，Half-Yearly Journal of Research，The Executive Editor，Indian Journal of Botany，Khairatabad，Hyderbad，Vols. 1+，1978+；半年刊，每年一卷，英文版。本刊是印度广义植物学刊物之一。

■ **10.8.10** ***Journal of Economic and Taxonomic Botany***，the Society for Economic and

Taxonomic Botany，Vols. 1+，1980+；Jodhpur：Scientific Publishers。英文版，每年一卷每卷两至四期，实为不定期系列刊物（至 2018 年出版 42 卷），经常发表分类学工作。

▌ **10.8.11** *Indian Fern Journal*，*International Journal of Pteridology*，The Indian Fern Society（Department of Botany，Punjabi University，Patiala，147002，India），Vols. 1+，1984+；biannually。本刊是印度蕨类植物学会创办的印度主要蕨类刊物。

▌ **10.8.12** *Rheedea*，*Offical Journal of Indian Association for Angiosperrm Taxonomy*，India Association for Angiosperm Taxonomy，Calcutta，Vols. 1+，1991+；半年刊，每年一卷，英文版。本刊是印度种子植物分类学会近来创办的被子植物分类学刊物。

▌ **10.8.13** *Phytotaxonomy*，*Journal of Association for Plant Taxonomy*，Association for Plant Taxonomy（DEEP Publications，New Delhi，India），Vols. 1+，2001+。本刊为印度植物分类学会主办。

印度还有很多中级刊物以及各种各样的地方性的专刊，在此不做详细介绍。

10.9 巴基斯坦期刊

巴基斯坦早年的工作多为英国人所做，但独立后本国发展也很快。现择 2 种加以介绍。

▌ **10.9.1** *Pakistan Systematics*，Bulletin of the Herbarium Quaid-I-Azam University，the Herbarium，Quaid-I-Azam University，Vols. 1+，1977+；半年刊，英文版。本刊是巴基斯坦著名的分类学刊物之一，其主办单位（ISL）是该国著名的植物分类学机构之一。

▌ **10.9.2** *Pakistan Journal of Botany*，An Official Publication of Pakistan Botanical Society，Pakistan.Botanical Society，Karachi，Vols. 1+，1969+；半年刊，每年一卷，英文版。本刊是巴基斯坦著名的分类学刊物之一，主办单位 University of Karachi（KUH）是该国著名的植物分类学机构之一（pakbs.org / pjbot / pjhtmls / PJB.html）。

10.10 伊朗期刊

伊朗是中国西部植物研究较为薄弱的国家，其中很多工作由奥地利等欧洲学者进行。

现择 1 种加以介绍。

■ **10.10.1** ***Iranian Journal of Botany***，Botany Department，Research Insitute of Forests and Rangelands（Tehran），Vols. 1+，1976+；主办单位是伊朗重要的分类学机构。

10.11 北欧期刊

北欧包括瑞典、芬兰、挪威和丹麦，又称 Scandinavian Pennisula，四国在很大程度上在广泛的合作，故一并介绍。现择 6 种。

■ **10.11.1** ***Annales Botanici Fennici***，An international peer-reviewed journal by the Finnish Zoological and Botanical Publishing Board（http://www.sekj.org/AnnBot.html）；Vols. 1+，1964+；季刊，2002 年以来双月刊；英文版。近年来发表大量的国产类群。

■ **10.11.2** ***Nordic Journal of Botany***，*An international journal of botany and mycology*（blackwellpublishing.com / journal.asp?ref=0107–055X&site=1，oikos.ekol.lu.se / njbjrnl.html），Vols. 1+，1981+；双月刊，每年一卷，英文版。该刊是北欧著名分类学期刊，近年来发表亚洲及中国植物的文章较多。

■ **10.11.3** ***Grana***，*An International Journal of Palynology including World Pollen and Spore Flora*，Stockholm（tandf.co.uk / journals / titles / 00173134.html），Vols. 1+，1948+；季刊，每年一卷。原名 *Grana Palynologica*，*An International Journal of Palynology*，Stockholm，1948 至 1953 年间没有卷号，自 1954 年起为首卷，且 1970 年易为现名后卷号连续。该刊是国际上著名的孢粉方面的专门期刊。

■ **10.11.4** ***Lindbergia***，*A Journal of Bryology*，the Nordic Bryological Society and the Dutch Bryological Society，Vols. 1+，1971+；早年每年 3 期，近来每年 6 期，英文版。该刊是北欧苔藓学会和荷兰苔藓及地衣学会主办的专刊。

■ **10.11.5** ***Acta Bryolichenologica Asiatica***，Studies on Bryophytes of Southeast Asia，1990+，vol. 1（1–2），April 1990，2（1–2），December 1990，3，2010，4，2011，5，2014，6，2017，7，2017，8，2019；中国台湾赖明洲通过亚洲苔藓与地衣俱乐部建立，芬

中植物基金会出版发行。[①]

■ **10.11.6** *Bryobrothera*，the Finnish Bryological Society，Vols. 1+，1992；不定期，英文版。该刊为北欧著名苔藓学专刊，包括很多专著以及中国的工作，截至 2014 年出版到第 11 期。

10.12 英国期刊

英国（包括苏格兰）是现代植物分类研究中心，在世界植物分类方面声望颇高，而且历史上对中国、喜马拉雅、南亚等地曾进行过长期而又广泛的研究。现择 7 种加以介绍。

■ **10.12.1** *Botanical Journal of the Linnean Society*，Linnean Society of London（linnean. org/index.php?id=112）；Vols. 1+，1857+；英文版，季刊；1857 至 1864 年名为 *Journal of the Proceeding of the Linnean Society*，*Botany*；1856 至 1969 年间名为 *Journal of the Linnean Society Botany*，1969 年第 62 卷易为现名，且卷号续排。本刊是英国著名的分类学刊物，历史上和近来发表中国的文章都很多。

■ **10.12.2** *Kew Bulletin*，Royal Botanic Gardens，Kew（kew.org/publications/kewbulletin.html），英文版，季刊，每年一卷；Vols. 1+，1887+；其中 1887 至 1941 年名为 *Bulletin of Miscellaneous Information*，且以年代代表卷号；1941 至 1945 未出版；1946 年易为现名，且 1946 至 1957 年同样以年代为卷号，但 1958 年起以第 13 卷续排，实际上 1946 年为第 1 卷。该刊早年发表很多中国的新类群。

■ **10.12.3** *Edinburgh Journal of Botany*–An International Journal of Plant Systematics and Biodiversity，Royal Botanic Garden，Edinburgh（rbge.org.uk/about-us/publications/publications-catalogue/journals/edinburgh-journal-of-botany）；Vols. 1+，1900+；每年 3 期，英文版；原名为 *Notes on Royal Botanic Garden Edinburgh*，1990 年第 47 卷始易为现名，且卷号续排。本刊是爱丁堡植物园的著名分类期刊，历史上和当代都发表很多中国植物分类学的文章。

■ **10.12.4** *Bulletin of the British Museum*，*Botany*，the Natural History Museum，Vols.

---

① 赖明洲逝世前将版权移给芬中基金会。

1-22（2），1951-1992；*Bulletin of the Natural History Museum*，*Botany series*，Vols. 23-32，1993-2002；季刊，英文版。本刊早年是英国著名的刊物，主办单位与邱园和爱丁堡一样，经常报道喜马拉雅地区和中国的有关工作。本刊2003年后被 *Systematics and Biodiversity* 取代。

■ **10.12.5** *Journal of Bryology*，The British Bryological Society（maney.co.uk/journals/bryology），Vols. 1+，1972+；季刊，英文版。广义苔藓学刊物。

■ **10.12.6** *Current Advances in Plant Science*，Vols. 1+，1971+；Oxford：Pergamon Press...Amsterdam：Elsevier。

这是能得到植物文献最快的信息期刊（月刊），报道广义植物学的所有内容，包括 Toxonomy，Systematic and Evolution 和 Flora Reports and Plant Geography。前者又分为 New Taxon，Revised Nomenclature，Chemotaxonomy，Cytotaxonomy，Morphological Taxonomy，General Systematics 和 Evolution；后者分为 General Flora 和 Specific Flora，Distributions。因此，查找十分方便。

■ **10.12.7** *Systematics and Biodiversity*，the Natural History Museum（nhm.ac.uk/business-centre/publishing/det_sysbio.html），Vols. 1+，2003+；季刊，英文版。本刊是由 *Bulletin of the Natural History Museum* 延伸而来的著名刊物，虽然是广义的生物学，但包括很多有关植物分类的文章。

此外，英国出版的期刊还有 *Kew Index*，*Kew Record*，*Index Kewensis*，详参本书的相关部分。

10.13　法国期刊

法国在历史上发表过很多中国植物，特别是对南亚半岛诸国有较多的研究且一直持续到今天。但法国的期刊不仅名称变化大，且其序列号和系列号都非常复杂，不详细研究很难弄懂。现择2种加以介绍。

■ **10.13.1** *Notulae Systematicae*，*Herbier du Museum de Paris. Phanerogramie*，*Paris*，Museum National d'Histoire Naturelle，Series 1：Vols. 1-16，1909-1961；法文版，季刊，每5年一卷（详见下一种）。

▌**10.13.2** *Bulletin du Museum National d' Historie Naturelle*，*Section B. Adansonia*，Laboratoire de Phanerogamie，Museum National d'Histoire Naturelle，*New Series*，Vols. 1–20，1961–1981；Vols. 3–18，1981–1996；Series 3，Vols. 19+，1997+。

本刊是法语分类学文献中重要的期刊，且主办单位是世界上最大的标本馆（P 和 PC）。

10.14 德国期刊

德国在 19 世纪到 20 世纪中期占据世界植物分类学界的重要地位，特别是著名的恩格勒时代，不仅学者多，出版物也多，而且很多刊物至今在植物分类学界仍有很大的影响。现择 9 种作介绍。

▌**10.14.1** *Botanische Jahrbucher für Systematik*，*Pflanzengeschichte und Pflanzengeographie*，Leipzig（ingentaconnect.com/content/schweiz/bj）：Vols. 1+，1881+；季刊，每年一卷，德文版。早年多发表水平较高的文章。

▌**10.14.2** *Repertorium Specierum Novarum Regni Vegetabilis*，*Centralblatt für Sammlung und Veroffentlichung von Einzeldiagnosen neuer Pflanzen*，Berlin，Vols. 1–51，1905–1942；*Feddes Repertorium Specierum Novarum Regni Vegetabili*，Berlin，Vols. 52–69，1943–1964；*Feddes Repertorium-Zeischrift für Botanische Taxonomie und Geobotanik*；Berlin，Vols. 70+，1965+；季刊，每年一卷，德文版，但英文文章也接受；2006 年题目改为 *Feddes Repertorium-Journal of Botanical Taxonomy and Geobotany*。

▌**10.14.3** *Repertorium Specierum Novarum Regni Vegetabilis*，*Beihefte*，*Centralblatt für Sammlung und Veroffentlichung von Einzeldiagnosen neuer Pflanzen*，Berlin，Vols. 1–131，1911–1944；*Feddes Repertorium Specierum Novarum Regni Vegetabilis*，*Beiheft*，Berlin，Vols. 133–141（132 not published），1952–1964；*Feddes Repertorium*，*Beiheft*，Berlin，Vols. 142，1965；季刊，德文版，每年一卷。

以上两个刊物早年发表很多中国的植物，但名称在缩写上容易混淆。另外这两个刊物早年发表的凭证标本部分在二战期间多数已经遗失（详细参见 *Englera* 7：219–252，1987 或者 bgbm.fu–berlin.de/bgbm/research/colls/herb/）。

▌**10.14.4** *Fortschritte der Botanik*-Anatomie（later Morphologie），Physiologie，Genetik，Systematik，Geobotanik，Berlin，Vols. 1–35，1931–1973；***Progress in Botany***-Morphology，

Physiology，Genetics，Taxonomy，Geobotany，Berlin etc，Vols. 36+，1974+；Berlin & New York：Springer-Verlag。

本刊专门刊登广义植物学综述性论文，包括植物分类学；早年为德文出版且不定期，现德文与英文并举，年刊，至 2019 年出版 80 卷。

■ **10.14.5** *Willldenowia*，*Mitteilungen aus dem Botanischen Garten und Museum Berlin-Dahlem*，*Annals of the Botanic Garden and Botanical Museum Berlin-Dahlem*（bgbm.fu-berlin.de / BGBM / library / publikat / willdenowia.htm），Vols. 1+，1953+；开始时德文，逐渐成为现在的以英文为主；创刊时半年刊，每年两期，2014 年后则每年三期。创刊号名为 *Mitteilung aus dem Botanische Garten und Museum*，*Berlin-Dahlem*；第 1 卷第 2 期易为现名。该刊是二次大战后在恩格勒的根据地（B）重新创办的；其前身为 *Notizblatt des Königlichen Botanischen Gartens und Museums zu Berlin. Leipzig*（Vols. 1-6，1895–1915）*Notizblatt des Botanischen Gartens und Museums zu Berlin-Dahlem. Berlin-Dahlem*（Vols. 7–15，1916–1944）。

■ **10.14.6** *Nova Hedwigia*，J. Cramer in der Gebr. Borntraeger Verlagsbuchhandlung，Johannesstraße 3A，70176 Stuttgart（borntraeger-cramer.de /），Vols. 1+，1959+；季刊，英文及其他语种，隐花植物学专刊，而较长的文章发表于姊妹刊 *Nova Hedwigia Beihefte*。

■ **10.14.7** *Bryophytorum Bibliotheca*，Vols. 1+，1973+；年刊 / 半年刊，不规则（截至 2008 年已出版 64 卷），专门报道苔藓类长篇专著。

■ **10.14.8** *Englera*，*Veröffentlichungen aus dem Botanischen Garten und Botanischen Museum*，*Berlin-Dahlem*，*Berlin*（bgbm.org / BGBM / library / publikat / englera.htm），Vols. 1+，1979+；不规则刊物，开始时英、法、德、西等文并举，近年来则以英文为主，西文很少。这是战后在恩格勒的根据地重新创办的另一个侧重专著性质的重要刊物。本刊取代 *Willldenowia Beihefte. Berlin-Dahlem*，Vols. 1-11，1963–77。

■ **10.14.9** *Advances in Bryology*，W. Schultze-Motel & Norton G. Miller；Vaduz：J. Cramer & Stuttgart：Gebrüder Borntraeger Verlagsbuchhandlung。

Vol. **1**，562 p，1981，W. Schultze-Motel et al；**2**，224 p，1984，W. Schultze-Motel；**3**，281 p，1988，Bryophyte Ultrastructure，Norton G. Miller；**4**，264 p，1991，Bryophyte Systematics，Norton G. Miller；5，335p，1993，Biology of *Sphagnum*，Norton G. Miller；6，309p，1997，Population Studies，Royce E. Longton。

本刊是由 The International Association of Bryologist（bryology.org）组织出版的苔藓学专著。

10.15 奥地利期刊

介绍 1 种。

■ *Plant Systematics and Evolution*，Vienna，Vols. 123+，1974+（springer.com/springerwiennewyork/life+sciences/journal/606）；原名 *Österreichisches Botanisches Wochenblatt*，Vols. 1-7，1851-1857；*Österreichische Botanische Zeitschrift*，Vols. 8-91，1858-1942，& Vols. 94-122，1947-1973；*Wiener Botanische Zeitschrift*，Vols. 92-93，1943-1944。本刊是非常著名的分类刊物，经常刊登与亚洲及中国植物分类有关的文章。

10.16 荷兰期刊

荷兰虽是欧洲国家，但对热带亚洲，特别是南亚地区有着长期广泛而又深入的研究。现择 3 种。

■ 10.16.1 *Blumea*，*A Journal of Plant Taxonomy and Plant Geography*，*Tijdschrift voor de Systematiek en de Geografie der Planten*，Rijksherbarium/Hortus Botanicus，Leiden University（nationaalherbarium.nl/pubs/blumea/），Vols. 1+，1934/1935+；每年三期一卷，英文版；本刊的主办单位是 *Flora Malesiana* 的主持单位，多发表东南亚的植物分类工作，而其质量非常高；对中国从事热带与亚热带的研究是非常重要的刊物。2009 年副标题改为 Biodiversity，Evolution and Biogeography of Plants。

■ 10.16.2 *Flora Malesiana Bulletin*，Vols. 1-14（3），1948-2008；Leiden：Rijksherbarium（nationaalherbarium.nl/fmbull/biblio.htm）。
本刊早年不规则 [①]，1993 年以前为年刊，1994 年之后为半年刊，但每四年为一卷（至

---

① **Vol. 1**，No. 1-8，1947-51；**2**，9-12，1952-56；**3**，13-16，1957-61；**4**，17-20，1962-65；**5**，21-24，1966-69；**6**，25-28，1971-75；**7**，29-32，1976-77；**8**，33-36，1980-83；**9**，37-40，1984-87；**10**，1988-91（1988年以后没有期号）；**11**，1992-1997；**12**，1997-2001；**13**，2002-2005；**14**，2007-2008。

2008 年 14 卷 3 期停刊）。这个期刊主要是为 *Flora Malesiana* 的作者提供一切可能的全面信息；其覆盖的地理范围包括热带亚洲、澳大利亚和太平洋地区；包括的学科范围以分类学为主，也包括与分类学有关的诸如文献、保护、生态、考察、植物、地理等；每期大致包括十几个栏目，诸如编辑说明、补告和笔记、个人信息、马来西亚植物学进展、野外考察、研究与出版物、标本馆、植物园及组织、专题会议、大会、学会、座谈会、保护、新纪录、东南亚植物资源、洋流和水文目录。最后一项分苔藓、蕨类和种子植物，按作者字母顺序列出本年度发表的与本地区有关的全世界的有关文献。实际上，本刊一方面是 *Flora Malesiana* 作者的必备指南，另一方面也是热带亚洲和大洋洲植物分类的文献索引，对中国从事热带类群研究而言，不得不读。

▌ **10.16.3** *Taxon*，*Journal of the International Associatiion for Plant Taxonomy*，The International Bureau for Plant Taxonomy and Nomenclature（IAPT，botanik.univie.ac.at / iapt / s_taxon.php），Vols. 1+，1951+；季刊，英文版，每年一卷，致力于植物分类学和系统与进化植物学，每期刊登原始论文、建议、争鸣、讨论，还有 News and Notes，Reviews，Chromosome numbers，Nomenclature，News，Index Herbarium，Point of Review，Proposal，Comments and Suggestions 等专栏，是我们了解国际植物分类学动态最重要的刊物之一。本刊实际上是国际植物分类学委员会的专刊，属世界性杂志。编辑部一般随主编所在地而先后在荷兰、奥地利、德国、斯洛伐克等。考虑到本刊创办于荷兰，故置于此。

关于 IAPT 详细的系列出版刊物 *Regnum Vegetabile* 参看本书附录 8。

10.17 俄国期刊

俄文期刊虽然包括苏联（1991 年之前），但主要是今日的俄罗斯，且历史上曾经对中国的北方（包括东北，华北和西北）有过相当规模的研究，故收 5 种。

▌ **10.17.1** *Botanicheskii Zhurnal*，*Journal Botanique*，St. Petersburg / Moscow / Leningra：Vols. 1–7，1906–1912，*Russkii Botanicheskii Zhurnal*，*Journal Russe de Botanique*，St. Petersburg，1908–1915；*Botanicheskii Zhurnal SSSR*，Vols. 17–32，1916–1947，*Botanicheskii Zhurnal*，*Botanical Journal*，*Moscow & Leningrad*，Vols. 33+，1948+；双月刊 / 月刊；俄文版。

本刊由 *Trudy Borodinskoi Biologicheskoi Stantsii Petrogradskago Obshchestva Estestvoispytatelei. Petrograd* 而来，1948 年改为双月刊，1956 年改为月刊，是苏联与当今俄罗斯著名的植物学杂志。

10.17.2 *Novitates Systematicae Plantarum Vascularium*，*Novosti Sistematiki Nizshikh Rastenii*，V. L. Komazov Botanical Institute of the Academy of Sciences of the USSR，Prof. Popov Street，197022，Leningrad，Russian SFSR，USSR，原名 *Notulae Systematicae ex Herbario Horti Botanici Petropolitani*，创刊于 1919 年，1924 年（第 5 卷）更名为 *Natulae Systematicae ex Herbario Horti Botanici Reipublica Rossicae*，1926 年（第 6 卷）又更名为 *Notulae Systematicae ex Herbario Horti Botanici USSR*，1937 年（第 7 卷）又更名为 *Notulae Systematicae ex Herbario Instituti Botanici Academiae Scientiarum URSS*，1940 年（第 8 卷 3 期）又更名为 *Notulae Systematicae ex Herbario Institute Botanici Nomine V. L. Komazovii Academiae Scientiarum URSS*，1964 年易为现名；但从 1980 年（第 17 卷）开始以卷号代替年卷号，实际上 1964 年为首卷。本刊前期不仅更名频繁，而且卷号极为复杂，直至 20 世纪 40 年代末才开始实现每年一卷的出版方式。本刊为俄罗斯著名研究机构创办，早年曾多次发表有关中国植物的文章。

10.17.3 *Arctoa*，Main Botanical Garden，Russian Academy of Sciences，Russia：Vols. 1+，1992+；年刊或半年刊，英文或俄文，主要报道俄罗斯以及周围地区的苔藓学工作。

10.17.4 *Komarovia*，Herbarium，Komarov Botanical Institute of the Russian Academy of Sciences，Prof. Popov Street 2，St. Petersburg 197376。Vols. 1+，1999+；这是该单位近年创刊的英文版刊物，致力于报道俄罗斯、白俄罗斯、哈萨克等的维管植物分类与植物地理学内容。

10.17.5 *Turczaninowia–Plant Science*，*Genetics & Molecular Biology*，*Biodiversity*，volume 1+，1998+，Souther Sibierian Botancial Garden，Altai State Uiversity，Russia.
本刊为阿尔泰大学创办的广义植物学刊物，致力于温带欧亚大陆，俄语与英文均可，且开放索取。参见：http://turczaninowia.asu.ru/index.php/tur/about。

10.18 澳大利亚与新西兰期刊

介绍 2 种。

10.18.1 *Australian Systematic Botany*，Australian National Herbarium，Canberra（anbg. gov.au/asbs/），Vols. 1+，1988+；季刊，英文版。主要报道澳大利亚的工作，但也有热带亚洲的内容，主办单位是澳大利亚著名的标本馆。该刊对中国从事热带亚洲及大洋洲研究的工作者有参考价值。

■ **10.18.2** *Phytotaxa*，Magnolia Press，Auckland，New Zealand，Vols. 1+，2009+，经同行评议的快速发表的系统植物学学术期刊在线发表（https：//biotaxa.org/Phytotaxa/index，英文），张智强[1]（1963—）任执行编辑。至 2017 年底共发表 4，156 篇文章。其中，有关中国植物的文章至少 441 篇，约占文章总数的 10.6%。这些文章占同期（2009 至 2017 年）有关中国植物系统学文章总数 1 900 篇的 23.2%[2]。创刊十周年（2009 至 2018 年）间，*Phytotaxa* 共有 130 多个国家和地区 2 610 个单位的 7 920 人贡献 5 552 篇文章，其中中国 1 175 篇（21.2%）位居首位，其次是巴西 996 篇（17.9%）和美国 903 篇（16.3%）[3]。

10.19 加拿大期刊

加拿大虽是北美面积非常大的国家，但植物分类方面的工作较美国少，故择 1 种介绍。

■ **10.19.1** *Botany，An International Journal for Plant Biology*，Vols. 85+，2007+；英文版，月刊，每年一卷：National Research Council，Ottawa，Canada（uoguelph.ca/-canjbot/）；原名 *Canadian Journal of Research. Ottawa*，Vols. 1–12，1929–1935；后易为 *Canadian Journal of Research，Section C. Botanical Sciences. Ottawa*，Vols. 13–28，1935–1950；*Canadian Journal of Botany*，Vols. 29–84，1951–2006。经常报道分类学工作，对中国从事北温带和东亚与北美类群的学者有参考价值。

10.20 美国期刊

美国不仅在植物学很多领域领先，而且是新大陆研究中国植物时间较长的国家，20 世

---

① 上海人，1981–1985 年复旦大学生物系本科，动物学学士，1985–1987 年复旦大学生物系硕士（导师忻介六教授），1987 年夏直升转博攻读博士学位，1988 年转学入美国康奈尔大学昆虫系攻读博士学位，1993 年获昆虫学博士学位，1993–1994 年美国俄勒冈州立大学博士后，1994–1995 年受聘于国际昆虫研究所（英国自然历史博物馆）任分类学家，1995–1999 年任国际昆虫研究所终身分类学家，1999 年至今任新西兰皇家研究院土地环境保护研究所终身研究员；其中 1996 年创立国际 *Systematic and Applied Acarology* 系统及应用蜱螨学（SCI 收录期刊）并任主编，2000 年至今当选动物分类学报编委，创立并编辑英文系列丛书 *Fauna of China* 和 *Fauna of China Synopsis*，2001 年创立国际杂志 *Zootaxa*（SCI 收录杂志）并任主编，2008 年创立国际杂志 *Zoosymposia* 并任主编，2009 年创立国际杂志 *Phytotaxa*（SCI 收录杂志）并任执行编辑，2020 年创立 *Megadata* 并任主编。

② Cheng DU & JinShuang MA，2019，*Chinese Plant Names Index 2000-2009* and *Chinese Plant Names Index 2010-2017*，606 p. & 603 p. Beijing：Science Press。

③ ZhiQiang ZHANG，2019，*Phytotaxa* ten years on–the success of the foremost journal in botanical and mycological taxonomy，*Phytotaxa* 423（1）：1–9。

纪 20 到 50 年代尤以哈佛大学著名（这种活动今天仍然在进行），过去 40 年来又有密苏里植物园与中国合作编写英文版的 *Flora of China* 及 *Moss Flora of China*。本书介绍 17 种。

■ **10.20.1** ***International Journal of Plant Sciences***，Vols. 153+，1992+；Chicago，IL（journals.uchicago.edu / page / IJPS / instruct.html），原名 *Botanical Gazette-Paper of Botanical Notes*，Vols. 2–152，1875–1991；季刊，英文版。本刊是美国较早的刊物之一，而且经常报道有关分类学的内容。

■ **10.20.2** ***The Contributions from the United States National Herbarium***，***Smithsonian Institution***，Department of Botany，Smithsonian Institution，Washington DC（botany.si.edu / pubs / CUSNH / index.htm），Vols. 1–38，1890–1974，Vols. 39+：2000+[1]；不定期，英文版。本刊由史密森学会植物标本馆主办，刊登植物分类学长篇专著、名录、地方植物志等；非卖品，可以交流或免费赠送，也可以网上免费索取。

■ **10.20.3** ***The Bryologist***，*Journal of the Sullivant Moss Society*，The American Bryological and Lichenological Society（mywebspace.wisc.edu / jpbennet / web / abls /），Vols. 1+，1898+；季刊，每年一卷，英文版。

本刊报道的内容包括苔类、角苔类、藓类和地衣；每期还有世界性的最新文献目录。

■ **10.20.4** ***Rhodora***，*Journal of New England Botanical Club*，Camebridge，MA（rhodora.org /），Vols. 1+，1899+；季刊，每年一卷，英文版。美国东北部新英格兰地区的刊物，中国植物学家的首篇分类学文章[2] 就发表在这个刊物上。

■ **10.20.5** ***American Fern Journal***，*a quarterly devoted to ferns*，American Ferns Society（amerfernsoc.org /），Vols. 1+，1911+；季刊，每年一卷，英文版。世界著名蕨类权威刊物，包括原始文章、书评以及新闻等。

■ **10.20.6** ***Annals of the Missouri Botanical Garden***，St. Louis，MO（apt.allenpress.

---

① 本刊及其姊妹刊 *Smithsonian Contributions to Botany* 的历史比较复杂，有兴趣的读者可以参见 Susan J. Pennington，2004，The Rebirth of the Contributions Series，*The Plant Press* 7（4）：1，& 14–15。

② SungShu CHIEN，1916，Two Asiatic allies of *Ranunculus pensylvanicus*，*Rhodora* 18：189–190。

com / perlserv / ?request=get-archive&issn=0026–6493），Vols. 1+，1914+；季刊，英文版，每年一卷。本刊是美国植物分类学界非常有影响的刊物之一；20 世纪 80 年代后，特别是随着中美合作项目 *Flora of China* 的进行，陆续刊登了一批中国学者或与中国植物（尤为东亚和东北美）有关的文章。

■ **10.20.7** *American Journal of Botany*，Botanical Society of American（amjbot.org /）：Vols. 1+，1914+；月刊，每年一卷，英文版。本刊由美国植物学会主办，刊登广义植物学，包括植物分类与系统学等内容。

■ **10.20.8** *Journal of the Arnold Arboretum*，Harvard University，Cambridge，MA，Vols. 1-71，1920-1990；季刊，英文版，每年一卷。本刊的主办单位是美国研究东亚植物（特别是木本）的权威，历史上曾报道过大量有关中国植物的文章。遗憾的是本刊至 1990 年停刊，1991 年又以 *Journal of the Arnold Arboretum，Supplement*，*Series 1* 形式续刊一年。后续参见 *Harvard Papers in Botany*（本书的第 10.20.16 种）。

■ **10.20.9** *The Botanical Review*，New York Botanical Garden（sciweb.nybg.org / Science2 / BotanicalReview.asp），Vols. 1+，1935+；季刊，英文版，每年一卷。本刊是植物学界较有影响的综合性权威刊物之一，经常报道篇幅较长的综述性文章，而且涉及广义植物学范畴。

■ **10.20.10** *Brittonia*，*a Series of Botanical Papers of New York Botanical Garden*，Bronx，NY（sciweb.nybg.org / Science2 / Brittonia.asp），Vols. 1+，1931 / 1935+；季刊，每年一卷，英文版，近来也有西班牙语文章。主要发表新大陆的内容，很少有与中国有关的类群。

■ **10.20.11** *Smithsonian Contributions to Botany*，Smithsonian Institution Scholarly Press（sil.si.edu / smithsoniancontributions / Botany / index.cfm），Vols. 1+，1969+；不定期，英文版。本刊由史密森学会主办，刊登植物分类学长篇专著等。

■ **10.20.12** *Systematic Botany*，Quarterly Journal of the American Society of Plant Taxonomy（aspt.net / publications / sysbot /），Vols. 1+，1976+；季刊，每年一卷，英文版。本刊由美国植物分类学会主办，刊登广义植物分类学和系统学的文章。

■ **10.20.13** *Systematic Botany Monographs*，the American Society of Plant Taxonomy（aspt. net / publications / sysbotmono.php），Vols. 1+，1980+；不定期，英文版。本刊由美国植物分

类学会主办，刊登长篇植物分类学专著；详细参见本书的附录 9。

■ **10.20.14 *Cladistics***，*The International Journal of the Willi Hennig Society*，the Willi Hennig Society（cladistics.org/），Vols. 1+，1985+；季刊，英文版，每年一卷。本刊是以分支分类学为主，包括广义的生物学范畴。

■ **10.20.15 *Annual Review of Pteridological Research***，Vols. 1+，1987+；年刊，英文版。
本刊为蕨类文献专刊，由美国植物学会蕨类分会和国际蕨类学会合办，每年出版一卷，收载世界各地与蕨类有关的所有文献，包括作者和分类群索引，以及作者的研究兴趣和会员信息。另外，该刊 1994-2005 年的内容可以网上查询（amerfernsoc.org/arpr/lit.html）。

■ **10.20.16 *Harvard Papers in Botany***，Harvard University Herbaria，Cambridge，MA（huh.harvard.edu/publications/），Vol. 1（nos. 1-10），1989-Apr. 1997；Vols. 2+，Aug. 1997+；半年刊，英文版，每年一卷。本刊是取代以下刊物：*Botanical Museum Leaflets*（Vols. 1-30，1932-1986），*Contributions of the Gray Herbarium of Harvard University*（Nos. 1-214，1891-1984），*Occasional Papers of the Farlow Herbarium of Cryptogamic Botany*（Vols. 1-19，1969-1987）。自 No. 8，May 1996，该刊的副标题为：A Publicaiton of the Harvard University Herbaria Including *Journal of the Arnold Arboretum*。

■ **10.20.17 *Novon***，*A Journal for Botanical Nomenclature*，St. Louis，MO（bioone.org/perlserv/?SESSID=10e43f6204d4fb1607544a0818297abe&request=get-archive&issn=1055-3177）：Vols. 1+，1991+；季刊，每年一卷，英文版。主要发表新分类群，近年来由于中国学术界对 SCI 的要求以及 *Flora of China* 和 *Moss Flora of China* 合作等原因，发表很多中国的新类群。
此外，美国出版的还有 *Biological Abstract*，另外还有很多地方性的刊物，在此不一一介绍。

4

PART FOUR

第四部分
附　录

1 世界主要植物标本馆（室）简介

本附录所收载的世界著名植物标本馆主要考虑两个因素：其一是世界上大型的、有较大影响或与中国相近或相邻的国家或地区的植物标本馆；其二是收藏中国植物标本较多的国家或地区植物标本馆。所有单位按缩写代码字母先后顺序排列；所用资料主要来自国际植物标本馆数据库（www.sweetgum.nybg.org/ih/，December 2019），少数根据其单位的网站进行了补充或修改。

▌ **A / GH**：Harvard University Herbaria，Harvard University，22 Divinity Avenue，Cambridge，Massachusetts 02138，U.S.A.（www.huh.harvard.edu、http：//kiki.huh.harvard.edu/databases/specimen_index.html）。

哈佛大学植物标本馆（A 成立于 1872 年，GH 成立于 1864 年，AMES 成立于 1899，ECON 成立于 1858，FH 成立于 1919，NEBC 成立于 1896），现有标本量 500 多万，是美国最大的标本馆和主要的植物分类学研究机构之一，特别是以收藏东亚，尤以中国木本植物而闻名；现在出版的分类刊物主要是 *Harvard Papers in Botany*，*Arnoldia*。该单位的网站还有植物学者和植物出版物数据库，以及 *Flora of China* 网站等。

▌ **AA**：Herbarium，Institute of Botany and Phytointroduction，Ministry of Science，Academy of Sciences，44 Temirajzev Street，Alma-Ata 480070，Kazakhstan。

哈萨克共和国科学院植物研究所位于阿拉木图，创办于 1933 年，标本量 30 万，主要是哈萨克植物，还包括早年采自新疆的大量标本。出版物有 *Flora Kazakhstana*，*Notulae Systematicae ex Herbario Instituti Botanicae Academiae Scientiarum Kazachstanicae*。

▌ **B**：Herbarium，Botanischer Garten und Botanisches Museum Berlin–Dahlem，Zentraleinrichtung der Freien Universität Berlin，Königin-Luise-Strasse 6–8，D–14195，

Berlin，Germany（www.bgbm.org）。

德国柏林达莱植物园与植物博物馆曾是世界上著名的标本馆，创建于 1815 年，也是著名植物学家恩格勒的根据地。20 世纪 40 年代初期标本量曾达 400 多万，但二次大战期间几乎全部毁灭，余下很少（详细参见 *Englera* 7：215-252，1987）。重建后现标本量目前约 380 万，主要是欧洲；目前出版的刊物有 *Englera*，*Willdenowia* 等。

▌**BKF**：Forest Herbarium，National Park，Wildlife and Plant Conservation Department（原　名：Royal Forest Department，http：// www.dnp.go.th / botany / ），Bangkok 10900，Thailand。

位于曼谷的泰国森林植物标本馆，不但在泰国收藏量最大（20 万），而且还是 *Flora of Thailand* 在该国的合作基地，出版物有 *Flora of Thailand*，*Thai Forest Bulletin*（*Botany*），*Thai Medicinal Plants*。

▌**BM**：Herbarium，Department of Botany，The Natural History Museum，Cromwell Road，London，SW7 5BD，England，UK（www.nhm.ac.uk / ）。

英国自然历史博物馆是世界著名的标本馆之一，同时也是英国标本馆中收藏中国标本的主要单位之一。创建于 1753 年，现有标本 520 万，主要采自欧洲、非洲、美洲及喜马拉雅等国家和地区。目前主办的刊物是 *Systematics and Biodiversity*。

▌**BO**：Herbarium Bogoriense，Jalan Raya Juanda 22，Bogor 16122，Indonesia。

位于印度尼西亚爪哇的茂物植物园植物标本馆是仅次于中国科学院植物研究所植物标本馆（PE）的亚洲第二大标本馆，创建于 1817 年，标本量 200 万；主要是热带亚洲的标本。该馆是 *Flora Malesiana* 在其本土的主要基地，出版的刊物有 *Ekologi Indonesia*，*Floribunda*，*Reinwardtia*。

▌**BR**：Herbarium，Collections，Meise Botanic Garden（National Botanic Garden of Belgium），Nieuwelaan 38，Meise，Belgium 1860，Belgium（http：// www.botanicalcollections. be / # / en / home ）

比利时乃至欧洲和世界最大的标本馆之一，收藏量达 400 万，包括很多欧洲最老的收藏，甚至包括早年从中国采集的一些副份标本。

▌**C**：Herbarium，Botanical Museum and Library，University of Copenhagen，Gothersgade 130，DK-1123 Copenhagen K，Denmark（www.botanicalmuseum.dk / bot）。

丹麦哥本哈根大学植物博物馆创建于 1759 年，标本量 290 万；主要收藏对象是欧洲和非洲的植物；近年与泰国合作编研 *Flora of Thailand*，刊物有 *Dansk Botanik Arkiv*。

■ **CAL**：Central National Herbarium，P. O. Botanic Garden，Howrah，Calcutta 711103，West Bengal，India。

印度国立中央标本馆位于加尔各答，是亚洲著名的标本馆；创建于 1793 年，标本量 200 万；主要是印度的维管束植物，还有东南亚、南亚以及早年来自喜马拉雅和中国西南的早期标本（如 RenChang CHING，Francis Kingdon Ward，Joseph D. Hooker，Augustine Henry，George Forrest，William Griffith（1810–1845）等人的主要标本），对中国植物研究非常重要。其出版物有 *Bulletin of the Botanical Survey of India*，*Flora of India*；另正在编写各种地方植物志（详细参见：Rudolf Schmid，1990，*Taxon* 39（2）：264–268）。

■ **DAV**：UC Davis Center for Plant Diversity，Plant Sciences，College of Agriculture and Environmental Sciences，University of California，Davis（http://herbarium.ucdavis.edu）

美国加州大学的戴维斯分校，近年来开始加入研究中国植物的行列，标本馆收藏达 30 多万。

■ **E**：Herbarium，Royal Botanic Garden，Edinburgh EH3 5LR，Scotland，U.K.（www.rbge.org.uk）。

苏格兰爱丁堡皇家植物园标本馆是世界上著名的植物学研究机构之一，同时也是欧洲收藏中国标本的著名单位之一；创办于 1839 年，标本 300 万；主要标本来自西亚、东南亚、土耳其、中国、喜马拉雅、欧洲和地中海等地；其中中国标本主要是早年采集的高山植物，包括 George Forrest 等人采集的杜鹃花标本等，是世界上研究中国植物主要的机构之一。主办的刊物有 *Edinburgh Journal of Botany*，另外出版过 *Flora of Bhutan*，也编写过 *Flora of Turkey and the East Aegean Islands*。

■ **F**：Herbarium，Botany Department，Field Museum of Natural History，1400 South Lake Shore Drive，Chicago，Illinois 60605–2496，U.S.A.（http://fieldmuseum.org/explore/department/botany/collections）

芝加哥自然历史博物馆是一个老牌的研究机构，而且在美国的植物分类学界很有影响力，成立于 1893 年，现有标本量达 270 万，特别是近年来对于中国植物的研究与采集。

■ **G**：Herbarium，Conservatoire et Jardin botaniques de la Ville de Genève，Case postale

60，CH–1292 Chambésy / Genève，Switzerland（www.ville-ge.ch / cjb /）。

瑞士日内瓦植物园标本馆是世界上最重要的标本馆之一，创办于 1824 年，标本量 600 万，主要是地中海和中东等地的标本，但历史上很多著名的工作都来自于此；包括 Alphonse L. de Candolle 和 Pierre Edmond Boissier（*Flora Orientalis*）等珍贵标本；出版物 有 *Boissiera*，*Candollea–Organe du Conservatoire et du Jardin Botaniques de la Ville de Geneve*，*Compléments au Prodrome de la Flore Corse*，*Flora del Paraguay* 等。

H：Herbarium，Botany Unit，Finnish Museum of Natural History，University of Helsinki，P.O. Box 7，University of Helsinki 00014，Finland（http：// www.luomus. fi / english / botany /）

芬兰赫尔辛基大学植物博物馆是世界上著名的机构，创建于 1750 年，标本收藏量 335 万，尤以孢子植物（特别是苔藓、地衣和菌物）著称于世，有很多著名的老标本，包括早年采自中国的模式标本以及近年来与中国学者合作的采集等。

HN：Herbarium，Botany Department，Institute of Ecology and Biological Resources，National Center for Natural Sciences and Technology，Hoang Quoc Viet Street，Cau Giay，Hanoi，Vietnam。

位于河内的越南国家自然科学与技术中心，标本量达 25 万；出版物包括 *Flora of Vietnam*（越文版）和 *Journal of Biology*。

IRAN：Herbarium Ministerii Iranici Agriculturae，Department of Botany，Iranian Research Institute of Plant Protection，Yaman Street，Tehran，P.O. Box 1454 Tehran 19395，Iran（http：// web.iripp.ir / index.php / herbariumiran /）

位于德黑兰植物保护研究所的伊朗农业部植物标本馆是该国最大的植物标本馆，收藏量 25 万。

ISL：Herbarium，Biological Sciences Department，Quaid-I-Azam University，Islamabad，Islamabad，Pakistan。

位于伊斯兰堡的 Quaid-I-Azam University 是巴基斯坦最大的标本馆所在地，收藏量近 18 万；出版物有 *Pakistan Systematics*。

K：Herbarium，Royal Botanic Gardens，Kew，Richmond，Surrey TW9 3AE，London，England，UK（www.kew.org / science / collections.html）。

英国皇家植物园邱园是当代国际植物分类的中心，不仅世界闻名而且收藏很多早年采自中国的标本，如 James Cunningham，William Hancock，Augustine Henry，Arthur F. G. Kerr，Nathaniel Wallich，Ernest H. Wilson 等人采集的标本；创建于 1841 年，标本量 812 万；特别是包括大量的模式标本；主办的刊物有 *Curtis's Botanical Magazine*，*Index Kewensis*，*The International Plant Names Index*（www.ipni.org），*Kew Bulletin*，*Kew Record of Taxonomic Literature* 等著名刊物。其网站有很多资料，包括文献和数据等。

▌ **KEP**：Herbarium，Forest Research Institute Malaysia，52109 Kepong，Selangor，Malaysia（www.tfbc.frim.gov.my）。

马来西亚国家林业研究所是该国最大的植物标本馆，标本量 30 万；不仅参加 *Flora Malesiana* 工作，自己还有很多出版物，包括 *Journal of Tropical Forest Science*，*Forest Research Institute Malaysia*，*Malayan Forest Records*，*Research Pamphlet*，*Forest Research Institute Malaysia*，*Flora of Peninsular Malaysia*。

▌ **KYO**：Herbarium，Botany Department，Graduate School of Science，Kyoto University，Kyoto 606–8502，Japan（www.museum.kyoto–u.ac.jp / index_e.htm）。

京都大学植物标本馆是日本收藏中国植物标本的主要单位之一；创建于 1921 年，标本量 120 万；主要是日本及其近邻国家的标本；主办刊物为 *Memoirs of the Faculty of Science*，*Kyoto University*，*Series of Biology*。

▌ **L**：Naturalis Biodiversity Center，Nationaal Herbarium Nederland，Botany Section，Naturalis，Darwinweg 2，Leiden 2333 CR，The Netherlands（https: // science.naturalis.nl / en / collection / naturalis-collections / botany / ）。

荷兰国立标本馆是世界上著名的标本馆之一；创建于 1829 年，标本量 500 万（包括合并的 U 等），以热带亚洲、大洋州和欧洲的标本为主。自上世纪 50 年代以来一直在从事 *Flora Malesiana* 的编写工作；另出版刊物有 *Blumea*，*Flora Malesiana Bulletin*，*Gorteria*，*Orchid Monographs* 和 *Persoonia*。

▌ **LE**：Herbarium，Russian Academy of Sciences，V. L. Komarov Botanical Institute，Prof. Popov Street 2，Saint Petersburg 197376，Russia（www.binran.ru）。

俄罗斯科学院科马洛夫植物研究所不仅是当年苏联最大的植物分类研究机构，同时也是世界上著名的大标本馆之一，更是当年苏联收藏中国早年标本最多的单位。创建于 1823

年 ①，标本量 800 万，以苏联等地区的植物为主。早年采自中国东北、西北及华北等地的标本均在此，如 Alexander A. van Bunge，Vladimir. L. Komarov，Carl J. Maximowicz，Grigorii N. Potanin，Nikolai M. Przewalski，Nicolao S. Turczaninov 等。出版物除著名的 *Flora of the USSR* 外，还有 *Flora Partis Europaeae URSS*，*Novitates Systematicae Plantarum Vascularum*，*Plantae Asiae Centralis*，*Schedae ad Herbarium Florae URSS*，*Komarovia* 及 *Botanicheskii Zhurnal* 等。

▌**LINN**：Linnaean and J.E. Smith Herbariums，Linnean Society of London，Burlington House，London，England W1J 0BF，U.K.（http://www.linnean-online.org/）

伦敦林奈学会植物标本馆是世界上最重要的植物标本馆之一，创建于 1730 年，收藏标本仅 33 800 号，且主要是 Carl Linnaeus 和 Linnaeus filius 所发表新类群的模式标本；除 BM 和 K 外其他单位概不外借（这一点不同于其他馆室），来访者需事先联系。由此可知林奈等人的这批标本的珍贵程度。该馆出版有关植物学的刊物有 *Botanical Journal of the Linnean Society*，*The Linnean*，*Proceedings of the Linnean Society of London*，*Symposia Series* 等。

▌**MBK**：Herbarium，Department of Botany，Makino Botanical Garden，4200-6 Godaisan，Kochi City，Kochi 781-8125，Japan（www.makino.or.jp/index.html）。

牧野植物标本馆及图书馆是牧野植物园的一部分，是牧野富太郎（Tamitaro Makino）的私人收藏与研究机构；标本量不大，只有 22 万（其他牧野自己的标本在 Tokyo Metropolitan University，MAK），但图书馆收藏量超过 6 万，尤其是牧野的个人收藏达 4.5 万，特别是日本和中国的本草著作及植物学文献极其丰富，可谓东亚之最。

▌**MO**：Herbarium，Missouri Botanical Garden，P. O. Box 299，Saint Louis，Missouri 63166-0299，USA（www.mobot.org/）。

密苏里植物园是世界上著名的植物园之一，创建于 1859 年，标本量 685 万；主要是中美洲、南美洲、非洲和马达加斯加的植物。与其他美国植物分类研究单位相比，密苏里植物园与中国的关系并没有辉煌的历史，但却是一个著名的后起之秀！因为该单位与中国合作编写英文版的 *Flora of China* 和 *Moss Flora of China*，同时这里也是 *Flora Mesoamericana* 的编写单位之一，另外还是 *Flora of North America* 编辑委员会所在地。目前有关分类的刊物有 *Annals of the Missouri Botanical Garden*，*Flora of North America Newsletter*，*Icones Plantarum*

---

① Stanwyn G. Shetler，1967，The Komarov Botanical Institute：250 Years of Russian Research，240 p；Washington，D. C.：Smithsonian Institution Press。

Tropicarum，*Series II*，*Index to Plant Chromosome Numbers*，*Missouri Botanical Garden Bulletin*，*Monographs in Systematic Botany from the Missouri Botanical Garden*，*Novon*。其网站有很多数据，包括物种和文献等。

▌**NICH**：Herbarium，Hattori Botanical Laboratory，6-1-26 Obi，Nichinan，Miyazaki 25，Japan（www7.ocn.ne.jp／-hattorib／）。

服部植物研究所是日本的一个民间研究机构，由服部新佐（Sinske Hattori）于 1946 年创建。最初致力于苔藓植物研究，特别是亚洲的苔藓，后来又加入地衣类；收藏量 48 万，是世界上著名的苔藓研究机构。出版物有 *Journal of The Hattori Botanical Laboratory*，另外还有各种名录、图鉴、手册等，包括 *New Manual of Bryology* 和世界性的名录等。

▌**NY**：William and Lynda Steere Herbarium，New York Botanical Garden，Bronx，New York 10458-5126，USA（www.nybg.org／）。

纽约植物园是美国从事植物分类研究的重要单位之一；创建于 1891 年，标本量 792 万，主要是美洲的标本，也有一定数量的中国早期标本。有关分类学的出版物有 *Advances in Economic Botany*，*The Botanical Review*，*Brittonia*，*Contributions from the New York Botanical Garden*，*Economic Botany*（published for the Society for Economic Botany），*Flora Neotropica*（published for the Organization for *Flora Neotropica*），*Intermountain Flora*，*Memoirs of the New York Botanical Garden*，*North American Flora*。其网站包括世界植物标本馆详细信息（http:／／sweetgum.nybg.org／science／ih／）等。

▌**P**：Herbier National，Direction des Collections，CP39，Muséum National d'Histoire Naturelle，57 rue Cuvier，Paris 75231 cedex 05，France（http:／／science.mnhn.fr／institution／mnhn／collection／p／item／search／form）。

法国自然历史博物馆显花植物标本馆不仅是当今世界上标本储藏量最多、最古老的单位之一，同时也是收藏中国植物标本最多的西方标本馆之一，且全部数字化并可检索。创建于 1635 年，标本量 800 万（包括 PC，即隐花植物部）；主要采自非洲、欧洲、法属圭亚那、南亚等，还有历史上采集中国的大量标本，如 Julien Cavalerie，Père Armand David，Abbé Pierre Jean M. Delavay，Père Francois Ducloux，Urbain J. Faurie，A. A. Hector Léveillé，Jean André Soulié 等。该馆以研究中国周边的南亚（越南、老挝、柬埔寨）植物闻名，目前仍然在编写柬埔寨、老挝、越南三国的植物志。除此之外还有期刊 *Adansonia*。

▌**PNH**：Philippine National Herbarium，National Museum，P.O. Box 2659，Manila，

Philippines（www.pnh.com.ph）。

菲律宾国家博物馆是该国最大的标本馆，原标本馆毁于二次大战。现馆为 1946 年重新建设，标本量 20 万；出版物有 *Biodiversity Information Center-Plants Unit Newsletter*，*National Museum Papers*。

■ **SAN**：Herbarium，Forest Department，Forest Research Centre，P.O. Box 1407，90715 Sandakan，Sabah，Malaysia。

马来西亚林业研究中心是该国的另一个重要标本馆，成立于 1916 年，标本量 27 万，出版物有 *Forest Research Centre Bulletin*，*Sabah Forest Record*，*Sandakania*。

■ **SING**：Herbarium，Singapore Botanic Gardens，Cluny Road，Singapore 259569，Singapore（www.sbg.org.sg / index.asp）。

新加坡植物园在世界上非常著名，其标本馆不仅成立于 1880 年，而且今日收藏量达 75 万，包括很多东南亚以及中国的标本。其出版物有 *Gardens' Bulletin Singapore*。

■ **SNU**：Herbarium，School of Biological Sciences，College of Natural Resources，Seoul National University，Seoul 151-742，Korea，South。

国立首尔大学是朝鲜半岛最大的标本馆，成立于 1953 年，收藏量 30 万，同时也是新版 *Flora of Korea*（英文版）编辑部及主编所在地。

■ **TI**：Herbarium，University Museum，University of Tokyo，7-3-1 Hongo，Bunkyo-ku，Tokyo，Tokyo 113-0033，Japan（herb.um.u-tokyo.ac.jp、http: // umdb.um.u-tokyo.ac.jp / DShokubu / TShokubu.htm）。

日本东京大学植物标本馆不仅是亚洲著名的植物标本馆，同时也是日本收藏中国标本最多的单位之一；创建于 1877 年，标本量 170 万，主要是东亚（中国、朝鲜、韩国、日本）以及喜马拉雅的标本，早年日本学者采自中国并发表中国植物的模式主要在此。出版刊物有 *The University Museum*，*The University of Tokyo*，*Bulletin*。

■ **TNS**：Herbarium，Department of Botany，National Museum of Nature and Science，Amakubo 4-1-1，Tsukuba 305-0005，Japan（www.kahaku.go.jp / english / ）。

日本国立科学博物馆植物部为日本最大的标本馆之一，创建于 1877 年，标本量 194 万；主要是隐花植物和东南亚的蕨类，包括一定数量的中国标本；出版刊物有 *Bulletin of the National Museum of Nature and Science*，*Series B*，*Botany*，*Memoirs of the National Museum of*

Nature and Science。

▍**UBA**：Herbarium，Department of Plant Systematics and Flora，Institute of Botany，Mongolian Academy of Sciences，Jukov Ave.–77 Bayanzurkh district，Ulaanbaatar 51 976–11，Mongolia。

位于乌兰巴托的蒙古科学院植物研究所是该国最大的植物学研究机构，成立于 1961 年，现有 12 万份标本，包括一些苏联学者所采集的蒙古标本。另外还是 *Flora of Mongolia* 的编辑部所在地。

▍**UPS**：Museum of Evolution，Botany Section（Fytoteket），Evolutionary Biology Center，Uppsala University，Norbyvägen 16，SE–752 36，Uppsala，Sweden（http://130.238.83.220：81/home.php）。

瑞典乌普萨拉大学的博物馆是瑞典标本馆中较大的一个，创建于 1785 年；标本量 310 万，包括 Carl Linnaeus 的部分标本，还有 Harry Smith 采自中国的大量标本。现主办的刊物有 *Symbolae Botanicae Uppsaienses* 和 *Thunbergia*。

▍**US**：United States National Herbarium，Botany Department，NHB–166，Smithsonian Institution，P. O. Box 37012，Washington，D.C. 20560–0001，USA（botany.si.edu/）。

美国史密森学会国家植物标本馆是美国最重要的植物分类学机构之一[①]；创建于 1848 年，标本量 510 万；主要是新热带、北美、太平洋岛屿、菲律宾和印度次大陆等地的标本，也有一些早年采自中国的标本。与植物分类学有关的刊物有 *Smithsonian Contributions from the U.S. National Herbarium*。其网站有很多数据资源。

▍**VNM**：Herbarium，Department of Biological Resources，Institute of Tropical Biology，85 Tran Quoc Toan Street，District 3，Hochiminh City，Vietnam。

位于胡志明市的热带生物研究所是越南第二大标本馆，成立于 1861 年，但是标本量只有 15 万，而且还有很多早年法国殖民地时期的老标本。

▍**W**：Herbarium，Department of Botany，Natürhistorisches Museum Wien，Burgring

---

[①] 有关历史参见 Conrad V. Morton† & William L. Stern，2010，The History of the US National Herbarium，*The Plant Press* 13（2）：1，16–19，& 9–16。

7，A–1010 Wien，Austria（www.nhm-wien.ac.at/nhm/Botanik/）。http：//herbarium.univie. ac.at/database/search.php

奥地利维也纳自然历史博物馆是世界上著名的植物标本馆，创建于1807年，标本量550万；主要是欧洲和地中海的标本，但这里也收藏有很多中国的标本，包括历史上Heinrich R. E. Handel–Mazzetti 所著 *Symbolae Sinicae* 所依据的标本有一部分（另外参见WU）。目前出版的刊物有 *Annalen des Natürhistorischen Museums in Wien*，*Serie B*。

▌ **WU**：Herbarium，Faculty Center Botany，Department of Plant Systematics and Evolution，Faculty of Life Sciences，Universität Wien，Rennweg 14，A–1030 Wien，Austria（herbarium.botanik.univie.ac.at）。

奥地利维也纳大学植物研究所也同 W 一样是世界上著名的研究机构，创建于1879年，标本量140万；主要是中欧、巴尔干半岛、西亚、南美和非洲的标本。对中国来说主要是Heinrich R. E. Handel–Mazzetti 所著 *Symbolae Sinicae* 一书的全套标本（另一部分在 W）。目前出版的刊物有 *Plant Systematics and Evolution*。

2 中国主要植物标本馆（室）简介

中国植物学会曾于 1993 年出版过中英文双语版的**中国植物标本馆索引**（傅立国主编，即本书第 7.1.7 种），对中国 370 个参加注册的标本馆（室，下同）有详细地记载。2019 年覃海宁等进行修订后出版中文第 2 版，即**中国植物标本馆索引第 2 版**（覃海宁等编，详细参见本书第 7.1.9 种）。近三十年间变化非常大，特别是标本数量的增加、人员的流动、网络信息的出现以及一些单位的隶属关系的变化，以及随之而来的是名称的变化等。据 Index Herbariorum 网络资料（www.sciweb.nybg.org / science2 / IndexHerbariorum.asp，2019 年 12 月 31 日），很多中国的植物标本馆并没有及时更新或者修订，对外的信息很不及时也不对称，一些标本馆甚至十五年以上没有更新[1]。鉴于此，本书根据**中国植物标本馆索引第 2 版**信息，摘录标本储藏量 20 万及以上的标本馆如下（并增加第 2 版没有收录的台湾的两家超过 20 万收藏量的单位）；共计二十五家，包括邮编、地址和名称（建立年份与收藏量）[2]：

CCNU：430070，湖北省武汉市洪山区珞瑜路 152 号，华中师范大学生命科学学院植物标本室（1952，20 万）。

CDBI：610041，四川省成都市，中国科学院成都生物研究所植物标本馆（1958，32 万）。

CMMI：100700，北京市东城区东直门南小区 16 号，中国中医科学院中药资源中心标本馆（1955，20 万）。

HIB：430074，湖北省武汉市武昌磨山，中国科学院武汉植物园植物标本馆（1956，24 万）。

HITBC：666303，云南省勐腊县勐仑镇，中国科学院西双版纳热带植物园植物标本馆（1959，22 万）。

HMAS：100101，北京市朝阳区北辰西路 1 号院 3 号，中国科学院微生物研究所，中国科学院菌物标本馆（1953，50 万）

HNWP：810001，青海省西宁市西关大街 59 号，中国科学院西北高原生物研究所青藏高原生物标本馆（1962，32 万）。

---

[1] 严靖、葛斌杰、杜诚、马金双，2020，世界与中国植物标本馆概括简介，植物科学学报 38（2）：288-292。

[2] 相关网址没有列入，因为第 2 版提供的有关单位的网址绝大部分是单位下属的一级或者二级机构的域名（如学校下属的学院）；实际绝大多数标本馆本身并没有自己的网址。

IBK：541006，广西壮族自治区桂林市雁山镇，广西壮族自治区中国科学院广西植物研究所植物标本馆（1935，40万）。

IBSC：510650，广东省广州市天河区兴科路723号，中国科学院华南植物园植物标本馆（1927，105万）。

IFP：110016，辽宁省沈阳市文化路72号，中国科学院沈阳应用生态研究所东北生物标本馆（植物标本室）（1954，60万）。

IMC：648408，重庆市南川县三泉，重庆市药物种植研究所植物标本室（1942，22万）。

KUN：650204，云南省昆明市龙泉区蓝黑路132号，中国科学院昆明植物研究所植物标本馆（1938，145万）。

NAS：210014，江苏省南京市中山门外前胡后村1号，中国科学院江苏省植物研究所植物标本室（1923，70万）。

NF：210037，江苏省南京市龙蟠路159号，南京林业大学树木标本室（1915，21万）。

NWTC：730070，甘肃省兰州市安宁区十里店，西北师范大学生命科学学院植物标本室（1937，20万）。

PE：100093，北京市海淀区香山南辛村20号，中国科学院植物研究所植物标本馆（1928，280万）。

SM：400065，重庆市南岸区黄桷垭南山路34号，重庆市中药研究院植物标本馆（1957，33万）。

SWFC：650224，云南省昆明市盘龙区白龙寺300号，西南林业大学林学院植物标本室（1939，20万）。

SYS：510276，广东省广州市，中山大学生命科学学院植物标本室（1916，24万）。

SZ：610064，四川省成都市，四川大学生物系植物标本室（1935，72万）。

TAI：10617，台湾省台北市罗斯福路4段1号，台湾大学生命科学院生态与进化生物学研究所植物标本馆（1928，28万）。

TAIF：100，台湾省台北市南海路53号，台湾省林业试验所植物标本馆（1904，51.5万）。

WH：430072，湖北省武汉市武昌珞珈山，武汉大学植物标本馆（1917，20万）。

WUK：712100，陕西省咸阳市杨凌区西北农林科技大学植物标本室（1936，75万）。

YUKU：650091，云南省昆明市五华区翠湖北路2号，云南大学植物标本室（1937，22万；包括1990年合并的PYU）

3《中国植物标本馆索引》编后记
（附首届植物标本馆参加人员名单）

中国植物标本馆索引出版已经近 30 年了，很多当初为此书付出辛苦劳动的人员，我一直没有机会表示自己的谢意。说来话长，编写这本书最早应该始于香港毕陪曦在广西植物（8（1）：65-74；1988）撰文指出中国植物标本馆代码混乱的问题，而笔者当时初生牛犊不知好歹，马上在广西植物（9（1）：95，1989）撰文希望中国植物学界能够响应，并有广西植物编辑在文后提出建议。然而，学术界和社会上的很多事情一样，光靠呼吁是不行的。1990 年某一天到中国科学院植物研究所洪德元老师家聊天；当得知这件事时，他就鼓励我找当时中国植物学会植物分类学专业委员会负责人傅立国老师谈一下。可我爱面子，不好意思；于是洪德元就和我一起从植物所二里沟家属宿舍一号楼四门的四楼洪德元老师家到六楼傅立国老师家。也许是我们冒昧登门事先没有打招呼，也许是他一时也拿不出更好的主意，那次见面并没有实质性的进展。下楼后洪德元老师告诉我这种工作费力而且不是十分好办。我也感到困难，于是就放下了。两年后的 1992 年 10 月初，晚饭后在家里接到傅立国老师的电话，说正准备全国标本馆业务研讨会，"是否你来和覃海宁把这件事情谈一下"。于是我又拿出当初的想法，同全国出席会议的代表们，用整整一个下午的时间，把中国植物标本馆索引应该包括的内容和与会代表逐一讨论；而当初来自全国各地出席会议的同仁非常高兴而且十分踊跃，大家都希望尽快出版这本书。会议注册代表共 63 人，包括全国各主要研究机构与大学的著名学者和管理人员。会后起草编写通知，经中国植物学会盖章后将编写通知和表格用快件发往全国各地，因为当时离东京 1993 年的第 15 届国际植物学大会不足一年时间，到时候能否做出来很大程度上取决于全国的响应。当时北京师范大学的植物分类学研究生（90 级刘全儒、张勇、孙海涛、91 级李庆文、黄云平、焉本厚、92 级赵鹏、张晋豫），还有年轻教师娄安如等帮助写信封、贴邮票，并到邮局投递。但考虑到我当时所在的工作单位，傅立国老师建议回收信息的地址还是植物研究所标本馆，然后复印后由我命名那些新加入的标本馆缩写代码。傅立国老师请刘军帮助设计程序，陈淑荣录入微机。感谢全国同仁的积极响应，还有很多老前辈帮忙，这样到年底的时候，大多数资料基本到齐。剩下的一些个别内容由傅立国老师想办法，包括联系不上的、缺乏资料的、不明下落的、出版校对的、还有出版经费等。接下来的事情由覃海宁在做，后来他读博士到研究生院学习英语由张宪春接替，特别是英文部分和后期编辑工作等让张宪春很费精力。就这样，经过大家的共同努力，第一本中国植物标本馆索引在 1993 年夏天终于按计划出版了。由于是中英文双语版，不仅国际上看得懂，国内每家注册单位都收到至少一本。特别是东京国际植物学会开会时，第 8 版 *Index Herbariorum*（1990）负责人、纽约植物园的 Patricia K. Holmgren 和 Noel H. Holmgren 夫妇见到书时非常惊讶，一是这么短的时间就拿出来了，而且还是中英文双语，二是标本馆缩写代码新拟定 200 多，没有一个与国际上已经拟定的重复。实际上他们得知中国在做这一工作时，非常担心缩写代码的重复问题。另外也对我们做这样的工作有些不放心，至少事先通过几个渠道了解情况。而东京会后，他们见到书了，也没有问题，所以特别高兴。于是 Patricia K. Holmgren 和 Noel H. Holmgren 夫妇把纽约植物园拿来参展的第 8 版 *Index Herbariorum*（1990）样本分别签字送给我作为纪念。由于一下子增加这么多中国的内容，而第 8 版又没有收载，于是 Patricia K. Holmgren 等在 *Taxon* 开辟专栏，连续多年介绍新增加的内容。

虽然这件事已经过去很久了，但我一直没有机会表达自己的感谢，特别是**广西植物**的编辑、洪德元老师、傅立国老师、当年与会的全国代表、提供信息的全国同仁，还有覃海宁和张宪春、北师大的老师和同学。尽管有些晚了，历史不会忘你们的贡献；特别是全国与会代表（顺序按当年通讯录先后排列，而同一单位的与会者按通讯录先后顺序一并列出；这些人如今绝大多数已经退休或者调离原单位，甚至有的已经作古！）：

四川省中药研究所李江陵，中科院西北高原生物研究所吴玉虎、梅丽娟，哈尔滨师范大学张贵一，中科院昆明植物研究所师红斌、李学东、陈书坤、王立松，南京林业大学汤庚国，四川卧龙自然保护区黄金燕，中科院沈阳应用生态研究所刘淑珍、朱彩霞、于兴华、李冀云，广西林业科学研究所梁盛业，广西植物研究所钟树华，山东师范大学倪陈凯，山东林科所李秀芬，四川绵阳药检所唐昌林，西南农业大学杨昌熙，西南师范大学潘体常，中科院西双版纳热带植物园陈海芬，贵州科学院生物研究所陈谦海，贵州省中医研究所陈德媛，中科院华南植物研究所陈都、林祁，四川农业大学刘军，天津自然博物馆王彩玲、王雪明，中国医科院药用植物研究所李葆莉，江苏植物研究所凌萍萍、姚淦，南京大学宋桂卿，北京农业大学李连芳，浙江省林业科学研究所薛贵山，天津医药科学研究所马琳，北京师范大学马金双，华东师范大学马炜梁，上海自然博物馆钱之广、顾锦辉、广西药用植物园吴忠发，北京自然博物馆王宁，华南师范大学周云龙，中科院武汉植物研究所汪前生，重庆自然博物馆潘杰，中科院植物研究所覃海宁、曹子余、傅立国，北京中医学院卢颖，河北林学院（保定）吴京民，贵州林业科学院方小平，西北植物研究所吴振海，广西中医药研究所凌惠珠，广西自然博物馆曾玲，内蒙古大学吴庆如，北京林业大学路端正，中国科学院成都生物研究所李朝銮，西南林学院尹五元，北京医科大学药学院崔建丽、陈虎彪，中国林科院于英茹，中国植物学会傅佩珍、蔡瑞娜。

4 《中国植物志》卷册索引

本附录依据如下顺序编排：卷（册），页数，出版日期（年/月）；编辑（所在单位标本馆代码），科的属/种数目。

1，1 044 页，2004/10，吴征镒（KUN）、陈心启（PE）；导论，水青树科 1/1。

2，406 页，1959/11，秦仁昌（PE）；瓶尔小草科 2/7，阴地蕨科 1/17，七指蕨科 1/1，观音座莲科 2/71，天星蕨科 1/1，紫萁科 1/9，瘤足蕨科 1/32，海金砂科 1/10，莎草蕨科 1/2，里白科 3/24，膜蕨科 14/81，蚌壳蕨科 1/1，姬蕨科 3/74，稀子蕨科 2/5，陵齿蕨科 5/31，骨碎补科 9/40[①]，蓧蕨科 1/8[②]。

3（1），305 页，1990/06，秦仁昌、邢公侠（PE）；蕨科 2/7，凤尾蕨科 2/67，卤蕨科 1/2，光叶藤蕨科 1/2，中国蕨科 9/68，铁线蕨科 1/31，裸子蕨科 5/48，水蕨（薲）科 1/2[③]。

3（2），566 页，1999/11，朱维明（PYU）；车前蕨科 1/9，书带蕨科 3/15，蹄盖蕨科 20/307。

4（1），398 页，1999/07，邢公侠（PE）；肿足蕨科 1/12，金星蕨科 18/288。

4（2），265 页，1999/02，吴兆洪（IBSC）；铁角蕨科 8/131，睫毛蕨科 1/1，球子蕨科 2/4，岩蕨科 3/22，乌毛蕨科 7/13，球盖蕨科 3/14。

5（1），252 页，2001/01，武素功（KUN）；鳞毛蕨科（1）：肉刺蕨属—鳞毛蕨属 7/252。

5（2），257 页，2001/02，孔宪需（CDBI）；鳞毛蕨科：耳蕨属—鞭叶蕨属（2）6/221。

6（1），227 页，1999/08，吴兆洪（IBSC）；叉蕨科 8/90，实蕨科 2/23，藤蕨科 2/6，舌蕨科 1/8，肾蕨科 2/7[④]，条蕨科 1/8[⑤]，骨碎补科 5/31，雨蕨科 1/1[⑥]。

6（2），404 页，2000/01，林尤兴（PE）；双扇蕨科 1/3，燕尾蕨科 1/1，水龙骨科 25/271，槲蕨科 4/12，鹿角蕨科 1/2，禾叶蕨科 6/22，剑蕨科 1/11，苹科 1/3，槐叶苹科 1/1，满江红 1/2。

6（3），313 页，2004/08，张宪春（PE）；石杉科 2/47，石松科 6/15，卷柏科

---

① 参见第 6 卷第 1 分册（1999）。

② 参见第 6 卷第 1 分册（1999）。

③ 本科有两个拉丁科名：Parkeriaceae 和 Ceratopteridaceae。

④ 参见第 2 卷（1959）骨碎补科。

⑤ 本科第 2 卷（1959 年）已经处理过，此处为重复处理。

⑥ 参见第 2 卷（1959）骨碎补科。

1/66，水韭科1/4，木贼科1/10，松叶蕨科1/1，合囊蕨科1/1，桫椤科2/14。

7，542页，1978/12，郑万钧、傅立国（PE）；苏铁科1/8，银杏科1/1，南洋杉科2/4，松科10/115，杉科9/14，柏科9/44，罗汉松科2/14，三尖杉科1/8，红豆杉科4/13，麻黄科1/12，买麻藤科1/7。

8，218页，1992/10，孙祥钟（WH）；香蒲科1/11，露兜树科2/7，黑三棱科1/11，水蕹科1/1，眼子菜科8/44，茨藻科3/12，冰沼草科1/1，泽泻科4/18，花蔺科3/3，水鳖科9/20，霉草科1/3。

9（1），761页，1996/03，耿伯介、王正平（N）；禾本科（1）：竹亚科37/515。

9（2），450页，2002/11，刘亮（PE）；禾本科（2）：稻亚科、芦竹亚科、假淡竹叶亚科、早熟禾亚科（1）37/542。

9（3），356页，1987/10，郭本兆（HNWP）；禾本科（3）：早熟禾亚科（2）51/359。

10（1），445页，1990/06，陈守良（NAS）；禾本科（4）：画眉草亚科、黍亚科（1）69/314。

10（2），339页，1997/03，陈守良（NAS）；禾本科（5）：黍亚科（2）53/227。

11，261页，1961/11，唐进、汪发缵（PE）；莎草科（1）：藨草亚科：藨草族、刺子莞族、莎草族、割鸡芒族、珍珠茅族27/238。

12，582页，2000/01，戴伦凯、梁松筠（PE）；莎草科（2）：薹草亚科：薹草族2/547。

13（1），172页，1991/12，裴盛基、陈三阳（KUN）；棕榈科28/108。

13（2），242页，1979/09，吴征镒、李恒（KUN）；天南星科35/206，浮萍科3/6。

13（3），294页，1997/07，吴国芳（HSNU）；须叶藤科1/1，帚灯草科1/1，刺鳞草科1/1，黄眼草科1/6，谷精草科1/32，凤梨科2/3，鸭跖草科13/54，雨久花科2/4，田葱科1/1，灯心草科2/93，百部科2/6。

14，308页，1980/12，汪发缵、唐进（PE）；百合科（1）：岩菖蒲族、无叶莲族、胡麻花族、藜芦族、油点草族、山菅族、吊兰族、萱草族、芦荟族、山慈姑族、嘉兰族、百合族、棉枣儿族、穗花韭族、葱族、丝兰族、龙血树族36/283。

15，280页，1978/06，汪发缵、唐进（PE）；百合科（2）：铃兰族、黄精族、重楼族、天门冬族、沿阶草族、粉条儿菜族、菝葜族24/250。

16（1），217页，1985/04，裴鉴、丁志遵（NAS）；石蒜科17/44，蒟蒻薯科2/6，薯蓣科1/49，鸢尾科11/71。

16（2），194页，1981/11，吴德邻（IBSC）；芭蕉科7/19，姜科19/142，美人蕉科1/7，竹芋科4/11，水玉簪科2/9。

17，551 页，1999/11，郎楷永（PE）；兰科（1）：拟兰亚科、杓兰亚科、兰亚科（1）：鸟巢兰族、兰族 54/452。

18，463 页，1999/10，陈心启（PE）；兰科（2）：兰亚科（2）：树兰族（1）56/379。

19，485 页，1999/09，吉占和（PE）；兰科（3）：兰亚科（3）：树兰族（2）、万代兰族 61/420。

20（1），107 页，1982/01，程用谦（IBSC）；木麻黄科 1/3，三白草科 3/4，胡椒科 4/70，金粟兰科 3/16。

20（2），406 页，1984/09，王战、方振富（IFP）；杨柳科 3/320。

21，150 页，1979/11，匡可任、李沛琼（PE）；杨梅科 1/4，胡桃科 7/27，桦木科 6/78。

22，461 页，1998/03，陈焕镛、黄成就（IBSC）；壳斗科 7/324，榆科 8/50，马尾树科 1/1。

23（1），257 页，1998/03，张秀实（HGAS）、吴征镒（KUN）；桑科 12/149。

23（2），448 页，1995/08，王文采、陈家瑞（PE）；荨麻科 25/357。

24，293 页，1988/02，丘华兴、林有润（IBSC）；川苔草科 3/3，山龙眼科 4/24，铁青树科 5/9，山柚子科 5/5，檀香科 8/35，桑寄生科 11/66，马兜铃科 4/72，大花草科 2/2，蛇菰科 2/20。

25（1），237 页，1998/08，李安仁（PE）；蓼科 13/236。

25（2），262 页，1979/03，孔宪武（NWTC）、简焯坡（PE）；藜科 39/186，苋科 13/39。

26，506 页，1996/09，唐昌林（WUK）；紫茉莉科 7/11，商陆科 2/5，番杏科 7/15，马齿苋科 2/7，落葵科 2/3，石竹科 30/389。

27，664 页，1979/07，PE & IMD①；睡莲科 5/13，金鱼藻科 1/5，领春木科 1/1，昆栏树科 1/1，连香树科 1/1，毛茛科（1）：芍药亚科、金莲花亚科、唐松草亚科 25/436。

28，390 页，1980/04，王文采（PE）；毛茛科（2）：毛茛亚科 17/290。

29，343 页，2001/04，应俊生（PE）；木通科 7/42，小檗科 11/302。

30（1），305 页，1996/05，刘玉壶（IBSC）；防己科 19/78，木兰科 14/164。

30（2），218 页，1979/05，蒋英、李秉滔（CANT）；蜡梅科 2/5，番荔枝科 24/102，肉豆蔻科 3/15。

---

① 原著没有编辑名单，只有作者，而封面则仅有作者单位。

31，513 页，1982 / 09，李锡文（KUN）；樟科 20 / 421，莲叶桐科 2 / 15。

32，599 页，1999 / 02，吴征镒（KUN）；罂粟科 18 / 362，山柑科 5 / 44。

33，488 页，1987 / 10，周太炎（N）；十字花科 95 / 426。

34（1），245 页，1984 / 08，傅书遐（HIB）、傅坤俊（WUK）；木犀草科 2 / 4，辣木科 1 / 1，伯乐树科 1 / 1，猪笼草科 1 / 1，茅膏菜科 2 / 7，景天科 10 / 242。

34（2），309 页，1992 / 02，潘锦堂（HNWP）；虎耳草科（1）：扯根菜亚科、虎耳草亚科 13 / 264。

35（1），406 页，1995 / 11，陆玲娣（PE）、黄淑美（IBSC）；虎耳草科（2）：梅花草亚科、绣球花亚科、多香木亚科、鼠刺亚科、茶藨子亚科 15 / 282。

35（2），130 页，1979 / 05，张宏达（SYS）；海桐花科 1 / 44，金缕梅科 17 / 75，杜仲科 1 / 1，悬铃木科 1 / 3。

36，443 页，1974 / 12，俞德浚（PE）；蔷薇科（1）：绣线菊亚科、苹果亚科 24 / 334。

37，520 页，1985 / 06，俞德浚（PE）；蔷薇科（2）：蔷薇亚科 22 / 428。

38，171 页，1986 / 06，俞德浚（PE）；蔷薇科（3）：李亚科 9 / 112，牛拴藤科 6 / 9。

39，235 页，1988 / 05，陈德昭（IBSC）；豆科（1）：含羞草亚科、云实亚科 38 / 180。

40，362 页，1994 / 05，韦直（ZM）；豆科（2）：蝶形花科（1）：槐族、黄檀族、相思子族、灰毛豆族、刺槐族、木蓝族 24 / 279。

41，405 页，1995 / 05，李树刚（IBK）；豆科（3）：蝶形花亚科（2）：山蚂蝗族、菜豆族、补骨脂族、紫穗槐族、合萌族 63 / 307。

42（1），384 页，1993 / 12，傅坤俊（WUK）；豆科（4）：蝶形花亚科（3）：山羊豆族（1）9 / 360。

42（2），467 页，1998 / 12，崔鸿宾（PE）；豆科（5）：蝶形花亚科（4）：山羊豆族（2）、岩黄耆族、百脉根族、小冠花族、野豌豆族、鹰嘴豆族、车轴草族、猪屎豆族、山豆根族、野决明族、染料木族 35 / 412。

43（1），168 页，1998 / 02，徐郎然（WUL）、黄成就（IBSC）；攀打科 1 / 1，酢浆草科 3 / 10，牻牛儿苗科 4 / 67，旱金莲科 1 / 1，亚麻科 4 / 14，古柯科 2 / 4，蒺藜科 6 / 31。

43（2），250 页，1997 / 02，黄成就（IBSC）；芸香科 28 / 151。

43（3），239 页，1997 / 03，陈书坤（KUN）；苦木科 5 / 11，橄榄科 3 / 13，楝科 18 / 63，金虎尾科 6 / 25，远志科 4 / 51，毒鼠子科 1 / 2。

44（1），217 页，1994 / 04，李秉滔（CANT）；大戟科（1）：叶下珠亚科 18 / 162。

44（2），212 页，1996 / 02，邱华兴（IBSC）；大戟科（2）：铁苋菜亚科、巴豆亚科 42 / 156。

44（3），150 页，1997 / 04，马金双（BNU）；大戟科（3）：大戟亚科 7 / 100。

45（1），152页，1980/12，152 p：郑勉（HSNU）、闵天禄（KUN）；虎皮楠科1/10，水马齿科1/4，黄杨科3/27，岩高兰科1/1，马桑科1/3，漆树科16/52，五列木科1/1。

45（2），296页，1999/07，陈书坤（KUN）；冬青科1/204。

45（3），218页，1999/08，诚静容（PEM）、黄普华（NEFI）；卫矛科12/201。

46，315页，1981/02，方文培（SZ）；翅子藤科3/19，刺茉莉科1/1，省沽油科4/22，茶茱萸科13/25，槭树科2/145，七叶树科1/11。

47（1），144页，1985/11，刘玉壶、罗献瑞（IBSC）；无患子科25/55，清风藤科2/47。

47（2），243页，2001/12，陈艺林（PE）；凤仙花科2/221。

48（1），172页，1982/04，陈艺林（PE）；鼠李科14/133。

48（2），208页，1998/04，李朝銮（CDBI）；葡萄科9/159。

49（1），137页，1989/06，张宏达、缪汝槐（SYS）；杜英科2/51，椴树科13/86。

49（2），361页，1984/11，冯国媚（KUN）；锦葵科16/82，木棉科6/7，梧桐科19/82，五桠果科2/5，猕猴桃科4/85，金莲木科3/4。

49（3），281页，1998/07，张宏达（SYS）；山茶科（1）：山茶亚科9/319。

50（1），213页，1998/08，林来官（FNU）；山茶科（2）：厚皮香亚科6/125。

50（2），200页，1990/01，李锡文（KUN）；藤黄科8/87，龙脑香科5/13，沟繁缕科2/6，瓣鳞花科1/1，柽柳科3/35，办日花科1/1，红木科1/1。

51，148页，1991/12，王庆瑞（NWTC）；堇菜科4/116。

52（1），445页，1999/10，谷粹芝（PE）；大风子科15/54，旌节花科1/10，西番莲科2/24，番木瓜科1/1，四数木科1/1①，秋海棠科1/139，钩枝藤科1/1，仙人掌科4/7，瑞香科10/107。

52（2），195页，1983/10，方文培、张泽荣（SZ）；胡颓子科2/55，千屈菜科11/45，海桑科2/4，隐翼科1/1，石榴科1/1，玉蕊科1/3，红树科6/13，蓝果树科3/9，八角枫科1/9。

53（1），317页，1984/11，陈介（KUN）；使君子科6/25，桃金娘科16/126，野牡丹科25/160。

53（2），178页，2000/01，陈家瑞（PE）；菱科1/15，柳叶菜科7/68，小二仙草科2/7，杉叶藻科1/2，假繁缕科1/3，锁阳科1/1。

---

① 本科有两个拉丁名：封面和索引用 Datiscaceae，而内容处理则是 Tetramelaceae。

54，210 页，1978/03，何景、曾沧江（AU）；五加科 22/167。

55（1），316 页，1979/10，单人骅、佘孟兰（NAS）；伞形科（1）：天胡荽亚科、变豆菜亚科、芹亚科（1）31/157。

55（2），286 页，1985/08，单人骅、佘孟兰（NAS）；伞形科（2）：芹亚科（2）40/212。

55（3），280 页，1992/01，单人骅、佘孟兰（NAS）；伞形科（3）：芹亚科（3）24/198。

56，240 页，1990/12，方文培、胡文光（SZ）；山茱萸科 9/60，岩梅科 3/7，桤叶树科 1/17，鹿蹄草科 7/40。

57（1），244 页，1999/06，方瑞征（KUN）；杜鹃花科（1）：杜鹃花亚科（1）4/197。

57（2），477 页，1994/12，胡琳贞、方明渊（SZ）；杜鹃花科（2）：杜鹃花亚科（2）0/350。

57（3），234 页，1991/12，方瑞征（KUN）；杜鹃花科（3）：緌木亚科、白珠树亚科、草莓树亚科、越橘亚科 12/208。

58，147 页，1979/08，陈介（KUN）；紫金牛科 6/129。

59（1），216 页，1989/11，陈封怀、胡启明（IBSC）；报春花科（1）：珍珠菜族、仙客来族、报春花族（1）8/211。

59（2），321 页，1990/01，陈封怀、胡启明（IBSC）；报春花科（2）：报春花族（2）5/306。

60（1），170 页，1987/09，李树刚（IBK）；白花丹科 7/39，山榄科 13/27，柿科 1/57。

60（2），166 页，1987/03，吴容芬、黄淑美（IBSC）；山矾科 1/77，安息香科 9/50。

61，347 页，1992/02，张美珍、邱莲卿（SHM）；木犀科 12/182，马钱科 8/54。

62，452 页，1988/06，何廷农（HNWP）；龙胆科 22/427。

63，617 页，1977/02，蒋英、李秉滔（CANT）；夹竹桃科 46/176，萝摩科 44/245。

64（1），184 页，1979/05，吴征镒（KUN）[1]；旋花科 22/125，花荵科 3/6，田基麻科 1/1。

64（2），258 页，1989/12，孔宪武（NWTC）、王文采（PE）；紫草科 48/268。

65（1），233 页，1982/03，裴鉴、陈守良（NAS）；马鞭草科 21/177。

---

[1] 本卷的作者只有方瑞征（KUN）和黄素华（YUKU）而本卷的编辑则是吴征镒（KUN）。

65（2），649 页，1977/07，吴征镒、李锡文（KUN）；唇形科（1）：筋骨草亚科、保亭花亚科、锥花亚科、黄芩亚科、薰衣草亚科、野芝麻亚科（1）49/414。

66，647 页，1977/11，吴征镒、李锡文（KUN）；唇形科（2）：野芝麻亚科（2）、罗勒亚科 50/399。

67（1），175 页，1978/11，匡可任、路安民（PE）；茄科 24/105。

67（2），432 页，1979/10，钟补求、杨汉碧（PE）；玄参科（1）：毛蕊花属—鼻花属 52/301。

68，449 页，1963/08，钟补求（PE）；玄参科（2）：马先蒿属—芯芭属 5/340。

69，648 页，1990/03，王文采（PE）；紫薇科 18/45，胡麻科 2/2，角胡麻科 1/1，列当科 9/41，苦苣苔科 56/421，狸藻科 2/19。

70，397 页，2002/05，胡嘉琪（FUS）；爵床科 68/300，苦槛蓝科 1/1，透骨草科 1/1，车前科 1/20。

71（1），432 页，1999/08，罗献瑞（IBSC）；茜草科（1）：金鸡纳亚科 58/372。

71（2），377 页，1999/09，陈伟球（IBSC）；茜草科（2）：茜草亚科 40/308。

72，283 页，1988/10，徐炳声（FUS）；忍冬科 12/204。

73（1），305 页，1986/09，路安民（PE）、陈书坤（KUN）；五福花科 3/3，败酱科 3/29，川续断科 5/26，葫芦科 32/155。

73（2），206 页，1983/08，洪德元（PE）；桔梗科 16/167，草海桐科 2/3，花柱草科 1/2。

74，391 页，1985/01，林镕、陈艺林（PE）；菊科（1）：管状花亚科（1）：斑鸠菊族、泽兰族、紫菀族，属 1—38，38/265。

75，422 页，1979/09，林镕（PE）；菊科（2）：管状花亚科（2）：旋复花族、向日葵族、堆心菊族，属 39—89，51/270。

76（1），152 页，1983/05，林镕、石铸（PE）；菊科（3）：管状花亚科（3）：春黄菊族（1），属 90—120，31/139。

76（2），321 页，1991/05，林镕（PE）、林有润（IBSC）；菊科（4）：管状花亚科（4）：春黄菊族（2），属 116—117[①]，2/217。

77（1），369 页，1999/04，陈艺林（PE）；菊科（5）：管状花亚科（5）：千里光族（1）、金盏花族，属 123 & 127—145，20/259。

[①] 第 76 卷第 2 分册中的菊科属号 116 至 117 和第 76 卷第 1 分册的菊科属号 116 至 117 重复使用，但两者所代表的属不同。

77（2），188 页，1989/07，林镕（PE）、刘尚武（HNWP）；菊科（6）：管状花亚科（6）：千里光族（2），属 124—126，3/176。

78（1），230 页，1987/12，林镕、石铸（PE）；菊科（7）：管状花亚科（7）：蓝刺头族、菜蓟族（1），属 145—183（151 属除外），38/186。

78（2），243 页，1999/08，陈艺林、石铸（PE）；菊科（8）：管状花亚科（8）：菜蓟族（2），属 151，1/264。

79，113 页，1997/09，程用谦（IBSC）；菊科（9）：管状花亚科（9）：帚菊木族，属 184—189，6/84。

80（1），342 页，1997/09，林镕、石铸（PE）；菊科（10）：舌状花亚科（1）：菊苣族（1），属 192—233（231 属除外），41/282。

80（2），94 页，1999/05，林有润、葛学军（IBSC）；菊科（11）：舌状花亚科（2）：菊苣族（2），属 231，1/70。

5《中国植物志》中文科名拼音卷册索引

A

安息香科 60（2）

B

芭蕉科 16（2）

八角枫科 52（2）

白花丹科 60（1）

百部科 13（3）

百合科 14, 15

柏科 7

败酱科 73（1）

半日花科 50（2）

瓣鳞花科 50（2）

报春花科 59（1, 2）

蚌壳蕨科 2

冰沼草科 8

伯乐树科 34（1）

C

草海桐科 73（2）

茶茱萸科 46

车前科 70

车前蕨科 3（2）

柽柳科 50（2）

翅子藤科 46

川苔草科 24

川续断科 73（1）

唇形科 65（2）, 66

茨藻科 8

刺鳞草科 13（3）

刺茉莉科 46

酢浆草科 43（1）

D

大风子科 52（1）

大花草科 24

大戟科 44（1, 2, 3）

灯心草科 13（3）

冬青科 45（2）

豆科 39, 40, 41, 42（1, 2）

毒鼠子科 43（3）

杜鹃花科 57（1, 2, 3）

杜英科 49（1）

杜仲科 35（2）

椴树科 49（1）

F

番荔枝科 30（2）

番木瓜科 52（1）

番杏科 26

防己科 30（1）

凤梨科 13（3）

凤尾蕨科 3（1）

凤仙花科 47（2）

浮萍科 13（2）

G

橄榄科 43（3）

沟繁缕科 50（2）

构枝藤科 52（1）

骨碎补科 2, 6（1）

古精草科 13（3）

古柯科 43（1）

观音座莲科 2

光叶藤蕨科 3（1）

H

海金沙科 2

海桑科 52（2）

海桐花科 35（2）

旱金莲科 43（1）

禾本科 9（1, 2, 3）, 10（1, 2）

禾叶蕨科 6（2）

合囊蕨科 6（3）

黑三棱科 8

红豆杉科 7

红木科 50（2）

红树科 52（2）

胡椒科 20（1）

胡麻科 69

胡桃科 21

胡颓子科 52（2）

葫芦科 73（1）

槲蕨科 6（2）

虎皮楠科 45（1）

虎耳草科 34（2）, 35（1）

花蔺科 8

花荵科 64（1）

花柱草科 73（2）

桦木科 21

P

攀打科 43（1）

萍科 6（2）

瓶儿小草科 2

葡萄科 48（2）

Q

七叶树科 46

七指蕨科 2

槭树科 46

漆树科 45（1）

桤叶树科 56

千屈菜科 52（2）

荨麻科 23（2）

茜草科 71（1，2）

蔷薇科 36，37，38

茄科 67（1）

清风藤科 47（1）

秋海棠科 52（1）

球盖蕨科 4（2）

球子蕨科 4（2）

R

忍冬科 72

肉豆蔻科 30（2）

瑞香科 52（1）

S

三白草科 20（1）

三叉蕨科 6（1）

三尖杉科 7

伞形科 55（1，2，3）

桑寄生科 24

桑科 23（1）

莎草科 11，12

莎草蕨科 2

山茶科 49（3），50（1）

山矾科 60（2）

山榄科 60（1）

山龙眼科 24

山柑科 32

山柚子科 24

山茱萸科 56

杉科 7

杉叶藻科 53（2）

商陆科 26

蛇菰科 24

舌蕨科 6（1）

肾蕨科 6（1）

省沽油科 46

实蕨科 6（1）

石榴科 52（2）

石杉科 6（3）

石松科 6（3）

石蒜科 16（1）

石竹科 26

十字花科 33

使君子科 53（1）

柿树科 60（1）

书带蕨科 3（2）

鼠李科 48（1）

薯蓣科 16（1）

双扇蕨科 6（2）

水鳖科 8

水韭科 6（3）

水蕨（薳）科 3（1）

水龙骨科 6（2）

水马齿科 45（1）

水蕹科 8

水玉簪科 16（2）

水青树科 1

睡莲科 27

四数木科 52（1）

松科 7

松叶蕨科 6（3）

苏铁科 7

桫椤科 6（3）

锁阳科 53（2）

T

檀香科 24

桃金娘科 53（1）

藤黄科 50（2）

藤蕨科 6（1）

蹄盖蕨科 3（2）

天南星科 13（2）

天星蕨科 2

田葱科 13（3）

田基麻科 64（1）

条蕨科 2，6（1）

铁角蕨科 4（2）

铁青树科 24

铁线蕨科 3（1）

透骨草科 70

W

卫矛科 45（3）

乌毛蕨科 4（2）

无患子科 47（1）

6《中国植物志》科名学名卷册索引

Family	Volume（part），Year published
Acanthaceae	70，2002
Aceraceae	46，1981
Acrostichaceae	3（1），1990
Actinidiaceae	49（2），1984
Adiantaceae	3（1），1990
Adoxaceae	73（1），1986
Aizoaceae	26，1996
Alangiaceae	52（2），1983
Alismataceae	8，1992
Amaranthaceae	25（2），1979
Amaryllidaceae	16（1），1985
Anacardiaceae	45（1），1980
Ancistrocladaceae	52（1），1999
Angiopteridaceae	2，1959
Annonaceae	30（2），1979
Antrophyaceae	3（2），1999
Apiaceae / Umbelliferae	55（1），1979：55（2），1985：55（3），1992
Apocynaceae	63，1977
Aponogetonaceae	8，1992
Aquifoliaceae	45（2），1999
Araceae	13（2），1979
Araliaceae	54，1978
Araucariaceae	7，1978
Arecaceae / Palmae	13（1），1991
Aristolochiaceae	24，1988
Asclepiadaceae	63，1977
Aspidiaceae	6（1），1999
Aspleniaceae	4（2），1999
Asteraceae / Compositae	74，1985：75，1979：76（1），1983：76（2），1991：77（1），1999：77（2），1989：78（1），1987：78（2），1999：

	79，1997：80（1），1997：80（2），1999
Athyriaceae	3（2），1999
Azollaceae	6（2），2000
Balanophoraceae	24，1988
Balsaminaceae	47（2），2001
Basellaceae	26，1996
Begoniaceae	52（1），1999
Berberidaceae	29，2001
Betulaceae	21，1979
Bignoniaceae	69，1990
Bixaceae	50（2），1990
Blechnaceae	4（2），1999
Bolbitidaceae	6（1），1999
Bombacaceae	49（2），1984
Boraginaceae	64（2），1989
Botrychiaceae	2，1959
Brassicaceae / Cruciferae	33，1987
Bretschneideraceae	34（1），1984
Bromeliaceae	13（3），1997
Burmanniaceae	16（2），1981
Burseraceae	43（3），1997
Butomaceae	8，1992
Buxaceae	45（1），1980
Cactaceae	52（1），1999
Callitrichaceae	45（1），1980
Calycanthaceae	30（2），1979
Campuanulaceae	73（2），1983
Cannaceae	16（2），1981
Capparaceae	32，1999
Caprifoliaceae	72，1988
Caricaceae	52（1），1999
Caryophyllaceae	26，1996
Casuarinaceae	20（1），1982

Celastraceae	45（3），1999
Centrolepidaceae	13（3），1997
Cephalotaxaceae	7，1978
Ceratophyllaceae	27，1979
Ceratopteridaceae / Parkeriaceae	3（1），1990
Cercidiphyllaceae	27，1979
Cheiropleuriaceae	6（2），2000
Chenopodiaceae	25（2），1979
Chloranthaceae	20（1），1982
Christenseniaceae	2，1959
Cistaceae	50（2），1990
Clethraceae	56，1990
Clusiaceae / Guttiferae	50（2），1990
Combretaceae	53（1），1984
Commelinaceae	13（3），1997
Compositae / Asteraceae	74，1985：75，1979：76（1），1983：76（2），1991：77（1），1999：77（2），1989：78（1），1987：78（2），1999：79，1997：80（1），1997：80（2），1999
Connaraceae	38，1986
Convolvulaceae	64（1），1979
Coriariaceae	45（1），1980
Cornaceae	56，1990
Crassulaceae	34（1），1984
Cruciferae / Brassicaceae	33，1987
Crypteroniaceae	52（2），1983
Cucurbitaceae	73（1），1986
Cupressaceae	7，1978
Cyatheaceae	6（3），2004
Cycadaceae	7，1978
Cynomoriaceae	53（2），2000
Cyperaceae	11，1961：12，2000
Daphniphyllaceae	45（1），1980
Datiscaceae / Tetramelaceae	52（1），1999

Davalliaceae	2, 1959: 6（1）, 1999
Dennstaedtiaceae	2, 1999
Diapensiaceae	56, 1990
Dichapetalaceae	43（3）, 1997
Dicksoniaceae	2, 1959
Dilleniaceae	49（2）, 1984
Dioscoreaceae	16（1）, 1985
Dipsacaceae	73（1）, 1986
Dipteridaceae	6（2）, 2000
Dipterocarpaceae	50（2）, 1990
Droseraceae	34（1）, 1984
Drynariaceae	6（2）, 2000
Dryopteridaceae	5（1）, 2001: 5（2）, 2001
Ebenaceae	60（1）, 1987
Elaeagnaceae	52（2）, 1983
Elaeocarpaceae	49（1）, 1987
Elaphoglossaceae	6（1）, 1999
Elatinaceae	50（2）, 1990
Empetraceae	45（1）, 1980
Ephedraceae	7, 1978
Equisetaceae	6（3）, 2004
Ericaceae	57（1）, 1999: 57（2）, 1991: 57（3）, 1994
Eriocaulaceae	13（3）, 1997
Erythroxylaceae	43（1）, 1998
Eucommiaceae	35（2）, 1979
Euphorbiaceae	44（1）, 1994: 44（2）, 1996: 44（3）, 1997
Eupteleaceae	27, 1979
Fabaceae / Leguminosae	39, 1988: 40, 1994: 41, 1995: 42（1）, 1993: 42（2）, 1998
Fagaceae	22, 1998
Flacourtiaceae	52（1）, 1999
Flagellariaceae	13（3）, 1997
Frankeniaceae	50（2）, 1990

Gentianaceae	62，1988
Geraniaceae	43（1），1998
Gesneriaceae	69，1990
Ginkgoaceae	7，1978
Gleicheniaceae	2，1959
Gnetaceae	7，1978
Goodeniaceae	73（2），1983
Gramineae / Poaceae	9（1），1996：9（2），2002：9（3），1987：10（1），1990： 10（2），1997
Grammitidaceae	6（2），2000
Guttiferae / Clusiaceae	50（2），1990
Gymnogrammitidaceae	2，1959：6（1），1999
Haloragidaceae	53（2），2000
Hamamelidaceae	35（2），1979
Helminthostachyaceae	2，1959
Hemionitidaceae	3（1），1990
Hernandiaceae	31，1982
Hippocastanaceae	46，1981
Hippocrateaceae	46，1981
Hippuridaceae	53（2），2000
Huperziaceae	6（3），2004
Hydrocharitaceae	8，1992
Hydrophyllaceae	64（1），1979
Hymenophyllaceae	2，1959
Hypodematiaceae	4（1），1999
Icacinaceae	46，1981
Iridaceae	16（1），1985
Isoetaceae	6（3），2004
Juglandaceae	21，1979
Juncaceae	13（3），1997
Labiatae / Lamiaceae	65（2），1977：66，1977
Lamiaceae / Labiatae	65（2），1977：66，1977
Lardizabalaceae	29，2001

Lauraceae	31, 1982
Lecythidaceae	52（2）, 1983
Leguminosae / Fabaceae	39, 1988：40, 1994：41, 1995：42（1）, 1993：42（2）, 1998
Lemnaceae	13（2）, 1979
Lentibulariaceae	69, 1990
Liliaceae	14, 1980：15, 1978
Linaceae	43（1）, 1998
Lindsaeaceae	2, 1959
Loganiaceae	61, 1992
Lomariopsidaceae	6（1）, 1999
Loranthaceae	24, 1988
Loxogrammaceae	6（2）, 2000
Lycopodiaceae	6（3）, 2004
Lygodiaceae	2, 1959
Lythraceae	52（2）, 1983
Magnoliaceae	30（1）, 1996
Malpighiaceae	43（3）, 1997
Malvaceae	49（2）, 1984
Marantaceae	16（2）, 1981
Marrattiaceae	6（3）, 2004
Marsileaceae	6（2）, 2000
Martyniaceae	69, 1990
Melastomataceae	53（1）, 1984
Meliaceae	43（3）, 1997
Menispermaceae	30（1）, 1996
Monachosoraceae	2, 1959
Moraceae	23（1）, 1998
Moringaceae	34（1）, 1984
Musaceae	16（2）, 1981
Myoporaceae	70, 2002
Myricaceae	21, 1979
Myristicaceae	30（2）, 1979
Myrsinaceae	58, 1979

Myrtaceae	53（1），1984
Najadaceae	8，1992
Nepenthaceae	34（1），1984
Nephrolepidaceae	2，1959：6（1），1999
Nyctaginaceae	26，1996
Nymphaeaceae	27，1979
Nyssaceae	52（2），1983
Ochnaceae	49（2），1984
Olacaceae	24，1988
Oleaceae	61，1992
Oleandraceae	2，1959：6（1），1999
Onagraceae	53（2），2000
Onocleaceae	4（2），1999
Ophioglossaceae	2，1959
Opiliaceae	24，1988
Orchidaceae	17，1999：18，1999：19，1999
Orobanchaceae	69，1990
Osmundaceae	2，1959
Oxalidaceae	43（1），1998
Palmae / Arecaceae	13（1），1991
Pandaceae	43（1），1998
Pandanaceae	8，1992
Papaveraceae	32，1999
Parkeriaceae / Ceratopteridaceae	3（1），1990
Passifloraceae	52（1），1999
Pedaliaceae	69，1990
Pentaphylacaceae	45（1），1980
Peranemaceae	4（2），1999
Philydraceae	13（3），1997
Phrymaceae	70，2002
Phytolaccaceae	26，1996
Pinaceae	7，1978
Piperaceae	20（1），1982

Pittosporaceae	35（2），1979
Plagiogyriaceae	2，1959
Plantaginaceae	70，2002
Platanaceae	35（2），1979
Platyceriaceae	6（2），2000
Pleurosoriopsidaceae	4（2），1999
Plumbaginaceae	60（1），1987
Poaceae / Gramineae	9（1），1996：9（2），2002：9（3），1987：10（1），1990：
	10（2），1997
Podocarpaceae	7，1987
Podostemonaceae	24，1988
Polemoniaceae	64（1），1979
Polygalaceae	43（3），1997
Polygonaceae	25（1），1998
Polypodiaceae	6（2），2000
Pontederiaceae	13（3），1997
Portulacaceae	26，1996
Potamogetonaceae	8，1992
Primulaceae	59（1），1989：59（2），1990
Proteaceae	24，1988
Psilotaceae	6（3），2004
Pteridaceae	3（1），1990
Pteridiaceae	3（1），1990
Punicaceae	52（2），1983
Pyrolaceae	56，1990
Rafflesiaceae	24，1988
Ranunculaceae	27，1979：28，1980
Resedaceae	34（1），1984
Restionaceae	13（3），1997
Rhamnaceae	48（1），1982
Rhizophoraceae	52（2），1983
Rhoipteleaceae	22，1998
Rosaceae	36，1974：37，1985：38，1986

Rubiaceae	71（1），1999：71（2），1999
Rutaceae	43（2），1997
Sabiaceae	47（1），1985
Salicaceae	20（2），1984
Salvadoraceae	46，1981
Salviniaceae	6（2），2000
Santalaceae	24，1988
Sapindaceae	47（1），1985
Sapotaceae	60（1），1987
Saururaceae	20（1），1982
Saxifragaceae	34（2），1992：35（1），1995
Scheuchzeriaceae	8，1992
Schizaeaceae	2，1959
Scrophulariaceae	67（2），1979：68，1963
Selaginellaceae	6（3），2004
Simaroubaceae	43（3），1997
Sinopteridaceae	3（1），1990
Solanaceae	67（1），1978
Sonneratiaceae	52（2），1983
Sparganiaceae	8，1992
Stachyuraceae	52（1），1999
Staphyleaceae	46，1981
Stemonaceae	13（3），1997
Stenochlaneaceae	3（1），1990
Sterculiaceae	49（2），1984
Stylidiaceae	73（2），1983
Styracaceae	60（2），1987
Symplocaceae	60（2），1987
Taccaceae	16（1），1985
Tamaricaceae	50（2），1990
Taxaceae	7，1978
Taxodiaceae	7，1978
Tetracentraceae	1，2004

Theaceae	49（3），1998：50（1），1998
Theligonaceae	53（2），2000
Thelypteridaceae	4（1），1999
Thymelaeaceae	52（1），1999
Tiliaceae	49（1），1989
Trapaceae	53（2），2000
Triuridaceae	8，1992
Trochodendraceae	27，1979
Tropaeolaceae	43（1），1998
Tetramelaceae / Datiscaceae	52（1），1999
Typhaceae	8，1992
Ulmaceae	22，1998
Umbelliferae / Apiaceae	55（1），1979：55（2），1985：55（3），1992
Urticaceae	23（2），1995
Valerianaceae	73（1），1986
Verbenaceae	65（1），1982
Violaceae	51，1991
Vitaceae	48（2），1998
Vitariaceae	3（2），1999
Woodsiaceae	4（2），1999
Xyridaceae	13（3），1997
Zingiberaceae	16（2），1981
Zygophyllaceae	43（1），1998

7《中国植物志》英文版与中文版科名卷册对照

Family	中文名	FOC	FRPS
Acanthaceae	爵床科	19	70
Aceraceae	槭树科	11	46
Acoraceae	菖蒲科	23	13（2）
Acrostichaceae	卤蕨科	2	3（1）
Actinidiaceae	猕猴桃科	12	49（2）
Adiantaceae	铁线蕨科	2	3（1）
Adoxaceae	五福花科	19	73（1）
Aizoaceae	番杏科	5	26
Alangiaceae	八角枫科	13	52（2）
Alismataceae	泽泻科	23	8
Amaranthaceae	苋科	5	25（2）
Amaryllidaceae	石蒜科	24	16（1）
Anacardiaceae	漆树科	11	45（1）
Ancistrocladaceae	钩枝藤科	13	52（1）
Angiopteridaceae	观音座莲科	2	2
Annonaceae	番荔枝科	19	30（2）
Antrophyaceae	车前蕨科	2	3（2）
Apiaceae	伞形科	14	55（1, 2, 3）
Apocynaceae	夹竹桃科	16	63
Aponogetonaceae	水蕹科	23	8
Aquifoliaceae	冬青科	11	45（2）
Araceae	天南星科	23	13（2）
Araliaceae	五加科	13	54
Araucariaceae	南洋杉科	4	7
Arecaceae	棕榈科	23	13（1）
Aristolochiaceae	马兜铃科	5	24
Asclepiadaceae	萝藦科	16	63
Aspleniaceae	铁角蕨科	2	4（2）
Asteraceae	菊科	20, 21	74, 75, 76（1, 2）, 77（1, 2）, 78（1, 2）, 79, 80（1, 2）

Athyriaceae	蹄盖蕨科	2	3（2）
Aucubaceae	桃叶珊瑚科	14	56
Azollaceae	满江红科	3	6（2）
Balanophoraceae	蛇菰科	5	24
Balsaminaceae	凤仙花科	12	47（2）
Basellaceae	落葵科	5	26
Begoniaceae	秋海棠科	13	52（1）
Berberidaceae	小檗科	19	29
Betulaceae	桦木科	4	21
Biebersteiniaceae	熏倒牛科	11	43（1）
Bignoniaceae	紫葳科	18	69
Bixaceae	红木科	13	50（2）
Blechnaceae	乌毛蕨科	2	4（2）
Bolbitidaceae	实蕨科	3	6（1）
Bombacaceae	木棉科	12	49（2）
Boraginaceae	紫草科	16	64（2）
Botrychiaceae	阴地蕨科	2	2
Brassicaceae	十字花科	8	33
Bretschneideraceae	伯乐树科	8	34（1）
Bromeliaceae	凤梨科	24	13（3）
Burmanniaceae	水玉簪科	23	16（2）
Burseraceae	橄榄科	11	43（3）
Butomaceae	花蔺科	23	8
Buxaceae	黄杨科	11	45（1）
Cabombaceae	莼菜科	6	27
Cactaceae	仙人掌科	13	52（1）
Callitrichaceae	水马齿科	11	45（1）
Calycanthaceae	蜡梅科	7	30（2）
Campanulaceae	桔梗科	19	73（2）
Cannabaceae	大麻科	5	23（1）
Cannaceae	美人蕉科	24	16（2）
Capparaceae	山柑科	7	32
Caprifoliaceae	忍冬科	19	72

Cardiopteridaceae	心翼果科	11	46
Caricaceae	番木瓜科	13	52（1）
Carlemanniaceae	香茜科	19	71（1）
Caryophyllaceae	石竹科	6	26
Casuarinaceae	木麻黄科	4	20（1）
Celastraceae	卫矛科	11	45（3）
Centrolepidaceae	刺鳞草科	24	13（3）
Cephalotaxaceae	三尖杉科	4	7
Ceratophyllaceae	金鱼藻科	6	27
Cercidiphyllaceae	连香树科	6	27
Cheiropleuriaceae	燕尾蕨科	3	6（2）
Chenopodiaceae	藜科	5	25（2）
Chloranthaceae	金粟兰科	4	20（1）
Christenseniaceae	天星蕨科	2	2
Circaeasteraceae	星叶草科	6	28
Cistaceae	半日花科	13	50（2）
Cleomaceae	白花菜科	7	32
Clethraceae	桤叶树科	14	56
Clusiaceae	藤黄科	13	50（2）
Cneoraceae	牛筋果科	11	43（3）
Combretaceae	使君子科	13	53（1）
Commelinaceae	鸭跖草科	24	13（3）
Connaraceae	牛栓藤科	9	38
Convolvulaceae	旋花科	16	64（1）
Coriariaceae	马桑科	11	45（1）
Cornaceae	山茱萸科	14	56
Corsiaceae	白玉簪科	23	n/a
Costaceae	闭鞘姜科	24	16（2）
Crassulaceae	景天科	8	34（1）
Crypteroniaceae	隐翼科	13	52（2）
Cucurbitaceae	葫芦科	19	73（1）
Cupressaceae	柏科	4	7
Cyatheaceae	桫椤科	2	6（3）

Cycadaceae	苏铁科	4	7
Cynomoriaceae	锁阳科	13	53（2）
Cyperaceae	莎草科	23	11, 12
Daphniphyllaceae	交让木科	11	45（1）
Davalliaceae	骨碎补科	3	2, 6（1）
Dennstaedtiaceae	碗蕨科	2	2
Diapensiaceae	岩梅科	14	56
Dichapetalaceae	毒鼠子科	11	43（3）
Dicksoniaceae	蚌壳蕨科	2	2
Dilleniaceae	五桠果科	12	49（2）
Dioscoreaceae	薯蓣科	24	16（1）
Dipentodontaceae	十齿花科	11	45（3）
Dipsacaceae	川续断科	19	73（1）
Dipteridaceae	双扇蕨科	3	6（2）
Dipterocarpaceae	龙脑香科	13	50（2）
Droseraceae	茅膏菜科	8	34（1）
Dryopteridaceae	鳞毛蕨科	3	5（1, 2）
Drynariaceae	槲蕨科	3	6（2）
Ebenaceae	柿科	15	60（1）
Elaeagnaceae	胡颓子科	13	52（2）
Elaeocarpaceae	杜英科	12	49（1）
Elaphoglossaceae	舌蕨科	3	6（1）
Elatinaceae	沟繁缕科	13	50（2）
Ephedraceae	麻黄科	4	7
Equisetaceae	木贼科	2	6（3）
Ericaceae	杜鹃花科	14	56, 57（1, 2, 3）
Eriocaulaceae	谷精草科	24	13（3）
Erythroxylaceae	古柯科	11	43（1）
Eucommiaceae	杜仲科	9	35（2）
Euphorbiaceae	大戟科	11	44（1, 2, 3）
Eupteleaceae	领春木科	6	27
Fabaceae	豆科	10	39, 40, 41, 42（1, 2）
Fagaceae	壳斗科	4	22

Flacourtiaceae	大风子科	13	52（1）
Flagellariaceae	须叶藤科	24	13（3）
Frankeniaceae	瓣鳞花科	13	50（2）
Gentianaceae	龙胆科	16	62
Geraniaceae	牻牛儿苗科	11	43（1）
Gesneriaceae	苦苣苔科	18	69
Ginkgoaceae	银杏科	4	7
Gleicheniaceae	里白科	2	2
Gnetaceae	买麻藤科	4	7
Goodeniaceae	草海桐科	19	73（2）
Grammitidaceae	禾叶蕨科	3	6（2）
Gymnogrammitidaceae	雨蕨科	3	6（1）
Haloragaceae	小二仙草科	13	53（2）
Hamamelidaceae	金缕梅科	9	35（2）
Helminthostachyaceae	七指蕨科	2	2
Helwingiaceae	青荚叶科	14	56
Hemionitidaceae	裸子蕨科	2	3（1）
Hernandiaceae	莲叶桐科	7	31
Hippocastanaceae	七叶树科	12	46
Hippuridaceae	杉叶藻科	13	53（2）
Huperziaceae	石杉科	2	6（3）
Hydrocharitaceae	水鳖科	23	8
Hydrophyllaceae	田基麻科	16	64（1）
Hymenophyllaceae	膜蕨科	2	2
Hypodematiaceae	肿足蕨科	2	4（1）
Hypolepidaceae	姬蕨科	2	2
Icacinaceae	茶茱萸科	11	46
Illiciaceae	八角科	7	30（1）
Iridaceae	鸢尾科	24	16（1）
Isoetaceae	水韭科	2	6（3）
Juglandaceae	胡桃科	4	21
Juncaceae	灯心草科	24	13（3）
Lamiaceae	唇形科	17	65（2），66

Lardizabalaceae	木通科	6	29
Lauraceae	樟科	7	31
Lecythidaceae	玉蕊科	13	52（2）
Leeaceae	火筒树科	12	48（2）
Lemnaceae	浮萍科	23	13（2）
Lentibulariaceae	狸藻科	19	69
Liliaceae	百合科	24	14, 15
Linaceae	亚麻科	11	43（1）
Lindsaeaceae	鳞始蕨科	2	2
Loganiaceae	马钱科	15	61
Lomariopsidaceae	藤蕨科	3	6（1）
Loranthaceae	桑寄生科	5	24
Lowiaceae	兰花蕉科	24	16（2）
Loxogrammaceae	剑蕨科	3	6（2）
Lycopodiaceae	石松科	2	6（3）
Lygodiaceae	海金沙科	2	2
Lythraceae	千屈菜科	13	52（2）
Magnoliaceae	木兰科	7	30（1）
Malpighiaceae	金虎尾科	11	43（3）
Malvaceae	锦葵科	12	49（2）
Marantaceae	竹芋科	24	16（2）
Marattiaceae	合囊蕨科	2	6（3）
Marsileaceae	苹科	3	6（2）
Martyniaceae	角胡麻科	18	69
Mastixiaceae	单室茱萸科	14	56
Melastomataceae	野牡丹科	13	53（1）
Meliaceae	楝科	11	43（3）
Menispermaceae	防己科	7	30（1）
Menyanthaceae	睡菜科	16	62
Molluginaceae	粟米草科	5	26
Monachosoraceae	稀子蕨科	2	2
Moraceae	桑科	5	23（1）
Moringaceae	辣木科	8	34（1）

Musaceae	芭蕉科	24	16（2）
Myoporaceae	苦槛蓝科	19	70
Myricaceae	杨梅科	4	21
Myristicaceae	肉豆蔻科	7	30（2）
Myrsinaceae	紫金牛科	15	58
Myrtaceae	桃金娘科	13	53（1）
Najadaceae	茨藻科	23	8
Nelumbonaceae	莲科	6	27
Nepenthaceae	猪笼草科	8	34（1）
Nephrolepidaceae	肾蕨科	3	6（1）
Nitrariaceae	白刺科	11	43（1）
Nyctaginaceae	紫茉莉科	5	26
Nymphaeaceae	睡莲科	6	27
Nyssaceae	蓝果树科	13	52（2）
Ochnaceae	金莲木科	12	49（2）
Olacaceae	铁青树科	5	24
Oleaceae	木犀科	15	61
Oleandraceae	条蕨科	3	2, 6（1）
Onagraceae	柳叶菜科	13	53（2）
Onocleaceae	球子蕨科	2	4（2）
Ophioglossaceae	瓶尔小草科	2	2
Opiliaceae	山柚子科	5	24
Orobanchaceae	列当科	18	69
Orchidaceae	兰科	25	17, 18, 19
Osmundaceae	紫萁科	2	2
Oxalidaceae	酢浆草科	11	43（1）
Paeoniaceae	芍药科	6	27
Pandaceae	小盘木科	11	43（1）
Pandanaceae	露兜树科	23	8
Papaveraceae	罂粟科	7	32
Parkeriaceae	水蕨（萱）科	2	3（1）
Passifloraceae	西番莲科	13	52（1）
Pedaliaceae	胡麻科	18	69

Peganaceae	骆驼蓬科	11	43（1）
Pentaphylacaceae	五列木科	12	45（1）
Peranemaceae	球盖蕨科	2	4（2）
Philydraceae	田葱科	24	13（3）
Phrymaceae	透骨草科	19	70
Phytolaccaceae	商陆科	5	26
Pinaceae	松科	4	7
Piperaceae	胡椒科	4	20（1）
Pittosporaceae	海桐花科	9	35（2）
Plagiogyriaceae	瘤足蕨科	2	2
Plagiopteraceae	斜翼科	11	49（1）
Plantaginaceae	车前科	19	70
Platanaceae	悬铃木科	9	35（2）
Platyceriaceae	鹿角蕨科	3	6（2）
Pleurosoriopsidaceae	睫毛蕨科	2	4（2）
Plumbaginaceae	白花丹科	15	60（1）
Poaceae	禾本科	22	9, 10
Podocarpaceae	罗汉松科	4	7
Podostemaceae	川苔草科	5	24
Polemoniaceae	花荵科	16	64（1）
Polygalaceae	远志科	11	43（3）
Polygonaceae	蓼科	5	25（1）
Polypodiaceae	水龙骨科	3	6（2）
Pontederiaceae	雨久花科	24	13（3）
Portulacaceae	马齿苋科	5	26
Potamogetonaceae	眼子菜科	23	8
Primulaceae	报春花科	15	59（1, 2）
Proteaceae	山龙眼科	5	24
Psilotaceae	松叶蕨科	2	6（3）
Pteridaceae	凤尾蕨科	2	3（1）
Pteridiaceae	蕨科	2	3（1）
Rafflesiaceae	大花草科	5	24
Ranunculaceae	毛茛科	6	27, 28

Resedaceae	木犀草科	8	34（1）
Restionaceae	帚灯草科	24	13（3）
Rhamnaceae	鼠李科	12	48（1）
Rhizophoraceae	红树科	13	52（2）
Rhoipteleaceae	马尾树科	5	22
Rosaceae	蔷薇科	9	36, 37, 38
Rubiaceae	茜草科	19	71（1, 2）
Rutaceae	芸香科	11	43（2）
Sabiaceae	清风藤科	12	47（1）
Salicaceae	杨柳科	4	20（2）
Salvadoraceae	刺茉莉科	11	46
Salviniaceae	槐叶苹科	3	6（2）
Santalaceae	檀香科	5	24
Sapindaceae	无患子科	12	47（1）
Sapotaceae	山榄科	15	60（1）
Saururaceae	三白草科	4	20（1）
Saxifragaceae	虎耳草科	8	34（2）, 35（1）
Scheuchzeriaceae	冰沼草科	23	8
Schisandraceae	五味子科	7	30（1）
Schizaeaceae	莎草蕨科	2	2
Sciadopityaceae	金松科	4	7
Scrophulariaceae	玄参科	18	67（2）, 68
Selaginellaceae	卷柏科	2	6（3）
Simaroubaceae	苦木科	11	43（3）
Sinopteridaceae	中国蕨科	2	3（1）
Sladeniaceae	肋果茶科	12	49（2）
Solanaceae	茄科	17	67（1）
Sparganiaceae	黑三棱科	23	8
Stachyuraceae	旌节花科	13	52（1）
Staphyleaceae	省沽油科	11	46
Stemonaceae	百部科	24	13（3）
Stenochlaenaceae	光叶藤蕨科	2	3（1）
Sterculiaceae	梧桐科	12	49（2）

Stylidiaceae	花柱草科	19	73（2）
Styracaceae	安息香科	15	60（2）
Surianaceae	海人树科	11	43（3）
Symplocaceae	山矾科	15	60（2）
Taccaceae	蒟蒻薯科	24	16（1）
Taenitidaceae	竹叶蕨科	2	2
Tamaricaceae	柽柳科	13	50（2）
Tapisciaceae	瘿椒树科	11	46
Taxaceae	红豆杉科	4	7
Taxodiaceae	杉科	4	7
Tectariaceae	三叉蕨科	3	6（1）
Tetracentraceae	水青树科	6	1
Tetramelaceae	四数木科	13	52（1）
Theaceae	山茶科	12	49（3），50（1）
Theligonaceae	假牛繁缕科	19	53（2）
Thelypteridaceae	金星蕨科	2	4（1）
Thymelaeaceae	瑞香科	13	52（1）
Tiliaceae	椴树科	12	49（1）
Torricelliaceae	鞘柄木科	14	56
Trapaceae	菱科	13	53（2）
Triuridaceae	霉草科	23	8
Trochodendraceae	昆栏树科	6	27
Tropaeolaceae	旱金莲科	11	43（1）
Typhaceae	香蒲科	23	8
Ulmaceae	榆科	5	22
Urticaceae	荨麻科	5	23（2）
Valerianaceae	败酱科	19	73（1）
Verbenaceae	马鞭草科	17	65（1）
Violaceae	堇菜科	13	51
Viscaceae	槲寄生科	5	24
Vitaceae	葡萄科	12	48（2）
Vittariaceae	书带蕨科	2	3（2）
Woodsiaceae	岩蕨科	2	4（2）

Xyridaceae	黄眼草科	24	13（3）
Zingiberaceae	姜科	24	16（2）
Zygophyllaceae	蒺藜科	11	43（1）

8 *Regnum Vegetabile*

Regnum Vegetabile（ISSN 0080–0694；Königstein：Koeltz Scientific Books）是国际植物分类学委员会出版的世界植物分类学领域的重要系列参考书（不规则出版物，iaptglobal.org/regnum-vegetable），自 1953 年创刊以来共出版 160 期。考虑到中国了解较少，故收录于此。详细如下：

1，Joseph Lanjouw，1953，*Seventh International Botanical Congress Section Nomenclature*。

2，Joseph Lanjouw & Frans A. Stafleu，1954，*Index herbariorum–a guide to the location and contents of the world's public herbaria*，Part 2（1），Collectors A–D。

3，Joseph Lanjouw et al.，1952，*International code of botanical nomenclature*，adopted by the Seventh International Botanical Congress，Stockholm，July 1950。

4，Joseph Lanjouw，1954，*Recueil synoptique des propositions concernant le code international de la nomenclature botanique soumises à la section de nomenclature du Huitième Congrès International de Botanique，Paris，1954*。

5，Frans A. Stafleu & Joseph Lanjouw，1954，*The Genève conference on botanical nomenclature and genera plantarum* organized by the Botanical Section of the International Union of Biological Sciences。

6，Joseph Lanjouw & Frans A. Stafleu，1956，*Index herbariorum，Part I–the herbaria of the world*，ed 3。

7，Edouard L. F. Boureau et al.，1956，*Rapport sur la paleobotanique dans le monde I*，World rapport on paleobotany I。

8，Joseph Lanjouw et al.，1956，*International code of botanical nomenclature*，adopted by the Eighth International Botanical Congress，Paris，July 1954。

9，Joseph Lanjouw & Frans A. Stafleu，1957，*Index herbariorum–a guide to the location and contents of the world's public herbaria*，Part 2（2），Collectors E–H。

10，Harold R. Fletcher et al.，1958，*International code of nomenclature for cultivated plants*。Formulated and adopted by the International Commission for the Nomenclature of Cultivated Plants of the International Union of Biological Sciences。

11，Edouard L. F. Boureau，1958，*Rapport sur la paleobotanique dans le monde II*，World rapport on paleobotany II。

12，Gordon D. Rowley，1958，*Repertorium plantarum succulentarum*，Part 7–1956。

13，Adrianus C. de Roon，1958，*International directory of specialists in plant taxonomy with* *a census of their current interests。*

14，Joseph Lanjouw，1959，*Synopsis of proposals concerning the international code of botanical nomenclature* submitted to the Ninth International Botanical Congress，Montreal，1959。

15，Joseph Lanjouw & Frans A. Stafleu，1959，*Index herbariorum. Part I–the herbaria of the world*，ed 4。

16，Gordon D. Rowley，1959，*Repertorium plantarum succulentarum*，Part 8–1957。

17，Roelof van der Wijk et al.，1959，*Index muscorum*，1（A–C）。

18，Gordon D. Rowley，1960，*Repertorium plantarum succulentarum*，Part 9–1958。

19，Edouard L. F. Boureau et al.，1960，*Rapport sur la paleobotanique dans le monde III*，World rapport on paleobotany III。

20，Joseph Lanjouw & Frans A. Stafleu，1960，*IX International Botanical Congress*，*Nomenclature section*。

21，Gordon D. Rowley，1961，*Repertorium plantarum succulentarum*，Part 10–1959。

22，Harold R. Fletcher et al.，1961，*International code of nomenclature for cultivated plants*，formulated and adopted by the International Commission for the Nomenclature of Cultivated Plants of the International Union of Biological Sciences。

23，Joseph Lanjouw et al.，1961，*International code of botanical nomenclature*，adopted by the Ninth International Botanical Congress，Montreal，August 1959。

24，Edouard L. F. Boureau et al.，1962，*Rapport sur la paleobotanique dans le monde IV*；World rapport on paleobotany IV。

25，Gordon D. Rowley，1962，*Repertorium plantarum succulentarum*，Part 11–1960。

26，Roelof van der Wijk et al.，1962，*Index muscorum*，2（D–Hypno）。

27，Vermon H. Heywood & Áskell Löve，1963，*Symposium on biosystematics*。

28，Richard A. Howard et al.，1963，*International directory of botanical gardens*。

29，Gordon D. Rowley，1963，*Repertorium plantarum succulentarum*，Part 12–1961。

30，Joseph Lanjouw & Frans A. Stafleu，1964，*Synopsis of proposals concerning the international code of botanical nomenclature* submitted to the Tenth International Botanical Congress，Edinburgh，1964。

31，Joseph Lanjouw & Frans A. Stafleu，1964，*Index herbariorum. Part I–the herbaria of the world*，ed 5。

32，Gordon D. Rowley & Leonard E. Newton，1964，*Repertorium plantarum succulentarum*，Part 13–1962。

33，Roelof van der Wijk et al.，1964，*Index muscorum*，3（Hypnum–O）。

34, Frans A. Stafleu, 1964, *Nomina conservanda proposita*. Proposals on the conservation of generic names submitted to the Tenth International Botanical Congress, Edinburgh, 1964。

35, Edouard L. F. Boureau et al., 1964, *Rapport sur la paleobotanique dans le monde V*, World rapport on paleobotany V。

36, William Punt, 1964, *Preliminary report on the stabilization of names of plants of economic importance*。

37, Rodolfo E. G. Pichi-Sermolli, 1965, *Index filicum. Supplementum quartum 1934–1960*。

38, Gordon D. Rowley & Leonard E. Newton, 1965, *Repertorium plantarum succulenta-rum*, Part 14-1963。

39, Francis R. Fosberg & Marie-Hélène Sachet, 1965, *Manual for tropical herbaria*。

40, Frans A. Stafleu, 1965, *Nomina conservanda proposita II*, Proposals on the conservation of generic names submitted to the Eleventh International Botanical Congress, Seattle, 1969。

41, Gordon D. Rowley & Leonard E. Newton, 1966, *Repertorium plantarum succulentarum*, Part 15-1964。

42, Edouard L. F. Boureau et al., 1966, *Rapport sur la paleobotanique dans le monde VI*, World rapport on paleobotany VI。

43, Raymond C. Jackson, 1966, *ASPT-IOPB index of current taxonomic research*。

44, Frans A. Stafleu, 1966, *Tenth International botanical congress*, *Edinburgh 1964*。

45, Richard K. Brummitt, 1966, *Index to European taxonomic literature for 1965*。

46, Joseph Lanjouw et al., 1966, *International code of botanical nomenclature*, adopted by the Tenth International Botanical Congress, Edinburgh, August 1964。

47, Gordon D. Rowley & Leonard E. Newton, 1967, *Repertorium plantarum succulentarum*, Part 16-1965。

48, Roelof van der Wijk et al., 1967, *Index muscorum*, 4 (P-S)。

49, William L. Stern, 1967, *Index xylariorum*。

50, Robert Ornduff, 1967, *Index to plant chromosome numbers for 1965*。

51, James E. Dandy, 1967, *Index of generic names of vascular plants 1753-1774*。

52, Frans A. Stafleu, 1967, *Taxonomic literature*, A selective guide to botanical publications with dates, commentaries and types。

53, Richard K. Brummitt & Ian K. Ferguson, 1968, *Index to European taxonomic literature for 1966*。

54, Gordon D. Rowley & Leonard E. Newton, 1968, *Repertorium plantarum* *succulentarum*. Part 17–1966。

55, Robert Ornduff, 1968, *Index to plant chromosome numbers for 1966*。

56, Rogers McVaugh et al., 1968, *An annotated glossary of botanical nomenclature*。

57, Edouard L. F. Boureau, 1968, *Rapport sur la paleobotanique dans le monde VII*, World rapport on paleobotany VII。

58, Pieter W. Leenhouts, 1968, *A guide to the practice of herbarium taxonomy*。

59, Robert Ornduff, 1969, *Index to plant chromosome numbers for 1967*。

60, Frans A. Stafleu & Edward G. Voss, 1969, *Synopsis of proposals on botanical nomenclature*, Seattle 1969; A review of the proposals concerning the international code of botanical nomenclature submitted to the Eleventh International Botanical Congress, Seattle, 1969。

61, Richard K. Brummitt & Ian K. Ferguson, 1969, *Index to European taxonomic literature for 1967*。

62, Gordon D. Rowley & Leonard E. Newton, 1969, *Repertorium plantarum succulentarum*. Part 18–1967。

63, Harold R. Fletcher et al., 1969, *International directory of botanical gardens*, ed 2。

64, John S. L. Gilmour et al., 1969, *International code of nomenclature for cultivated plants*。

65, Roelof van der Wijk et al., 1969, *Index muscorum*, 5 (T–Z)。

66, Ian K. Ferguson, 1970, *Index to Australasian taxonomic literature for 1968*。

67, Gordon D. Rowley & Leonard E. Newton, 1970, *Repertorium plantarum succulentarum*. Part 19–1968。

68, Raymond J. Moore, 1970, *Index to plant chromosome numbers for 1968*。

69, Otto T. Solbrig & Theodorus W. J. Gadella, 1970, *Biosystematic literature*. Contributions to a biosystematic literature index (1945–1964)。

70, Richard K. Brummitt & Ian K. Ferguson, 1970, *Index to European taxonomic literature for 1968*。

71, Pieter Smit & R. J. Ch. V. ter Laage, 1970, *Essays in biohistory: and other contributions presented by friends and colleagues to Frans Verdoorn on the occasion of his 60th birthday*。

72, Wil Keuken, 1971, *Directory of plant systematists 1970*。

73, Gordon D. Rowley & Leonard E. Newton, 1971, *Repertorium plantarum succulentarum*, Part 20–1969。

74, Frank N. Hepper & Fiona Neate, 1971, *Plant collectors in West Africa*。

75, Ian K. Ferguson, 1971, *Index to Australasian taxonomic literature for 1969*。

76, Gordon D. Rowley & Leonard E. Newton, 1971, *Repertorium plantarum succulentarum*,

Part 1–10。

77，Raymond J. Moore，1971，*Index to plant chromosome numbers for 1969*。

78，Edouard L. F. Boureau，1971，*Rapport sur la paleobotanique dans le monde VIII*，World rapport on paleobotany VIII。

79，Frans A. Stafleu，1971，*Linnaeus and the Linnaeans*，the spreading of their ideas in systematic botany，1735–1789，386 p。

80，Douglas H. Kent et al.，1968，*Index to European taxonomic literature for 1969*，160 p。

81，Frans A. Stafleu & Edward G. Voss，1972，*Report on botanical nomenclature*，Eleventh International Botanical Congress，Seattle，1969，Nomenclature section report，130 p。

82，Frans A. Stafleu et al.，1972，*International code of botanical nomenclature*，adopted by the Eleventh International Botanical Congress，Seattle，August 1969，426 p。

83，Ian K. Ferguson，1972，*Index to Australasian taxonomic literature for 1970*。

84，Raymond J. Moore，1972，*Index to plant chromosome numbers for 1970*。

85，Gordon D. Rowley & Leonard E. Newton，1972，*Repertorium plantarum succulentarum*，Part 21–1970。

86，Mahammad N. Chaudhry et al.，1972，*Index herbariorum–a guide to the location and contents of the world's public herbaria*，Part 2（3），Collectors I–L，193 p。

87，Gordon D. Rowley & Leonard E. Newton，1973，*Repertorium plantarum succulentarum*，Part 22–1971，24 p。

88，Stephan R. Gradstein，1973，*Directory of bryologists and bryological research*，70 p。

89，Edouard L. F. Boureau，1973，*Rapport sur la paleobotanique dans le monde IX*，World rapport on paleobotany IX，217 p。

90，Raymond J. Moore，1973，*Index to plant chromosome numbers for 1967–1971*，538 p。

91，Raymond J. Moore，1974，*Index to plant chromosome numbers for 1972*，108 p。

92，Patricia K. Holmgren & Wil Keuken，1974，*Index herbariorum*，*Part I–the herbaria of the world*，ed 6，397 p。

93，I. Hettie Vegter，1976，*Index herbariorum–a guide to the location and contents of the world's public herbaria*，Part 2（4），Colletors M。

94，Frans A. Stafleu & Richard S. Cowan，1976，*Taxonomic literature*，A selective guide to botanical publications and collections with dates，commentaries and types，ed 2，1。

95，Douglas M. Henderson & H. T. Prentice，1977，*International directory of botanical gardens II*。

96，Raymond J. Moore，1977，*Index to plant chromosome numbers for 1973–1974*。

97, Frans A. Stafleu et al., 1978, *International code of botanical nomenclature*, adopted by the Twelfth International Botanical Congress, Leningrad, July 1975。

98, Frans A. Stafleu & Richard S. Cowan, 1979, *Taxonomic literature*, A selective guide to botanical publications and collections with dates, commentaries and types, ed 2, 2。

99, Stephan R. Gradstein, 1979, *Directory of bryologists and bryological research*。

100, Ellen R. Farr et al., 1979, *Index nominum genericorum* (*plantarum*), 1 (Aa–Epochnium)。

101, Ellen R. Farr et al., 1979, *Index nominum genericorum* (*plantarum*), 2 (Eprolithus–Peersia)。

102, Ellen R. Farr et al., 1979, *Index nominum genericorum* (*plantarum*), 3 (Pegaeophyton–Zyzygium)。

103, Paul C. Silva, 1980, *Names of classes and families of living algae*。

104, Christopher D. Brickell et al., 1980, *International code of nomenclature for cultivated plants*。

105, Frans A. Stafleu & Richard S. Cowan, 1981, *Taxonomic literature*, A selective guide to botanical publications and collections with dates, commentaries and types, ed 2, 3。

106, Patricia K. Holmgren et al., 1981, *Index herbariorum*, *Part I–the herbaria of the world*, ed 7。

107, Joseph Ewan & Nesta D. Ewan, 1982, *Biographical dictionary of Rocky Mountain naturalists*. A guide to the writings and collections of botanists, zoologists, geologists, artists and photographers 1682–1932。

108, Reinhard Fritsch, 1982, *Index to plant chromosome numbers–Bryophyta*。

109, I. Hettie Vegter, 1983, *Index herbariorum–a guide to the location and contents of the world's public herbaria*, Part 2 (5), Collectors N–R。

110, Frans A. Stafleu & Richard S. Cowan, 1983, *Taxonomic literature*, A selective guide to botanical publications and collections with dates, commentaries and types, ed 2, 4。

111, Edward G. Voss et al., 1983, *International code of botanical nomenclature*, adopted by the Thirteenth International Botanical Congress, Sydney, August 1981。

112, Frans A. Stafleu & Richard S. Cowan, 1985, *Taxonomic literature*. A selective guide to botanical publications and collections with dates, commentaries and types, ed 2, 5。

113, Ellen R. Farr et al., 1986, *Index nominum genericorum* (*plantarum*), *Supplementum I*。

114, I. Hettie Vegter, 1986, *Index herbariorum–a guide to the location and contents of the world's public herbaria*, Part 2 (6), Collectors S。

115，Frans A. Stafleu & Richard S. Cowan，1986，*Taxonomic literature.* A selective guide to botanical publications and collections with dates，commentaries and types，ed 2，6。

116，Frans A. Stafleu & Richard S. Cowan，1988，*Taxonomic literature.* A selective guide to botanical publications and collections with dates，commentaries and types，ed 2，7。

117，I. Hettie Vegter，1988，*Index herbariorum-a guide to the location and contents of the world's public herbaria*，Part 2（7），Collectors T–Z。

118，Werner R. Greuter et al.，1988，*International code of botanical nomenclature*，adopted by the Fourteenth International Botanical Congress，Berlin，July-August 1987。

119，Dan H. Nicolson et al.，1988，*An interpretation of Van Rheede's Hortus Malabaricus*。

120，Patricia K. Holmgren et al.，1990，*Index herbariorum. Part I–the herbaria of the world*，ed 8。

121，Aljos Farjon，1990，*Pinaceae.* Drawings and descriptions of the genera Abies，Cedrus，Pseudolarix，Keteleeria，Nothotsuga，Tsuga，Cathaya，Pseudotsuga，Larix and Picea。

122，Aljos Farjon，1990，*A bibliography of conifers*–selected literature on taxonomy and related disciplines of the Coniferales and especially of the families Cupressaceae（with Taxodiaceae）and Pinaceae。

123，David L. Hawksworth，1991，*Improving the stability of names–needs and options*，Proceedings of an international symposium，Kew，20–23 February 1991，358 p。

124，Patricia K. Holmgren & Noel H. Holmgren，1992，*Plant specialists index*，Index to specialists in the systematics of plants and fungi based on data from index herbariorum（herbaria），ed 8。

125，Frans A. Stafleu & Erik A. Mennega，1992，*Taxonomic literature*，A selective guide to botanical publications and collections with dates，commentaries and types，ed 2，suppl. 1（Aa-Ba）。

126，Werner R. Greuter et al.，1993，*NCU-1*，*Family names in current use for vascular plants*，*bryophytes*，*and fungi*。

127，Charlie E. Jarvis et al.，1993，*A list of Linnaean generic names and their types*。

128，Werner R. Greuter et al.，1993，NCU-2，*Names in current use in the families Trichocomaceae*，*Cladoniaceae*，*Pinaceae*，*and Lemnaceae*。

129，Werner R. Greuter et al.，1993，NCU-3，*Names in current use for extant plant genera*。

130，Frans A. Stafleu & Erik A. Mennega，1993，*Taxonomic literature*，A selective guide to botanical publications and collections with dates，commentaries and types，ed 2，suppl. 2（Be-Bo）。

131，Werner R. Greuter et al.，1994，*International code of botanical nomenclature* (Tokyo Code) adopted by the Fifteenth International Botanical Congress, Yokohama, August-September 1993。

132，Frans A. Stafleu & Erik A. Mennega，1995，*Taxonomic literature*, A selective guide to botanical publications and collections with data, commentaries and types, ed 2, suppl. 3 (Br-Ca)。

133，Piers Trehane et al.，1995，*International code of nomenclature for cultivated plants*, 1995, ICNCP or Cultivated Plant Code, adopted by the International Commission for the Nomenclature of Cultivated Plants。

134，Frans A. Stafleu & Erik A. Mennega，1997，*Taxonomic literature*, A selective guide to botanical publications and collections with data, commentaries and types, ed 2, suppl. 4 (Ce-Cz)。

135，Frans A. Stafleu & Erik A. Mennega，1998，*Taxonomic literature*, A selective guide to botanical publications and collections with data, commentaries and types, ed 2, suppl. 5 (Da-Di)。

136，Hermann Manitz，1999，*Bibliography of the flora of Cuba*, A survey of systematic and phytogeographical literature concerning the vascular plants in Cuba and the Caribbean region。

137，Frans A. Stafleu & Erik A. Mennega，2000，*Taxonomic Literature*, A selective guide to botanical publications and collections, with dates, commentaries and types, Suppl. 6 (Do-E)。

138，Werner R. Greuter et al (editors & compilers)，2000，*International Code of Botanical Nomenclature* (Saint Louis Code), adopted by the Sixteenth International Botanical Congress St. Louis, Missouri, July-August 1999。

139，Dan H. Nicolson & Francis R. Fosberg 2004，*The Forsters and the botany of the Second Cook Expedition* (1772-1775)。

140，Hermann E. Richter，2004，*Codex Linnaeanus*, 2 vols, with a biographical sketch by H. W. Lack, a translation of the introductory text by Sten Hedberg, and edited by John Edmondson。

141，Tod F. Stuessy et al (eds) 2003，*Deep Morphology—Toward a renaissance of morphology in plant systematics*, 326 p。

142，Daniel J. Crawford & Vassiliki B. Smocovitis，2004，*The Scientific papers of G. Ledyard Stebbins* (1929-2000)。

143，Freek T. Bakker et al (eds)，2005，*Plant Species Level Systematics*, *New perspectives on pattern & process*。

144，Christopher D. Brickell et al（eds），2005，*International Code of Nomenclature for Cultivated Plants*，7th ed。

145，Henry J. Noltie，2005，*The Botany of Robert Wight*。

146，John McNeill et al（eds），2006，*International Code of Botanical Nomenclature*（Vienna Code），adopted by the Seventeenth International Botanical Congress Vienna，Austria，July 2005；Gantner Verlag，Ruggell，Liechtenstein。

147，Elvira Hörandl et al（eds），2007，*Apomixis-Evolution*，*Mechanisms and Perspectives*. Gantner Verlag，Ruggell，Liechtenstein。

148，Carl Linnaeus，*Musa Cliffortiana / Cliffords Banana Plant*，2007，Reprint and translation of the of the original edition（Leiden，1736）；translated into English by Stephen Freer，with an Introduction by Staffan Müller-Wille，A. R. G. Gantner Verlag，Ruggell，Liechtenstein。

149，Laurence J. Dorr & Dan H. Nicolson，2008，*Taxonomic Literature*，A selective guide to botanical publications and collections，with dates，commentaries and types，Suppl. 7（F-Frer）。

150，Laurence J. Dorr & Dan H. Nicolson，2008，*Taxonomic Literature*，A selective guide to botanical publications and collections，with dates，commentaries and types，Suppl. 8（Fres-G）。

151，Christopher D. Brickell et al（eds），2009。*International Code of Nomenclature for Cultivated Plants*，8th ed；Scripta Horticulturae 10. Leuven：ISHS。

152，Goldblatt，P. & Johnson，D.E.，2010，Index to Plant Chromosome Numbers 2004-2006；Ruggell，Liechtenstein：Gantner。

153，Tod F. Stuessy & Hans W. Lack，2011，Monographic Plant Systematics：Fundamental Assessment of Plant Biodiversity；Ruggell，Liechtenstein：Gantner。

154，John McNeill et al（eds），2012，*International Code of Nomenclature for algae*，*fungi*，*and plants*（Melbourne Code），adopted by the Eighteenth International Botanical Congress Melbourne，Australia，July 2011，Koeltz Scientific Books，Königstein。

155，Nicolas J. Turland，2013，The Code decoded-A user's guide to the International Code of Nomenclature for algae，fungi，and plants，169 p；Königstein：Koeltz Scientific Books。

156，Tod F. Stuessy，Daniel J. Crawford，Douglas E Soltis，& Pamela S Soltis，2014；Plant Systematics-The origin，interpretation，and ordering of plant biodiversity。Königstein：Koeltz Scientific Books。

157, John H. Wiersema et al. (eds. & comps.), 2015, International Code of Nomenclature for algae, fungi, and plants (Melbourne Code), adopted by the Eighteenth International Botanical Congress Melbourne, Australia, July 2011; Appendices II–VIII; Königstein: Koeltz Scientific Books。

158, Elvira Hörandl & Marc S. Appelhans (eds.), 2015; Next-generation sequencing in plant systematics; Königstein: Koeltz Scientific Books。

159, Nicolas J. Turland et al., 2018, International Code of Nomenclature for algae, fungi, and plants (Shenzhen Code), adopted by the Nineteenth International Botanical Congress, Shenzhen, China, July 2017, XXXVIII, 254 p; Königstein: Koeltz Scientific Books。

160, David J. Mabberley & David T. Moore, with the assistance of Jacek Wajer, The Robert Brown Handbook–A guide to the life and work of Robert Brown (1773–1859), Scottish botanist。

9 *Systematic Botany Monographs*

Systematic Botany Monographs 是美国植物分类学会（ASPT, American Society of Plant Taxonomy）的系列出版物（aspt.net/monographs），专门报道植物分类学专著，包括世界性的广义植物分类学类群，自 1980 年出版以来共出版 109 期（不定期）。考虑到国内收藏较少，故收录于此。详细如下：

1，A. Spencer Tomb，1980，Taxonomy of *Lygodesmia*（Asteraceae），51 p。

2，Gordon C. Tucker，1983，The taxonomy of *Cyperus*（Cyperaceae）in Costa Rica and Panama，85 p。

3，Patrick E. Elvander，1984，The taxonomy of *Saxifraga*（Saxifragaceae）section Boraphila subsection Integrifoliae in western North America；& Elizabeth Fortson Wells，A revision of the genus *Heuchera*（Saxifragaceae）in eastern North America，122 p。

4，Mark A. Schlessman，1984，The systematics of tuberous lomatiums（Umbelliferae），55 p。

5，Wayne J. Elisens，1985，Monograph of the Maurandyinae（Scrophulariaceae-Antirrhineae），97 p。

6，James M. Affolter，1985，A monograph of the genus *Lilaeopsis*（Umbelliferae），140 p。

7，Lisa A. Standley，1985，Systematics of the Acutae group of *Carex*（Cyperaceae）in the Pacific Northwest，106 p。

8，Robert K. Jansen，1985，The systematics of *Acmella*（Asteraceae-Heliantheae），115 p。

9，George W. Argus，1986，The genus *Salix*（Salicaceae）in the southeastern United States，170 p。

10，Tsan Iang Chuang & Lawrence R. Heckard，1986，Systematics and evolution of *Cordylanthus*（Scrophulariaceae-Pedicularieae，including the taxonomy of subgenus *Cordylanthus*），105 p。

11，David M. Johnson，1986，Systematics of the New World species of *Marsilea*（Marsileaceae），87 p。

12，Thomas F. Daniel，1986，Systematics of *Tetramerium*（Acanthaceae），134 p。

13，Greta A. Fryxell et al.，1986，*Azpeitia*（Bacillariophyceae）–Related genera and promorphology，74 p。

14，Mark W. Chase，1986，A monograph of *Leochilus*（Orchidaceae），97 p。

15，Roger W. Sanders，1987，Taxonomy of *Agastache* section *Brittonastrum*（Lamiaceae-

Nepeteae), 92 p。

16, John H. Wiersema, 1987, A monograph of *Nymphaea* subgenus *Hydrocallis* (Nymphaeaceae), 112 p。

17, Molly A. Whalen, 1987, Systematics of *Frankenia* (Frankeniaceae) in North and South America, 93 p。

18, Job Kuijt, 1988, Monograph of the Eremolepidaceae, 60 p。

19, Job Kuijt, 1988, Revision of *Tristerix* (Loranthaceae), 61 p。

20, Shirley A. Graham, 1988, Revision of *Cuphea* section *Heterodon* (Lythraceae), 168 p。

21, Matt Lavin, 1988, Systematics of *Coursetia* (Leguminosae-Papilionoideae), 167 p。

22, David M. Thompson, 1988, Systematics of *Antirrhinum* (Scrophulariaceae) in the New World, 142 p。

23, Nancy Hensold, 1988, Morphology and systematics of *Paepalanthus* subgenus *Xeractis* (Eriocaulaceae), 150 p。

24, Werner Dietrich & Warren L. Wagner, 1988, Systematics of *Oenothera* section *Oenothera* subsection *Raimannia* and subsection *Nutantigemma* (Onagraceae), 91 p。

25, Paul A. Fryxell, 1988, Malvaceae of Mexico, 522 p。

26, Charlotte M. Taylor, 1989, Revision of *Palicourea* (Rubiaceae) in Mexico and Central America, 102 p。

27, Lynn G. Clark, 1989, Systematics of *Chusquea* section *Swallenochloa*, section *Verticillatae*, section *Serpentes*, and section *Longifoliae* (Poaceae-Bambusoideae), 127 p。

28, Theodore L. Esslinger, 1989, Systematics of *Oropogon* (Alectoriaceae) in the New World, 111 p。

29, John H. Beaman, 1990, Revision of *Hieracium* (Asteraceae) in Mexico and Central America, 77 p。

30, David M. Spooner, 1990, Systematics of *Simsia* (Compositae-Heliantheae), 90 p。

31, Paul M. Peterson & Carol R. Annable, 1991, Systematics of the annual species of *Muhlenbergia* (Poaceae-Eragrostideae), 109 p。

32, Thomas G. Lammers, 1991, Systematics of *Clermontia* (Campanulaceae-Lobelioideae), 97 p。

33, John L. Strother, 1991, Taxonomy of *Complaya*, *Elaphandra*, *Iogeton*, *Jefea*, *Wamalchitamia*, *Wedelia*, *Zexmenia*, and *Zyzyxia* (Compositae-Heliantheae-Ecliptinae), 111 p。

34, ChiaJui Chen et al., 1992, Systematics of *Epilobium* (Onagraceae) in China, 209 p。

35, Knud Ib Christensen, 1992, Revision of *Crataegus* section *Crataegus* and nothosection

Crataeguineae （Rosaceae-Maloideae）in the Old World，199 p。

36， Jose L. Panero，1992，Systematics of *Pappobolus* （Asteraceae-Heliantheae），195 p。

37， Matt Lavin，1993，Biogeography and Systematics of *Poitea* （Leguminosae），87 p。

38， Melissa Luckow，1993，Monograph of *Desmanthus* （Leguminosae-Mimosoideae），166 p。

39， James D. Skean，Jr.，1993，Monograph of *Mecranium* （Melastomataceae-Miconieae），116 p。

40， Nancy A. Murray，1993，Revision of *Cymbopetalum* and *Porcelia* （Annonaceae），121 p。

41， John M. MacDougal，1994，Revision of *Passiflora* subgenus *Decaloba* section *Pseudodysosmia* （Passifloraceae），146 p。

42， Steven P. Darwin，1994，Revision of *Timonius* subgenus *Abbottia* （Rubiaceae-Guettardeae），86 p。

43， Gordon C. Tucker，1994，Revision of the Mexican species of *Cyperus* （Cyperaceae），213 p。

44， James F. Smith，1994，Systematics of *Columnea* section *Pentadenia* and section *Stygnanthe* （Gesneriaceae），89 p。

45， Matt Lavin & Mario Sousa，1995，Phylogenetic systematics and biogeography of the tribe Robinieae （Leguminosae），165 p。

46， Randall J. Evans，1995，Systematics of *Cryosophila* （Palmae），70 p。

47， Michael H. Grayum，1996，Revision of *Philodendron* subgenus *Pteromischum* （Araceae） for Pacific and Caribbean tropical America，233 p。

48， Edward E. Terrell，1996，Revision of *Houstonia* （Rubiaceae-Hedyotideae），118 p。

49， Carlos Aedo，1996，Revision of *Geranium* subgenus *Erodioidea* （Geraniaceae），104 p。

50， Werner Dietrich et al.，1997，Systematics of *Oenothera* section *Oenothera* subsection *Oenothera* （Onagraceae），234 p。

51， Christiane Anderson，1997，Monograph of *Stigmaphyllon* （Malpighiaceae），313 p。

52， George W. Argus，1997，Infrageneric classification of *Salix* （Salicaceae） in the New World，121 p。

53， Shirley A. Graham，1998，Revision of *Cuphea* Section *Diploptychia* （Lythraceae），96 p。

54， Richard M. K. Saunders，1998，Monograph of *Kadsura* （Schisandraceae），106 p。

55， Colin Hughes，1998，Monograph of *Leucaena* （Leguminosae-Mimosoideae），244 p。

56， Angela Beyra Matos & Matt Lavin，1999，Monograph of *Pictetia* （Leguminosae-Papilionoideae） and review of the Aeschynomeneae，93 p。

57, L. Alan Prather, 1999, Systematics of *Cobaea* (Polemoniaceae), 81 p。

58, Richard M. K. Saunders, 2000, Monograph of *Schisandra* (Schisandraceae), 146 p。

59, Laurence E. Skog & Lars P. Kvist, 2000, Revision of *Gasteranthus* (Gesneriaceae), 118 p。

60, May Ling So, 2001, *Plagiochila* (Hepaticae, Plagiochilaceae) in China, 214 p。

61, Lynn Bohs, 2001, Revision of *Solanum* Section *Cyphomandropsis* (Solanaceae), 85 p。

62, Alina Freire–Fierro, 2002, Monograph of *Aciotis* (Melastomataceae), 99 p。

63, Peter V. Bruyns, 2002, Monograph of *Orbea* and *Ballyanthus* (Apocynaceae-Asclepiadoideae-Ceropegieae), 196 p。

64, Richard T. Pennington, 2003, Monograph of *Andira* (Leguminosae-Papilionoideae), 143 p。

65, Neil Snow et al., 2003, Systematics of *Austromyrtus*, *Lenwebbia*, and the Australian species of *Gossia* (Myrtaceae), 95 p。

66, Job Kuijt, 2003, Monograph of *Phoradendron* (Viscaceae), 643 p。

67, Colin A. Pendry, 2004, Monograph of *Ruprechtia* (Polygonaceae), 113 p。

68, David M. Spooner et al., 2004, Wild Potatoes (*Solanum* section *Petota*; Solanaceae) of North and Central America, 209 p。

69, Juan J. Aldasoro et al., 2004, Revision of *Sorbus* Subgenera *Aria* and *Torminaria* (Rosaceae-Maloideae), 148 p。

70, C. Thomas Philbrick & Alejandro Novelo Retana, 2004, Monograph of *Podostemum* (Podostemaceae), 106 p。

71, Fernando O. Zuloaga et al., 2004, Systematics of *Paspalum* Group *Notata* (Poaceae-Panicoideae-Paniceae), 75 p。

72, Warren L. Wagner et al., 2005, Monograph of *Schiedea* (Caryophyllaceae-Alsinoideae), 169 p。

73, Thomas G. Lammers, 2005, Revision of *Delissea* (Campanulaceae-Lobelioideae), 75 p。

74, RuiLiang Zhu & Stephan R. Gradstein, 2005, Monograph of *Lopholejeunea* (Lejeuneaceae, Hepaticae) in Asia, 98 p。

75, David M. Thompson, 2005, Systematics of *Mimulus* subg. *Schizoplacus* (Scrophulariaceae), 213 p。

76, Jochen Müller, 2006, Systematics of *Baccharis* (Compositae-Astereae) in Bolivia, including an overview of the genus, 341 p。

77, Heidi M. Meudt, 2006, Monograph of *Ourisia* (Plantaginaceae), 188 p。

78, John M. Miller & Kenton L. Chambers, 2006, Systematics of *Claytonia* (Portulacaceae), 236 p。

79, Yvonne C. F. Su & Richard M. K. Saunders, 2006, Monograph of *Pseuduvaria* (Annonaceae), 204 p。

80, Christopher P. Randle, 2006, Revision of *Harveya* (Orobanchaceae) of Southern Africa, 74 p。

81, Walter S. Judd, 2007, Revision of *Miconia* sect. *Chaenopleura* (Miconieae, Melastomataceae) in the Greater Antilles, 235 p。

82, Neil Snow, 2007, Systematics of the Australian species of *Rhodamnia* (Myrtaceae), 69 p。

83, Warren L. Wagner et al., 2007, Revised classification of the Onagraceae, 240 p。

84, Iris E. Peralta et al., 2008, Taxonomy of wild tomatoes and their relatives (*Solanum* sect. *Lycopersicoides*, sect. *Juglandifolia*, sect. *Lycopersicon*; Solanaceae), 186 p。

85, Mac H. Alford, 2008, Revision of *Neosprucea* (Salicaceae), 62 p。

86, Job Kuijt, 2009, Monograph of *Psittacanthus* (Loranthaceae), 361 p。

87, Thomas L. P. Couvreur, 2009, Monograph of the Syncarpous African Genera *Isolona* and *Monodora* (Annonaceae), 150 p。

88, John Littner Clark, 2009, Systematics of *Glossoloma* (Gesneriaceae), 128 p。

89, Leila M. Shultz, 2009, Monograph of *Artemisia* Subgenus *Tridentatae* (Asteraceae-Anthemideae), 131 p。

90, Aruna D. Weerasooriya & Richard M. K. Saunders, 2010, Monograph of *Mitrephora* (Annonaceae), 167 p。

91, Barbara A. Mackinder & R. Toby Pennington, 2011, Monograph of *Berlinia* (Leguminosae), 117 p。

92, Job Kuijt, 2011, Monograph of *Dendropemon* (Loranthaceae), 110 p。

93, Frank Almeda and Orbelia R Robinson, 2011, Systematics and Phylogeny of *Siphanthera* (Melastomataceae), 102 p。

94, Fernando O Zuloaga, Osvaldo Morrone & M. Amalia Scataglini, 2011, Monograph of *Trichanthecium* (Poaceae, Paniceae), 102 p。

95, Carlos Aedo, 2012, Revision of *Geranium* (Geraniaceae) in the New World, 550 p。

96, Osvaldo Morrone, Sandra S Aliscioni, Jan Frits Veldkamp, José F Pensiero, Fernando Omar Zuloaga, Elizabeth A Kellogg, 2014, Revision of the Old World Species of *Setaria* (Poaceae: Panicoideae: Paniceae), 161 p。

97, Diego G Gutiérrez, Liliana Katinas, 2015, Systematics of *Liabum* Adanson (Asteraceae, Liabeae), 121 p。

98，Tiina E Särkinen，Colin E Hughes，2015，Systematics and Biogeography of *Amicia*（Leguminosae，Papilionoideae），72 p。

99，Maria S Vorontsova，Sandra Knapp，2016，A Revision of the "Spiny Solanums," *Solanum* Subgenus *Leptostemonum*（Solanaceae），in Africa and Madagascar，432 p。

100，David M Spooner，Natalia Alvarez，Iris E Peralta，Andrea M Clausen，2016，Taxonomy of Wild Potatoes and Their Relatives in Southern South America（*Solanum* sects. *Petota* and *Etuberosum*），240 p。

101，Susana E Freire，2017，Revision of the Asian Genus *Pertya*（Asteraceae，Pertyoideae），90 p。

102，Carlos Aedo，2017，Revision of *Geranium*（Geraniaceae）in the Western and Central Pacific Area，240 p。

103，Marc Gottschling & James S. Miller，2018，A Taxonomic Revision of the New World Species of *Bourreria*（Ehretiaceae，Boraginales），100 p。

104，David J. Harris & Alexandra H. Wortley，2018，Monograph of *Aframomum*（Zingiberaceae），204 p。

105，Shirley A. Graham，2019，A revision of *Cuphea* sect. *Melvilla*（Lyrthraceae），146 p。

106，E. Urtubey，Tremetsberger，K，Baeza，C，López-Sepúlveda，P，König，C，Samuel，R，Weiss-Schneeweiss，H，Stuessy，TF，Ortiz，MÁ，Talavera，S，Terrab，A，Ruas，CF，Matzenbacher，NI，Muellner-Riehl，AN，Guo，YP，2019，Systematics of *Hypochaeris* section *Phanoderis*（Asteraceae：Cichorieae），204 p。

107，Leandro Cardoso Pederneirs and Sergio Romaniuc-Neto，2019，Taxonomic Revision of *Ficus* Sect. *Pharmacosycea*（Moraceae），148 p。

108，David M. Spooner，Selley Jansky，Flor Rodriguez，Reinhard Simon，Mercedes Ames，Diego Fajardo，and Raul O. Castillo，2019，Taxonomy of wild potatoes in Northern South America（*Solanum* section *Petota*），305 p。

109，Marcela Alvear and Frank Almeda，2019，Revison of *Monochaetum*（Melastomateae）in Colombia，153 p。

10 The Systematics Association

The Systematics Association promotes all aspects of systematic biology by organising conferences and workshops on key themes in systematics, running annual lecture series, publishing books and a newsletter and awarding grants in support of systematics research. Membership of the Association is open globally to professionals and amateurs with an interest in any branch of biology, including palaeobiology. Members are entitled to attend conferences at discounted rates, to apply for grants and to receive the newsletter and mailed information; they also receive a generous discount on the purchase of all volumes produced by the Association. The first of the Systematics Association's publications The New Systematics (1940) was a classic work edited by its then-president Sir Julian Huxley. Since then, more than 80 volumes have been published, often in rapidly expanding areas of science where a modern synthesis is required. The Association encourages researchers to organise symposia that result in multi-authored volumes. In 1997 the Association organised the first of its international biennial conferences. This and subsequent biennial conferences, which are designed to provide for systematists of all kinds, included themed symposia that resulted in further publications. The Association also publishes volumes that are not specifically linked to meetings and encourages new publications (including textbooks) in a broad range of systematics topics. More information about the Systematics Association and its publications can be found at the following website: http://www.systass.org.

1, The New Systematics (1940), Edited by J.S. Huxley (reprinted 1971)。 [1]

2, Chemotaxonomy and Serotaxonomy (1968), Edited by J.C. Hawkes。

3, Data Processing in Biology and Geology (1971), Edited by J.L. Cutbill。

4, Scanning Electron Microscopy (1971), Edited by V.H. Heywood。

5, Taxonomy and Ecology (1973), Edited by V.H. Heywood。

6, The Changing Flora and Fauna of Britain (1974), Edited by D.L. Hawksworth。

7, Biological Identification with Computers (1975), Edited by R.J. Pankhurst。

8, Lichenology: Progress and Problems (1976), Edited by D.H. Brown, D.L. Hawksworth and R.H. Bailey。

9, Key Works to the Fauna and Flora of the British Isles and Northwestern Europe, 4th

---

[1] 新系统学，胡先骕译，1964，科学出版社。

edition（1978），Edited by G.J. Kerrich，D.L. Hawksworth and R.W. Sims。

10， Modern Approaches to the Taxonomy of Red and Brown Algae（1978），Edited by D.E.G. Irvine and J.H. Price。

11， Biology and Systematics of Colonial Organisms（1979），Edited by C. Larwood and B.R. Rosen。

12， The Origin of Major Invertebrate Groups（1979），Edited by M.R. House。

13， Advances in Bryozoology（1979），Edited by G.P. Larwood and M.B. Abbott。

14， Bryophyte Systematics（1979），Edited by G.C.S. Clarke and J.G. Duckett。

15， The Terrestrial Environment and the Origin of Land Vertebrates（1980），Edited by A.L. Panchen。

16， Chemosystematics：Principles and Practice（1980），Edited by F.A. Bisby，J.G. Vaughan and C.A. Wright。

17， The Shore Environment：Methods and Ecosystems（2 volumes）（1980），Edited by J.H. Price，D.E.C. Irvine and W.F. Farnham。

18， The Ammonoidea（1981），Edited by M.R. House and J.R. Senior。

19， Biosystematics of Social Insects（1981），Edited by P.E. House and J.-L. Clement。

20， Genome Evolution（1982），Edited by G.A. Dover and R.B. Flavell。

21， Problems of Phylogenetic Reconstruction（1982），Edited by K.A. Joysey and A.E. Friday。

22， Concepts in Nematode Systematics（1983），Edited by A.R. Stone，H.M. Platt and L.F. Khalil。

23， Evolution，Time and Space：The Emergence of the Biosphere（1983），Edited by R.W. Sims，J.H. Price and P.E.S. Whalley。

24， Protein Polymorphism：Adaptive and Taxonomic Significance（1983），Edited by G.S. Oxford and D. Rollinson。

25， Current Concepts in Plant Taxonomy（1983），Edited by V.H. Heywood and D.M. Moore。

26， Databases in Systematics（1984），Edited by R. Allkin and F.A. Bisby。

27， Systematics of the Green Algae（1984），Edited by D.E.G. Irvine and D.M. John。

28， The Origins and Relationships of Lower Invertebrates（1985），Edited by S. Conway Morris，J.D. George，R. Gibson and H.M. Platt。

29， Infraspecific Classification of Wild and Cultivated Plants（1986），Edited by B.T. Styles。

30， Biomineralization in Lower Plants and Animals（1986），Edited by B.S.C. Leadbeater and R. Riding。

31， Systematic and Taxonomic Approaches in Palaeobotany（1986），Edited by R.A. Spicer and B.A. Thomas。

32， Coevolution and Systematics（1986），Edited by A.R. Stone and D.L. Hawksworth。

33， Key Works to the Fauna and Flora of the British Isles and Northwestern Europe，5th edition（1988），Edited by R.W. Sims，P. Freeman and D.L. Hawksworth。

34， Extinction and Survival in the Fossil Record（1988），Edited by G.P. Larwood。

35， The Phylogeny and Classification of the Tetrapods（2 volumes）（1988），Edited by M.J. Benton。

36， Prospects in Systematics（1988），Edited by J.L. Hawksworth。

37， Biosystematics of Haematophagous Insects（1988），Edited by M.W. Service。

38， The Chromophyte Algae：Problems and Perspective（1989），Edited by J.C. Green，B.S.C. Leadbeater and W.L. Diver。

39， Electrophoretic Studies on Agricultural Pests（1989），Edited by H.D. Loxdale and J. den Hollander。

40， Evolution，Systematics，and Fossil History of the Hamamelidae（2 volumes）（1989），Edited by P.R. Crane and S. Blackmore。

41， Scanning Electron Microscopy in Taxonomy and Functional Morphology（1990），Edited by D. Claugher。

42， Major Evolutionary Radiations（1990），Edited by P.D. Taylor and G.P. Larwood。

43， Tropical Lichens：Their Systematics，Conservation and Ecology（1991），Edited by G.J. Galloway。

44， Pollen and Spores：Patterns and Diversification（1991），Edited by S. Blackmore and S.H. Barnes。

45， The Biology of Free-Living Heterotrophic Flagellates（1991），Edited by D.J. Patterson and J. Larsen。

46， Plant-Animal Interactions in the Marine Benthos（1992），Edited by D.M. John，S.J. Hawkins and J.H. Price。

47， The Ammonoidea：Environment，Ecology and Evolutionary Change（1993），Edited by M.R. House。

48， Designs for a Global Plant Species Information System（1993），Edited by F.A. Bisby，G.F. Russell and R.J. Pankhurst。

49， Plant Galls：Organisms，Interactions，Populations（1994），Edited by M.A.J. Williams。

50， Systematics and Conservation Evaluation（1994），Edited by P.L. Forey，C.J. Humphries and R.I. Vane-Wright。

51， The Haptophyte Algae（1994），Edited by J.C. Green and B.S.C. Leadbeater。

52， Models in Phylogeny Reconstruction（1994），Edited by R. Scotland，D.I. Siebert and D.M. Williams。

53， The Ecology of Agricultural Pests：Biochemical Approaches（1996），Edited by W.O.C. Symondson and J.E. Liddell。

54， Species：the Units of Diversity（1997），Edited by M.F. Claridge，H.A. Dawah and M.R. Wilson。

55， Arthropod Relationships（1998），Edited by R.A. Fortey and R.H. Thomas。

56， Evolutionary Relationships among Protozoa（1998），Edited by G.H. Coombs，K. Vickerman，M.A. Sleigh and A. Warren。

57， Molecular Systematics and Plant Evolution（1999），Edited by P.M. Hollingsworth，R.M. Bateman and R.J. Gornall。

58， Homology and Systematics（2000），Edited by R. Scotland and R.T. Pennington。

59， The Flagellates：Unity，Diversity and Evolution（2000），Edited by B.S.C. Leadbeater and J.C. Green。

60， Interrelationships of the Platyhelminthes（2001），Edited by D.T.J. Littlewood and R.A. Bray。

61， Major Events in Early Vertebrate Evolution（2001），Edited by P.E. Ahlberg。

62， The Changing Wildlife of Great Britain and Ireland（2001），Edited by D.L. Hawksworth。

63， Brachiopods Past and Present（2001），Edited by H. Brunton，L.R.M. Cocks and S.L. Long。

64， Morphology，Shape and Phylogeny（2002），Edited by N. MacLeod and P.L. Forey。

65， Developmental Genetics and Plant Evolution（2002），Edited by Q.C.B. Cronk，R.M. Bateman and J.A. Hawkins。

66， Telling the Evolutionary Time：Molecular Clocks and the Fossil Record（2003），Edited by P.C.J. Donoghue and M.P. Smith。

67， Milestones in Systematics（2004），Edited by D.M. Williams and P.L. Forey。

68， Organelles，Genomes and Eukaryote Phylogeny（2004），Edited by R.P. Hirt and D.S. Horner。

69， Neotropical Savannas and Seasonally Dry Forests：Plant Diversity，Biogeography and Conservation（2006），Edited by R.T. Pennington，G.P. Lewis and J.A. Rattan。

70， Biogeography in a Changing World（2006），Edited by M.C. Ebach and R.S. Tangney。

71，Pleurocarpous Mosses：Systematics & Evolution（2006），Edited by A.E. Newton and R.S. Tangney。

72，Reconstructing the Tree of Life：Taxonomy and Systematics of Species Rich Taxa（2006），Edited by T.R. Hodkinson and J.A.N. Parnell。

73，Biodiversity Databases：Techniques，Politics，and Applications（2007），Edited by G.B. Curry and C.J. Humphries。

74，Automated Taxon Identification in Systematics：Theory，Approaches and Applications（2007），Edited by N. MacLeod。

75，Unravelling the algae：the past，present，and future of algal systematics（2008），Edited by J. Brodie and J. Lewis。

76，The New Taxonomy（2008），Edited by Q.D. Wheeler。

77，Palaeogeography and Palaeobiogeography：Biodiversity in Space and Time（2011），Edited by P. Upchurch，A. McGowan and C. Slater。

78，Climate Change，Ecology and Systematics（2011），Edited by Trevor R. Hodkinson，Michael B. Jones，Stephen Waldren and J. Parnell。

79，Biogeography of Microscopic Organisms（2011），Edited by Diego Fontaneto。

80，Flowers on Tree of Life（2011），Edited by Livia Wanntorp and Louis P. Ronse de Crane。

81，Evolution of plant-pollinator relationships（2011），Edited by Sebastien Patiny。

82，Biotic evolution and environmental change in southeast Asia（2012），Edited by David J. Gower，Kenneth G. Johnson，James E. Richardson，B.R. Rosen，L. Rüber and S.T. Williams。

83，Early events on monocot evolution（2013），Edited by Paul Wilkin and Simon J. Mayo。

84，Descriptive Taxonomy（2015），The foundation of Biodiversity Research，Mark F. Watson，Chris H. C. Lyal，Colin A. Pendry。

85，Next Generation Systematics（2016），Peter D. Olson，Joseph Hughes，James A. Cotton。

87，The Future of Phylogenetic Systematics（2016），the legacy of Willi Hennig，David Williams，Michael Schmitt，Quentin Wheeler。

Notes：Volume 1，1940，published by Clarendon Press；Volumes 2-27，1956-1984，published by Academic Press；Volumes 28-52，1985-1994，published by Oxford University Press；Volumes 53-56，1996-1998，published by Chapman & Hall；Volumes 57-77，1999-2011，published by CRC Press；Volumes 78-，2011-，published by Cambridge University Press.

Available at：https：// systass.org / publications / special-volume-series / recent-systematic-association-publications /

11 植物分类学文献中的罗马数词

虽然目前阿拉伯数词在学术界的使用已经完全取代罗马数词，但阅读一些较老的植物学文献（以及极少数新的文献）时，了解并掌握罗马数词还是非常必要的。为此，本书简单介绍植物分类学文献中的罗马数词[①]。

基本数字：

I：1，V：5，X：10，L：50，C：100，D：500，M：1 000。

计数方法：

1，相同的数字连写，所表示的数等于这些数字相加得到的和，如：III=3；

2，小的数字（限于 I、V、X 和 C）在大于本身的基本数字的右边，所表示的数等于这些数字相加得到的和，如：VIII=8，XII=12，LV：55，CX：110，MCC：1 200；

3，小的数字（限于 I、X 和 C）在大于本身的基本数字的左边，所表示的数等于大数减小数得到的差，如：IV=4，IX=9，XC=90，CM=900。

组数规则：

1，基干数字（I、V、X、L、C、D、M）从左到右，按位数左减右加小于自己或自己位数的数字，最后组成所需要的数字；其中 1、2、3，10、20、30，100、200、300，1 000、2 000、3 000 等为基数词组成，而 6、7、8，60、70、80，600、700、800 等为右加，而 4、9，40、90，400、900 等为左减；以此类推。

2，基本数字 I、X、C 中的任何一个，自身连用构成数目，或者放在大数的右边连用构成数目，都不能超过三个；而放在大数的左边只能用一个。如：38=XXXVIII，而不是 38：XXXIIX；94=XCIV，而不是 94：XCIIII。

3，不能把基本数字 V、L、D 中的任何一个作为小数放在大数的左边采用相减的方法构成数目，而放在大数的右边采用相加的方式构成数目时不能超过三次。如：1888 则表示为：MDCCCLXXXVIII，而 1999 则表示为：MCMXCIX，而不是：MDCCCCDCCCCVIIII。

4，任何放在左边被减的数字，其位数必须小于右边的基数，如 V 和 X 左边被减的数

[①] 限于四位数，特别是年代、章节、数字和页码。一般来说，大写多为年代或章节，而小写的多为数字与页码，但也不完全一致；实际上使用中不同的出版物、不同的使用者在不同的时期则有所不同。

字只能用 I，而 L 和 C 左边被减的数字只能用 X 或 I，而 D 和 M 左边被减的数字只能用 C，或者是 X 或 I。

5，千以上的为数字上面加一横线，表示增加千倍，如：$\overline{V}$：5 000，$\overline{X}$：10 000，$\overline{L}$：50 000，$\overline{C}$：100 000，$\overline{D}$：500 000，$\overline{M}$：1 000 000。

6，基干数词（黑体）及 1 000 以内的数词举例：

I：1	XX：20	CCC：300
II：2	XXX：30	CD：400
III：3	XL：40	**D：500**
IV：4	**L：50**	DC：600
V：5	LX：60	DCC：700
VI：6	LXX：70	DCCC：800
VII：7	LXXX：80	CM：900
VIII：8	XC：90	**M：1 000**
IV：9	**C：100**	
X：10	CC：200	

7，年代与数字的组合举例：

MDCCXLVI：1746；

MDCCCLXXIV：1874；

MCMXLVI：1946；

MCMLXIX：1969；

MMIX：2009；

xxviii：28；

xliii：43；

lxiii：63；

dcxcix：699；

mdxlvi：1544。

8：V+I+I+I，VIII 或者 viii

27：X+X+V+I+I，XXVII 或者 xxvii

53：L+I+I+I，LIII 或者 liii

149：C+（L–X）+（X–I），CXLIX 或者 cxlix

651：D+C+L+I，DCLI 或者 dcli

814：D+C+C+C+X+（V–I），DCCCXIV 或者 dcccxiv

1790：M+D+C+C+（C–X），MDCCXC

1919：M+（M–C）+X+（X–I），MCMXIX

2020：M+M+X+X，MMXX。

12 植物分类学常用网站

    随着网络的普及，各类数据库资源，不仅丰富而且更新极为迅速，为我们的研究与利用提供了非常丰富的资源。然而，最权威的资料也有其针对性与时效性，加之网络所特有的变化与更新等，可谓既是机遇更是挑战！本书所列出仅仅是最基本的一部分，特别是关于经典植物分类及其相关的内容。需要提醒读者的是这里列举的仅仅是笔者访问时的状态，因为网络的变化、变动或者更改等情况，届时可能无法登录或者无法查到！这就是网络的特有现象。另外就是单位是否购买了某些数据库，否则也很难下载或者详细访问。诚然，读者未必仅限于这些，更丰富与更详细的资源有待读者进一步挖掘。本书收载的网址均为截稿之日的 2020 年春天（除非另注）。

American Society of Plant Taxonomists（www.aspt.net）

American Society of Plant Taxonomists（ASPT）is dedicated to the promotion of research and teaching in taxonomy，systematics，and phylogenetics of vascular and non-vascular plants。Organized in 1935，the Society has over 1 100 members。To further its mission，the Society publishes two journals：Systematic Botany and Systematic Botany Monographs，provides funding for research and travel，and convenes annual scientific meetings。

American Fern Society（www.amerfernsoc.org）

The American Fern Society（AFS）is over 120 years old。With over 900 members worldwide，it is one of the largest international fern clubs in the world。It was established in 1893 with the objective of fostering interest in ferns and fern allies。We exchange information and specimens between members via our publications and spore exchange。We sponsor Fern Forays every summer to provide opportunities to learn more about wild ferns from experts and to meet other people with a similar passion for ferns.

Botanicus Digital Library（www.botanicus.org）

Botanicus Digital Library，a freely accessible，Web-based encyclopedia of historic botanical literature from the Missouri Botanical Garden Library。Botanicus is made possible through support from the W.M. Keck Foundation and the Andrew W. Mellon Foundation。At spring 2020，with 2125 titles of books and journals，8872 volumes，2608670 pages and 245102 links to protologues.

Biodiversity Heritage Library（www.biodiversitylibrary.org）

The Biodiversity Heritage Library（BHL）is the world's largest open access digital library for biodiversity literature and archives. BHL is revolutionizing global research by providing free, worldwide access to knowledge about life on Earth. To document Earth's species and understand the complexities of swiftly-changing ecosystems in the midst of a major extinction crisis and widespread climate change, researchers need something that no single library can provide-access to the world's collective knowledge about biodiversity. While natural history books and archives contain information that is critical to studying biodiversity, much of this material is available in only a handful of libraries globally. Scientists have long considered this lack of access to biodiversity literature as a major impediment to the efficiency of scientific research. BHL operates as a worldwide consortium of natural history, botanical, research, and national libraries working together to address this challenge by digitizing the natural history literature held in their collections and making it freely available for open access as part of a global "biodiversity community."

The BHL portal provides free access to hundreds of thousands of volumes, comprising over 57 million pages, from the 15th–21st centuries. In addition to public domain content, BHL works with rights holders to obtain permission to make in-copyright materials openly available under Creative Commons licenses. The BHL consortium works with the international taxonomic community, publishers, bioinformaticians, and information technology professionals to develop tools and services to facilitate greater access, interoperability, and reuse of content and data. BHL provides a range of services, data exports, and APIs to allow users to download content, harvest source data files, and reuse materials for research purposes. Through the Global Names Recognition and Discovery (GNRD) service, BHL indexes the taxonomic names throughout the collection, allowing researchers to locate publications about specific taxa. BHL actively engages with worldwide audiences using a range of social media tools and online initiatives. Through Flickr, BHL provides access to over 150,000 illustrations, enabling greater discovery and expanding its audience to the worlds of art and design. BHL also supports a variety of citizen science projects that encourage volunteers to help enhance collection data.

Since its launch in 2006, BHL has served over 8 million people in over 240 countries and territories around the world. Through ongoing collaboration, innovation, and an unwavering commitment to open access, the Biodiversity Heritage Library will continue to transform research on a global scale and ensure that everyone, everywhere has the information and tools they need to study, explore and conserve life on Earth.

Botanical Latin (http: // www.mobot.org / mobot / LatinDict / search.aspx)

Those who need to translate Latin descriptions and discussions from the older literature should know that P. Eckel's Grammatical Dictionary of Botanical Latin has passed 7100 entries。 Each entry gives information on appropriate inflection, definition, and usage, plus examples from the Latin literature with their English translations。

Catalogue of Life（www.catalogueoflife.org）

The Catalogue of Life is an online database that provides the world's most comprehensive and authoritative index of known species of animals, plants, fungi and micro-organisms。 It was created in 2001 as a partnership between the global Species 2000 and the American Integrated Taxonomic Information System。 The Catalogue interface is available in twelve languages and is used by research scientists, citizen scientists, educators, and policy makers。 The Catalogue is also used by the Biodiversity Heritage Library, the Barcode of Life Data System, Encyclopedia of Life, and the Global Biodiversity Information Facility。 The Catalogue currently compiles data from 168 peer-reviewed taxonomic databases, that are maintained by specialist institutions around the world。 As of 2019, the Catalogue lists 1 837 565 of the world's 2.2m extant species known to taxonomists on the planet at present time.

Chinese Plant Names Index（http://cpni.ibiodiversity.net/#! Home）

The Chinese and English version of the national flora completed in 2004 and 2013, respectively, cover more than 30 000 kinds of vascular plants, with most of the taxa published for decades ago. However, new taxonomic treatment, either new taxa or new nomenclatural data have been changed continuously. Therefore, there is an urgent need for the acquisition of the dynamic information of Chinese vascular plants. Due to the relatively loose requirements of ICN（International Code of Nomenclature for algae, fungi, and plants）on effective publication, many taxa published in regional journals and books, especially in a local or less important publications, are difficult to be included in the international retrieval mechanism（such as IPNI, Tropicos）timely. And incognizance of Chinese characters for foreign researchers also affects the efficiency for Chinese information retrieval.

From 2000 to 2017, 10, 850 new names or new additions to the Chinese vascular flora were proposed by 3, 243 individuals, as documented in the Chinese Plant Names Index（CPNI）. During those eighteen years, 3, 959 new taxa of vascular plants were described from China, including 5 new families, 137 new genera, 3, 152 new species, 61 new subspecies, 462 new varieties and 142 new forms. Additionally, 3, 313 new combinations and 283 new names were also proposed. Five hundred and eighty two vascular plants were reported as new to China, while 2,

219 names were reduced to synonyms of 1, 315 taxa. The data show that the Chinese flora increased in size at the rate of about 200 taxa per year during those years. For details, please see Cheng DU & JinShuang MA, 2019, *Chinese Plant Names Index 2000–2009* and *Chinese Plant Names Index 2010–2017*, 606 p. & 603 p. Beijing: Science Press, i.e. 1.1.40 of this book。

The project of Bibliography of Chinese Vascular Plants for New Taxonomic Data aims at to solve the above problems systematically. The objectives of this project is dealing with the taxonomic literature of new taxa, name changes, synonyms, records and typifications for all of the vascular plants distributed in China by steps, systematically collecting the information from the literature and digitally publishing the information. Specialized researchers will be able to retrieve the specific information after registration. These documents will be browsed, downloaded, borrowed, or accessed using the document delivery services according to the policy of the publisher company or database services.

The database of Bibliography of Chinese Vascular Plants for New Taxonomic Data contains the following items: a Publication information: the name of book or journal, publishing year, volume, number and the page number range; b Article information: author（s）, title and language; and c Taxa information: name of taxon, category of taxonomic treatment, page of taxon, type specimen and the herbaria in where the specimens preserved, distribution in the world and China, and other pertinent information if possible. The database will be opened to professional scholars, and information retrieval of all items can be realized through a database entry.

DELTA（www.delta-intkey.com）

The DELTA format（DEscription Language for TAxonomy）is a flexible and powerful method of recording taxonomic descriptions for computer processing。 It was adopted as a standard for data exchange by Biodiversity Information Standards（TDWG）。 The DELTA System is an integrated set of programs based on the DELTA format。 The facilities available include the generation and typesetting of descriptions and conventional keys, conversion of DELTA data for use by classification programs, and the construction of Intkey packages for interactive identification and information retrieval。 The System was developed in the CSIRO Division of Entomology during the period 1971 to 2000。 It is in use worldwide for diverse kinds of organisms, including viruses, corals, crustaceans, insects, fish, fungi, plants, and wood。 The programs are free for non-commercial use。 The DELTA System is capable of producing high-quality printed descriptions。 DELTA data can include any amount of text to qualify or amplify the coded information, and this text can be carried through into the descriptions。 Common features can be omitted from the data and the descriptions, while remaining available for identification and analysis. There is extensive control over the combination of attributes into sentences and paragraphs, the omission of repeated words, and the insertion of headings. The most important or diagnostic attributes (derived automatically or manually) for each taxon can be emphasized in full descriptions, or short descriptions containing only these attributes can be produced. The descriptions can be fully typeset without the requirement for any manual editing. These features are exemplified in books such as 'The Grass Genera of the World' (CABI International: Wallingford), which was generated automatically from a DELTA database, and contains descriptions of about 800 genera in terms of more than 500 characters. The program Key generates conventional identification keys. In selecting characters for inclusion in the key, the program determines how well the characters divide the remaining taxa, and balances this information against subjectively determined weights which specify the ease of use and reliability of the characters. Keys can be tailored for specific purposes by adjusting the weights, restricting the keys to subsets of the characters and taxa, and changing the values of parameters that control various aspects of the key generation. For example, keys could be produced for particular countries or climates; using only vegetative, floral, or fruit characters; starting with important characters; or biased towards common species. DELTA data can easily be converted to the forms required by programs for phylogenetic analysis, e.g. Paup, Hennig86, and MacClade. The characters and taxa required for these analyses can be selected from the full data set. Numeric characters, which cannot be handled by these programs, are converted to multistate characters. Printed descriptions can be generated to facilitate checking of the data, and Intkey can be used for further data checking, and for finding differences, similarities, and correlations among the taxa.

E Flora of India (https://sites.google.com/site/efloraofindia/about)

Database of Indian Plants, developed by the members of Efloraofindia Google Group.

Efloraofindia (eFI in short) website is one of the biggest non-commercial site, one of its kind in the world & also without advertisements, based on the collection of photographic images of plants, where no money or professional organisation is involved except for the selfless efforts of its members from diverse backgrounds. It was started initially on 2nd November 2010, for supplementing the working of efloraofindia google e-group and later shifted gears for documenting Flora of India that is being discussed on the group. It also has the largest database on net on Indian Flora with more than 12 000 species (along with more than 300 000 pictures as on 31 March 2018, from some of the best Flora Photographers of India, at its efloraofindia e-group links. It also includes some species from around the world, which has been posted by our members. More than 170,000 images （as on 31 March 2019） have already been displayed at species' pages along with displaying these at genera & family pages for comparative purposes for easy identification。 Efforts are further being made to display images on all discussion threads and taking overall numbers of such images to say 300,000。

Efloraofindia e-group （initially Indiantreepix） is the largest Google e-group in the world in this field & largest nature related in India （and the most constructive, with more than 3,000 members & 300,000 messages on 23 August 2018） devoted to creating awareness, helping in identification （e-gurukul） etc. along with discussion & documentation of Indian Flora。 It has already completed more than 12 years of service on 17 June 2019。

Flora Malesiana（https://floramalesiana.org/new/）

Flora Malesiana（FM） is an international flora project aiming to name, describe and inventory the complete vascular plant flora of Malesia, the region including Malaysia, Singapore, Indonesia, Brunei Darussalam, the Philippines, Timor-Leste and Papua New Guinea。 The Malesian biodiversity hotspot harbours a staggering vascular plant diversity estimated at more than 45,000 species。 Published FM volumes, CD-ROMs and other output cover about 29% of the species in Malesia and have been cited thousands of times, not just in highly specialized taxonomic journals, but also in journals which focus on a wide range of fields such as climate change, plant ecology, and conservation, as well as policy documents。 For example, the treatment of the Dipterocarpaceae （Ashton, 1982）, which comprise the economically most important timber tree species in Southeast Asia, has been cited 687 times （Google Scholar citations, Jan 2019） highlighting the importance of the baseline data presented in the series。

The family treatments are not published in a systematic order but as they come available by the scientific efforts of some 100 collaborators all over the world。 Each family treatment contains keys for identification, descriptions of the recognized taxa from family to variety, and a large amount of information （with literature references） on, e.g., taxonomy, variability, synonymy, typification, distribution, habitats and ecology, morphology and anatomy, phytochemistry, and uses。 Attention is given in the first place to the indigenous species but non-native, cultivated or escaped species are also treated （described and keyed out） or at least mentioned。 Drawings and photographs illustrate the treatments, and as a general rule at least one species of each native genus has a full-page drawing。 There are two series：I, Seed Plants, and II, Pteridophytes。

Global Plants（https://about.jstor.org/whats-in-jstor/primary-sources/global-plants）

The Global Plants database features more than two million high-resolution type specimens, and this number continues to grow。 The collection also includes partner-contributed reference works and primary sources, such as collectors' correspondence and diaries, paintings, drawings, and photographs。 Highlights include reference works and books such as The Useful Plants of West Tropical Africa and Flowering Plants of South Africa; illustrations from Curtis's Botanical Magazine; and Kew's Directors' Correspondence, comprising handwritten letters and memoranda from the senior staff south of Kew from 1841 to 1928。 Plant type specimens are in great demand for scientific study because of their pivotal role as original vouchers of nomenclature。 They also act as a historical record of changes in various flora。 The specimens have been hand-selected and meticulously digitized by partner herbaria with generous support from The Andrew W. Mellon Foundation.

Features：Search-Find results quickly through domain-specific filters; Image viewer-Examine high-resolution images; measure and save plant information; Linking-Discover relevant journal articles on JSTOR and content from the Biodiversity Heritage Library, the Global Biodiversity Information Facility (GBIF), and Tropicos; Commenting-Be part of the scientific discourse-join active discussions on plant specimen data by experts in the field; Stable links–Locate, cite, and create stable links to type specimens; Compilation page-View all the resources in the database related to a particular plant name or taxon in one place.

Global Biodiversity Information Facility (www.gbif.org)

The Global Biodiversity Information Facility (GBIF) is an international network and research infrastructure funded by the world's governments and aimed at providing anyone, anywhere, open access to data about all types of life on Earth。 Coordinated through its Secretariat in Copenhagen, the GBIF network of participating countries and organizations, working through participant nodes, provides data-holding institutions around the world with common standards and open-source tools that enable them to share information about where and when species have been recorded。 This knowledge derives from many sources, including everything from museum specimens collected in the 18th and 19th century to geotagged smartphone photos shared by amateur naturalists in recent days and weeks。 The GBIF network draws all these sources together through the use of data standards, such as Darwin Core, which forms the basis for the bulk of GBIF.org's index of hundreds of millions of species occurrence records。 Publishers provide open access to their datasets using machine-readable Creative Commons licence designations, allowing scientists, researchers and others to apply the data in hundreds of peer–reviewed publications and policy papers each year. Many of these analyses—which cover topics from the impacts of climate change and the spread of invasive and alien pests to priorities for conservation and protected areas, food security and human health—would not be possible without this.

HathiTrust（https：// www.hathitrust.org / about）

Founded in 2008, HathiTrust is a not-for-profit collaborative of academic and research libraries preserving 17+ million digitized items. HathiTrust offers reading access to the fullest extent allowable by U.S. copyright law, computational access to the entire corpus for scholarly research, and other emerging services based on the combined collection. HathiTrust members steward the collection—the largest set of digitized books managed by academic and research libraries—under the aims of scholarly, not corporate, interests.

Integrated Digitized Biocollections（https：// www.idigbio.org / portal / search）

Integrated Digitized Biocollections（iDigBio）, the National Resource for Advancing Digitization of Biodiversity Collections（ADBC）funded by the National Science Foundation. Through ADBC, data and images for millions of biological specimens are being made available in electronic format for the research community, government agencies, students, educators, and the general public. The vision for ADBC is a permanent repository of digitized information from all U.S. biological collections that leads to new discoveries through research and a better understanding and appreciation of biodiversity through improved outreach, which then leads to improved environmental and economic policies.

International Association of Bryologists（http：// bryology.org /）

The mission of the International Association of Bryologists（IAB）, as a society, is to strengthen bryology by encouraging interactions among all persons interested in byophytes. The International Association of Bryologists（IAB）is an organization established in 1969 at the XI International Botanical Congress in Seattle, Washington, U.S.A. The aim of the organization is to promote international cooperation and communication among bryologists, whether amateur or professional. This is achieved through sponsorship and arrangement of meetings and symposia that relate to the various aspects of bryology, and by IAB sponsored publications including The Bryological Times（since 1980 and free now）. The Association also supports the publication of reviews, lists, software, and compendia.

Index Herbariorum（IH）（http://sweetgum.nybg.org/science/ih）

The Index Herbariorum（IH）entry for an herbarium includes its physical location, URL, contents（e.g., number and type of specimens）, founding date, as well as names, contact information and areas of expertise of associated staff。 Only those collections that are permanent scientific repositories are included in IH。 New registrants must demonstrate that their collection is accessible to scientists, and is actively managed。 Each institution is assigned a permanent unique identifier in the form of a one to eight letter code, a practice that dates from the founding of IH in 1935.

The International Association for Plant Taxonomy（IAPT）established Index Herbariorum in 1935, and published its first six editions。 Dr. Patricia Holmgren, then Director of the New York Botanical Garden Herbarium, served as co-editor of edition 6, and subsequently became the senior editor。 She oversaw the compilation of hard copy volumes 7 and 8, and Dr. Noel Holmgren, a member of The New York Botanical Garden's scientific staff, oversaw the development of the Index Herbariorum database, which became available on-line in 1997, superceding the printed version。 In September 2008, Dr. Barbara M. Thiers, Director of the NYBG Herbarium, became the sole editor of the index.

According to the data in Index Herbariorum as of 15 December 2019, there are 3324 active herbaria in the world（229 more than last year）, containing 392, 353, 689 specimens（4, 739, 636 more than last year）。

International Association for Plant Taxonomy（https://www.iaptglobal.org）

The International Association for Plant Taxonomy（IAPT）is a non-profit organisation founded in 1950 to promote, support and facilitate taxonomic, systematic and nomenclatural research into algae, fungi and plants. It currently has nearly 1000 members, in many countries around the world。 The Association is managed by a Council of officers elected by its members。 Councillors serve a six-year term, as set out in the IAPT Constitution。 The IAPT Council is supported by a secretariat, with offices in Bratislava（Slovakia）and Washington DC（USA）。 IAPT works with other organisations to promote biological sciences internationally, and is a member of the International Union of Biological Societies（IUBS）, a non-profit, non-governmental peak body founded in 1919。 IAPT also works closely with national organisations throughout the world that have similar goals.

International Plant Names Index（www.ipni.org）

International Plant Names Index（IPNI）produced by a collaboration between The Royal

Botanic Gardens, Kew, The Harvard University Herbaria, and The Australian National Herbarium, hosted by the Royal Botanic Gardens, Kew。 IPNI provides nomenclatural information（spelling, author, types and first place and date of publication）for the scientific names of Vascular Plants from Family down to infraspecific ranks。 You can search for plant names, authors or publications in the search box above。 Click the down arrow for advanced search options。 New records are added daily, and the IPNI team are continuously working to improve data standardization。

The Japanese Society for Plant Systematics（JSPS, http://www.e-jsps.com/wiki/wiki. cgi?page=FrontPageEnglish）

The Japanese Society for Plant Systematics, founded in 2001, is an association of biologists who are interested in taxonomy, systematics, and biodiversity of plants。 It publishes an international journal *Acta Phytotaxonomica et Geobotanica* and a Japanese journal *The Journal of Phytogeography and Taxonomy*（only In Japanese）and conducts annual meetings and symposia。

JSTOR（www.jstor.org/）

JSTOR is a highly selective digital library of academic content in many formats and disciplines。 The collections include top peer-reviewed scholarly journals as well as respected literary journals, academic monographs, research reports from trusted institutes, and primary sources。

Archival Journals: The collections feature the full-text articles of more than 2,600 academic journals across the humanities, social sciences, and natural sciences。 Journals span continents and languages, with titles from 1, 200 publishers from 57 countries。 Collections include multi-discipline, discipline-specific, and region-based packages。 Many JSTOR collections are multidisciplinary and comprised of several core subjects, including language and literature, history, economics, and political science。 Discipline-specific collections are also available to support focused educational programs, and range from health and science collections to music, Jewish studies, and Iberoamérica。

Books: Books at JSTOR offers more than 85,000 ebooks from renowned scholarly publishers, integrated with journals and primary sources on JSTOR's easy-to-use platform。 As a not-for-profit with a mission to serve the academic community, JSTOR works closely with librarians, publishers, and scholars to develop this offering。 We focus on delivering great content and experiences to researchers—and great value to academic libraries。

Korean Peninsula Flora (http: // kpf.myspecies.info)

This checklist is a compilation of the native and naturalized pteridophytes, conifers and flowering plants recorded in the Korean peninsula. Also, we present comprehensive data for all known type specimens collected in Korea. We have carefully examined all of the original protologue and specimens to confirm the status of type specimens. Our goal is to catalog all Korean vascular plant type specimens by 1945 except a few cases.

Mountains of Central Asia Digital Dataset (http: // pahar.in)

This Mountains of Central Asia Digital Dataset (MCADD) consists of a collection of books, journals and maps related broadly to the Himalayas and its outlying attached ranges including the Hindu Kush, the Karakorams, the Pamirs, the Tian Shan and the Kuen Lun as well as the Tibetan highlands and the Tarim basin. These materials are housed in this site, and are freely available for personal non-commercial use and downloading.

Plants Of the World Online (www.plantsoftheworldonline)

In 2015, the Royal Botanic Gardens, Kew launched its first Science Strategy establishing its vision to document and understand global plant and fungal diversity and their uses, bringing authoritative expertise to bear on the critical challenges facing humanity today. The Science Strategy also committed Kew to delivering nine strategic outputs with the overarching aim to disseminate Kew's scientific knowledge of plants and fungi to maximize its impact in science, education, conservation policy and management. The Plants of the World Online portal (POWO) is one of the nine strategic outputs and its aim is to enable users to access information on all the world's known seed-bearing plants by 2020. With over 8.5 million items, Kew houses the largest and most diverse botanical and mycological collections in the world in the Victorian Herbarium and Fungarium in West London. They represent over 95% of known flowering plant genera and more than 60% of known fungal genera and yet, only 20% of this knowledge is available online. POWO is Kew's way of turning 250 years of botanical knowledge into an open and accessible online global resource. POWO draws together Kew's extensive data resources including its regional Floras and monographs, alongside images from the digitisation of the collections. The portal has been designed to maximise accessibility and enables the dissemination of plant information to its users via a mobile, tablet or desktop computer.

Systematics Association (www.systass.org)

The Systematics Association is committed to furthering all aspects of Systematic biology. The

Systematics Association was founded in May 1937 as the "Committee on Systematics in Relation to General Biology" to provide a forum for the discussion of the general theoretical and practical problems of taxonomy. An outline of the original objectives of the Association was published in *Nature* 140: 163 (1938). The first of the Association's publications, *The New Systematics*, 1940, edited by the late Sir Julian Huxley, focused on new data from cytogenics, ecology and other fields, and the latest, *The New Taxonomy*, series 76, 2008, edited by Prof. Quentin D. Wheeler, with all of new vision and new technological aspects as well, based on papers presented at the 2005 biennial meeting of the Systematics Association in Cardiff, Wales.

Taxonomic Database Working Group (www.tdwg.org)

Biodiversity Information Standards known as the Taxonomic Database Working Group Biodiversity Information Standards (TDWG) is a not for profit scientific and educational association that is affiliated with the International Union of Biological Sciences. TDWG was formed to establish international collaboration among biological database projects. TDWG promoted the wider and more effective dissemination of information about the World's heritage of biological organisms for the benefit of the world at large. Biodiversity Information Standards (TDWG) now focuses on the development of standards for the **exchange** of biological / biodiversity data.

Tree of Life (www.tolweb.org / tree / phylogeny.html)

The Tree of Life Web Project (ToL) is a collection of information about biodiversity compiled collaboratively by hundreds of expert and amateur contributors. Its goal is to contain a page with pictures, text, and other information for every species and for each group of organisms, living or extinct. Connections between Tree of Life web pages follow phylogenetic branching patterns between groups of organisms, so visitors can browse the hierarchy of life and learn about phylogeny and evolution as well as the characteristics of individual groups.

TROPICOS (www.tropicos.org)

TROPICOS, an online botanical database containing taxonomic information on plants, links over 1.33M scientific names with over 4.87M specimens and over 685K digital images. The data includes over 150K references from over 52.6K publications offered as a free service to the world's scientific community.

Virtual Guide to the Flora of Mongolia（https://floragreif.uni-greifswald.de）

The project aims to present a virtual guide as an introduction to the flora of Mongolia。 This webproject intends to provide an information source for botanists, plant ecologists and students of botany or ecology working in applied projects。 Moreover, it will also offer a resource for taxonomists to prepare revisions or monographs of selected species。 The website is a dynamic system with two basic hierarchy levels: The record level includes as many records as possible for a taxon, represented by location data, digital scans of herbarium specimens and/or images of living plants and their habitats。 The taxon level presents information about a taxon, such as: morphological descriptions, taxonomic comments on possible species that may be confused and hints for a reliable determination, distribution data, environmental conditions of habitats, status of the Mongolian Red Data Book and others。

Wallich Catalogue（http://wallich.rbge.info/）

The Wallich Catalogue Online is an interactive tool to help people use the Wallich Catalogue and interpret the herbarium specimens Nathaniel Wallich distributed on behalf of the British East India Company between 1829 and 1847。 The 306 lithographically printed pages list 9 148 'Entries', usually species, and give collecting details of 20 897 'Collections'。 The pages were originally intended to be cut up and used as specimen labels and, as the specimens are the basis of thousands of plant names described from S and SE Asia, understanding these is important in the typification and application of thousands of plant names in many Asian countries.

The numerous corrections and additions which occur sporadically through the Catalogue are brought together and viewed under each Entry number。 Wallich's mistakes and inconsistencies are explained, and the Collections re-numbered using the 'Edinburgh Notation' which enables them to be cited unambiguously.

World Flora Online（www.worldfloraonline.org）

There are an estimated 400,000 species of vascular plants on Earth, with some 10 percent more yet to be discovered。 These plants, both known and unknown may hold answers to many of the world's health, social, environmental and economic problems。 A full inventory of plant life is vital if many threatened species are to be protected and if their full potential is to be realized before many of these species, and the possibilities they offer, become extinct。

In 2010, the updated Global Strategy for Plant Conservation（GSPC）of the U.N。 Convention on Biological Diversity included as its first target（Target 1）the need for "An online flora of all known plants." With this background in mind, in January 2012 in St Louis, Missouri, U.S.A., representatives from four institutions: the Missouri Botanical Garden, the New York Botanical Garden, the Royal Botanic Garden Edinburgh, and the Royal Botanic Gardens, Kew-all members of the Global Partnership for Plant Conservation (GPPC) took the initiative to meet and discuss how to achieve GSPC Target 1 by 2020。 The meeting resulted in a proposed outline of the scope and content of a World Flora Online, as well as a decision to form an international consortium of institutions and organizations to collaborate on providing that content.

The World Flora Online project was subsequently launched in India, at an event held during the 11th Conference of the Parties to the Convention on Biological Diversity in October, 2012 where the COP also adopted a decision welcoming the World Flora Online initiative。 In January, 2013 a Memorandum of Understanding on the World Flora Online, was opened for signature。 Up to the end of August 2014, 24 institutions and organizations had signed the MOU。 A range of other institutions and organizations worldwide is also being invited to participate in the WFO Consortium.

The World Flora Online will be an open-access, Web-based compendium of the world's plant species。 It will be a collaborative, international project, building upon existing knowledge and published floras, checklists and revisions but will also require the collection and generation of new information on poorly know plant groups and plants in unexplored regions.

The project represents a major step forward in developing a consolidated global information service on the world's flora.

植物智（www.iplant.cn）

"植物智"是基于中国植物志、中国植物图像库、花伴侣智能识别体系整合打造的植物智慧信息系统，提供植物物种百科、图片、分布、识别、APP 等相关信息和工具。已整合的网站及信息系统：

1. 中国植物志全文电子版，http://frps.eflora.cn，2005–2019（www.iplant.cn/frps）
2. Flora of China，http://www.floraofchina.org，2007–2019（www.iplant.cn/foc）
3. 中国在线植物志，http://www.eflora.cn，2012–2018
4. 中国珍稀濒危植物信息系统，http://rep.iplant.cn，2013–2019（www.iplant.cn/rep）
5. 中国资源植物信息系统，http://pris.iplant.cn，2013–2019（www.iplant.cn/pris）
6. 中国外来入侵物种信息系统，http://ias.iplant.cn，2016–2019（www.iplant.cn/ias）
7. 植物百科，http://bk.iplant.cn，2013–2019（www.iplant.cn）
8. 拍花识植物，http://stu.iplant.cn，2014–2019（www.iplant.cn）

9. 中国植物图像库，http：//www.plantphoto.cn，2008-（ppbc.iplant.cn）

已整合的手机 APP：1 志在掌握——中国植物志手机版，苹果专业版、安卓精简版，2012，http：//www.iplant.cn/app0/；2"花伴侣"——花草树木，一拍呈名。各大应用市场可以下载，安卓精简版 http：//www.iplant.cn/hbl；3 标本馆伴侣 iSpecimen——植物标本识别与采集记录助手，2018，http：//www.iplant.cn/app1/；4"晓草"——草伴侣，2018，http：//www.iplant.cn/cbl/。

中国知网（http：//www.cnki.net）

国家知识基础设施（National Knowledge Infrastructure，NKI）的概念。目前世界上全文信息量规模最大的"CNKI 数字图书馆"，并正式启动建设**中国知识资源总库**及 CNKI 网格资源共享平台，通过产业化运作，为全社会知识资源高效共享提供最丰富的知识信息资源和最有效的知识传播与数字化学习平台。

BHL 中国节点（bhl-china.org/cms）

全文数据库（www.bioone.org）

中国科学院联合目录集成服务系统（http：//union.csdl.ac.cn）

中国科学院中国生命科学文献数据库（http：//www.cba.ac.cn）

维普咨询（http：//www.cqvip.com）

自然标本馆（http：//www.cfh.ac.cn）

"自然标本馆"目前实现了生物多样性名称与分类系统管理、便捷的物种鉴定、野外调查数据的自动化整理整合与编目、个性化的功能聚合与服务等功能体系，在基本的生物多样性信息服务之余，将致力于为以下工作提供信息化平台支持：个人生物多样性数据的整理和组织，野外生物多样性的调查、编目与变化监测，以生物类群、地理区域或项目团队等为组织特征的生物多样性资料及相关事物管理信息化。

中国数字植物标本馆（http：//www.cvh.ac.cn）

"中国数字植物标本馆（Chinese Virtual Herbarium，简称 CVH）"网站（www.cvh.org.cn）是在科技部"国家科技基础条件平台"项目资助下建立的，其宗旨是为用户提供一个方便快捷获取中国植物标本及相关植物学信息的电子网络平台。中国科学院及其他部委（局）也为网站建设提供相关支持。CVH 建设的目的包括：1.提供中国植物标本及相关植物学的全面和最新的信息，供专家及一般用户上网查询；2.为国内同行间交流与合作提供平台，并实现与国际接轨；3.提供政府及民间对植物多样性保护和可持续利用的参考资料；4.促进参与标本馆的现代化管理建设进程。最终目标是把 CVH 建设成为中国植物标本信息及植物学科的国家型门户网站。

目前 CVH 网站包含数据库 20 余个，数据量达 3.3TB。参与建设单位（共建单位 / 成员单位）达 30 余家，包括中国科学院和地方科学院及一些大学标本馆，基本上包含了我国主要和重要的标本馆。数据库包括：1. 标本信息，2.《中国植物志》数据库，3. 彩色图库，4. 其他相关数据库，如 1)《中国高等植物图鉴》数据库、2）地方植物志及其统一查询、3）"三种主要志书属名数据库"、4）植物名称及分布数据库、5）模式标本名录及其原始文献数据库、6）植物名称作者（命名人）数据库、7）中国植物分类学文献要览（1949–1990）、8）标本采集地新旧地名对照数据库、9）中国植物标本馆数据库。

国家标本资源共享平台（http://www.nsii.org.cn）

国家标本资源共享平台（NSII）是国家科技部认定并资助的 28 个国家科技基础条件平台之一，汇集了植物、动物、岩矿化石和极地标本数字化信息的在线共享平台，自 2003 年开始建设。NSII（项目编号：2005DKA21400）由中国科学院植物研究所牵头，下设植物标本（2005DKA21401）、动物标本（2005DKA21402）、教学标本（2005DKA21403）、保护区标本（2005DKA21404）、岩矿化石标本（2005DKA21405）和极地标本（2005DKA21406）6 个子平台，截止 2018 年底有 198 个参加单位组成，涉及中国科学院、教育部、国土资源部、国家海洋局和国家林业局等主管部门。平台目前工作人员有 285 人，其中运行管理人员 52 人、技术支撑人员 153 人、共享服务人员 80 人，共同完成平台的运行和服务。

13 中国省市区中文、汉语拼音、邮政拼音和威氏拼音对照

中文（简称①）	拼音（缩写②）	邮政③	威氏④
安徽（皖）	Anhui（AH）	Anhwei	An-hui
澳门（澳）	Aomen（MC）	Macau⑤	Macao⑥
北京（京）	Beijing（BJ）	Peking	Pei-ching
重庆（渝）	Chongqing（CQ）	Chungking	Ch'ung-ch'ing
福建（闽）	Fujian（FJ）	Fukien	Fu-chien
甘肃（甘、陇）	Gansu（GS）	Kansu	Kan-su
广东（粤）	Guangdong（GD）	Kwangtung	Kuang-tung
广西（桂）	Guangxi（GX）	Kwangsi	Kuang-hsi
贵州（贵、黔）	Guizhou（GZ）	Kweichow	Kuei-chou
海南（琼）	Hainan（HN）	Hainan	Hai-nan
河北（冀）	Hebei（HB）	Hopeh	Ho-pei
黑龙江（黑）	Heilongjiang（HL）	Heilungkiang	Hei-lung-chiang
河南（豫）	Henan（HY）	Honan	Ho-nan
湖北（鄂）	Hubei（HE）	Hupeh	Hu-pei

① 一般为一个，但个别也有两个。

② 本书首次使用均为两个字母代表各省市自治区的拼音缩写。一般取两个字的字头，若两个字的字头重复时（仅包括 HB 和 HN）第二个字母则取其"简称"的字头，如：河南 HY 来自 Henan 和简称"豫"Yu，湖北 HE 来自 Hubei 和简称"鄂"E，而湖南 HX 则取自 Hunan 和简称"湘"Xiang。每个省的具体位置参见插图。

③ 邮政式拼音（Chinese Postal Map Romanization）是一个基于威氏拼音为依据、以拉丁字母拼写中国地名的拼音系统，于 1906 年春季在上海举行的帝国邮电联席会议通过其使用。1912 年"中华民国"成立之后继续使用邮政式拼音，因此它是 20 世纪上半叶西方国家拼写中国地名时最常用的系统。中华人民共和国成立之后，邮政式拼音逐渐被汉语拼音取代。

④ 威妥玛拼音（Wade-Giles System），习惯称作威玛拼法或威玛式拼音、韦氏拼音、威翟式拼音，是一套用于拼写中文普通话的罗马拼音系统。19 世纪中叶由剑桥大学首位中文教师 Thomas Francis Wade 在中国发明，并于 1867 年用于英文出版的第一本汉语课本**语言自迩集**中；1912 年由英国外交官 Herbert Allen Giles 完成修订，并编入其所撰写的汉英字典。威妥玛拼音系为 20 世纪中文主要的音译系统。1979 年以前，威妥玛拼音更是广泛地被运用于英文标准参考资料与所有有关中国的书籍当中。尽管目前绝大多数的威妥玛拼音都已被汉语拼音所取代，还是仍有部分地区（如台湾、香港等）以威妥玛拼音拼写。

⑤ 葡萄牙文。

⑥ 英文。

湖南（湘）	Hunan（HX）	Hunan	Hu-nan
江苏（苏）	Jiangsu（JS）	Kiangsu	Chiang-su
江西（赣）	Jiangxi（JX）	Kiangsi	Chiang-hsi
吉林（吉）	Jilin（JL）	Kirin	Chi-lin
辽宁（辽）	Liaoning（LN）	Liaoning	Liao-ning
内蒙古（内蒙古）	Nei Menggu（NM）	Inner Mongolia	Nei-meng-ku
宁夏（宁）	Ningxia（NX）	Ningsia	Ning-hsia
青海（青）	Qinghai（QH）	Tsinghai	Ch'ing-hai
陕西（陕、秦）	Shaanxi（SA）	Shensi	Shen-hsi
山东（鲁）	Shandong（SD）	Shantung	Shan-tung
上海（沪）	Shanghai（SH）	Shanghai	Shang-hai
山西（晋）	Shanxi（SX）	Shansi	Shan-hsi
四川（川、蜀）	Sichuan（SC）	Szechuan	Ssu-ch'uan
天津（津）	Tianjin（TJ）	Tientsin	T'ien-tsin
台湾（台）	Taiwan（TW）	Formosa[1]	
香港（港）	Xianggang（HK）	Hong Kong[2]	
西藏（藏）	Xizang（XZ）	Tibet[3]	
新疆（新）	Xinjiang（XJ）	Sinkiang	Hsin-chiang
云南（云、滇）	Yunnan（YN）	Yunnan	Yun-nan
浙江（浙）	Zhejiang（ZJ）	Chekiang	Che-chiang

① 葡萄牙文。

② 英文。

③ 英文。

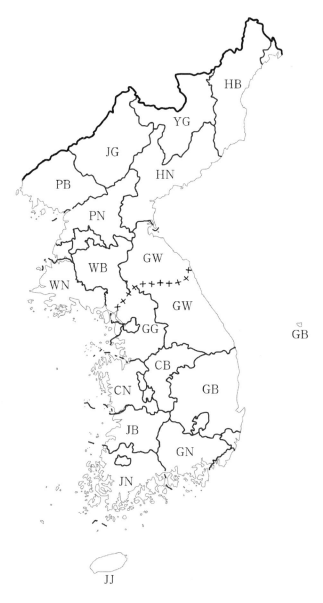

朝鲜半岛行政区划图

14 朝鲜半岛一级行政划分

朝鲜半岛首级行政划分为 18 个道，南北各 9 个道 [1]。

朝鲜：

Chagang（Jagang-Do，Changang-do，JG [2]）	兹江道
Kangwon（Gangwon-Do，Kangwon-do，GW）	江原道
North Hamgyong（Hamgyong-Bukto，Hamgyong-pukto，HB）	咸镜北道
North Hwanghae（Hwanghae-Bukto，Hwanghae-pukto，WB）	黄海北道
North Pyongan（Pyongan-Bukto，Pyongan-pukto，PB）	平安北道
South Hamgyong（Hamgyong-Namdo，Hamgyong-namdo，HN）	咸镜南道
South Pyongan（Pyongan-Namdo，Pyongan-namdo，PN）	平安南道
South Hwanghae（Hwanghae-Namdo，Hwanghae-namdo，WN）	黄海南道
Yanggang（Yanggang-Do，Ryanggang-do，WG）	两江道

韩国：

Cheju（Jeju-Do，Jeju，JJ）	济州道
Kangwon（Gangwon-Do，Gangwon，GW）	江原道
Kyonggi（Gyeonggi-Do，Gyeonggi，GG）	京畿道
North Cholla（Jeollabuk-Do，Joellabuk，JB）	全罗北道
North Chungchong（Chungcheongbuk-Do，Chungcheongbuk，CB）	忠清北道
North Kyongsang（Gyeongsangbuk-Do，Gyeongsangbuk，GB）	庆尚北道
South Cholla（Jeollanam-Do，Jeollanam，JN）	全罗南道
South Chungchong（Chungcheongnam-Do，Chungcheongnam，CN）	忠清南道
South Kyongsang（Gyeongsangnam-Do，Gyeongsangnam，GN）	庆尚南道

---

[1] 参见：*The Genera of Vascular Plants of Korea*，Chong-wook Park（2007）。
[2] 缩写及在地图上的位置。

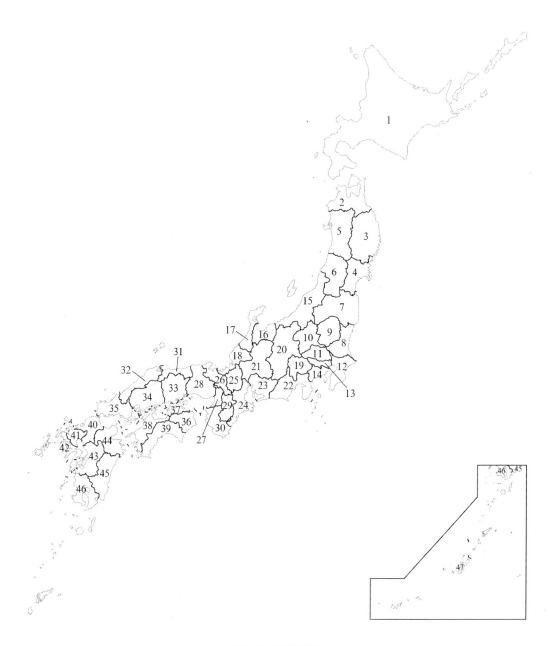

日本行政区划图

15 日本一级行政划分

日本从北到南共有五个大岛：北海道（Hokkaido，1①）、本州（Honshu，2—35）、四国（Shikoku，36—39）、九州（Kyushu，40—46）和硫球（Ryukyu，47）；本州又分为东北（Tohoku，2—7）、关东（Kanto，8—14）、中部（Chubu，15—23）、近畿（Sansai，24—30）、中国（Chugoku，31—35）五个地方；一级行政区共47个，即1都、1道、2府、43县。

Aichi	23	愛知県	Miyazaki	45	宮崎県
Akita	5	秋田県	Nagano	20	長野県
Aomori	2	青森県	Nagasaki	42	長崎県
Chiba	12	千葉県	Nara	29	奈良県
Ehime	38	愛媛県	Niigata	15	新潟県
Fukui	18	福井県	Oita	44	大分県
Fukuoka	40	福岡県	Okayama	33	岡山県
Fukushima	7	福島県	Okinawa	47	沖縄県
Gifu	21	岐阜県	Osaka	27	大阪府
Gumma	10	群馬県	Saga	41	佐賀県
Hiroshima	34	広島県	Saitama	11	埼玉県
Hokkaido	1	北海道	Shiga	25	滋賀県
Hyogo	28	兵庫県	Shimane	32	島根県
Ibaraki	8	茨城県	Shizuoka	22	静岡県
Ishikawa	17	石川県	Tochigi	9	栃木県
Iwate	3	岩手県	Tokushima	36	徳島県
Kagawa	37	香川県	Tokyo	13	東京都
Kagoshima	46	鹿児島県	Tottori	31	鳥取県
Kanagawa	14	神奈川県	Toyama	16	富山県
Kochi	39	高知県	Yamagata	6	山形県
Kumamoto	43	熊本県	Yamaguchi	35	山口県
Kyoto	26	京都府	Yamanashi	19	山梨県
Mie	24	三重県	Wakayama	30	和歌山県
Miyagi	4	宮城県			

---

① 数字代表一级行政区在地图上的具体位置。

16 日本年号和皇纪与公元对照表

日本学术界的部分著作有时采用年号[1]或皇纪[2]，个别老的标本也偶有使用。为方便读者本书列出近代年号和皇纪与公历纪年的对照表。

年号	皇纪	公历	年号	皇纪	公历
明治元年	2528	1868	明治 23 年	2550	1890
明治 2 年	2529	1869	明治 24 年	2551	1891
明治 3 年	2530	1870	明治 25 年	2552	1892
明治 4 年	2531	1871	明治 26 年	2553	1893
明治 5 年	2532	1872	明治 27 年	2554	1894
明治 6 年	2533	1873	明治 28 年	2555	1895
明治 7 年	2534	1874	明治 29 年	2556	1896
明治 8 年	2535	1875	明治 30 年	2557	1897
明治 9 年	2536	1876	明治 31 年	2558	1898
明治 10 年	2537	1877	明治 32 年	2559	1899
明治 11 年	2538	1878	明治 33 年	2560	1900
明治 12 年	2539	1879	明治 34 年	2561	1901
明治 13 年	2540	1880	明治 35 年	2562	1902
明治 14 年	2541	1881	明治 36 年	2563	1903
明治 15 年	2542	1882	明治 37 年	2564	1904
明治 16 年	2543	1883	明治 38 年	2565	1905
明治 17 年	2544	1884	明治 39 年	2566	1906
明治 18 年	2545	1885	明治 40 年	2567	1907
明治 19 年	2546	1886	明治 41 年	2568	1908
明治 20 年	2547	1887	明治 42 年	2569	1909
明治 21 年	2548	1888	明治 43 年	2570	1910

---

[1] 日本的一种纪年体。虽然明治维新以来日本就采用公历纪年，但直到今天日本政府和民间仍采用天皇纪年。每个天皇都有自己的年号，登基那年为其元年，以此增加年数直至逝世。

[2] 日本的另一种纪年体；即日本神武天皇即位纪元，常称日本皇纪，简称皇纪。比现行公历纪年早660年，如公元2000年为皇纪2660年，以此类推。

年号	皇纪	公历	年号	皇纪	公历
明治 22 年	2549	1889	明治 44 年	2571	1911
大正元年	2572	1912	大正 4 年	2575	1915
大正 2 年	2573	1913	大正 5 年	2576	1916
大正 3 年	2574	1914	大正 6 年	2577	1917
大正 7 年	2578	1918	大正 11 年	2582	1922
大正 8 年	2579	1919	大正 12 年	2583	1923
大正 9 年	2580	1920	大正 13 年	2584	1924
大正 10 年	2581	1921	大正 14 年	2585	1925
昭和元年	2586	1926	昭和 28 年	2613	1953
昭和 2 年	2587	1927	昭和 29 年	2614	1954
昭和 3 年	2588	1928	昭和 30 年	2615	1955
昭和 4 年	2589	1929	昭和 31 年	2616	1956
昭和 5 年	2590	1930	昭和 32 年	2617	1957
昭和 6 年	2591	1931	昭和 33 年	2618	1958
昭和 7 年	2592	1932	昭和 34 年	2619	1959
昭和 8 年	2593	1933	昭和 35 年	2620	1960
昭和 9 年	2594	1934	昭和 36 年	2621	1961
昭和 10 年	2595	1935	昭和 37 年	2622	1962
昭和 11 年	2596	1936	昭和 38 年	2623	1963
昭和 12 年	2597	1937	昭和 39 年	2624	1964
昭和 13 年	2598	1938	昭和 40 年	2625	1965
昭和 14 年	2599	1939	昭和 41 年	2626	1966
昭和 15 年	2600	1940	昭和 42 年	2627	1967
昭和 16 年	2601	1941	昭和 43 年	2628	1968
昭和 17 年	2602	1942	昭和 44 年	2629	1969
昭和 18 年	2603	1943	昭和 45 年	2630	1970
昭和 19 年	2604	1944	昭和 46 年	2631	1971
昭和 20 年	2605	1945	昭和 47 年	2632	1972
昭和 21 年	2606	1946	昭和 48 年	2633	1973

年号	皇纪	公历	年号	皇纪	公历
昭和 22 年	2607	1947	昭和 49 年	2634	1974
昭和 23 年	2608	1948	昭和 50 年	2635	1975
昭和 24 年	2609	1949	昭和 51 年	2636	1976
昭和 25 年	2610	1950	昭和 52 年	2637	1977
昭和 26 年	2611	1951	昭和 53 年	2638	1978
昭和 27 年	2612	1952	昭和 54 年	2639	1979
昭和 55 年	2640	1980	昭和 60 年	2645	1985
昭和 56 年	2641	1981	昭和 61 年	2646	1986
昭和 57 年	2642	1982	昭和 62 年	2647	1987
昭和 58 年	2643	1983	昭和 63 年	2648	1988
昭和 59 年	2644	1984	昭和 64 年	2649	1989
平成元年	2649	1989	平成 17 年	2665	2005
平成 2 年	2650	1990	平成 18 年	2666	2006
平成 3 年	2650	1991	平成 19 年	2667	2007
平成 4 年	2652	1992	平成 20 年	2668	2008
平成 5 年	2653	1993	平成 21 年	2669	2009
平成 6 年	2654	1994	平成 22 年	2670	2010
平成 7 年	2655	1995	平成 23 年	2671	2011
平成 8 年	2656	1996	平成 24 年	2672	2012
平成 9 年	2657	1997	平成 25 年	2673	2013
平成 10 年	2658	1998	平成 26 年	2674	2014
平成 11 年	2659	1999	平成 27 年	2675	2015
平成 12 年	2660	2000	平成 28 年	2676	2016
平成 13 年	2661	2001	平成 29 年	2677	2017
平成 14 年	2662	2002	平成 30 年	2678	2018
平成 15 年	2663	2003	平成 31 年	2679	2019
平成 16 年	2664	2004	令和元年	2679	2019

日本年号和皇纪与公元的其他时间可以根据如下列表推算：

年号（干支）	皇纪	公元
享保元年（丙申）	2376	1716
元文元年（丙辰）	2396	1736
寬保元年（辛酉）	2401	1741
延享元年（甲子）	2404	1744
寬延元年（戊辰）	2408	1748
寶曆元年（辛未）	2411	1751
明和元年（甲申）	2424	1764
安永元年（壬辰）	2432	1772
天明元年（辛丑）	2441	1781
寬政元年（己酉）	2449	1789
享和元年（辛酉）	2461	1801
文化元年（甲子）	2464	1804
文政元年（戊寅）	2478	1818
天保元年（庚寅）	2490	1830
弘化元年（甲辰）	2504	1844
嘉永元年（戊申）	2508	1848
安政元年（甲寅）	2514	1854
萬延元年（庚申）	2520	1860
文久元年（辛酉）	2521	1861
元治元年（甲子）	2524	1864
慶應元年（乙丑）	2525	1865
明治元年（戊辰）	2528	1868
大正元年（壬子）	2572	1912
昭和元年（丙寅）	2586	1926
平成元年（己巳）	2649	1989
令和元年（戊戌）	2679	2019

17 日本人名日文和罗马名称对照

本附录第一版根据 Merrill 和 Walker（1938、1960）两部著作的有关内容整理而成[1]。第二版又增加了《植物分类学关连学会》（2001）版的会员内容。此外，由于这三本书出版时间跨度较大，同一作者或同一音符的使用有时不一致，请读者使用时注意。

阿部	純子	Abe, Junko	安田	勳	Yasuda, Isao
阿部	定夫	Abe, Sadao	安田	啓祐	Yasuda, Keisuke
阿部	富代	Abe, Tomiyo	安尾	俊	Yasuo, Shun
阿部	近一	Abe, Chikaichi	安嶋	隆	Ajima, Takashi
阿部	豊	Abe, Yutaka	岸	寧夫	Kishi, Yasuo
阿部	涉	Abe, Watam	岸	喜一	Kishi, Kiichi
阿部	重雄	Abe, Shigeo	岸本	潤	Kishimoto, Jun
阿部	直子	Abe, Naoko	岸波	義彦	Kishinami, Yoshihiko
阿尻	貞三	Ajiri, Teizo	岸谷	貞治郎	Kishitani, Teijirô
阿里	山治	Ari, Yamaji	奥	健藏	Oku, Kenzô
安倍	輝吉	Abe, Terukichi	奥村	信二	Okumura, Shinji
安本	德寬	Yasumoto, Tokukan	奥富	清	Okutomi, Kiyoshi
安部	清彦	Abe, Kiyohiko	奥津	春生	Okutsu, Haruo
安部	世意治	Abe, Seiji	奥山	春季	Okuyama, Shunki
安部	卓爾	Abe, Takuji	奥山	哲	Okuyama, Satoshi
安見	珠子	Ami, Tamako	奥田	桂介	Okuda, Keisuke
安井	伴一	Yasui, Ban'ichi	奥田	浩之	Okuda, Hiroyuki
安井	隆弥	Yasui, Takaya	奥野	春雄	Okuno, Haruo
安井	喜太郎	Yasui, Kitarô	奥原	弘人	Okuhara, Hiroto
安斉	唯夫	Anzai, Tadao			
安藤	廣太郎	Andô, Hirotarô	八木	邦造	Yagi, Kunizô
安藤	久次	Ando, Hisatsugu	八木	二郎	Yagi, Jirô
安藤	伊作	Andô, Isaku	八木	繁一	Yagi, Shigeichi
安田	篤	Yasuda, Atsushi	八木	禎助	Yagi, Teisuke

---

① 本部分第一版由王凤英和左云娟整理，第二版由王瑞珍和崔夏核对并补增，在此特别感谢她们的帮助。

八田	洋章	Hatta, Hiroaki	北川	尚史	Kitagawa, Naofumi
白倉	德明	Shirakura, Tokumei	北川	政夫	Kitagawa, Masao
白井	光太郎	Shirai, Mitsutarô	北村	淳	Kitamura, Jun
白崎	仁	Shirasaki, Hitoshi	北村	茜	Kitamura, Akane
白石	芳一	Shiraishi, Yoshikazu	北村	四郎	Kitamura, Shirô
白澤	保美	Shirasawa, Homi	北島	博	Kitajima, Hiroshi
百	弘	Momo, Hiroshi	北島	君三	Kitashima, Kimizô
百瀬	靜男	Momose, Shizuo	北見	健彦	Kitami, Takehiko
百原	新	Momohara, Arata	北條	雅教	Hojo, Masanori
柏谷	博之	Kashiwadani, Hiroyuki	北尾	春道	Kitao, Harumichi
柏井	博	Kashiwai, Hiroshi	北元	敏夫	Kitamoto, Toshio
柏木	洋吉	Kashiwagi, Yôkichi	北原	覺雄	Kitahara, Kakuo
坂本	充	Sakamoto, Mitsuru	北澤	淺治	Kitazawa, Asaji
坂本	幹雄	Sakamoto, Mikio	本村	浩之	Motomura, Hiroyuki
坂本	貢	Sakamoto, Mitsugu	本多	藤雄	Honda, Fujio
坂東	誠	Bando, Makoto	本間	ミヨ	Honma, Miyo
坂東	忠司	Bando, Tadashi	本間	やす	Homma, Yasu
坂井	奈緒子	Sakai, Naoko	本間	建一郎	Honma, Ken'ichiro
阪井	與志雄	Sakai, Yoshio	本間	薫	Homma, Kaoru
坂田	正	Sakata, Tadashi	本田	清六	Honda, Seiroku
坂口	謹一郎	Sakaguchi, Kin'ichirô	（本多）		
坂口	又輔	Sakaguchi, Matasuke	本田	幸介	Honda, Kôsuke
坂口	總一郎	Sakaguchi, Sôichirô	本田	陽子	Honda, Yoko
坂西	義洋	Sakanishi, Yoshihiro	本田	正次	Honda, Masaji
坂西	志保	Sakanishi, Shiho	本郷	次雄	Hongo, Tsugio
板垣	史郎	Itagaki, Shirô	本郷	順子	Hongo, Yoriko
半田	賢隆	Handa, Kenryû	壁谷	祥和	Kabeya, Yoshikazu
半澤	洵	Hanzawa, Jun	別府	敏夫	Beppu, Toshio
宝月	欣二	Hôgetsu, Kinji	濱	健夫	Hama, Takeo
保坂	義行	Hosaka, Yoshiyuki	濱	武人	Hama, Taketo
保井	この	Yasui, Kono	濱島	繁隆	Hamashima, Shigetaka
北本	毅	Kitamoto, Takeshi	濱谷	稔夫	Hamaya, Tosio
北川	昌典	Kitagawa, Masanori	濱井	生三	Hamai, Shôzô

濱田	稔	Hamada, Minoru	長島	康雄	Nagashima, Yasuo
濱田	信夫	Hamada, Nobuo	長島	史裕	Nagashima, Fumihiro
濱田	正實	Hamada, Masami	長町	田鶴子	Nagamachi, Tazuko
兵頭	正憲	Hyôdô, Masahiro	長岡	行夫	Nagaoka, Yukio
波麿	實太郎	Hama, Jitsutarô	長岡	榮利	Nagaoka, Eiri
布	万里子	Nuno, Mariko	長谷部	光泰	Hasebe, Mitsuyasu
布施	靜香	Fuse, Shizuka	長谷川	二郎	Hasegawa, Jiro
布施谷	智恵美	Fusetani, Chiemi	長谷川	順一	Hasegawa, Junichi
卜藏	梅之丞	Bokura, Umenojô	長谷川	孝三	Hasegawa, Kôzô
簿井	宏	Usui, Hiroshi	長谷川	義人	Hasegawa, Yoshihito
薄葉	満	Usuba, Mitsuru	長谷川	由雄	Hasegawa, Yoshio
			長谷川	郁江	Hasegawa, Ikue
倉本	嗣王	Kuramoto, Tsugio	長谷川	武治	Hasegawa, Takeji
倉地	金光	Kurachi, Kanemitsu	長崎	栄三郎	Nagasaki, Eizaburô
倉島	賢次郎	Kurashima, Kenjirô	長田	武正	Osada, Takemasa
倉石	衍	Kuraishi, Hiroshi	長尾	チエ	Nagao, Chie
倉田	浩	Kurata, Hiroshi	長尾	英幸	Nagao, Hideyuki
倉田	靜子	Kurata, Shizuko	長西	廣輔	Naganishi, Hirosuke
倉田	悟	Kurata, Satoru	長野	菊次郎	Nagano, Kikujirô
倉田	益三郎	Kurata, Masusaburô	長友	貞雄	Nagatomo, Sadao
倉重	祐二	Kurashige, Yuji	長澤	徹	Nagasawa, Tôru
倉澤	秀夫	Kurasawa, Hideo	長沼	小一郎	Naganuma, Koichirô
草下	正夫	Kusaka, Masao	常谷	幸雄	Jôtani, Yukio
草野	俊助	Kusano, Shunsuke	焯田	宏	Taoda, Hiroshi
曽根田	正己	Soneda, Masami	朝比奈	晴世	Asahina, Haruyo
柴山	圭右	Shibayama, Keisuke	朝比奈	泰彦	Asahina, Yasuhiko
柴田	承二	Shibata, Shôji	朝川	毅守	Ohsawa, Takeshi
柴田	桂太	Shibata, Keita	朝井	勇宣	Asai, Toshinobu
柴田	敏郎	Shibata, Toshiro	朝田	盛	Asada, Sakari
柴田	秀雄	Shibata, Hideo	辰野	誠次	Tatsuno, Seizi
柴田	元雄	Shibata, Motoo	成井	孝雄	Narui, Takao
柴田	政信	Shibata, Masanobu	成田	恒美	Narita, Tsunemi
椙山	誠治郎	Sugiyama, Seijirô	成田	清一	Narita, Seiichi

成田	務	Narita, Tsutomu	川村	多實二	Kawamura, Tamiji
城川	四郎	Kigawa, Shiro	川村	清一	Kawamura, Seiichi
城間	朝教	Gusukuma, Chôkyô	川村	昭夫	Kawamura, Akio
池谷	祐幸	Iketani, Hiroyuki	出川	洋介	Degawa, Yosuke
池上	康行	Ikegami, Yasuyuki	出口	博則	Deguchi, Hironori
池上	義信	Ikegami, Yoshinobu	川嶋	昭二	Kawashima, Shôji
池上	宇志	Ikenoue, Hiroyuki	川地	辰美	Kawachi, Tatsumi
池上	宙志	Ikenoue, Hiroyuki	川端	清策	Kawabata, Seisaku
池田	博	Ikeda, Hiroshi	川谷	豊彦	Kawatani, Toyohiko
池田	康	Ikeda, Kô	川合	啓二	Kawai, Keiji
池田	克文	Ikeda, Katsuhumi	川戸	文夫	Kawato, Fumio
池田	茂	Ikeda, Shigeru	川口	四郎	Kawaguchi, Shirô
池田	義夫	Ikeda, Yoshio	川井	浩史	Kawai, Hiroshi
池田	鉦五郎	Ikeda, Shôgorô	川瀬	保夫	Kawase, Yasuo
池田	政晴	Ikeda, Masaharu	川名	興	Kawana, Takashi
持田	誠	Mochida, Makoto	川崎	次男	Kawasaki, Tsugio
持田	隆行	Mochida, Takayuki	川崎	義雄	Kawasaki, Yoshio
池屋	重吉	Ikeya, Jûkichi	川畸	哲也	Kawasaki, Tetsuya
池野	成一郎	Ikeno, Seiichirô	川崎	正	Kawasaki, Tadashi
赤井	重恭	Akai, Shigeyasu	川上	瀧彌	Kawakami, Takiya
赤司	喜次郎	Akashi, Kijirô	川上	三郎	Kawakami, Saburô
赤松	金芳	Akamatsu, Kimpô	川窪	伸光	Kawakubo, Nobumitsu
赤澤	時之	Akasawa, Tokiyuki	川又	明徳	Kawamata, Akinori
赤塚	耕三	Akatsuka, Kôzô	船本	常男	Funamoto, Tsuneo
沖村	義人	Okimura, Yoshito	船津	金松	Funatsu, Kanematsu
沖津	進	Okitsu, Susumu	船崎	光治郎	Funazaki, Kôjirô
沖山	隆夫	Nakayama, Takao	船引	洪三	Funabiki, Kôzô
沖永	哲一	Okinaga, Tetsukazu	船越	英伸	Funakoshi, Hidenobu
出田	新	Ideta, Arata	傳田	哲郎	Denda, Tetsuo
初島	住彦	Hatsushima, Sumihiko	串田	宏人	Kushita, Hiroto
初島	住彦	Hatusima, Sumihiko	吹春	俊光	Fukiharu, Toshimitsu
川本	留之助	Kawamoto, Tomenosuke	吹上	芳雄	Fukiage, Yoshio
川本	滿喜夫	Kawamoto, Makio	槌賀	安平	Tutiga, Yasuhei

春原	三壽吉	Haruhara, Sasukichi	大城	全次郎	Ōshiro, Senjirô
椿	啓介	Tsubaki, Keisuke	大川	德太郎	Ohkawa, Tokutarô
椿	啓介	Tubaki, Keisuke	大村	嘉人	Ohmura, Yoshihito
茨木	靖	Ibaraki, Yasushi	大村	敏郎	Ômura, Toshirô
村岡	一幸	Muraoka, Kazuyuki	大村	重松	Ômura, Shigematsu
村井	宏	Murai, Hiroshi	大島	金太郎	Ôshima, Kintarô
村井	三郎	Murai, Saburô	大島	俊市	Ôshima, Toshiichi
村瀨	昭代	Murase, Akiyo	大島	康行	Ôshima, Yasuyuki
村山	大記	Murayama, Taiki	大島	明	Oshima, Akira
村山	義温	Murayama, Yoshiharu	大島	勝太郎	Ôshima, Katsutarô
村上	師壽	Murakami, Norihisa	大島	正滿	Ôshima, Masamitsu
村上	鐵太郎	Murakami, Tetsutarô	大碟	安史	Oiso, Yasushi
村上	萬太郎	Murakami, Mantarô	大渡	忠太郎	Ôhwatari, Tyûtarô
村上	義徳	Murakami, Yoshinori	大谷	廣直	Ôtani, Hironao
村上	翼	Murakami, Tsubasa	大谷	吉雄	Ôtani, Yoshio
村上	哲明	Murakami, Noriaki	大谷	茂	Ôtani, Shigeru
村松	幹夫	Muramatsu, Mikio	大谷	憲司	Ohtani, Kenji
村松	七郎	Muramatsu, Shichirô	大谷	修司	Ohtani, Shuji
村松	洋子	Muramatsu, Yoko	大貫	敏彦	Ohnuki, Toshihiko
村野	紀雄	Murano, Norio	大槻	虎男	Ohtsuki, Torao
村田	吉太郎	Murata, Kichitarô	大賀	歌子	Ohga, Utako
村田	戀麿	Murata, Yoshimaro	大賀	一郎	Ôga, Ichirô
村田	源	Murata, Gen	大江	ルミ	Ooe, Rumi
村越	三千男	Murakoshi, Michio	大井	次三郎	Ohwi, Jisaburô
			大井	哲雄	Ohi, Tetsuo
達山	和紀	Tatsuyama, Kazunori	大口	洌	Ohguchi, Kiyoshi
大安	範子	Ôyasu, Noriko	大久保	一治	Ôkubo, Ichiji
大八木	昭	Ooyagi, Akira	大久保	眞理子	Ôkubo, Mariko
大倉	精二	Ôkura, Seigi	大木	麒一	Ohki, Kiichi
大倉	永治	Ôkura, Eiji	大内	準	Ôuchi, Hitoshi
大場	達之	Ohba, Tatsuyuki	大内	準	Ohuchi, Hitoshi
大場	敏道	Ohba, Toshimichi	大内	辰雄	Ôuchi, Tatsuo
大場	秀章	Ohba, Hideaki	大迫	元雄	Ôseko, Motoo

大前	直登	Ohmae, Naoto	大沼	宏平	Ônuma, Kôhei
大橋	広好	Ohashi, Hiroyoshi	大沼	總治	Ônuma, Fusaji
大橋	網次	Ohashi, Tsunatsugu	大政	正隆	Ôhmasa, Masataka
大橋	毅	Ohhashi, Tsuyoshi	代崎	良丸	Shirosaki, Yoshimaru
大泉	徳	Ôizumi, Toku	袋田	猛文	Fukuroda, Takefumi
大日	向全龍	Ôyuga, Zenryû	淡	賢太郎	Dan, Kentarou
大森	威宏	Ohmori, Takehiro	丹羽	鼎三	Niwa, Teizô
大森	雄治	Omori, Yiiji	丹羽	靜子	Niwa, Shizuko
大山	保表	Ôyama, Hohyô	島倉	己三郎	Shimakura, Misaburô
大上	宇一	Ôkami, Uichi	島村	光太郎	Shimamura, Mitsutarô
大石	三郎	Oishi, Saburô	島袋	俊一	Shimabukuro, Shun'ichi
大石	英子	Ohishi, Eiko	島地	謙	Shimaji, Ken
大田	繁則	Ohta, Shigenori	島崎	芳雄	Shimazaki, Yoshio
大田	久次	Ohta, Hisaji	島崎	洋路	Shimazaki, Hiromichi
大田	馬太郎	Ôta, Umatarô	島田	昌一	Shimada, Shôichi
大田	伸之	Ohta, Nobuyuki	島田	彌一 （彌市）	Shimada（Simada）, Yaiti
大田	喜之	Ohta, Yoshiyuki			
大畑	貫一	Ôhata, Kan'ichi	島田	秀太郎	Shimada, Hidetarô
大屋	顕雄	Ohya, Akio	嶋村	正樹	Shimamura, Masaki
大西	博	Ônishi, Hiroshi	嶋田	玄彌	Shimada, Genya
大西	規靖	Ohnishi, Noriyasu	道家	剛三郎	Dôke, Gôsaburô
大脇	正諄	Ôwaki, Masatoshi	稲田	委久子	Inada, Ikuko
大野	文夫	Ôno, Fumio	稲田	又男	Inada, Matao
大野	照好	Ôno, Teruyoshi	稲葉	俊	Inaba, Shun
大野	正男	Ohno, Masao	稲葉	秀子	Inaba, Hideko
大野	直枝	Ono, Naoe	稲垣	貫一	Inagaki, Kanichi
大隅	敏夫	Ôsumi, Toshio	得居	修	Tokui, Osamu
大原	隆明	Oohara, Takaaki	徳川	義親	Tokugawa, Yoshichika
大原	眞由美	Oohara, Mayumi	徳久	三徳	Tokuhisa, Mitsutane
大塚	英幸	Ohtsuka, Hideyuki	徳田	省三	Tokuda, Shôzô
大塚	政雄	Otsuka, Masao	徳田	御稔	Tokuda, Minoru
大原	準之助	Ôhara, Junnosuke	徳永	芳雄	Tokunaga, Yosio
大澤	正之	Ohsawa, Masayuki	徳淵	永次郎	Tokubuchi, Eijirô

德重	陽山	Tokushige, Yôzan	渡邊	政敏	Watanabe, Masatosi
德增	征二	Tokumasu, Seiji	渡辺	眞之	Watanabe, Masayuki
地職	恵	Chishiki, Megumi	對馬	千陽	Tshushima, Chiaki
堤	千絵	Tsutsumi, Chie	多和田	眞淳	Tawada, Shinjun
荻沼	一男	Oginuma, Kazuo	多胡	潔	Tago, Kiyoshi
釘貫	ふじ	Kuginuki, Fuji	多湖	實輝	Tako, Saneteru
荻島	睦己	Ogisima, Mutumi	多田	靖次	Tada, Yasuji
萩原	時雄	Hagiwara, Tokio	多田	喜造	Tada, Toshizô
東	道太郎	Higashi, Michitarô	多田	勳	Tada, Isao
東	浩司	Azuma, Hiroshi	兒玉	親輔	Kodama, Shinsuke
東	隆行	Azuma, Takayuki	兒玉	務	Kodama, Tsutomu
東	丈夫	Higashi, Jôbu			
東原	好雄	Tohara, Yoshio	二井內	清文	Niiuchi, Kiyofumi
洞澤	勇	Horasawa, Isamu			
渡邊	邦秋	Watanabe, Kuniaki	飯柴	永吉	Iishiba, Eikichi
渡邊	登	Watanabe, Noboru	飯島	亮	Iijima, Ryô
渡邊	定元	Watanabe, Sadamoto	飯島	由子	Iijima, Yuko
渡邊	篤	Watanabe, Atsushi	飯間	雅文	Iima, Masafumi
渡辺	敦史	Watanabe, Atsushi	飯泉	茂	Iizumi, Shigeru
渡辺	靖子	Watanabe, Yasuko	飯田	全秀	Iida, Masahide
渡邊	菊治	Watanabe, Kikuji	飯尾	正	Iio, Tadasi
渡辺	茂	Watanabe, Shigeru	飯沼	慾齋	Iinuma, Yokusai
渡邊	良象	Watanabe, Ryôzô	飯塚	廣	Iizuka, Hiroshi
渡邊	柳藏	Watanabe, Ryûzô	飯塚	慶久	Iizuka, Yoshihisa
渡邊	協	Watanabe, Kyô	芳賀	鍬五郎	Hoga, Kuwagorô
渡邊	龍雄	Watanabe, Tatsuwo	飛田	廣	Tobita, Hiroshi
渡邊	清彥	Watanabe, Kiyohiko	飛永	英次	Tobina, Eiji
渡邊	清志	Watanabe, Kiyoshi	肥後	裕	Higo, Yutaka
渡邊	仁治	Watanabe, Toshiharu	肥田	美知子	Hida, Michiko
渡邊	全	Watanabe, Tamotsu	風見	房雄	Kazami, Fusao
渡邊	留吉	Watanabe, Tomekichi	風間	四郎	Kazama, Shirô
渡辺	信	Watanabe, Makoto	風間	智惠子	Kazama, Chieko
渡邊	一雄	Watanabe, Kazuo	蜂屋	欣二	Hachiya, Kinzi

服部	廣太郎	Hattori, Hirotarô	富山	哲夫	Tomiyama, Tetsuo
服部	健三	Hattori, Kenzô	富士	川游	Fujikawa, Yû
服部	靜夫	Hattori, Shizuo	冨士田	裕子	Fujita, Hiroko
服部	新佐	Hattori, Shinske	富田	壽之	Tomita, Toshiyuki
服部	正相	Hattori, Masasuke	冨永	達	Tominaga, Tohru
浮田	定則	Ukita, Sadatoshi			
福島	博	Fukusima, Hiroshi	紺谷	修治	Kontani, Shûji
福島	久幸	Fukushima, Hisayuki	岡	國夫	Oka, Kunio
福岡	誠行	Fukuoka, Nobuyuki	岡	不崩	Oka, Fuhô
福岡	莪洋	Fukuoka, Yoshihiro	岡本	半次郎	Okamoto, Hanjirô
福井	鎌三郎	Fukui, Kamasaburô	岡本	達哉	Okamoto, Tatsuya
福井	武治	Fukui, Takeji	岡本	恒美	Okamoto, Tsunemi
福井	玉夫	Fukui, Tamao	岡本	弘	Okamoto, Hiroshi
福山	伯明	Fukuyama, Noriaki	岡本	省二	Okamoto, Shôji
福山	甚之助	Fukuyama, Jinnosuke	岡本	省吾	Okamoto, Syôgo
福士	貞吉	Fukushi, Teikichi	岡本	素治	Okamoto, Motoharu
福田	達男	Fukuda, Tatsuo	岡本	要八郎	Okamoto, Yôhachirô
福田	達哉	Fukuda, Tatsuya	岡本	一彦	Okamoto, Ichihiko
福田	菊市	Fukuda, Kikuichi	岡本	勇治	Okamoto, Yûji
福田	廣一	Fukuda, Hiroichi	岡本	治良	Okamoto, Jirô
福田	浩一	Fukuda, Kouichi	岡部	徳夫	Okabe, Norio
福田	惠	Fukuda, Megumi	岡部	孝司	Okabe, Takashi
福田	仁郎	Fukuda, Jirô	岡部	眞也	Okabe, Shinya
福田	一郎	Fukuda, Ichiro	岡部	正義	Okabe, Masayosi
福原	達人	Fukuhara, Tatsundo	岡村	金太郎	Okamura, Kintarô
福原	美恵子	Fukuhara, Mieko	岡村	周蹄	Okamura, Shûtai
福原	義春	Fukuhara, Yoshiharu	岡崎	純子	Okazaki, Junko
副島	和則	Soejima, Kazunori	岡崎	優子	Okazaki, Yuko
副島	顕子	Soejima, Akiko	岡山	正	Okayama, Tadashi
富岡	朝太	Tomioka, Asata	岡田	博	Okada, Hiroshi
富谷	十三雄	Tomiya, Tomio	岡田	彌一郎	Okada, Yaichirô
富樫	誠	Togashi, Makoto	岡田	清	Okada, Kiyoshi
富樫	浩吾	Togashi, Kôgo	岡田	善敏	Okada, Yoshitoshi

岡田	喜一	Okada, Yoshikazu	高橋	實	Takahashi, Minoru
岡田	信利	Okada, Nobutoshi	高橋	寿夫	Takahashi, Toshio
岡田	要之助	Okada, Yônosuke	高橋	賢一	Takahashi, Ken'ichi
岡西	爲人	Okanishi, Tameto	高橋	祥祐	Takahashi, Yoshisuke
岡野	喜久麿	Okano, Kikumaro	高橋	秀男	Takahashi, Hideo
綱倉	俊雄	Amikura, Toshio	高橋	誼	Takahashi, Yoshimi
高	富師彰	Taka, Toshiaki	高橋	英太郎	Takahashi, Eitarô
高本	隆二	Takamoto, Ryûji	高橋	英樹	Takahashi, Hideki
高川	晋一	Takagawa, Shinichi	高橋	永治	Takahashi, Eiji
高島	弘子	Takashima, Hiroko	高橋	源	Takahashi, Atsushi
高嶋	四郎	Takashima, Shirô	高橋	源三	Takahashi, Genzô
高宮	正之	Takamiya, Masayuki	高橋	偵造	Takahashi, Teizô
高谷	實	Takaya, Minoru	高橋	正道	Takahashi, Masamichi
高井	省三	Takai, Shôzô	高橋	奏惠	Takahashi, Kanae
高嶺	昇	Takamine, Noboru	高橋	眞太郎	Takahashi, Shintarô
高嶺	英言	Takamine, Eigen	高萩	敏和	Takahagi, Toshikazu
高木	典雄	Takaki, Noriwo	高取	薫	Takatori, Kaoru
高木	虎雄	Takagi, Torao	高桑	進	Takakuwa, Susumu
高木	昇	Takagi, Noboru	高山	徹	Takayama, Tooru
高木	丈子	Takagi, Takeko	高山	正裕	Takayama, Masahiro
高木	貞夫	Takagi, Sadao	高杉	茂雄	Takasugi, Shigeo
高橋	邦夫	Takahashi, Kunio	高杉	英雄	Takasugi, Hideo
高橋	定衛	Takahashi, Sadae	高水	典夫	Takamizu, Norio
高橋	好子	Takahashi, Yoshiko	高松	進	Takamatu, Susumu
高橋	晃	Takahashi, Akira	高松	正彦	Takamatsu, Masahiko
高橋	弘	Takahashi, Hiroshi	高田	和男	Takada, Kazuo
高橋	基生	Takahashi, Motoo	高田	克彦	Takata, Katsuhiko
高橋	健治	Takahashi, Kenji	高田	順	Takada, Jun
高橋	良直	Takahashi, Yoshinao	高尾	裕子	Takao, Yuko
高橋	隆道	Takahashi, Ryûdô	高須	英樹	Takasu, Hideki
高橋	隆平	Takahashi, Ryûhei	高野	温子	Takano, Atsuko
高橋	啓二	Takahashi, Keiji	高野	信也	Takano, Nobuya
高橋	千草	Takahashi, Chigusa	高野	裕行	Takano, Hiroyuki

高野	秀昭	Takano, Hideaki	宮脇	明	Miyawaki, Akira
葛山	博次	Katsurayama, Hiroshi	宮脇	雪夫	Miyawaki, Yukio
根ヶ山	和弘	Negayama, Kazuhiro	宮澤	春水	Miyazawa, Harumi
根本	莞爾	Nemoto, Kanji	宮澤	文吾	Miyazawa, Bungo
根本	正康	Nemoto, Masayasu	溝淵	貫一	Mizobuchi, Kan'ichi
根本	智行	Nemoto, Tomoyuki	溝渕	裕	Mizobuchi, Yutaka
根來	健一郎	Negoro, Ken'itirô	古池	博	Furuike, Hiroshi
根平	邦人	Nehira, Kunito	古川	良雄	Furukawa, Yoshio
根平	武雄	Nehira, Takeo	古川	銀太郎	Furukawa, Gintarô
亘理	俊次	Watari, Shunji	古谷	利枝	Furuya, Toshie
工藤	健介	Kudo, Kensuke	古館	秀元	Furudate, Hidemoto
工藤	茂美	Kudô, Shigemi	古海	正福	Furumi, Masatomi
工藤	彌九郎	Kudô, Yakurô	古里	和夫	Furusato, Kazuo
工藤	義公	Kudô, Yoshikimi	古木	達郎	Furuki, Tatsuwo
工藤	祐舜	Kudô, Yûshun	古田	洋	Furuta, Hiroshi
工藤	岳	Kudo, Gaku	古澤	潔夫	Furusawa, Isao
宮本	光生	Miyamoto, Mitsuo	古沢	輝雄	Furusawa, Teruo
宮本	三七郎	Miyamoto, Sanshichirô	谷川	利善	Tanikawa, Toshiyoshi
宮本	太	Miyamoto, Futoshi	谷川	智彦	Tanikawa, Tomohiko
宮本	雄一	Miyamoto, Yûichi	谷口	侁	Taniguti（Taniguchi）, Tadasi
宮本	旬子	Miyamoto, Junko	谷口	森俊	Taniguchi, Moritoshi
宮部	金吾	Miyabe, Kingo	谷田辺	洋子	Yatabe, Youko
宮城	朝章	Miyagi, Chosho	谷友	吉	Tani, Tomokichi
宮城	元助	Miyagi, Gensuke	谷元	峰男	Tanimoto, Mineo
宮川	恒	Miyagawa, Hisashi	関	李紀	Seki, Riki
宮地	和幸	Miyaji, Kazuyuki	関本	平八	Sekimoto, Heihachi
宮井	嘉一郎	Miyai, Kaichirô	関川	晃子	Sekikawa, Temko
宮内	武雄	Miyauchi, Takeo	関山	耕太郎	Sekiyama, Kotaro
宮崎	一老	Miyasaki, Itirô	館岡	亞緒	Tateoka, Tuguo
宮田	定信	Miyata, Sadanobu	館脇	操	Tatewaki, Misao
宮田	渡	Miyata, Wataru	光岡	祐彦	Mitsuoka, Sachihiko
宮田	久雄	Miyata, Hisao	光田	重幸	Mitsuta, Shigeyuki
宮脇	博巳	Miyawaki, Hiromi	光永	佳奈枝	Mitsunaga, Kanae

廣江	美之助	Hiroe, Minosuke	河野	齡藏	Kôno, Reizo
廣江	勇	Hiroe, Isamu	河野	壽夫	Kôno, Hisao
廣瀨	弘幸	Hirose, Hiroyuki	河野	學一	Kôno, Gakuichi
廣瀨	忠彥	Hirose, Tadahiko	河野	昭一	Kawano, Syôichi
廣橋	堯	Hirohasi, Takasi	河原	孝行	Kawahara, Takayuki
広浜	徹	Hirohama, Tohru	河原崎	里子	Kawarasaki, Satoko
広木	詔三	Hiroki, Syouzou	河越	重紀	Kawagoe, Shigenori
桂	琦一	Katsura, Kiichi	賀來	章輔	Kaku, Akisuke
貴田	武捷	Kida, Taketosi	黑川	喬雄	Kurokawa, Takao
國府方	吾郎	Kokubukata, Goro	黑川	逍	Kurokawa, Syô
國司	初子	Kunishi, Hatsuko	黑川	禎子	Kurokawa, Teiko
國枝	溥	Kunieda, Hiroshi	黑木	宗尙	Kurogi, Munenao
			黑崎	史平	Kurosaki, Nobuhira
海老	原淳	Ebihara, Atsushi	黑田	久仁男	Kuroda, Kunio
行方	富太郎	Namegata, Tomitarô	黑田	侃	Kuroda, Sunao
行方	沼東	Namegata, Shôtô	黑岩	澄雄	Kuroiwa, Sumio
和田	克之	Wada, Katuyuki	黑岩	恒	Kuroiwa, Hisashi
和田	豊洲	Wada, Hôshû	黑澤	三樹男	Kurosawa, Mikio
和田	優	Wada, Masaru	黑澤	艮平	Kurosawa, Gompei
和田	益夫	Wada, Masuo	黑澤	幸子	Kurosawa, Sachiko
和田	直也	Wada, Naoya	黑澤	秀雄	Kurosawa, Hideo
河本	臺鉉	Kawamoto, Taigen	黑澤	英一	Kurosawa, Eiichi
		(Chông T'aehyôn)	黑沢	高秀	Kurosawa, Takahide
河村	九淵	Kawamura, Kyûen	橫川	廣美	Yokogawa, Hiromi
河村	栄吉	Kawamura, Eikichi	橫川	龍鳳	Yokogawa, Tatsuho
河村	貞之助	Kawamura, Teinosuke	橫川	麻子	Yokokawa, Asako
河合	功	Kawai, Isawo	橫川	水城	Yokogawa, Mizuki
河合	克巳	Kawai, Katsumi	橫木	國臣	Yokogi, Kuniomi
河南	恵	Kawaminami, Megumi	橫内	齋	Yokouchi, Itsuki
河上	昭夫	Kawai, Akio	橫山	春男	Yokoyama, Haruo
河田	弘	Kawada, Hiroshi	橫山	潤	Yokoyama, Jun
河田	杰	Kawada, Masaru	橫山	亜紀子	Yokoyama, Akiko
河田	明子	Kawada, Akiko	橫山	正弘	Yokoyama, Masahiro

横田	昌嗣	Yokota, Masatsugu	吉川	涼	Yoshikawa, Ryô
横田	道雄	Yokota, Michio	吉川	宥恭	Kikkawa, Yûkyô
横田	俊一	Yokota, Shun'ichi	吉川	祐輝	Kikkawa, Suketeru
横塚	勇	Yokotsuka, Isami	吉川	知之	Kikkawa, Tomoyuki
後藤	昌子	Gotoh, Masako	吉村	庸	Yoshimura, Isao
後藤	常明	Goto, Tsuneaki	吉村	文五郎	Yoshimura, Bungorô
後藤	春利	Gotô, Harutoshi	吉岡	邦二	Yoshioka, Kuniji
後藤	高秀	Goto, Takahide	吉岡	二郎	Yoshioka, Jirô
後藤	和夫	Gotô, Kazuo	吉岡	一郎	Yoshioka, Ichiro
後藤	捷一	Gotô, Shôichi	吉谷	啓作	Yoshitani, Keisaku
後藤	岩三郎	Gotô, Iwasaburô	吉見	辰三郎	Yoshimi, Tatsusaburô
後藤	昭二	Gotô, Shôji	吉井	良三	Yoshii, Ryôzô
後藤	正夫	Gotô, Masao	吉井	啓	Yoshii, Hiromu
後藤	治	Gotô, Osamu	吉井	甫	Yoshii, Hazime
厚井	聡	Koui, Satoshi	吉崎	誠	Yoshizaki, Makoto
戸倉	亮一	Tokura, Ryôichi	吉秋	斎	Yoshiaki, Hitoshi
戸部	博	Tobe, Hiroshi	吉山	寛	Yoshiyama, Hiroshi
戸部	正久	Tobe, Masahisa	吉井	義次	Yoshii, Yoshiji
戸崎	弥生	Tosaki, Yayoi	吉田	安夫	Yoshida, Yasuo
戸澤	又次郎	Tozawa, Matajirô	吉田	めぐみ	Yoshida, Megumi
花村	美代子	Hanamura, Miyoko	吉田	誠治	Yoshida, Seiji
荒井	清司	Arai, Kiyoshi	吉田	國二	Yoshida, Kuniji
荒井	榮造	Arai, Eizô	吉田	進	Yoshida, Susumu
荒木	英一	Araki, Yeiichi	吉田	考造	Yoshida, Kozo
			吉田	寛	Yoshida, Hiroshi
磯部	和久	Isobe, Kazuhisa	吉田	文雄	Yoshida, Fumio
磯田	圭哉	Isoda, Keiya	吉田	裕	Yoshida, Yutaka
磯野	寿美子	Isono, Sumiko	吉田	政治	Yoshida, Masaji
磯野	裕美	Isono, Hiromi	吉田	智尚	Yoshida, Tomohisa
吉川	春久	Yoshikawa, Haruhisa	吉田	重治	Yoshida, Shigeharu
吉川	純幹	Yoshikawa, Junmiki	吉武	和治郎	Yoshitake, Wajiro
吉川	芳秋	Yoshikawa, Yoshiaki	吉野	善介	Yoshino, Zensuke
吉川	吉男	Kikkawa, Yoshio	吉野	毅一	Yoshino, Kiichi

吉野	由紀夫	Yoshino, Yukio	菅	邦子	Suga, Kuniko
吉永	虎馬	Yoshinaga, Torama	菅谷	貞男	Sugaya, Sadao
吉永	悦卿	Yoshinaga, Yetsukyô	菅野	利助	Kanno, Risuke
吉原	操	Yoshiwara, Misao	菅野	昭二	Kanno, Shoji
吉原	一美	Yoshihara, Kazumi	菅野	宗武	Kanno, Munetake
吉澤	和徳	Yoshizawa, Kazunori	菅原	繁藏	Sugawara, Shigezo
吉澤	健	Yoshizawa, Tsuyoshi	菅原	龜悦	Sugawara, Kietu
吉澤	庄作	Yoshizawa, Shôsaku	菅原	敬	Sugawara, Takashi
幾瀬	マサ	Ikuse, Masa	菅沼	孝之	Suganuma, Takayuki
笈木	秀治	Oiki, Shuji	間部	彰	Manabe, Akira
加納	瓦全	Kano, Gazen	間瀬	美保子	Mase, Mihoko
加崎	英男	Kasaki, Hideo	樫村	利道	Kashimura, Toshimichi
加藤	博	Katô, Hiroshi	樫村	一郎	Kashimura, Ichirô
加藤	辰己	Katou, Tatsumi	建部	惠潤	Tatebe, Keijun
加藤	達夫	Katô, Tatsuo	江本	義數	Emoto, Yoshikadzu
加藤	法子	Katoh, Noriko	江口	亨	Eguchi, Tohru
加藤	富司雄	Katô, Huzio	江口	貢	Eguchi, Mitsugi
加藤	君雄	Katô, Kimio	江口	庸雄	Eguchi, Tsuneo
加藤	朗子	Katoh, Saeko	江幡	尚文	Ebata, Naofumi
加藤	亮助	Katô, Ryôsuke	江崎	悌三	Esaki, Teizô
加藤	彌栄	Katô, Yasaka	江森	貫一	Emori, Kanichi
加藤	鉄次郎	Katô, Tetsujirô	江原	薫	Ehara, Kaoru
加藤	退助	Katoh, Taisuke	江越	千代	Egoshi, Chiyo
加藤	僖重	Kato, Nobushige	鮫島	惇一郎	Samejima, Junichirô
加藤	信英	Kato, Shin'Ei	鮫島	弘光	Samejima, Hiromitsu
加藤	雅啓	Kato, Masahiro	鮫島	宗雄	Sameshima, Muneo
加藤	研治	Katoh, Kenji	角	正博	Sumi, Masahiro
加藤	英寿	Kato, Hidetoshi	角田	愛花	Tsunoda, Aika
加藤	源也	Katoh, Genya	角田	俊直	Tsunoda, Toshinao
加藤	直	Katô, Naoshi	角野	康郎	Kadono, Yasuro
加藝	清之助	Katô, Seinosuke	纐纈	理一郎	Kôketsu, Riiehirô
榎本	敬	Enomoto, Takashi	桝井	孝	Masui, Takashi
兼本	正	Kanemoto, Tadashi	結城	嘉美	Yûki, Yoshimi

芥川	鑑二	Akutagawa, Kanji	錦織	瀧夫	Nishikiori, Takio
今川	邦彦	Imagawa, Kunihiko	近	芳明	Kon, Yoshiaki
今村	長俊	Imamura, Nagatoshi	近江	彦榮	Ohmi, Hikoei
今村	朝	Imamura, Tomo	近末	貢	Chikasue, Mitsugi
今村	荒男	Imamura, Arao	近藤	博三	Kondô, Hirozo
今村	惠梁	Imamura, Keiryô	近藤	芳五郎	Kondô, Yoshigorô
今村	駿一郎	Imamura, Shunichirô	近藤	健児	Kondo, Kenji
今村	利雄	Imamura, Toshio	近藤	金吾	Kondô, Kingo
今關	六也	Imazeki, Rokuya	近藤	勝彦	Kondo, Katsuhiko
今江	正知	Imae, Siichi	近藤	鐵馬	Kondô, Tetsuba
今津	道夫	Imazu, Michio	近藤	萬太郎	Kondô, Mantarô
今井	康	Imai, Yasushi	近藤	武夫	Kondô, Takeo
今井	三子	Imai, Sanshi	近藤	信	Kondô, Shin
今井	喜孝	Imai, Yoshitaka	近藤	秀明	Kondô, Hideaki
今井	忠宗	Imai, Tadamune	近藤	助	Kondô, Tasuku
今堀	宏三	Imahori, Kôzô	近田	文弘	Konta, Fumihiro
今市	涼子	Imaichi, Ryoko	進士	織平	Shinji, Orihei
今西	錦司	Imanishi, Kinji	京道	信次郎	Kyôdô, Shinjirô
今野	晴義	Kon'no, Haruyoshi	京野	忠司	Kyôno, Tadashi
金	貞成	Kim, Jung-sung	井波	一雄	Inami, Kazuo
金城	三郎	Kanashiro, Saburô	井出	清治	Ide, Kiyoharu
金城	鐵郎	Kanashiro, Tetsuo	井口	ヤス	Iguchi, Yasu
金井	弘夫	Kanai, Hiroo	井口	昌亮	Iguchi, Masaaki
金平	亮三	Kanehira, Ryôzô	井口	綏之	Iguchi, Mochiyuki
金山	巌	Kanayama, Iwao	井口	信義	Iguchi, Nobuyoshi
金田	義久	Kanada, Yoshihisa	井鷺	裕司	Isagi, Yuji
金綱	善恭	Kanetsuna, Yoshiyasu	井上	好之利	Inoue, Yoshinori
金子	康子	Kaneko, Yasuko	井上	浩	Inoue, Hiroshi
金子	太吉	Kaneko, Takichi	井上	好章	Inoue, Yoshiaki
津村	孝平	Tsumura, Kôhei	井上	虎馬	Inoue, Torama
津山	尚	Tuyama, Takasi	井上	健	Inoue, Ken
津田	道夫	Tsuda, Michio	井上	覺	Inoue, Satoru
津田	松苗	Tsuda, Matsunae	井上	勉	Inoue, Tsutomu

井上	尚子	Inoue, Naoko		菊地	則雄	Kikuchi, Norion
井上	賢治	Inoue, Kenji		菊地	卓弥	Kikuchi, Takuya
井上	十吉	Inoue, Jûkichi		橘	ヒサ子	Tachibana, Hisako
井上	藤二	Inoue, Tôji		蕨	直治郎	Warabi, Naojirô
井上	勲	Inouye, Isao		郡場	寛	Kôriba, Kan
井上	又太郎	Inoue, Matatarô		鎧禮	子	Yoroi, Reiko
井上	哲也	Inoue, Tetsuya		堀	輝三	Hori, Terumitsu
井上	正鉄	Inoue, Masakane		堀	良通	Hori, Yoshimichi
井深	勝美	Ibuka, Katsumi		堀	民男	Hori, Tamio
井藤賀	操	Itouga, Misao		堀	三津男	Hori, Mitsuo
井狩	二郎	Ikari, Jirô		堀	勝	Hori, Masaru
久保	輝幸	Kubo, Teruyuki		堀	四郎	Hori, Shirô
久保	文良	Kubo, Fumiyoshi		堀	正	Hori, Masashi
久保	重夫	Kubo, Shigeo		堀	正侃	Hori, Shôkan
久保	昭生	Kubo, Akira		堀	正太郎	Hori, Shôtarô
久保田	晴光	Kubota, Seikô		堀	正一	Hori, Shôichi
久保田	秀夫	Kubota, Hideo		堀場	治良	Horiba, Jirô
久場	長文	Kuba, Chobun		堀川	安市	Horikawa, Yasuichi
久米	道民	Kume, Michitami		堀川	芳雄	Horikawa, Yoshio
久內	清孝	Hisauchi, Kiyotaka		堀川	富彌	Horikawa, Tomiya
久住	久吉	Hisazumi, Hisakichi		堀井	雄治郎	Horh, Yujiro
久野	哲夫	Kuno, Tetsuo		堀口	健雄	Horiguti, Takeo
酒井	健司	Sakai, Kenji		堀米	義徳	Horigome, Yoshinori
酒井	文三	Sakai, Bunzô		堀田	満	Hotta, Mitsuru
酒井	忠壽	Sakai, Tadahisa		堀田	禎吉	Hotta, Teikichi
駒井	卓	Komai, Taku		堀野	一人	Horino, Kazuhito
菊池	多賀夫	Kikuchi, Takao				
菊池	秋雄	Kikuti, Akio		瀬川	孝吉	Segawa, Kôkichi
菊池	一郎	Kikuchi, Ichirô		瀬川	宗吉	Segawa, Sôkichi
菊池	有子	Kikuchi, Yuko		瀬戸	剛	Seto, Ko
菊池	勇次郎	Kikuchi, Yûjirô		瀬戸口	浩彰	Setoguchi, Hiroaki
菊池	政雄	Kikuchi, Masao		瀬嵐	哲夫	Searashi, Tetuo
菊地	進一	Kikuchi, Shin'ichi		瀬木	紀男	Segi, Tosio

瀬尾	明弘	Seo, Akihiro	林	達紀	Hayashi, Tatsunori
瀬野	一幸	Seno, Kazuyuki	林	金雄	Hayashi, Kaneo
李	鮮英	Yi, Sun-young	林	康夫	Hayashi, Yasuo
里見	立夫	Satomi, Tatsuo	林	彌栄	Hayashi, Yasaka
里見	信生	Satomi, Nobuo	林	實	Hayashi, Minoru
豊島	恕清	Toyoshima, Hirokiyo	林	蘇娟	Lin, Su-juan
豊島	在寛	Toyoshima, Zaikan	林	四郎	Hayashi, Shirô
豊國	秀夫	Toyokuni, Hideo	林	泰治	Hayashi, Yasuharu
豊田	清修	Toyoda, Kiyonobu	林	武彦	Hayashi, Takehiko
豊田	正夫	Toyota, Masao	林	孝三	Hayashi, Kôzô
立岡	末雄	Tatsuoka, Sueo	林	修一	Hayashi, Shuichi
立山	廉吉	Tateyama, Renkichi	林	一彦	Hayashi, Kazuhiko
立石	嵒	Tateishi, Iwao	林	義昭	Hayashi, Yoshiaki
立石	幸敏	Tateishi, Yukitoshi	林	正典	Hayashi, Masanori
立石	庸一	Tateishi, Yoichi	林田	良子	Hayashida, Yoshiko
栃内	吉彦	Tochinai, Yoshihiko	鈴木	邦雄	Suzuki, Kunio
栃内	銀五郎	Tochinai, Gingorô	鈴木	兵二	Suzuki, Hyôji
栗林	數衞	Kuribayashi, Kazue	鈴木	兵馬	Suzuki, Heima
栗田	精一	Kurita, Seiichi	鈴木	昌友	Suzuki, Masatomo
栗田	萬次郎	Kurita, Manjirô	鈴木	長治	Suzuki, Chôji
栗田	英彦	Kurita, Hidehiko	鈴木	芳一	Suzuki, Yoshikazu
栗田	子郎	Kurita, Siro	鈴木	和雄	Suzuki, Kazuo
栗田	勲	Kurita, Isao	鈴木	弘子	Suzuki, Hiroko
栗原	廣三	Kurihara, Hirozô	鈴木	靖	Suzuki, Yasushi
栗原	毅	Kurihara, Takeshi	鈴木	俊宏	Suzuki, Toshihiro
笠島	琴作	Kasashima, Kôsaku	鈴木	可禰	Suzuki, Kane
笠井	幹夫	Kasai, Mikio	鈴木	梅太郎	Suzuki, Umetarô
笠永	博美	Kasanaga, Hiromi	鈴木	橋雄	Suzuki, Hashio
笠原	安夫	Kasahara, Yasuo	鈴木	三男	Suzuki, Mitsuo
蓮見	昌啓	Hasumi, Masahiro	鈴木	時夫	Suzuki, Tokio
鎌倉	五雄	Kamakura, Ituo	鈴木	泰	Suzuki, Tai
林	常夫	Hayashi, Tsuneo	鈴木	武	Suzuki, Takeshi
林	定明	Hayashi, Sadaaki	鈴木	一嘉	Suzuki, Kazuyoshi

鈴木	一志	Suzuki, Hitoshi	梅崎	勇	Umezaki, Isamu
鈴木	貞雄	Suzuki, Sadao	梅澤	彰	Umezawa, Akira
鈴木	正夫	Suzuki, Masao	美和	秀胤	Miwa, Hidetsugu
鈴木	直	Suzuki, Tadashi	美和	知雄	Miwa, Tomoo
鈴木	重良	Suzuki, Sigeyosi	門田	裕一	Kadota, Yuichi
鈴田	巌	Suzuta, Iwao	米本	憲市	Komemoto, Kenichi
柳川	振	Yanagawa, Sin	米倉	浩司	Yonekura, Koji
柳田	文雄	Yanagita, Fumio	米田	勇一	Yoneda, Yûichi
柳田	由藏	Yanagita, Yoshizô	米澤	義彦	Yonezawa, Yoshihiko
柳原	政之	Yanagihara, Masayuki	綿野	泰行	Watano, Yasuyuki
柳澤	文徳	Yanagisawa, Fumiyoshi	名田	靖次	Tada, Yasuji
柳沢	新一	Yanagisawa, Shinichi	名越	規郎	Nagoshi, Kirô
柳沢	幸夫	Yanagisawa, Yukio	明日山	秀文	Asuyama, Hidebumi
亀井	裕幸	Kamei, Hiroyuki	明永	久次郎	Akenaga, Hisajirô
龜井	專次	Kamei, Senji	鳴橋	直弘	Naruhashi, Naohiro
亀田	昌三	Kameta, Shozo	末栓	直次	Suyematu, Naotsugu
瀧	一郎	Taki, Ichirô	末松	四郎	Suematu, Sirô
瀧川	憲嗣	Takigawa, Kenji	末松	直次	Suematu, Naoji
瀧元	清透	Takimoto, Seitô	末田	平七	Sueda, Heishichi
瀧澤	豊吉	Takisawa, Toyokichi	木本	氏幹	Kimoto, Ujimoto
滝尾	進	Takio, Susumu	木本	行俊	Kimoto, Yukitoshi
蘆田	讓治	Ashida, Jôji	木場	一夫	Koba, Kazuo
芦田	喜治	Ashida, Yoshiharu	木場	英久	Koba, Hidehisa
鹿野	忠雄	Shikano, Tadao	木村	光雄	Kimura, Mitsuo
路川	宗夫	Michikawa, Muneo	木村	劼二	Kimura, Katsuji
落合	英二	Ochiai, Eiji	木村	久吉	Kimura, Hisayoshi
			木村	康一	Kimura, Kôichi
馬場	篤	Baba, Atsushi	木村	甚彌	Kimura, Jinya
毛利	元壽	Mori, Motohisa	木村	雄四郎	Kimura, Yûshirô
茂木	正利	Mogi, Masatoshi	木村	彦右衛門	Kimura, Hikoemon
梅本	八郎	Umemoto, Hachirô	木村	憲司	Kimura, Kenji
梅村	甚太郎	Umemura, Jintarô	木村	陽二郎	Kimura, Yôjirô
梅津	幸雄	Umezu, Yukio	木村	陽子	Kimura, Youko

木村	有香	Kimura，Akira	內藤	中人	Naitô，Nakato
木村	允	Kimura，Makoto	內田	繁太郎	Uchida，Shigetarô
木梨	延太郎	Kinashi，Entarû	內田	萬二	Uchida，Manji
木口	博史	Kiguchi，Hiroshi	内田	暁友	Uchida，Akitomo
木下	廣野	Kinoshita，Kôya	内田	丈夫	Uchida，Takeo
木下	虎一郎	Kinoshita，Toraichirô	內田	映	Uchida，Akira
木下	靖浩	Kinoshita，Yasuhiro	内田	正之助	Uchida，Shonosuke
木下	栄一郎	Kinoshita，Eiichirou	能城	修一	Noshiro，Shuichi
木下	末雄	Kinoshita，Sueo	能見	良作	Nômi，Ryôsaku
木原	芳二郎	Kihara，Yoshijirô	尼川	大録	Amakawa，Tairoku
目賀田	守種	Megata，Moritane	鮎川	恵理	Ayukawa，Eri
牧	嘉裕	Maki，Yoshihiro	籾山	泰一	Momiyama，Yasuichi
牧	幸雄	Maki，Yukio	鳥居	喜一	Torii，Kiichi
牧	雅之	Maki，Masayuki	鳥居	肇	Torii，Hajime
牧	胤康	Maki，Taneyasu	钮	力明	Niu，Liming
牧	哲夫	Maki，Tetsuo			
牧川	鷹之祐	Makikawa，Takanosuke	棚橋	孝雄	Tanahashi，Takao
牧野	富太郎	Makino，Tomitarô	片岡	博尚	Kataoka，Hironao
牧野	忠夫	Makino，Tadao	片山	隆三	Katayama，Ryûzô
牧野	宗十郎	Makino，Sôjûrô	片山	直夫	Katayama，Naoto
			片田	實	Katada，Minoru
那須	浩郎	Nasu，Hiroo	片田	宏子	Katada，Hiroko
南	佳典	Minami，Yoshinori	片田	宗雄	Katada，Muneo
南部	信方	Nambu，Nobukata	平川	豊	Hirakawa，Yutaka
南方	熊楠	Minakata，Kumagusu	平島	權藏	Hirashima，Kenzô
南木	睦彦	Minaki，Mutsuhiko	平岡	正三郎	Hiraoka，Showzaburoh
難波	恒雄	Namba，Tsuneo	平根	誠一	Hirane，Seiichi
難波	早苗	Nanba，Sanae	平井	篤造	Hirai，Tokuzô
内貴	章世	Naiki，Akiyo	平井	左門	Hirai，Samon
內山	昭三	Utiyama，Syôzô	平良	芳久	Taira，Yoshihisa
内藤	登喜夫	Naito，Tokio	平林	春樹	Hirabayashi，Haruki
内藤	俊彦	Naito，Toshihiko	平林	昭一郎	Hirabayashi，Shoichiro
內藤	喬	Naito，Takashi	平山	甫	Hirayama，Hajime

平山	重勝	Hirayama, Shigekatsu	前田	又右衛門	Maeda, Mataemon
平田	幸治	Hirata, Kôji	前田	禎三	Maeda, Teizô
平田	英吉	Hirata, Eikichi	前田	正之	Maeda, Masayuki
平田	正一	Hirata, Shôichi	前田	政次郎	Maeda, Masajirô
平尾	經信	Hirao, Tsunenobu	前原	勘次郎	Maebara, Kanjirô
平野	日出雄	Hirano, Hideo	乾	環	Inui, Tamaki
平野	實	Hirano, Minoru	錢谷	武平	Zenitani, Buhei
平野	孝二	Hirano, Kôji	淺川	義範	Asakawa, Yoshinori
平野	英一	Hirano, Eiichi	淺間	恒雄	Asama, Tsuneo
平塚	保之	Hiratsuka, Yasuyuki	淺井	東一	Asai, Tôichi
平塚	利子	Hiratsuka, Toshiko	淺井	康宏	Asai, Yasuhiro
平塚	直秀	Hiratsuka, Naohide	淺田	學一	Asada, Gakuichi
平塚	直治	Hiratsuka, Naoharu	淺野	一男	Asano, Kazuo
坪井	伊助	Tsuboi, Isuke	淺野	貞夫	Asano, Sadao
坪田	博美	Tsubota, Hiromi	橋本	保	Hashimoto, Tamotsu
朴	贊浩	Park, Chan-ho	橋本	光政	Hashimoto, Mitsumasa
朴澤	茂雄	Bokuzawa, Shigeo	橋本	亮	Hashimoto, Akira
浦口	あや	Uraguchi, Aya	橋本	泰助	Hashimoto, Taisuke
			橋本	梧郎	Hashimoto, Gorô
崎田	庄藏	Sakita, Shôzô	橋本	一廣	Hashimoto, Kazuhiro
千廣	俊幸	Chihiro, Toshiyuki	橋本	英二	Hashimoto, Eiji
千明	康	Chigira, Yasushi	橋本	英明	Hashimoto, Hideaki
千葉	修	Chiba, Osamu	橋岡	良夫	Hashioka, Yoshio
千葉	胤一	Chiba, Taneichi	橋詰	隼人	Hashizume, Hayato
千葉	卓夫	Chiba, Takuo	橋山	庫三	Hiyama, Kôzô
千原	光雄	Chihara, Mitsuo	芹澤	啓一	Serizawa, Keiichi
前川	德次郎	Maekawa, Tokujirô	青島	清雄	Aoshima, Kiyowo
前川	文夫	Maekawa, Fumio	青木	誠志郎	Aoki, Seishiro
前島	浦實	Maejima, Kiyozane	青木	繁	Aoki, Shigeru
前田	徹	Maeda, Toru	青木	富士彌	Aoki, Fujiya
前田	和博	Maeda, Kazuhiro	青木	赳雄	Aoki, Kyûyû
前田	協一	Maeda, Kyôichi	青木	清	Aoki, Kiyoshi
前田	已之助	Maeda, Minosuke	清末	忠人	Kiyosue, Tadato

靑葉	高	Aoba, Takashi	人見	剛	Hitomi, Tsuyoshi
清棲	幸保	Kiyosu, Yukiyasu	日比野	信一	Hibino, Shinichi
清石	禮造	Seishi, Reizô	日出	武敏	Hinode, Taketoshi
清水	昌保	Shimizu, Masayasu	日高	醇	Hidaka, Zyun
清水	大典	Shimizu, Daisuke	日高	富雄	Hidaka, Tomio
清水	基夫	Shimizu, Moto'o	日高	英智	Hidaka, Hidetomo
清水	晶子	Shimizu, Akiko	日浦	運治	Hiura, Unji
清水	建美	Shimizu, Tatemi	日向	保良	Hyûga, Yasuyoshi
清水	禮三	Shimizu, Reizô	日野	東	Hino, Azuma
清水	満子	Shimizu, Mitsuko	日野	俊彦	Hino, Toshihiko
清水	善男	Shimizu, Yoshio	日野	隆之	Hino, Takayuki
清水	藤太郎	Shimizu, Tôtarô	日野	五七郎	Hino, Goshichirô
清水	一生	Shimizu, Issei	日野	巖	Hino, Iwao
清水	英幸	Shimizu, Hideyuki	入江	彌太郎	Irie, Yatarô
清水	英夫	Shimizu, Hideo	宍戶	元彦	Shishido, Motohiko
清水	正元	Shimizu, Masamoto	若宮	崇令	Wakamiya, Takanori
清水	佐代子	Shimizu, Sayoko	若井田	正義	Wakaida, Masayoshi
邱	欽堂	Kyû, Kindô	若林	榮四郎	Wakabayashi, Eishirô
秋津	教雄	Akitsu, Norio	若林	三千男	Wakabayashi, Michio
秋山	弘之	Akiyama, Hiroyuki	若名	東一	Wakana, Tôichi
秋山	茂雄	Akiyama, Shigeo	若杉	孝生	Wakasugi, Takao
秋山	忍	Akiyama, Shinobu			
秋山	守	Akiyama, Mamoru	三ツ野	問治	Mitsuno, Monji
秋山	優	Akiyama, Masaru	三池田	修	Miikeda, Osamu
秋松	秋一	Iwamatsu, Akiichi	三川	潮	Sankawa, Ushio
秋元	秀友	Akimoto, Hidetomo	三島	美佐子	Mishima, Misako
萩原	時雄	Hagiwara, Tokio	三根	毅	Mine, Tsuyoshi
曲直	瀬愛	Manase, Ai	三谷	進	Mitani, Susumu
犬飼	哲夫	Inukai, Tetsuo	三好	保德	Miyoshi Yasunori,
犬丸	愨	Inumaru, Sunao	三好	學	Miyoshi, Manabu
			三角	享	Misumi, Tôru
染谷	德五郎	Someya, Tokugorô	三木	茂	Miki, Shigeru
染野	邦夫	Someno, Kunio	三浦	道哉	Miura, Michiya
				（密成）	

三浦	惠美	Miura, Emi		森安	右知子	Moriyasu, Yuchiko
三浦	伊八郎	Miura, Ihachirô		森本	傳男	Morimoto, Tsutô
三橋	健	Mihashi, Takeshi		森本	德右衛門	Morimoto, Tokuemon
三上	日出夫	Mikami, Hideo		森本	泰二	Morimoto, Yasuji
三友	清史	Mitomo, Kiyoshi		森長	眞一	Morinaga, Shinichi
三澤	正生	Misawa, Tadao		森川	均一	Morikawa, Kinichi
三中	信宏	Minaka, Nobuhiro		森島	充好	Morishima, Toshiyuki
三宅	驥一	Miyake, Kiichi		森岡	芳之	Morioka, Yoshiyuki
三宅	勉	Miyake, Tsutomu		森岡	英夫	Morioka, Hideo
三宅	清水	Miyake, Kiyomi		森江	秀行	Morie, Hideyuki
三宅	市郎	Miyake, Ichirô		森田	賢定	Morita, Kentei
三宅	忠一	Miyake, Chûichi		森田	竜義	Morita, Tatsuyoshi
三宅	彰	Miyake, Akira		森田	眞吉	Morita, Shinkichi
三觜	松枝	Mitsuhashi, Matsue		森下	和男	Morishita, Kazuo
桑田	義備	Kuwata, Yoshibi		森永	元一	Morinaga, Motoichi
桑垣	巌	Kuwagaki, Iwao		砂川	泰夫	Sunagawa, Yasuo
桑原	幸信	Kuwahara, Yukinobu		山岸	高旺	Yamagishi, Takaaki
桑原	義晴	Kuwabara, Yoshiharu		山本	みぎわ	Yamamoto, Migiwa
桑原	準策	Kuwabara, Junsaku		山本	誠二	Yamamoto, Seiji
澁川	浩三	Shibukawa, Kôzô		山本	昌木	Yamamoto, Masaki
澁谷	常紀	Shibuya, Tsunenori		山本	寛二郎	Yamamoto, Kanjirô
森	邦彦	Mori, Kunihiko		山本	好和	Yamamoto, Yoshikazu
森	富夫	Mori, Tomio		山本	賴輔	Yamamoto, Yorisuke
森	惠梁	Mori, Keiryô		山本	茂雄	Yamamoto, Sigeo
森	康子	Mori, Yasuko		山本	孟	Yamamoto, Takeshi
森	緩二	Mori, Kanji		山本	敏子	Yamamoto, Toshiko
森	尙	Mori, Hisasi		山本	明	Yamamoto, Akira
森	通保	Mori, Mitiyasu		山本	千恵	Yamamoto, Chie
森	雄一	Mori, Yuichi		山本	四郎	Yamamoto, Shirô
森	爲三	Mori, Tamezô		山本	孝治	Yamamoto, Kôji
森	治	Mori, Osamu		山本	修平	Yamamoto, Shuhei
森	主一	Mori, Syuiti		山本	岩龜	Yamamoto, Iwahisa
森	貞次郎	Mori, Teijirô		山本	義彦	Yamamoto, Yoshihiko

山本	由松	Yamamoto, Yoshimatsu	山崎	次男	Yamazaki, Tsuguo
山本	肇	Yamamoto, Hajime	山崎	常行	Yamazaki, Tsuneyuki
山本	正夫	Yamamoto, Masao	山崎	弘行	Yamazaki, Hiroyuki
山本	總	Yamamoto, Sô	山崎	嘉夫	Yamazaki, Yoshio
山本	和太郎	Yamamoto, Watarô	山崎	敬	Yamazaki, Takasi
山城	守也	Yamashiro, Moriya	山崎	千二	Yamazaki, Senji
山川	默	Yamakawa, Moku	山崎	正武	Yamazaki, Masatake
山村	靖夫	Yamamura, Yasuo	山崎	眞実	Yamazaki, Mami
山村	彌太郎	Yamamura, Yatarô	山手	万知子	Yamate, Machiko
山岡	正尾	Yamaoka, Masao	山田	半次郎	Yamada, Hanjirô
山根	銀五郎	Yamane, Gingorô	山田	芳史	Yamada, Yoshifumi
山河	友次	Yamakawa, Tomotsugu	山田	耕作	Yamada, Kohsaku
山際	富弥康	Yamagiwa, Tomiyasu	山田	浩雄	Yamada, Hiroo
山崎	正武	Yamazaki, Masatake	山田	浩一	Yamada, Kôichi
山極	末男	Yamakiwa, Suewo	山田	濟	Yamada, Wataru
山口	辰良	Yamaguchi, Tatsurô	山田	家正	Yamada, Iemasa
山口	聡	Yamaguchi, Satoshi	山田	金治	Yamada, Kinji
山口	富美夫	Yamaguchi, Tomio	山田	敏弘	Yamada, Toshihiro
山口	和夫	Yamuguchi, Kazuo	山田	峻一	Yamada, Shun'ichi
山口	鴻	Yamaguchi, Hiroshi	山田	鐵雄	Yamada, Tetsuo
山口	久直	Yamaguchi, Hisanao	山田	幸男	Yamada, Yukio
山口	賢司	Yamaguchi, Kenji	山田	秀雄	Yamada, Hideo
山口	裕文	Yamaguchi, Hirofumi	山田	玄太郎	Yamada, Gentarô
山林	暹	Yamabayashi, Noboru	山田	知惠子	Yamada, Chieko
山路	弘樹	Yamaji, Hroki	山下	純	Yamashita, Jun
山内	己酉	Yamauti, Kiyû	山下	貴司	Yamashita, Takashi
山内	健	Yamauchi, Ken	山下	寿之	Yamashita, Toshiyuki
山内	良子	Yamanouti, Yoshiko	山下	孝平	Yamashita, Kôhei
山内	繁雄	Yamanouchi, Shigeo	山縣	恂	Yamagata, Makoto
山内	为壽	Yamanouchi, Tamenaga	山縣	登	Yamagata, Noboru
山鳥	吉五郎	Yamadori, Kichigorô	山野	尚子	Yamano, Naoko
山崎	百治	Yamazaki, Hyakuji	山野	義雄	Yamano, Yoshiwo
山崎	斌	Yamazaki, Akira	山元	晃	Yamamoto, Akira

山中	達	Yamanaka, Susumu	上田	三郎	Ueda, Saburô
山中	二男	Yamanaka, Tsugiwo	上田	三平	Uyeda, Sanpei
山中	敏夫	Yamanaka, Toshio	上條	けさ枝	Kamijô, Kesae
杉本	利哉	Sugimoto, Toshiya	上野	達也	Ueno, Tatsuya
杉本	守	Sugimoto, Mamoru	上野	明	Ueno, Akira
杉本	順一	Sugimoto, Junichi	上野	健	Ueno, Takeshi
杉本	説次	Sugimoto, Setsuji	上野	實郎	Ueno, Jitsurô
杉本	學	Sugimoto, Manabu	上野	雄規	Ueno, Yuki
杉村	康司	Sugimura, Koji	上野	益三	Ueno, Masuzô
杉浦	忠雄	Sugiura, Tadachika	上野	裕	Ueno, Yutaka
杉山	純多	Sugiyama, Junta	上原	浩一	Uehara, Koichi
杉山	晴信	Sugiyama, Harunobu	上原	梓	Uehara, Azusa
杉山	明子	Sugiyama, Mitsuko	申山	謙吉	Nakayama, Kenkichi
杉山	文炳	Sugiyama, Bunhei	深谷	留三	Fukaya, Tomezô
杉山	正世	Sugiyama, Masayo	深見	元弘	Fukami, Motohiro
杉野	辰雄	Sugino, Tatsuo	深瀬	嶷	Fukase, Hiraku
杉野	武雄	Sugino, Takeo	神保	小虎	Jinbo, Kotora
杉野	孝雄	Sugino, Takao	神保	忠男	Jimbo, Tadao
杉原	美徳	Sugihara, Yosinori	神代	哲郎	Kôjiro, Tetsuo
杉原	武雄	Sugihara, Takeo	神宮寺	誠	Jingûji, Makoto
上赤	博文	Kamiaka, Hirofumi	神谷	辰三郎	Kamiya, Tatsusaburô
上村	登	Kamimura, Minoru	神谷	平	Kamiya, Taira
上村	六郎	Uemura, Rokurô	神田	啓史	Kanda, Hiroshi
上村	享	Uemura, Takashi	神田	千代一	Kanda, Tiyoiti
上村	穰	Uemura, Yutaka	神尾	正	Kamio, Tadashi
上河	内靜	Kamikbti, Sizuka	神原	三男	Kanbara, Mitsuo
上林	豊明	Kambayoshi, Toyoaki	榊原	道雅	Sakakibara, Michimasa
上田	常一	Kamita, Tsuneichi	升本	修三	Masumoto, Shiûzo
上田	弘一郎	Ueda, Kôichirô	生出	智哉	Oizuru, Toshiya
上田	豊	Ueda, Yutaka	生島	七郎	Ikushima, Shichiro
上田	清基	Ueda, Kiyomoto	生駒	義博	Ikoma, Yoshihiro
上田	稔	Ueda, Minoru	生駒	義篤	Ikoma, Yoshiatsu
上田	榮次郎	Uyeda, Yeijirô	盛永	俊太郎	Morinaga, Shuntarô

勝本	謙	Katumoto, Ken	石田	敏雄	Ishida, Toshio
勝木	俊雄	Katsuki, Toshio	石田	一義	Ishida, Kazuyoshi
勝山	輝男	Katsuyama, Teruo	石月	勇治	Ishizuki, Yuji
勝山	忠雄	Katsuyama, Tadao	石沢	進	Ishi, Susumu
勝又	暢之	Katsumata, Nobuyuki	時田	郁	Tokida, Jun
十河	暁子	Sogo, Akiko	矢部	吉禎	Yabe, Yoshitada
辻	永	Tsuji, Hisashi	矢島	祭太郎	Yajima, Saitarô
辻	良介	Tsuji, Ryôsuke	矢島	省三	Yajima, Shôzô
辻本	満丸	Tsujimoto, Mitsumaru	矢崎	齋知郎	Yasaki, Saitaro
辻部	正信	Tsujibe, Masanobu	矢田	部良吉	Yatabe, Ryôkichi
辻井	達一	Tsujii, Tatsuichi	矢頭	献一	Yatoh, Ken'ichi
石川	邦男	Ishikawa, Kunio	矢野	撤一	Yahara, Tetsukazu
石川	光春	Ishikawa, Mitsuharu	矢野	幸洋	Yano, Yukihiro
石川	寛	Ishikawa, Hiroshi	矢野	悟道	Yano, Norimichi
石川	理紀之助	Ishikawa, Rikinosuke	矢澤	米三郎	Yazawa, Komesaburô
石川	七郎	Ishikawa, Shichirô	氏家	由三	Uzike, Yoshizo
石川	友市	Ishikawa, Tomoichi	市川	渡	Ichikawa, Wataru
石島	渉	Ishijima, Wataru	市川	哲也	Ichikawa, Tetsuya
石渡	治一	Ishiwata, Haruichi	市村	房子	Ichimura, Fusako
石黒	文雄	Ishiguro, Fumio	市村	俊英	Ichimura, Shun'ei
石戸	谷勉	Ishidoya, Tsutomu	市村	塘	Ichimura, Tsutsumu
石崎	寛	Ishizaki, Hiroshi	柿崎	敬一	Kakizaki, Keiichi
石井	嘉之助	Ishii, Yoshinosuke	是石	鞏	Koreishi, Katashi
石井	盛次	Ishii, Seizi	室	源一	Muro, Gen'ichi
石井	勇義	Ishii, Yûgi	室伏	朋治	Murobuse, Tomoharu
石井	友幸	Ishii, Yûkô	室井	綽	Muroi, Hiroshi
石井	昭治	Ishii, Shôji	室田	豊治	Murota, Toyoji
石山	信一	Ishiyama, Shin'ichi	笹	正和	Sasa, Masakazu
石山	哲爾	Ishiyama, Tetsuji	笹村	祥二	Sasamura, Shôji
石上	孔一	Ishigami, Kôichi	笹岡	久彦	Sasaoka, Hisahiko
石塚	和雄	Ishizuka, Kazuo	笹山	三次	Sasayama, Mitsugi
石塚	正義	Ishizuka, Masayoshi	手綱	太郎	Tazuna, Tarô
石田	健一郎	Ishida, Kenichiro	手塚	映男	Tezuka, Teruo

守谷	茂樹	Moriya, Shigeki		松本	弘義	Matsumoto, Hiroyoshi
守田	益宗	Morita, Yoshimune		松本	巍	Matsumoto, Takashi
狩山	俊悟	Kariyama, Shungo		松本	雅道	Matsumoto, Masamichi
守屋	忠之	Moriya, Tadayuki		松川	恭佐	Matsukawa, Kyôsuke
薮野	友三郎	Yabuno, Tomosaburô		松村	仁三	Matsumura, Jinzô
水本	晋	Mizumoto, Susumu		松村	太一郎	Matsumura, Taichirô
水島	りらら	Mizushima, Urara		松村	俊一	Matsumura, Shunichi
水島	宇三郎	Mizushima, Usaburô		松村	義敏	Matsumura, Yoshiharu
水島	正美	Mizushima, Masami		松村	正信	Matsumura, Masanobu
水谷	正美	Mizutani, Masami		松島	崇	Matsushima, Takashi
水戸野	進	Mitono, Susumu		松島	恵介	Matsushima, Keisuke
水戸野	武夫	Mitono, Takeo		松島	久	Matsushima, Hisashi
水田	光雄	Mizuta, Mitsuo		松島	俊宏	Matsushima, Toshihiro
水野	瑞夫	Mizuno, Mizuo		松島	欽一	Matsushima, Kin'ichi
水野	壽彦	Mizuno, Toshihiko		松島	種由	Matsushima, Taneyoshi
水澤	芳次郎	Mizusawa, Yoshijrô		松谷	正太郎	Matsutani, Shôtarô
四分一	平内	Shibuichi, Heinai		松江	賢修	Matsue, Kenshû
四手井	綱英	Shidei, Tsunahide		松井	宏明	Matsui, Hiroaki
寺本	敏雄	Teramoto, Toshio		松井	敏夫	Matsui, Toshio
寺村	祐子	Teramura, Yuko		松井	透	Matsui, Tohru
寺林	進	Terabayashi, Susumu		松井	眞治	Matsui, Shinji
寺崎	渡	Terazaki, Wataru		松井	善喜	Matsui, Zenki
寺崎	留吉	Terasaki, Tomekichi		松平	齊	Matsudaira, Hitoshi
寺田	和雄	Terada, Kazuo		松浦	甫	Matsuura, Hajime
寺尾	博	Terao, Hirosi		松浦	茂壽	Matsuura, Shigehisa
寺尾	恭平	Terao, Kyohei		松浦	勇	Matsuura, Isamu
寺下	隆喜代	Terashita, Takakiyo		松崎	直枝	Matsuzaki, Naoe
寺下	友三郎	Terashita, Tomozaburô		松山	亮藏	Matsuyama, Ryôzô
松本	みや子	Matsumoto, Miyako		松田	八平	Matsuda, Hachihei
松本	暢隆	Matsumoto, Nobutaka		松田	定久	Matsuda, Sadahisa
松本	淳	Matsumoto, Jun		松田	恭子	Matsuda, Kyoko
松本	達雄	Matsumoto, Tatsuo		松田	晃子	Matsuda, Akiko
松本	定	Matsumoto, Sadamu		松田	孫治	Matsuda, Magoji

松田	行雄	Matsuda, Yukio	陶山	佳久	Suyama, Yoshihisa
松田	幸恵	Matsuda, Sachie	藤本	勳	Fujimoto, Isao
松田	秀隆	Matsuda, Hidetaka	藤島	靜	Fujishima, Shizuka
松田	秀雄	Matsuda, Hideo	藤川	福二郎	Fujikawa, Fukujirô
松田	一郎	Matsuda, Ichirô	藤岡	光長	Fujioka, Mitsunaga
松田	義徳	Matsuda, Yoshinori	藤黑	與三郎	Fujiguro, Yosaburô
松田	英二	Matsuda, Eiji	藤井	紀行	Fujii, Noriyuki
松尾	和人	Matsuo, Kazuhito	藤井	健次郎	Fujii, Kenjirô
松尾	綾男	Matsuo, Ayao	藤井	龍之助	Fujii, Tatsunosuke
松尾	昭彦	Matsui, Akihiko	藤井	伸二	Fujii, Shinji
松尾	卓見	Matsuo, Takken	藤幡	甚七	Fujihata, Jinshichi
松野	まさ子	Matsuno, Masako	藤木	利之	Fujiki, Toshiyuki
松野	重太郎	Matsuno, G.（Jûtarô）	藤田	はるか	Fujita, Haruka
松原	茂樹	Matsubara, Sigeki	藤田	安二	Fujita, Yasuji
松原	庄助	Matsubara, Shôsuke	藤田	國雄	Fujita, Kunjo
松澤	寬	Matsuzawa, Kan	藤田	厚	Fujita, Atsushi
粟野	傳之丞	Awano, Dennojô	藤田	謹次	Fujita, Kinji
粟野	宗太郎	Awano, Sôtarô	藤田	路一	Fujita, Mitiiti
穂坂	八郎	Hosaka, Hachirô	藤田	昇	Fujita, Noboru
			藤田	學	Fujita, Manabu
太川	浩平	Tagawa, Kohei	藤田	卓	Fujita, Taku
太刀掛	優	Tachikake, Masaru	藤田	哲夫	Fujita, Tetsuo
太田	道人	Ohta, Michihito	藤田	直市	Fujita, Naoichi
太田	國光	Ohta, Kunimitsu	藤野	寄命	Fujino, Yorinaga
太田	昇	Ôta, Noboru	藤原	陸夫	Fujiwara, Rikuo
太田	正文	Ota, Masafumi	藤原	新太郎	Fujiwara, Shintarô
太田	哲	Ôta, Tetsu	藤原	陽子	Fujiwara, Yoko
湯川	敬夫	Yukawa, Yoshio	藤原	直子	Fujiwara, Naoko
湯川	又夫	Yukawa, Matao	藤原	悠紀雄	Fuziwara, Yukio
湯澤	宏惠	Yuzawa, Hiroe	藤澤	六馬	Fujisama, Kazuma
唐崎	千春	Karasaki, Chiharu	天野	誠	Amano, Makoto
堂薗	しくみ	Dohzono, Ikumi	天野	典英	Amano, Norihide
桃谷	好英	Momotani, Yoshihide	天野	鐵夫	Amano, Tetsuo

田邊	光夫	Tanabe, Mitsuo	田中	貢一	Tanaka, Kôichi
田邊	和夫	Tanabe, Kazuo	田中	厚	Tanaka, Atsushi
田邊	和男	Tanabe, Kazuo	田中	教之	Tanaka, Noriyuki
田草川	春重	Takusagawa, Harushige	田中	俊弘	Tanaka, Toshihiro
田川	基二	Tagawa, Motoji	田中	康義	Tanaka, Yasuyoshi
田村	道夫	Tamura, Michio	田中	利雄	Tanaka, Toshio
田村	淳	Tamura, Atsushi	田中	隆荘	Tanaka, Ryûsô
田村	剛	Tamura, Tsuyoshi	田中	慶太	Tanaka, Keita
田村	輝夫	Tamura, Teruo	田中	伸幸	Tanaka, Nobuyuki
田村	利親	Tamura, Toshichika	田中	史郎	Tanaka, Shitô
田村	實	Tamura, Minoru	田中	武四	Tanaka, Takesi
田村	正	Tamura, Tadashi	田中	學	Tanaka, Manabu
田代	安定	Tashiro, Yasusada	田中	延次郎	Tanaka, Nobujirô
田代	善太郎	Tashiro, Zentarô	田中	一郎	Tanaka, Ichirô
田宮	博	Tamiya, Hiroshi	田中	伊助	Tanaka, Isuke
田口	勝	Taguchi, Katsu	田中	祐一	Tanaka, Yûichi
田口	一博	Taguchi, Kazuhiro	田中	諭一郎	Tanaka, Yuichirô
田崎	早雲	Tazaki, Sôun	田中	彰一	Tanaka, Syôiti
田杉	平司	Tasugi, Heiji	田中	肇	Tanaka, Hajime
田添	元	Tazoe, Hajime	田中	重徳	Tanaka, Nobunori
田下	英治	Tashimo, Eiji	田中	壤	Tanaka, Jô
田原	正人	Tahara, Masato	田中	昭彦	Tanaka, Akihiko
田中	阿歌麿	Tanaka, Akamaro	田子	幸	Tago, Miyuki
田中	長嶺	Tanaka, Nagane	田仲	善二	Tanaka, Yoshiji
田中	長三郎	Tanaka, Tyôzaburô	畠山	久薫	Hatakeyama, Hisashige
田中	徹	Tanaka, Tooru	樋口	達雄	Higuchi, Tatsuo
田中	徹翁	Tanaka, Tetsuo	樋口	澄男	Higuchi, Sumio
田中	次郎	Tanaka, Jiro	樋口	利雄	Higuchi, Toshio
田中	法生	Tanaka, Norio	樋口	正信	Higuchi, Masanobu
田中	敦司	Tanaka, Atsushi	樋浦	眞	Hiura, Makoto
田中	芳男	Tanaka, Yoshio	桐野	秀信	Kirino, Hidenobu
田中	剛	Tanaka, Tsugoshi	銅銀	和史	Dougin, Kazushi
田中	國宣	Tanaka, Kuninobu	土井	進	Doi, Suśumu

土井	美夫	Doi, Yoshio	五十嵐	恒夫	Igarashi, Tsuneo
土井	藤平	Doi, Tôhei	武内	靖好	Takeuchi, Haruyoshi
土居	祥兌	Doi, Yoshimichi	武藤	治夫	Muto, Haruo
土岐	匡	Toki, Tadashi	武田	健夫	Takeda, Takeo
土岐	晴一	Toki, Seiichi	武田	久吉	Takeda, Hisayoshi
土岐	義順	Toki, Yoshiyuki	武田	禮二	Takeda, Reiji
土屋	恭一	Tsuchiya, Kyôichi	武田	信夫	Takeda, Nobuo
土屋	和三	Tsuchiya, Kazumi	武田	義明	Takeda, Yoshiaki
土屋	律子	Tsuchiya, Ritsuko	武田	治子	Takeda, Haruko
土屋	元	Tsuchiya, Hajime			
土永	浩史	Doei, Hiroshi	西川	洋子	Nishikawa, Yoko
土佐野	実	Tosano, Minoru	西村	道幸	Nishimura, Mitiyuki
駄賀	恒男	Daga, Tsuneo	西村	寅三	Nishimura, Torazô
			西村	眞琴	Nishimura, Makoto
窪寺	幸江	Kubodera, Sachie	西村	周一	Nishimura, Shûichi
窪田	康男	Kubota, Yasuo	西村	直樹	Nishimura, Naoki
外間	現誠	Hokama, Gensei	西島	照夫	Nishizima, Teruo
外山	禮三	Toyama, Reizô	西門	義一	Nishikado, Yoshikazu
外山	三郎	Toyama, Saburô	西平	直美	Nishihira, Naomi
外山	祐介	Toyama, Yusuke	西山	市三	Nishiyama, Ichizô
丸川	久俊	Marukawa, Hisatoshi	西山	武一	Nishiyama, Buichi
丸山	輝樹	Maruyama, Teruki	西山	祐子	Nishiyama, Yuuiti
丸山	立一	Maruyama, Ryuichi	西田	誠	Nishida, Makoto
萬濃	健一郎	Manno, Kenichirô	西田	浩志	Nishida, Hirosi
隈元	吉照	Kumamoto, Yoshiteru	西田	留弥	Nishida, Rumi
梶	明	Kaji, Akira	西田	藤次	Nishida, Tôji
梶浦	實	Kadjiura, Minoru	西田	彰三	Nishida, Shôzô
梶田	忠	Kajita, Tadashi	西田	治文	Nishida, Harufumi
梶原	梅次郎	Kajiwara, Umejirô	西田	佐知子	Nishida, Sachiko
文	光喜	Moon, Kwang-hee	西条	敞一	Saijô, Shôichi
呉	繼志	Go, Keishi	西原	幸男	Nishihara, Yukio
五百川	裕	Iokawa, Yu	西原	一之助	Nishihara, Kazunosuke
五十嵐	博	Igarash, Hiroshi	西原	かよ子	Nishihara, Kayoko

西野	貴子	Nishino, Takako	小池	文人	Koike, Fumito
西澤	徹	Nishizawa, Tooru	小川	誠	Ogawa, Makoto
西澤	正洋	Nishizawa, Tadahiro	小川	隆	Ogawa, Takasi
細川	隆英	Hosokawa, Takahide	小川	憲彰	Ogawa, Noriaki
細川	潤次郎	Hosokawa, Junjirô	小川	由一	Ogawa, Yoshikazu
昔	東姬	Seok, Dong-lm	小川	正行	Ogawa, Masayuki
席岡	正之	Takaoka, Masayuki	小川	甫	Ogawa, Hajime
細山田	三郎	Hosoyamada, Saburo	小村	精	Omurn, Makoto
下川	端三	Shimokawa, Hashimi	小島	力	Kojima, Tsutomu
下村	裕子	Shimomura, Hiroko	小島	貞男	Kojima, Sadao
下瀬	敏	Shimose, Satoshi	小島	正秋	Kozima, Masaaki
下斗米	直昌	Shimotomai, Naomasa	小宮	定志	Komiya, Sadashi
下山	順一郎	Shimoyama, Junichirô	小菅	桂子	Kosuge, Keiko
下田	路子	Shimoda, Michiko	小谷	昌	Kotani, Akira
下澤	伊八郎	Shimozawa, Ihachirô	小谷	英二	Kotani, Hideji
仙仁	径	Senni, Kei	小貫	嘉雄	Onuki, Yoshio
相川	廣秋	Aikawa, Hiroaki	小久保	清治	Kokubo, Seiji
相川	良雄	Aikawa, Yoshio	小堀	憲	Kobori, Ken
相磯	和嘉	Aiso, Kazuyoshi	小笠原	利孝	Ogasawara, Toshitaka
相馬	實吉	Sohma, Kankichi	小笠原	和夫	Ogasawara, Kazuo
相馬	研吾	Soma, Kengo	小林	聰子	Kobayashi, Satoko
相馬	禎三郎	Soma, Tadasaburô	小林	達吉	Kobayashi, Tatsuyoshi
香川	匠	Kagawa, Takumi	小林	幹夫	Kobayashi, Mikio
香村	岱二	Kohmura, Taiji	小林	剛	Kobayashi, Tsuyoshi
香山	信男	Kayama, Nobuo	小林	恭子	Kobayashi, Kyoko
香室	昭圓	Kamuro, Shôen	小林	弘	Kobayashi, Hiromu
香月	保	Katsuki, Tamotsu	小林	圭介	Kobayashi, Keisuke
香月	繁孝	Katsuki, Shigetaka	小林	良正	Kobayashi, Ryôsei
向	秀夫	Mukoo, Hideo	小林	隆	Kobayashi, Takashi
向坂	道治	Sakisaka, Michiji	小林	彌一	Kobayashi, Yaichi
小倉	進平	Ogura, Shimpei	小林	勝	Kobayashi, Katsu
小倉	謙	Ogura, Yudzuru	小林	史郎	Kobayashi, Shiro
小倉	洋志	Ogura, Hiroshi	小林	寿宣	Kobayashi, Toshinori

小林	享夫	Kobayashi, Takao	小野	幹雄	Ono, Mikio
小林	新	Kobayashi, Arata	小野	和	Ono, Hitoshi
小林	艶子	Kobayashi, Tsuyako	小野	記彦	Ono, Humihiko
小林	義雄	Kobayashi, Yoshio	小野	莞爾	Ono, Kanji
小林	眞吾	Kobayashi, Shingo	小野	史郎	Ono, Shirô
小牧	昌文	Komaki, Masahumi	小野	馨	Ono, Kaoru
小牧	旌	Komaki, Sei	小野	孝	Ono, Takashi
小南	清	Kominami, Kiyoshi	小野	孝	Ono, Megumu
小崎	林造	Kozaki, Rinzô	小野	職愨	Oho, Motoyoshi
小清水	卓二	Koshimizu, Takuji	小野	庄士	Ono, Syoshi
小泉	秀雄	Koidzumi, Hideo	小野寺	二郎	Onodera, Jirô
小泉	源一	Koidzumi, Genichi	小玉	健吉	Kotama, Kenkichi
小山	博滋	Koyama, Hiroshige	小玉	順一郎	Kotama, Junichirô
小山	春夫	Koyama, Haruo	小原	宏文	Ohara, Hirofumi
小山	光男	Koyama, Mitsuo	小塚	路夫	Cozuca, Michio
小山	米子	Koyama, Yoneko	小原	亀太郎	Ohara, Kametarô
小山	鐵夫	Koyama, Tetsuo	小原	敬	Obara, Takashi
小杉	喜久雄	Kosugi, Kikuo	小原	靜	Obara, Shizuka
小水内	長太郎	Komidzunai, Chôtarô	小原	栄次郎	Ohara, Eijiro
小松	春三	Komatsu, Shunzô	小原	巖	Ohara, Iwao
小松	栄太郎	Komatsu, Eitarô	小沢	武雄	Ozawa, Takeo
小松崎	三枝	Komatsuzaki, Mitsue	小畠	裕子	Kobatake, Hiroko
小松崎	一雄	Komatsuzaki, Kazuo	小早川	利次	Kohayakawa, Toshitsugu
小藤	累美子	Kofuji, Rumiko	小竹	章	Kotake, Akira
小田	常太郎	Oda, Tsunetarô	小佐井	元吉	Kosai, Motokichi
小田	雅夫	Oda, Masao	篠原	渉	Shinohara, Wataru
小田部	鎮	Otabe, Shizume	篠崎	信四郎	Shinozaki, Shinshirô
小田倉	正圀	Odakura, Masakuni	脇坂	誠	Wakizaka, Makoto
小田島	喜次郎	Odashima, Kijirô	脇本	進	Wakimoto, Susumu
小西	全太郎	Konishi, Sentarô	楯岡	良介	Tateoka, Ryôsuke
小熊	精一	Oguma, Seiichi	蟹本	信雄	Kanimoto, Nobuo
小畑	勇吉	Obata, Yûkichi	新	敏夫	Shin, Toshio
小岩井	富美子	Koiwai, Humiko	新保	隆	Shinbo, Takashi

新島	善直	Niisima, Yoshinao	岩出	亥之助	Iwade, Inosuke
新井	正	Arai, Tadashi	岩垂	悟	Iwadare, Satoru
新納	義馬	Niiro, Yoshima	岩村	通正	Iwamura, Mitimasa
新崎	盛敏	Arasaki, Seibin	岩村	政浩	Iwamura, Seikou
信夫	隆治	Shinobu, Ryuji	岩槻	邦男	Iwatsuki, Kunio
星	良和	Hoshi, Yoshikazu	岩間	亀三郎	Iwama, Kamesaburô
星	司郎	Hoshi, Sirô	岩科	司	Iwashina, Tsukasa
星野	保	Hoshino, Tamotsu	岩片	紀美子	Iwakata, Kimiko
星野	徹	Hosino, Tôru	岩滝	光儀	Iwataki, Mitsunori
星野	好博	Hoshino, Yoshihiro	岩崎	常正	Iwasaki, Tsunemasa
星野	卓二	Hoshino, Takuji	岩崎	二三	Iwasaki, Nizô
熊谷	隆	Kumagaya, Takashi	岩崎	厚夫	Iwasaki, Atsuo
熊沢	三郎	Kumazawa, Saburô	岩橋	八洲民	Iwahashi, Yasutami
熊澤	正夫	Kumazawa, Masao	岩田	二郎	Iwata, Jirô
須賀	英文	Suga, Hidefumi	岩田	光	Iwata, Hikaru
須賀	はる子	Suga, Haruko	岩田	吉人	Iwata, Yoshito
須藤	恒二	Sutô, Tsuneji	岩田	利治	Iwata, Tosiharu
須藤	勇	Stow, Isamu	岩田	松若	Kishida, Matsuwaka
須藤	千春	Sutô, Tiharu	岩田	悦行	Iwata, Etsuyuki
須田	隆一	Suda, Ryuichi	岩田	政志	Iwata, Masashi
須田	善子	Suda, Yoshiko	岩田	重夫	Iwata, Shigeo
須原	準平	Suhara, Jumpei	岩野	俊逸	Iwano, Shun'itsu
須佐	寅三郎	Susa, Torasaburô	岩永	武士	Iwanaga, Takeshi
徐	慶鐘	Jio, Keishô	岩淵	初郎	Iwabuchi, Hatsurô
緒方	正資	Ogata, Masasuke	岩月	善之助	Iwatsuki, Zennoske
			岩政	定治	Iwamasa, Sadazi
押切	広子	Oshikiri, Hiroko	岩渕	弘	Iwabuchi, Hiromu
延原	肇	Nobuhara, Hajime	巌佐	耕三	Iwasa, Kôzô
吉川	宥恭	Kikkawa, Yûkyô	塩島	由晃	Shiojima, Yoshiaki
吉井	義次	Yoshii, Yoshiji	塩谷	佳和	Shiotani, Yoshikazu
岩本	秀信	Iwamoto, Hidenobu	塩見	隆行	Shiomi, Takayuki
岩城	亀彦	Iwaki, Kamehiko	鹽見	正保	Shiomi, Tadayasu
岩城	英夫	Iwaki, Hideo	塩野	恒男	Shiono, Tuneo

塩野	忠彦	Shiono, Tadahiko	伊江	朝謙	Iye, Choken
薬師寺	英次郎	Yakushiji, Eijirô	伊藤	誠哉	Itô, Seiya
野々村	英夫	Nonomura, Hideo	伊藤	篤太郎	Itô, Tokutarô
野本	宣央	Nomoto, Nobuo	伊藤	公夫	Itô, Kimio
野川	茂	Nogawa, Shigeru	伊藤	鶴馬	Itô, Tsuruma
野村	了	Nomura, Tôru	伊藤	健	Itô, Takesi
野村	義弘	Nomura, Yoshihiro	伊藤	猛夫	Itô, Takeo
野島	友雄	Nojima, Tomowo	伊藤	啓介	Itô, Keisuke
野見山	光義	Nomiyama, Mitsuyoshi	伊藤	栄子	Itô, Eiko
野津	良知	Nozu, Yoshitomo	伊藤	三男	Itô, Mitsuo
野口	達也	Noguchi, Tatsunari	伊藤	隼	Itô, Hayabusa
野口	六也	Noguchi, Rokuya	伊藤	太右衛門	Itô, Tôemon
野口	順子	Noguchi, Junko	伊藤	武夫	Itô, Takeo
野口	彰	Noguchi, Akira	伊藤	熊太郎	Itô, Kumatarô
野満	隆治	Nomitsu, Takaharu	伊藤	秀三	Itô, Syûzô
野崎	久義	Nozaki, Hisayoshi	伊藤	洋	Itô, Hirosi
野崎	志津子	Nozaki, Shizuko	伊藤	祥子	Ito, Shouko
野上	達也	Nogami, Tatsuya	伊藤	一雄	Itô, Kazuo
野田	光藏	Noda, Mitsuzô	伊藤	元己	Ito, Motomi
野田	弘之	Noda, Hiroyuki	伊藤	章夫	Ito, Akio
野田	昭三	Noda, Syozo	伊藤	至	Itô, Itaru
野原	茂六	Nohara, Shigeroku	伊藤	達次郎	Itô, Tatsujirô
野原	勇太	Nohara, Yûta	伊延	敏行	Inobe, Toshiyuki
野澤	洽治	Nozawa, Kôji	伊原	衣子	Ihara, Kinuko
野仲	忠彦	Nonaka, Tadahiko	伊野	良夫	Ino, Yoshio
一戸	良行	Ichinohe, Yoshiyuki	伊沢	正名	Izawa, Masana
一木	明子	Ichiki, Akiko	依田	清胤	Yoda, Kiyotsugu
一色	重夫	Isshiki, Shigeo	伊佐	義郎	Isa, Girô
伊波	普献	Iha, Fuken	刈米	達夫	Kariyone, Tatsuo
伊倉	伊三美	Igura, Isami	刈屋	寿	Kariya, Hisashi
伊川	直樹	Ikawa, Naoki	苅住	昇	Karizumi, Noboru
伊村	智	Imura, Satoshi	益山	樹生	Masuyama, Shigeo
伊丹	ツル	Itami, Turu	益田	健一	Masuda, Kan'ichi

益淵	正典	Masubuchi, Masanori	有馬	純二	Arima, Junji
益子	歸久也	Mashiko, Kikuya	右田	清治	Migita, Seiji
逸見	斌雄	Hemmi, Takewo	遊川	知久	Yukawa, Tomohisa
邑田	仁	Murata, Jin	魚住	哲男	Uozumi, Tetsuo
邑田	裕子	Murata, Hiroko	宇都	敏夫	Uto, Toshio
引地	芳郎	Hikiji, Yoshirô	宇都宮	嵩	Utunomiya, Takasi
引田	茂	Hikita, Shigeru	宇井	縫藏	Ui, Nuizo
音山	明久	Otoyama, Akihisa	宇津木	和夫	Utsugi, Kazuo
印東	弘玄	Indoh, Hiroharu	宇田川	俊一	Udagawa, Shun'ichi
櫻井	久一	Sakurai, Kyûichi	宇田川	榛齋	Utagawa, Shinsai
櫻井	芳次郎	Sakurai, Yoshijirô	宇野	確雄	Uno, Kakuo
櫻井	基	Sakurai, Motoi	宇野	宗雄	Uno, Muneo
櫻井	尚武	Sakurai, Naotake	羽切	俊勝	Hagiri, Toshikatsu
櫻井	幸枝	Sakurai, Sachie	羽生田	岳昭	Hanyuda, Takeaki
永井	かた	Nagai, Kana	羽田	良禾	Hada, Yoshine
永井	行夫	Nagai, Yukio	玉城	功	Tamashiro, Isao
永井	政次	Nagai, Masaji	玉代勢	孝雄	Tamayose, Takao
永島	明子	Nagashima, Akiko	玉井	虎太郎	Tamai, Kotarô
永海	秋三	Nagami, Shûzo	玉利	長助	Tamari, Chousuke
永井	利憲	Nagai, Toshinori	玉利	文吾	Tamari, Bungo
永井	威三郎	Nagai, Isaburô	御船	政明	Mifune, Masaaki
永瀬	裕康	Nagase, Hiroyasu	御江	久夫	Migô, Hisao
永野	芳夫	Nagano, Yoshio	御巫	由紀	Mikanagi, Yuki
永野	巖	Nagano, Iwao	原	登志彦	Hara, Toshihiko
永益	英敏	Nagamasu, Hidetoshi	原	幹雄	Hara, Mikio
永友	勇	Nagatomo, Isamu	原	光二郎	Hara, Kojiro
永澤	定一	Nagasawa, Sadaichi	原	寬	Hara, Hiroshi
猶原	恭爾	Naohara, Kyôzi	原	美江	Hara, Yoshie
友安	亮一	Tomoyasu, Ryôichi	原	慶太郎	Hara, Keitarou
有川	邦二	Arikawa, Kuniji	原	攝祐	Hara, Kanesuke
有川	智己	Arikawa, Tomotsugu	原	松次	Hara, Matsuji
有川	宗樹	Arikawa, Muneki	原	一郎	Hara, Ichirô
有賀	憲三	Yûga, Kenzô	原	眞麻子	Hara, Mamako

原口	隆英	Haraguchi, Takafusa	増田	染一郎	Masuda, Someichirô
原田	二郎	Harada, Jirô	増田	準三	Masuda, Jyunzou
原田	浩	Harada, Hiroshi	増沢	武弘	Masuzawa, Takehiro
原田	利一	Harada, Toshiichi	齋	正子	Sai, Masako
原田	盛重	Harada, Morishige	齋木	健一	Saiki, Ken'Ichi
原田	雄二郎	Harada, Yûjirô	齋木	保久	Saiki, Yasuhisa
園原	咲也	Sonohara, Sakuya	齊藤	実	Saitô, Minoru
遠山	三樹男	Toyama, Mikio	齊藤	道雄	Saitô, Michio
遠藤	安太郎	Endô, Yasutarô	齋藤	芳夫	Saitô, Yoshio
遠藤	誠道	Endô, Seidô	齊藤	紀	Saitô, Toshi
遠藤	吉三郎	Endô, Kichisaburô	齋藤	亀三	Saito, Kamezo
遠藤	嘉浩	Endo, Yoshihiro	齊藤	寛昭	Saitô, Hiroaki
遠藤	康弘	Endo, Yasuhiro	齊藤	龍本	Saitô, Tatsumoto
遠藤	茂	Endô, Shigeru	齊藤	卯内	Saitô, Unai
遠藤	泰彦	Endo, Yasuhiko	齊藤	全生	Saitô, Masami
月原	英壽	Tsukihara, Eiju	齋藤	賢堂	Saitô, Kendô
越智	春美	Ochi, Harumi	齊藤	讓	Saitô, Yuzuru
越智	典子	Ochi, Noriko	齊藤	壽	Saitô, Tamotsu
越智	一男	Ochi, Kazuo	齋藤	孝藏	Saitô, Kôzô
雲吹	敏光	Yubuki, Toshimitsu	齊藤	賢道	Saitô, Kendô
			齊藤	雄一	Saitô, Yûichi
早坂	英介	Hayasaka, Eisuke	齊藤	信夫	Saito, Nobuo
早田	文藏	Bunzô, Hayata	齋藤	陽子	Saito, Yoko
澤良木	庄一	Sawaragi, Shôichi	齊藤	源太郎	Saitô, Gentarô
澤藤	雅也	Sawafuji, Masaya	齋藤	英策	Saitô, Hidesaku
澤田	恵子	Sawada, Keiko	齋田	功太郎	Saida, Kôtarô
澤田	兼吉	Sawada, Kaneyoshi	畦	浩二	Une, Koqji
澤田	久一郎	Sawata, Kyuichiro	沼宮内	耕作	Numakunai, Kohsaku
澤田	駒次郎	Sawada, Komajirô	沼宮内	明	Numakunai, Akira
澤田	武男	Sawada, Takeo	沼田	眞	Numata, Makoto
澤田	武太郎	Sawada, Taketarô	照井	陸奥生	Terui, Mutsuo
増島	弘行	Masujima, Hiroyuki	照井	啓介	Terui, Keisuke
増田	朋来	Masuda, Tomoki	照屋	全昌	Teruya, Zenshô

照屋	香	Teruya, Kaori	中川	九一	Nakagawa, Kuichi
折下	吉延	Orishimo, Yoshinobu	中村	純	Nakamura, Jun
柘植	千嘉衛	Tsuge, Chikae	中村	俊彦	Nakamura, Toshihiko
眞保	一輔	Shimbo, Ippo	中村	浩	Nakamura, Hiroshi
眞城	守金	Maeshiro, Shakin	中村	留二	Nakamura, Tomeji
眞鍋	徹	Manabe, Tohru	中村	彌六	Nakamura, Yaroku
眞山	茂樹	Mayama, Shigeki	中村	三八夫	Nakamura, Miyawo
眞下	校子	Mashimo, Toshiko	中村	壽夫	Nakamura, Hisao
眞野	嘉長	Mano, Yoshinaga	中村	泰造	Nakamura, Taizô
陣野	好之	Zinno, Yoshiyuki	中村	武久	Nakamura, Takehisa
正宗	嚴敬	Masamune, Genkei	中村	義輝	Nakamura, Yoshiteru
知里	眞志保	Chiri, Mashio	中村	正雄	Nakamura, Masao
芝池	博幸	Shibaike, Hiroyuki	中村	眞理子	Nakamura, Mariko
織田	二郎	Oda, Jiro	中村	正吾	Nakamura, Shogo
植村	滋	Uemura, Shigeru	中村	直美	Nakamura, Naomi
植村	恒三郎	Uyemura, Tsunesaburô	中村	佐枝子	Nakamura, Saeko
植村	利夫	Uyemura, Toshio	中島	光博	Nakashima, Mitsuhiro
植木	秀幹	Ueki, Homiki	中島	徳一郎	Nakajima, Tokuichirô
植山	信雄	Uyeyama, Nobuo	中島	定雄	Nakajima, Sadao
植松	春雄	Uematu, Haruo	中島	路可	Nakashima, Roka
植松	榮次郎	Uematsu, Eijirô	中島	一男	Nakashima, Kazuo
植田	邦彦	Ueda, Kunihiko	中島	庸三	Nakajima, Yôzô
植田	利喜造	Ueda, Rikizô	中島	友輔	Nakashima, Tomosuke
志波	敬	Shiba, Takashi	中島	友輔	Nakajima, Tomosuke
志村	辰夫	Shimura, Tatsuo	中島	裕之	Nakashima, Hiroyuki
志村	寛	Shimura, Hiroshi	中島	正彦	Nakijima, Masahiko
志村	義雄	Shimura, Yoshio	中島	忠重	Nakajima, Tadashige
志方	益三	Shikata, Masuzô	中根	正行	Nakane, Masayuki
志平	依久子	Shihira, Ikuko	中錦	弘次	Nakanishiki, Kôji
志水	顕	Shimizu, Akira	中池	敏之	Nakaike, Toshiyuki
志田	義秀	Shida, Yoshihide	中川	吉弘	Nakagawa, Yoshihiro
志佐	誠	Sisa, Makoto	中井	猛之進	Nakai, Takenoshin
中沖	太七郎	Nakaoki, Tashichirô	中井	秀樹	Nakai, Hideki

中井	源	Nakai, Gen	中越	信和	Nakagoshi, Nobukazu
中井	宗三	Nakai, Sôzô	中澤	和則	Makazawa, Kazunori
中里	泰夫	Nakasato, Yasuo	中澤	鴻一	Nakazawa, Kôiti
中路	正義	Nakaji, Masayoshi	中澤	亮治	Nakazawa, Ryôdi
中馬	千鶴	Chuma, Chidzu	鐘江	英夫	Kanegae, Hideo
中坪	孝之	Nakatsubo, Takayuki	塚本	角次郎	Tsukamoto, Kakujirô
中森	一美	Nakamori, Kazumi	塚本	洋太郎	Tsukamoto, Yotarô
中山	次男	Nakayama, Tsugiwo	塚本	雅俊	Tsukamoto, Masatoshi
中山	恒三郎	Nakayama, Tsunesaburô	塚本	永治	Tsukamoto, Eiji
中山	修一	Nakayama, Syuuichi	種村	清作	Tanemura, Seisaku
中山	隆夫	Nakayama, Takao	舟根	昇	Hunane, Noboru
中山	謙吉	Nakayama, Kenkichi	舟橋	説往	Funahashi, Setsuo
中山	正章	Nakayama, Masaaki	洲鎌	良三	Sugama, Ryôzô
中藤	成実	Nakato, Narumi	豬熊	泰三	Inokuma, Taizô
中田	克	Nakata, Masaru	竹内	敬	Takeuehi, Kei
中田	善啓	Nakada, Yoshiaki	竹内	亮	Takenouchi, Makoto
中田	政司	Nakata, Masashi	竹内	叔雄	Takenouchi, Yoshio
中田	覺五郎	Nakata, Kakugorô	竹内	昭士郎	Takeuchi, Shôshirô
中庭	正人	Nakaniwa, Masato	竹中	幸恵	Takenaka, Yukie
中條	幸	Chûjô, Kô	竹中	要	Takenaka, Yô
中尾	萬三	Nakao, Manzô	周田	優子	Suda, Yuko
中尾	佐助	Nakao, Sasuke	諸见里	善一	Moromizato, Zenichi
中西	勇	Nakanishi, Isamu	豬狩	雅史	Igari, Masashi
中西	こずえ	Nakanishi, Kozue	竹下	俊治	Takeshita, Shunji
中西	弘樹	Nakanishi, Hiroki	竹原	明秀	Takehara, Akihide
中西	稔	Nakanishi, Minoru	竹仲	由布子	Takenaka, Yuhko
中西	収	Nakanishi, Osamu	鑄方	末彦	Igata, Suehiko
中西	哲	Nakanishi, Satoshi	住吉	幸子	Sumiyochi, Yukiko
中西	貞二	Nakanishi, Teiji	住田	眞樹子	Sumida, Makiko
中野	實	Nakano, Minoru	庄司	次男	Shôji, Tsugio
中野	武登	Nakano, Taketo	庄司	清三	Shôji, Seizô
中野	治房	Nakano, Harufusa	庄司	清裕	Shôji, Kiyohiro
中原	彦之丞	Nakahara, Hikonojô	庄司	義親	Syôzi, Yositika

椎原	廣男	Suihara, Hirowo		佐藤	謙	Sato, Ken
諏訪	文二	Suwa, Bunji		佐藤	清明	Satô, Kiyoaki
宗定	哲二	Munesada, Tetsuji		佐藤	潤平	Satô, Jumpei
諏訪	鹿三	Suo（Suwa）, Shikazô		佐藤	武夫	Satô, Takeo
足立	昇造	Adachi, Shôzô		佐藤	星溟	Satô, Seimei
最上	又平	Mogami, Matahei		佐藤	月二	Satô, Tsukiji
佐伯	秀章	Saeki, Hideaki		佐藤	卓	Sato, Takashi
佐多	長春	Sara, Tyôsyun		佐藤	昭二	Satô, Shôji
佐方	敏夫	Sakata, Toshio		佐藤	正已	Satô, Masami
佐分利	保雄	Saburi, Yasuo		佐藤	重平	Satô, Jûhei
佐久本	敵	Sakumoto, Takashi		佐藤	彌太郎	Satô, Yatarô
佐久間	克己	Sakuma, Katsumi		佐野	純雄	Sano, Sumio
佐久間	裕子	Sakuma, Hiroko		佐野	亮輔	Sano, Ryosuke
佐橋	紀男	Sahashi, Norio		佐野	宗一	Sano, Sôichi
佐藤	邦彦	Satô, Kunihiko		佐竹	和夫	Satake, Kazuo
佐藤	崇之	Sato, Takayuki		佐竹	研一	Satake, Ken'ichi
佐藤	淳	Sato, Jun		佐竹	義輔	Satake, Yoshisuke
佐藤	淳	Satou, Zyun		佐佐木	長淳	Sasaki, Chôjun
佐藤	大二郎	Sato, Daijiro		佐佐木	太一	Sasaki, Taichi
佐藤	房太郎	Setô（Satô）, Fusatarô		佐佐木	好之	Sasaki, Yoshiyuki
佐藤	幹正	Satô, Kansei		佐佐木	弘治郎	Sasaki, Kohjiro
佐藤	耕次郎	Satô, Kôjirô		佐佐木	敏雄	Sasaki, Toshio
佐藤	靖夫	Sato, Yasuo		佐佐木	喬	Sasaki, Takasi
佐藤	和韓鵄	Satô, Wakashi		佐佐木	尚友	Sasaki, Takatomo
佐藤	久雄	Satô, Hisao		佐佐木	盛三郎	Sasaki, Seisaburô
佐藤	利幸	Sato, Toshiyuki		佐佐木	舜一	Sasaki, Syun'iti
佐藤	隆雄	Satou, Takao		佐佐木	喜一	Sasaki, Kiichi
佐藤	茂樹	Satô, Shigeki		佐佐木	一郎	Sasaki, Ichirô
佐藤	敏生	Satoh, Toshio		佐佐木	酉二	Sasaki, Yuji

18 日本人名罗马名称和日文对照

本附录第一版根据 Merrill 和 Walker（1938、1960）两部著作的有关内容整理而成 [①]。第二版又增加了《植物分类学关连学会》（2001）版的会员内容。此外，由于这三本书出版时间跨度较大，同一作者或同一音符的使用有时不一致，请读者使用时注意。

Abe, Chikaichi	阿部	近一	Akimoto, Hidetomo	秋元	秀友
Abe, Junko	阿部	純子	Akitsu, Norio	秋津	教雄
Abe, Kiyohiko	安部	清彦	Akiyama, Hiroyuki	秋山	弘之
Abe, Naoko	阿部	直子	Akiyama, Mamoru	秋山	守
Abe, Sadao	阿部	定夫	Akiyama, Masaru	秋山	優
Abe, Seiji	安部	世意治	Akiyama, Shigeo	秋山	茂雄
Abe, Shigeo	阿部	重雄	Akiyama, Shinobu	秋山	忍
Abe, Takuji	安部	卓爾	Akutagawa, Kanji	芥川	鑑二
Abe, Terukichi	安倍	輝吉	Amakawa, Tairoku	尼川	大錄
Abe, Tomiyo	阿部	富代	Amano, Makoto	天野	誠
Abe, Watam	阿部	涉	Amano, Norihide	天野	典英
Abe, Yutaka	阿部	豊	Amano, Tetsuo	天野	鐵夫
Adachi, Shôzô	足立	昇造	Ami, Tamako	安見	珠子
Aikawa, Hiroaki	相川	廣秋	Amikura, Toshio	綱倉	俊雄
Aikawa, Yoshio	相川	良雄	Ando, Hisatsugu	安藤	久次
Aiso, Kazuyoshi	相磯	和嘉	Andô, Hirotarô	安藤	廣太郎
Ajima, Takashi	安嶋	隆	Andô, Isaku	安藤	伊作
Ajiri, Teizo	阿尻	貞三	Anzai, Tadao	安斉	唯夫
Akai, Shigeyasu	赤井	重恭	Aoba, Takashi	靑葉	高
Akamatsu, Kimpô	赤松	金芳	Aoki, Fujiya	靑木	富士彌
Akasawa, Tokiyuki	赤澤	時之	Aoki, Kiyoshi	靑木	清
Akashi, Kijirô	赤司	喜次郎	Aoki, Kyûyû	靑木	赳雄
Akatsuka, Kôzô	赤塚	耕三	Aoki, Seishiro	靑木	誠志郎
Akenaga, Hisajirô	明永	久次郎	Aoki, Shigeru	靑木	繁

[①] 本部分第一版由王凤英和左云娟整理，第二版由王瑞珍和崔夏核对并补增，在此特别感谢她们的帮助。

Aoshima, Kiyowo	青島	清雄	Bando, Tadashi	坂東	忠司
Arai, Eizô	荒井	榮造	Beppu, Toshio	別府	敏夫
Arai, Kiyoshi	荒井	清司	Bokura, Umenojô	卜藏	梅之丞
Arai, Tadashi	新井	正	Bokuzawa, Shigeo	朴澤	茂雄
Araki, Yeiichi	荒木	英一	Bunzô, Hayata	早田	文藏
Arasaki, Seibin	新崎	盛敏			
Ari, Yamaji	阿里	山治	Chiba, Osamu	千葉	修
Arikawa, Muneki	有川	宗樹	Chiba, Takuo	千葉	卓夫
Arikawa, Kuniji	有川	邦二	Chiba, Taneichi	千葉	胤一
Arikawa, Tomotsugu	有川	智己	Chigira, Yasushi	千明	康
Arima, Junji	有馬	純二	Chihara, Mitsuo	千原	光雄
Asada, Gakuichi	淺田	學一	Chihiro, Toshiyuki	千廣	俊幸
Asada, Sakari	朝田	盛	Chikasue, Mitsugi	近末	貢
Asahina, Haruyo	朝比奈	晴世	Chiri, Mashio	知里	眞志保
Asahina, Yasuhiko	朝比奈	泰彦	Chishiki, Megumi	地職	恵
Asai, Tôichi	淺井	東一	Chûjô, Kô	中條	幸
Asai, Toshinobu	朝井	勇宣	Chuma, Chidzu	中馬	千鶴
Asai, Yasuhiro	淺井	康宏	Cozuca, Michio	小塚	路夫
Asakawa, Yoshinori	淺川	義範			
Asama, Tsuneo	淺間	恒雄	Daga, Tsuneo	駄賀	恒男
Asano, Kazuo	淺野	一男	Dan, Kentarou	淡	賢太郎
Asano, Sadao	淺野	貞夫	Degawa, Yosuke	出川	洋介
Ashida, Jôji	蘆田	譲治	Deguchi, Hironori	出口	博則
Ashida, Yoshiharu	芦田	喜治	Denda, Tetsuo	傳田	哲郎
Asuyama, Hidebumi	明日山	秀文	Doei, Hiroshi	土永	浩史
Awano, Dennojô	粟野	傳之丞	Dohzono, Ikumi	堂薗	しくみ
Awano, Sôtarô	粟野	宗太郎	Doi, Suśumu	土井	進
Ayukawa, Eri	鮎川	恵理	Doi, Tôhei	土井	藤平
Azuma, Hiroshi	東	浩司	Doi, Yoshimichi	土居	祥兌
Azuma, Takayuki	東	隆行	Doi, Yoshio	土井	美夫
			Dôke, Gôsaburô	道家	剛三郎
Baba, Atsushi	馬場	篤	Dougin, Kazushi	銅銀	和史
Bando, Makoto	坂東	誠			

Ebata, Naofumi	江幡	尚文	Fujita, Atsushi	藤田	厚
Ebihara, Atsushi	海老	原淳	Fujita, Haruka	藤田	はるか
Egoshi, Chiyo	江越	千代	Fujita, Kinji	藤田	謹次
Eguchi, Mitsugi	江口	貢	Fujita, Kunjo	藤田	國雄
Eguchi, Tohru	江口	亨	Fujita, Hiroko	冨士田	裕子
Eguchi, Tsuneo	江口	庸雄	Fujita, Manabu	藤田	學
Ehara, Kaoru	江原	薫	Fujita, Mitiiti	藤田	路一
Emori, Kanichi	江森	貫一	Fujita, Naoichi	藤田	直市
Emoto, Yoshikadzu	江本	義數	Fujita, Noboru	藤田	昇
Endô, Kichisaburô	遠藤	吉三郎	Fujita, Taku	藤田	卓
Endô, Seidô	遠藤	誠道	Fujita, Tetsuo	藤田	哲夫
Endô, Shigeru	遠藤	茂	Fujita, Yasuji	藤田	安二
Endo, Yasuhiko	遠藤	泰彦	Fujiwara, Naoko	藤原	直子
Endo, Yasuhiro	遠藤	康弘	Fujiwara, Rikuo	藤原	陸夫
Endo, Yoshihiro	遠藤	嘉浩	Fujiwara, Shintarô	藤原	新太郎
Endô, Yasutarô	遠藤	安太郎	Fujiwara, Yoko	藤原	陽子
Enomoto, Takashi	榎本	敬	Fukami, Motohiro	深見	元弘
Esaki, Teizô	江崎	悌三	Fukiharu, Toshimitsu	吹春	俊光
			Fukase, Hiraku	深瀬	嶽
Fujiguro，Yosaburô	藤黒	與三郎	Fukaya, Tomezô	深谷	留三
Fujihata, Jinshichi	藤幡	甚七	Fukiage, Yoshio	吹上	芳雄
Fujii, Kenjirô	藤井	健次郎	Fukuda, Hiroichi	福田	廣一
Fujii, Noriyuki	藤井	紀行	Fukuda, Ichiro	福田	一郎
Fujii, Shinji	藤井	伸二	Fukuda, Jirô	福田	仁郎
Fujii, Tatsunosuke	藤井	龍之助	Fukuda, Kikuichi	福田	菊市
Fujikawa, Fukujirô	藤川	福二郎	Fukuda, Kouichi	福田	浩一
Fujikawa, Yû	富士	川游	Fukuda, Megumi	福田	惠
Fujiki, Toshiyuki	藤木	利之	Fukuda, Tatsuo	福田	達男
Fujimoto, Isao	藤本	勳	Fukuda, Tatsuya	福田	達哉
Fujino, Yorinaga	藤野	寄命	Fukuhara, Mieko	福原	美恵子
Fujioka, Mitsunaga	藤岡	光長	Fukuhara, Tatsundo	福原	達人
Fujisama, Kazuma	藤澤	六馬	Fukuhara, Yoshiharu	福原	義春
Fujishima, Shizuka	藤島	靜	Fukui, Kamasaburô	福井	鎌三郎

Fukui, Takeji	福井	武治		Gotô, Harutoshi	後藤	春利
Fukui, Tamao	福井	玉夫		Gotô, Iwasaburô	後藤	岩三郎
Fukuoka, Nobuyuki	福岡	誠行		Gotô, Kazuo	後藤	和夫
Fukuoka, Yoshihiro	福岡	莪洋		Gotô, Masao	後藤	正夫
Fukuroda, Takefumi	袋田	猛文		Gotô, Osamu	後藤	治
Fukushi, Teikichi	福士	貞吉		Gotô, Shôichi	後藤	捷一
Fukusima，Hiroshi	福島	博		Gotô, Shôji	後藤	昭二
Fukushima, Hisayuki	福島	久幸		Goto, Takahide	後藤	高秀
Fukuyama, Jinnosuke	福山	甚之助		Goto, Tsuneaki	後藤	常明
Fukuyama, Noriaki	福山	伯明		Gotoh, Masako	後藤	昌子
Funabiki, Kôzô	船引	洪三		Gusukuma, Chôkyô	城間	朝教
Funahashi, Setsuo	舟橋	説往				
Funakoshi, Hidenobu	船越	英伸		Hachiya, Kinzi	蜂屋	欣二
Funamoto, Tsuneo	船本	常男		Hada, Yoshine	羽田	良禾
Funatsu, Kanematsu	船津	金松		Hagiri, Toshikatsu	羽切	俊勝
Funazaki, Kôjirô	船崎	光治郎		Hagiwara, Tokio	萩原	時雄
Furudate, Hidemoto	古館	秀元		Hama, Jitsutarô	波麿	實太郎
Furuike, Hiroshi	古池	博		Hama, Takeo	濱	健夫
Furuki, Tatsuwo	古木	達郎		Hama, Taketo	濱	武人
Furukawa, Gintarô	古川	銀太郎		Hamada, Masami	濱田	正實
Furukawa, Yoshio	古川	良雄		Hamada, Minoru	濱田	稔
Furumi, Masatomi	古海	正福		Hamada, Nobuo	濱田	信夫
Furusato, Kazuo	古里	和夫		Hamai, Shôzô	濱井	生三
Furusawa, Isao	古澤	潔夫		Hamashima, Shigetaka	濱島	繁隆
Furusawa, Teruo	古沢	輝雄		Hamaya, Tosio	濱谷	稔夫
Furuta, Hiroshi	古田	洋		Hanamura, Miyoko	花村	美代子
Furuya, Toshie	古谷	利枝		Handa, Kenryû	半田	賢隆
Fuse, Shizuka	布施	靜香		Hanyuda, Takeaki	羽生田	岳昭
Fusetani, Chiemi	布施谷	智恵美		Hanzawa, Jun	半澤	洵
Fuziwara, Yukio	藤原	悠紀雄		Hara, Hiroshi	原	寬
				Hara, Ichirô	原	一郎
Go, Keishi	吳	繼志		Hara, Kanesuke	原	攝祐
(Go, Shizen) (Wu, Chi-chih)				Hara, Keitarou	原	慶太郎

Hara, Kojiro	原	光二郎		Hatsushima, Sumihiko	初島	住彦
Hara, Mamako	原	眞麻子		Hatta, Hiroaki	八田	洋章
Hara, Matsuji	原	松次		Hattori, Hirotarô	服部	廣太郎
Hara, Mikio	原	幹雄		Hattori, Kenzô	服部	健三
Hara, Toshihiko	原	登志彦		Hattori, Masasuke	服部	正相
Hara, Yoshie	原	美江		Hattori, Shinske	服部	新佐
Harada, Hiroshi	原田	浩		Hattori, Shizuo	服部	靜夫
Harada, Jirô	原田	二郎		Hatusima, Sumihiko	初島	住彦
Harada, Morishige	原田	盛重		Hayasaka, Eisuke	早坂	英介
Harada, Toshiichi	原田	利一		Hayashi, Kaneo	林	金雄
Harada, Yûjirô	原田	雄二郎		Hayashi, Kazuhiko	林	一彦
Haraguchi, Takafusa	原口	隆英		Hayashi, Kôzô	林	孝三
Haruhara, Sasukichi	春原	三壽吉		Hayashi, Masanori	林	正典
Hasebe, Mitsuyasu	長谷部	光泰		Hayashi, Minoru	林	實
Hasegawa, Ikue	長谷川	郁江		Hayashi, Sadaaki	林	定明
Hasegawa, Jiro	長谷川	二郎		Hayashi, Shirô	林	四郎
Hasegawa, Junichi	長谷川	順一		Hayashi, Shuichi	林	修一
Hasegawa, Kôzô	長谷川	孝三		Hayashi, Takehiko	林	武彦
Hasegawa, Takeji	長谷川	武治		Hayashi, Tatsunori	林	達紀
Hasegawa, Yoshihito	長谷川	義人		Hayashi, Tsuneo	林	常夫
Hasegawa, Yoshio	長谷川	由雄		Hayashi, Yasaka	林	彌栄
Hashimoto, Akira	橋本	亮		（Katô Yasaka）		
Hashimoto, Eiji	橋本	英二		Hayashi, Yasuharu	林	泰治
Hashimoto, Gorô	橋本	梧郎		Hayashi, Yasuo	林	康夫
Hashimoto, Hideaki	橋本	英明		Hayashi, Yoshiaki	林	義昭
Hashimoto, Kazuhiro	橋本	一廣		Hayashida, Yoshiko	林田	良子
Hashimoto, Mitsumasa	橋本	光政		Hemmi, Takewo	逸見	斌雄
Hashimoto, Taisuke	橋本	泰助		Hibino, Shinichi	日比野	信一
Hashimoto, Tamotsu	橋本	保		Hida, Michiko	肥田	美知子
Hashioka, Yoshio	橋岡	良夫		Hidaka, Hidetomo	日高	英智
Hashizume, Hayato	橋詰	隼人		Hidaka, Tomio	日高	富雄
Hasumi, Masahiro	蓮見	昌啓		Hidaka, Zyun	日高	醇
Hatakeyama, Hisashige	畠山	久薫		Higashi, Jôbu	東	丈夫

Higashi, Michitarô	東	道太郎	Hiratsuka, Yasuyuki	平塚	保之
Higo, Yutaka	肥後	裕	Hirayama, Hajime	平山	甫
Higuchi, Masanobu	樋口	正信	Hirayama, Shigekatsu	平山	重勝
Higuchi, Sumio	樋口	澄男	Hiroe, Isamu	廣江	勇
Higuchi, Tatsuo	樋口	達雄	Hiroe, Minosuke	廣江	美之助
Higuchi, Toshio	樋口	利雄	Hirohama, Tohru	広浜	徹
Hikiji, Yoshirô	引地	芳郎	Hirohasi, Takasi	廣橋	堯
Hikita, Shigeru	引田	茂	Hiroki, Syouzou	広木	詔三
Hino, Azuma	日野	東	Hojo, Masanori	北條	雅教
Hino, Goshichirô	日野	五七郎	Hirose, Hiroyuki	廣瀬	弘幸
Hino, Iwao	日野	巌	Hirose, Tadahiko	廣瀬	忠彦
Hino, Takayuki	日野	隆之	Hisauchi, Kiyotaka	久内	清孝
Hino, Toshihiko	日野	俊彦	Hisazumi, Hisakichi	久住	久吉
Hinode, Taketoshi	日出	武敏	Hitomi, Tsuyoshi	人見	剛
Hirabayashi, Haruki	平林	春樹	Hiura, Makoto	樋浦	眞
Hirabayashi, Shoichiro	平林	昭一郎	Hiura, Unji	日浦	運治
Hirai, Samon	平井	左門	Hiyama, Kôzô	橋山	庫三
Hirai, Tokuzô	平井	篤造	Hoga, Kuwagorô	芳賀	鍬五郎
Hirakawa, Yutaka	平川	豊	Hôgetsu, Kinji	宝月	欣二
Hirane, Seiichi	平根	誠一	Hokama, Gensei	外間	現誠
Hirano, Eiichi	平野	英一	Homma, Kaoru	本間	薫
Hirano, Hideo	平野	日出雄	Homma, Yasu	本間	やす
Hirano, Kôji	平野	孝二	Honda, Fujio	本多	藤雄
Hirano, Minoru	平野	實	Honda, Kôsuke	本田	幸介
Hirao, Tsunenobu	平尾	經信	Honda, Masaji	本田	正次
Hiraoka, Showzaburoh	平岡	正三郎	Honda, Seiroku	本田	清六
Hirashima, Kenzô	平島	權藏		(本多)	
Hirata, Eikichi	平田	英吉	Honda, Yoko	本田	陽子
Hirata, Kôji	平田	幸治	Hongo, Yoriko	本郷	順子
Hirata, Shôichi	平田	正一	Hongo, Tsugio	本郷	次雄
Hiratsuka, Naoharu	平塚	直治	Honma, Ken'ichiro	本間	建一郎
Hiratsuka, Naohide	平塚	直秀	Honma, Miyo	本間	ミヨ
Hiratsuka, Toshiko	平塚	利子	Horasawa, Isamu	洞澤	勇

Horh, Yujiro	堀井	雄治郎	Hyûga, Yasuyoshi	日向	保良
Hori, Masaru	堀	勝			
Hori, Masashi	堀	正	Ibaraki, Yasushi	茨木	靖
Hori, Mitsuo	堀	三津男	Ibuka, Katsumi	井深	勝美
Hori, Shirô	堀	四郎	Ichikawa, Tetsuya	市川	哲也
Hori, Shôichi	堀	正一	Ichikawa, Wataru	市川	渡
Hori, Shôkan	堀	正侃	Ichiki, Akiko	一木	明子
Hori, Shôtarô	堀	正太郎	Ichimura, Fusako	市村	房子
Hori, Tamio	堀	民男	Ichimura, Shun'ei	市村	俊英
Hori, Terumitsu	堀	輝三	Ichimura, Tsutsumu	市村	塘
Hori, Yoshimichi	堀	良通	Ichinohe, Yoshiyuki	一戸	良行
Horiba, Jirô	堀場	治良	Ide, Kiyoharu	井出	清治
Horigome, Yoshinori	堀米	義徳	Ideta, Arata	出田	新
Horiguti, Takeo	堀口	健雄	Igarash, Hiroshi	五十嵐	博
Horikawa, Tomiya	堀川	富彌	Igarashi, Tsuneo	五十嵐	恒夫
Horikawa, Yasuichi	堀川	安市	Igari, Masashi	猪狩	雅史
Horikawa, Yoshio	堀川	芳雄	Igata, Suehiko	鑄方	末彦
Horino, Kazuhito	堀野	一人	Iguchi, Masaaki	井口	昌亮
Hosaka, Hachirô	穂坂	八郎	Iguchi, Mochiyuki	井口	綏之
Hosaka, Yoshiyuki	保坂	義行	Iguchi, Nobuyoshi	井口	信義
Hoshi, Sirô	星	司郎	Iguchi, Yasu	井口	ヤス
Hoshino, Yoshihiro	星野	好博	Igura, Isami	伊倉	伊三美
Hoshi, Yoshikazu	星	良和	Iha, Fuken	伊波	普獻
Hosino, Tôru	星野	徹	Ihara, Kinuko	伊原	衣子
Hoshino, Takuji	星野	卓二	Iida, Masahide	飯田	全秀
Hoshino, Tamotsu	星野	保	Iijima, Ryô	飯島	亮
Hosokawa, Junjirô	細川	潤次郎	Iijima, Yuko	飯島	由子
Hosokawa, Takahide	細川	隆英	Iima, Masafumi	飯間	雅文
Hosoyamada, Saburo	細山田	三郎	Iinuma, Yokusai	飯沼	慾齋
Hotta, Mitsuru	堀田	満	Iio, Tadasi	飯尾	正
Hotta, Teikichi	堀田	禎吉	Iishiba, Eikichi	飯柴	永吉
Hunane, Noboru	舟根	昇	Iizuka, Hiroshi	飯塚	廣
Hyôdô, Masahiro	兵頭	正憲	Iizuka, Yoshihisa	飯塚	慶久

Iizumi, Shigeru	飯泉	茂		Imamura, Tomo	今村	朝
Ikari, Jirô	井狩	二郎		Imamura, Toshio	今村	利雄
Ikawa, Naoki	伊川	直樹		Imanishi, Kinji	今西	錦司
Ikeda, Hiroshi	池田	博		Imazeki, Rokuya	今關	六也
Ikeda, Katsuhumi	池田	克文		Imazu, Michio	今津	道夫
Ikeda, Kô	池田	康		Imura, Satoshi	伊村	智
Ikeda, Masaharu	池田	政晴		Inaba, Hideko	稲葉	秀子
Ikeda, Shigeru	池田	茂		Inaba, Shun	稲葉	俊
Ikeda, Shôgorô	池田	鉦五郎		Inada, Ikuko	稲田	委久子
Ikeda, Yoshio	池田	義夫		Inada, Matao	稲田	又男
Ikegami, Yasuyuki	池上	康行		Inagaki, Kanichi	稲垣	貫一
Ikegami, Yoshinobu	池上	義信		Inami, Kazuo	井波	一雄
Ikeno, Seiichirô	池野	成一郎		Indoh, Hiroharu	印東	弘玄
Ikenoue, Hiroyuki	池上	宇志		Ino, Yoshio	伊野	良夫
Ikenoue, Hiroyuki	池上	宙志		Inobe, Toshiyuki	伊延	敏行
Iketani, Hiroyuki	池谷	祐幸		Inokuma, Taizô	豬熊	泰三
Ikeya, Jûkichi	池屋	重吉		Inoue, Hiroshi	井上	浩
Ikoma, Yoshiatsu	生駒	義篤		Inoue, Jûkichi	井上	十吉
Ikoma, Yoshihiro	生駒	義博		Inoue, Ken	井上	健
Ikuse, Masa	幾瀬	マサ		Inoue, Kenji	井上	賢治
Ikushima, Shichiro	生島	七郎		Inoue, Masakane	井上	正鉄
Imahori, Kôzô	今堀	宏三		Inoue, Matatarô	井上	又太郎
Imae, Siichi	今江	正知		Inoue, Naoko	井上	尚子
Imagawa, Kunihiko	今川	邦彦		Inoue, Satoru	井上	覺
Imai, Sanshi	今井	三子		Inoue, Tetsuya	井上	哲也
Imai, Tadamune	今井	忠宗		Inoue, Tôji	井上	藤二
Imai, Yasushi	今井	康		Inoue, Torama	井上	虎馬
Imai, Yoshitaka	今井	喜孝		Inoue, Tsutomu	井上	勉
Imaichi, Ryoko	今市	涼子		Inoue, Yoshiaki	井上	好章
Imamura, Arao	今村	荒男		Inoue, Yoshinori	井上	好之利
Imamura, Keiryô	今村	惠梁		Inouye, Isao	井上	勲
Imamura, Nagatoshi	今村	長俊		Inui, Tamaki	乾	環
Imamura, Shunichirô	今村	駿一郎		Inukai, Tetsuo	犬飼	哲夫

Inumaru, Sunao	犬丸	愨		Isono, Hiromi	磯野	裕美
Iokawa, Yu	五百川	裕		Isono, Sumiko	磯野	寿美子
Irie, Yatarô	入江	彌太郎		Isshiki, Shigeo	一色	重夫
Isa, Girô	伊佐	義朗		Itagaki, Shirô	板垣	史郎
Isagi, Yuji	井鷺	裕司		Itami, Turu	伊丹	ツル
Ishi, Susumu	石沢	進		Ito, Akio	伊藤	章夫
Ishida, Kazuyoshi	石田	一義		Itô, Eiko	伊藤	栄子
Ishida, Kenichiro	石田	健一郎		Itô, Hayabusa	伊藤	隼
Ishida, Toshio	石田	敏雄		Itô, Hirosi	伊藤	洋
Ishidoya, Tsutomu	石戸谷	勉		Itô, Itaru	伊藤	至
Ishii, Yoshinosuke	石井	嘉之助		Itô, Kazuo	伊藤	一雄
Ishigami, Kôichi	石上	孔一		Itô, Keisuke	伊藤	啓介
Ishiguro, Fumio	石黒	文雄		Itô, Kimio	伊藤	公夫
Ishii, Seizi	石井	盛次		Itô, Kumatarô	伊藤	熊太郎
Ishii, Shôji	石井	昭治		Itô, Mituo	伊藤	三男
Ishii, Yûgi	石井	勇義		Ito, Motomi	伊藤	元己
Ishii, Yûkô	石井	友幸		Itô, Seiya	伊藤	誠哉
Ishijima, Wataru	石島	渉		Ito, Shouko	伊藤	祥子
Ishikawa, Hiroshi	石川	寛		Itô, Syûzô	伊藤	秀三
Ishikawa, Kunio	石川	邦男		Itô, Takeo	伊藤	猛夫
Ishikawa, Mitsuharu	石川	光春		Itô, Takeo	伊藤	武夫
Ishikawa, Rikinosuke	石川	理紀之助		Itô, Takesi	伊藤	健
Ishikawa, Shiehirô	石川	七郎		Itô, Tatsujirô	伊藤	達次郎
Ishikawa, Tomoichi	石川	友市		Itô, Tôemon	伊藤	太右衛門
Ishiwata, Haruichi	石渡	治一		Itô, Tokutarô	伊藤	篤太郎
Ishiyama, Shin'ichi	石山	信一		Itô, Tsuruma	伊藤	鶴馬
Ishiyama, Tetsuji	石山	哲爾		Itouga, Misao	井藤賀	操
Ishizaki, Hiroshi	石崎	寛		Iwabuchi, Hiromu	岩渕	弘
Ishizuka, Kazuo	石塚	和雄		Iwabuchi, Hatsurô	岩淵	初郎
Ishizuka, Masayoshi	石塚	正義		Iwadare, Satoru	岩垂	悟
Ishizuki, Yuji	石月	勇治		Iwade, Inosuke	岩出	亥之助
Isobe, Kazuhisa	磯部	和久		Iwahashi, Yasutami	岩橋	八洲民
Isoda, Keiya	磯田	圭哉		Iwakata, Kimiko	岩片	紀美子

Iwaki, Hideo	岩城	英夫	Kabeya, Yoshikazu	壁谷	祥和
Iwaki, Kamehiko	岩城	亀彦	Kadjiura, Minoru	梶浦	實
Iwama, Kamesaburô	岩間	亀三郎	Kadono, Yasuro	角野	康郎
Iwamasa, Sadazi	岩政	定治	Kadota, Yuichi	門田	裕一
Iwamatsu, Akiichi	秋松	秋一	Kagawa, Takumi	香川	匠
Iwamoto, Hidenobu	岩本	秀信	Kaji, Akira	梶	明
Iwamura, Mitimasa	岩村	通正	Kajiwara, Umejirô	梶原	梅次郎
Iwamura, Seikou	岩村	政浩	Kajita, Tadashi	梶田	忠
Iwanaga, Takeshi	岩永	武士	Kakizaki, Keiichi	柿崎	敬一
Iwano, Shun'itsu	岩野	俊逸	Kaku, Akisuke	賀来	章輔
Iwasa, Kôzô	巖佐	耕三	Kamakura, Ituo	鎌倉	五雄
Iwasaki, Atsuo	岩崎	厚夫	Kambayoshi, Toyoaki	上林	豊明
Iwasaki, Nizô	岩崎	二三	Kamei, Hiroyuki	亀井	裕幸
Iwasaki, Tsunemasa	岩崎	常正	Kamei, Senji	龜井	專次
Iwashina, Tsukasa	岩科	司	Kameta, Shozo	亀田	昌三
Iwata, Etsuyuki	岩田	悦行	Kamiaka, Hirofumi	上赤	博文
Iwata, Hikaru	岩田	光	Kamijô, Kesae	上條	けさ枝
Iwata, Jirô	岩田	二郎	Kamikbti, Sizuka	上河	内靜
Iwata, Masashi	岩田	政志	Kamimura, Minoru	上村	登
Iwata, Shigeo	岩田	重夫	Kamio, Tadashi	神尾	正
Iwata, Tosiharu	岩田	利治	Kamita, Tsuneichi	上田	常一
Iwata, Yoshito	岩田	吉人	Kamiya, Taira	神谷	平
Iwataki, Mitsunori	岩滝	光儀	Kamiya, Tatsusaburô	神谷	辰三郎
Iwatsuki, Kunio	岩槻	邦男	Kamuro, Shôen	香室	昭圓
Iwatsuki, Zennoske	岩月	善之助	Kanada, Yoshihisa	金田	義久
Iye, Choken	伊江	朝謙	Kanai, Hiroo	金井	弘夫
Izawa, Masana	伊沢	正名	Kanashiro, Saburô	金城	三郎
			Kanashiro, Tetsuo	金城	鐵郎
Jimbo, Tadao	神保	忠男	Kanayama, Iwao	金山	巖
Jinbo, Kotora	神保	小虎	Kanbara, Mitsuo	神原	三男
Jingûji, Makoto	神宮寺	誠	Kanda, Hiroshi	神田	啓史
Jio, Keishô	徐慶	鐘	Kanda, Tiyoiti	神田	千代一
Jôtani, Yukio	常谷	幸雄	Kanegae, Hideo	鐘江	英夫

Kanehira, Ryôzô	金平	亮三	Katô, Huzio	加藤	富司雄
Kaneko, Takichi	金子	太吉	Katô, Kimio	加藤	君雄
Kaneko, Yasuko	金子	康子	Kato, Masahiro	加藤	雅啓
Kanemoto, Tadashi	兼本	正	Katô, Naoshi	加藤	直
Kanetsuna, Yoshiyasu	金網	善恭	Kato, Nobushige	加藤	僖重
Kanimoto, Nobuo	蟹本	信雄	Katô, Ryôsuke	加藤	亮助
Kanno, Munetake	菅野	宗武	Katô, Seinosuke	加藝	清之助
Kanno, Risuke	菅野	利助	Kato, Shin'Ei	加藤	信英
Kanno, Shoji	菅野	昭二	Katô, Tatsuo	加藤	達夫
Kano, Gazen	加納	瓦全	Katô, Tetsujirô	加藤	鉄次郎
Karasaki, Chiharu	唐崎	千春	Katô, Yasaka	加藤	彌栄
Kariyone, Tatsuo	刈米	達夫	Katoh, Genya	加藤	源也
Kariya, Hisashi	刈屋	寿	Katoh, Kenji	加藤	研治
Kariyama, Shungo	狩山	俊悟	Katoh, Noriko	加藤	法子
Karizumi, Noboru	苅住	昇	Katoh, Saeko	加藤	朗子
Kasahara, Yasuo	笠原	安夫	Katoh, Taisuke	加藤	退助
Kasai, Mikio	笠井	幹夫	Katou, Tatsumi	加藤	辰己
Kasaki, Hideo	加崎	英男	Katsuki, Shigetaka	香月	繁孝
Kasanaga, Hiromi	笠永	博美	Katsuki, Tamotsu	香月	保
Kasashima, Kôsaku	笠島	琴作	Katsuki, Toshio	勝木	俊雄
Kashimura, Ichirô	樫村	一郎	Katsumata, Nobuyuki	勝又	暢之
Kashimura, Toshimichi	樫村	利道	Katsura, Kiichi	桂	琦一
Kashiwadani, Hiroyuki	柏谷	博之	Katsurayama, Hiroshi	葛山	博次
Kashiwagi, Yôkichi	柏木	洋吉	Katsuyama, Tadao	勝山	忠雄
Kashiwai, Hiroshi	柏井	博	Katsuyama, Teruo	勝山	輝男
Katada, Hiroko	片田	宏子	Katumoto, Ken	勝本	謙
Katada, Minoru	片田	實	Kawabata, Seisaku	川端	清策
Katada, Muneo	片田	宗雄	Kawachi, Tatsumi	川地	辰美
Kataoka, Hironao	片岡	博尚	Kawada, Akiko	河田	明子
Katayama, Naoto	片山	直夫	Kawada, Hiroshi	河田	弘
Katayama, Ryûzô	片山	隆三	Kawada, Masaru	河田	杰
Kato, Hidetoshi	加藤	英寿	Kawagoe, Shigenori	河越	重紀
Katô, Hiroshi	加藤	博	Kawaguchi, Shirô	川口	四郎

Kawahara, Takayuki	河原	孝行		Kayama, Nobuo	香山	信男
Kawai, Akio	河上	昭夫		（Hyun Sinkyuk）		
Kawai, Hiroshi	川井	浩史		Kazama, Chieko	風間	智惠子
Kawai, Isawo	河合	功		Kazama, Shirô	風間	四郎
Kawai, Katsumi	河合	克巳		Kazami, Fusao	風見	房雄
Kawai, Keiji	川合	啓二		Kida, Taketosi	貴田	武捷
Kawakami, Saburô	川上	三郎		Kigawa, Shiro	城川	四郎
Kawakami, Takiya	川上	瀧彌		Kiguchi, Hiroshi	木口	博史
Kawakubo, Nobumitsu	川窪	伸光		Kihara, Yoshijirô	木原	芳二郎
Kawamata, Akinori	川又	明德		Kikkawa, Suketeru	吉川	祐輝
Kawaminami, Megumi	河南	恵		Kikkawa, Tomoyuki	吉川	知之
Kawamoto, Makio	川本	滿喜夫		Kikkawa, Yoshio	吉川	吉男
Kawamoto, Taigen	河本	臺鉉		Kikkawa, Yûkyô	吉川	宥恭
（Chông Taehyôn）				Kikuchi, Ichirô	菊池	一郎
Kawamoto, Tomenosuke	川本	留之助		Kikuchi, Masao	菊池	政雄
				Kikuchi, Norion	菊地	則雄
Kawamura, Akio	川村	昭夫		Kikuchi, Shin'ichi	菊地	進一
Kawamura, Eikichi	河村	栄吉		Kikuchi, Takao	菊池	多賀夫
Kawamura, Kyûen	河村	九淵		Kikuchi, Takuya	菊地	卓弥
Kawamura, Seiichi	川村	清一		Kikuchi, Yûjirô	菊池	勇次郎
Kawamura, Tamiji	川村	多實二		Kikuchi, Yuko	菊池	有子
Kawamura, Teinosuke	河村	貞之助		Kikuti, Akio	菊池	秋雄
Kawana, Takashi	川名	興		Kim, Jung-sung	金	貞成
Kawano, Syôichi	河野	昭一		Kimoto, Ujimoto	木本	氏幹
Kawarasaki, Satoko	河原崎	里子		Kimoto, Yukitoshi	木本	行俊
Kawasaki, Tadashi	川崎	正		Kimura, Akira	木村	有香
Kawasaki, Tetsuya	川崎	哲也		Kimura, Hikoemon	木村	彦右衛門
Kawasaki, Tsugio	川崎	次男		Kimura, Hisayoshi	木村	久吉
Kawasaki, Yoshio	川崎	義雄		Kimura, Jinya	木村	甚彌
Kawase, Yasuo	川瀬	保夫		Kimura, Katsuji	木村	劼二
Kawashima, Shôji	川嶋	昭二		Kimura, Kenji	木村	憲司
Kawatani, Toyohiko	川谷	豊彦		Kimura, Kôichi	木村	康一
Kawato, Fumio	川戸	文夫		Kimura, Makoto	木村	允

Kimura, Mitsuo	木村	光雄		Koba, Hidehisa	木場	英久
Kimura, Yôjirô	木村	陽二郎		Koba, Kazuo	木場	一夫
Kimura, Youko	木村	陽子		Kobatake, Hiroko	小畠	裕子
Kimura, Yûshirô	木村	雄四郎		Kobayashi, Arata	小林	新
Kinashi, Entarû	木梨	延太郎		Kobayashi, Hiromu	小林	弘
Kinoshita, Eiichirou	木下	栄一郎		Kobayashi, Keisuke	小林	圭介
Kinoshita, Kôya	木下	廣野		Kobayashi, Katsu	小林	勝
Kinoshita, Sueo	木下	末雄		Kobayashi, Kyoko	小林	恭子
Kinoshita, Toraichirô	木下	虎一郎		Kobayashi, Mikio	小林	幹夫
Kinoshita, Yasuhiro	木下	靖浩		Kobayashi, Ryôsei	小林	良正
Kirino, Hidenobu	桐野	秀信		Kobayashi, Satoko	小林	聡子
Kishi, Kiichi	岸	喜一		Kobayashi, Shingo	小林	眞吾
Kishi, Yasuo	岸	寧夫		Kobayashi, Shiro	小林	史郎
Kishida, Matsuwaka	岩田	松若		Kobayashi, Takao	小林	享夫
Kishimoto, Jun	岸本	潤		Kobayashi, Takashi	小林	隆
Kishinami, Yoshihiko	岸波	義彦		Kobayashi, Tatsuyoshi	小林	達吉
Kishitani, Teijirô	岸谷	貞治郎		Kobayashi, Toshinori	小林	寿宣
Kitagawa, Masanori	北川	昌典		Kobayashi, Tsuyako	小林	艶子
Kitagawa, Masao	北川	政夫		Kobayashi, Tsuyoshi	小林	剛
Kitagawa, Naofumi	北川	尚史		Kobayashi, Yaichi	小林	彌一
Kitahara, Kakuo	北原	覺雄		Kobayashi, Yoshio	小林	義雄
Kitajima, Hiroshi	北島	博		Kobori, Ken	小堀	憲
Kitami, Takehiko	北見	健彦		Kodama, Shinsuke	兒玉	親輔
Kitamoto, Takeshi	北本	毅		Kodama, Tsutomu	兒玉	務
Kitamoto, Toshio	北元	敏夫		Kofuji, Rumiko	小藤	累美子
Kitamura, Akane	北村	茜		Kohayakawa, Toshitsugu	小早川	利次
Kitamura, Jun	北村	淳		Kohmura, Taiji	香村	岱二
Kitamura, Shirô	北村	四郎		Koidzumi, Genichi	小泉	源一
Kitao, Harumichi	北尾	春道		Koidzumi, Hideo	小泉	秀雄
Kitashima, Kimizô	北島	君三		Koike, Fumito	小池	文人
Kitazawa, Asaji	北澤	淺治		Koiwai, Humiko	小岩井	富美子
Kiyosu, Yukiyasu	清棲	幸保		Kojima, Sadao	小島	貞男
Kiyosue, Tadato	清末	忠人		Kojima, Tsutomu	小島	力

Kôjiro, Tetsuo	神代	哲郎	Kontani, Shûji	紺谷	修治
Kôketsu, Riiehirô	纐纈	理一郎	Koreishi, Katashi	是石	鞏
Kokubukata, Goro	國府方	吾郎	Kôriba, Kan	郡塲	寬
Kokubo, Seiji	小久保	清治	Kosai, Motokichi	小佐井	元吉
Komai, Taku	駒井	卓	Koshimizu, Takuji	小清水	卓二
Komaki, Masahumi	小牧	昌文	Kosuge, Keiko	小菅	桂子
Komaki, Sei	小牧	旌	Kosugi, Kikuo	小杉	喜久雄
Komatsu, Shunzô	小松	春三	Kotake, Akira	小竹	章
Komatsu, Eitarô	小松	栄太郎	Kotama, Junichirô	小玉	順一郎
Komatsuzaki, Kazuo	小松崎	一雄	Kotama, Kenkichi	小玉	健吉
Komatsuzaki, Mitsue	小松崎	三枝	Kotani, Akira	小谷	昌
Komemoto, Kenichi	米本	憲市	Kotani, Hideji	小谷	英二
Komidzunai, Chôtarô	小水内	長太郎	Koui, Satoshi	厚井	聡
Kominami, Kiyoshi	小南	清	Koyama, Haruo	小山	春夫
Komiya, Sadashi	小宮	定志	Koyama, Hiroshige	小山	博滋
Kon, Yoshiaki	近	芳明	Koyama, Mitsuo	小山	光男
Kondô, Hideaki	近藤	秀明	Kogama, Tetsuo	小山	鐵夫
Kondô, Hirozo	近藤	博三	Koyama, Yoneko	小山	米子
Kondo, Katsuhiko	近藤	勝彦	Kozaki, Rinzô	小崎	林造
Kondo, Kenji	近藤	健児	Kozima, Masaaki	小島	正秋
Kondô, Kingo	近藤	金吾	Kuba, Chobun	久場	長文
Kondô, Mantarô	近藤	萬太郎	Kubo, Akira	久保	昭生
Kondô, Shin	近藤	信	Kubo, Fumiyoshi	久保	文良
Kondô, Takeo	近藤	武夫	Kubo, Shigeo	久保	重夫
Kondô, Tasuku	近藤	助	Kubo, Teruyuki	久保	輝幸
Kondô, Tetsuba	近藤	鐵馬	Kubodera, Sachie	窪寺	幸江
Kondô, Yoshigorô	近藤	芳五郎	Kubota, Hideo	久保田	秀夫
Konishi, Sentarô	小西	全太郎	Kubota, Seikô	久保田	晴光
Kon'no, Haruyoshi	今野	晴義	Kubota, Yasuo	窪田	康男
Kôno, Gakuichi	河野	學一	Kudo, Gaku	工藤	岳
Kôno, Hisao	河野	壽夫	Kudo, Kensuke	工藤	健介
Kôno, Reizô	河野	齡藏	Kudô, Shigemi	工藤	茂美
Konta, Fumihiro	近田	文弘	Kudô, Yakurô	工藤	彌九郎

Kudô, Yoshikimi	工藤	義公	Kuroiwa, Sumio	黒岩	澄雄
Kudô, Yûshun	工藤	祐舜	Kurokawa, Syô	黒川	逍
Kuginuki, Fuji	釘貫	ふじ	Kurokawa, Takao	黒川	喬雄
Kumagaya, Takashi	熊谷	隆	Kurokawa, Teiko	黒川	禎子
Kumamoto, Yoshiteru	隈元	吉照	Kurosaki, Nobuhira	黒崎	史平
Kumazawa, Masao	熊澤	正夫	Kurosawa, Eiichi	黒澤	英一
Kumazawa, Saburô	熊沢	三郎	Kurosawa, Gompei	黒澤	艮平
Kume, Michitami	久米	道民	Kurosawa, Hideo	黒澤	秀雄
Kunieda, Hiroshi	國枝	溥	Kurosawa, Mikio	黒澤	三樹男
Kunishi, Hatsuko	國司	初子	Kurosawa, Sachiko	黒澤	幸子
Kuno, Tetsuo	久野	哲夫	Kurosawa, Takahide	黒沢	高秀
Kurachi, Kanemitsu	倉地	金光	Kusaka, Masao	草下	正夫
Kuraishi, Hiroshi	倉石	衍	Kusano, Shunsuke	草野	俊助
Kuramoto, Tsugio	倉本	嗣王	Kushita, Hiroto	串田	宏人
Kurasawa, Hideo	倉澤	秀夫	Kuwabara, Junsaku	桑原	準策
Kurashige, Yuji	倉重	祐二	Kuwabara, Yoshiharu	桑原	義晴
Kurashima, Kenjirô	倉島	賢次郎	Kuwagaki, Iwao	桑垣	巖
Kurata, Hiroshi	倉田	浩	Kuwahara, Yukinobu	桑原	幸信
Kurata, Masusaburô	倉田	益三郎	Kuwata, Yoshibi	桑田	義備
Kurata, Satoru	倉田	悟	Kyôdô, Shinjirô	京道	信次郎
Kurata, Shizuko	倉田	靜子	Kyôno, Tadashi	京野	忠司
Kuribayashi, Kazue	栗林	數衞	Kyû, Kindô	邱	欽堂
Kurihara, Hirozô	栗原	廣三			
Kurihara, Takeshi	栗原	毅	Lin, Su-juan	林	蘇娟
Kurita, Hidehiko	栗田	英彦			
Kurita, Isao	栗田	勳	Maebara, Kanjirô	前原	勘次郎
Kurita, Manjirô	栗田	萬次郎	Maeda, Kazuhiro	前田	和博
Kurita, Seiichi	栗田	精一	Maeda, Kyôichi	前田	協一
Kurita, Siro	栗田	子郎	Maeda, Masajirô	前田	政次郎
Kuroda, Kunio	黒田	久仁男	Maeda, Masayuki	前田	正之
Kuroda, Sunao	黒田	侃	Maeda, Mataemon	前田	又右衞門
Kurogi, Munenao	黒木	宗尚	Maeda, Minosuke	前田	已之助
Kuroiwa, Hisashi	黒岩	恒	Maeda, Teizô	前田	禎三

Maeda, Toru	前田	徹	Masujima, Hiroyuki	増島	弘行
Maejima, Kiyozane	前島	浦實	Masumoto, Shiûzo	升本	修三
Maekawa, Fumio	前川	文夫	Masuyama, Shigeo	益山	樹生
Maekawa, Tokujirô	前川	德次郎	Masuzawa, Takehiro	増沢	武弘
Maeshiro, Shakin	眞城	守金	Matsubara, Shôsuke	松原	庄助
Makazawa, Kazunori	中澤	和則	Matsubara, Sigeki	松原	茂樹
Maki, Masayuki	牧	雅之	Matsuda, Akiko	松田	晃子
Maki, Taneyasu	牧	胤康	Matsuda, Eiji	松田	英二
Maki, Tetsuo	牧	哲夫	Matsuda, Hachihei	松田	八平
Maki, Yoshihiro	牧	嘉裕	Matsuda, Hideo	松田	秀雄
Maki, Yukio	牧	幸雄	Matsuda, Hidetaka	松田	秀隆
Makikawa, Takanoauke	牧川	鷹之祐	Matsuda, Ichirô	松田	一郎
Makino, Sôjûrô	牧野	宗十郎	Matsuda, Kyoko	松田	恭子
Makino, Tadao	牧野	忠夫	Matsuda, Magoji	松田	孫治
Makino, Tomitarô	牧野	富太郎	Matsuda, Sachie	松田	幸恵
Manabe, Akira	間部	彰	Matsuda, Sadahisa	松田	定久
Manabe, Tohru	眞鍋	徹	Matsuda, Yoshinori	松田	義徳
Manase, Ai	曲直	瀬愛	Matsuda, Yukio	松田	行雄
Manno, Kenichirô	萬濃	健一郎	Matsudaira, Hitoshi	松平	齊
Mano, Yoshinaga	眞野	嘉長	Matsue, Kenshû	松江	賢修
Marukawa, Hisatosi	丸川	久俊	Matsui, Akihiko	松尾	昭彦
Maruyama, Ryuichi	丸山	立一	Matsui, Hiroaki	松井	宏明
Maruyama, Teruki	丸山	輝樹	Matsui, Shinji	松井	眞治
Masamune, Genkei	正宗	嚴敬	Matsui, Tohru	松井	透
Mase, Mihoko	間瀬	美保子	Matsui, Toshio	松井	敏夫
Mashiko, Kikuya	益子	歸久也	Matsui, Zenki	松井	善喜
Mashimo, Toshiko	眞下	校子	Matsukawa, Kyôsuke	松川	恭佐
Masubuchi, Masanori	益淵	正典	Matsumoto, Hiroyoshi	松本	弘義
Masuda, Someichirô	増田	染一郎	Matsumoto, Jun	松本	淳
Masuda, Jyunzou	増田	準三	Matsumoto, Masamichi	松本	雅道
Masuda, Kan'ichi	益田	健一	Matsumoto, Miyako	松本	みや子
Masuda, Tomoki	増田	朋来	Matsumoto, Nobutaka	松本	暢隆
Masui, Takashi	桝井	孝	Matsumoto, Sadamu	松本	定

Matsumoto, Takashi	松本	巍		Mikami, Hideo	三上	日出夫
Matsumoto, Tatsuo	松本	達雄		Mikanagi, Yuki	御巫	由紀
Matsumura, Jinzô	松村	仁三		Miki, Shigeru	三木	茂
Matsumura, Masanobu	松村	正信		Minaka, Nobuhiro	三中	信宏
Matsumura, Shunichi	松村	俊一		Minakata, Kumagusu	南方	熊楠
Matsumura, Taichirô	松村	太一郎		Minaki, Mutsuhiko	南木	睦彦
Matsumura, Yoshiharu	松村	義敏		Minami, Yoshinori	南	佳典
Matsuno, G.（Jûtarô）	松野	重太郎		Mine, Tsuyoshi	三根	毅
Matsuno, Masako	松野	まさ子		Misawa, Tadao	三澤	正生
Matsuo, Ayao	松尾	綾男		Mishima, Misako	三島	美佐子
Matsuo, Kazuhito	松尾	和人		Misumi, Tôru	三角	享
Matsuo, Takken	松尾	卓見		Mitani, Susumu	三谷	進
Matsushima, Hisashi	松島	久		Mitomo, Kiyoshi	三友	清史
Matsushima, Keisuke	松島	恵介		Mitono, Susumu	水戸野	進
Matsushima, Kin'ichi	松島	欽一		Mitono, Takeo	水戸野	武夫
Matsushima, Takashi	松島	崇		Mitsuhashi, Matsue	三觜	松枝
Matsushima, Taneyoshi	松島	種由		Mitsunaga, Kanae	光永	佳奈枝
Matsushima, Toshihiro	松島	俊宏		Mitsuno, Monji	三野	問治
Matsutani, Shôtarô	松谷	正太郎		Mitsuoka, Sachihiko	光岡	祐彦
Matsuura, Hajime	松浦	甫		Mitsuta, Shigeyuki	光田	重幸
Matsuura, Isamu	松浦	勇		Miura, Ihachirô	三浦	伊八郎
Matsuura, Shigehisa	松浦	茂壽		Miura, Emi	三浦	惠美
Matsuyama, Ryôzô	松山	亮藏		Miura, Michiya	三浦	道哉（密成）
Matsuzaki, Naoe	松崎	直枝		Miwa, Hidetsugu	美和	秀胤
Matsuzawa, Kan	松澤	寛		Miwa, Tomoo	美和	知雄
Mayama, Shigeki	眞山	茂樹		Miyabe, Kingo	宮部	金吾
Megata, Moritane	目賀田	守種		Miyagawa, Hisashi	宮川	恒
Michikawa, Muneo	路川	宗夫		Miyagi, Chosho	宮城	朝章
Mifune, Masaaki	御船	政明		Miyagi, Gensuke	宮城	元助
Migita, Seiji	右田	清治		Miyai, Kaichirô	宮井	嘉一郎
Migô, Hisao	御江	久夫		Miyaji, Kazuyuki	宮地	和幸
Mihashi, Takeshi	三橋	健		Miyake, Akira	三宅	彰
Miikeda, Osamu	三池田	修		Miyake, Chûichi	三宅	忠一

Miyake, Ichirô	三宅	市郎		Mochida, Takayuki	持田	隆行
Miyake, Kiichi	三宅	驥一		Mogami, Matahei	最上	又平
Miyake, Kiyomi	三宅	清水		Mogi, Masatoshi	茂木	正利
Miyake, Tsutomu	三宅	勉		Momiyama, Yasuichi	籾山	泰一
Miyamoto, Futoshi	宮本	太		Momo, Hiroshi	百	弘
Miyamoto, Junko	宮本	旬子		Momohara, Arata	百原	新
Miyamoto, Mitsuo	宮本	光生		Momose, Shizuo	百瀬	靜男
Miyamoto, Sanshichirô	宮本	三七郎		Momotani, Yoshihide	桃谷	好英
Miyamoto, Yûichi	宮本	雄一		Moon, Kwang-hee	文	光喜
Miyasaki, Itirô	宮崎	一老		Mori, Hisasi	森	尚
Miyata, Hisao	宮田	久雄		Mori, Kanji	森	緩二
Miyata, Sadanobu	宮田	定信		Mori, Keiryô	森	惠梁
Miyata, Wataru	宮田	渡		Mori, Kunihiko	森	邦彦
Miyauchi, Takeo	宮内	武雄		Mori, Mitiyasu	森	通保
Miyawaki, Akira	宮脇	明		Mori, Motohisa	毛利	元壽
Miyawaki, Hiromi	宮脇	博巳		Mori, Osamu	森	治
Miyawaki, Yukio	宮脇	雪夫		Mori, Syuiti	森	主一
Miyazawa, Bungo	宮澤	文吾		Mori, Tamezô	森	為三
Miyazawa, Harumi	宮澤	春水		Mori, Teijirô	森	貞次郎
Miyoshi, Manabu	三好	學		Mori, Tomio	森	富夫
Miyoshi, Yasunori	三好	保徳		Mori, Yasuko	森	康子
Mizobuchi, Kan'ichi	溝淵	貫一		Mori, Yuichi	森	雄一
Mizobuchi, Yutaka	溝渕	裕		Morie, Hideyuki	森江	秀行
Mizumoto, Susumu	水本	晋		Morikawa, Kinichi	森川	均一
Mizuno, Mizuo	水野	瑞夫		Morimoto, Tokuemon	森本	徳右衛門
Mizuno, Toshihiko	水野	壽彦		Morimoto, Tsutô	森本	傳男
Mizusawa, Yoshijrô	水澤	芳次郎		Morimoto, Yasuji	森本	泰二
Mizushima, Masami	水島	正美		Morinaga, Motoichi	森永	元一
Mizushima, Urara	水島	りらら		Morinaga, Shinichi	森長	眞一
Mizushima, Usaburô	水島	宇三郎		Morinaga, Shuntarô	盛永	俊太郎
Mizuta, Mitsuo	水田	光雄		Morioka, Hideo	森岡	英夫
Mizutani, Masami	水谷	正美		Morioka, Yoshiyuki	森岡	芳之
Mochida, Makoto	持田	誠		Morishita, Kazuo	森下	和男

Morishima, Toshiyuki	森島	充好		Murayama, Yoshiharu	村山	義温
Morita, Kentei	森田	賢定		Muro, Gen'ichi	室	源一
Morita, Shinkichi	森田	眞吉		Murobuse, Tomoharu	室伏	朋治
Morita, Tatsuyoshi	森田	竜義		Muroi, Hiroshi	室井	綽
Morita, Yoshimune	守田	益宗		Murota, Toyoji	室田	豊治
Moriya, Shigeki	守谷	茂樹		Muto, Haruo	武藤	治夫
Moriya, Tadayuki	守屋	忠之				
Moriyasu, Yuchiko	森安	右知子		Nagai, Isaburô	永井	威三郎
Moromizato, Zenichi	諸見里	善一		Nagai, Kana	永井	かた
Motomura, Hiroyuki	本村	浩之		Nagai, Masaji	永井	政次
Mukoo, Hideo	向	秀夫		Nagai, Toshinori	永井	利憲
Munesada, Tetsuji	宗定	哲二		Nagai, Yukio	永井	行夫
Murai, Hiroshi	村井	宏		Nagamachi, Tazuko	長町	田鶴子
Murai, Saburô	村井	三郎		Nagamasu, Hidetoshi	永益	英敏
Murakami, Mantarô	村上	萬太郎		Nagami, Shûzo	永海	秋三
Murakami, Noriaki	村上	哲明		Naganishi, Hirosuke	長西	廣輔
Murakami, Norihisa	村上	師壽		Nagao, Hideyuki	長尾	英幸
Murakami, Tetsutarô	村上	鐵太郎		Nagano, Iwao	永野	巖
Murakami, Tsubasa	村上	翼		Nagano, Kikujirô	長野	菊次郎
Murakami, Yoshinori	村上	義徳		Nagano, Yoshio	永野	芳夫
Murakoshi, Michio	村越	三千男		Naganuma, Koichirô	長沼	小一郎
Muramatsu, Mikio	村松	幹夫		Nagao, Chie	長尾	チエ
Muramatsu, Shichirô	村松	七郎		Nagaoka, Eiri	長岡	榮利
Muramatsu, Yoko	村松	洋子		Nagaoka, Yukio	長岡	行夫
Murano, Norio	村野	紀雄		Nagasaki, Eizaburô	長崎	栄三郎
Muraoka, Kazuyuki	村岡	一幸		Nagasawa, Sadaichi	永澤	定一
Murase, Akiyo	村瀬	昭代		Nagasawa, Tôru	長澤	徹
Murata, Gen	村田	源		Nagase, Hiroyasu	永瀬	裕康
Murata, Hiroko	邑田	裕子		Nagashima, Akiko	永島	明子
Murata, Jin	邑田	仁		Nagashima, Fumihiro	長島	史裕
Murata, Kichitarô	村田	吉太郎		Nagashima, Yasuo	長島	康雄
Murata, Yoshimaro	村田	懋麿		Nagatomo, Isamu	永友	勇
Murayama, Taiki	村山	大記		Nagatomo, Sadao	長友	貞雄

Nagoshi, Kirô	名越	規郎	Nakamura, Takehisa	中村	武久
Naiki, Akiyo	内貴	章世	Nakamura, Tomeji	中村	留二
Naito, Nakato	内藤	中人	Nakamura, Toshihiko	中村	俊彦
Naito, Takashi	内藤	喬	Nakamura, Yaroku	中村	彌六
Naito, Tokio	内藤	登喜夫	Nakamura, Yoshiteru	中村	義輝
Naito, Toshihiko	内藤	俊彦	Nakane, Masayuki	中根	正行
Nakada, Yoshiaki	中田	善啓	Nakanishi, Hiroki	中西	弘樹
Nakagawa, Kuichi	中川	九一	Nakanishi, Isamu	中西	勇
Nakagawa, Yoshihiro	中川	吉弘	Nakanishi, Kozue	中西	こずえ
Nakagoshi, Nobukazu	中越	信和	Nakanishi, Minoru	中西	稔
Nakahara, Hikonojô	中原	彦之丞	Nakanishi, Osamu	中西	収
Nakai, Gen	中井	源	Nakanishi, Satoshi	中西	哲
Nakai, Hideki	中井	秀樹	Nakanishi, Teiji	中西	貞二
Nakai, Sôzô	中井	宗三	Nakanishiki, Kôji	中錦	弘次
Nakai, Takenoshin	中井	猛之進	Nakaniwa, Masato	中庭	正人
Nakaji, Masayoshi	中路	正義	Nakano, Harufusa	中野	治房
Nakajima, Sadao	中島	定雄	Nakano, Minoru	中野	實
Nakajima, Tadashige	中島	忠重	Nakano, Taketo	中野	武登
Nakajima, Tokuichirô	中島	徳一郎	Nakao, Manzô	中尾	萬三
Nakajima, Tomosuke	中島	友輔	Nakao, Sasuke	中尾	佐助
Nakajima, Yôzô	中島	庸三	Nakaoki, Tashichirô	中沖	太七郎
Nakaike, Toshiyuki	中池	敏之	Nakasato, Yasuo	中里	泰夫
Nakamori, Kazumi	中森	一美	Nakashima, Hiroyuki	中島	裕之
Nakamura, Hiroshi	中村	浩	Nakashima, Kazuo	中島	一男
Nakamura, Hisao	中村	壽夫	Nakashima, Mitsuhiro	中島	光博
Nakamura, Jun	中村	純	Nakashima, Roka	中島	路可
Nakamura, Mariko	中村	眞理子	Nakashima, Tomosuke	中島	友輔
Nakamura, Masao	中村	正雄	Nakata, Kakugorô	中田	覺五郎
Nakamura, Miyawo	中村	三八夫	Nakata, Masaru	中田	克
Nakamura, Naomi	中村	直美	Nakata, Masashi	中田	政司
Nakamura, Saeko	中村	佐枝子	Nakato, Narumi	中藤	成実
Nakamura, Shogo	中村	正吾	Nakatsubo, Takayuki	中坪	孝之
Nakamura, Taizô	中村	泰造	Nakayama, Kenkichi	中山	謙吉

Nakayama, Masaaki	中山	正章		Nishida, Rumi	西田	留弥
Nakayama, Syuuichi	中山	修一		Nishida, Sachiko	西田	佐知子
Nakayama, Takao	中山	隆夫		Nishida, Shôzô	西田	彰三
Nakayama, Tsugiwo	中山	次男		Nishida, Tôji	西田	藤次
Nakayama, Tsunesaburô	中山	恒三郎		Nishihara, Kayoko	西原	かよ子
Nakazawa, Kôiti	中澤	鴻一		Nishihara, Kazunosuke	西原	一之助
Nakazawa, Ryôdi	中澤	亮治		Nishihira, Naomi	西平	直美
Nakijima, Masahiko	中島	正彦		Nishikawa, Yoko	西川	洋子
Namba, Tsuneo	難波	恒雄		Nishihara, Yukio	西原	幸男
Nambu, Nobukata	南部	信方		Nishikado, Yoshikazu	西門	義一
Namegata, Shôtô	行方	沼東		Nishikiori, Takio	錦織	瀧夫
Namegata, Tomitarô	行方	富太郎		Nishimura, Makoto	西村	眞琴
Nanba, Sanae	難波	早苗		Nishimura, Mitiyuki	西村	道幸
Naohara, Kyôzi	猶原	恭爾		Nishimura, Naoki	西村	直樹
Narita, Seiiti	成田	清一		Nishimura, Shûiti	西村	周一
Narita, Tsunemi	成田	恒美		Nishimura, Torazô	西村	寅三
Narita, Tsutomu	成田	務		Nishino, Takako	西野	貴子
Naruhashi, Naohiro	鳴橋	直弘		Nishiyama, Buichi	西山	武一
Narui, Takao	成井	孝雄		Nishiyama, Iehizô	西山	市三
Nasu, Hiroo	那須	浩郎		Nishiyama, Yuuiti	西山	祐子
Negayama, Kazuhiro	根ヶ山	和弘		Nishizawa, Tadahiro	西澤	正洋
Negoro, Ken'itirô	根来	健一郎		Nishizima, Teruo	西島	照夫
Nehira, Kunito	根平	邦人		Nishizawa, Tooru	西澤	徹
Nehira, Takeo	根平	武雄		Niu, Liming	钮	力明
Nemoto, Kanji	根本	莞爾		Niwa, Shizuko	丹羽	静子
Nemoto, Masayasu	根本	正康		Niwa, Teizô	丹羽	鼎三
Nemoto, Tomoyuki	根本	智行		Nobuhara, Hajime	延原	肇
Niiro, Yoshima	新納	義馬		Noda, Hiroyuki	野田	弘之
Niisima, Yoshinao	新島	善直		Noda, Mitsuzô	野田	光藏
Niiuchi, Kiyofumi	二井内	清文		Noda, Syozo	野田	昭三
Nishida, Harufumi	西田	治文		Nogami, Tatsuya	野上	達也
Nishida, Hirosi	西田	浩志		Nogawa, Shigeru	野川	茂
Nishida, Makoto	西田	誠		Noguchi, Akira	野口	彰

Noguchi, Junko	野口	順子		Oda, Tsunetarô	小田	常太郎
Noguchi, Rokuya	野口	六也		Odakura, Masakuni	小田倉	正圀
Noguchi, Tatsunari	野口	達也		Odashima, Kijirô	小田島	喜次郎
Nohara, Shigeroku	野原	茂六		Ôga, Ichirô	大賀	一郎
Nohara, Yûta	野原	勇太		Ogasawara, Kazuo	小笠原	和夫
Nojima, Tomowo	野島	友雄		Ogasawara, Toshitaka	小笠原	利孝
Nômi, Ryôsaku	能見	良作		Ogata, Masasuke	緒方	正資
Nomitsu, Takaharu	野満	隆治		Ogawa, Hajime	小川	甫
Nomiyama, Mitsuyoshi	野見山	光義		Ogawa, Makoto	小川	誠
Nomoto, Nobuo	野本	宣央		Ogawa, Masayuki	小川	正行
Nomura, Tôru	野村	了		Ogawa, Noriaki	小川	憲彰
Nomura, Yoshihiro	野村	義弘		Ogawa, Takasi	小川	隆
Nonaka, Tadahiko	野仲	忠彦		Ogawa, Yoshikazu	小川	由一
Nonomura, Hideo	野々村	英夫		Ogisima, Mutumi	荻島	睦己
Noshiro, Shuichi	能城	修一		Oginuma, Kazuo	荻沼	一男
Nozaki, Hisayoshi	野崎	久義		Oguma, Seiichi	小熊	精一
Nozaki, Shizuko	野崎	志津子		Ogura, Hiroshi	小倉	洋志
Nozawa, Kôji	野澤	洽治		Ohara, Hirofumi	小原	宏文
Nozu, Yoshitomo	野津	良知		Ogura, Shimpei	小倉	进平
Numakunai, Akira	沼宮内	明		Ogura, Yudzuru	小倉	謙
Numakunai, Kohsaku	沼宮内	耕作		Ohara, Kametarô	小原	亀太郎
Numata, Makoto	沼田	眞		Ôhara, Junnosuke	大原	準之助
Nuno, Mariko	布	万里子		Ohara, Eijiro	小原	栄次郎
				Ohara, Iwao	小原	巖
Obara, Shizuka	小原	靜		Ôhata, Kan'ichi	大畑	貫一
Obara, Takashi	小原	敬		Ohashi, Hiroyoshi	大橋	広好
Obata, Yûkichi	小烟	勇吉		Ohashi, Tsunatsugu	大橋	網次
Ochi, Harumi	越智	春美		Ohba, Hideaki	大場	秀章
Ochi, Kazuo	越智	一男		Ohba, Tatsuyuki	大場	達之
Ochi, Noriko	越智	典子		Ohba, Toshimichi	大場	敏道
Ochiai, Eiji	落合	英二		Ohga, Utako	大賀	歌子
Oda, Masao	小田	雅夫		Ohguchi, Kiyoshi	大口	洌
Oda, Jiro	織田	二郎		Ohhashi, Tsuyoshi	大橋	毅

Ohi, Tetsuo	大井	哲雄	Oizuru, Toshiya	生出	智哉
Ohishi, Eiko	大石	英子	Oka, Fuhô	岡	不崩
Ohkawa, Tokutarô	大川	德太郎	Oka, Kunio	岡	國夫
Ohki, Kiichi	大木	麒一	Okabe, Masayosi	岡部	正義
Ohmae, Naoto	大前	直登	Okabe, Norio	岡部	德夫
Ôhmasa, Masataka	大政	正隆	Okabe, Shinya	岡部	眞也
Ohmi, Hikoei	近江	彦榮	Okabe, Takashi	岡部	孝司
Ohmori, Takehiro	大森	威宏	Okada, Hiroshi	岡田	博
Ohmura, Yoshihito	大村	嘉人	Okada, Kiyoshi	岡田	清
Ohnishi, Noriyasu	大西	規靖	Okada, Nobutoshi	岡田	信利
Ohno, Masao	大野	正男	Okada, Yaichirô	岡田	彌一郎
Ohnuki, Toshihiko	大貫	敏彦	Okada, Yônosuke	岡田	要之助
Oho, Motoyoshi	小野	職愨	Okada, Yoshikazu	岡田	喜一
Ohsawa, Masayuki	大澤	正之	Okada, Yoshitoshi	岡田	善敏
Ohsawa, Takeshi	朝川	毅守	Ôkami, Uichi	大上	宇一
Ohta, Hisaji	大田	久次	Okamoto, Hanjirô	岡本	半次郎
Ohta, Kunimitsu	太田	國光	Okamoto, Hiroshi	岡本	弘
Ohta, Michihito	太田	道人	Okamoto, Ichihiko	岡本	一彦
Ohta, Nobuyuki	大田	伸之	Okamoto, Jirô	岡本	治良
Ohta, Shigenori	大田	繁則	Okamoto, Motoharu	岡本	素治
Ohta, Yoshiyuki	大田	喜之	Okamoto, Shôji	岡本	省二
Ohtani, Kenji	大谷	憲司	Okamoto, Syôgo	岡本	省吾
Ohtani, Shuji	大谷	修司	Okamoto, Tatsuya	岡本	達哉
Ohtsuka, Hideyuki	大塚	英幸	Okamoto, Tsunemi	岡本	恒美
Ohtsuki, Torao	大槻	虎男	Okamoto, Yôhachirô	岡本	要八郎
Ohuchi, Hitoshi	大内	準	Okamoto, Yûji	岡本	勇治
Ôhwatari, Tyûtarô	大渡	忠太郎	Okamura, Kintarô	岡村	金太郎
Ohwi, Jisaburô	大井	次三郎	Okamura, Shûtai	岡村	周蹄
Ôhya, Akio	大屋	顕雄	Okanishi, Tameto	岡西	為人
Oiki, Shuji	笈木	秀治	Okano, Kikumaro	岡野	喜久麿
Oishi, Saburô	大石	三郎	Okayama, Tadashi	岡山	正
Oiso, Yasushi	大磯	安史	Okazaki, Junko	岡崎	純子
Ôizumi, Toku	大泉	德	Okazaki, Yuko	岡崎	優子

Okimura, Yoshito	沖村	義人		Ono, Megumu	小野	孝
Okinaga, Tetsukazu	沖永	哲一		Ono, Takashi	小野	孝
Okitsu, Susumu	沖津	進		Onodera, Jirô	小野寺	二郎
Oku, Kenzô	奥	健藏		Onuki, Yoshio	小貫	嘉雄
Ôkubo, Ichiji	大久保	一治		Ônuma, Fusaji	大沼	總治
Ôkubo, Mariko	大久保	眞理子		Ônuma, Kôhei	大沼	宏平
Okuda, Hiroyuki	奥田	浩之		Orishimo, Yoshinobu	折下	吉延
Okuda, Keisuke	奥田	桂介		Ooe, Rumi	大江	ルミ
Okuhara, Hiroto	奥原	弘人		Oohara, Mayumi	大原	眞由美
Okumura, Shinji	奥村	信二		Oohara, Takaaki	大原	隆明
Okuno, Haruo	奥野	春雄		Ooyagi, Akira	大八木	昭
Ôkura, Eiji	大倉	永治		Osada, Takemasa	長田	武正
Ôkura, Seigi	大倉	精二		Ôseko, Motoo	大迫	元雄
Okutomi, Kiyoshi	奥富	清		Oshikiri, Hiroko	押切	広子
Okutsu, Haruo	奥津	春生		Oshima, Akira	大島	明
Okuyama, Shunki	奥山	春季		Ôshima, Katsutarô	大島	勝太郎
Okuyama, Satoshi	奥山	哲		Ôshima, Kintarô	大島	金太郎
Omori, Yiiji	大森	雄治		Ôshima, Masamitsu	大島	正滿
Ômura, Shigematsu	大村	重松		Ôshima, Toshiichi	大島	俊市
Ômura, Toshirô	大村	敏郎		Ôshima, Yasuyuki	大島	康行
Omurn, Makoto	小村	精		Ôshiro, Senjirô	大城	全次郎
Ônishi, Hiroshi	大西	博		Ôsumi, Toshio	大隅	敏夫
Ono, Kanji	小野	莞爾		Ota, Masafumi	太田	正文
Ono, Kaoru	小野	馨		Ôta, Noboru	太田	昇
Ono, Megumu	小野	孝		Ôta, Tetsu	太田	哲
Ono, Mikio	小野	幹雄		Ôta, Umatarô	大田	馬太郎
Ono, Shirô	小野	史郎		Otabe, Shizume	小田部	鎮
Ono, Syoshi	小野	庄士		Ôtani, Hironao	大谷	廣直
Ôno, Fumio	大野	文夫		Ôtani, Shigeru	大谷	茂
Ono, Naoe	大野	直枝		Ôtani, Yoshio	大谷	吉雄
Ôno, Teruyoshi	大野	照好		Otoyama, Akihisa	音山	明久
Ono, Hitoshi	小野	和		Otsuka, Masao	大塚	政雄
Ono, Humihiko	小野	記彦		Ôuchi, Hitoshi	大内	準

Ôuchi, Tatsuo	大内	辰雄		Saito, Yoko	齋藤	陽子
Ôwaki, Masatoshi	大脇	正諄		Saitô, Yoshio	齋藤	芳夫
Ôyama, Hohyô	大山	保表		Saitô, Yuzuru	齊藤	讓
Ôyasu, Noriko	大安	範子		Sakaguchi, Kin'ichirô	坂口	謹一郎
Ôyuga, Zenryû	大日	向全龍		Sakaguchi, Matasuke	坂口	又輔
Ozawa, Takeo	小沢	武雄		Sakaguchi, Sôichirô	坂口	總一郎
				Sakai, Bunzô	酒井	文三
Park, Chan-ho	朴	贊浩		Sakai, Kenji	酒井	健司
				Sakai, Naoko	坂井	奈緒子
Saburi, Yasuo	佐分利	保雄		Sakai, Tadahisa	酒井	忠壽
Saeki, Hideaki	佐伯	秀章		Sakai, Yoshio	阪井	与志雄
Sahashi, Norio	佐橋	紀男		Sakakibara, Michimasa	榊原	道雅
Sai, Masako	齊	正子		Sakamoto, Mikio	坂本	幹雄
Saida, Kôtarô	齋田	功太郎		Sakamoto, Mitsugu	坂本	貢
Saijô, Shôichi	西条	敞一		Sakamoto, Mitsuru	坂本	充
Saiki, Ken'Ichi	齋木	健一		Sakanishi, Shiho	坂西	志保
Saiki, Yasuhisa	齋木	保久		Sakanishi, Yoshihiro	坂西	義洋
Saitô, Gentarô	齊藤	源太郎		Sakata, Tadashi	坂田	正
Saitô, Hidesaku	齋藤	英策		Sakata, Toshio	佐方	敏夫
Saitô, Hiroaki	齊藤	寛昭		Sakisaka, Michiji	向坂	道治
Saito, Kamezo	齊藤	亀三		Sakita, Shôzô	崎田	庄藏
Saitô, Kendô	齊藤	賢道		Sakuma, Hiroko	佐久間	裕子
Saitô, Kendô	齋藤	賢堂		Sakuma, Katsumi	佐久間	克己
Saitô, Kôzô	齋藤	孝藏		Sakumoto, Takashi	佐久本	敞
Saitô, Masami	齊藤	全生		Sakurai, Kyûichi	櫻井	久一
Saitô, Michio	齊藤	道雄		Sakurai, Motoi	櫻井	基
Saitô, Minoru	齊藤	実		Sakurai, Naotake	櫻井	尚武
Saito, Nobuo	齊藤	信夫		Sakurai, Sachie	櫻井	幸枝
Saitô, Tamotsu	齊藤	壽		Sakurai, Yoshijirô	櫻井	芳次郎
Saitô, Tatsumoto	齊藤	龍本		Samejima, Hiromitsu	鮫島	弘光
Saitô, Unai	齊藤	卯内		Samejima, Junichirô	鮫島	惇一郎
Saitô, Toshi	齊藤	紀		Sameshima, Muneo	鮫島	宗雄
Saitô, Yûichi	齊藤	雄一		Sankawa, Ushio	三川	潮

Sano, Ryosuke	佐野	亮輔	Satô, Kunihiko	佐藤	邦彦
Sano, Sôichi	佐野	宗一	Satô, Masami	佐藤	正巳
Sano, Sumio	佐野	純雄	Satô, Seimei	佐藤	星溟
Sara, Tyôsyun	佐多	長春	Satô, Shigeki	佐藤	茂樹
Sasa, Masakazu	笹	正和	Satô, Shôji	佐藤	昭二
Sasaki, Chôjun	佐佐木	長淳	Sato, Takashi	佐藤	卓
Sasaki, Ichirô	佐佐木	一郎	Sato, Takayuki	佐藤	崇之
Sasaki, Kiichi	佐佐木	喜一	Satô, Takeo	佐藤	武夫
Sasaki, Kohjiro	佐佐木	弘治郎	Sato, Toshiyuki	佐藤	利幸
Sasaki, Seisaburô	佐佐木	盛三郎	Satô, Tsukiji	佐藤	月二
Sasaki, Syun'iti	佐佐木	舜一	Satô, Wakashi	佐藤	和韓鶃
Sasaki, Taichi	佐佐木	太一	Sato, Yasuo	佐藤	靖夫
Sasaki, Takasi	佐佐木	喬	Satô, Yatarô	佐藤	彌太郎
Sasaki, Takatomo	佐佐木	尚友	Satoh, Toshio	佐藤	敏生
Sasaki, Toshio	佐佐木	敏雄	Satomi, Nobuo	里見	信生
Sasaki, Yoshiyuki	佐佐木	好之	Satomi, Tatsuo	里見	立夫
Sasaki, Yuji	佐佐木	酉二	Satou, Takao	佐藤	隆雄
Sasamura, Shôji	笹村	祥二	Satou, Zyun	佐藤	淳
Sasaoka, Hisahiko	笹岡	久彦	Sawada, Kaneyoshi	澤田	兼吉
Sasayama, Mitsugi	笹山	三次	Sawada, Keiko	澤田	恵子
Sata, Tyôsyun	佐多	長春	Sawada, Komajirô	澤田	駒次郎
Satake, Kazuo	佐竹	和夫	Sawada, Takeo	澤田	武男
Satake, Ken'ichi	佐竹	研一	Sawada, Taketarô	澤田	武太郎
Satake, Yoshisuke	佐竹	義輔	Sawafuji, Masaya	澤藤	雅也
Sato, Daijiro	佐藤	大二郎	Sawaragi, Shôiehi	澤良	木庄一
Satô, Hisao	佐藤	久雄	Sawata, Kyuichiro	澤田	久一郎
Satô, Jûhei	佐藤	重平	Searashi, Tetuo	瀬嵐	哲夫
Satô, Jumpei	佐藤	潤平	Segawa, Kôkichi	瀬川	孝吉
Sato, Jun	佐藤	淳	Segawa, Sôkichi	瀬川	宗吉
Satô, Kansei	佐藤	幹正	Segi, Tosio	瀬木	紀男
Sato, Ken	佐藤	謙	Seishi, Reizô	清石	禮造
Satô, Kiyoaki	佐藤	清明	Seki, Riki	関	李紀
Satô, Kôjirô	佐藤	耕次郎	Sekikawa, Temko	関川	晃子

Sekimoto, Heihachi	関本	平八	Shimakura, Misaburô	島倉	己三郎
Sekiyama, Kotaro	関山	耕太郎	Shimamura, Masaki	嶋村	正樹
Senni, Kei	仙仁	径	Shimamura, Mitsutarô	島村	光太郎
Seno, Kazuyuki	瀬野	一幸	Shimazaki, Hiromichi	島崎	洋路
Seo, Akihiro	瀬尾	明弘	Shimazaki, Yoshio	島崎	芳雄
Seok, Dong-lm	昔	東姫	Shimbo, Ippo	眞保	一輔
Serizawa, Keiichi	芹澤	啓一	Shimizu, Akiko	清水	晶子
Setô（Satô）, Fusatarô	佐藤	房太郎	Shimizu, Akira	志水	顕
Seto, Ko	瀬戸	剛	Shimizu, Daisuke	清水	大典
Setoguchi, Hiroaki	瀬戸口	浩彰	Shimizu, Hideo	清水	英夫
Shiba, Takashi	志波	敬	Shimizu, Hideyuki	清水	英幸
Shibaike, Hiroyuki	芝池	博幸	Shimizu, Issei	清水	一生
Shibata, Hideo	柴田	秀雄	Shimizu, Masamoto	清水	正元
Shibata, Keita	柴田	桂太	Shimizu, Masayasu	清水	昌保
Shibata, Masanobu	柴田	政信	Shimizu, Mitsuko	清水	満子
Shibata, Motoo	柴田	元雄	Shimizu, Moto'o	清水	基夫
Shibata, Shôji	柴田	承二	Shimizu, Reizô	清水	禮三
Shibata, Toshiro	柴田	敏郎	Shimizu, Sayoko	清水	佐代子
Shibayama, Keisuke	柴山	圭右	Shimizu, Tatemi	清水	建美
Shibuichi, Heinai	四分一	平内	Shimizu, Tôtarô	清水	藤太郎
Shibukawa, Kôzô	澁川	浩三	Shimizu, Yoshio	清水	善男
Shibuya, Tsunenori	澁谷	常紀	Shimoda, Michiko	下田	路子
Shida, Yoshihide	志田	義秀	Shimokawa, Hashimi	下川	端三
Shidei, Tsunahide	四手井	綱英	Shimomura, Hiroko	下村	裕子
Shihira, Ikuko	志平	依久子	Shimotomai, Naomasa	下斗米	直昌
Shikano, Tadao	鹿野	忠雄	Shimose, Satoshi	下瀬	敏
Shikata, Masuzô	志方	益三	Shimoyama, Junichirô	下山	順一郎
Shimabukuro, Shun'ichi	島袋	俊一	Shimozawa, Ihachirô	下澤	伊八郎
Shimada, Genya	嶋田	玄彌	Shimura, Hiroshi	志村	寛
Shimada, Hidetarô	島田	秀太郎	Shimura, Tatsuo	志村	辰夫
Shimada, Shôichi	島田	昌一	Shimura, Yoshio	志村	義雄
Shimada, Yaiti	島田	彌一	Shin, Toshio	新	敏夫
Shimaji, Ken	島地	謙	Shinbo, Takashi	新保	隆

Shinji, Orihei	進士	織平	Suda, Yoshiko	須田	善子
Shinobu, Ryuji	信夫	隆治	Suda, Yuko	周田	優子
Shinohara, Wataru	篠原	渉	Sueda, Heishichi	末田	平七
Shinozaki, Shinshirô	篠崎	信四郎	Suematu, Sirô	末松	四郎
Shiojima, Yoshiaki	塩島	由晃	Suematu, Naoji	末松	直次
Shiomi, Tadayasu	鹽見	正保	Suga, Haruko	須賀	はる子
Shiomi, Takayuki	塩見	隆行	Suga, Hidefumi	須賀	英文
Shiono, Tadahiko	塩野	忠彦	Suga, Kuniko	菅	邦子
Shiono, Tuneo	塩野	恒男	Sugama, Ryôzô	洲鎌	良三
Shiotani, Yoshikazu	塩谷	佳和	Suganuma, Takayuki	菅沼	孝之
Shirai, Mitsutarô	白井	光太郎	Sugawara, Kietu	菅原	龜悦
Shiraishi, Yoshikazu	白石	芳一	Sugawara, Shigezo	菅原	繁藏
Shirakura, Tokumei	白倉	德明	Sugawara, Takashi	菅原	敬
Shirasaki, Hitoshi	白崎	仁	Sugaya, Sadao	菅谷	貞男
Shirasawa, Homi	白澤	保美	Sugihara, Takeo	杉原	武雄
Shirosaki, Yoshimaru	代崎	良丸	Sugihara, Yosinori	杉原	美德
Shishido, Motohiko	宍戸	元彦	Sugimoto, Junichi	杉本	順一
Shôji, Kiyohiro	庄司	清裕	Sugimoto, Mamoru	杉本	守
Shôji, Seizô	庄司	清三	Sugimoto, Manabu	杉本	學
Shôji, Tsugio	庄司	次男	Sugimoto, Setsuji	杉本	説次
Sisa, Makoto	志佐	誠	Sugimoto, Toshiya	杉本	利哉
Soejima, Akiko	副島	顕子	Sugino, Takao	杉野	孝雄
Soejima, Kazunori	副島	和則	Sugino, Takeo	杉野	武雄
Sogo, Akiko	十河	暁子	Sugino, Tatsuo	杉野	辰雄
Sohma, Kankichi	相馬	實吉	Sugimura, Koji	杉村	康司
Soma, Kengo	相馬	研吾	Sugiura, Tadachika	杉浦	忠雄
Soma, Tadasaburô	相馬	禎三郎	Sugiyama, Bunhei	杉山	文炳
Someno, Kunio	染野	邦夫	Sugiyama, Harunobu	杉山	晴信
Someya, Tokugorô	染谷	德五郎	Sugiyama, Junta	杉山	純多
Soneda, Masami	曽根田	正己	Sugiyama, Masayo	杉山	正世
Sonohara, Sakuya	園原	咲也	Sugiyama, Mitsuko	杉山	明子
Stow, Isamu	須藤	勇	Sugiyama, Seijirô	椙山	誠治郎
Suda, Ryuichi	須田	隆一	Suihara, Hirowo	椎原	廣男

Suhara, Jumpei	須原	準平	Suzuki, Yasushi	鈴木	靖
Sunagawa, Yasuo	砂川	泰夫	Suzuki, Yoshikazu	鈴木	芳一
Sumi, Masahiro	角	正博	Suzuta, Iwao	鈴田	巖
Sumida, Makiko	住田	眞樹子	Syôzi, Yositika	庄司	義親
Sumiyochi, Yukiko	住吉	幸子			
Suo, Shikazô	諏訪	鹿三	Tada, Isao	多田	勳
Susa, Torasaburô	須佐	寅三郎	Tada, Toshizô	多田	喜造
Sutô, Tiharu	須藤	千春	Tada, Yasuji	多田	靖次
Sutô, Tsuneji	須藤	恒二	Tachibana, Hisako	橘	ヒサ子
Suwa, Bunji	諏訪	文二	Tachikake, Masaru	太刀掛	優
Suyama, Yoshihisa	陶山	佳久	Tagawa, Kohei	太川	浩平
Suyematu, Naotsugu	末栓	直次	Tagawa, Motoji	田川	基二
Suzuki, Chôji	鈴木	長治	Tago, Kiyoshi	多胡	潔
Suzuki, Hashio	鈴木	橋雄	Tago, Miyuki	田子	幸
Suzuki, Heima	鈴木	兵馬	Taguchi, Katsu	田口	勝
Suzuki, Hiroko	鈴木	弘子	Taguchi, Kazuhiro	田口	一博
Suzuki, Hitoshi	鈴木	一志	Tahara, Masato	田原	正人
Suzuki, Hyôji	鈴木	兵二	Taira, Yoshihisa	平良	芳久
Suzuki, Kane	鈴木	可禰	Taka, Toshiaki	高	富師彰
Suzuki, Kazuo	鈴木	和雄	Takada, Jun	高田	順
Suzuki, Kazuyoshi	鈴木	一嘉	Takada, Kazuo	高田	和男
Suzuki, Kunio	鈴木	邦雄	Takagawa, Shinichi	高川	晋一
Suzuki, Masao	鈴木	正夫	Takagi, Noboru	高木	昇
Suzuki, Masatomo	鈴木	昌友	Takagi, Sadao	高木	貞夫
Suzuki, Mitsuo	鈴木	三男	Takagi, Takeko	高木	丈子
Suzuki, Sadao	鈴木	貞雄	Takagi, Torao	高木	虎雄
Suzuki, Sigeyosi	鈴木	重良	Takahagi, Toshikazu	高萩	敏和
Suzuki, Tai	鈴木	泰	Takahashi, Akira	高橋	晃
Suzuki, Tadashi	鈴木	直	Takahashi, Atsushi	高橋	源
Suzuki, Takeshi	鈴木	武	Takahashi, Chigusa	高橋	千草
Suzuki, Tokio	鈴木	時夫	Takahashi, Eiji	高橋	永治
Suzuki, Toshihiro	鈴木	俊宏	Takahashi, Eitarô	高橋	英太郎
Suzuki, Umetarô	鈴木	梅太郎	Takahashi, Genzô	高橋	源三

Takahashi, Hideki	高橋	英樹	Takano, Hiroyuki	高野	裕行
Takahashi, Hideo	高橋	秀男	Takano, Nobuya	高野	信也
Takahashi, Hiroshi	高橋	弘	Takashima, Hiroko	高島	弘子
Takahashi, Kanae	高橋	奏恵	Takashima, Shirô	高嶋	四郎
Takahashi, Keiji	高橋	啓二	Takao, Yuko	高尾	裕子
Takahashi, Ken'ichi	高橋	賢一	Takaoka, Masayuki	席岡	正之
Takahashi, Kenji	高橋	健治	Takasu, Hideki	高須	英樹
Takahashi, Kunio	高橋	邦夫	Takasugi, Hideo	高杉	英雄
Takahashi, Masamichi	高橋	正道	Takasugi, Shigeo	高杉	茂雄
Takahashi, Minoru	高橋	實	Takata, Katsuhiko	高田	克彦
Takahashi, Motoo	高橋	基生	Takatori, Kaoru	高取	薫
Takahashi, Ryûhei	高橋	隆平	Takaya, Minoru	高谷	實
Takahashi, Ryûdô	高橋	隆道	Takayama, Masahiro	高山	正裕
Takahashi, Sadae	高橋	定衛	Takayama, Tooru	高山	徹
Takahashi, Shintarô	高橋	眞太郎	Takeda, Haruko	武田	治子
Takahashi, Teizô	高橋	偵造	Takeda, Hisayoshi	武田	久吉
Takahashi, Toshio	高橋	寿夫	Takeda, Nobuo	武田	信夫
Takahashi, Yoshiko	高橋	好子	Takeda, Reiji	武田	禮二
Takahashi, Yoshimi	高橋	誼	Takeda, Takeo	武田	健夫
Takahashi, Yoshinao	高橋	良直	Takeda, Yoshiaki	武田	義明
Takahashi, Yoshisuke	高橋	祥祐	Takehara, Akihide	竹原	明秀
Takai, Shôzô	高井	省三	Takenaka, Yô	竹中	要
Takaki, Noriwo	高木	典雄	Takenaka, Yuhko	竹仲	由布子
Takakuwa, Susumu	高桑	進	Takenaka, Yukie	竹中	幸恵
Takamatsu, Masahiko	高松	正彦	Takenouchi, Makoto	竹内	亮
Takamatu, Susumu	高松	進	Takenouchi, Yoshio	竹内	叔雄
Takamine, Eigen	高嶺	英言	Takeshita, Shunji	竹下	俊治
Takamine, Noboru	高嶺	昇	Takeuchi, Haruyoshi	武内	晴好
Takamiya, Masayuki	高宮	正之	Takeuchi, Shôshirô	武内	昭士郎
Takamizu, Norio	高水	典夫	Takeuehi, Kei	武内	敬
Takamoto, Ryûji	高本	隆二	Taki, Ichirô	瀧	一郎
Takano, Atsuko	高野	温子	Takigawa, Kenji	瀧川	憲嗣
Takano, Hideaki	高野	秀昭	Takimoto, Seitô	瀧元	清透

Takio, Susumu	滝尾	進		Tanaka, Manabu	田中	學
Takisawa, Toyokichi	瀧澤	豊吉		Tanaka, Nagane	田中	長嶺
Tako, Saneteru	多湖	實輝		Tanaka, Nobujirô	田中	延次郎
Takusagawa, Harushige	田草川	春重		Tanaka, Nobunori	田中	重德
Tamari, Bungo	玉利	文吾		Tanaka, Nobuyuki	田中	伸幸
Tamai, Kotarô	玉井	虎太郎		Tanaka, Norio	田中	法生
Tamari, Chousuke	玉利	長助		Tanaka, Noriyuki	田中	教之
Tamashiro, Isao	玉城	功		Tanaka, Ryûsô	田中	隆莊
Tamayose, Takao	玉代勢	孝雄		Tanaka, Shitô	田中	史郎
Tamiya, Hiroshi	田宮	博		Tanaka, Syôiti	田中	彰一
Tamura, Atsushi	田村	淳		Tanaka, Takesi	田中	武四
Tamura, Michio	田村	道夫		Tanaka, Tetsuo	田中	徹翁
Tamura, Minoru	田村	實		Tanaka, Tooru	田中	徹
Tamura, Tadashi	田村	正		Tanaka, Toshihiro	田中	俊弘
Tamura, Teruo	田村	輝夫		Tanaka, Toshio	田中	利雄
Tamura, Toshichika	田村	利親		Tanaka, Tsugoshi	田中	剛
Tamura, Tsuyoshi	田村	剛		Tanaka, Tyôzaburô	田中	長三郎
Tanabe, Kadzuo	田邊	和夫		Tanaka, Yasuyoshi	田中	康義
Tanabe, Kazuo	田邊	和男		Tanaka, Yoshiji	田仲	善二
Tanabe, Mitsuo	田邊	光夫		Tanaka, Yoshio	田中	芳男
Tanahashi, Takao	棚橋	孝雄		Tanaka, Yûichi	田中	祐一
Tanaka, Akamaro	田中	阿歌麿		Tanaka, Yuichirô	田中	諭一郎
Tanaka, Akihiko	田中	昭彦		Tanemura, Seisaku	種村	清作
Tanaka, Atsushi	田中	厚		Tani, Tomokichi	谷友	吉
Tanaka, Atsushi	田中	敦司		Tanikawa, Tomohiko	谷川	智彦
Tanaka, Hajime	田中	肇		Taniguchi, Moritoshi	谷口	森俊
Tanaka, Ichirô	田中	一郎		Taniguti (Taniguchi), Tadasi	谷口	佶
Tanaka, Isuke	田中	伊助				
Tanaka, Jiro	田中	次郎		Tanikawa, Toshiyoshi	谷川	利善
Tanaka, Jô	田中	壤		Tanimoto, Mineo	谷元	峰男
Tanaka, Keita	田中	慶太		Taoda, Hiroshi	焯田	宏
Tanaka, Kôichi	田中	貢一		Tashimo, Eiji	田下	英治
Tanaka, Kuninobu	田中	國宣		Tashiro, Yasusada	田代	安定

Tashiro, Zentarô	田代	善太郎	Tobe, Masahisa	戸部	正久
Tasugi, Heiji	田杉	平司	Tobina, Eiji	飛永	英次
Tatebe, Keijun	建部	惠潤	Tobita, Hiroshi	飛田	廣
Tateishi, Iwao	立石	嵒	Tochinai, Gingorô	枥内	銀五郎
Tateishi, Yoichi	立石	庸一	Tochinai, Yoshihiko	枥内	吉彦
Tateishi, Yukitoshi	立石	幸敏	Togashi, Kôgo	富樫	浩吾
Tateoka, Ryôsuke	楯岡	良介	Togashi, Makoto	富樫	誠
Tateoka, Tuguo	館岡	亞緒	Tohara, Yoshio	东原	好雄
Tatewaki, Misao	館脇	操	Toki, Seiichi	土岐	晴一
Tateyama, Renkichi	立山	廉吉	Toki, Tadashi	土岐	匡
Tatsuno, Seizi	辰野	誠次	Toki, Yoshiyuki	土岐	義順
Tatsuoka, Sueo	立岡	末雄	Tokida（Tokita）, Jun [Shun]	時田	郁
Tatsuyama, Kazunori	達山	和紀			
Tawada, Shinjun	多和田	眞淳	Tokubuchi, Eijirô	德淵	永次郎
Tazaki, Sôun	田崎	早雲	Tokuda, Minoru	德田	御稔
Tazoe, Hajime	田添	元	Tokuda, Shôzô	德田	省三
Tazuna, Tarô	手綱	太郎	Tokugawa, Yoshichika	德川	義親
Terabayashi, Susumu	寺林	進	Tokuhisa, Mitsutane	德久	三德
Terada, Kazuo	寺田	和雄	Tokui, Osamu	得居	修
Teramoto, Toshio	寺本	敏雄	Tokumasu, Seiji	德增	征二
Teramura, Yuko	寺村	祐子	Tokunaga, Yosio	德永	芳雄
Terao, Hirosi	寺尾	博	Tokura, Ryôichi	戸倉	亮一
Terao, Kyohei	寺尾	恭平	Tokushige, Yôzan	德重	陽山
Terasaki, Tomekichi	寺崎	留吉	Tominaga, Tohru	冨永	達
Terashita, Takakiyo	寺下	隆喜代	Tomioka, Asata	富岡	朝太
Terashita, Tomozaburô	寺下	友三郎	Tomita, Toshiyuki	富田	壽之
Terazaki, Wataru	寺崎	渡	Tomiya, Tomio	富谷	十三雄
Terui, Keisuke	照井	啓介	Tomiyama, Tetsuo	富山	哲夫
Terui, Mutsuo	照井	陸奥生	Tomoyasu, Ryôichi	友安	亮一
Teruya, Kaori	照屋	香	Torii, Kiichi	鳥居	喜一
Teruya, Zenshô	照屋	全昌	Torii, Hajime	鳥居	肇
Tezuka, Teruo	手塚	映男	Tosaki, Yayoi	戸崎	弥生
Tobe, Hiroshi	戸部	博	Tosano, Minoru	土佐野	実

Toyama, Mikio	遠山	三樹男	Tsujibe, Masanobu	辻部	正信
Toyama, Reizô	外山	禮三	Tsutsumi, Chie	堤	千絵
Toyama, Saburô	外山	三郎	Tubaki, Keisuke	椿	啓介
Toyama, Yusuke	外山	祐介	Tutiga, Yasuhei	槌賀	安平
Toyoda, Kiyonobu	豊田	清修	Tuyama, Takasi	津山	尚
Toyokuni, Hideo	豊國	秀夫			
Toyoshima, Hirokiyo	豊島	恕清	Uchida, Akira	内田	映
Toyoshima, Zaikan	豊島	在寛	Uchida, Akitomo	内田	暁友
Toyota, Masao	豊田	正夫	Uchida, Manji	内田	萬二
Tozawa, Matajirô	戸澤	又次郎	Uchida, Shigetarô	内田	繁太郎
Tshushima, Chiaki	對馬	千陽	Uchida, Shonosuke	内田	正之助
Tsubaki, Keisuke	椿	啓介	Uchida, Takeo	内田	丈夫
Tsuboi, Isuke	坪井	伊助	Udagawa, Shun'ichi	宇田川	俊一
Tsubota, Hiromi	坪田	博美	Ueda, Kiyomoto	上田	清基
Tsuchiya, Hajime	土屋	元	Ueda, Kôichirô	上田	弘一郎
Tsuchiya, Kazumi	土屋	和三	Ueda, Kunihiko	植田	邦彦
Tsuchiya, Kyôichi	土屋	恭一	Ueda, Minoru	上田	稔
Tsuchiya, Ritsuko	土屋	律子	Ueda, Rikizô	植田	利喜造
Tsuda, Matsunae	津田	松苗	Ueda（Uyeda）, Saburô	上田	三郎
Tsuda, Michio	津田	道夫	Ueda, Yutaka	上田	豊
Tsuge, Chikae	柘植	千嘉衛	Uehara, Azusa	上原	梓
Tsuji, Hisashi	辻	永	Uehara, Koichi	上原	浩一
Tsuji, Ryôsuke	辻	良介	Ueki, Homiki	植木	秀幹
Tsujii, Tatsuiehi	辻井	達一	Uematsu, Eijirô	植松	榮次郎
Tsujimoto, Mitsumaru	辻本	満丸	Uematu, Haruo	植松	春雄
Tsukamoto, Eiji	塚本	永治	Uemura, Rokurô	上村	六郎
Tsukamoto, Kakujirô	塚本	角次郎	Uemura, Shigeru	植村	滋
Tsukamoto, Masatoshi	塚本	雅俊	Uemura, Takashi	上村	享
Tsukamoto, Yotarô	塚本	洋太郎	Ueno, Takeshi	上野	健
Tsukihara, Eiju	月原	英壽	Ueno, Tatsuya	上野	達也
Tsumura, Kôhei	津村	孝平	Ueno, Yuki	上野	雄規
Tsunoda, Aika	角田	愛花	Uemura, Yutaka	上村	穰
Tsunoda, Toshinao	角田	俊直	Ueno, Akira	上野	明

Ueno, Jitsurô	上野	實郎	Wada, Naoya	和田	直也
Ueno, Masuzô	上野	益三	Wakabayashi, Eishirô	若林	榮四郎
Ueno, Yutaka	上野	裕	Wakabayashi, Michio	若林	三千男
Ui, Nuizo	宇井	縫藏	Wakaida, Masayoshi	若井田	正義
Ukita, Sadatoshi	浮田	定則	Wakamiya, Takanori	若宮	崇令
Umemoto, Hachirô	梅本	八郎	Wakana, Tôichi	若名	東一
Umemura, Jintarô	梅村	甚太郎	Wakasugi, Takao	若杉	孝生
Umezaki, Isamu	梅崎	勇	Wakimoto, Susumu	脇本	進
Umezawa, Akira	梅澤	彰	Wakizaka, Makoto	脇坂	誠
Umezu, Yukio	梅津	幸雄	Warabi, Naojirô	蕨	直治郎
Une, Koqji	畦	浩二	Watanabe, Atsushi	渡邊	篤
Uno, Kakuo	宇野	確雄	Watanabe, Atsushi	渡辺	敦史
Uno, Muneo	宇野	宗雄	Watanabe, Kazuo	渡邊	一雄
Uozumi, Tetsuo	魚住	哲男	Watanabe, Kikuji	渡邊	菊治
Uraguchi, Aya	浦口	あや	Watanabe, Kiyohiko	渡邊	清彦
Usuba, Mitsuru	薄葉	満	Watanabe, Kiyoshi	渡邊	清志
Usui, Hiroshi	簿井	宏	Watanabe, Kuniaki	渡邊	邦秋
Utagawa, Shinsai	宇田川	榛齋	Watanabe, Kyô	渡邊	協
Utiyama, Syôzô	内山	昭三	Watanabe, Makoto	渡辺	信
Uto, Toshio	宇都	敏夫	Watanabe, Masatosi	渡邊	政敏
Utsugi, Kazuo	宇津木	和夫	Watanabe, Masayuki	渡辺	眞之
Utunomiya, Takasi	宇都宮	嵩	Watanabe, Noboru	渡邊	登
Uyeda, Sanpei	上田	三平	Watanabe, Ryôzô	渡邊	良象
Uyeda, Yeijirô	上田	榮次郎	Watanabe, Ryûzô	渡邊	柳藏
Uyemura, Toshio	植村	利夫	Watanabe, Sadamoto	渡邊	定元
Uyemura, Tsunesaburô	植村	恒三郎	Watanabe, Shigeru	渡辺	茂
Uyeyama, Nobuo	植山	信雄	Watanabe, Tamotsu	渡邊	全
Uzike, Yoshizo	氏家	由三	Watanabe, Tatsuwo	渡邊	龍雄
			Watanabe, Tomekichi	渡邊	留吉
Wada, Hôshû	和田	豊洲	Watanabe, Toshiharu	渡邊	仁治
Wada, Katuyuki	和田	克之	Watanabe, Yasuko	渡辺	靖子
Wada, Masaru	和田	優	Watano, Yasuyuki	綿野	泰行
Wada, Masuo	和田	益夫	Watari, Shunji	亘理	俊次

Yabe, Yoshitada	矢部	吉禎		Yamaguchi, Hisanao	山口	久直
Yabuno, Tomosaburô	藪野	友三郎		Yamaguchi, Kenji	山口	賢司
Yagi, Jirô	八木	二郎		Yamaguchi, Satoshi	山口	聡
Yagi, Kunizô	八木	邦造		Yamaguchi, Tatsurô	山口	辰良
Yagi, Shigeichi	八木	繁一		Yamaguchi, Tomio	山口	富美夫
Yagi, Teisuke	八木	禎助		Yamaji, Hroki	山路	弘樹
Yahara, Tetsukazu	矢野	撤一		Yamakawa, Moku	山川	默
Yajima, Saitarô	矢島	祭太郎		Yamakawa, Tomotsugu	山河	友次
Yajima, Shôzô	矢島	省三		Yamakiwa, Suewo	山極	末男
Yakushiji, Eijirô	藥師寺	英次郎		Yamamoto, Akira	山本	明
Yamabayashi, Noboru	山林	暹		Yamamoto, Akira	山元	晃
Yamada, Chieko	山田	知惠子		Yamamoto, Chie	山本	千恵
Yamada, Gentarô	山田	玄太郎		Yamamoto, Hajime	山本	肇
Yamada, Hanjirô	山田	半次郎		Yamamoto, Iwahisa	山本	岩龜
Yamada, Hideo	山田	秀雄		Yamamoto, Kanjirô	山本	寛二郎
Yamada, Hiroo	山田	浩雄		Yamamoto, Kôji	山本	孝治
Yamada, Kinji	山田	金治		Yamamoto, Masaki	山本	昌木
Yamada, Iemasa	山田	家正		Yamamoto, Masao	山本	正夫
Yamada, Kohsaku	山田	耕作		Yamamoto, Migiwa	山本	みぎわ
Yamada, Shun'ichi	山田	畯一		Yamamoto, Seiji	山本	誠二
Yamada, Kôichi	山田	浩一		Yamamoto, Shirô	山本	四郎
Yamada, Tetsuo	山田	鐵雄		Yamamoto, Shuhei	山本	修平
Yamada, Toshihiro	山田	敏弘		Yamamoto, Sigeo	山本	茂雄
Yamada, Wataru	山田	濟		Yamamoto, Sô	山本	總
Yamada, Yoshifumi	山田	芳史		Yamamoto, Takeshi	山本	孟
Yamada, Yukio	山田	幸男		Yamamoto, Toshiko	山本	敏子
Yamadori, Kichigorô	山鳥	吉五郎		Yamamoto, Watarô	山本	和太郎
Yamagata, Makoto	山県	恂		Yamamoto, Yorisuke	山本	賴輔
Yamagata, Noboru	山縣	登		Yamamoto, Yoshihiko	山本	義彦
Yamagishi, Takaaki	山岸	高旺		Yamamoto, Yoshikazu	山本	好和
Yamagiwa, Tomiyasu	山際	富弥康		Yamamoto, Yoshimatsu	山本	由松
Yamaguchi, Hirofumi	山口	裕文		Yamamura, Yasuo	山村	靖夫
Yamaguchi, Hiroshi	山口	鴻		Yamamura, Yatarô	山村	彌太郎

Yamanaka, Susumu	山中	達	Yanagisawa, Yukio	柳沢	幸夫
Yamanaka, Toshio	山中	敏夫	Yanagita, Fumio	柳田	文雄
Yamanaka, Tsugiwo	山中	二男	Yanagita, Yoshizô	柳田	由藏
Yamane, Gingorô	山根	銀五郎	Yano, Norimichi	矢野	悟道
Yamano, Naoko	山野	尚子	Yano, Yukihiro	矢野	幸洋
Yamano, Yoshiwo	山野	義雄	Yasaki, Sachirô	矢崎	齋知郎
Yamanouchi, Shigeo	山内	繁雄	Yasuda, Atsushi	安田	篤
Yamanouchi, Tamenaga	山内	为壽	Yasuda, Isao	安田	勳
Yamanouti, Yoshiko	山内	良子	Yasuda, Keisuke	安田	啓祐
Yamaoka, Masao	山崗	正尾	Yasui, Ban'ichi	安井	伴一
Yamashiro, Moriya	山城	守也	Yasui, Kitarô	安井	喜太郎
Yamashita, Kôhei	山下	孝平	Yasui, Kono	保井	この
Yamashita, Jun	山下	純	Yasui, Takaya	安井	隆弥
Yamashita, Takashi	山下	貴司	Yasumoto, Tokukan	安本	徳寛
Yamashita, Toshiyuki	山下	寿之	Yasuo, Shun	安尾	俊
Yamate, Machiko	山手	万知子	Yatabe, Ryôkichi	矢田	部良吉
Yamauchi, Ken	山内	健	Yatabe, Youko	谷田辺	洋子
Yamauti, Kiyû	山内	己酉	Yatoh, Ken'ichi	矢頭	献一
Yamazaki, Akira	山崎	斌	Yazawa, Komesaburô	矢澤	米三郎
Yamazaki, Hiroyuki	山崎	弘行	Yi, Sun-young	李	鮮英
Yamazaki, Hyakuji	山崎	百治	Yoda, Kiyotsugu	依田	清胤
Yamazaki, Mami	山崎	眞実	Yokogawa, Hiromi	横川	廣美
Yamazaki, Masatake	山畸	正武	Yokogawa, Mizuki	横川	水城
Yamazaki, Senji	山崎	千二	Yokogawa, Tatsuho	横川	龍鳳
Yamazaki, Takasi	山崎	敬	Yokogi, Kuniomi	横木	國臣
Yamazaki, Tsuguo	山崎	次男	Yokokawa, Asako	横川	麻子
Yamazaki, Tsuneyuki	山崎	常行	Yokota, Masatsugu	横田	昌嗣
Yamazaki, Yoshio	山崎	嘉夫	Yokota, Michio	横田	道雄
Yamuguchi, Kazuo	山口	和夫	Yokota, Shun'ichi	横田	俊一
Yanagawa, Sin	柳川	振	Yokotsuka, Isami	横塚	勇
Yanagihara, Masayuki	柳原	政之	Yokouchi, Itsuki	横内	齋
Yanagisawa, Fumiyoshi	柳澤	文徳	Yokoyama, Akiko	横山	亜紀子
Yanagisawa, Shinichi	柳沢	新一	Yokoyama, Haruo	横山	春男

Yokoyama, Jun	横山	潤	Yoshimura, Bungorô	吉村	文五郎
Yokoyama, Masahiro	横山	正弘	Yoshimura, Isao	吉村	庸
Yoneda, Yûichi	米田	勇一	Yoshinaga, Torama	吉永	虎馬
Yonekura, Koji	米倉	浩司	Yoshinaga, Yetsukyô	吉永	悦卿
Yonezawa, Yoshihiko	米澤	義彦	Yoshino, Kiichi	吉野	毅一
Yoroi, Reiko	鎧禮	子	Yoshino, Yukio	吉野	由紀夫
Yoshiaki, Hitoshi	吉秋	斎	Yoshino, Zensuke	吉野	善介
Yoshida, Fumio	吉田	文雄	Yoshioka, Ichiro	吉岡	一郎
Yoshida, Hiroshi	吉田	寛	Yoshioka, Jirô	吉岡	二郎
Yoshida, Kozo	吉田	考造	Yoshioka, Kuniji	吉岡	邦二
Yoshida, Kuniji	吉田	國二	Yoshitake, Wajiro	吉武	和治郎
Yoshida, Masaji	吉田	政治	Yoshitani, Keisaku	吉谷	啓作
Yoshida, Megumi	吉田	めぐみ	Yoshiwara, Misao	吉原	操
Yoshida, Seiji	吉田	誠治	Yoshiyama, Hiroshi	吉山	寛
Yoshida, Shigeharu	吉田	重治	Yoshizaki, Makoto	吉崎	誠
Yoshida, Susumu	吉田	進	Yoshizawa, Kazunori	吉澤	和徳
Yoshida, Tomohisa	吉田	智尚	Yoshizawa, Shôsaku	吉澤	庄作
Yoshida, Yasuo	吉田	安夫	Yoshizawa, Tsuyoshi	吉澤	健
Yoshida, Yutaka	吉田	裕	Yubuki, Toshimitsu	雲吹	敏光
Yoshihara, Kazumi	吉原	一美	Yûga, Kenzô	有賀	憲三
Yoshii, Hazime	吉井	甫	Yukawa, Matao	湯川	又夫
Yoshii, Hiromu	吉井	啓	Yukawa, Tomohisa	遊川	知久
Yoshii, Ryôzô	吉井	良三	Yukawa, Yoshio	湯川	敬夫
Yoshii, Yoshiji	吉井	義次	Yûki, Yoshimi	結城	嘉美
Yoshikawa, Haruhisa	吉川	春久	Yuzawa, Hiroe	湯澤	宏惠
Yoshikawa, Junmiki	吉川	純幹			
Yoshikawa, Ryô	吉川	涼	Zenitani, Buhei	錢谷	武平
Yoshikawa, Yoshiaki	吉川	芳秋	Zinno, Yoshiyuki	陣野	好之
Yoshimi, Tatsusaburô	吉見	辰三郎			

索　引

1 西文人名索引

本索引包括所有西式人名、中国人名的汉语拼音及各种西式拼写，以及日、韩、朝等人名的西式拼写。

A

Adhikari, Mahesh Kumar   213

Ahmed, Zia Uddin   230

Ahti, Teuvo T.   52

Akiyama, Shinobu   211, 338, 339

Ali, M. Arshad   383

Ali, Syed I.   231

Allan, David M.   339

Allison, Melody M.   43

Almeida, Marselin R.   227

Al-Shehbaz, Ihsan A.   214

Anton, Fischer   110

Ashton, Peter S.   81

Asmous, Vladimir C.   31

Aubréville, Andre   202

Averyanov, Leonid V.   203

B

Bachman, S.   386

Baehni, Charles   277

Baik, Mun-Chan   190

Baikov, K. S.   250

Bailey, Jill   57

Bailey, Liberty H.   258

Baillie, J. E. M.   386

Bakalin, Vadim A.   250

Baker, Ian   308

Balakrishnan, Nambiyath P.   227, 228

Ban, Nguyen Tien   204

Banks, Joseph   312, 314

Barabe, Denis   290

Baranov, Andrei   330

Barnett, Euphemia C.   204

Barnett, Lisa C.   26, 335

Barrie Fred R.   339

Bartholomew-Began, Sharon   83

Bartlett, Harley H.   315

Bauer, Cheryl R.   20

Bayer, Clemens   286

Beadle, H.   255

Becker, Kenneth M.   289

Beddome, Richard H.   217

Bedell, Hollis G.   290

Beentje, Henk   57

Begum, Z. N. Tahmida   230

Bell, David   83

Bendz, Gerd   274

Bennet, Sigamony S. R.   220

Benniamin, Asir   223

Bentham, George   75, 76, 138

Bergman, Folke   299

Bexell, Gerhard   299

Bhagwat, P. R.   72, 336

Bhandari, Prabin   214

Bhattarai, Shandesh   214

Bir, Sarmukh S.   225

2 中文人名索引

本索引不仅包括中国人名，还包括西人的中文译名，日本人、韩国人及朝鲜人等的中文名。

刘艳玲　157

刘媖心　108

刘永英　174, 175

刘玉壶　90

刘昭民　318

刘宗岳　306

卢嘉锡　320

卢金梅　269

卢琦　159

陆定安　61

路安民　59, 185, 283, 287, 289, 290

吕春朝　363

罗桂环　299, 320, 321

罗健馨　62, 263

M

马大正　306

马德滋　124

马金双　27, 29, 160, 166, 168, 170, 178,
188, 321, 335, 351

马君武　349

马克平　187, 372

马曼丽　313

马其云　66

马启盛　65

马文红　166

马欣堂　170

马毓泉　101, 123, 362

买买提明·苏来曼　181

满都拉　64

毛品一　314

毛祖美　133

米仓浩司　194

米吉提·胡达拜尔地　133, 164

缪柏茂　338

繆汝槐　56

牧野富太郎　194, 196, 313, 347

牧野鹤代　347

N

内山富次郎　313

尼·费·杜勃罗文　305

P

潘炉台　118

潘晓玲　133, 168

潘永华　111

潘岳　298

裴鉴　152

裴林英　40

裴盛基　375

彭春良　175

彭华　169, 185, 186, 287, 288

彭少麟　172

彭寅斌　121

彭镇华　109

朴萬奎　190

普尔热瓦尔斯基　305

Q

戚康标　56

祁承经　175

绮纹　298

前川文夫　194

钱崇澍　151

钱啸虎　111

汤彦承　　287, 326

唐进　　78, 272, 276

唐默诗　　130, 165

唐志尧　　158

滕砥平　　60

田代安定　　313

田旗　　169

田杉　　296

田晔林　　344

田中伸幸　　348

仝治国　　263

童毅华　　169

涂苏别克　　63

W

万绍宾　　121

万宗玲　　337, 355

汪发缵　　78, 272, 276, 314

汪光熙　　63

汪佳琳　　349

汪劲武　　273

汪楣芝　　62, 68, 337

汪松　　383

汪远　　160

汪子春　　320

王安洪　　297, 299

王安江　　299

王忱　　299

王凡红　　269

王芳礼　　49

王伏雄　　273, 377

王嘎　　305

王荷生　　184, 185

王洪峰　　67

王徽勤　　154

王继和　　159

王嘉琳　　298

王建波　　154

王健　　120, 179

王景祥　　136

王克制　　108

王丽　　269

王利松　　169

王孟本　　65

王鸣野　　297

王宁珠　　154

王培善　　117, 118

王启无　　276, 314

王庆华　　40, 160

王瑞江　　169, 172

王文采　　50, 53, 159, 164, 276, 290, 364,
　　365

王筱英　　117

王学文　　331

王印政　　319

王幼芳　　93, 265

王宇飞　　53

王雨宁　　360

王玉金　　168

王育水　　174

王战　　360

王振淮　　360

王振杰　　174

王震哲　　179

王正平　　161

王志恒　　158

3 植物学名索引

本索引不仅包括植物物种的学名，还包括植物类群中的目、科及属三级的学名。

206, 211, 217, 233, 234, 238, 253, 255

Apocynoideae　253, 255

Aponogetonaceae　201, 202, 206, 219, 234, 252

Apostasiaceae　201, 205

Aptandraceae　200, 201

Aquifoliaceae　202, 214, 232, 235, 237, 247, 257, 338

Aquifoliales　80, 286

Araceae　81, 149, 201, 204, 206, 227, 232, 234, 237, 243, 246, 248, 250, 338, 341

Araliaceae　81, 96, 150, 200, 216, 232, 234, 238, 242, 247, 253

Aralidiaceae　206

Araucariaceae　201, 233, 253, 255

Archidiales　218

Arecaceae　204, 206, 235

Aria　198

Aristolochiaceae　201, 206, 217, 232, 235, 237, 247, 253, 255, 256, 341

Aroideae　217

Arthropteris　254

Asclepiadaceae　150, 200, 204, 205, 219, 230, 233, 234, 238, 242, 247, 341

Asclepiadeae　217

Asparagaceae　234, 235, 247

Asphodelaceae　233

Aspidiaceae　247

Aspleniaceae　214, 235, 247, 341

Asteraceae　96, 97, 131, 189, 191, 193, 198, 204, 207, 214, 221, 224, 227, 230, 233, 234, 244, 247, 249, 251, 260

Asterales　80, 286

Astereae　239

Astragalus　150, 239, 242, 245

Athyriaceae　199, 247

Averrhoaceae　230, 231

Avicenniaceae　80, 230, 232, 234, 238, 286

Azollaceae　197, 203, 206, 235, 254

B

Balanitaceae　219

Balanophoraceae　201, 202, 205, 233, 234, 253, 255

Balanophorales　80, 286

Balanophoreae　217

Balantiopsis　20

Balsaminaceae　200, 201, 231, 233, 234, 238, 247

Bambusoideae　339

Barbeuiaceae　84

Barbilophozia　20

Barclayaceae　219, 221

Barringtonieae　216

Basellaceae　96, 201, 203, 206, 229, 233, 252

Batidaceae　252

Begoniaceae　191, 200, 216, 232, 234, 343

Berberidaceae　96, 97, 150, 199, 201, 232, 235, 238, 246, 247, 248, 250, 339, 341

Berberideae　216

Berberidopsidales　80, 286

Cariceae   339

Carlemanniaceae   206

Caryophyllaceae   96, 150, 200, 201, 203,
206, 221, 233, 234, 238, 239, 242, 243,
244, 245, 246, 248, 250, 253, 341,

Caryophyllales   80, 260, 286

Caryophylleae   216

Casuarinaceae   197, 201, 205, 229, 233,
234, 255, 256, 257

Casuarineae   217

Cecropiaceae   206

Celastraceae   95, 102, 200, 202, 206, 232,
234, 237, 239, 247, 250, 253, 338, 341

Celastrales   80, 286

Celastrineae   216

Centrolepidaceae   201, 202, 205, 252

Cephalotaxaceae   203, 205, 341

Ceranthus   20

Ceraphyllaceae   250

Ceratephyllaceae   247

Ceratolejeunea   20

Ceratophyllaceae   150, 201, 223, 224,
227, 228, 230, 232, 234, 237, 243, 245,
250, 252

Ceratophylleae   217

Ceratopteris   75

Cercideae   219

Cercidiphyllaceae   339

Ceropegia   219

Cesalpinioideae   202

Chailletiaceae   216

Cheiropleuriaceae   206, 254

Chenopodiaceae   149, 200, 203, 206, 217,
233, 234, 239, 240, 242, 243, 247, 252

Chloranthaceae   141, 201, 206, 217, 235,
247, 253, 255, 341

Chrysobalanaceae   82, 253, 255

Chrysobalanus   82

Cibotiaceae   254

Cichorieae   193

Cichorioideae   150

Cistaceae   232, 237

Clematoclethra   89

Cleomaceae   255

Clethraceae   200, 253, 255

Climaciaceae   97

Clusiaceae   80, 96, 286

Cochlospermaceae   202, 219, 234, 252

Coelogyne   219

Colchicaceae   232, 235, 247

Combretaceae   200, 202, 216, 223, 227,
230, 232, 234, 252

Commelinaceae   201, 217, 228, 229, 235,
232, 238, 248, 250

Commelinanae   80

Compositae   17, 77, 128, 129, 141, 150,
192, 194, 198, 200, 205, 207, 120, 214,
216, 228, 234, 238, 239, 240, 242, 243,
244, 245, 246, 249, 256, 257, 340, 341

Coniferae   141, 217

Coniferales   253

Conjugatae   243

Connaraceae   96, 131, 200, 202, 205,
216, 221, 224, 226, 227, 234, 252

Convallariaceae   233, 235

Convolvulaceae   80, 200, 203, 205, 206,

217, 230, 233, 234, 237, 242, 243, 247,
252, 255, 286, 340, 341

Coriariaceae   214, 219, 232, 253

Coriarieae   216

Cornaceae   150, 194, 200, 202, 206, 207,
211, 216, 219, 224, 226, 232, 235, 237,
240, 242, 243, 246, 247, 248, 250, 253,
341

Cornales   80, 286

Corsiaceae   89

Corylaceae   231, 238, 250

Corynocarpaceae   252

Costaceae   206, 230

Cousinia   238

Cranichideae   219

Crassulaceae   150, 200, 216, 233, 235, 238,
240, 243, 244, 247, 250, 252, 338, 341

Crossosomatales   80, 286

Cruciferae   128, 129, 197, 199, 206, 214,
216, 237, 240, 243, 245, 253, 255, 257,
340

Crypteroniaceae   37, 200, 202, 206, 220,
253, 255

Cryptogrammaceae   247

Cryptomeriaceae   198

Ctenolophonaceae   206, 253, 255

Cucurbitaceae   37, 97, 191, 200, 202, 206,
216, 219, 220, 233, 234, 238, 247, 253,
255, 260

Cucurbitales   80, 286

Cunoniaceae   206

Cunoniales   78

Cupressaceae   198, 203, 201, 205, 233,

237, 247, 250, 253

Cupuliferae   217

Curciferae   201

Cuscutaceae   227, 230, 233, 237, 243,
248

Cyatheaceae   89, 235, 254

Cycadaceae   17, 77, 96, 193, 197, 201,
203, 205, 210, 214, 217, 224, 233, 235,
255

Cycas   17

Cymodoceaceae   206, 235

Cynareae   238

Cynomoriaceae   233, 238, 242

Cyperaceae   81, 96, 97, 149, 191, 198,
201, 204, 206, 214, 217, 219, 227, 233,
234, 239, 242, 244, 245, 246, 247, 248,
251, 253, 260, 339, 341

Cyperoideae   219

Cyrillaceae   257

Cystolejeunea   20

Cytinaceae   217

D

Dalbergieae   203, 206, 210, 221, 235,
247, 253, 255

Datiscaceae   90, 200, 206, 216, 232, 234,
237, 252, 255

Davalliaceae   89, 235, 254

Delavayella   20

Dendrobiinae   254

Dendrobium   204, 254

Dennstaedtiaceae   235, 247

Derris   219

Guttifereae   200

Gyrocarpaceae   200

H

Haemodoraceae   217, 233, 252

Haloragaceae   200, 202, 205, 230, 235,
237, 248, 253

Halorageae   216

Haloragidaceae   232

Hamamelidaceae   128, 129, 198, 200, 202,
206, 210, 231, 237, 252, 340

Hamamelideae   216

Hamamelis japonica   198

Hanguanaceae   202, 205, 235

Hedysarum   209

Heliantheae   221

Heliconiaceae   206

Helwingia   209

Helwingiaceae   206, 214

Hemerocallidaceae   206, 233, 247

Hemionitidaceae   247

Hemodoraceae   201

Hernandiaceae   201, 202, 206, 234, 253

Hippocastanaceae   96, 202, 205, 207, 212,
232, 238

Hippocrateaceae   200, 202, 234

Hippuridaceae   232, 237, 245, 248

Homaliaceae   200

Hookeriaceae   97, 197

Hookeriales   218

Huaceae   80, 286

Hugeniaceae   206

Huperziaceae   247, 249, 250

Hyacinthaceae   233, 235

Hyalideae   214

Hydrangeaceae   206, 231, 237, 247

Hydrocaryaceae   232, 252

Hydrocharideae   217

Hydrocharitaceae   201, 206, 224, 227,
228, 230, 233, 234, 238, 242, 243, 247,
248, 252

Hydrocotylaceae   230

Hydroleaceae   260

Hydrophyllaceae   200, 206, 217, 229,
233, 234, 247, 252, 257

Hymenophyllaceae   235, 242, 247

Hymenorchis   254

Hypecoqaceae   219

Hypericaceae   200, 201, 235, 253,

Hypericineae   216

Hypnineae   218

Hypnobryales   218

Hypodematiaceae   254

Hypolepidaceae   247

Hypoxidaceae   102, 235

I

Icacinaceae   80, 200, 202, 205, 234, 253,
286

Ilicaceae   200

Ilicineae   216

Illecebraceae   217, 232

Illiciaceae   205, 253, 255, 339

Indigofereae   219

Inuleae   221, 233, 239

Iridaceae   95, 201, 206, 217, 233, 235,

Linaceae 198, 200, 201, 205, 206, 212, 219, 224, 230, 231, 235, 238, 253

Lindsaea 254

Lineae 216

Linaceae 247

Lobeliaceae 200, 214, 219, 234, 239, 242, 243, 248

Loganiaceae 77, 96, 97, 131, 191, 193, 200, 202, 204, 206, 217, 234, 237, 253, 257

Lomandraceae 206

Lomaria 75

Lomariopsidaceae 235

Lomariopsis 254

Lophopyxidaceae 253

Loranthaceae 201, 206, 217, 221, 230, 232, 234, 238, 253

Lowiaceae 202, 205, 253

Loxogrammaceae 235, 254

Luzula 81

Lycopodiaceae 96, 193, 199, 214, 223, 235, 244, 246, 247, 248, 256

Lycopodiales 24

Lygodiaceae 254

Lythraceae 38, 200, 207, 216, 220, 231, 232, 234, 237, 247, 253

M

Magnistipula 82

Magnoliaceae 38, 81, 131, 193, 199, 201, 203, 204, 205, 211, 216, 220, 226, 231, 232, 234, 247, 253, 255, 339, 340

Magnoliales 78

Malpighiaceae 200, 201, 206, 216, 221, 232, 234, 252, 255

Malpighiales 78, 80, 286

Malvaceae 200, 201, 204, 211, 216, 219, 230, 233, 235, 238, 247

Malvales 80, 286

Mapanioideae 219

Marantaceae 96, 97, 201, 206, 235

Marattiaceae 235

Marsileaceae 206, 235, 245, 249

Martyniaceae 214, 227, 228, 229, 231

Mastixiaceae 206

Matoniaceae 254

Melanthiaceae 207

Melastomaceae 200, 216

Melastomataceae 206, 211, 234

Meliaceae 200, 201, 216, 231, 234, 238, 253, 255

Memecylaceae 255

Menispermaceae 96, 150, 199, 201, 206, 216, 230, 232, 234, 238, 247, 253, 339

Menyanthaceae 150, 214, 230, 232, 234, 247

Metteniusaceae 80, 286

Millettieae 203

Mimosaceae 189, 191, 232, 239, 244, 253

Mimosees 200

Mimosoideae 202, 206, 253, 254

Mniaceae 197

Molluginaceae 202, 206, 230, 232, 234, 238

Momosoideae 234

Monachosoraceae   254

Monimiaceae   201, 206, 217, 234, 253, 255

Monimopetalum   102

Monimopetalum chinense   102

Monotropaceae   206, 231, 238

Monotropeae   217

Moraceae   201, 206, 233, 234, 239, 241, 247, 253, 341

Morinaceae   232, 238

Moringaceae   200, 202, 207, 210, 224, 226, 228, 229, 232, 235, 238, 242, 252

Moringeae   216

Musaceae   77, 201, 233, 235

Mutisieae   214

Myoporaceae   200, 203, 252, 256

Myricaceae   128, 129, 192, 201, 206, 210, 247, 252, 255

Myristicaceae   201, 206, 235, 253

Myristiceae   217

Myrsinaceae   96, 97, 200, 203, 204, 206, 211, 232, 235, 238, 343

Myrsineae   217

Myrtaceae   80, 81, 200, 206, 216, 234, 237, 286

Myrtales   80, 286

Mytilopsis   20

Myxopyreae   207

N

Naiadaceae   201, 217

Naiadea   20

Najadaceae   231, 233, 235, 238, 247, 250, 253

Nelumbonaceae   219, 233, 234, 247, 255

Nematdonteae   218

Nepenthaceae   201, 217, 234, 253, 255

Nephrolepidaceae   224, 254

Neuradaceae   233

Nyctaginaceae   200, 203, 206, 224, 232, 235, 238, 253, 255

Nyctagineae   217

Nyctanthaceae   234

Nymphaeaceae   150, 199, 201, 216, 219, 230, 233, 234, 237, 242, 244, 247, 250, 255, 339

Nyssaceae   202, 205, 219, 252

O

Ochnaceae   200, 201, 202, 205, 216, 229, 234, 253, 255

Oenotheraceae   200

Olacaceae   200, 201, 207, 221, 233, 234, 253, 255

Olacineae   216

Oleaceae   150, 193, 200, 205, 206, 207, 217, 232, 234, 237, 244, 247, 257, 260, 341

Oleandraceae   89, 224, 235, 254

Onagraceae   202, 207, 216, 230, 233, 234, 237, 247, 253, 255

Onocleaceae   247

Ophioglossaceae   229, 235, 247

Opiliaceae   82, 200, 201, 206, 235, 253, 255

Orchidaceae   38, 80, 96, 97, 128, 141, 149, 189, 191, 198, 201, 203, 204, 207,

219, 220, 231, 233, 234, 238, 240, 242,
243, 244, 245, 248, 250, 256, 257, 286,
341

Orchidales   260

Orchideae   217

Orchidoideae   219

Orobanchaceae   38, 200, 206, 217, 220,
230, 232, 235, 237, 239, 245, 248, 260

Osmundaceae   235, 247, 254

Oxalidaceae   96, 200, 201, 205, 211, 230,
231, 235, 237, 247, 253

Oxalidales   80, 286

Oxytropis   150, 246

P

Paeoniaceae   191, 219, 232, 237, 244,
247, 260, 341

Palmae   198, 201, 206, 217, 228, 233,
239

Pandaceae   253, 255

Pandanaceae   201, 202, 210, 233

Pandaneae   217

Papaveraceae   191, 216, 201, 216, 219,
221, 232, 235, 237, 242, 243, 245, 246,
247, 252, 341

Papilionaceae   232, 238, 239

Papilionees   200

Papilionoideae   203, 206, 219

Paracryphiaceae   82

Paracryphiales   80, 286

Parinari   82

Parkeriaceae   235, 254

Parkerioideae   254

Parnassiaceae   231, 237, 247

Paronychioideae   238

Passifloraceae   80, 200, 202, 206, 232,
234, 253, 286

Paxifloreae   216

Pedaliaceae   200, 217, 229, 231, 234,
238, 252

Pediliaceae   255

Pentaphragmataceae   252

Pentaphylacaceae   201, 252, 255

Pentastemonaceae   253

Pentenaeaceae   84

Peperomiaceae   230

Peraceae   253

Periplocaceae   219, 230, 234

Pertyeae   214

Petrosaviaceae   206

Phaseoleae   202

Philadelphaceae   231

Philydraceae   201, 202, 206, 217, 252

Phormiaceae   235

Photinia   198

Phrymaceae   232

Phytocrenaceae   200, 202

Phytolaccaceae   193, 201, 203, 206, 210,
217, 229, 231, 234, 237, 247, 252, 255

Picramniaceae   80, 260, 286

Picrodendraceae   253

Pinaceae   191, 203, 205, 233, 235, 237,
244, 246, 247, 250, 253,

Piperaceae   201, 217, 234

Pittosporaceae   96, 199, 201, 219, 232,
234, 252, 255

R

Racemigemma　20

Rafflesiaceae　202, 205, 238, 253

Ranunculaceae　77, 150, 199, 201, 205, 206, 213, 216, 221, 223, 224, 225, 226, 227, 228, 229, 231, 233, 234, 239, 245, 247, 248, 250, 341

Rauvolfioideae　253, 255

Reevesia pubescens　102

Resedaceae　216, 232, 239, 240, 242, 247, 257

Restiaceae　201

Restionaceae　202, 205, 252

Rhamnaceae　141, 193, 200, 202, 219, 233, 234, 238, 247, 250, 341

Rhamneae　216

Rhizophoraceae　200, 202, 205, 227, 230, 233, 234, 239, 252

Rhizophoreae　216

Rhodiola　209

Rhoipteleaceae　203

Rosa　239, 341

Rosaceae　141, 144, 198, 200, 202, 205, 216, 219, 228, 233, 234, 238, 239, 240, 242, 244, 245, 246, 248, 253, 256, 260, 338, 341

Rosales　80, 286

Roseae　233

Rosa　338

Rostkovia　81

Roxburghiaceae　217

Rubiaceae　150, 189, 191, 194, 200, 205, 216, 223, 225, 226, 227, 228, 233, 234,

235, 239, 245, 247, 256, 260, 286, 340, 341, 343

Rubus　202, 338,341

Ruppiaceae　207, 230, 232, 238, 247

Ruscaceae　232

Rutaceae　200, 201, 210, 216, 233, 234, 237, 247, 340, 341

S

Sabiaceae　80, 200, 202, 206, 211, 216, 219, 232, 234, 253, 286

Sabina　198

Salicaceae　150, 201, 206, 207, 226, 227, 230, 233, 238, 240, 243, 244, 245, 246, 247, 248, 250, 252, 260, 341

Salicineae　217

Salvadoraceae　200, 206, 217, 219, 231, 234, 237, 252

Salviniaceae　206, 235, 246, 247

Sambucaceae　228, 232

Samydaceae　200, 216

Santalaceae　201, 204, 206, 217, 233, 235, 239, 248

Santalales　80, 286

Sapindaceae　141, 193, 200, 202, 204, 206, 207, 212, 216, 230, 232, 235, 237, 253, 255

Sapindales　80, 286

Sapotaceae　200, 202, 207, 217, 233, 234, 239

Sarcospermaceae　252

Sarcospermataceae　206

Sargentodoxaceae　201

4 植物中文索引

本索引包括所有植物的中文名称，以及植物分类群中目、科及属三级的中文名称。

桔梗目　　119

菊科　　106, 107, 108, 109, 111, 112, 113,
　　119, 120, 121, 122, 123, 124, 125, 127,
　　129, 133, 137, 142, 153, 155, 159, 163,
　　346, 354

蒟蒻薯科　　159

绢藓科　　93

爵床科　　109, 118, 169

K

孔雀藓科　　93

苦苣苔科　　365

L

蜡梅科　　122

兰科　　106, 109, 111, 112, 113, 120, 122,
　　123, 124, 125, 127, 137, 155, 159, 160,
　　169, 203

藜科　　133, 151

栎属　　354

连香树科　　113

莲叶桐科　　153, 159

蓼科　　123, 133, 151

裂叶苔科　　93

鳞毛蕨科　　345

鳞藓科　　93

柳杉科　　198

柳叶菜科　　125

柳叶藓科　　93

龙胆科　　133, 147, 151, 345, 354

龙脑香科　　118

龙血树　　359

鹿蹄草科　　106, 107, 112, 119, 123, 124,

125, 133, 142

萝藦科　　116

裸蒴苔科　　93

M

马鞭草科　　108, 118, 127

马齿苋科　　106, 124, 151

马兜铃科　　123, 364

马兜铃属　　140

马钱科　　155, 345

马桑科　　92

马蹄香属　　55

马先蒿属　　357

买麻藤科　　155

满江红科　　116, 155

芒苞草　　397

芒苞草科　　400

牻牛儿苗科　　127, 142

牻牛儿苗目　　119

毛茛科　　113, 345, 365

毛叶苔科　　93

茅膏菜科　　123, 142

美登木　　359

美苔目　　93

美姿藓科　　93, 117

猕猴桃科　　89, 121

棉藓科　　93

木兰科　　92, 109, 112, 115, 118, 119, 122,
　　155, 169

木兰目　　119

木麻黄科　　92, 113, 136, 153, 159

木毛藓科　　93

木通科　　127

5 西文期刊与图书索引

本索引不仅包括原始西文，而且还包括中文等其他语种的期刊与图书的西文名称。

6 中文期刊与图书索引

本索引不仅包括原始中文，而且还包括西文等其他语种期刊与图书的中文名称。

20 世纪 80 年代初做研究生的时候就希望有这样一本书，提供国内外的一些基本资料。今天总算实现了这一愿望，不但为后来人提供参考，而且自己在收集与整理的过程中学到很多东西。尽管晚了一些，但当初的愿望能够实现也是一种乐趣。

然而，尽管完成了，总觉得有些地方还不是十分满意。首先，东亚不仅是一个很大的地理范围，而且语言也不完全通晓，难免一知半解。其次，复杂的研究历史、浩如烟海的文献、数不清的出版渠道、看不完的图书资料；有些文献即使是看到了，消化得不透或者是没有来得及消化，所以难免顾此失彼。第三，有限的收藏，特别是早年的文献，国内外没有一个地方能够找到所需要的全部内容。即使是本书所选择与收录的标准，不论是图书还是期刊，中外没有一家图书馆收录全部。第四，很多书刊确实出版过，但是就是找不到；要么早就当废纸卖了，更有甚者早就烧了；要么就是不知道那里有，更不知道谁有。个人的能力总是有限的，因此总结出来的内容也不可能满足所有人的需要。凡此种种，但愿读者们能够理解。特别是随着网络的普及，有关的数据资料与电子资源无疑是研究中必不可少的重要资源，包括中国乃及世界上重要的研究机构和图书馆等；在此不一一列出，希望读者们能充分利用。

最后诚挚地希望各位前辈、同仁、老友、新朋，在阅读本书时或在使用本书过程中，发现任何不明之处、遗漏、问题甚至错误，以及进一步的建议与想法，通过电子信件联系，本人都十分欢迎！

时间过得真快，有这个想法是 20 世纪 80 年代初期作为研究生的事情，如今总结出来而自己已经迈入退休者的行列！

长江后浪推前浪，中国植物分类学寄望后来人，并愿与大家共勉。

第 1 版 2011 年春于上海
第 2 版 2020 年春于波士顿
永久电子信箱：jinshuangma@gmail.com

致谢
Acknowledgement

时隔十年本书得以修订再版，从编撰到出版，有很多感激之言。

在此落笔，我先要感谢前辈们的指导与培养，特别是我的硕士生导师东北林学院（现东北林业大学）杨衔晋院长[①]和林学系树木学教研室黄普华教授[②]，博士生导师北京医科大学（现北京大学）药学院植物学教研室诚静容教授[③]。没有他们的精心培养与耐心教诲，我不可能有今天这样的机会。还有国内外的同行朋友们，是你们多年来各种各样的、有形与无形的、方方面面的帮助、鼓励、支持与协助，使得我能够在工作中不断地学习进取并猎取各种资源。我要特别感谢北京师范大学刘全儒博士，在他的努力下这本书才能够问世。由于我离开国内多年（1995 至 2009），很多情况不是十分了解，多亏全儒长期与我联系，才使我的信息不至于离实际情况太远。全儒是北京师范大学植物分类学1990 年的硕士研究生，不仅能干、肯干，而且还有一手漂亮的植物绘图技术。经过多年的锤炼，他已经是著名的植物分类学家了。当初我在植物学教研室收集很多地方植物志并做过相关介绍，我出国之后全儒不但继续收集而且还继续

---

① 杨衔晋（YenChin YANG，1913—1984），浙江嘉兴人，森林植物学家、植物分类学家（特别是樟科和豆科）。1931 年入国立中央大学农学院森林系，1935 年毕业留校任教，1937 年任中国科学社生物研究所研究员，1942 年任复旦大学农学院教授，1945 年赴美国耶鲁大学林学院进修，1946年回国后任复旦大学农学院教授兼河南大学农学院和上海同济大学理学院教授；1950 年任东北农学院森林系教授兼系主任，1952 年任东北林学院教授兼林工系主任，1956 年任东北林学院教务处主任，1961 至 1966 年任东北林学院副院长，1979 至 1983 年任东北林学院院长。

② 黄普华（Phhua HUANG，1932—），广东台山人，1956 年毕业于东北林学院并留校任教，先后任树木学讲师、副教授、教授，主讲植物分类学、植物学拉丁文、植物分类学原理，植物分类学文献等研究生课程；专长植物分类学，参加《中国植物志》樟科、豆科及卫矛科编研，长期担任《植物研究》和《中国植物志》编委，发表论著百余篇（部），是我国植物分类学领域为数不多的多方面专家（拉丁文、法规、文献、分类群）。

③ 诚静容（Joyce ChingYung CHENG，女，1913—2012），锡伯族，生于奉天省（今辽宁省）辽阳县，幼时在吉林省吉林市长大；1934 年考入清华大学生物系；由于日本侵华，1938 年转入四川大学，毕业后留校任教；1947 年赴美国田纳西大学攻读植物学，1948 年获硕士学位，同年赴哈佛大学攻读博士学位，1951 年朝鲜战争爆发，先生回国服务，1952 年诚静容教授获哈佛大学硕士学位并受聘于北京大学药学系，组建植物教研室并任主任直至 1990 年退休。详细参见：马金双、陈虎彪，2012，缅怀诚静容教授，植物分类与资源学报 34（6）：633~634。

做介绍。2008年初，当他得知我想把当年植物分类学文献研究生课的讲稿准备整理出版的时候，尽管自己的工作很忙，家庭负担也非常重，还是主动承担原稿的录入工作，并帮助补充一些地方植物志、检索表和名录等出版物的信息。另外，他还对该书的排列方式提出非常好的建议。我还要特别感谢杭州师范大学生命科学学院的吴玉环博士，她建议我把原来的种子植物扩展到高等植物，同时提供并核实有关苔藓方面的文献与资料。另外，感谢我所教过的学生，特别是在北京师范大学生物系任教期间的植物分类学硕士研究生们[①]，使得我有机会能将这些资料整理出来；更是他们对知识的渴望与热情，激励我不断地收集并归纳总结。1995年到海外后，使我有机会接触更多的资料，特别是在哈佛大学植物学图书馆、纽约植物园图书馆和布鲁克林植物园图书馆，并最终把这一工作总结出来。能有这样的时间与精力，特别感谢夫人王丽和女儿郁聪的理解、鼓励与支持，同时也感谢我在美期间工作单位的同事与同仁的帮助。

2009年3至4月，我因执行美国国家自然科学基金资助的"全球大戟属的修订"之科研任务（本人承担东亚和南亚部分）而回国并到印度出差，这使我有机会到北京、昆明、西双版纳、广州，以及印度的新德里、德拉敦、加尔各答、阿萨姆等地的各大主要标本馆和图书馆考察。这次考察不仅补充了我离开国内以后出版的新资料，同时还获得了很多印度的科研资料。2009年秋，在中国科学院昆明植物研究所领导的鼓励与支持下，我拜访了中国科学院新疆生态与地理研究所、中国科学院植物研究所、中国科学院沈阳应用生态研究所、西北农林科技大学和广西植物研究所等单位与机构，这期间又补充了国内的新出版物。

在上海辰山植物园领导的支持下，不仅方便了我查阅爱尔兰都柏林国家植物园和英国伦敦邱园的文献，并给予经费上的资助，使得积压了的手稿终于出版。中国科学院上海辰山植物科学研究中心的马其侠、孟静、齐新萍、王凤英、汪远、闫小玲、左云娟等帮助校对并绘图，弟子曾宪锋博士和齐淑艳教授百忙中帮助校对，在此深表感激。这本书的出版更要感谢高等教育出版社的林金安

---

① 86级黄劲松，87级丁迪红，88级钱关泽、蒋志刚、贺蓉，89级李连芳，90级刘全儒、张勇、孙海涛，91级李庆文、黄运平、鄢本厚，92级赵鹏、张晋豫，93级齐淑艳、王艳红、胡文言，94级曾宪峰、许奕华。其中本人主讲90至94级的植物学专业英语，91至94级的植物分类学文献，91级的植物生态学和91至92级的植物区系地理学，93至94级的植物分类学原理；担任93和94级指导老师及90级孙海涛的联合指导教师；而86至88级指导教师为贺士元，89至92级指导教师为尹祖棠。

先生、吴雪梅女士、孟丽编辑和王超然编辑，是他们多年的经验与帮助，才有这样的成品摆在读者面前。最后，特别感谢王文采院士、洪德元院士和陈晓亚院士在百忙之中抽出宝贵的时间审核稿件、写序，并提出非常好的建议。

本书的资料来自海内外多家单位，特别是中国科学院植物研究所、美国哈佛大学、纽约植物园和布鲁克林植物园等图书馆。很多国内外的专家、学者及图书馆工作人员都为本书提供信息或帮助收集资料或解答有关问题，特别是中国科学院系统的老前辈们与各个单位的新老朋友，每逢向他们请教时都给予热情而又无私的帮助与指点。在此书印行之际，向他们致以诚挚的谢意！本书在编写上，采用了中国科学院植物研究所汤彦承[①]先生的**植物分类学文献百种浅说**（油印本，1983 年）百种文献中的部分内容，特向汤彦承先生致谢！

再版之际，特别感谢首版出版之后各位的书评、介绍及建议，使得这本书能够在修订时予以考虑；还有新老朋友就相关内容的交流或者意见，使得修订时得以体现或者改进。网络信息过去十年间发展异常迅猛，好在单位支持立项（项目编号：G152433），使得本书能够及时再版；感谢过去十年间在上海工作中所遇到的各位海内外友人对本人的各种各样帮助，特别是廖帅博士，在文献的收集和样书校对方面，提供很多帮助并全力协助；再版之际，一并致以诚挚地谢意。

1992 年初稿；2008 和 2009 年全面增补；

2010 年 12 月下旬首版终稿。

2020 年春天第二版终稿。

电子信箱：jinshuangma@gmail.com

① 汤彦承（1926—2016），浙江萧山人，1950 年清华大学毕业后到中国科学院植物分类研究所工作，1958—1960 年赴苏联科学院科马洛夫植物研究所研修；曾任植物分类学和植物地理学研究室主任和**植物分类学报**主编；著名植物分类学与古籍文献专家，专长单子叶植物。

马金双，男，1955 年 11 月 13 日（阴历九月二十九日）生于吉林省长岭县太平山乡西保安村，1959 年冬随家搬往县畜牧局新成立的十四号牧场（位于长岭县龙凤公社十五号大队后十四号村）；1964 年夏入十五号小学，1970 年春入龙凤中学；1974 年初夏高中毕业后回乡于十四号牧场务农，先后做过基建队工人、马队饲养员、砖厂工人和牧场出纳员；文革后于 1978 年 3 月考取东北林学院（现东北林业大学）林学系林业专业 77—2 班本科生，1982 年 1 月毕业后在黑龙江省营林局林政处（今黑龙江省林业和草原局）工作，同年夏考回母校东北林学院院长杨衔晋教授的树木学硕士研究生，1985 年 1 月提前毕业获硕士学位并考取北京医科大学药学系（今北京大学药学院）生药学专业植物分类学方向诚静容教授的博士研究生，1987 年 12 月毕业获博士学位并进入北京师范大学生物系植物教研室工作，1991 年晋升为副教授、1994 年晋升为教授；其中 1991 年兼北京师范大学生物系副主任（主管教学），1994 年兼北京师范大学科研处处长；1995 年 7 月赴美国哈佛大学植物标本馆做访问学者，2001 年 11 月任纽约市布鲁克林植物园植物分类学研究员；2009 年 8 月任中国科学院昆明植物研究所植物分类学研究员，2010 年 3 月任中国科学院上海辰山植物科学研究中心植物分类学研究员、课题组长兼副主任，2018 年 4 月任中国科学院上海辰山植物科学研究中心植物分类学研究员、课题组长兼首席科学家；2020 年 3 月任上海辰山植物园植物分类学研究员兼课题组长；2020 年 12 月任北京市植物园研究员、首席科学家。

专业特长：种子植物分类学，特别是旧大陆马兜铃科马兜铃属和关木通属、东亚和南亚大戟科大戟属、世界卫矛科卫矛属和雷公藤属、芸香科黄檗属以及植物分类学文献与植物分类学历史；参加编写**中国植物志**大戟科大戟属和卫矛科卫矛属、英文版**中国植物志**（*Flora of China*）大戟科大戟属、卫矛科卫矛属、雷公藤属等、云南植物志大戟科大戟属和卫矛科卫矛属、英文版北美植物志（*Flora of North America*）卫矛科，编著东亚高等植物文献概览、英文版东亚木本植物名录（*A Checklist of Woody Plants from Eastern Asia*）、研究水杉的自然历史并创建与维护水杉暨植物分类学网站（www.metasequoia.org，2000—2018，英文版，自 2019 年改为 www.metasequoia.net）、主编中国植物分类学记事（*A Chronicle of Plant Taxonomy in China*，中英文双语版）；带领助理从事上海大都市植物研究：主编上海维管植物名录、上海维管植物检索表，共同主编上海植物图鉴草本卷、上海植物图鉴木本卷、上海植物图鉴室内观赏卷并建立上海都市植物志数字化网站（http://shflora.ibiodiversity.net/aboutus.html），与助理一起从事中国外来入侵植物和中国归化植物等研究：主编中国入侵植物名录、中国外来入侵植物调研报告（上、下卷）、中国外来入侵植物志（5 卷本，2020），共同主编中国外来入侵植物图鉴、中国外来入侵植物名录、英文版中国归化植物名录（*The Checklist of Naturalized Plants in China*）；另外还与助理编著英文版中国植物名称索引 2000—2009、中国植物名称索引 2010—2017（*Chinese Plants Names Index 2000—2009*、*Chinese Plants Names Index 2010—2017*）、英文版中国植物分类学者（*Chinese Plant Taxonomists*）；19 卷本《胡先骕全集》第一副主编；发表论著 200 多篇部（近一半为英文）。

详细参见水杉网址（www.metasequoia.net）。

图字：01-2021-5857号

图书在版编目（CIP）数据

东亚高等植物分类学文献概览 / 马金双著. --2版.
-- 北京：高等教育出版社，2022.1
ISBN 978-7-04-056657-4

Ⅰ.①东… Ⅱ.①马… Ⅲ.①高等植物-植物分类学
-文献-介绍-东亚 Ⅳ.①Q949.4

中国版本图书馆CIP数据核字（2021）第159463号

东亚高等植物分类学文献概览

DONGYA GAODENG ZHIWU

FENLEIXUE WENXIAN GAILAN

第❷版

出版发行	高等教育出版社
社　　址	北京市西城区德外大街4号
邮政编码	100120
印　　刷	北京汇林印务有限公司
开　　本	787mm×1092mm　1/16
印　　张	45
字　　数	1000 千字
购书热线	010-58581118
咨询电话	400-810-0598
网　　址	http://www.hep.edu.cn
	http://www.hep.com.cn
网上订购	http://www.hepmall.com.cn
	http://www.hepmall.com
	http://www.hepmall.cn
版　　次	2011 年 8 月第 1 版
	2022 年 1 月第 2 版
印　　次	2022 年 1 月第 1 次印刷
定　　价	198.00 元
策划编辑	孟　丽
责任编辑	孟　丽
封面设计	赵　阳
版式设计	赵　阳
责任印制	刘思涵

物 料 号　56657-00
审 图 号　GS（2021）61号